Thomas Hering
Investitionstheorie

Lehr- und Handbücher der Wirtschaftswissenschaft

Herausgegeben von
Univ.-Prof. Dr. habil. Thomas Hering und
Prof. Dr. Heiko Burchert

Bisher erschienene Titel:

Brösel, Zwirner (Hrsg.): IFRS-Rechnungslegung, 2. A. (2009)
Burchert, Razik, Schneider, Vorfeld: Externes und internes Rechnungswesen (2014)
Burchert, Vorfeld, Schneider: Investition und Finanzierung, 2. A. (2013)
Hering: Unternehmensbewertung, 3. A. (2014)
Hering: Investitionstheorie, 4. A. (2015)
Hering, Toll: BWL-Klausuren, 4. A. (2015)
Rollberg, Hering, Burchert (Hrsg.): Produktionswirtschaft, 2. A. (2010)

Thomas Hering

Investitionstheorie

4., vollständig überarbeitete und erweiterte Auflage

DE GRUYTER
OLDENBOURG

ISBN 978-3-486-77839-7

Library of Congress Cataloging-in-Publication Data
A CIP catalog record for this book has been applied for at the Library of Congress.

Bibliografische Information der Deutschen Nationalbibliothek
Die Deutsche Nationalbibliothek verzeichnet diese Publikation in der Deutschen Nationalbibliografie; detaillierte bibliografische Daten sind im Internet über
http://dnb.dnb.de abrufbar.

Coverabbildung: Autor
Druck und Bindung: CPI books GmbH, Leck
♾ Gedruckt auf säurefreiem Papier
Printed in Germany

MIX
Papier aus verantwortungsvollen Quellen
FSC® C083411
www.fsc.org

www.degruyter.com

Vorwort zur vierten Auflage

Nach der zweiten und der fast identischen, zuletzt nur als broschierter Nachdruck lieferbar gehaltenen dritten Auflage war es an der Zeit, das Werk durch eine größere Überarbeitung und Erweiterung abzurunden und insbesondere den vor zwölf Jahren begonnenen Übergang von der ursprünglichen reinen Forschungsmonographie zu einem auch für Studenten aller Semester hilfreichen Buch zu vollenden. Selbstverständlich gehen die zusätzlichen Beispiele und didaktischen Elemente nicht zu Lasten wissenschaftlicher Genauigkeit oder der mit der Erstauflage definierten inhaltlichen Breite und Tiefe des Stoffs, so daß der Umfang der „Investitionstheorie" noch einmal deutlich zugenommen hat. Die vierte Auflage richtet sich daher noch stärker als ihre Vorgänger am Ideal der Einheit von Forschung und Lehre aus und grenzt sich damit unvermindert von oberflächlicher gehaltenen „Bologna-Reform"-Lehrbüchern ab, die unter dem durchaus zweischneidigen Werbesiegel „Bachelor-geeignet" insbesondere Anfängerstudenten einen leichten Zugang zum Fach versprechen, ihnen aber zugleich das tradierte universitäre, theoretische Anspruchsniveau vorenthalten.

Was bietet die Neuauflage? Fast siebzig Seiten stärker als zuvor, ist sie durchgängig um Erläuterungen, Zahlenbeispiele, Abbildungen, tabellarische Übersichten oder Literaturhinweise erweitert worden. Inhaltlich profitieren davon vor allem die im Grundstudium bedeutsamen Themen Rentabilitäts- versus Gewinnmaximierung, Kapitalwert, Endwert, Annuität und interner Zins, aber auch fortgeschrittenere Sachverhalte des Hauptstudiums. So wird neben einem didaktisch wertvollen Spezialfall zur Zinsstruktur das Barwert-DEAN-Modell als lehrreiche neue Variante eines „Modellklassikers" präsentiert. Zum Versagen der Partialsteuerung bei nachteiliger Ganzzahligkeit findet sich ein zusätzliches, minimal komplexes graphisches Beispiel. Die leider durch anhaltende fiskal- und währungspolitische Mißwirtschaft höchst aktuell gewordenen, zuvor rein theoretischen Ausführungen zu negativen Zinssätzen (sowie der auch den Kleinanleger schützenden und daher politisch ins Fadenkreuz geratenden Bargeldhaltung) habe ich erweitert, um den Blick der Studenten auch auf die praktische Anwendbarkeit des Gelernten zu lenken. Im heuristischen Unsicherheitsteil verdanke ich den Herren Dr. Johannes Schneider und AR Dr. Christian Toll bzw. Dipl.-Wirt.-Math. Jonas Ostmeyer die schon lange vermißten Zahlenbeispiele zur Risikoanalyse eines Totalmodells bzw. zur approximativen Dekomposition, welche zur Entstehungszeit meiner Dissertation noch nicht so komfortabel rechen- und auswertbar gewesen wären. Der Ausblick geht etwas stärker als bisher auf die modische Agenturtheorie der Neuen Institutionenökonomik ein. Im neuen Anhang 7. schärft ein Brückenschlag zwischen Investitions- und Produktionsplanung den Blick für die methodische Verwandtschaft beider Theoriebereiche der Betriebswirtschaftslehre.

Hagen (Westf.), im Juni 2015 THOMAS HERING

Vorwort zur dritten Auflage

Meine „Investitionstheorie“ hat mit der 2. Aufl. ihre gültige Gestalt gefunden. Für die notwendig gewordene Neuauflage brauchten daher nur die nicht allzu zahlreichen, meist unbedeutenden Errata berichtigt und hier und da kürzere klarstellende Erläuterungen oder Ergänzungen hinzugefügt zu werden. Selbstverständlich habe ich dabei das Schrifttum komplett durchforstet und aktualisiert sowie neue Quellen eingearbeitet, wodurch das Literaturverzeichnis um eine Seite wuchs.

Hagen (Westf.), im Mai 2008 THOMAS HERING

Vorwort zur zweiten Auflage

Es ist gute Tradition geworden, neue Lehrbuchangebote auf einem so klassischen Gebiet wie der Investitionstheorie im Vorwort zu rechtfertigen. Erstmals in Wiesbaden 1995 als Dissertation unter dem Titel „Investitionstheorie aus der Sicht des Zinses“ erschienen und mittlerweile restlos vergriffen, hat sich das nun wieder verfügbare Buch in Forschung und Lehre umfassend bewährt. Seine „Geschäftsidee“ besteht in der lückenlosen und strengen lenkpreistheoretischen Herleitung der Beurteilung von Zahlungsströmen sowie deren durchgängiger Veranschaulichung an einfachen, für Studenten nachvollziehbaren Beispielen. Im Gegensatz zu anderen Darstellungen wird dabei dem Ansatz der entscheidungsorientierten Betriebswirtschaftslehre auch im Unsicherheitsfall konsequent gefolgt, anstatt sich gerade in dieser für unternehmerische Entscheidungen typischsten Situation auf die bloße Erklärungsfunktion gängiger Kapitalmarktgleichgewichtsmodelle zurückzuziehen. Inhalt und Stoffabhandlung sichern dem Werk einen vergleichsweise eigenständigen Platz in der Investitionsliteratur, weshalb ich mich gerne entschlossen habe, es mit Hilfe des Oldenbourg-Verlages in vollständig überarbeiteter und stark erweiterter Form als Lehrbuch neu aufzulegen.

Gegenüber der Erstauflage ist vor allem die Zahl der Beispiele und Erläuterungen für den Lernenden deutlich erhöht worden. Die Gliederung reflektiert nun nicht mehr die Perspektive des Steuerungszinses, sondern orientiert sich am gängigen Lehrbuchkanon. Schwierigere Teile des Stoffes habe ich für die Lehrbuchfassung im Interesse des wissenschaftlich ambitionierten Lesers nicht vermindert. Es ist klar, daß speziell die optimierungstheoretischen Beweise nur für Hörer mit entsprechenden Vorkenntnissen voll verständlich sind und jeder Dozent eine für sein Publikum geeignete

Stoffauswahl treffen muß. Neu aufgenommen sind die Themen FISHER-HIRSHLEIFER-Modell, Steuern, Inflation, Renditemaße bei gespaltenem Kalkulationszins und Zustandspreismodell. Erweitert, verallgemeinert und teils stärker verändert habe ich die Ausführungen zu den Gebieten nicht-flache Zinsstruktur, interner Zins, Marktzinsmethode und CAPM. Die Zahl der Lehrsätze wuchs von 32 auf 40, wobei insbesondere der neue Satz 40 als erstes und einziges Theorem im Unsicherheitsteil für den Allgemeinheitsgrad des hier vertretenen Ansatzes von nicht geringer Bedeutung ist.

Am allgemein üblichen Bildersturm gegen die alte Währungsbezeichnung DM habe ich mich nicht beteiligt. Man kann die Investitionstheorie in jeder gewünschten Geldeinheit betreiben, und sie bleibt die gleiche. Um den Wandel vom Taler zum Euro zu dokumentieren, sind beispielhaft einige Münzabbildungen hinzugekommen, für deren EDV-technische Bearbeitung ich mich bei Herrn Dr. Frank Hering bedanke.

Hagen (Westf.), im Juni 2003 THOMAS HERING

Geleitwort zur ersten Auflage

Die Wahl des Kalkulationszinsfußes in der Investitionsrechnung ist eines der ältesten und zugleich umstrittensten Probleme der Investitionstheorie. In der Literatur werden immer wieder neue Lösungsvorschläge vorgestellt, die oftmals aus unterschiedlichen theoretischen „Welten“ stammen oder aufgrund der jeweils gesetzten Prämissen miteinander unverträglich sind. In der vorliegenden Arbeit wird eine in sich geschlossene Investitionstheorie aus der Perspektive entscheidungstheoretisch richtiger Lenkzinssätze entwickelt. Ziel des Verfassers ist es insbesondere, das Entscheidungsfeld auf den realen Fall des unvollkommenen Kapitalmarkts bei Unsicherheit auszudehnen.

Die Arbeit zeichnet sich durch ein hohes theoretisches Niveau aus. Der Verfasser überträgt die allgemeinen Erkenntnisse der Optimierungs- bzw. Dualitätstheorie konsequent auf den Fall von Investitionsentscheidungen. Dadurch gelingt es, die Erkenntnisse zum Zinsproblem deutlich über den aus der betriebswirtschaftlichen Theorie bekannten Stand hinaus zu erweitern. Die Arbeit zeugt jedoch nicht nur von gedanklicher Schärfe; darüber hinaus zeichnet sie sich durch ein hohes Maß an Kreativität und Problembewußtsein aus. Mit der vorliegenden Arbeit erfüllt der Verfasser sicherlich eine zentrale Forderung Gutenbergs an eine hervorragende Dissertation, da er die Grenze der Erkenntnis um mehr als die geforderten 5 cm nach vorne verschiebt.

Münster (Westf.), im Januar 1995 DIETRICH ADAM

Vorwort zur ersten Auflage

Seit dem ersten Semester meines Studiums an der Westfälischen Wilhelms-Universität zu Münster galt mein besonderes Interesse der Investitionstheorie. Die richtige Beurteilung der Vorteilhaftigkeit von Investitionen (oder, allgemeiner, Zahlungsströmen) erschien mir als eine, wenn nicht sogar *die* zentrale Aufgabe der Unternehmensplanung: Fast jede Entscheidung im Unternehmen kann auch Änderungen der zukünftigen Zahlungsströme induzieren, deren Konsequenzen für den Unternehmenserfolg abzuschätzen sind. Das Studium der Literatur ließ jedoch eine anfangs verwirrende Vielfalt von Methoden und theoretischen Konzepten erkennen, deren Eignung höchst kontrovers diskutiert wurde (z.B. Kapitalwert und interner Zins, *Bernoulli*-Nutzentheorie, CAPM, Marktzinsmethode). Als mißlich empfand ich vor allem, daß manche Autoren nicht die aus der Mathematik vertraute axiomatische Methode anwenden, sondern nur mit Zahlenbeispielen argumentieren. Dadurch blieben häufig Fragen offen, deren Beantwortung einen erheblichen Teil meiner Studien ausmachte. So entstand noch vor dem Examen die Idee, eine einheitliche theoretische Basis zur Beurteilung der konkurrierenden Konzepte zu schaffen und das Buch zu schreiben, welches ich im Studium gerne zur Verfügung gehabt hätte. Das Ergebnis ist die vorliegende Dissertation.

Danken möchte ich zuerst meinem akademischen Lehrer, Herrn Prof. Dr. Dietrich Adam, für die vielen fruchtbaren Diskussionen und die Verbesserungsvorschläge. Auch meinem Zweitgutachter, Herrn Prof. Dr. Andreas Pfingsten, sei an dieser Stelle für seine intensive Auseinandersetzung mit der Arbeit gedankt. Meine Kollegen am Institut für Industrie- und Krankenhausbetriebslehre waren mir beim Korrekturlesen behilflich. Zu Dank verpflichtet bin ich besonders Herrn Dipl.-Kfm. Roland Rollberg M.Sc., der die gesamte Arbeit las und detailliert kommentierte. Dank gebührt schließlich auch unseren studentischen Hilfskräften in der Bibliothek, die jede von mir gewünschte Literatur zuverlässig und schnell beschafften.

Meine Eltern Joachim und Ingrid Hering sowie meine Großeltern (†) Fritz und Olga Töllner haben meinen schulischen bzw. universitären Werdegang immer mit großem Interesse verfolgt und mich jederzeit rückhaltlos unterstützt. Besonders ihnen spreche ich hiermit meinen herzlichen Dank aus.

Münster (Westf.), im Januar 1995 THOMAS HERING

Inhaltsverzeichnis

Abkürzungsverzeichnis

a.a.O.	am angegebenen Ort
Abb.	Abbildung
AG	Aktiengesellschaft
APT	Arbitrage Pricing Theory
Aufl.	Auflage
BB	Betriebs-Berater
Bd.	Band
BFuP	Betriebswirtschaftliche Forschung und Praxis
bspw.	beispielsweise
BV	Basisvariable
BWL	Betriebswirtschaftslehre
bzw.	beziehungsweise
ca.	circa, zirka
CAPM	Capital Asset Pricing Model (Kapitalgutbepreisungsmodell)
DAX	Deutscher Aktienindex
DB	Der Betrieb
DBW	Die Betriebswirtschaft
d.h.	das heißt
Diss.	Dissertation
DM	Deutsche Mark
d. Verf.	der Verfasser
€	Euro (Währungseinheit)
EDV	elektronische Datenverarbeitung
evtl.	eventuell
f.	folgende
FB	Finanz-Betrieb
FE	Faktoreinheiten
ff.	fortfolgende
FR	forward rate = impliziter Terminzinssatz
ggf.	gegebenenfalls
GmbH	Gesellschaft mit beschränkter Haftung
Hrsg.	Herausgeber
hrsgg.	herausgegeben
i.a.	im allgemeinen
i.d.R.	in der Regel
Jg.	Jahrgang
JoF	The Journal of Finance

konst.	konstant
KRP	Kostenrechnungspraxis
lat.	lateinisch
LO	lineare Optimierung
LP	lineare Programmierung, lineares Programm
LZ	Luftschiff Zeppelin
max.	maximiere
ME	Mengeneinheiten
min.	minimiere
MS	Management Science
NBV	Nichtbasisvariable
o.B.d.A.	ohne Beschränkung der Allgemeinheit
OR	Operations Research
o.V.	ohne Verfasserangabe
p.a.	per annum bzw. pro anno (pro Jahr)
per def.	per definitionem (per Definition)
q.e.d.	quod erat demonstrandum (was zu beweisen war)
RS	rechte Seite(n)
S.	Seite
sog.	sogenannt(e)
Sp.	Spalte
Tab.	Tabelle
TU	Technische Universität
u.a.	und andere, unter anderem
usf.	und so fort
usw.	und so weiter
u.U.	unter Umständen
vgl.	vergleiche
VOFI	vollständiger Finanzplan
vs.	versus
WiSt	Wirtschaftswissenschaftliches Studium
WISU	Das Wirtschaftsstudium
w.z.z.w.	was zu zeigen war
z.B.	zum Beispiel
ZE	Zeiteinheiten
ZfB	Zeitschrift für Betriebswirtschaft
ZfbF	Schmalenbachs Zeitschrift für betriebswirtschaftliche Forschung
ZfhF	Zeitschrift für handelswissenschaftliche Forschung
ZGPM	Zustands-Grenzpreismodell
ZOR	Zeitschrift für Operations Research

ZP	Zeitschrift für Planung & Unternehmenssteuerung
ZPM	Zustandspreismodell
z.T.	zum Teil

Symbolverzeichnis

$\mathbf{0}$	Nullvektor
$a(n)$	Annuitätenfunktion in Abhängigkeit von der Nutzungsdauer
a_0	Anschaffungsauszahlung im Zeitpunkt 0
$\mathbf{a}^i$	i-ter Zeilenvektor der Matrix **A**
a_j	Annuität des Objekts j
$\mathbf{a}_j$	j-ter Spaltenvektor der Matrix **A**
$a_j(i)$	Annuitätenfunktion des Objekts j in Abhängigkeit von i
a_{jk}	Koeffizient des Objekts j in der Zusatzrestriktion k
α_k	rechte Seite der Zusatzrestriktion k
$\mathbf{A}$	Koeffizientenmatrix
$ANF_{i,n}$	Annuitätenfaktor beim Zinssatz i und der Laufzeit n
$ANF_{i,\overline{\mathbf{w}}}$	Annuitätenfaktor beim Zinssatz i und der Entnahmestruktur $\overline{\mathbf{w}}$
$ANF_{\mathbf{r},\mathbf{p},n}$	Annuitätenfaktor bei der Zinsstruktur (**r**, **p**) und der Laufzeit n
$ANF_{\overline{\mathbf{w}}}$	Annuitätenfaktor bei der Entnahmestruktur $\overline{\mathbf{w}}$
$\mathbf{b}$	Vektor der rechten Seiten
b_k	Bestand des Produktionsfaktors k
b_t	fest vorgegebene Zahlung im Zeitpunkt t
β_j	Betafaktor des Wertpapiers j
BW	Barwert des Investitions- und Finanzierungsprogramms
$\mathbf{c}$	Vektor der Zielfunktionsbeiträge
$C(n)$	Kapitalwertfunktion in Abhängigkeit von der Nutzungsdauer
$C(t)$	Kapitalwertfunktion in Abhängigkeit vom Ersatzzeitpunkt
C_j	Kapitalwert des Objekts j (nach dem Standardmodell)
C_j^{korr}	korrigierter Kapitalwert des Objekts j
$C_j(i)$	Kapitalwertfunktion des Objekts j in Abhängigkeit von i
C_j^Z	Kapitalwert des Objekts j nach dem Zinsmodell
$C_j^{Z,FK}$	Kapitalwert nach dem Zinsmodell bei reiner Fremdfinanzierung
C_t	Konsum im Zeitpunkt $t \in \{0; 1\}$
C_∞	Kapitalwert der unendlichen Investitionskette
$\mathbf{d}$	Vektor der Zielfunktionsbeiträge der Basisvariablen
d_t	Dualvariable der primalen Liquiditätsrestriktion des Zeitpunkts t
δ_k	Dualvariable der k-ten primalen Zusatzrestriktion
$\mathbf{D}$	Basismatrix

$D(t)$	Momentanvorteil im Zeitpunkt t
D^{BW}	Dualproblem bei Barwertmaximierung
D^{EN}	Dualproblem bei Einkommensmaximierung
D^{EW}	Dualproblem bei Endwertmaximierung
D^{GW}	Dualproblem bei Vermögensmaximierung
D^r	optimaler Zielfunktionswert des (relaxierten) Dualproblems
DB	Deckungsbeitrag
DS_j	pagatorische Deckungsspanne des Produkts j
ΔEW_j	zusätzlicher Endwert des Objekts j
e_1	Einzahlung im Zeitpunkt 1
ε	duale Schlupfvariable zur primalen Entnahmevariablen EN
ε_t	duale Schlupfvariable zur primalen Entnahmevariablen G_t
$\mathbf{E}$	Einheitsmatrix
EK	eigene liquide Mittel („Eigenkapital")
EN	Breite des Entnahmestroms
Entn	Breite des Entnahmestroms
EW	Endwert des Investitions- und Finanzierungsprogramms
EW_j	Endwert des Objekts j
f	Funktion
$\mathbf{f}$	Vektor der Zielfunktionsbeiträge der Nichtbasisvariablen
F	Wahrscheinlichkeitsverteilung
$\mathbf{F}$	Nichtbasismatrix
FW	Faktorwert
g	Zugehörigkeitsfunktion
$\mathbf{g}_j$	Zahlungsreihe des Objekts j
$\mathbf{g}_j^{St}$	steuerkorrigierte Zahlungsreihe des Objekts j im Standardmodell
$\mathbf{g}_j^{Z}$	steuerkorrigierte Zahlungsreihe des Objekts j im Zinsmodell
g_{jt}	Zahlungsüberschuß des Objekts j im Zeitpunkt t
g'_k	Grenzgewinn des Faktors k
G	Gewinn(funktion), Bruttogewinn vor Ertragsteuern
G_{jt}	Gegenwartswert des Objekts j im Zeitpunkt t
G_{jt}^{kalk}	kalkulatorischer Gewinn des Objekts j am Ende der Periode t
G_t	Entnahme im Zeitpunkt t bei Vermögensmaximierung
G_T	Totalgewinn(funktion)
GE	Gewerbeertrag
GW	Summe der gewichteten Entnahmebeträge bei Vermögensmaximierung
h	Hebesatz der Gewerbeertragsteuer

H	Indexmenge
i	Kalkulationszinsfuß
i_H	Habenzins
i_{Ht}	Habenzins der Periode t
i_j	objektspezifischer Kalkulationszinsfuß
i_s	steuerkorrigierter Kalkulationszinsfuß
i_S	Sollzins
i_{St}	Sollzins der Periode t
i_t	endogener Grenzzinsfuß der Periode t
i_t^{real}	realer Kalkulationszinsfuß der Periode t
$\Im_k$	k-te Indexmenge von sich gegenseitig ausschließenden Objekten
ι_t	Inflationsrate der Periode t
J	Indexmenge
k_{jM}	Korrelationskoeffizient zwischen Wertpapier j und Marktportefeuille
κ	Anzahl zusätzlicher Restriktionen
K	Kapitalbedarf(sfunktion), Anzahl der Produktionsfaktoren
K_n	akkumuliertes Kapital im Zeitpunkt n
K_{jt}	im Objekt j kalkulatorisch gebundenes Kapital im Zeitpunkt t
KB_t	Kapitalbindung (zum internen Zins) im Zeitpunkt t
L	LAGRANGE-Funktion
m	Anzahl der Objekte / Produkte, Meßzahl der Gewerbeertragsteuer
μ	Erwartungswert
μ_j	duale Schlupfvariable zum primalen Objekt j, duale Schlupfvariable zum Produkt j
M	hinreichend große positive Zahl
n	Länge des Planungszeitraums (Anzahl der Perioden), Nutzungsdauer
N	Normalverteilung
p	relatives Einkommenswachstum pro Periode
$\mathbf{p}$	Zinsstruktur (Wertpapierkurse)
p_j	Kurs (Preis) des Wertpapiers j
p_t	Kurs (Preis) des Wertpapiers mit der Laufzeit t
ϕ_t	Sicherheitsniveau der Liquiditätsrestriktion t
P^{BW}	Primalproblem bei Barwertmaximierung
P^{EN}	Primalproblem bei Einkommensmaximierung
P^{EW}	Primalproblem bei Endwertmaximierung
P^g	optimaler Zielfunktionswert des ganzzahligen Primalproblems
P^{GW}	Primalproblem bei Vermögensmaximierung
P^r	optimaler Zielfunktionswert des relaxierten Primalproblems

PK_{jk}	Produktionskoeffizient des Produkts j in bezug auf den Faktor k
q	Zinsfaktor 1 + i
q_s	steuerkorrigierter Zinsfaktor $1 + i_s$
$\mathbf{r}$	Zinsstruktur (Nominalrenditen)
r_{0t}	Effektivzinssatz des synthetischen Zinssammlers der Laufzeit t
r_{Bldw}	BALDWIN-Verzinsung
r_{EK}	endwertbezogene Eigenkapitalrentabilität
r_j	interner Zinsfuß des Objekts j
r_{real}	realer Zinsfuß
r_{Soll}	kritischer Sollzins
r_t	Nominalzinssatz der Fristigkeit t
r_{Verm}	Vermögensrentabilität
ρ_t	Abzinsungsfaktor vom Zeitpunkt t auf den Zeitpunkt 0, Zustandspreis t
R	Rentabilität(sfunktion)
$\mathbb{R}$	Körper der reellen Zahlen
$\mathbb{R}^m$	arithmetischer Vektorraum (der Dimension m) über $\mathbb{R}$
$RBF_{i,n}$	Rentenbarwertfaktor beim Zinssatz i und der Laufzeit n
$RBF_{i,\bar{\mathbf{w}}}$	Rentenbarwertfaktor beim Zinssatz i und der Entnahmestruktur $\bar{\mathbf{w}}$
$RBF_{\mathbf{r},\mathbf{p},n}$	Rentenbarwertfaktor bei Zinsstruktur ($\mathbf{r}$, $\mathbf{p}$) und Laufzeit n
$REF_{i,n}$	Rentenendwertfaktor beim Zinssatz i und der Laufzeit n
$RWF_{i,n}$	Rückwärtsverteilungsfaktor beim Zinssatz i und der Laufzeit n
s	proportionaler Steuersatz
s_E	(marginaler) Einkommensteuersatz
s_G	effektiver Gewerbeertragsteuersatz
$\mathbf{s}$	Vektor der Schlupfvariablen
s_j	Schlupfvariable der Obergrenzenrestriktion zum Objekt j, nicht ausgeschöpfter Absatzspielraum des Produkts j
σ	Standardabweichung
σ_{jk}	Kovarianz zwischen den Wertpapieren j und k
S	Gesamtsteuerlast
S_G	Gewerbeertragsteuer
t^*	optimaler Ersatzzeitpunkt
ϑ	Zinsrate ln (1 + i)
T	transponiert
$TR_{0\tau}$	nominelle Kapitalwerttranche der Fristigkeit τ für das Objekt
$TR_{a\tau}$	nominelle Tranche der Fristigkeit τ zur Entnahme der Annuität
$TR_{\theta\tau}$	nominelle Tranche der Fristigkeit τ für Entnahme im Zeitpunkt θ
TR_τ^t	Tranche der Fristigkeit τ für den Abzinsungsfaktor ρ_t

$\mathbf{u}$	Vektor der Nichtbasisvariablen
u_j	Dualvariable der primalen Schrankenrestriktion für Objekt j, Dualvariable zur Obergrenzenrestriktion des Produkts j
U	Konsumnutzen
$\tilde{U}$	unscharfe Menge
$\mathbf{v}$	Vektor der Basisvariablen
v_j	Hilfsvariable für Objekt j
V_j	Initialverzinsung des Objekts j
V_j^{korr}	korrigierte Initialverzinsung des Objekts j
V'(t)	Kapitalwert des Momentanvorteils
$\mathbf{w}$	Vektor der Entnahmegewichte
$\overline{\mathbf{w}}$	Entnahmestruktur
w_t	Gewicht einer Entnahme im Zeitpunkt t
$\overline{w}_t$	Gewicht der Breite des Entnahmestroms im Zeitpunkt t
W	Wahrscheinlichkeit
WDS_j	wertmäßige Deckungsspanne des Produkts j
x	Variable (z.B. Produktionsmenge)
$\mathbf{x}$	Vektor von Variablen
x_j	Anzahl der Realisationen des Objekts j / Produkts j
x_j^{max}	maximale erlaubte Anzahl der Realisationen des Objekts j, Absatzhöchstgrenze des Produkts j
X	Menge
y_k	Leerkapazität des Faktors k
y_{n+k}	Schlupfvariable der k-ten Zusatzrestriktion
y_t	Schlupfvariable der Liquiditätsrestriktion des Zeitpunkts t
z	Argument der Standardnormalverteilung
ζ	Anzahl der Simulationsschritte
Z	Zielfunktionswert des Dualproblems, Zufallszahl
Z^E	Zahl der positiven Entnahmevariablen
Z^{Gr}	Zahl der (echten und ausgearteten) Grenzobjekte
Z_t	Zinsen in der Periode t
Z^+	Zahl der Objekte, deren Schlupfvariable NBV sind
Z^-	Zahl der Objekte, deren Strukturvariable NBV sind
$\mathbb{Z}_{\geq 0}$	Menge der nichtnegativen ganzen Zahlen (natürliche Zahlen mit 0)
*	Kennzeichnung eines Optimalwertes

Abbildungsverzeichnis

Tabellenverzeichnis

Verzeichnis der Lehrsätze

1. Kapitel

Gegenstand der Investitionstheorie

1 Gegenstand der Investitionstheorie

Die Sicherung der langfristigen Ertragskraft und damit des Fortbestands eines Unternehmens erfordert *Investitionen*. Erhebliche finanzielle Mittel werden für einen meist längeren Zeitraum in einer bestimmten Verwendung gebunden. Ein vorzeitiger Abbruch dieser Kapitalbindung ist in der Regel nur unter Verlust eines Teils der eingesetzten Finanzmittel möglich. Ökonomisch handelnde Unternehmen gehen eine weitreichende Mittelbindung daher nur ein, wenn sie aus ihr hinreichend hohe spätere Rückflüsse erwarten. Zur Beurteilung der Vorteilhaftigkeit einer Investition ist demnach abzuwägen, ob die künftigen Rückflüsse den anfänglichen Kapitaleinsatz rechtfertigen. Der *Investitionsrechnung* (synonym: *Wirtschaftlichkeitsrechnung*) obliegt die Aufgabe, diese Abwägung nach quantitativen Kriterien vorzunehmen. Eine *Unternehmensbewertung* ermittelt, bis zu welchem Grenzpreis (Unternehmenswert) der Kauf einer ganzen Unternehmung eine vorteilhafte Investition darstellt.[1] Ein anderer Spezialfall einer Investition ist bereits die *Unternehmensgründung*[2].

Jede Investitionsrechnung benötigt ein rationales, zielsetzungsgerechtes Entscheidungskriterium. Die *Investitionstheorie* stellt mathematische Modelle bereit, mit deren Hilfe eine rationale quantitative Vorteilhaftigkeitsentscheidung gefällt werden kann. Ihr Gegenstand ist die wirtschaftliche Beurteilung von Zahlungsströmen. Damit erstreckt sich ihr Anwendungsbereich nicht nur auf Investitionsprobleme und die mit diesen untrennbar verbundenen Finanzierungsentscheidungen, sondern darüber hinaus auf alle betriebswirtschaftlichen Fragestellungen, deren Beantwortung die Bewertung oder den Vergleich von Zahlungsströmen einschließt.[3] Hierzu zählen auch kurzfristige Entscheidungsprobleme (z.B. aus der Produktionsplanung), die üblicherweise nur mit den Mitteln der Kostenrechnung behandelt werden.[4] Eine für den praktischen Einsatz fruchtbare Fortentwicklung der Investitionstheorie liegt demnach im Interesse allgemeiner betriebswirtschaftlicher Forschung.

Die Vorteilhaftigkeit eines Zahlungsstroms ist stets relativ definiert, d.h. auf eine alternative Verwendung der knappen Finanzmittel bezogen. Die Bewertung hat anhand eines Vergleichsmaßstabs zu erfolgen, welcher die Alternativverwendung

---

[1] Vgl. *HERING*, Investition und Finanzierung (2008), S. 620. Die Unternehmensbewertung ist im Kern ein selbständiges Teilgebiet der Investitionstheorie, greift aber in bestimmten Funktionen ergänzend auf Methoden und Argumente der Finanzierungstheorie zurück. Vgl. *HERING*, Unternehmensbewertung (2014), *MATSCHKE/BRÖSEL*, Unternehmensbewertung (2013).

[2] Vgl. *HERING/VINCENTI*, Unternehmensgründung (2005).

[3] Zur betriebswirtschaftlichen Bewertungstheorie und ihrer Geschichte vgl. *HERING*, Quo vadis? (2004), *HERING*, Unternehmensbewertung (2014), S. 325 ff., *BROCKHOFF*, Geschichte (2014), S. 203 ff.

[4] Vgl. z.B. *KÜPPER*, Kostenrechnung (1985), *RIEPER*, Bestellmengenrechnung (1986).

(*Opportunität*) abbildet. Ein solcher Vergleichsmaßstab ist der *Zins* als *Lenkpreis des knappen Faktors Kapital*. Während in einem alle Investitions- und Finanzierungsmöglichkeiten explizit enthaltenden und simultan optimierenden *Totalmodell* der Zinssatz lediglich *pagatorischen* Charakter hat, kommt ihm in *Partialmodellen* eine Lenkungsfunktion zu.[1] Ein Partialmodell wie z.B. die Kapitalwertmethode erlaubt es, einzelne Zahlungsströme *isoliert* zu beurteilen. Damit das Partialmodell zum selben Ergebnis wie das per definitionem „richtige" Totalmodell führt, muß der zur Bewertung der Zahlungen angewendete Zins ein *Steuerungszins* sein, d.h., er muß die Opportunität widerspiegeln und somit die *wertmäßigen Kosten des Kapitals* abbilden. Steuerung bedeutet hierbei *Koordination* der Partialentscheidungen im Hinblick auf das Gesamtziel.[2] Ein Steuerungszinssatz berücksichtigt die Interdependenzen zwischen Investition und Finanzierung und führt die zielsetzungsgerechte Abstimmung beider Bereiche herbei.[3] Er entspricht der *optimalen Geltungszahl* im Sinne der von SCHMALENBACH vorgeschlagenen *pretialen Lenkung*.[4]

Partialmodelle ermöglichen die Dezentralisierung von Investitionsentscheidungen in Unternehmen und sind darüber hinaus mathematisch wesentlich einfacher als ein zentrales Totalmodell. Unglücklicherweise ist die Ermittlung der für das Partialmodell benötigten Steuerungszinssätze äquivalent mit der Lösung des Totalmodells. Die optimale Geltungszahl liegt erst vor, wenn sie nicht mehr benötigt wird, weil das Entscheidungsproblem schon durch ein Totalmodell gelöst worden ist.[5] Die Opportunität als beste verdrängte Alternative ist erst bekannt, wenn auch die beste Alternative selbst identifiziert ist. Steuerungszinssätze sind *endogen*, d.h., sie fallen als Kuppelprodukt zusammen mit der optimalen Lösung des Totalmodells an.

Das beschriebene, scheinbar unüberwindliche *Dilemma der Lenkpreistheorie* hat in der Literatur zu der übereinstimmenden Auffassung geführt, endogene Steuerungszinssätze seien bestenfalls theoretisch interessant, aber – abgesehen von Spezialfällen – ungeeignet zur Lösung praktischer Investitionsprobleme.[6] Dagegen unternimmt das vorliegende Lehrbuch den Versuch, wesentliche Teile der eleganten Lenkpreistheorie für die praktische Anwendung zu „retten".

---

1 Zum Zusammenhang zwischen pagatorischen und wertmäßigen Kosten einerseits sowie Total- und Partialmodellen andererseits vgl. *ADAM*, Kostenbewertung (1970), S. 25-42 (insbesondere S. 34 ff.), 44 f., 164 und *HAX*, Bewertungsprobleme (1967), S. 755 f. Zu Zahlenbeispielen vgl. auch *HERING*, Wertmäßige Kosten (2010).

2 Vgl. *HAX*, Koordination (1965), S. 9.

3 Vgl. *GUTENBERG*, Die Finanzen (1980), S. 352.

4 Vgl. *SCHMALENBACH*, Über Verrechnungspreise (1909), S. 167, *SCHMALENBACH*, Pretiale Lenkung (1947), S. 4 und 86.

5 Vgl. z.B. *HAX*, Investitions- und Finanzplanung (1964), S. 441.

6 Vgl. ebenda und z.B. *FRANKE/HAX*, Finanzwirtschaft (2009), S. 234, *SCHULTE*, Wirtschaftlichkeitsrechnung (1986), S. 73.

Der Untersuchungsgegenstand der Investitionstheorie läßt sich wie folgt konkretisieren:

- Einerseits ist der Zusammenhang von Partialmodell und Lenkzins zu analysieren. Es wird sich zeigen, daß in *allen* durch Partialmodelle lösbaren Planungssituationen der *Kapitalwert auf der Basis endogener Steuerungszinsfüße* das ausschlaggebende Vorteilhaftigkeitskriterium darstellt. Andere Vorteilhaftigkeitsmaßstäbe, insbesondere die umstrittenen Renditekennzahlen, sind entbehrlich oder allenfalls als Zusatzinformation interessant.

- Daneben ist zu verschiedenen Modellen Stellung zu nehmen, die in der Investitions- und Finanzierungsliteratur auftauchen, aber einer kritischen Untersuchung nicht standhalten. Damit soll der auch anwendungsinteressierte Leser in die Lage versetzt werden, die Mängel der von manchen Unternehmensberatern in der Praxis verkauften Konzepte zu durchschauen.

- Schließlich wird von der Theorie beklagt, daß die Forschung dem Problem pretialer Lenkung bei Unsicherheit zu wenig Aufmerksamkeit geschenkt habe[1] und daß „auch keine Prozedur bekannt ist, mit deren Hilfe die endogenen Zinsfüße heuristisch abgeschätzt werden können“[2]. Diese Forschungslücken beziehen sich auf die pragmatische Umsetzung der theoretischen Erkenntnisse. Insbesondere soll daher ein Vorschlag unterbreitet werden, wie eine praktikable *und* lenkpreistheoretisch fundierte dezentrale Investitionsrechnung in einem Konzern zu organisieren wäre, und zwar unter den realistischen Bedingungen eines unvollkommenen Kapitalmarkts bei Unsicherheit.

Dagegen ist es nicht das Ziel dieses Buches, die betriebswirtschaftliche[3] Diskussion um den „richtigen“ Kalkulationszinsfuß nachzuzeichnen. Überblicksdarstellungen der mannigfachen Vorschläge zur Wahl des Kalkulationszinsfußes (subjektive Mindestverzinsung, Durchschnittsrendite des Unternehmens, Rendite von Staatsanleihen, Branchenrendite, Fremdkapitalkostensatz, Zinssatz der Ergänzungsinvestition, Mischzinsfuß, „Kapitalkosten“ usw. usf.) finden sich bei vielen anderen Autoren.[4] Als „richtiger“ Kalkulationszins kann – gemessen am Totalmodell – nur ein endogener Steuerungszins bezeichnet werden. Dieser Zinssatz braucht im Zeitablauf nicht

---

1 Vgl. *HAX*, Koordination (1965), S. 223 f., 192 ff.

2 *FISCHER*, Heuristische Investitionsplanung (1981), S. 572.

3 Zur volkswirtschaftlichen Zinstheorie und ihrer Geschichte vgl. *VON BÖHM-BAWERK*, Kapital und Kapitalzins (1884) und *FISHER*, Theory of Interest (1930).

4 Vgl. z.B. *SCHULTE*, Wirtschaftlichkeitsrechnung (1986), S. 72 ff., *PERRIDON/STEINER*, Finanzwirtschaft (2007), S. 76 ff., *BLOHM/LÜDER*, Investition (1995), S. 147 ff., *ALTROGGE*, Investition (1996), S. 337 ff., *STÖRRLE*, Marktzins (1970), S. 41 ff., *ROLFES*, Investitionsrechnung (1992), S. 22 ff.

konstant zu sein, weshalb es besser ist, von periodenspezifischen Kalkulationszinsfüßen zu sprechen.

Weil Planungsmethoden und -ergebnisse nachhaltig von der zugrunde gelegten Zielsetzung beeinflußt werden, folgt der Einleitung zunächst ein Kapitel zur Zielproblematik in der Investitionsrechnung. Es schließen sich drei große Kapitel an, von denen jedes einen Spezialfall des folgenden darstellt.

Zuerst wird die klassische Modellsituation des vollkommenen Kapitalmarkts bei Sicherheit untersucht. Der Steuerungszins ist hier ex ante eindeutig bestimmt. Eine repräsentative Auswahl von in der Praxis gerne verwendeten Zinssatz-Partialmodellen rundet die Darstellung ab.

Anschließend zeigt ein ausführliches Kapitel zum unvollkommenen Kapitalmarkt bei Sicherheit auf, wie die Steuerungszinssätze in ihrer Wirkung als *endogene Grenzzinsfüße* charakterisiert werden können. Das Schwergewicht der Darstellung liegt auf der geschlossenen und möglichst lückenlosen Herleitung der Lenkpreistheorie. Die Ergebnisse werden anschließend angewendet, um Auswege aus dem Dilemma der wertmäßigen Kosten zu suchen.

Das letzte Kapitel diskutiert zunächst verschiedene Vorschläge zur Lösung des Unsicherheitsproblems in der Investitionsrechnung. Darauf aufbauend wird eine Heuristik zur Schätzung endogener Grenzzinsfüße auf einem unvollkommenen Kapitalmarkt unter Unsicherheit vorgestellt. Das Verfahren beinhaltet gleichzeitig einen auf dezentral gegliederte Unternehmen anwendbaren Vorschlag zur organisatorischen Strukturierung der Investitionsrechnung.

2. Kapitel

Zielsetzungen in der Investitionstheorie

2 Zielsetzungen in der Investitionstheorie

2.1 Zielkategorien

2.1.1 Strategische versus operative Ziele

Mit einem Unternehmen werden üblicherweise erwerbswirtschaftliche Ziele verfolgt. Andere Ziele – wie z.B. Macht, Prestige, politischer Einfluß, Mildtätigkeit, Sicherung von Arbeitsplätzen, wirtschaftliche Autarkie, nationale Interessen – können ebenfalls eine Rolle spielen; sie sollen jedoch im folgenden außerhalb der Betrachtung bleiben.

Als oberstes Ziel eines Unternehmens kann die langfristige Sicherung seines Fortbestehens angesehen werden. Dies ist allerdings kein ökonomisch unbegründeter Selbstzweck, sondern setzt voraus, daß der *Unternehmenserfolg* den Eigentümern (Anteilseignern) eine befriedigende Verzinsung des bereitgestellten Eigenkapitals nachhaltig gewährleistet. Nur wenn die Fortführung des Unternehmens auf Dauer einen höheren Gewinn verspricht als die Wahl anderer Geldanlagemöglichkeiten, werden die Eigentümer ihre knappen Finanzmittel nicht zurückziehen, sondern danach streben, diese attraktive Einkommensquelle möglichst lange für sich zu erhalten.

Die Unternehmens*strategie* muß somit auf die langfristige Erschließung und Sicherung von Erfolgspotentialen abzielen. Demgegenüber kommt der *operativen* Unternehmenspolitik die Aufgabe zu, die geschaffenen Potentiale im Sinne der übergeordneten Zielsetzung zu nutzen.[1]

Eine Investitionsrechnung trägt Züge strategischen wie auch operativen Charakters. Sie dient strategischen Zielen, weil mit ihrer Hilfe langfristig bindende Entscheidungen über den Erwerb von Nutzungspotentialen (z.B. Investitionen in maschinelle Anlagen) und den Eintritt in Märkte (z.B. Diversifikation, Unternehmensakquisitionen) getroffen werden sollen. Mit der operativen Planung verbindet sie die quantitativ meßbare Zielsetzung; die als Folge der Investitionsrechnung resultierenden Zahlungsströme schlagen sich unmittelbar in der betrieblichen (operativen) Liquiditätsplanung nieder, und Investitionsrückflüsse, Abschreibungen und Zinsen beeinflussen direkt das Betriebsergebnis sowie den Jahresabschluß.

---

1 Unterhalb der operativen Zielebene schließt sich noch die *taktische* an; vgl. *GRAF VON MOLTKE*, Militärische Werke (1900), S. 291, *KOCH*, Integrierte Unternehmensplanung (1982), S. 36 f., *HERING*, Unternehmensbewertung (2014), S. 290, *ROLLBERG*, Integrierte Unternehmensplanung (2001), S. 24.

Strategische Grundsatzentscheidungen entziehen sich häufig der exakten quantitativen Beurteilung, weil das erforderliche Zahlenmaterial nicht mit hinreichender Genauigkeit geschätzt werden kann. Dies liegt einerseits an der die Grenze zuverlässiger Prognostizierbarkeit weit überschreitenden Länge des Planungszeitraums und andererseits an der Einmaligkeit der Entscheidungssituation, für die keinerlei Erfahrungswerte vorliegen. Derartige Grundsatzentscheidungen können nur durch eine im Kern *qualitative* Abwägung aller Chancen und Risiken vor dem Hintergrund der Stärken und Schwächen des Unternehmens gefällt werden. Das Unsicherheitsmoment ist dabei nicht durch Detailplanungen und Rechnungen eliminierbar, um so weniger, als die eigene Strategie am Markte i.d.R. auf rational handelnde und strategisch planende Gegenspieler (Konkurrenten) trifft.[1]

Beispielsweise läßt sich die Frage, ob die Produktion auf flexible Fertigungssysteme umgestellt werden soll, kaum durch eine Investitionsrechnung beantworten. Die finanziellen Lasten mögen zwar noch kalkulierbar sein, aber der Nutzen in Form künftiger Einsparungen bzw. erhöhter Überschüsse ist nicht quantifizierbar.[2] Dabei muß bedacht werden, daß einem Unternehmen, welches hinter dem technischen Stand zurückbleibt, langfristig der Verlust seiner Wettbewerbsfähigkeit droht.

Im folgenden werden nur noch solche *strategischen Investitionsobjekte* betrachtet, für die eine Zahlungsreihe wenigstens grob geschätzt[3] werden kann, ohne auf reine Spekulationen oder unbegründbare Prophezeiungen zurückgreifen zu müssen. Ferner sind lediglich diejenigen Projekte einer weiteren Beurteilung zuzuleiten, die den ersten qualitativen „Auswahlfilter" überstanden haben, d.h., die mit den strategischen Grundsatzentscheidungen in Einklang stehen.

Das Gewicht der Investitionsrechnung im strategischen Planungsprozeß steigt naturgemäß mit der Güte der verfügbaren quantitativen Informationen. Es sei aber nachdrücklich darauf hingewiesen, daß eine fundierte Investitionsentscheidung *immer* neben den quantitativen auch qualitative Argumente berücksichtigen muß. So kann es z.B. vorteilhaft sein, ein Projekt mit – für sich allein betrachtet – negativem Kapitalwert zu akzeptieren, wenn mit ihm eine aussichtsreiche *strategische Option* (wie etwa die Möglichkeit der „Eroberung" eines zukunftsträchtigen Marktes) verbunden ist.[4]

1 „Nur der Laie glaubt in dem Verlauf eines Feldzuges die konsequente Durchführung eines im voraus gefaßten, in allen Einzelheiten überlegten und bis ans Ende festgehaltenen, ursprünglichen Gedankens zu erblicken." *GRAF VON MOLTKE*, Militärische Werke (1900), S. 291 f.

2 Hypothesen über den langfristigen Stückkostenverlauf können sich z.B. auf den Erfahrungskurveneffekt gründen, vgl. *ADAM*, Produktion (1998), S. 469 ff.

3 Zur Kosten- bzw. Zahlungsschätzung im Anlagenbau vgl. z.B. *GELDERMANN*, Anlagenwirtschaft (2014).

4 Vgl. z.B. *MYERS*, Financial Strategy (1984), S. 134, *HERTER*, Optionen (1992), *LAUX*, Handlungsspielräume (1993), *DIXIT/PINDYCK*, Investment (1994), *HERING*, Unternehmensbewertung (2014), S. 293 ff., *KRUSCHWITZ*, Investitionsrechnung (2014), S. 388 ff.

Wenn gemäß der getroffenen Annahme nur solche strategischen Investitionsobjekte als Variable in der Investitionsrechnung auftreten, für die eine Zahlungsreihe begründet abgeschätzt werden kann, so ist es möglich, die oberste strategische Zielsetzung (langfristige Erhaltung der Ertragskraft) in das quantitative Ziel der Totalgewinnmaximierung zu transformieren. Die Zielgröße „Totalgewinn" hat den Vorteil, einerseits dem strategischen Ziel „Unternehmenserhalt" zu dienen und andererseits aus operativen, kontrollierbaren Zielgrößen zusammengesetzt zu sein. Sie schlägt die Brücke zwischen der strategischen und der operativen Planung und ist an dieser Stelle bewußt nur vage umschrieben worden. Die Operationalisierung des Gewinnbegriffs erfolgt im Unterkapitel 2.2.

2.1.2 Ziele bei Sicherheit versus Ziele bei Unsicherheit

Im Falle völliger Sicherheit entspricht der Planungshorizont der Lebensdauer des Unternehmens, und alle Handlungsalternativen sind mit allen ihren Zahlungskonsequenzen genau bekannt. Das Entscheidungsfeld ist *geschlossen*. Einer Totalgewinnmaximierung steht nichts im Wege.

Anders liegen die Dinge, wenn vom realistischen Fall begrenzter Voraussicht ausgegangen wird. *Unsicherheit* (im engeren, entscheidungstheoretischen Sinne) liegt vor, wenn die den zu planenden Maßnahmen zurechenbaren Zahlungsströme von alternativen Umwelt- bzw. Datensituationen abhängen und nicht bekannt ist, welche der für möglich gehaltenen Situationen eintreten wird. Die Zahlungsströme sind in diesem Fall *mehrwertig*. Absatz- und Kostenprognosen sind fast immer mit Unsicherheit verbunden, so daß vielfach subjektive Wahrscheinlichkeiten für den Eintritt bestimmter Datensituationen geschätzt werden. Diese Wahrscheinlichkeiten sind jedoch nicht rational überprüfbar. Häufig ist es daher lediglich möglich, Ober- und Untergrenzen näherungsweise anzugeben, innerhalb derer sich die Zahlungsüberschüsse voraussichtlich einstellen werden.

In der Investitionsrechnung sind im allgemeinen nicht nur die Elemente der Zahlungsreihen unsicher, sondern darüber hinaus die Zahl und Art der künftigen Handlungsalternativen und Restriktionen. Charakteristisch für praktische Investitionsplanungen ist ein *offenes Entscheidungsfeld*.[1] Mit fortschreitender Zeit treten immer neue Handlungsalternativen in das Entscheidungsfeld ein, und der Informationsstand hinsichtlich der Zahlungsreihen bereits bekannter Alternativen ändert sich. In einer derartigen Planungssituation ist eine „optimale" Lösung *ex ante*[2] überhaupt nicht mehr definiert. Es läßt sich allenfalls *im nachhinein* für einen *willkürlichen*, bereits erreichten Planungshorizont feststellen, welches Vorgehen rückschauend bis zu die-

1 Vgl. *ADAM*, Planung und Entscheidung (1996), S. 16-25.

2 Lat.: im voraus, im Gegensatz zu *ex post*: im nachhinein.

sem Zeitpunkt optimal gewesen wäre. Eine solche „Optimallösung“ muß aber nicht zielsetzungsgerecht für das zugrundeliegende Problem sein, weil das Unternehmen über den Planungshorizont hinaus fortgeführt wird. Bei offenem Entscheidungsfeld kann es grundsätzlich kein *Planungshorizonttheorem* geben, weil vor Erreichen des Planungshorizonts neue Handlungsmöglichkeiten oder Beschränkungen bekanntwerden können, die in ihren Konsequenzen über den Horizont hinausgreifen. Dadurch werden zeitlich vertikale Interdependenzen begründet, die wiederum Rückwirkungen auf die Vorteilhaftigkeit von Projekten haben können, deren Durchführung bereits geplant (oder verworfen) war. Zum Beispiel ist bei unerwartetem Eintritt einer Rezession zu prüfen, ob die verschlechterten Absatzaussichten eine Korrektur des vorgesehenen Investitionsprogramms erfordern.

Im folgenden soll unter *Unsicherheit* (im weiteren Sinne) die in der Realität gegebene Situation eines offenen Entscheidungsfeldes verstanden werden, in dem die Zahlungsströme der bereits bekannten Projekte nur näherungsweise quantifizierbar sind. Unsicherheit besteht somit in dreierlei Hinsicht:

1. Die Erwartungen über die Zahlungsströme sind mehrwertig.
2. Die Entscheidungsvariablen und Nebenbedingungen sind nicht alle bekannt.
3. Der Planungszeitraum ist unbestimmt.

Das Investitionsproblem bei Unsicherheit erweist sich als in hohem Maße *zielsetzungsdefekt*.[1] Eine Planung über die gesamte Lebensdauer des Unternehmens ist wegen der Datenunsicherheit nicht möglich, und die Wahl eines willkürlichen Planungshorizonts garantiert keine Lösung, die auch dem über den Horizont hinausgreifenden strategischen Oberziel gerecht wird. Es muß nach Ersatzzielen gesucht werden, deren positive Korrelation mit dem Oberziel wenigstens plausibel ist, wenn sie schon nicht nachgewiesen werden kann. Dabei ist es wichtig, sich die folgende Erkenntnis vor Augen zu führen: Kein noch so „ausgeklügeltes“ Verfahren kann für sich in Anspruch nehmen, *optimale* Investitionsentscheidungen bei Unsicherheit zu treffen. *Jede* Entscheidung kann sich nachträglich als falsch erweisen, wenn die eintretenden Fakten nicht mit den Erwartungen übereinstimmen.[2]

Investitionsplanung bei offenem Entscheidungsfeld ist also immer *heuristische* Planung.[3] Vorschläge zur Berücksichtigung der Unsicherheit sind daher nicht hinsichtlich ihrer Fähigkeit zu beurteilen, „die“ optimale Lösung zu finden – dies wäre auch gar nicht möglich, denn ein Optimum ist ex ante nicht definiert! Planungsverfahren

---

1 Zu den Strukturdefekten von Entscheidungsproblemen vgl. *ADAM*, Planung und Entscheidung (1996), S. 10 ff.

2 Vgl. *ALBACH*, Investitionsbudget bei Unsicherheit (1967), S. 503 f.

3 Vgl. *ADAM*, Planung und Entscheidung (1996), S. 15.

bei Unsicherheit können bestenfalls das Prädikat „zweckmäßig" oder „plausibel" verdienen; der Nachweis ihrer Optimalität in bezug auf das strategische Oberziel läßt sich nicht führen.

Im Hinblick auf die Zielsetzung bei Unsicherheit ist ein pragmatischer Standpunkt wie folgt zu charakterisieren:

- Unter Unsicherheit tritt neben das Gewinnziel ein *Sicherheitsziel*.[1] Jedes Investitionsobjekt wird gemäß der subjektiven Risikoneigung des Entscheidungsträgers daraufhin beurteilt, ob die Chancen die Risiken rechtfertigen. Kritisch sind insbesondere solche Objekte, die bei schlechtem Verlauf schwere Verluste verursachen oder sogar die Existenz des Unternehmens gefährden können. Schon im Vorfeld als „zu riskant" ausgesonderte Objekte gelangen gar nicht erst in die Investitionsrechnung, weil sie strategischen Grundsatzentscheidungen widersprechen (*qualitativer* Auswahlfilter; vgl. Abschnitt 2.1.1). Andere Objekte werden erst als Ergebnis der *Rechnung* verworfen, weil die Gefahr massiver Geldverluste zu groß ist. Das Sicherheitsziel hat zur Folge, daß sich die Entscheidung nicht mehr allein an der *Höhe*, sondern auch an der möglichen *Streuung* der Gewinnzielerreichung orientiert. Die zahlreichen hierzu entwickelten Planungsansätze werden unten im Kapitel 5 systematisiert. Das Sicherheitsziel muß jedoch nicht nur der Mehrwertigkeit von Zahlungsreihen Rechnung tragen, sondern auch der Offenheit des Entscheidungsfeldes (Variable und Planungshorizont). Diesem Zweck dienen *Flexibilität* und *Diversifikation*.

  Unsicherheit führt nur deshalb zum Zielsetzungsdefekt, weil eine einmal getroffene Investitionsentscheidung im allgemeinen nicht mehr ohne Schaden rückgängig gemacht werden kann. Bestünde vollständige *Flexibilität*, so könnte sich das Unternehmen an unerwartete Entwicklungen stets kurzfristig *verlustfrei* anpassen.[2] Eine Reaktion auf offene Entscheidungsfelder besteht daher in der Erhöhung der Flexibilität[3], z.B. durch Bevorzugung von Objekten mit möglichst umfassenden strategischen Optionen oder durch Investition in anpassungsfähige Technik (z.B. flexible Fertigungssysteme). Daneben trägt besonders die Verfügbarkeit finanzieller Reserven dazu bei, in einer zunehmend unsicheren Umwelt handlungsfähig zu bleiben. Die Investitionsplanung kann diesem Umstand Rechnung tragen, indem das Restriktionensystem um Nebenbedingungen erweitert wird, welche für jede Periode *materielle* (Kassenreserven, Wertpapiere) und *strukturelle Liquidität* (Einhaltung einer Mindest-Eigenkapitalquote zur Erhaltung der Kreditwürdigkeit)

---

1 Vgl. *JACOB*, Flexibilität (1974), S. 309 und 314 f., *KOCH*, Integrierte Unternehmensplanung (1982), S. 151 ff.

2 Vgl. *JACOB*, Unsicherheit (1967), S. 156 ff., *JACOB*, Flexibilität (1974), S. 322.

3 Man unterscheidet Bestands- und Entwicklungsflexibilität; vgl. *JACOB*, Betriebspolitik (1989), S. 18 f.

sicherstellen. Durch tatsächliche und potentielle Liquiditätsreserven bleibt die Anpassungsfähigkeit des Unternehmens gewährleistet: Unerwartete Investitionschancen können wahrgenommen und Rückschläge besser verkraftet werden, weil eine restlose Anspannung der Finanzmittel unterbleibt.[1] Auch die *Organisation des Planungsprozesses* vermag zur Flexibilität des Unternehmens beizutragen („flexible Planung", siehe unten, Abschnitt 5.1.1).

Dem Sicherheitsziel läßt sich nicht allein dadurch Rechnung tragen, daß potentiell existenzgefährdende Projekte ausgesondert und Anstrengungen zur Steigerung der Flexibilität unternommen werden. Ein drittes Sicherungsinstrument ist die *Diversifikation*. Die Portefeuilletheorie[2] lehrt, daß die Verlustgefahr durch breite Streuung der Aktivitäten auf zahlreiche, nicht oder wenig miteinander korrelierte Bereiche gesenkt werden kann. Die Wahrscheinlichkeit extremer negativer (wie auch positiver!) Abweichungen vom erwarteten Gewinn nimmt ab, weil die Kompensation unerwarteter Rückschläge bei einem Projekt durch überraschende Erfolge eines anderen möglich ist (*Risikoausgleich*).[3] Die Festlegung des gewünschten Grades an Diversifikation zählt zu den strategischen Grundsatzentscheidungen, da sie nicht durch Partialbetrachtungen, sondern nur durch eine gesamtunternehmensbezogene Analyse unter Berücksichtigung der langfristig zu erwartenden Marktgegebenheiten zu leisten ist. Stochastische Abhängigkeiten zwischen Zahlungsreihen können im Rahmen von Sensitivitäts- und Risikoanalysen nur berücksichtigt werden, sofern sie von derselben Instanz zu beurteilen sind. Die dezentralen Geschäftseinheiten sollten daher so abgegrenzt werden, daß zwischen ihren Entscheidungsbereichen möglichst geringe Interdependenzen bestehen.

- Weil die Festsetzung eines Planungshorizonts unter Unsicherheit stets willkürbehaftet ist, läßt sich eine allgemeingültige Empfehlung nicht geben. Es bietet sich an, den Planungszeitraum durch die Laufzeit der längsten zur Beurteilung vorliegenden Zahlungsreihe zu definieren. Es ist sinnlos, für weiter in der Zukunft liegende Perioden detailliert zu planen, wenn so gut wie keine verläßlichen Schätzungen der Zahlungsüberschüsse und Zinssätze verfügbar sind. Umgekehrt darf der Betrachtungszeitraum aber auch nicht zu kurz ausfallen, weil sonst die unmittelbar zu verwirklichenden Planungsergebnisse für die erste Periode im allgemeinen noch sehr sensibel auf eine Ausdehnung des Planungshorizonts reagieren. Ein längerer Planungszeitraum erlaubt die genauere Erfassung der zeitlich vertikalen Interdependenzen und verringert über den Abzinsungseffekt den Einfluß des *Restwertproblems*: Das Problem der Bewertung über den Horizont hinausreichender Nutzungs-

1 Vgl. *LAUX*, Flexible Planung (1969), S. 728.

2 Vgl. *MARKOWITZ*, Portfolio Selection (1952) und Unterabschnitt 5.2.2.1.

3 Vgl. *ADAM*, Investitionscontrolling (2000), S. 349 ff.

potentiale[1] stellt sich insbesondere für strategische Investitionsobjekte (z.B. Erwerb eines anderen Unternehmens). Eine Vernachlässigung der nach dem Planungshorizont zu erwartenden Zahlungen erscheint nicht angebracht. Die genaue Höhe des für sie anzusetzenden Barwerts ist aber unbekannt und wegen des Zielsetzungsdefekts *ex ante* nicht einmal theoretisch definiert.[2] Als Anhaltspunkte für den möglichen Wertansatz können der Restbuchwert oder der geschätzte Liquidationserlös bzw. Marktwert dienen.[3] Der Streubereich mag durch eine Sensitivitätsanalyse der erwarteten Zahlungen und der für möglich gehaltenen künftigen Steuerungszinsfüße ausgelotet werden. Da der unsichere Rest-Barwert planungstechnisch wie ein unsicherer Zahlungsüberschuß zu behandeln ist, wird auf dieses Spezialproblem im folgenden nicht mehr eingegangen.

- Das heuristische Vorgehen bei Unsicherheit baut auf den Erkenntnissen des Sicherheitsfalls auf. Es erscheint plausibel, daß Kriterien, die bei Sicherheit *optimale* Lösungen liefern, in einem offenen Entscheidungsfeld immerhin noch „gute" Ergebnisse versprechen. Optimalkriterien lassen sich aber nur unter der Prämisse (zumindest subjektiv) sicherer Erwartungen herleiten. Deshalb ist die theoretische Untersuchung des Sicherheitsfalls von großem Wert für die Konstruktion heuristischer Vorgehensweisen in einem offenen Entscheidungsfeld.

Die heuristische Problemstrukturierung besteht also zusammenfassend darin, für einen pragmatisch abgegrenzten Planungshorizont dasjenige Investitions- und Finanzierungsprogramm zu suchen, welches *vermutlich* den Totalgewinn[4] unter Berücksichtigung der Risikobereitschaft des Unternehmenseigners maximiert. Das quantitative Extremalziel wird durch zwei (überwiegend qualitative) Auswahlfilter ergänzt: Jedes akzeptierte Objekt muß mit den strategischen Grundsatzentscheidungen in Einklang stehen und hinsichtlich seines Beitrags zum Sicherheitsziel (Verzicht auf zu riskante, u.U. fatale Projekte; Flexibilität; Diversifikation) beurteilt werden.

---

[1] Vgl. *HAX*, Bewertungsprobleme (1967), S. 760 f., *ADAM*, Restwerte (1968), *ADAM*, Planung und Entscheidung (1996), S. 159 f., *WAGNER*, Zielfunktion (1971), S. 44 f. und 206 ff.

[2] Ex post lautet der richtige Wertansatz: Kapitalwert (Ertragswert) der tatsächlich eingetretenen Zahlungen, berechnet mit den für die gesamte Unternehmenslebensdauer zielsetzungsgerechten Steuerungszinssätzen. Die theoretisch richtige Bewertung setzt voraus, daß die Unternehmenslebensdauer endlich ist und alle während dieser Zeit angefallenen Daten sicher bekannt sind. Nur dann existiert (nachträglich) eine Optimallösung, und diese definiert den richtigen Wertansatz im Partialmodell.

[3] Vgl. *ADAM*, Restwerte (1968), S. 402 ff.

[4] Zur Konkretisierung des Totalgewinns als Vermögenszuwachs oder Einkommensstrom vgl. unten, Abschnitte 2.2.2 und 2.2.3. Das Ersatzziel Vermögens- oder Einkommensmaximierung erscheint mit dem langfristigen Oberziel Unternehmenserhalt kompatibel, sofern zusätzlich ein Endvermögen am Planungshorizont gefordert wird, welches ausreicht, um das Unternehmen auch jenseits des Planungshorizonts fortzuführen.

Im Kapitel 5 wird zu klären sein, mit welchen *Planungsmethoden* unter Unsicherheit innerhalb des so heuristisch abgegrenzten Entscheidungsfeldes zu operieren ist. Wie läßt sich erkennen, ob einzelne Objekte positiv oder negativ auf das heuristische Ersatzziel einwirken?

2.2 Zieldimensionen

2.2.1 Absolute versus relative Ziele

Die Einsicht, knappe Ressourcen möglichst gut auszunutzen, könnte zu dem Gedanken verleiten, die zugrunde gelegte Zielsetzung *relativ* zu formulieren. Ein relatives Ziel bezieht den absoluten Erfolg auf den Mitteleinsatz und trägt somit scheinbar der Tatsache Rechnung, daß das knappe Kapital *zuerst* dort investiert werden muß, wo es die höchste „Rendite" erbringt. Es ist jedoch ein Trugschluß, deshalb die *Maximierung* der Rentabilität als Verhältnis von Gewinn zu investiertem Kapital zum Ziel zu erheben.[1] Dies soll am Beispiel eines Einproduktunternehmens demonstriert werden, das die Fertigungskapazität (bzw. den Kapitalbedarf) für eine Planungsperiode festlegen möchte.

Gegeben seien die Gewinnfunktion G(x) und die Kapitalbedarfsfunktion K(x) in Abhängigkeit von der Produktionsmenge x des betrachteten Gutes. Beide Funktionen haben die Dimension „DM pro Planperiode" und mögen zweimal differenzierbar sein. Es gelte weiterhin $K(x) > 0$, $K'(x) > 0$ (positiver, mit der Produktionsmenge steigender Kapitalbedarf) und

$$\frac{d^2G}{dK^2} < 0$$

(abnehmender Grenzgewinn des Kapitals). Schließlich sei angenommen, daß die Rentabilitätsfunktion

$$R(x) := \frac{G(x)}{K(x)}$$

im Definitionsbereich genau ein relatives und zugleich absolutes Maximum aufweist. Die maximale Rentabilität möge positiv sein. Dann gilt folgende notwendige Bedingung:

---

[1] Vgl. *HAX*, Rentabilitätsmaximierung (1963), *KRUSCHWITZ*, Investitionsrechnung (2014), S. 14 f.

$$R'(x) = \frac{G'(x) \cdot K(x) - K'(x) \cdot G(x)}{[K(x)]^2} = 0 \quad \Rightarrow \quad \frac{G'(x)}{K'(x)} = \frac{G(x)}{K(x)}.$$

Die letzte Gleichung besagt, daß im Rentabilitätsmaximum der Grenzgewinn des Kapitals gleich dem Durchschnittsgewinn ist: Die Funktion der *Grenzrendite*

$$\frac{G'(x)}{K'(x)} = \frac{dG}{dx} \cdot \frac{dx}{dK} = \frac{dG}{dK}$$

schneidet die Funktion der Durchschnittsrendite in ihrem Maximum. Gemäß den getroffenen Annahmen ist demnach die Grenzrendite bei maximaler Rentabilität positiv, aber abnehmend. Dies bedeutet, daß sich der Gewinn durch Einsatz zusätzlichen Kapitals bei gleichzeitig sinkender Rentabilität noch steigern läßt, bis er sein Maximum bei einer Grenzrendite von null erreicht. Im Gewinnmaximum des Betriebes wird also mehr Kapital eingesetzt als im Rentabilitätsmaximum. Ein Zahlenbeispiel zu diesen Zusammenhängen findet sich in Abbildung 2-1 auf der folgenden Seite.

Warum sollte nun ein Unternehmen im Renditemaximum verharren und auf den zusätzlichen Gewinn verzichten? Dazu ein Beispiel: Ein Buchhändler ersteht am 2. Januar auf einem Flohmarkt für 1 DM ein altes Buch, das sich bei genauerer Untersuchung als wertvolles Unikat herausstellt und noch am selben Tag für 1500 DM an ein Antiquariat verkauft wird. Die Rendite dieses Geschäfts beträgt 149900%. Bei konsequenter Verfolgung des Ziels Rentabilitätsmaximierung dürfte der Händler im ganzen Jahr kein einziges Buch mehr verkaufen und müßte seinen Laden sofort für den Rest des Jahres schließen, denn jedes weitere Geschäft würde vermutlich die bisher erzielte Rendite verschlechtern. Die Unsinnigkeit dieser Schlußfolgerung dürfte einleuchten: Was nützt die hohe Rentabilität, wenn der absolute Jahresgewinn von nur 1499 DM nicht ausreicht, um die Entnahmewünsche des Unternehmenseigners zu befriedigen?[1]

Bei genauerer Betrachtung zeigt sich, daß eine „maximale" Rentabilität wertlos ist, wenn sie auf einen zu kleinen Kapitalbetrag bezogen ist, weil der geringe absolute Gewinn keine nennenswerten Ausschüttungen erlaubt. Vernünftigerweise wird einem Unternehmen so lange Kapital zugeführt, wie die sinkende Grenzrendite im Betrieb noch größer ist als die außerhalb des Betriebs erzielbare Verzinsung i (z.B. Kapitalmarktzins).[2] Ein sinnvolles Optimalitätskriterium lautet also nicht „Grenzrendite gleich Durchschnittsrendite" (G'/K' = G/K), sondern „Grenzrendite gleich Opportunitätszins" (G'/K' = i).

---

1 Vgl. zu ähnlichen Beispielen *ADAM*, Planung und Entscheidung (1996), S. 122 ff.

2 Vgl. *HAX*, Bewertungsprobleme (1967), S. 757, *MOXTER*, Kalkulationszinsfuß (1961), S. 189.

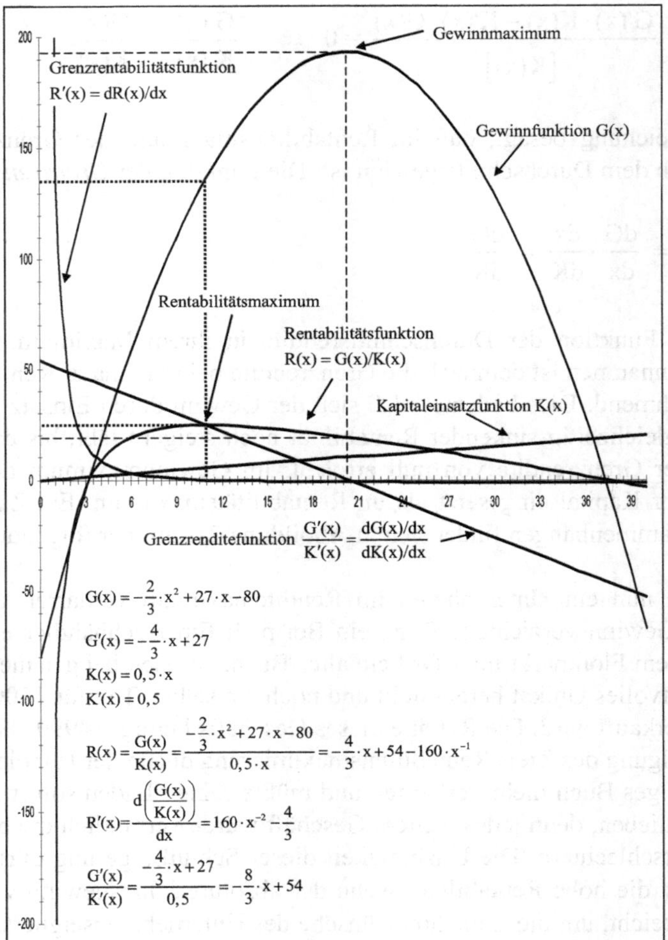

Abbildung 2-1: Rentabilitätsmaximierung vs. Gewinnmaximierung[1]

Genau zu diesem Ergebnis gelangt aber auch die Zielsetzung „Maximierung des Totalgewinns“. Der Totalgewinn G_T berücksichtigt *alle* Erfolgskomponenten, insbesondere die Opportunitätskosten des durch den Einsatz im Betrieb einer anderen Verwendung vorenthaltenen (eigenen) Kapitals (EK). Er lautet im Einperiodenmodell:

$$G_T(x) = G(x) + i \cdot (EK - K(x)).$$

---

1 Entnommen aus *HERING/TOLL*, BWL-Klausuren (2015), S. 10. Zu einem weiteren Zahlenbeispiel vgl. *MATSCHKE/HERING/KLINGELHÖFER*, Finanzplanung (2002), S. 4.

Als notwendiges Optimalitätskriterium resultiert aus $G_T'(x) = G'(x) - i \cdot K'(x) = 0$ die bereits genannte Bedingung

$$\frac{G'(x)}{K'(x)} = i,$$

was zu zeigen war.

Das an einem einfachen Modell hergeleitete Ergebnis läßt sich verallgemeinern. Die Maximierung der Rentabilität vernachlässigt die Verzinsung des im Optimum nicht benötigten Kapitals. Hohe Renditen spiegeln nicht unbedingt große Ertragskraft wider, sondern können auf einen u.U. sehr geringen Kapitaleinsatz zurückzuführen sein. Die Konstruktion eines variablen Kapitaleinsatzes erscheint somit unzweckmäßig, weil sie gegen das Prinzip der *Vergleichbarkeit* von Alternativen verstößt. In einem vollständig formulierten Entscheidungsfeld sind die vorhandenen eigenen Mittel eine im Planungszeitpunkt *fest* gegebene Größe. Dann aber kann statt des Quotienten aus Gewinn und konstantem Kapital auch gleich der absolute Gewinn selbst maximiert werden.

2.2.2 Zahlungsgrößenziele versus Erfolgsziele

Als Ergebnis des Unterkapitels 2.1 wird im folgenden die Zielsetzung *Totalgewinnmaximierung* der Investitionsrechnung zugrunde gelegt. Es bleibt zu klären, wie dieses Ziel operational zu definieren ist.

Sofern als Planungsperiode die gesamte Unternehmenslebensdauer gewählt wird, ergibt sich der *Totalgewinn* einfach als Summe sämtlicher Eigenkapitalausschüttungen, vermindert um alle von den Unternehmenseignern getätigten Kapitaleinlagen. Der Totalgewinn setzt sich unmittelbar aus Ein- und Auszahlungen zusammen. In einem *geschlossenen* Entscheidungsfeld sind daher Zahlungsgrößen- und Erfolgsziel identisch. Der Total*erfolg* ist zugleich eine *Zahlungsgröße*.

Da es den Eigentümern nicht gleichgültig sein dürfte, wann – d.h. auf welche Zeitpunkte verteilt – die Gewinnausschüttung an sie erfolgt, muß das Ziel der Totalgewinnmaximierung noch hinsichtlich der zeitlichen Konsumpräferenz der Eigentümer spezifiziert werden. Präferieren die Eigentümer z.B. eine „späte" Gewinnausschüttung, steigt der maximal erzielbare Totalgewinn des Unternehmens, da die zunächst zurückbehaltenen (thesaurierten) Mittel vor ihrer Ausschüttung erneut gewinnbringend investiert werden können. Die Konsumpräferenz wird im folgenden Abschnitt 2.2.3 behandelt.

Wenn ein *offenes* Entscheidungsfeld (vgl. Abschnitt 2.1.2) vorliegt, muß zusätzlich auf *heuristischem* Wege ein Planungshorizont gewählt werden. Bei der Wahl eines die Totalperiode nicht voll abdeckenden Planungshorizonts existiert allerdings ein Bewertungsproblem. Es resultiert aus dem Bedürfnis nach zeitlicher (bzw. sachlicher) Abgrenzung: Dem künstlich abgegrenzten Planungszeitraum (bzw. einem einzelnen Objekt) soll ein Erfolgsbeitrag zugerechnet werden, der genau seinem Anteil am Totalgewinn entspricht. Die *Erfolgsgrößen* Aufwand und Ertrag oder Kosten und Leistung ergeben sich aus der Periodisierung von *Zahlungs*größen; sie dienen konzeptionsbedingt eher kurzfristigen Betrachtungen.

Wegen ihrer strategischen Ausrichtung und des theoretischen Ideals einer Planung für die totale Unternehmenslebensdauer liegt es nahe, die Investitionsrechnung auf Zahlungsgrößen zu gründen. Ein- und Auszahlungen sind dimensionsgleiche Bestandteile des Totalgewinns. Sie können als Geldzuflüsse und -abflüsse unmittelbar beobachtet werden und unterliegen nicht wie z.B. die Kostengröße „Abschreibung" der Gefahr willkürlicher Manipulation. Erfolgsgrößen spielen in der Investitionsrechnung keine Rolle; sie sind nur insofern bedeutsam, als sie die Höhe von Zahlungsgrößen beeinflussen. So werden etwa Steuerzahlungen durch die Höhe des Periodenerfolgs determiniert. Lediglich bei der Schätzung des Restwerts von Objekten in einem offenen Entscheidungsfeld kann es notwendig sein, vom Prinzip der ausschließlichen Verwendung von Zahlungsgrößen abzuweichen. Zahlungsgrößen- und Erfolgsziel bleiben jedoch äquivalent, wenn der Restwert als fiktive Abschlußzahlung interpretiert wird (z.B. Restbuchwert als gedachte Einzahlung). Auf die Frage der Äquivalenz von erfolgs- und zahlungsgrößenbasierten Rechnungen wird noch im Rahmen des *LÜCKE-Theorems* zurückzukommen sein.[1]

2.2.3 Vermögensziele versus Einkommensziele

Die Maximierung des Totalgewinns erfordert bei fest gegebenen Einlagen die Maximierung der von den Unternehmenseignern getätigten Entnahmen. Die *Höhe* des erzielbaren Totalgewinns hängt allerdings von der gewünschten Entnahmestruktur bzw. den zeitlichen Konsumpräferenzen ab. Je später die Entnahmen durchgeführt werden, desto größer ist der Totalgewinn, sofern die im Unternehmen belassenen Mittel nicht durch Fehlentscheidungen verwirtschaftet werden. Liegt z.B. keine Konsumpräferenz für einen bestimmten Zeitpunkt oder eine bestimmte Entnahmestruktur vor, ist die Totalgewinnmaximierung äquivalent mit der Maximierung des Zahlungsmittelbestands am Planungshorizont (Endwertmaximierung).[2]

---

1 Vgl. Satz 38 im Unterabschnitt 4.2.6.4.1.

2 Dieses Ergebnis läßt sich auch auf anderem Wege bestätigen, indem im Rahmen eines linearen Optimierungsansatzes die Zielsetzung Gewinnmaximierung in das entsprechende Zahlungsgrößenziel überführt wird. *ADAM*, Zielfunktionen (1979) demonstriert dies am Beispiel des Endwertziels.

Welche Zahlungsgröße nun in dem heuristisch abgegrenzten Entscheidungsfeld zu maximieren ist, hängt allein von der Konsumpräferenz der Unternehmenseigner ab. Streben nach Wohlstand beinhaltet den Wunsch, das Vermögen zu mehren und gleichzeitig über ein hohes Einkommen zu verfügen.[1] Damit ergeben sich zwei grundsätzliche Möglichkeiten zur Operationalisierung der Zielsetzung:

- *Vermögensmaximierung*. Unter der Nebenbedingung eines fest vorgegebenen Einkommensstroms (Entnahmen von liquiden Mitteln in jeder Periode)[2] wird dasjenige Investitions- und Finanzierungsprogramm gesucht, welches eine maximale Geldausschüttung gemäß Konsumpräferenz ermöglicht. Für jeden Zeitpunkt ist ein Gewichtungsfaktor vorzugeben, der die subjektive Wertschätzung einer Ausschüttung (*Entnahme*) in Relation zu den anderen möglichen Ausschüttungszeitpunkten wiedergibt. Die Zielfunktion entspricht dann der Summe der gewichteten Entnahmebeträge. Es kann durchaus vorkommen, daß nach dieser Zielsetzung zu mehreren verschiedenen Zeitpunkten Vermögen entnommen wird.[3]

  Zwei wichtige Spezialfälle mit jeweils genau einer Vermögensentnahme sind zu unterscheiden: Wenn Ausschüttungen am Ende des Planungshorizonts mit eins und zu allen übrigen Zeitpunkten mit null gewichtet werden, liegt das Ziel *Endwertmaximierung* vor. Es sei darauf hingewiesen, daß es bei offenem Entscheidungsfeld u.U. nie zur tatsächlichen Ausschüttung des Endvermögens kommt, weil sich der Planungshorizont im Zeitablauf in die Zukunft vorschiebt. Bei jedem Planungsdurchlauf nach verbessertem Informationsstand wird also stets nur eine hypothetische Endausschüttung maximiert. Dies steht in Einklang mit der strategischen Zielsetzung der Unternehmensfortführung. Anders liegen die Dinge, wenn die Anfangsentnahmen im Planungszeitpunkt mit eins und alle übrigen Entnahmen mit null bewertet werden. Eine derartige *Barwertmaximierung* geht von der sofortigen Entnahme eines größtmöglichen Anfangsvermögens aus.[4] Weil aber der fest vorgegebene Einkommensstrom einzuhalten ist, muß die Barwertmaximierung nicht zwangsläufig auf eine vorzeitige Ausschüttung der Unternehmenssubstanz

---

1 Vgl. *SCHNEIDER*, Investition (1992), S. 65, *KRUSCHWITZ*, Endwert- und Entnahmemaximierung (1978), S. 549 f.

2 Aus Flexibilitätsgründen ist es ratsam, am Ende des Planungshorizonts eine zur Unternehmensfortsetzung hinreichende Kassenreserve vorzuschreiben.

3 Vgl. das Zahlenbeispiel des Unterabschnitts 4.2.3.1.

4 Der hier als *maximale Anfangsentnahme* (vgl. *HOBERG*, Investitionsentscheidungen (1984), S. 1057) definierte *Barwert* ist von einem mit fest vorgegebenen (oder willkürlichen) Kalkulationszinssätzen berechneten *Kapitalwert* streng zu unterscheiden. Das Ergebnis einer Kapitalwertmaximierung bei festen Kalkulationszinssätzen hängt ganz von der durch Nebenbedingungen zum Ausdruck gebrachten Konsumpräferenz ab – es kann z.B. mit der optimalen Lösung bei *End*wertmaximierung übereinstimmen! Vgl. *LAUX/FRANKE*, Investitions- und Finanzplanung (1969), S. 51 und 55, *ADAM*, Zielfunktionen (1979), S. 234.

hinauslaufen. Dies ist um so weniger zu erwarten, je höher das als Nebenbedingung einzuhaltende Endvermögen gewählt wird.[1]

- *Einkommensmaximierung*. Unter der Nebenbedingung fest vorgesehener Ausschüttungen zu einzelnen Zeitpunkten (insbesondere am Ende des Planungshorizonts) wird das Ziel verfolgt, die Breite eines *Entnahmestroms* zu maximieren. Im Unterschied zum allgemein definierten Vermögensziel (möglichst große Summe gewichteter Ausschüttungen) steht die Relation der noch disponiblen Entnahmebeträge von vornherein fest; sofern überhaupt ein positiver Entnahmestrom erzielbar ist, finden zu *jedem* Einkommenszeitpunkt Ausschüttungen über die fix vorgegebenen Entnahmen hinaus statt. Im einfachsten Fall eines „uniformen" Entnahmestroms steht in jeder Periode der gleiche Betrag als „Einkommen" neben den fixen Entnahmen zur Verfügung.

Vermögens- und Einkommensmaximierung sind im allgemeinen keine äquivalenten Ziele.[2] Ausschlaggebend für die Wahl der Zielsetzung in der Investitionsrechnung ist die Konsum- bzw. Entnahmepräferenz der Unternehmenseigner unter Berücksichtigung des strategischen Oberziels. Eine rationale Entscheidung zwischen Vermögen und Einkommen läßt sich nicht fällen, denn die Abgabe von Werturteilen über menschliche Präferenzen kann keine Aufgabe der Investitionstheorie sein. Es ist lediglich zu bedenken, daß zu frühe und zu hohe, eventuell sogar kreditfinanzierte Ausschüttungen dem langfristigen Fortbestand des Unternehmens abträglich sind. Ein strategisch begründetes Mindest-Endvermögen läßt sich aber ebensogut durch Restriktionen sicherstellen. Die Wahl der Zielsetzung ist dann weniger bedeutsam, als es auf den ersten Blick erscheint: Die durch Nebenbedingungen gegebenen fixen Ausschüttungen lassen u.U. nur noch wenig Spielraum für zusätzliche Entnahmen, so daß die zielsetzungsabhängige *optimale* Lösung wegen der geringen noch verbleibenden Freiheitsgrade kaum von der ersten *zulässigen* (die Restriktionen erfüllenden) Lösung abweicht.

Vermögens- oder Einkommensmaximierung auf der Basis von Zahlungsgrößen sind geeignete Ziele im heuristisch abgegrenzten Entscheidungsfeld (vgl. Unterkapitel 2.1), sofern die Durchsetzung von Konsumpräferenzen nicht zu einem bestandsgefährdenden Verlust an Unternehmenssubstanz führt.[3]

---

[1] Barwertmaximierung kommt z.B. als Ziel in Frage, wenn Erben oder ausscheidende Gesellschafter ausbezahlt werden sollen oder wenn die unsichere wirtschaftliche oder politische Entwicklung es ratsam erscheinen läßt, schnell große Geldsummen aus dem Unternehmen abzuziehen, um sie zu konsumieren oder anderweitig, ggf. im Ausland, sicherer anzulegen.

[2] Vgl. z.B. *ADAM*, Zielfunktionen (1979), *KRUSCHWITZ/FISCHER*, Endwert- und Entnahmemaximierung (1978).

[3] Zur Kritik an den skizzierten linearen Zielfunktionen vgl. z.B. *DRUKARCZYK*, Konsumpräferenz (1970). Nichtlineare mehrperiodige Nutzenfunktionen stellen allerdings keine operationale Alternative dar.

2.3 Konsum- versus Zeitpräferenz

Sofern auf einem Kapitalmarkt Finanzmittel verzinslich angelegt werden können, hängt der Wert eines Geldbetrages auch von dem *Zeitpunkt* ab, in dem er zur Verfügung steht. Eine Zahlung bestimmter Höhe ist um so wertvoller, je *früher* sie anfällt, weil sie dann um so länger Zinsen abwirft. Die Existenz des Zinssatzes impliziert automatisch eine bestimmte *Zeitpräferenz des Geldes*.[1]

Beispiel. Bei einem Habenzins von i = 10% p.a. ist es nicht gleichgültig, ob ein Betrag von 110 DM heute oder erst in einem Jahr ansteht. Die sofortige Zahlung ist vorzuziehen, weil sie in dem betrachteten Jahr um 10% Zinsen auf 110 DM · 1,1 = 121 DM *anwächst*. Analog werden aus heute 100 DM in einem Jahr 110 DM. Die Alternative „110 DM in einem Jahr" hat daher *heute* nur den *niedrigeren* „Kapitalwert" 100 DM.

Die *Konsumpräferenz* des Investors kommt in seinem subjektiv festgelegten Entnahmeziel (Vermögens- oder Einkommensmaximierung, vgl. Abschnitt 2.2.3) zum Ausdruck. Sie bestimmt darüber, in welchem Umfang und mit welcher zeitlichen Struktur die Ausschüttungen (Entnahmen von Zahlungsmitteln) vorgenommen werden.

Auf einem *vollkommenen* Kapitalmarkt (ausführlich dazu: Kapitel 3) sind die Steuerungszinsfüße und damit auch die Zeitpräferenz des Geldes *unabhängig* von der individuellen Konsumpräferenz. Die Zielsetzung hat keinen Einfluß auf die Lenkpreise. Daher läßt sich die Frage der Vorteilhaftigkeit eines Zahlungsstroms (Zeitpräferenz) von der Entscheidung über die gewünschten Entnahmezeitpunkte (Konsumpräferenz) *trennen*. Eine derartige *Separation* scheitert, sobald ein *unvollkommener* Kapitalmarkt (ausführlich dazu: Kapitel 4) vorliegt. In diesem Falle determiniert die subjektive Konsumpräferenz die anzuwendenden Abzinsungsfaktoren. Die Zeitpräferenz des Geldes ist damit kein Marktdatum mehr, sondern eine unternehmensindividuelle Größe.

Nur wenn auf einem vollkommenen Markt Zeit- und Konsumpräferenz separierbar sind, kann die Unternehmensleitung ihre Investitionsentscheidungen ohne Rücksicht auf die Entnahmewünsche der Eigentümer fällen, d.h., die Ausschüttungspolitik erfolgt getrennt von der Investitions- und Finanzierungspolitik. Sobald ein unvollkommener Kapitalmarkt vorliegt, werden Investitions-, Finanzierungs- und Konsumentscheidungen interdependent. Die Konsumpräferenz hat dann Einfluß auf die Investitionsentscheidungen, welche ihrerseits zugleich von den Finanzierungsentscheidungen abhängen.[2]

---

1 Vgl. *JONAS*, Rentabilitätsrechnung (1961), S. 4 f.

2 Der Rest dieses Unterkapitels ist entnommen aus *HERING*, Investition und Unternehmensbewertung (2002), S. 5-11.

Diese Zusammenhänge seien vorab am Einperiodenbeispiel des *FISHER-HIRSHLEIFER-Modells* erläutert.[1] Die Rübezahl AG verfüge über liquides eigenes Kapital (EK) in Höhe von 500 (Geldeinheiten, z.B. DM, €, Pesos) sowie eine Sachinvestitionsmöglichkeit, die in Abhängigkeit von der heute (Zeitpunkt t = 0) fälligen Anschaffungsauszahlung a_0 eine zukünftige Einzahlung e_1 (morgen, t = 1) gemäß folgender Funktionsvorschrift generiert:

$$e_1 = -0{,}001\ a_0^2 + 2\ a_0.$$

Abbildung 2-2 zeigt den Graphen der Rückflußfunktion, welcher den Zusammenhang zwischen „Auszahlung heute" (a_0) und „Einzahlung morgen" (e_1) wiedergibt.

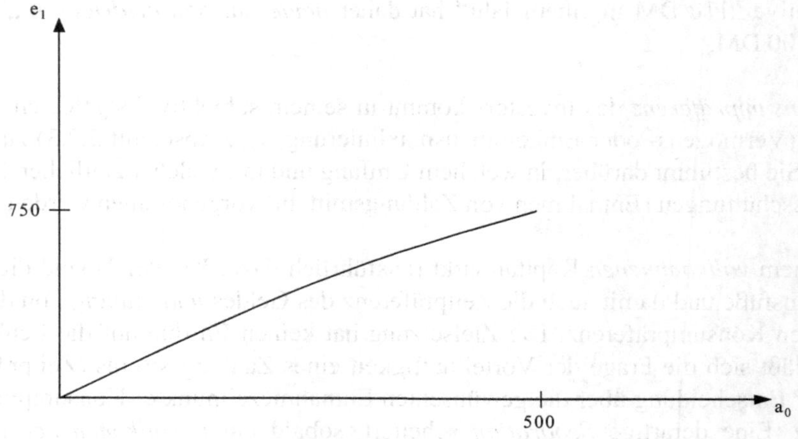

Abbildung 2-2: Rückflußfunktion der Sachinvestition

Der Eigentümer der Rübezahl AG möchte seinen Konsumnutzen U maximieren, welcher (der Einfachheit halber) durch die Nutzenfunktion $U = C_0 \cdot C_1$ definiert sei. Dabei bedeutet C_t die Konsummöglichkeit durch Geldentnahme im Zeitpunkt t (t = 0 = heute oder t = 1 = morgen). Die Kurvenzüge gleichen Nutzens (*Isonutzenkurven*) gehorchen also im C_0-C_1-Diagramm der Funktionsvorschrift $C_1 = U/C_0$. Eine Nutzensteigerung verschiebt demnach die Isonutzenkurve nach rechts oben. Das maximal erreichbare Nutzenniveau hängt vom optimalen Umfang der Sachinvestition ab. Um die Rückflußfunktion der Abbildung 2-2 in das C_0-C_1-Diagramm zu überführen,

[1] Vgl. *FISHER*, Theory of Interest (1930), S. 263 ff., *HIRSHLEIFER*, Optimal Investment Decision (1958) sowie auch *HAX*, Investitionstheorie (1985), S. 74 ff., *MATSCHKE*, Investitionsplanung (1993), S. 86 ff., *KLINGELHÖFER*, Hirshleifer-Modell (1999), *BITZ/EWERT/TERSTEGE*, Investition (2012), S. 229 ff., *MINDERMANN*, Investitionsrechnung (2015), S. 89 ff.

bedarf es einer Koordinatenumrechnung. Da in t = 0 nur konsumiert werden kann, was nicht investiert wird, gilt: $C_0 = EK - a_0 = 500 - a_0$. Der Konsum in t = 1 setzt hingegen einen entsprechend hohen Investitionsüberschuß voraus: $C_1 = e_1$. Einsetzen von $a_0 = 500 - C_0$ in die Funktion $C_1 = e_1 = -0{,}001\ a_0^2 + 2\ a_0$ liefert die Gleichung der *Transformationskurve*: $C_1 = -0{,}001\ C_0^2 - C_0 + 750$. Sie entspricht der an der vertikalen Achse gespiegelten Rückflußfunktion und gibt an, wie sich mit Hilfe der Sachinvestition Gegenwartskonsum C_0 gegen Zukunftskonsum C_1 austauschen läßt.

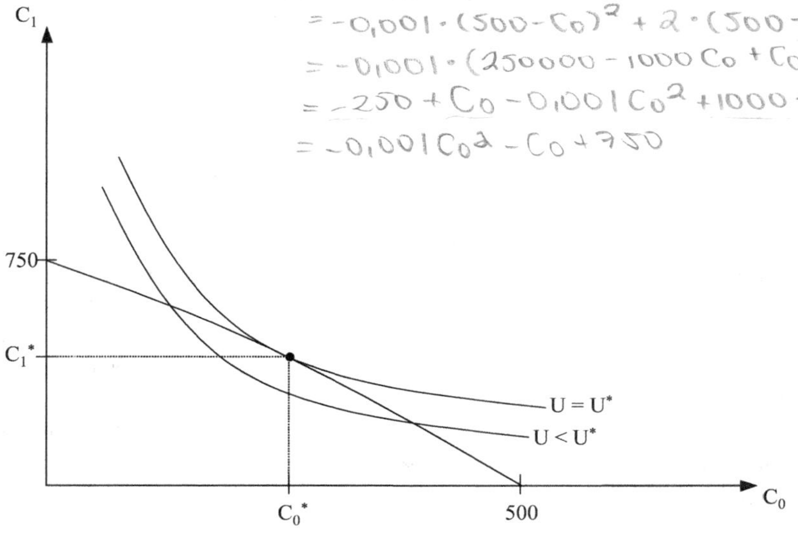

Abbildung 2-3: Optimaler Konsumplan ohne Kapitalmarkt

Die Abbildung 2-3 zeigt die Transformationskurve sowie den optimalen, d.h. nutzenmaximalen Konsumplan. Letzterer liegt dort, wo die zugehörige Isonutzenkurve so weit außen liegt (also so hohen Nutzen anzeigt), daß sie letztmals durch einen Punkt (C_0*, C_1*) auf der Transformationskurve erreicht werden kann. Beide Kurven tangieren sich an dieser Stelle, d.h., die dem maximalen Nutzen U = U* zugeordnete Isonutzenkurve hat dort die gleiche Steigung wie die Transformationskurve. Die tiefer gelegenen Kurven geringeren Nutzens (U < U*) schneiden die Transformationskurve hingegen an zwei Stellen.

Numerisch ergibt sich im Beispiel durch Differentiation nach C_0 und Nullsetzen der ersten Ableitung:

$$U = C_0 \cdot C_1 = -0{,}001\ C_0^3 - C_0^2 + 750\ C_0$$

$\Rightarrow \quad U' = -0{,}003\ C_0^2 - 2\ C_0 + 750 = 0$

$\Rightarrow \quad C_0^* = 267{,}592$ und $C_1^* = 410{,}803$ mit $U^* = 109.927{,}468$.

Ohne Vorhandensein eines Kapitalmarkts kann also mit Hilfe der Sachinvestition und des verfügbaren Eigenkapitals ein Nutzenmaximum von 109.927,468 verwirklicht werden. Das optimale Sachinvestitionsvolumen a_0^* (= 500 – C_0^* = 232,408) wird *simultan*, d.h. *untrennbar* gemeinsam mit dem optimalen Konsumplan bestimmt. Anders gesagt: Ohne Kapitalmarkt ist es nicht möglich, zuerst das optimale Sachinvestitionsvolumen und dann im zweiten Schritt den optimalen Konsumplan zu ermitteln. Beide Planungsbereiche bedingen einander; sie sind *interdependent*.

Im Falle des vollkommenen Kapitalmarkts wird diese Verknüpfung aufgehoben. Die beliebige Verfügbarkeit von Krediten und Geldanlagen zum Marktzinssatz i erlaubt es dem Investor ganz unabhängig von seinem Sachinvestitionsprogramm, Gegenwarts- und Zukunftskonsum allein durch Kapitalmarktgeschäfte gegeneinander auszutauschen. Bei einer heutigen Kreditaufnahme wird eine C_0-Steigerung um 1 *ceteris paribus* mit einer morgigen C_1-Senkung von 1 + i erkauft, während umgekehrt eine den Gegenwartskonsum C_0 um 1 senkende Geldanlage den Zukunftskonsum C_1 um den Betrag 1 + i erhöht. Graphisch ist also der Transformationskurve der Sachinvestition noch die mit der Steigung – (1 + i) versehene *Zinsgerade* des Kapitalmarkts hinzuzufügen. Um auf ihr möglichst hohe Konsumwerte zu erreichen, muß die Zinsgerade so weit außen wie nur möglich angesetzt werden, d.h. als Tangente an die Transformationskurve der Sachinvestition. Dadurch ist im ersten Schritt das optimale Sachinvestitionsvolumen a_0^* bereits determiniert: Es liegt am Tangentialpunkt von Transformationskurve und Zinsgeraden, also dort, wo die Grenzrendite der Sachinvestition genau der Marktrendite i entspricht. Ein größeres Sachinvestitionsvolumen als a_0^* lohnt sich nicht, da die Verzinsung geringer wäre als der am Markt erzielbare Zins i. Kleinere Volumina als a_0^* sind ebenfalls erkennbar suboptimal, weil die bei der Sachinvestition mit der nächsten Mark erzielbare Verzinsung (Grenzrendite) dann noch größer ist als der am Markt erzielbare Zins i. Es wäre also ganz unabhängig von der Gestalt der Konsumnutzenfunktion U unvernünftig, das Sachinvestitionsvolumen anders zu bemessen als exakt in der Höhe a_0^*. Die Investitions- ist damit von der Konsumentscheidung trennbar; das optimale Sachinvestitionsvolumen ist unabhängig von der Konsumpräferenz des Unternehmenseigners (*FISHER-Separation*). Abbildung 2-4 zeigt diesen sogenannten FISHER-Fall (oder das FISHER-Modell).

Im Zahlenbeispiel ist zunächst die Gleichung der Zinsgeraden zu bestimmen. Der Zinssatz zwischen t = 0 und t = 1 möge i = 25% = 0,25 betragen. Im Tangentialpunkt von Transformationskurve ($C_1 = -0{,}001\ C_0^2 - C_0 + 750$) und Zinsgerade muß gelten:

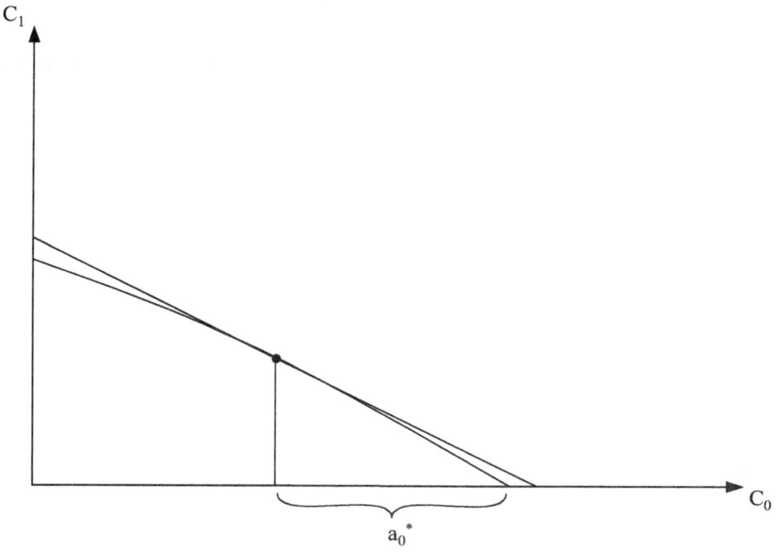

Abbildung 2-4: Optimales Sachinvestitionsvolumen im FISHER-Fall

$$\frac{dC_1}{dC_0} = \underbrace{-0{,}002\ C_0 - 1}_{\text{Steigung der Transformationskurve}} = \underbrace{-1{,}25}_{\text{Steigung der Zinsgeraden}} .$$

Hieraus folgt $C_0 = 125$ und durch Einsetzen in die Gleichung der Transformationskurve $C_1 = 609{,}375$. Wenn dieser Punkt auf der Zinsgeraden liegen soll, muß sie folgende Gleichung haben: $C_1 = 609{,}375 - 1{,}25 \cdot (C_0 - 125) = 765{,}625 - 1{,}25\ C_0$. Das optimale Investitionsvolumen errechnet sich also als $a_0^* = 500 - 125 = 375$. Dieses Ergebnis gilt unabhängig von der Konsumpräferenz des Unternehmenseigners, da seine Konsumnutzenfunktion für die Herleitung gar nicht benötigt wurde.

Erst im zweiten, von der Investitionsentscheidung ($a_0^* = 375$) deutlich trennbaren Schritt wird die Konsumnutzenfunktion bedeutsam. Zur Bestimmung des optimalen Konsumplans ist wieder wie im Fall ohne Kapitalmarkt vorzugehen, wobei lediglich die Zinsgerade an die Stelle der Transformationskurve tritt. Die Existenz des Kapitalmarkts hat graphisch den Raum der erreichbaren Konsumpläne über die Grenze der Transformationskurve hinaus erweitert.

$$U = C_0 \cdot C_1 = 765{,}625\ C_0 - 1{,}25\ C_0^2$$

$$\Rightarrow \quad U' = 765{,}625 - 2{,}5\ C_0 = 0$$

$\Rightarrow$ $C_0^* = 306{,}25$ und (Zinsgerade!) $C_1^* = 382{,}8125$ mit $U^* = 117.236{,}3281$.

Die Existenz des Kapitalmarkts hat aufgrund der Erweiterung des Konsummöglichkeitenraums auch den erzielbaren Gesamtnutzen U^* gesteigert.

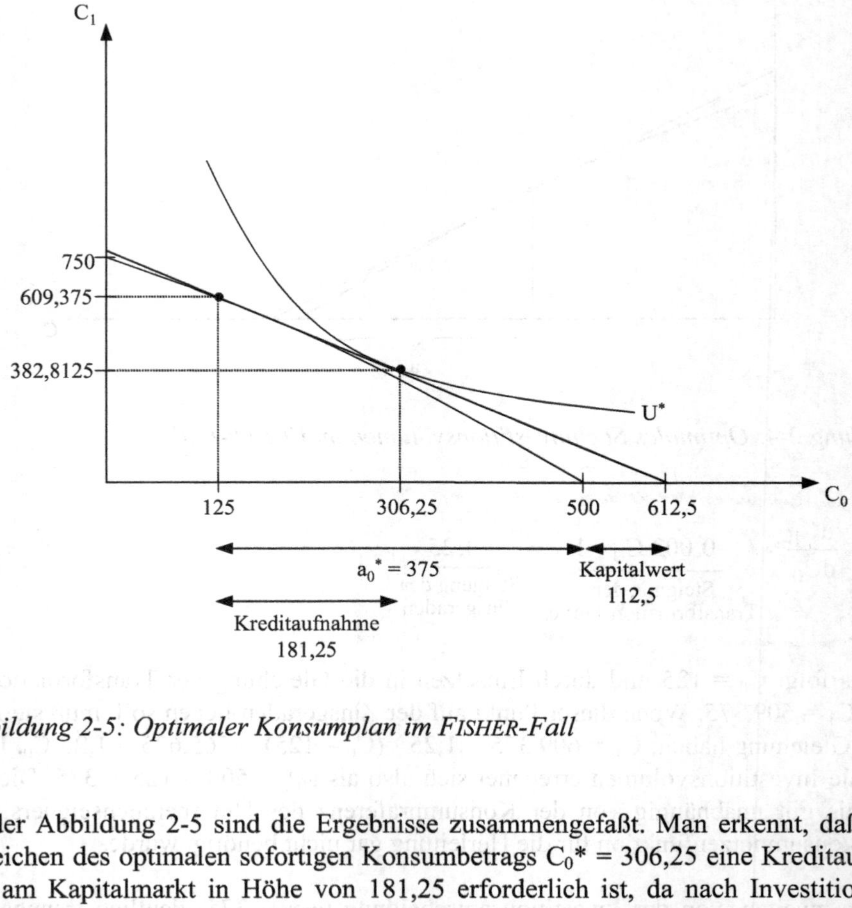

Abbildung 2-5: Optimaler Konsumplan im FISHER-Fall

In der Abbildung 2-5 sind die Ergebnisse zusammengefaßt. Man erkennt, daß zum Erreichen des optimalen sofortigen Konsumbetrags $C_0^* = 306{,}25$ eine Kreditaufnahme am Kapitalmarkt in Höhe von 181,25 erforderlich ist, da nach Investition des Betrags $a_0^* = 375$ die eigenen liquiden Mittel von 500 auf 125 reduziert sind. Dieser Kredit ist in t = 1 mit Zinsen zurückzuzahlen, so daß vom Investitionsrückfluß gerade der Zukunftskonsum verbleibt: $609{,}375 - 181{,}25 \cdot 1{,}25 = 382{,}8125 = C_1^*$.

Das Bild zeigt außerdem den *Kapitalwert* als Maß der Vorteilhaftigkeit der Sachinvestition im Verhältnis zum Kapitalmarktzins. Um durch Kapitalmarktanlage zu 25% einen Rückfluß von 609,375 zu erzielen, müßte der Betrag 609,375/1,25 = 487,5 als Geldanlage bereitgestellt werden. Die Sachinvestition kostet hingegen bei gleichem Rückfluß nur 375, so daß die Differenz 112,5 den Vorteil der Sachinvestition anzeigt. Im Bild ist der Kapitalwert als Differenz der C_0-Achsenabschnitte von Zinsgerade und Transformationskurve ablesbar. Rechnerisch ergibt er sich durch Abzinsen des Zahlungsstroms der Sachinvestition mit dem Marktzins: –375 + 609,375/1,25 = 112,5. Das optimale Sachinvestitionsvolumen maximiert den Kapitalwert.

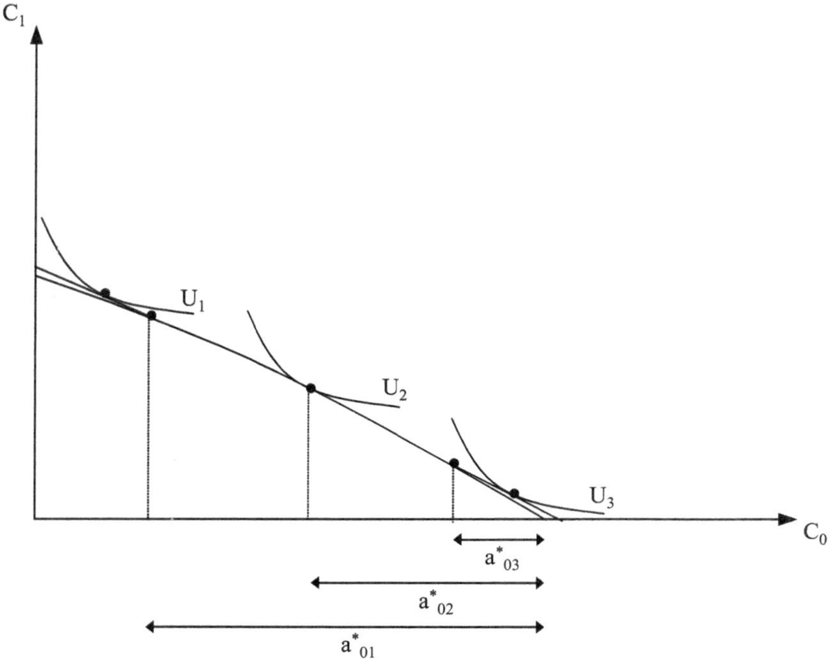

Abbildung 2-6: Mögliche optimale Konsumpläne im HIRSHLEIFER-Fall

Die FISHER-Separation verliert ihre Gültigkeit, sobald auf einem unvollkommenen Kapitalmarkt der Sollzins den Habenzins übersteigt (HIRSHLEIFER-Fall). Dann „zerbricht" die Zinsgerade in einen flacheren linken Ast (Habenzinsgerade) und einen steileren rechten Ast (Sollzinsgerade), so daß zwischen den beiden nun unterschiedlichen Tangentialpunkten die Transformationskurve wieder freigelegt wird; vgl. Abbildung 2-6. In einer solchen Situation hängt es erneut von der Konsumpräferenz ab, welches Sachinvestitionsvolumen optimal ist. Tangiert die Isonutzenfunktion im mittleren Bereich, gilt das oben für den Fall ohne Kapitalmarkt Gesagte (vgl. Abbildung 2-3 sowie U_2 und a_{02}* in Abbildung 2-6). Bei einem Tangentialpunkt auf der Habenzinsgeraden (vgl. U_1) sind alle Investitionen vorteilhaft, deren Grenzrendite den Habenzins übersteigt (optimales Investitionsvolumen a_{01}* in Abbildung 2-6). Liegt schließlich das Nutzenmaximum im Bereich der Sollzinsgeraden (vgl. U_3), werden nur noch diejenigen Investitionen realisiert, die mindestens den Sollzins tragen können (optimales Investitionsvolumen a_{03}* in Abbildung 2-6).

3. Kapitel

Investitionstheorie auf einem vollkommenen Kapitalmarkt unter Sicherheit

3 Investitionstheorie auf einem vollkommenen Kapitalmarkt unter Sicherheit

3.1 Merkmale eines vollkommenen Kapitalmarkts bei Sicherheit

Die Modellvorstellung des *vollkommenen Kapitalmarkts* wurzelt in der volkswirtschaftlichen Theorie.[1] Jeder einzelne Anbieter oder Nachfrager von Kapital ist für sich allein so unbedeutend, daß er keinen Einfluß auf den Marktpreis hat. Der Zinssatz i_t als Preis des homogenen Gutes „Kapital" ist für alle Marktteilnehmer in allen Perioden t des Planungszeitraums ein Datum. Im einfachsten Fall liegt eine *flache Zinsstruktur* vor, d.h., der Zinssatz i_t bleibt im Zeitablauf unverändert gleich i.

Der fest gegebene Marktzins i ist sowohl Soll- als auch Habenzins; es gibt keine Konditionenunterschiede bezüglich Eigen- oder Fremdkapital, Bonität, Auszahlungsbetrag und Fristigkeit. Außerdem ist Kapital kein knappes Gut: Zum Zinssatz i kann in beliebiger Höhe Kredit aufgenommen oder Geld angelegt werden. Weil andererseits stets „Geldanlagen" zum Zinssatz von 0% in beliebigem Umfang verfügbar sind (Kassenhaltung), gilt mit Sicherheit $i \geq 0$. Ein negativer Kreditzins ließe nämlich in Verbindung mit Kassenhaltung unendlich große sichere Gewinne (sog. *Arbitragegewinne*) zu. Kein Kreditgeber wäre aber bereit, unbegrenzte Verluste hinzunehmen – die Voraussetzung beliebiger Kapitalverfügbarkeit ist mit einem negativen Marktzins unvereinbar.

Die beiden Prämissen „Soll- = Habenzins = i" und „beliebige Verfügbarkeit von Kredit und Geldanlage" vereinfachen die Investitionsrechnung in fundamentaler Weise:

- Das Dilemma der Lenkpreistheorie existiert nicht mehr. Der richtige Steuerungszinsfuß ist ex ante bekannt und heißt i. Damit können optimale Investitions- und Finanzierungsentscheidungen mittels einfacher Partialmodelle getroffen werden. Außerdem gibt es kein Liquiditätsproblem mehr, weil jederzeit Kredite zum Zinssatz i verfügbar sind.

- Die Ziele Vermögens- und Einkommensmaximierung sind äquivalent. Änderungen der Konsumpräferenz haben keine Auswirkungen auf das optimale Investitions- und Finanzierungsprogramm. Lediglich die Höhe der zum Zinssatz i zu tätigenden Kredite und Geldanlagen ist noch zielsetzungsabhängig, da unterschiedliche Ausschüttungszeitpunkte unterschiedliche Dispositionen zum Kalkulationszins

---

[1] Vgl. z.B. *FISHER*, Theory of Interest (1930), S. 127 f., *SCHUMANN/MEYER/STRÖBELE*, Mikroökonomische Theorie (2007), S. 23 f. Zu den im Rahmen der Investitionsrechnung maßgeblichen Prämissen des vollkommenen Kapitalmarkts vgl. z.B. *ALBACH*, Investition und Liquidität (1962), S. 29 ff.

i erfordern (z.B. Geldanlagen bei gewünschter Endausschüttung, Kreditaufnahmen bei gewünschter Sofortausschüttung der Investitionsgewinne).

Die aus der Vollkommenheit des Marktes ableitbare Trennbarkeit der Investitions- von der Finanzierungsentscheidung ist unter dem Namen FISHER-Separation bekannt (vgl. oben, 2.3). Die Annahme homogenen Kapitals impliziert in Reinform, daß nur noch eine einzige Finanzierung existiert: der Kredit zum Kalkulationszins i. Im folgenden wird jedoch die Homogenitätsprämisse nicht in ihrer strengsten Form gefordert; d.h., es kann durchaus *betragsmäßig begrenzte* Finanzierungsobjekte geben, deren Konditionen vom Marktzins i abweichen (z.B. staatlich subventionierte Kredite).

In der Realität gibt es keinen vollkommenen Kapitalmarkt. Die auf der Vollkommenheitshypothese beruhenden Methoden können aber gleichwohl als Heuristiken eingesetzt werden, wenn die Differenz zwischen Soll- und Habenzins sehr gering ist und nicht damit gerechnet wird, beim Kreditbedarf oder der Geldanlage an Obergrenzen zu stoßen. Die strengen Prämissen müssen nicht wirklich erfüllt sein; aus Vereinfachungsgründen genügt es, wenn sie als näherungsweise gegeben angesehen werden können.[1] Für den Staat und bestimmte öffentliche Unternehmen spielt oft von vornherein nur der Sollzins (ohne erkennbare Verschuldungsobergrenze) eine Rolle.[2]

Falls alle zukünftigen Handlungsmöglichkeiten bekannt sind und die den Objekten zurechenbaren Zahlungen als sicher angenommen werden können, ist jedem zulässigen Investitions- und Finanzierungsprogramm ein eindeutiger Zielwert (z.B. Endwert) zugeordnet. Ein die vorgegebenen Restriktionen erfüllendes Programm heißt *optimal*, wenn es kein zulässiges Programm gibt, das zu einem höheren Zielwert führt. Die Beurteilung der rechnerischen Vorteilhaftigkeit einer Investition ist dann ein rein mathematisches Problem. Es existieren Algorithmen, mit denen ein optimales Investitions- und Finanzierungsprogramm unter Sicherheit ermittelt werden kann.[3]

---

1 Die Kritik an den klassischen Verfahren der Investitionsrechnung setzt in erster Linie an der Gültigkeit der Prämissen an; vgl. z.B. *SEHMER*, Kalkulationszinsfuß (1967), S. 13, *RUDOLPH*, Klassische Kapitalkostenkonzepte (1986), S. 608. Es muß in jedem Einzelfall entschieden werden, ob die Annahme eines vollkommenen Kapitalmarkts vertretbar ist.

2 Vgl. *MATSCHKE/HERING*, Kommunale Finanzierung (1998), S. 160. Für ein reales Fallbeispiel, das Investitionen im dreistelligen Millionenbereich betraf und mit den einfachen Methoden des vollkommenen Marktes lösbar war, vgl. *HERING*, Universitätsklinikum (2014).

3 Dies gilt nicht mehr, wenn mehrere Ziele gleichzeitig verfolgt werden. In der vorliegenden Arbeit wird aber die generelle Prämisse der Dominanz des quantitativen (Gewinn-) Ziels gesetzt. Andere Zielsetzungen finden entweder außerhalb der Investitionsrechnung Berücksichtigung (qualitative Kriterien) oder gehen mit Mindest-Anspruchsniveaus als Nebenbedingungen in die Rechnung ein. Ansätze zur simultanen Behandlung gleichrangiger Zielsetzungen werden daher (mit Ausnahme der Fuzzy-Logik) nicht dargestellt; vgl. hierzu aber z.B. *BAMBERG/COENENBERG/KRAPP*, Entscheidungslehre (2012), S. 45 ff., *DOMSCHKE/DREXL*, Operations Research (2011), S. 56 ff., *GÖTZE*, Investitionsrechnung (2014), S. 185 ff., *MOOG*, Mehrfachzielsetzung (1993); zu einer Anwendung vgl. z.B. *ROTHE*, Bewertung (2005).

3.2 Kalkulationszinssätze bei vollkommenem Kapitalmarkt

3.2.1 Einheitlicher Kalkulationszins

3.2.1.1 Reines Vorteilhaftigkeitsproblem

3.2.1.1.1 Gegenwartswert, Kapitalwert und Endwert

Zu beurteilen seien mehrere Zahlungsströme auf einem vollkommenen Kapitalmarkt bei Sicherheit. Jeder *Zahlungsstrom* charakterisiert jeweils ein Investitions- oder Finanzierungsobjekt und besteht aus einer Folge von Zahlungsüberschüssen (Differenzen aus Ein- und Auszahlungen). Aus Vereinfachungsgründen wird die Zeit diskret abgebildet, d.h., es gibt nur eine endliche Anzahl äquidistanter *Zahlungszeitpunkte* zwischen dem Planungszeitpunkt 0 und dem Planungshorizont n. Der Zeitraum zwischen den Punkten t – 1 und t heißt *Periode* t. Alle in einer Periode (z.B. Jahr, Monat) anfallenden Zahlungen werden auf das Periodenende bezogen, also aufsummiert und rechnerisch als Zahlungsüberschuß im Zeitpunkt t behandelt.[1]

Es sei g_{jt} der Zahlungsüberschuß des Objekts j im Zeitpunkt t. Dann heißt der Vektor $\mathbf{g}_j := (g_{j0}, g_{j1}, \dots, g_{jt}, \dots, g_{jn})$ *Zahlungsreihe* des Objekts j.[2] Zahlungsreihen von Investitionen beginnen i.d.R. mit negativen Zahlungsüberschüssen (*Auszahlungsüberschüssen*), denen positive (*Einzahlungs-*) Überschüsse folgen. Für Finanzierungen gilt das Umgekehrte. Es sind ohne weiteres Zahlungsströme vorstellbar, die weder klar als Investitions- noch als Finanzierungsobjekte klassifiziert werden können.[3] Eine solche Einordnung ist aber für die Beurteilung des Zahlungsstroms unwesentlich, weshalb im folgenden meist davon abgesehen wird, in der Symbolik zwischen Investitionen und Finanzierungen zu differenzieren.

Ein Zahlungsstrom ist vorteilhaft, wenn er die Entnahme von (nichtnegativen) Geldbeträgen gemäß der zugrunde gelegten Konsumpräferenz (Vermögens- oder Einkommensziel) gestattet. Dies soll am Beispiel des Ziels „Vermögensmaximierung zu einem festen, aber beliebigen Zeitpunkt t" gezeigt werden. Um zu berechnen, welche Ausschüttung die Zahlungsreihe $\mathbf{g}_j$ im Punkt t erlaubt, ist wie folgt vorzugehen:[4] Alle

1 Der Verzicht auf eine stetige Abbildung des Zeitablaufs ist theoretisch unbeachtlich, da die „Stützstellen" auf der Zeitachse beliebig dicht gelegt werden können. Es dürfte kaum erforderlich sein, ein Jahr in mehr als 365 Zahlungszeitpunkte zu unterteilen.

2 Der Begriff „Zahlungsreihe" hat sich in der Investitionstheorie eingebürgert. Korrekter wäre es, von einer Zahlungs*folge* bzw. einem (diskreten) Zahlungs*strom* zu sprechen.

3 *Beispiel*: Kundenanzahlung für ein zu bauendes Seeschiff, gefolgt von Auszahlungen der Werft von der Kiellegung bis zur Fertigstellung, gefolgt von der Zahlung des restlichen Kaufpreises nach Ablieferung des Schiffs an den Kunden.

4 Vgl. die Argumentation für t = 0 bei *HAX*, Investitionstheorie (1985), S. 33 f.

vor und nach t gelegenen Zahlungen sind durch entgegengerichtete Finanztransaktionen zum Zinssatz i auszugleichen, so daß nur noch in t ein von null abweichender Zahlungssaldo G_{jt} verbleiben kann. Die Zahlungsreihe $\mathbf{g}_j$ wird auf diese Weise auf den Zeitpunkt t konzentriert, d.h. zu einer Zahlungsreihe der übersichtlicheren Form (0, ... , 0, G_{jt}, 0, ... , 0) verdichtet („eingedampft“). Das mit dem Zahlungsstrom $\mathbf{g}_j$ verbundene Objekt ist genau dann vorteilhaft, wenn der Geldbetrag G_{jt} positiv (oder im Grenzfall null) ist. G_{jt} heißt *Gegenwartswert* des Objekts j zum Zeitpunkt t und gibt den Entnahmebetrag an, der bei Durchführung des Objekts im Vergleich zur Alternative „Unterlassung des Objekts“ *zusätzlich* anfällt. Er entspricht dem momentanen (gegenwärtigen) Vermögenswert im annahmegemäß betrachteten Bezugszeitpunkt t mit $0 \leq t \leq n$.

Der Ausartungsfall $G_{jt} = 0$ zählt deshalb noch zu den vorteilhaften Projekten, weil auch die zum Zinssatz i durchzuführenden erwünschten und damit „vorteilhaften“ Transaktionen einen Gegenwartswert von null haben. Die Geschäfte zum Zinssatz i sind die *Grenzobjekte* des vollkommenen Kapitalmarkts, da ihr Beitrag zum Entnahmeziel genau null beträgt. Sie ermöglichen die *Separation* der Investitions- von der Finanzierungsentscheidung (und umgekehrt): Jeder einzelne Zahlungsstrom kann isoliert am Kapitalmarktzins i gemessen werden; eine Simultanbetrachtung aller zur Wahl stehenden Objekte ist unnötig. Hieraus folgt insbesondere, daß kein Finanzierungsproblem mehr existiert: Die Vorteilhaftigkeit einer Investition hängt nicht von der Art der Finanzierung ab (FISHER-Separation).

Der Gegenwartswert G_{jt} entspricht der Zahlung g_{jt} zuzüglich der Rückflüsse aus den zum Ausgleich der Zahlungsreihe getätigten Transaktionen. Welchen Beitrag leistet die Zahlung g_{jk} mit $k \neq t$ zum Gegenwartswert? Vier Fälle sind zu unterscheiden.

Für $k < t$ und $g_{jk} \geq 0$ kann der Zahlungsüberschuß für eine Geldanlage mit der Laufzeit $t - k$ verwendet werden, die bis t mit Zins und Zinseszins auf den Betrag

$$g_{jk} \cdot (1 + i)^{t-k}$$

angewachsen ist.[1] Sofern g_{jk} negativ ist, muß im Punkt k ein Kredit aufgenommen werden, der in t den negativen Überschuß $g_{jk} \cdot (1 + i)^{t-k}$ bewirkt. Ähnlich ist für die Zeitpunkte nach t vorzugehen. Ein positives g_{jk} mit $k > t$ erlaubt in t die Aufnahme eines Kredits in Höhe des Barwerts von $g_{jk} \cdot (1 + i)^{t-k}$, während ein negatives g_{jk} eine

[1] Die Zinseszinsrechnung wird hier als aus der Schulmathematik bekannt vorausgesetzt. Sie findet sich kompakt wiederholt z.B. in *HERING*, Investition (2000), S. 441-445, *BITZ/EWERT/TERSTEGE*, Investition (2012), S. 38 ff., *HIRTH*, Finanzierung und Investition (2012), S. 10 ff., *DÄUMLER/GRABE*, Grundlagen (2007), S. 48 ff., *HERING*, Investition und Finanzierung (2008), S. 621 ff., *WÖHE/DÖRING*, Einführung (2013), S. 490 ff., *BIEG/KUßMAUL*, Investition (2009), S. 71 ff. Ausführlich siehe z.B. *ALTROGGE*, Finanzmathematik (1999), *KOBELT/SCHULTE*, Finanzmathematik (2006), *KRUSCHWITZ*, Finanzmathematik (2006).

Auszahlung von $g_{jk} \cdot (1 + i)^{t-k}$ erzwingt (Geldanlage), deren Rückfluß in k genau das Defizit g_{jk} verschwinden läßt. In allen Fällen ergibt sich der Beitrag zum Gegenwartswert durch Auf- oder Abzinsung des Überschusses g_{jk} auf den Zeitpunkt t. Wegen der Gleichheit von Soll- und Habenzinssatz können Kredite und Geldanlagen nebeneinander bestehen, ohne daß ein Kontenausgleich (Tilgung von Verbindlichkeiten bei entsprechender Verringerung der Geldanlagen) erforderlich ist. Die beliebige Verfügbarkeit von Kapital stellt sicher, daß die der Zahlungsreihe gegengerichteten Geschäfte zum Zinssatz i auch durchführbar sind. Damit gilt allgemein auf dem vollkommenen Kapitalmarkt für den

Gegenwartswert des Objekts j zum Zeitpunkt t:

$$G_{jt} := \sum_{k=0}^{n} g_{jk} \cdot (1+i)^{t-k}.$$

Es folgt $G_{jt} = G_{jk} \cdot (1 + i)^{t-k}$; d.h., Gegenwartswerte verschiedener Zeitpunkte unterscheiden sich nur durch einen positiven Zinsfaktor. Ist ein Gegenwartswert positiv (bzw. null), so sind auch alle anderen positiv (bzw. null). Die Vorteilhaftigkeit eines Objekts hängt somit nicht davon ab, welches Vermögensziel verfolgt wird; Barwert- und Endwertmaximierung führen bei vollkommenem Kapitalmarkt zum selben optimalen Investitions- und Finanzierungsprogramm. Es genügt daher, den Gegenwartswert für einen beliebigen Zeitpunkt zu kennen. Der zu diesem Zeitpunkt erzielbare Entnahmebetrag läßt sich durch die beschriebenen Finanztransaktionen zum Zinssatz i auf der Zeitachse frei hin- und herschieben. Je früher eine Entnahme erfolgen soll, desto kleiner ist allerdings der zugehörige Gegenwartswert.[1]

Obwohl – wie gezeigt – unabhängig von der Zielsetzung jeder beliebige Gegenwartswert als Entscheidungskriterium verwendet werden kann, sind zwei von ihnen wegen ihres direkten Bezugs zur Barwert- bzw. Endwertmaximierung besonders hervorgehoben: der

Kapitalwert

$$C_j := G_{j0}$$

und der

zusätzliche Endwert

$$\Delta EW_j := G_{jn} = C_j \cdot (1 + i)^n.$$

---

1 Die Abzinsung mit i spiegelt somit die *Zeitpräferenz des Geldes* wider, vgl. Unterkapitel 2.3.

Der Kapitalwert ist der Wert des betrachteten Objekts j im Zeitpunkt 0. Durch Finanztransaktionen zum Zinssatz i verschwindet die gesamte Zahlungsreihe bis auf den zu Beginn (in t = 0) verbleibenden Betrag C_j. Ist C_j positiv, so kann er sofort zu Konsumzwecken entnommen oder aber zum Zinssatz i angelegt werden. Bei negativem Kapitalwert wird das Objekt nicht verwirklicht. Für $C_j = 0$ ist es gleichgültig, ob Objekt j akzeptiert oder verworfen wird.

Falls der Investor die Summe der jeweils mit einem Gewicht $w_t \geq 0$ multiplizierten Entnahmen maximieren möchte (allgemeine Vermögensmaximierung nach Abschnitt 2.2.3), ist es optimal, einen positiven Kapitalwert C_j zum Zinssatz i anzulegen und das Guthaben G_{jt} in dem Zeitpunkt t zu entnehmen, für den das Produkt

$$w_t \cdot G_{jt} = w_t \cdot C_j \cdot (1 + i)^t$$

am größten ist.[1] Setzt etwa der Investor alle w_t auf eins (keine Präferenz für einen bestimmten Entnahmezeitpunkt), so lautet der optimale Entnahmezeitpunkt t = n (Endwertmaximierung), weil dann der entnahmefähige Gegenwartswert maximal ist. Die Konsumpräferenz legt nur fest, *wann* ein vorhandener Geldbetrag ausgeschüttet wird; sie hat bei vollkommenem Markt keinen Einfluß auf die Vorteilhaftigkeitsentscheidung. Das Vorzeichen des Kapitalwerts hängt allein von der Zeitpräferenz des Geldes ab, die – ohne Rücksicht auf die verfolgte Zielsetzung – im gegebenen Marktzins i zum Ausdruck kommt.

Auf dem vollkommenen Kapitalmarkt läßt sich der Kapitalwert sowohl *absolut* (Entnahmemöglichkeit) als auch *relativ* (Anfangsvorteil des Objekts *im Vergleich* mit der Geldanlage der vorhandenen Finanzmittel zum Zinssatz i) interpretieren. Ein positiver Kapitalwert kann, wie gezeigt, als absoluter Geldbetrag in t = 0 realisiert und, falls gewünscht, konsumiert werden. Die relative Interpretation wird dagegen deutlicher, wenn man zur Endwertbetrachtung übergeht. Falls in t = 0 eigene liquide Mittel in Höhe von EK verfügbar sind und mit dem zu beurteilenden Zahlungsstrom verrechnet werden, beträgt der

Endwert des Objekts j:

$$EW_j := (C_j + EK) \cdot (1 + i)^n = \Delta EW_j + EK \cdot (1 + i)^n.$$

Zum Zeitpunkt t = n fällt außer den mit i verzinsten eigenen Mitteln EK · $(1 + i)^n$ noch der aufgezinste Kapitalwert $C_j \cdot (1 + i)^n$ als *zusätzlicher Endwert* ΔEW_j an:

$$\Delta EW_j = EW_j - EK \cdot (1 + i)^n = C_j \cdot (1 + i)^n.$$

[1] Für $w_t = (1 + i)^{-t}$ sind alle Entnahmezeitpunkte gleichwertig. Die Konsumpräferenz stimmt dann mit der Zeitpräferenz des Geldes überein. Vgl. Unterkapitel 2.3.

Damit liegen nun mehrere äquivalente Optimalitätskriterien vor.

Das Objekt j ist genau dann vorteilhaft, wenn:

$$G_{jt} \geq 0 \quad \Leftrightarrow \quad C_j \geq 0 \quad \Leftrightarrow \quad \Delta EW_j \geq 0 \quad \Leftrightarrow \quad EW_j \geq EK \cdot (1+i)^n.$$

Die letzte Beziehung verdeutlicht die relative Interpretation des Kapitalwerts. Der Endwert der Investition (EW_j) ist genau dann größer als der Endwert der eigenen Mittel (Endwert der Opportunität bzw. Alternativanlage, $EK \cdot (1 + i)^n$), wenn C_j positiv ist. Der Kapitalwert beinhaltet also eine Aussage über die Vermögensmehrung der Investition relativ zu einer Finanzanlage der verfügbaren Mittel EK.

In der Literatur wird häufig dem Endwertkriterium der Vorzug gegeben, weil es als Vergleich zweier Kontostände am Planungshorizont besonders anschaulich sei.[1] Dieser Auffassung ist nicht zuzustimmen. Zum einen erfordert das Endwertkriterium die entscheidungslogisch unnötige und darüber hinaus willkürliche Zurechnung von „Eigenkapital“ bzw. eigenen liquiden Mitteln (EK) an einzelne Objekte. Zum anderen besitzt von allen Gegenwartswerten der Kapitalwert die einfachste Formel: Er entspricht schlicht dem *Barwert* der Zahlungsreihe, also der Summe der auf den Betrachtungszeitpunkt $t = 0$ abgezinsten Zahlungsüberschüsse g_{jt}.

Kapitalwert des Objekts j:

$$C_j = \sum_{t=0}^{n} g_{jt} \cdot (1+i)^{-t}.$$

Im folgenden wird deshalb stets der Kapitalwert als Entscheidungskriterium und „Hauptwert“ (C steht für *caput* = lat. Kopf, Haupt)[2] der Investitionstheorie und -rechnung zugrunde gelegt. Weil annahmegemäß keine objektübergreifenden Nebenbedingungen (Interdependenzen) bestehen, läßt sich das optimale Investitions- und Finanzierungs*programm* leicht ermitteln, indem für jedes Objekt der Kapitalwert berechnet wird. Es ergibt sich der nachstehende

1 Vgl. z.B. *BUCHNER*, Investitionsentscheidungen (1970), S. 299 und 312.

2 Vgl. *HERING*, Investition und Finanzierung (2008), S. 626. „Der Kapitalwerth C“ findet sich bereits in der frühen Quelle *VON OEYNHAUSEN*, Kapitalwert von märkischen Steinkohlenzechen (1822), S. 318. Das Abzinsen auf den Barwert war schon LEIBNIZ bekannt; vgl. *BROCKHOFF*, Geschichte (2014), S. 116.

Satz 1 **(Einzelentscheidungsregeln bei vollkommenem Kapitalmarkt)**:

I. Ist $C_j > 0$, so wird Objekt j in vollem Umfang durchgeführt.
II. Ist $C_j < 0$, so wird Objekt j nicht durchgeführt.
III. Ist $C_j = 0$, so wird Objekt j in beliebigem Umfang durchgeführt.

Fall I. beinhaltet die Vorteilhaftigkeit des Zahlungsstroms. Vorteilhafte Zahlungsströme werden natürlich immer im vollen Umfang realisiert (und nicht etwa nur zur Hälfte, was nur einen halb so großen Kapitalwert zur Folge hätte). Fall II. ist auch klar, denn ein negativer Kapitalwert bedeutet Zuschußbedarf anstatt Entnahmemöglichkeiten in t = 0. Fall III.: Objekte mit einem Kapitalwert von null können ohne Beeinträchtigung des Entnahmeziels durchgeführt oder auch unterlassen werden. Lediglich die Kapitalmarktgeschäfte zum Zinssatz i müssen gegebenenfalls in einer bestimmten Höhe abgeschlossen werden, um die Zahlungsströme der nach Fall I. vorteilhaften Objekte in die nach der Konsumpräferenz gewünschte Entnahmestruktur zu transformieren. Man beachte, daß als Folge der Regeln I. bis III. niemals ein Objekt nur teilweise durchgeführt werden *muß* (mit Ausnahme der annahmegemäß beliebig teilbaren Geschäfte zum Kalkulationszins i). Damit existiert kein *Ganzzahligkeitsproblem*. Die mit dem Partialmodell „Kapitalwertmethode" vorgenommene Beurteilung einzelner Zahlungsströme liefert automatisch ein zulässiges und optimales Gesamtprogramm.

Der einheitliche *Kalkulationszins* i ist der ex ante bekannte *Steuerungszins auf dem vollkommenen Kapitalmarkt*. Er kann auch als Opportunitätskostensatz gedeutet werden, weil er die am Markt erzielbare Rendite für alternativ zum Investitionsprogramm durchführbare Geldanlagen angibt.[1]

Nachdem die Zusammenhänge bislang abstrakt vermittelt worden sind, sollen sie im folgenden an einem Beispiel illustriert werden: Die Rübezahl AG beurteilt ein Investitionsprojekt mit der Zahlungsreihe (dimensioniert z.B. in 1.000 Mark) **g** = (–1.000, 200, 390, 460, 220) über fünf jährliche Zahlungszeitpunkte t ∈ {0, 1, 2, 3, 4}. Der Planungshorizont beträgt demnach n = 4 Jahre.[2]

Ein Zahlungsstrom ist vorteilhaft, wenn er eine Entnahme von Geldbeträgen gemäß der zugrunde gelegten Zielsetzung der Unternehmenseigner (Konsumpräferenz, Konsumnutzenfunktion) gestattet, welche bei Unterlassen der Investition nicht möglich wäre. Dies soll am Beispiel des Ziels „Barwertmaximierung" gezeigt werden. Angenommen, die Eigner der Rübezahl AG streben nach möglichst hohen Entnahmen im

[1] Vgl. z.B. SIEGEL, Abschreibungen (1983), S. 11.

[2] Zum Folgenden vgl. HERING, Investition und Unternehmensbewertung (2002), S. 14 ff.

Planungszeitpunkt t = 0 zum sofortigen Konsum.[1] Der Zins auf dem vollkommenen Kapitalmarkt betrage i = 5%. Ist unter diesen Umständen die Investition vorteilhaft? Die Frage läßt sich leicht beantworten, indem man die Zahlungsreihe durch geeignete *Gegengeschäfte* zum Kapitalmarktzins i auf den allein noch interessierenden Zeitpunkt t = 0 verdichtet. Da Kredite und Geldanlagen zu 5% beliebig verfügbar sind, kann zu t = 0 ein Kredit in Höhe von $220 \cdot 1{,}05^{-4}$ aufgenommen werden, der nach vier Jahren mit Zins und Zinseszins auf einen Betrag von $(220 \cdot 1{,}05^{-4}) \cdot 1{,}05^4 = 220$ angewachsen ist.[2] Der Investitionsüberschuß in t = 4 reicht gerade zur Ablösung dieser Schuld aus. Analog erlauben auch die Rückflüsse 200, 390 und 460 Kreditaufnahmen in Höhe des jeweiligen *Barwerts*. Die Zahlungsreihe **g** der Investition wird durch die vier Kredite exakt ausgeglichen, d.h. auf null gestellt. Nur im Zeitpunkt t = 0 kann noch ein von null verschiedener Zahlungssaldo verbleiben, vgl. Tabelle 3-1.

In der ersten Spalte ergibt sich als Summe aller Zahlungen im Zeitpunkt t = 0:

$$C = -1000 + \frac{200}{1{,}05} + \frac{390}{1{,}05^2} + \frac{460}{1{,}05^3} + \frac{220}{1{,}05^4} = 122{,}57753.$$

	t = 0	t = 1	t = 2	t = 3	t = 4
	−1000	**200**	**390**	**460**	**220**
5%	$220 \cdot 1{,}05^{-4}$				−220
5%	$460 \cdot 1{,}05^{-3}$			−460	**0**
5%	$390 \cdot 1{,}05^{-2}$		−390	**0**	
5%	$200 \cdot 1{,}05^{-1}$	−200	**0**		
C	**122,57753**	**0**			

Tabelle 3-1: Kapitalwert als Entnahmemöglichkeit in t = 0

Ob die Investition nun in bezug auf das Ziel „Barwertmaximierung" vorteilhaft ist, erkennt man durch Betrachtung des in t = 0 verbleibenden Zahlungssaldos: Die Summe der zufließenden Kreditbeträge übersteigt die Anschaffungsauszahlung der Inve-

1 Im diesem – nunmehr mehrperiodigen – FISHER-Modell gelte also die lineare Konsumnutzenfunktion $U = C_0$. Vgl. oben, Unterkapitel 2.3.

2 Zur als aus der Schulmathematik bekannt vorausgesetzten Zinseszinsrechnung siehe den Literaturhinweis oben. In aller Kürze: Verfügt man heute (t = 0) über ein Kapital in Höhe von K_0, so wird daraus durch Anlage zum Zinssatz i nach einem Jahr (t = 1) ein Betrag von $K_1 = K_0 + i \cdot K_0 = K_0 \cdot (1 + i)$. Legt man diese Summe weiter an, resultiert am Ende des zweiten Jahres (t = 2) ein Guthaben von $K_2 = K_1 \cdot (1 + i) = K_0 \cdot (1 + i)^2$. Nach drei Jahren (t = 3) beträgt der Kontostand schon $K_3 = K_2 \cdot (1 + i) = K_0 \cdot (1 + i)^3$ und nach n Jahren (t = n) schließlich $K_n = K_0 \cdot (1 + i)^n$ (*Zinseszinsformel*). Umgekehrt errechnet sich demnach der heutige Wert (Barwert zu t = 0) eines zum Zeitpunkt t = n verfügbaren Geldbetrages K_n als $K_0 = K_n \cdot (1 + i)^{-n}$ oder $K_0 = K_n / (1 + i)^n$.

stition um 122,57753. Dieser Betrag ist der Kapitalwert C (Nettobarwert, daher in der angelsächsischen Literatur *net present value*) der Zahlungsreihe und steht sofort zum Konsum zur Verfügung, wenn man die Investition durchführt und ihre späteren Einzahlungen durch Kredite „glattstellt“, wie es Tabelle 3-1 zeigt.

In einer anderen Interpretation läßt sich der Kapitalwert als Auszahlungsminderbetrag in $t = 0$ gegenüber einer einzahlungsgleichen Finanzinvestition deuten.[1] Um nämlich die Einzahlungen 200, 390, 460, 220 durch 5%-Geldanlagen am Kapitalmarkt zu erzeugen, müßte (vgl. wiederum, aber mit umgekehrten Vorzeichen, Tabelle 3-1, sowie Tabelle 3-2) ein Gesamtbetrag von 1122,57753 ausgegeben werden, während die Sachinvestition den gleichen Zahlungsstrom liefert, aber nur 1000 kostet. Die Investition bietet also einen sofortigen Auszahlungsvorteil in Höhe ihres Kapitalwerts.

	t = 0	t = 1	t = 2	t = 3	t = 4
	–1000	**200**	**390**	**460**	**220**
5%	$-220 \cdot 1{,}05^{-4}$				220
5%	$-460 \cdot 1{,}05^{-3}$			460	**220**
5%	$-390 \cdot 1{,}05^{-2}$		390	**460**	
5%	$-200 \cdot 1{,}05^{-1}$	200	**390**		
	–1122,57753	**200**			

Tabelle 3-2: Kapitalwert als Auszahlungsminderbetrag gegenüber Finanzinvestition

Falls der Rübezahl AG eigene Mittel in Höhe von 600.000 DM zur Verfügung stehen, ergibt sich der Lösungsweg alternativ nach dem Endwertkriterium wie folgt: Bei einer Geldanlage zu 5% betrüge der Kontostand der eigenen Mittel nach vier Jahren $EK \cdot (1 + i)^n = 600 \cdot 1{,}05^4 = 729{,}30$. Wird jedoch investiert, ist der Endwert um den aufgezinsten Kapitalwert $C \cdot (1 + i)^n = 122{,}57753 \cdot 1{,}05^4$ (zusätzlicher Endwert = $\Delta EW = G_4$, Gegenwartswert zum Zeitpunkt $t = 4$) höher:

$$EW = 729{,}30 + 122{,}57753 \cdot 1{,}05^4 = 878{,}30 > 729{,}30 = 600 \cdot 1{,}05^4.$$

Geringfügig anders ausgedrückt, beträgt der zusätzliche Endwert der Investition

$$\Delta EW = 878{,}30 - 600 \cdot 1{,}05^4 = 878{,}30 - 729{,}30 = 122{,}57753 \cdot 1{,}05^4 = 149{,}0.$$

Die Investition ist also nach der Endwertmethode vorteilhaft. Möchte man zur Lösung dieser Aufgabe nicht auf den bereits bekannten Kapitalwert zurückgreifen,

[1] Vgl. *MATSCHKE*, Investitionsplanung (1993), S. 163, *HERING*, Investition und Finanzierung (2008), S. 626 f. sowie oben, Abbildung 2-5 nebst Erläuterung des Kapitalwerts im Text.

kann der Endwert alternativ auch mit einem *vollständigen Finanzplan* (VOFI) direkt ermittelt werden (Tabelle 3-3).[1]

Zeitpunkt t	t = 0	t = 1	t = 2	t = 3	t = 4
g_t	**–1000**	**200**	**390**	**460**	**220**
EK	**600**				
Kredit	400				
Tilgung		–180	–220		
Anlage			–159	–467,95	–251,35
Zinsen 5%		–20	–11	7,95	31,35
Schuld	400	220			
Guthaben			159	626,95	**878,30**

Tabelle 3-3: VOFI zur Ermittlung des Endwerts der Investition

Bei vollkommenem Kapitalmarkt ist es jedoch unnötig aufwendig, mit VOFIs zu operieren; die Endwertformel

$$EW = (C + EK) \cdot (1 + i)^n = (122{,}57753 + 600) \cdot 1{,}05^4 = 878{,}30$$

liefert das Ergebnis schneller. Während der VOFI den Kassenbestand EK zur Eigenfinanzierung eines Teils der Anschaffungsauszahlung verwendet, geht die Endwertformel rechnerisch von vollständiger Fremdfinanzierung aus (im Kapitalwert „stekken" Kreditaufnahmen gemäß Tabelle 3-1) und legt dafür den Betrag EK zusätzlich am Kapitalmarkt an. Wegen der Gleichheit von Soll- und Habenzinssatz ist es unerheblich, ob eigene Mittel angelegt oder zum Abbau von Schulden verwendet werden. Das Endwertkriterium geht bei vollkommenem Kapitalmarkt unnötig kompliziert vor, da es lediglich das Kapitalwertkriterium $C \geq 0$ um zusätzliche Terme erweitert und überdies die letztlich willkürliche Zuordnung von liquiden Mitteln zu einzelnen Investitionsobjekten verlangt. Setzt man deshalb EK = 0, geht der Endwert in den Gegenwartswert zum Zeitpunkt n, also in den auf t = n aufgezinsten Kapitalwert, über. Dieser zusätzliche Endwert

$$\Delta EW = C \cdot (1 + i)^n = 122{,}57753 \cdot 1{,}05^4 = 149{,}00$$

tritt dann als formal (noch) einfacheres Kriterium an die Stelle des Endwerts. Er verweist durch seine Struktur wiederum auf die zentrale Rolle des Kapitalwerts als Ausgangs- oder Hauptwert der Investitionsrechnung.

[1] Zum Rechnen mit VOFIs vgl. z.B. *GROB*, VOFI (1989), *ADAM*, Investitionscontrolling (2000), S. 69 ff., *BETGE*, Investitionsplanung (2000), S. 123 ff., *GÖTZE*, Investitionsrechnung (2014), S. 126 ff., *SCHÄFER*, Unternehmensinvestitionen (2005), S. 211 ff.

3.2.1.1.2 Annuität

Bei Vermögensmaximierung ergibt sich das optimale Programm unabhängig von der Konsumpräferenz durch Berechnung von Kapitalwerten mit dem einheitlichen Kalkulationszinsfuß i. Wie im folgenden gezeigt werden soll, ist i aber zugleich zielsetzungsgerechter Steuerungszins bei Einkommensmaximierung: Ein positiver Kapitalwert C_j kann nicht nur in entnahmefähiges Vermögen zu jedem gewünschten Zeitpunkt transformiert werden, sondern ebensogut in einen Einkommensstrom.

Der Investor verfolge das Ziel, die Breite EN eines Entnahmestromes zu maximieren. Am Ende einer jeden Periode t soll ein möglichst großer Einkommensbetrag $\overline{w}_t \cdot EN$ ausgeschüttet werden. Der nichtnegative Gewichtungsfaktor $\overline{w}_t$ erlaubt es z.B., eine planmäßige Einkommenserhöhung zu berücksichtigen:[1] Die Entnahme steigt in jeder Periode um $p \cdot 100\%$, wenn $\overline{w}_t = (1 + p)^{t-1}$ gewählt wird. Um den Betrag EN zu ermitteln, welcher sich aus dem Kapitalwert C_j erzeugen läßt, ist folgendermaßen vorzugehen: Der gewünschte Einkommensstrom wird auf t = 0 abgezinst; das Ergebnis ist die erforderliche Höhe einer Geldanlage, aus deren Rückflüssen das Einkommen gespeist werden kann. Die Geldanlage kann maximal den Umfang C_j haben. Damit gilt als Bestimmungsgleichung für EN:

$$C_j = \sum_{t=1}^{n} \overline{w}_t \cdot EN \cdot (1+i)^{-t} \quad \Leftrightarrow \quad EN = \frac{C_j}{\sum_{t=1}^{n} \overline{w}_t \cdot (1+i)^{-t}}.$$

Für einen gegebenen Kapitalwert von $C_j = 1$ entspricht EN einem Annuitätenfaktor. Der

Annuitätenfaktor $$ANF_{i,\overline{\mathbf{w}}} := \frac{1}{\sum_{t=1}^{n} \overline{w}_t \cdot (1+i)^{-t}}$$

gibt an, wie breit der durch eine in t = 0 eingesetzte DM erzielbare Einkommensstrom ist, wenn der Zinssatz i und die Entnahmestruktur[2] $\overline{\mathbf{w}} := (0, \overline{w}_1, \ldots, \overline{w}_t, \ldots, \overline{w}_n)$ gegeben sind. Dabei sei vorausgesetzt, daß wenigstens ein $\overline{w}_t$ positiv ist. Der Zahlungsstrom j erlaubt den Einsatz von C_j in t = 0 und damit einen Einkommensstrom der Breite $C_j \cdot ANF_{i,\overline{\mathbf{w}}}$.

Annuität des Objekts j: $a_j := C_j \cdot ANF_{i,\overline{\mathbf{w}}}$.

---

1 Falls $\overline{w}_t$ gleich null ist, wird in t kein Einkommen gezahlt. Die Zahl der Einkommensperioden muß nicht mit der Zahl der Planperioden (n) übereinstimmen.

2 $\overline{w}_0$ ist gleich null, weil die nullte Periode nicht zum Planungszeitraum gehört und deshalb an ihrem Ende (also in t = 0) keine Ausschüttung zu berücksichtigen ist.

Die Zahl a_j heißt *Annuität* der Zahlungsreihe j. Das Objekt j ist vorteilhaft, wenn es einen (nichtnegativen) Einkommensstrom abwirft. Ein „Renten"-Zahlungsstrom der Gestalt $(0, \overline{w}_1 a_j, \ldots, \overline{w}_n a_j)$ hat den Kapitalwert

$$C_j = a_j \cdot (ANF_{i,\overline{w}})^{-1} =: a_j \cdot RBF_{i,\overline{w}}.$$

Der Kehrwert des Annuitätenfaktors trägt daher den Namen *Rentenbarwertfaktor* (RBF). Wegen $ANF_{i,\overline{w}} > 0$ hat die Annuität dasselbe Vorzeichen wie der Kapitalwert, so daß folgender Satz gilt:

Das Objekt j ist genau dann vorteilhaft, wenn:

$$G_{jt} \geq 0 \quad \Leftrightarrow \quad C_j \geq 0 \quad \Leftrightarrow \quad \Delta EW_j \geq 0 \quad \Leftrightarrow \quad EW_j \geq EK \cdot (1+i)^n \quad \Leftrightarrow \quad a_j \geq 0.$$

Bei vollkommenem Kapitalmarkt sind Vermögens- und Einkommensstreben äquivalente Ziele. Die Konsumpräferenz hat keinen Einfluß auf die Beurteilung der Objekte.[1]

Wie aus der Formel unmittelbar ersichtlich ist, steigt der Annuitätenfaktor mit zunehmendem i. Je höher der Kalkulationszins ist, desto besser verzinst sich eine anfangs verfügbare DM. Andererseits sinkt $ANF_{i,\overline{w}}$ mit wachsender Laufzeit n (sofern die hinzukommenden $\overline{w}_t$ positiv sind). Der Einkommensstrom wird bei festem Anfangskapital immer schmaler, wenn er sich auf eine zunehmende Zahl von Ausschüttungszeitpunkten erstreckt. Im folgenden soll der Spezialfall eines uniformen Einkommensstroms etwas näher untersucht werden.

Es gelte $\overline{w} := (0, 1, 1, 1, \ldots, 1, 1)$; d.h., der Investor möchte an jedem Periodenende ein möglichst hohes, gleichbleibendes Einkommen erzielen ($\overline{w}_t = 1$ für alle $t \geq 1$). Der Annuitätenfaktor läßt sich dann in kompakter Form schreiben. Mit dem

Zinsfaktor $\quad q := 1 + i$

gilt $RBF_{i,\overline{w}} = RBF_{i,n} := q^{-1} + q^{-2} + \ldots + q^{-n}$ und weiter:

$$q^n \cdot RBF_{i,n} = q^{n-1} + q^{n-2} + \ldots + q + 1$$
$$q^{n+1} \cdot RBF_{i,n} = q^n + q^{n-1} + q^{n-2} + \ldots + q$$

Hieraus folgt $(q^{n+1} - q^n) \cdot RBF_{i,n} = q^n \cdot (q-1) \cdot RBF_{i,n} = q^n - 1$ und schließlich:

[1] Vgl. KRUSCHWITZ, Investitionsrechnung (2014), S. 71.

Einfacher Rentenbarwert- und Annuitätenfaktor:

$$\mathrm{RBF}_{i,n} = \frac{q^n - 1}{i \cdot q^n} \quad \Leftrightarrow \quad \mathrm{ANF}_{i,n} := \frac{i \cdot q^n}{q^n - 1}.$$

Für i = 0 (bzw. q = 1) sind Zähler und Nenner des Bruchs null. Bei Ableitung nach q gilt aber gemäß der *Regel von DE L'HOSPITAL*[1] für den Grenzübergang $i \rightarrow 0$ bzw. entsprechend $q \rightarrow 1$:

$$\lim_{i \to 0} \mathrm{RBF}_{i,n} = \lim_{q \to 1} \frac{n \cdot q^{n-1}}{q^n + (q-1) \cdot n \cdot q^{n-1}} = n.$$

Wenn es keine Verzinsung gibt, entspricht der Barwert dem n-fachen der Rente, und der Annuitätenfaktor reduziert sich auf die „Abschreibung" 1/n.[2]

Bei unendlicher Laufzeit ergibt sich ein anderer einfacher Grenzwert. Läuft eine Rente zeitlich unbegrenzt („ewig"), gilt unter der Voraussetzung i > 0 bzw. q > 1:

$$\mathrm{RBF}_{i,\infty} = \lim_{n \to \infty} \frac{q^n - 1}{i \cdot q^n} = \lim_{n \to \infty} \frac{1 - \frac{1}{q^n}}{i} = \frac{1}{i}.$$

Dies ist die sogenannte „kaufmännische Kapitalisierungsformel" zur Kapitalwertermittlung eines unendlichen gleichförmigen Zahlungsstroms.[3] Bei einem Zinssatz von z.B. i = 5% ist demnach eine ewige, bis in alle Unendlichkeit zahlbare nachschüssige Rente von 1.000 Mark pro Jahr heute keineswegs Abermillionen von Mark wert, sondern „nur" 1.000 DM/0,05 = 20.000 DM. Das Operieren mit finanzmathematischen Formeln sollte nicht den Blick auf den (oft recht einfachen) ökonomischen Gehalt verstellen: Bei einem Zinssatz von 5% p.a. benötigt man lediglich 20.000 DM, um ohne Verringerung des Kapitals für immer einen jährlichen Zinsertrag von 20.000 DM · 0,05 = 1.000 DM zu erzielen und damit die ewige Rente nachzubilden. Also kann auch ohne Finanzmathematik leicht nachvollzogen werden, daß diese ewige

---

1 Gilt an einer Stelle lim f = lim g = 0 und g' ≠ 0, so ist lim f/g = lim f'/g'. Vgl. *HEUSER*, Analysis (1980), S. 286 ff.

2 Dasselbe Ergebnis erhält man auf elementarem Wege aus dem allgemeinen Annuitätenfaktor $\mathrm{ANF}_{i,\overline{w}}$.

3 Zu Varianten dieser Formel vgl. den Anhang 1. Rentenrechnung in *HERING*, Unternehmensbewertung (2014), S. 319 ff.

Rente genau 20.000 DM wert ist. Der „ewige" Annuitätenfaktor i spiegelt den gleichbleibenden Zinsertrag des zeitlich unbegrenzt „arbeitenden" Kapitals wider.

„Ewiger" Rentenbarwert- und Annuitätenfaktor:

$$RBF_{i,\infty} = \frac{1}{i} \quad \Leftrightarrow \quad ANF_{i,\infty} := i.$$

Zwei ergänzende Umrechnungsfaktoren seien noch definiert. Als (einfachen)

Rentenendwertfaktor $$REF_{i,n} := RBF_{i,n} \cdot q^n = \frac{q^n - 1}{q-1}$$

bezeichnet man den auf t = n aufgezinsten (einfachen) Rentenbarwertfaktor, der also eine gleichförmige Rente direkt (d.h. ohne Umweg über ihren Barwert und dessen Aufzinsung) in ihren Endwert am Planungshorizont transformiert.[1] Umgekehrt resultiert aus einem vorgegebenen Endwert direkt (d.h. ohne Umweg über Barwert und Annuitätenfaktor) per

Rückwärtsverteilungsfaktor $$RWF_{i,n} := \frac{ANF_{i,n}}{q^n} = \frac{q-1}{q^n - 1}$$

die ihm äquivalente gleichförmige Rente. $RWF_{i,n}$ ist der Kehrwert von $REF_{i,n}$.

Zusammenfassend ergibt sich die nachstehende Umrechnungstabelle zwischen Kapitalwert C, Annuität a und (zusätzlichem[2]) Endwert (Δ)EW:

Start \ Ziel	= C	= a	= ΔEW
C	$\cdot 1$	$\cdot ANF_{i,n}$	$\cdot (1+i)^n$
a	$\cdot RBF_{i,n}$	$\cdot 1$	$\cdot REF_{i,n}$
ΔEW	$\cdot (1+i)^{-n}$	$\cdot RWF_{i,n}$	$\cdot 1$

Tabelle 3-4: Umrechnungstabelle (und -faktoren) zwischen C, a und ΔEW[1]

[1] Der Rentenendwertfaktor ist schon aus der Schulmathematik als Summenformel der geometrischen Reihe wohlbekannt.

[2] Da für die Umrechnung nur C berücksichtigt wird und kein womöglich zusätzlich vorhandenes eigenes Anfangskapital EK mit umzurechnen ist, entspricht der zusätzliche Endwert ΔEW wegen EK = 0 schon dem Endwert EW.

Zur Illustration der Annuität diene wiederum das Zahlenbeispiel der Rübezahl AG mit **g** = (–1000, 200, 390, 460, 220). Die Äquivalenz von Kapitalwert- und Annuitätenmethode äußert sich darin, daß C und a als Funktion von i stets dasselbe Vorzeichen führen.

Abbildung 3-1 zeigt den Verlauf der Kapitalwertfunktion C(i) und der Annuitätenfunktion a(i) für die Beispielzahlungsreihe.[2] Sie veranschaulicht die Erkenntnis, daß die Vorteilhaftigkeit eines Zahlungsstroms i.a.[3] von der Höhe des Kalkulationszinsfußes abhängt. Ein Objekt ist vorteilhaft, wenn der Kalkulationszins i in einem Intervall liegt, in dem die Kapitalwertfunktion oberhalb der Abszisse verläuft. Die Nullstellen der Kapitalwertfunktion im Definitionsbereich i ≥ 0 werden daher auch als *kritische Zinssätze* bezeichnet.[4]

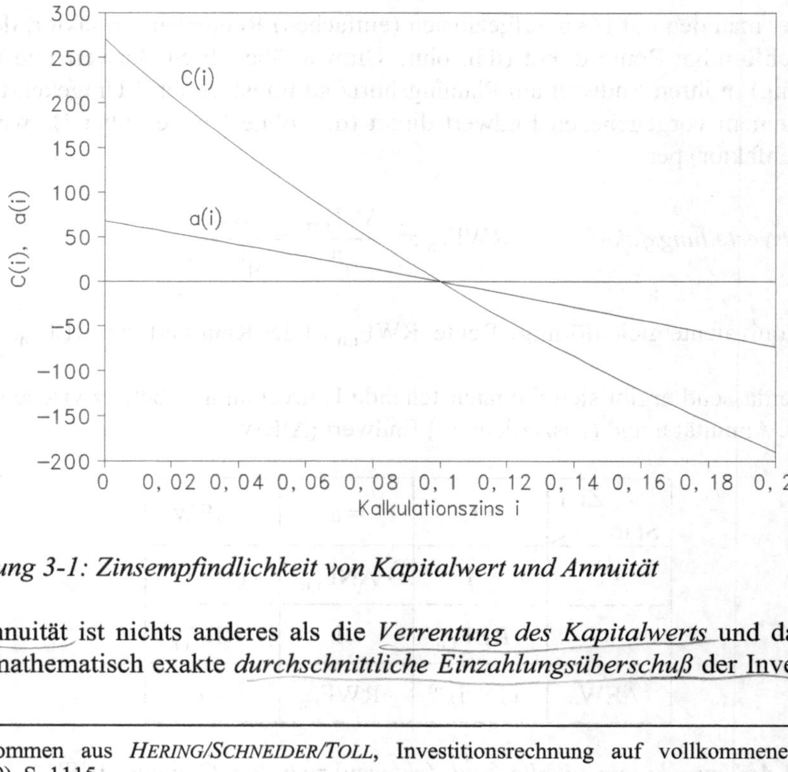

Abbildung 3-1: Zinsempfindlichkeit von Kapitalwert und Annuität

Die Annuität ist nichts anderes als die *Verrentung des Kapitalwerts* und damit der finanzmathematisch exakte *durchschnittliche Einzahlungsüberschuß* der Investition.[5]

---

1 Entnommen aus *HERING/SCHNEIDER/TOLL*, Investitionsrechnung auf vollkommenem Markt (2009), S. 1115.

2 Eine Skizze des Gesamtverlaufs dieser Kapitalwertfunktion findet sich unten, Abbildung 3-14.

3 Es gibt Zahlungsströme, die bei jedem Kalkulationszins i ≥ 0 vorteilhaft (bzw. unvorteilhaft) sind, z.B. **g** = (1, 1, 1) (bzw. **g** = (–1, –1, –1)).

4 Zu den kritischen Zinssätzen vgl. ausführlich unten, Abschnitt 3.3.1.

5 Zum Folgenden vgl. *HERING*, Investition und Unternehmensbewertung (2002), S. 19 f.

Sie gibt an, wie breit der gleichmäßige Einkommensstrom ist, der sich aus der Investitionszahlungsreihe erzeugen läßt. Bei i = 5% hat die Investition der **Rübezahl** AG die Annuität

$$a = 122{,}57753 \cdot \frac{0{,}05 \cdot 1{,}05^4}{1{,}05^4 - 1} = 34{,}57.$$

Der VOFI der Tabelle 3-5 zeigt, daß bei Durchführung der Investition an jedem Jahresende ein Einkommen in Höhe der Annuität entnommen werden kann. Am Ende ist der Investor schuldenfrei und hat vier Jahre lang ein positives Einkommen bezogen. Also ist die Investition vorteilhaft, denn bei ihrer Unterlassung wäre nur ein Einkommensstrom von 0 erzielbar.

Zeitpunkt t	t = 0	t = 1	t = 2	t = 3	t = 4
g_t	**–1000**	**200**	**390**	**460**	**220**
Entnahme		**–34,57**	**–34,57**	**–34,57**	**–34,57**
Kredit	1000				
Tilgung		–115,43	–311,20	–396,76	–176,61
Anlage					
Zinsen 5%		–50	–44,23	–28,67	–8,83
Schuld	1000	884,57	573,37	176,61	
Guthaben					0,0

Tabelle 3-5: VOFI zur Interpretation der Annuität

Das Ziel *Einkommensmaximierung* braucht nicht immer auf einen im Zeitablauf gleichen (uniformen) Einkommensstrom hinauszulaufen. Die Konsumpräferenz kann auch andere Entnahmestrukturen vorsehen, beispielsweise ein jährlich um 10% steigendes Einkommen. Der Annuitätenfaktor ergibt sich dann wie folgt: Gesucht ist die Breite des Entnahmestroms EN, wobei zur Erzeugung dieses Einkommens ein Kapitalwert von 122,57753 zur Verfügung steht. Die gewünschte Entnahmezahlungsreihe lautet (0; EN; 1,1 · EN; $1{,}1^2$ · EN; $1{,}1^3$ · EN). Um diese Entnahmen tätigen zu können, müssen in t = 0 Geldanlagen in Höhe ihres Barwerts zum Kalkulationszins durchgeführt werden. Für die Geldanlagen steht maximal der gesamte Kapitalwert zur Verfügung. Es gilt also: $122{,}57753 = EN/1{,}05 + 1{,}1 \cdot EN/1{,}05^2 + 1{,}1^2 \cdot EN/1{,}05^3 + 1{,}1^3 \cdot EN/1{,}05^4$. Man erhält EN = 29,97 und damit den folgenden um 10% p.a. steigenden Einkommensstrom: (0; 29,97; 32,96; 36,26; 39,89).

Der Einsatz der Annuitätenmethode ist unentbehrlich, wenn Zahlungsströme zu Konsumentnahmezwecken in eine gleichförmige Einkommensstruktur gebracht werden sollen.[1] Für die eigentliche Investitionsentscheidung benötigt man die Annuität nicht, da es hierfür vollkommen ausreicht, das Vorzeichen des Kapitalwerts zu kennen.

Abschließend seien die bisher behandelten Vorteilhaftigkeitskriterien der Investitionsrechnung noch einmal allgemein und am Beispiel tabellarisch zusammengefaßt.

Kriterium	t = 0	t = 1	…	t = n – 1	t = n
Zahlungsreihe	$\mathbf{g_0}$	$\mathbf{g_1}$	$\mathbf{g_t}$	$\mathbf{g_{n-1}}$	$\mathbf{g_n}$
Gegenwartswert	0	0	$\mathbf{G_t}$	0	0
Kapitalwert	**C**	0	0	0	0
Zusätzlicher Endwert	0	0	0	0	**ΔEW**
Annuität	0	**a**	**a**	**a**	**a**

Tabelle 3-6: Fünf äquivalente Zahlungsreihen (also mit gleichem Kapitalwert)

Tabelle 3-6 zeigt die zu beurteilende Ausgangszahlungsreihe **g**, deren Vorteilhaftigkeit nicht ohne weitere Rechnung erkennbar ist, und darunter vier durch finanzmathematische Umformung von **g** abgeleitete äquivalente Zahlungsreihen mit demselben Kapitalwert (wie **g**), aus denen die Vorteilhaftigkeit jeweils auf einen Blick ersichtlich ist. Der *Gegenwartswert* kondensiert den zu bewertenden Zahlungsstrom **g** auf eine einzige Zahlung G_t im Zeitpunkt t, der weder Zahlungen vorausgehen noch nachfolgen. Das *Kapitalwertkriterium* verdichtet die Ursprungszahlungsreihe **g** auf einen einzigen Betrag C zum Zeitpunkt t = 0, dem keine weiteren Zahlungen folgen. Der *zusätzliche Endwert* konzentriert denselben Zahlungsstrom **g** auf eine einmalige Abschlußzahlung ΔEW am Planungshorizont t = n, der keine anderen Zahlungen mehr vorausgehen (oder folgen). Die *Annuität* schließlich dreht den Zahlungsstrom **g** dergestalt durch den finanzwirtschaftlichen „Fleischwolf", daß er als nachschüssige Rente a mit n gleichen Zahlungen wieder herauskommt. Aus dem Vorzeichen der alternativ nutzbaren Kennzahlen G_t, C, ΔEW und a resultiert nach Satz 1 (in Verbindung mit den obigen Äquivalenzbetrachtungen der vier Kriterien) die Vorteilhaftigkeitsentscheidung über den Zahlungsstrom **g**.

Im Beispiel der Rübezahl AG ergibt sich als zusammenfassende Übersicht (auf einen Gegenwartswert G_t zwischen t = 0 und t = 4 wurde wie bisher im Beispiel verzichtet, da bereits $C = G_0$ und $\Delta EW = G_n$ (hier $= G_4$) spezielle Gegenwartswerte sind):

[1] Für Finanzierungszahlungsströme ist eine annuitätische Darlehensverzinsung und -tilgung in gleichen monatlichen Raten äußerst typisch, besonders bei Hypotheken- und Grundschulddarlehen.

Kriterium	t = 0	t = 1	t = 2	t = 3	t = 4
Zahlungsreihe	**–1000**	**200**	**390**	**460**	**220**
Kapitalwert	**122,58**	**0**	**0**	**0**	**0**
Zusätzlicher Endwert	**0**	**0**	**0**	**0**	**149,0**
Annuität	**0**	**34,57**	**34,57**	**34,57**	**34,57**

Tabelle 3-7: Vier äquivalente Zahlungsreihen des Rübezahl-Beispiels

Die Investition ist vorteilhaft, weil die Kennzahlen C, ΔEW und a positiv sind. Der Ursprungszahlungsreihe der **Rübezahl** AG war die betriebswirtschaftliche Vorteilhaftigkeit noch nicht anzusehen, sondern erst ihren mit Hilfe der Investitionstheorie ermittelten finanzmathematischen Äquivalenten.

3.2.1.2 Wahlproblem

3.2.1.2.1 Allgemeines Wahlproblem

Bisher ist das sogenannte „reine Vorteilhaftigkeitsproblem" behandelt worden, d.h. die Frage der Beurteilung einzelner, nicht miteinander in Beziehung stehender Zahlungsströme. Im folgenden sollen Wahlentscheidungen zwischen zwei (oder mehreren) sich gegenseitig ausschließenden Objekten untersucht werden.

Zunächst ist darauf hinzuweisen, daß sich Investitionen unter der Prämisse des vollkommenen Kapitalmarkts niemals aus finanziellen Gründen ausschließen, weil annahmegemäß alle Projekte mit positivem Kapitalwert zum Kalkulationszins finanziert werden können.[1] Das „Wahlproblem" resultiert immer nur aus „technischen" Gründen (z.B. alternative Ausgestaltungsformen eines Fertigungsprozesses oder Vertriebsweges).

Die *absolute* Interpretation des Kapitalwerts als Entnahmemöglichkeit begründet den

Satz 2 **(Wahlregel bei vollkommenem Kapitalmarkt)**:

Von mehreren sich gegenseitig ausschließenden Objekten ist dasjenige vorteilhaft, welches den größten nichtnegativen Kapitalwert C_j aufweist.

---

[1] Vgl. *HAX*, Investitionstheorie (1985), S. 38, *JACOB*, Neuere Entwicklungen (1964), S. 488. Zu Finanzrestriktionen vgl. Kapitel 4; zu zeitlichen Restriktionen vgl. *KRAMER*, Abfolge (2009).

Sofern alle zu vergleichenden Objekte einen negativen Kapitalwert haben, wird keines von ihnen realisiert. Besteht jedoch der Zwang, auf jeden Fall eine der konkurrierenden Zahlungsreihen zu verwirklichen, so ist natürlich diejenige mit dem größten Kapitalwert vorteilhaft, auch wenn dieser Kapitalwert negativ sein sollte. Gilt beispielsweise für unvermeidbare Sanierungsarbeiten auf dem Betriebsgelände ein Kapitalwert von –1 Million DM bei Eigenfertigung und –1,2 Millionen DM bei Fremdbezug, so ist die Eigenfertigung günstiger.

Wie aus den Gegenwartswert-, Kapitalwert- und Annuitätenformeln des Unterabschnitts 3.2.1.1 hervorgeht, nimmt für jede gewünschte Entnahmestruktur der Zielwert (Vermögen oder Einkommen in den beschriebenen Varianten) mit steigendem Kapitalwert zu. Die Zielsetzung hat somit bei vollkommenem Kapitalmarkt keinen Einfluß auf das Wahlproblem. Der Zahlungsstrom mit dem größten positiven Kapitalwert ist in vollem Umfang zu realisieren.[1] Er liefert dann auch den größten Endwert und die größte Annuität.

Sofern zur Lösung des Wahlproblems auf die Annuitätenmethode zurückgegriffen wird, ist darauf zu achten, daß ein einheitlicher Annuitätenfaktor zur Anwendung gelangt, damit man nicht „Äpfel" (z.B. eine drei Jahre laufende Rente) mit „Birnen" (z.B. einer vier Jahre laufenden Rente) vergleicht. Weichen die Laufzeiten der alternativen Zahlungsströme voneinander ab, wird im allgemeinen die längste vorkommende Laufzeit als Planungshorizont gewählt. Welches n man dem Annuitätenfaktor zugrunde legt, ist aber prinzipiell gleichgültig, da die Annuität lediglich den – allein ausschlaggebenden – Kapitalwert auf eine willkürliche Zahl von Zeitpunkten verteilt.

Die Wahlentscheidung ist – ebenso wie die reine Vorteilhaftigkeitsentscheidung – im allgemeinen zinsabhängig.[2] Dies sei am Beispiel der Zahlungsreihen $\mathbf{g}_A$ = (–1000, 200, 390, 460, 220) und $\mathbf{g}_B$ = (–500, 350, 100, 100, 100) verdeutlicht; vgl. Abbildung 3-2.

Für einen Kalkulationszins zwischen 0% und 6,902408% ist Investition A vorzuziehen, weil ihr Kapitalwert größer ist als der Kapitalwert von B. Anders gesagt: Die *Differenzinvestition* A–B mit der Zahlungsreihe $\mathbf{g}_{A-B} = \mathbf{g}_A - \mathbf{g}_B$ = (–500, –150, 290, 360, 120) hat in diesem Intervall einen positiven Kapitalwert, d.h., der Übergang von B zu A ist stets vorteilhaft. Liegt der Kalkulationszins i zwischen 6,902408% und 15,379012%, so gilt genau das Umgekehrte, und die Entscheidung fällt für B. Für i >

[1] Falls zwei oder mehrere Objekte den gleichen maximalen (und nichtnegativen) Kapitalwert besitzen, ist die optimale Lösung nicht eindeutig. Die Objekte sind dann rechnerisch gleichwertig, so daß ein beliebiges ausgewählt werden kann.

[2] Vgl. z.B. MOXTER, Kalkulationszinsfuß (1961), S. 194, SCHNEIDER, Wirtschaftlichkeitsrechnung (1973), S. 42 ff. Natürlich kann es vorkommen, daß einige Objekte bei jedem Kalkulationszins i ≥ 0 besser sind als andere.

15,379012% sind beide Investitionen unvorteilhaft. Die kritischen Zinssätze ergeben sich also auch beim Wahlproblem als Nullstellen von Kapitalwertfunktionen.

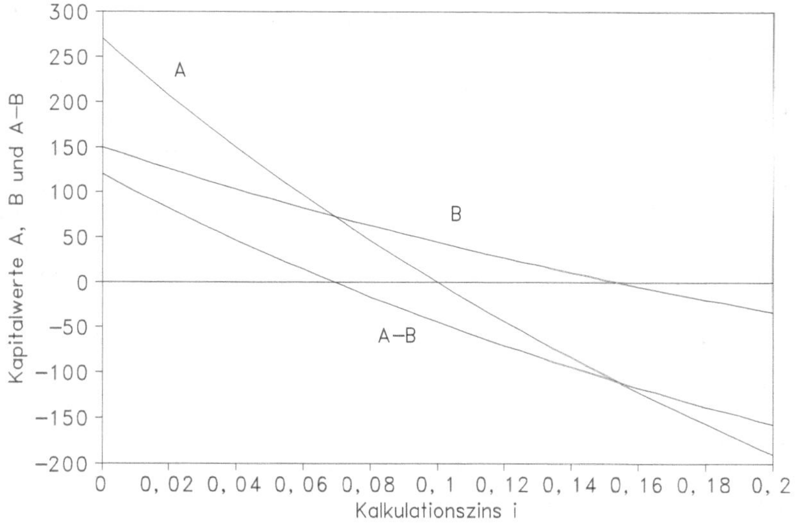

Abbildung 3-2: Zinsempfindlichkeit der Wahlentscheidung

Das Vorgehen der Kapitalwertmethode läßt sich auch noch anders charakterisieren. Zwei verschiedene Zahlungsreihen können nicht direkt miteinander verglichen werden, es sei denn, eine von beiden weist zu keinem Zeitpunkt niedrigere Überschüsse als die andere auf (in diesem Falle ist die andere Zahlungsreihe eindeutig unterlegen). Die beiden Zahlungsströme sind im allgemeinen erst dann vergleichbar, wenn sie durch *Ergänzungsinvestitionen*[1] einander so weit angenähert werden, daß ihre Zahlungsüberschüsse nur noch in höchstens einem Zeitpunkt voneinander abweichen. Die Kapitalwertmethode bildet derartige Ergänzungsinvestitionen zum Kalkulationszins i. Die Vergleichbarkeit zweier unterschiedlicher Objekte wird hergestellt, indem die Zahlungsreihen durch Transaktionen zum Kalkulationszins einander angeglichen werden. Die Kapitalwerte der beiden Zahlungsreihen bleiben hiervon unberührt, da jede Ergänzungsinvestition zum Zinssatz i einen Kapitalwertbeitrag von null liefert. Im Ergebnis verschwinden beide Zahlungsströme bis auf jeweils einen Zahlungssaldo im Zeitpunkt 0, den Kapitalwert.[2] Die Wahl zwischen zwei zur selben Zeit gegebenen

---

1 Vgl. *BLOHM/LÜDER*, Investition (1995), S. 61 ff., *BUSSE VON COLBE/LAßMANN*, Investitionstheorie (1990), S. 54 ff., *ADAM*, Investitionscontrolling (2000), S. 63 ff.

2 Vgl. die Erläuterungen zur Interpretation des Kapitalwerts im Unterabschnitt 3.2.1.1.

Entnahmemöglichkeiten fällt dann leicht: Das vorteilhaftere Objekt ist dasjenige mit dem größeren Kapitalwert.

Auf dem vollkommenen Kapitalmarkt bei Sicherheit sind damit auch die unterschiedlichsten Zahlungsreihen *ex definitione* vergleichbar. Dennoch findet sich in der Literatur Kritik an der Anwendung der Kapitalwertmethode auf das Wahlproblem.[1] Für Investitionen mit stark voneinander abweichenden Anschaffungsauszahlungen und/oder Laufzeiten sei es unrealistisch, so wird argumentiert, eine Verzinsung der Differenzbeträge („Supplementinvestitionen") zum Kalkulationszins anzunehmen. Nach dieser Auffassung wäre z.B. ein Kapitalwertvergleich der Zahlungsreihen $\mathbf{g}_C = (-10, 15)$ und $\mathbf{g}_D = (-1000, 100, 100, 100, 100, 1100)$ nicht aussagefähig. Es müßte nämlich berücksichtigt werden, daß sich das in Projekt C investierte Kapital in den Perioden zwei bis vier sicherlich „besser" als zum Kalkulationszins anlegen ließe. Gleiches gilt für das im Vergleich zum Projekt D eingesparte Investitionskapital. Wird aber Projekt C durch die Kapitalwertmethode tatsächlich benachteiligt? Bei näherer Betrachtung zeigt sich, daß die skizzierte Argumentation ein Scheinproblem aufbaut. Zunächst ist im allgemeinen stark zu bezweifeln, daß bei strukturell erheblich voneinander abweichenden Zahlungsströmen tatsächlich ein Wahlproblem und nicht vielmehr ein reiner Vorteilhaftigkeitsvergleich vorliegt. Warum sollten sich aus lediglich technischen Gründen ausschließende und somit im weiteren Sinne „ähnliche" Alternativen derart unterschiedliche Zahlungskonsequenzen zeitigen? Dieser erste Einwand sei dahingestellt; gravierend ist der folgende: Es ist nicht einsichtig, warum der Planungshorizont der Alternativen so ungleich gewählt wird. Wenn z.B. für Projekt D Zahlungskonsequenzen über fünf Perioden abschätzbar sind, ist es nicht abwegig, auch für Projekt C in diesem Zeitraum Anschlußzahlungen anzusetzen. Zwei Zahlungsströme sind erst dann sachlich vergleichbar, wenn jeweils *komplette* Aktions*bündel* zugrunde gelegt werden, die sich gegenseitig ausschließen. Sofern für sämtliche Objekte *alle* ihnen zurechenbaren Wirkungen auf die Länge und Breite des Zahlungsstroms erfaßt werden, bildet jede Zahlungsreihe alle für den Vergleich relevanten Überschüsse ab. Die Einwände gegen das Kapitalwertkriterium fallen dann auf die unbestreitbare Erkenntnis zusammen, daß eine *unvollständige* Vergleichsrechnung u.U. zu Fehlentscheidungen führt. Bei sicheren Erwartungen sind annahmegemäß *alle* Zahlungskonsequenzen eines Objekt(bündel)s bekannt und in der Zahlungsreihe enthalten. Es bleibt damit festzuhalten, daß das Kapitalwertkriterium unter der Voraussetzung eines vollkommenen Kapitalmarkts bei Sicherheit logisch einwandfrei zur optimalen Wahlentscheidung führt.

1 Vgl. z.B. *Heister*, Rentabilitätsanalyse (1962), S. 66 ff.

3.2.1.2.2 Nutzungsdauerproblem

Ein spezielles Wahlproblem ist die Entscheidung über die optimale Nutzungsdauer einer Investition.[1] Für jede mögliche Lebensdauer n eines Objekts existiert eine Zahlungsreihe $\mathbf{g}_n$. Von diesen einander offensichtlich „technisch" ausschließenden Zahlungsreihen ist diejenige mit dem größten Kapitalwert gesucht. Die Ergebnisse des vorhergehenden Unterabschnitts sind damit ohne jede Modifikation auf das Nutzungsdauerproblem anwendbar.

Eine gesonderte Behandlung des Problems der optimalen Nutzungsdauer ist nur dadurch gerechtfertigt, daß naturgemäß den Ergänzungsinvestitionen eine besondere Bedeutung zukommt, weil alle zu vergleichenden Zahlungsreihen jeweils eine andere Laufzeit haben. Die Alternativen müssen, wie gezeigt, möglichst vollständig mit allen realen Anschlußinvestitionen formuliert werden. Weil Anschlußinvestitionen nur selten genau genug bekannt sind, um sie in die Rechnung einbeziehen zu können, wird häufig vereinfachend mit bestimmten *Fiktionen* gearbeitet.[2]

Eine gängige Fiktion besteht in der Vorstellung der *Investitionskette.* Hierbei wird davon ausgegangen, daß die Investition am Ende der erst festzulegenden Nutzungsdauer n einmal oder mehrmals identisch – d.h. mit gleichen Zahlungskonsequenzen in Abhängigkeit von der gewählten Nutzungsdauer – wiederholt werden kann. Die Annahme identischer Wiederholbarkeit bedeutet aber leider nicht gleichzeitig, daß alle Glieder einer endlichen Investitionskette auch die gleiche Nutzungsdauer hätten. Häufig ist ein *Ketteneffekt* zu beobachten: Jede Investition hat tendenziell eine geringere optimale Nutzungsdauer als ihre Nachfolger in der Kette, weil eine Verlängerung der Nutzungsdauer jedes Kettengliedes den Gesamtkapitalwert aller Nachfolger entsprechend später verfügbar werden läßt. Der Zinsverlust für die nach hinten verschobene Restkette muß von der Nutzungsdauerverlängerung des betrachteten Kettengliedes mitverdient werden. Er ist um so größer, je weiter vorn das betrachtete Kettenglied steht. Der Zwang, hohe Aufschubszinsen für die nachfolgende Kette tragen zu müssen, verkürzt bei im Zeitablauf rückläufigen Überschüssen tendenziell die Nutzungsdauer der frühen Kettenglieder. Die hinteren Kettenglieder haben weniger Nachfolger, so daß es ihnen leichter fällt, auch bei längerer Nutzungsdauer noch die Zinsen auf den durch ihre Ausdehnung verschobenen Kapitalwert der Restkette mitzuverdienen. Die Fiktion der endlichen identischen Kette ist in einer sich ständig ändernden Welt unplausibel und führt nicht einmal zu einer wesentlichen Vereinfachung der Rechnung.

---

1 Vgl. z.B. *ALTROGGE*, Nutzungsdauer (1992), *GÖTZE*, Investitionsrechnung (2014), S. 251 ff., *SCHÄFER*, Unternehmensinvestitionen (2005), S. 132 ff., *KRUSCHWITZ*, Investitionsrechnung (2014), S. 186 ff., *HERING*, Nutzungsdauerbestimmung (2008).

2 Zum Folgenden vgl. *HERING*, Investition und Unternehmensbewertung (2002), S. 31 f.

Sinnvoller erscheint die auf den ersten Blick noch unrealistischere Annahme einer unendlichen identischen Kette. Weil jedes Kettenglied die gleiche Anzahl Nachfolger hat, nämlich unendlich viele, trägt jedes Glied die gleiche Zinslast der Restkette und hat deshalb auch die gleiche Nutzungsdauer wie seine Nachfolger. Die Fiktion der unendlichen Kette führt im Gegensatz zur Vorstellung der endlichen Kette zu einer starken Vereinfachung der Rechnung, weil durch sie die optimale Nutzungsdauer n jedes Gliedes in der gesamten Kette einheitlich ist. Dann hat auch jedes einzelne Kettenglied bei gegebener Nutzungsdauer n die gleiche Annuität a(n), und der Kapitalwert $C_\infty(n)$ der ganzen unendlichen Kette berechnet sich auf einfache Weise als Barwert einer *ewigen Rente*: $C_\infty(n) = a(n)/i$. Optimal für alle Kettenglieder ist diejenige Nutzungsdauer n, welche bei gegebenem Kalkulationszins die Annuität a(n) jedes einzelnen Kettengliedes maximiert.

Dieses durch finanzmathematische Überlegung abgeleitete Ergebnis läßt sich durch Nachrechnen überprüfen: C(n) sei der Kapitalwert der Zahlungsreihe g_n. Jedes einzelne Objekt der unendlichen Investitionskette hat eine Nutzungsdauer von n Perioden. Damit gilt für den gesamten Kapitalwert der Kette:[1]

$$C_\infty(n) = C(n) \cdot (1 + q^{-n} + q^{-2n} + \ldots) = C(n) \cdot \sum_{\nu=1}^{\infty} \left(q^{-n}\right)^{\nu-1} = C(n) \cdot \frac{\lim\limits_{\upsilon \to \infty} \left(q^{-n}\right)^{\upsilon} - 1}{q^{-n} - 1}$$

$$= C(n) \cdot \frac{1}{1 - q^{-n}} = \frac{C(n)}{i} \cdot \frac{i \cdot q^n}{q^n - 1} = \frac{a(n)}{i}.$$

$C_\infty(n)$ ist maximal, wenn a(n), die Annuität jedes einzelnen Kettengliedes, maximal ist.[2]

Satz 3 **(Optimale Nutzungsdauer)**:

Diejenige Nutzungsdauer n, welche die Annuität eines einzelnen Kettengliedes maximiert, ist optimal für sämtliche Glieder einer unendlichen identischen Investitionskette.

Man errechnet also für jede mögliche Nutzungsdauer der Investition die Annuität und unterstellt dabei die Wiederholung dieser Investition *ad infinitum*. Unter der Bedingung unendlicher Wiederholung können Annuitäten mit unterschiedlicher Laufzeit n problemlos miteinander verglichen werden, weil sich die bewertungsrelevanten

1 Für die geometrische Reihe sei q > 1 (und natürlich n > 0) vorausgesetzt. Die hier verwendete Summenformel der geometrischen Reihe sollte aus der Schulmathematik bekannt sein.

2 Vgl. auch *SCHULTE*, Wirtschaftlichkeitsrechnung (1986), S. 154.

Gesamtzahlungsströme jeweils zeitlich bis ins Unendliche erstrecken, also wiederum die gleiche Gesamtlaufzeit haben.

Die optimale Nutzungsdauer hängt u.U. von der Höhe des Kalkulationszinssatzes ab, wie das folgende Zahlenbeispiel demonstriert. Ein Einproduktunternehmen erzielt einen jährlichen Zahlungsüberschuß von 60. Erforderlich ist eine Produktionsanlage mit einem Anschaffungspreis von 100, die entweder ein oder zwei Jahre lang genutzt werden kann. Bei Veräußerung der Anlage nach einem Jahr beträgt der Schrotterlös 52, nach zwei Jahren dagegen 0. Alle Daten mögen in der Zukunft unverändert gelten. Dann ergibt sich die Zahlungsreihe für einjährige Nutzung $\mathbf{g}_1 = (-100, 112)$ und für zweijährige Nutzung $\mathbf{g}_2 = (-100, 60, 60)$. Die zugehörigen unendlichen Ketten lauten mithin

- bei einer Nutzungsdauer n = 1 jedes Kettengliedes (–100, 12, 12, 12, 12, 12, ...) und
- bei einer Nutzungsdauer n = 2 (–100, 60, –40, 60, –40, 60, –40, ...).

Die Kapitalwertfunktionen dieser unendlichen Zahlungsreihen sind in der Abbildung 3-3 eingetragen.

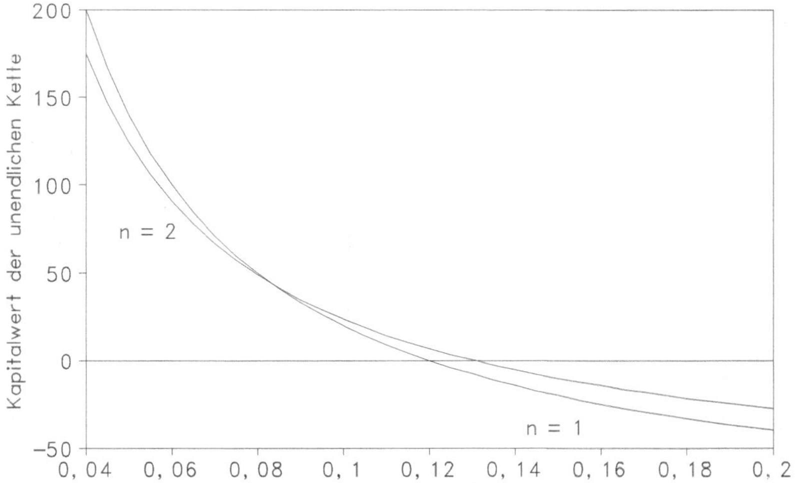

Abbildung 3-3: Zinsempfindlichkeit der optimalen Nutzungsdauer

Es gilt:

$$C_\infty(1) = -100 + 12 \cdot RBF_{i,\infty} = -100 + 12 \cdot \lim_{n\to\infty} \frac{1 - \frac{1}{q^n}}{i} = -100 + \frac{12}{i}.$$

$$C_\infty(2) = -100 + \left(\frac{60}{q} - \frac{40}{q^2}\right) \cdot \sum_{\nu=1}^{\infty} \left(q^{-2}\right)^{\nu-1} = -100 + \left(\frac{60}{q} - \frac{40}{q^2}\right) \cdot \lim_{\upsilon\to\infty} \frac{\left(q^{-2}\right)^{\upsilon} - 1}{q^{-2} - 1}$$

$$= -100 + \frac{60q - 40}{q^2 - 1}.$$

Liegt der Kalkulationszins im Intervall von 0% bis $8,\overline{3}\%$, so ist die einjährige Nutzungsdauer optimal. Für Zinssätze zwischen $8,\overline{3}\%$ und 13,066239% lautet die Lösung n = 2. Falls i noch größer wird, sollte das Beispielunternehmen wegen des negativen Kapitalwerts auf die Investition verzichten. Beim kritischen Zins $8,\overline{3}\%$ ist die Annuität der Zahlungsreihen $\mathbf{g}_1$ und $\mathbf{g}_2$ jeweils gleich $3,\overline{6}$ (Indifferenz nach Satz 3).

Falls die Fiktion der unendlichen Kette nicht haltbar erscheint, muß man sich beim Nutzungsdauerproblem damit begnügen, trotz der stark unterschiedlichen Laufzeiten der zu vergleichenden Zahlungsströme mit Ergänzungsinvestitionen zum Kalkulationszins i zu rechnen. In diesem Falle liegt ein normales Wahlproblem vor, und optimal ist die Nutzungsdauer, die für die Einzelinvestition zum größten Kapitalwert führt.

Beispiel. Die Rübezahl AG erwägt, ob ihr Investitionsobjekt schon nach drei Jahren verschrottet werden soll, da in diesem Falle noch ein nennenswerter Liquidationserlös anfällt. Die verkürzte Zahlungsreihe lautet dann: (–1.000, 200, 390, 560). Welche Nutzungsdauer ist vorteilhaft? Von einer Wiederholbarkeit der Investition kann nach der Marktlage nicht ausgegangen werden. Der Kapitalwert der verkürzten Zahlungsreihe beträgt bei i = 5% nur 27,96674. Damit bleibt die vierjährige Nutzungsdauer mit dem bekannten Kapitalwert 122,57753 optimal.

3.2.1.2.3 Ersatzproblem

Das Ersatzproblem ist sowohl ein Wahl- als auch ein Nutzungsdauerproblem. Es betrifft die Frage, ob eine bereits getätigte Investition (z.B. Fertigungsanlage) durch eine neue Investition ersetzt werden soll. Zu wählen ist zwischen der restlichen Zahlungsreihe des alten Objekts und der Zahlungsreihe des neuen Objekts. Damit fällt zugleich eine Entscheidung über die Nutzungsdauer der Altanlage. Das Ersatzproblem läßt sich mit dem für das Wahlproblem diskutierten Instrumentarium lösen.[1]

---

[1] Vgl. *HAX*, Investitionstheorie (1985), S. 44 ff., *KRUSCHWITZ*, Investitionsrechnung (2014), S. 201 ff., *GÖTZE*, Investitionsrechnung (2014), S. 251 ff., *SCHÄFER*, Unternehmensinvestitionen (2005), S. 143 ff. Der Grenzfall des Ersatzproblems, bei dem gar keine Vorgängeranlage existiert, ist das

Im folgenden soll daher lediglich das Spezialproblem des *optimalen Ersatzzeitpunkts* behandelt werden. Um mit den Hilfsmitteln der Analysis einige allgemeine Aussagen herleiten zu können, bietet es sich an, zur kontinuierlichen Betrachtung des Zeitablaufs überzugehen. Für die alte wie auch für die neue Anlage sei die jeweilige Funktion der Zahlungsüberschüsse im Zeitablauf bekannt. Durch Bildung der Differenz entsteht D(t), die Funktion des *momentanen Zahlungsvorteils* der neuen gegenüber der alten Anlage.[1] Um den Kapitalwert des Momentanvorteils zu bestimmen, ist D(t) stetig abzuzinsen. Die zum Kalkulationszins i gehörende stetige Zinsrate ϑ ergibt sich aus:[2]

$$e^{\vartheta} = 1 + i \Leftrightarrow \vartheta = \ln(1 + i).$$

Der durch die momentane Zahlungsdifferenz D(t) im Zeitpunkt t erzeugte Grenzvorteil der neuen Anlage beträgt somit im Zeitpunkt 0:

$$V'(t) = D(t) \cdot e^{-\vartheta t}.$$

Der Gesamtvorteil der neuen Anlage in einem bestimmten Zeitintervall $[t_1, t_2]$ entspricht dem Integral des Grenzvorteils:

$$\int_{t_1}^{t_2} V'(t)\, dt.$$

Gesucht ist der optimale Ersatzzeitpunkt t^* aus dem Intervall $0 \le t^* \le n$. Bis zum Punkt t^* arbeitet die alte Anlage, so daß bis dahin der Vorteil der neuen Anlage mit umgekehrtem Vorzeichen in die Kapitalwertfunktion eingeht: Die entgangene Ersparnis muß der Altanlage angelastet werden. Die zu maximierende Kapitalwertfunktion lautet demnach bis zum Planungshorizont:

$$C(t^*) = \int_0^{t^*} -V'(t)\, dt + \int_{t^*}^{n} V'(t)\, dt = -\int_0^{t^*} V'(t)\, dt - \int_n^{t^*} V'(t)\, dt.$$

Problem des optimalen Investitionszeitpunkts, welches i.d.R. unter dem Gesichtspunkt der „Aufschuboption" bei Unsicherheit diskutiert wird. Vgl. unten, Abschnitt 5.1.1.

1 D(t) möge zweimal differenzierbar sein. Die Grenzauszahlungen der neuen Anlage enthalten auch die Anschaffungsauszahlung (gleichmäßig mit festem Zins und Zinseszins auf die gegebene Nutzungsdauer verteilt).

2 Zur Herleitung vgl. z.B. *HERING*, Investition (2000), S. 443.

Unter Verwendung des Hauptsatzes der Differential- und Integralrechnung ergibt sich als notwendige Bedingung für ein relatives Kapitalwertmaximum unmittelbar:

$$C'(t*) = -V'(t*) - V'(t*) = 0 \quad \Leftrightarrow \quad V'(t*) = 0 \quad \Leftrightarrow \quad D(t*) = 0 \quad \text{(notwendig)}.$$

An einer so bestimmten Stelle t* liegt ein lokales Maximum vor, wenn folgende hinreichende Bedingung erfüllt ist:

$$C''(t*) = -2\,V''(t*) < 0 \quad \Leftrightarrow \quad D'(t*) \cdot e^{-\vartheta t^*} - \vartheta \cdot D(t*) \cdot e^{-\vartheta t^*} > 0.$$

Aufgrund der Gültigkeit der notwendigen Bedingung D(t*) = 0 reduziert sich die hinreichende Bedingung auf die Forderung:

$$D'(t*) > 0 \qquad \text{(hinreichend)}.$$

Als optimale Ersatzzeitpunkte kommen nur die *Nullstellen* der Funktion des momentanen Zahlungsvorteils in Frage.[1] Wenn die Vorteilsfunktion D(t) der neuen Anlage an ihrer Nullstelle *steigt*, liegt ein lokales Kapitalwertmaximum vor. Unter den relativen Maxima ist alsdann durch Totalvergleich das *maximum maximorum* zu bestimmen.

Satz 4 **(Optimaler Ersatzzeitpunkt)**:

Der optimale Ersatzzeitpunkt t* ist unter denjenigen Zeitpunkten zu suchen, zu denen der momentane Zahlungsvorteil von der alten auf die neue Anlage übergeht.

Die Funktion des Momentanvorteils muß die t-Achse von unten schneiden. Es leuchtet intuitiv ein, daß eine neue Anlage dann eingesetzt wird, wenn ihr Grenzüberschuß den der alten Anlage übersteigt. Sofern D(t) von i (bzw. ϑ) unabhängig ist, hat der Kalkulationszinssatz auf die Menge der potentiell optimalen Ersatzzeitpunkte keinen Einfluß. Das Vorliegen und die Art eines relativen Extremwerts zu einem bestimmten Zeitpunkt t hängen in diesem Falle allein vom Verlauf der Momentanvorteilsfunktion D(t) ab.

Gleichwohl ist auch dann der Kalkulationszins für den optimalen Ersatzzeitpunkt nicht ohne Bedeutung. Unter Umständen wird die Höhe des Zinssatzes ausschlaggebend dafür, welches der relativen Kapitalwertmaxima das absolute Maximum und damit die optimale Lösung des Ersatzproblems darstellt. Die Existenz dieser Möglichkeit soll wiederum anhand eines Zahlenbeispiels nachgewiesen werden.

---

1 Von Randextremwerten sei abstrahiert.

Ein Unternehmen erwägt den Umstieg auf eine neue, für große Stückzahlen günstigere Fertigungstechnik. Weil aber mittelfristig mit einem Beschäftigungseinbruch zu rechnen ist, stellt sich die Frage, ob der Ersatz der an geringere Produktionsmengen besser angepaßten Altanlage nicht auf das Ende der erwarteten Rezession verschoben werden soll.

Der momentane Zahlungsvorteil der neuen gegenüber der alten Anlage möge (idealisiert) dem Bildungsgesetz

$$D(t) := a \sin t + bt + c$$

gehorchen (linearer Trend, verbunden mit einer Schwingung). Der zugehörige Barwert lautet:

$$V'(t) = (a \sin t + bt + c) \cdot e^{-\vartheta t}.$$

Die Stammfunktion folgt nach zweimaliger partieller Integration:

$$V(t) = \left(\frac{a}{\vartheta^2 + 1}(-\vartheta \sin t - \cos t) - \frac{b(1 + \vartheta t)}{\vartheta^2} - \frac{c}{\vartheta} \right) \cdot e^{-\vartheta t}.$$

Beweis. Erläuterungsbedürftig sind nur die mit a und b verbundenen Terme. Es ergibt sich durch partielle Integration:

$$\int t\, e^{-\vartheta t} dt = \left[-\frac{1}{\vartheta}\, e^{-\vartheta t} \cdot t \right] - \int -\frac{1}{\vartheta}\, e^{-\vartheta t} dt = -\frac{t}{\vartheta} \cdot e^{-\vartheta t} - \frac{1}{\vartheta^2} \cdot e^{-\vartheta t} = -\frac{1 + \vartheta t}{\vartheta^2} \cdot e^{-\vartheta t},$$

w.z.z.w.

$$\begin{aligned} \int e^{-\vartheta t} \sin t\, dt &= \left[-\frac{1}{\vartheta} \cdot e^{-\vartheta t} \sin t \right] + \int \frac{1}{\vartheta} \cdot e^{-\vartheta t} \cos t\, dt \\ &= \left[-\frac{1}{\vartheta} \cdot e^{-\vartheta t} \sin t \right] + \frac{1}{\vartheta}\left(\left[-\frac{1}{\vartheta} \cdot e^{-\vartheta t} \cos t \right] - \int \frac{1}{\vartheta} \cdot e^{-\vartheta t} \sin t\, dt \right) \end{aligned}$$

Aus der letzten Gleichung folgt:

$$\left(1 + \frac{1}{\vartheta^2} \right) \int e^{-\vartheta t} \sin t\, dt = -\frac{1}{\vartheta} \cdot e^{-\vartheta t} \sin t - \frac{1}{\vartheta^2} \cdot e^{-\vartheta t} \cos t \qquad \text{und weiter}$$

$$\int e^{-\vartheta t} \sin t\, dt = \frac{\vartheta^2}{1 + \vartheta^2} \cdot e^{-\vartheta t} \cdot \left(-\frac{1}{\vartheta} \sin t - \frac{1}{\vartheta^2} \cos t \right), \text{ w.z.z.w.}$$

Damit liegt die zu maximierende Kapitalwertfunktion

$$C(t*) = V(0) - 2\,V(t*) + V(n)$$

als geschlossener Ausdruck vor. Für das Zahlenbeispiel seien die Parameterwerte wie folgt festgelegt: a = 10, b = 1, c = –6, n = 8. Approximation liefert für D(t) die Nullstellen 0,573579, 2,817734 und 6,257439. An den beiden äußeren Stellen liegen relative Maxima der Zielfunktion.

In den Abbildungen 3-4, 3-5 und 3-7 sind jeweils die Momentanvorteilsfunktion D(t), der auf den Zeitpunkt 0 abgezinste Momentanvorteil V′(t) und die Integralfunktion C(t*) eingetragen. Abbildung 3-4 zeigt, daß bei einem Zinssatz von ϑ = 10% der optimale Ersatzzeitpunkt t* = 6,257439 lautet. Dagegen liegt für ϑ = 50% das absolute Maximum des Kapitalwerts schon bei einem Ersatz in t* = 0,573579 vor; vgl. Abbildung 3-5.

Der *kritische Zins*, bei dessen Überschreitung sich der optimale Ersatzzeitpunkt von t* = 6,257439 nach t* = 0,573579 verlagert, beträgt ϑ = 38,572366%. Abbildung 3-6 zeigt den Kapitalwertverlauf für beide Ersatzzeitpunkte als Funktion des Zinssatzes ϑ, und Abbildung 3-7 bestätigt das Ergebnis.

Das betrachtete Unternehmen sollte also mit dem Ersatz noch warten und die Rechnung bei verbessertem Informationsstand wiederholen (z.B. zu t = 0,5).

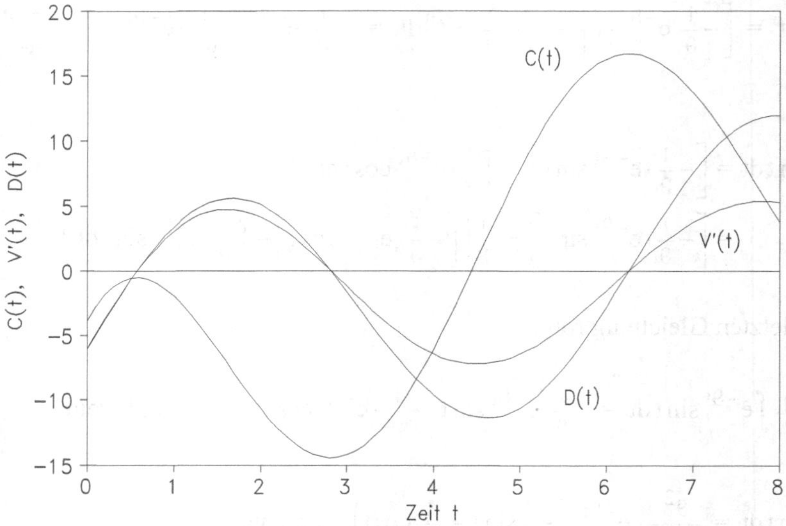

Abbildung 3-4: Später Ersatz für ϑ = 10%

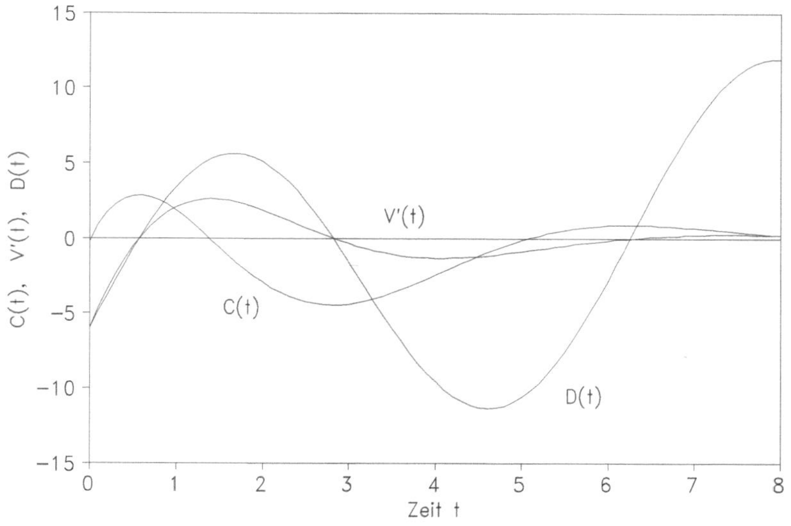

Abbildung 3-5: Früher Ersatz für ϑ = 50%

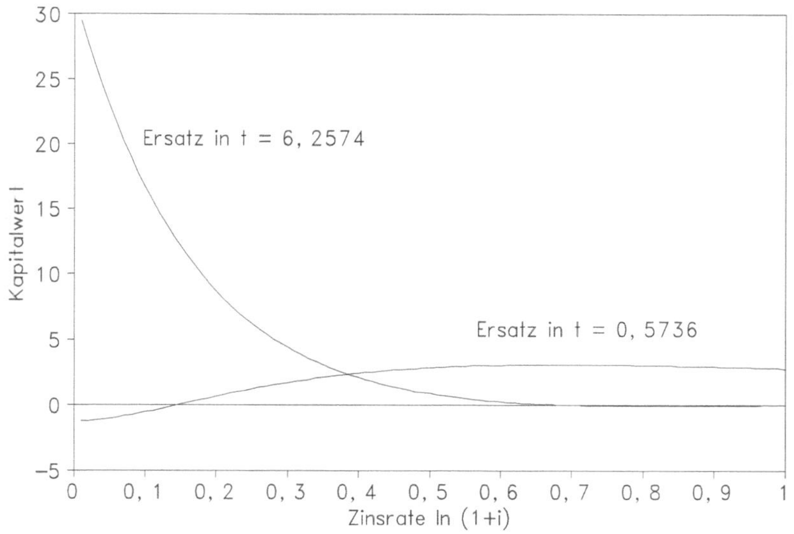

Abbildung 3-6: Zinsempfindlichkeit des optimalen Ersatzzeitpunkts

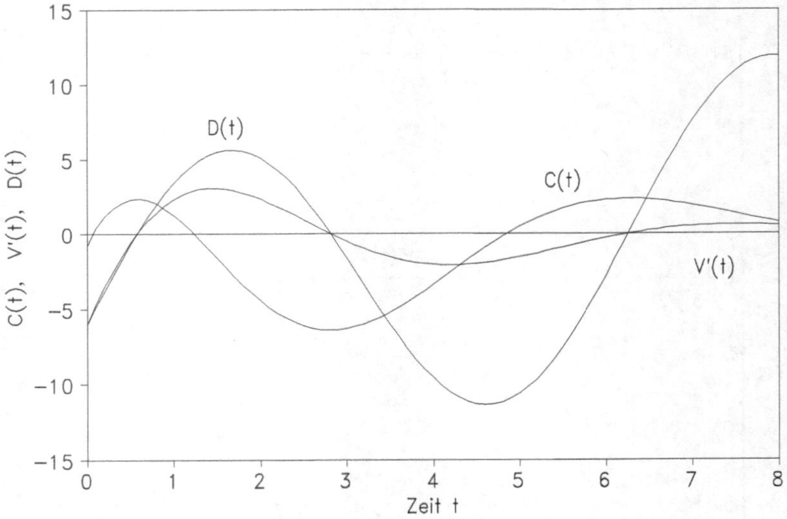

Abbildung 3-7: Indifferenz für ϑ *= 38,572366%*

3.2.2 Periodenspezifischer Kalkulationszins

3.2.2.1 Nicht-flache Zinsstruktur

Wenn der Marktzins auf einem vollkommenen Kapitalmarkt bei Sicherheit von der Laufzeit abhängig ist, ergeben sich einige interessante Effekte. Nunmehr existiert für jede einzelne Periode (z.B. Jahr) ein eigener (meist nicht explizit gegebener, sondern impliziter) Steuerungszinsfuß, der sich aus der im Zeitpunkt 0 herrschenden Zinsstruktur deterministisch ergibt. Wie sich zeigen wird, stößt die Modellwelt des vollkommenen Kapitalmarkts unter bestimmten Datenkonstellationen an die Grenzen ihrer Anwendbarkeit.

Die Idee, Kapitalwerte unter Berücksichtigung einer am Markt bestehenden Fristigkeitsstruktur des Zinses zu berechnen, stammt in ihrer allgemeinen Form aus der Theorie arbitragefreier Bewertung und in einer speziellen Ausprägung aus der Bankbetriebslehre („Marktzinsmodell").[1] Das abzuleitende Kalkül zählt zu den Rechenverfahren des vollkommenen Kapitalmarkts, weil die periodenspezifischen Steuerungszinsfüße bei sicheren Erwartungen im voraus bekannt sind und deshalb die Trennung der Investitions- von der Finanzierungsentscheidung erlauben. Diese *Separation* gelingt nur, wenn der Sollzins in jeder Periode gleich dem Habenzins ist und sowohl Kredite als auch Geldanlagen beliebiger Laufzeit uneingeschränkt verfügbar sind.[2]

Am vollkommenen Kapitalmarkt existiere eine *Zinsstruktur* derart, daß für Geldanlagen und Kredite jeder Laufzeit t in unbegrenztem Umfang endfällige, jährlich zu verzinsende Papiere mit einem Börsenkurs (Preis) von $p_t \cdot 100\%$ und einer nominellen[3] Rendite von r_t zur Verfügung stehen. Das Papier der Fristigkeit t besitzt also die (normierte) Zahlungsreihe

$$\pm\,(-p_t, r_t, r_t, r_t, r_t, \dots, r_t, r_t, 1 + r_t)$$

mit Aufnahme des Kapitals im Zeitpunkt 0, insgesamt t Zinszahlungen zu den Zeitpunkten 1, 2, 3, ... , t und Tilgung zum Nennwert im Zeitpunkt t. Die gesamte Zinsstruktur ist daher durch die Vektoren

$$\mathbf{r} := (r_1, r_2, r_3, \dots, r_n) \qquad \text{und} \qquad \mathbf{p} := (p_1, p_2, p_3, \dots, p_n)$$

1 Vgl. *SPREMANN*, Wirtschaft (1996), S. 557 ff., *COPELAND/WESTON*, Financial Theory (1988), S. 111 ff., *KRUSCHWITZ/RÖHRS*, Marktzinsorientierte Investitionsrechnung (1994), S. 658 ff., *SCHIERENBECK/WÖHLE*, Grundzüge (2012), S. 440 ff., *MARUSEV*, Marktzinsmodell (1990), *ROLFES*, Investitionsrechnung (1992).

2 Zu den Prämissen des Marktzinsmodells vgl. *ADAM*, Investitionscontrolling (2000), S. 295 ff.

3 Nur bei Erwerb zu pari, also $p_t = 100\% = 1$, entspricht die nominelle Rendite r_t auch der Effektivrendite (dem internen Zins, siehe Abschnitt 3.3.1).

eindeutig charakterisiert. Außerdem seien aus formalen Gründen $p_0 := 1$ und $r_0 := 0$ hinzudefiniert.[1] Durch Linearkombinationen der unterschiedlichen Papiere lassen sich Abzinsungsfaktoren und periodenspezifische Kalkulationszinsfüße herleiten. Beispielsweise ergibt sich aus der Kombination des einjährigen und des zweijährigen Papiers ein impliziter Zinssatz für das zweite Jahr. Unter der zentralen Annahme *sicherer Erwartungen* folgt daraus aus Arbitragegründen, daß die Einjahreszinssätze künftiger Perioden bereits durch die heutige (t = 0) Zinsstruktur determiniert sind. Ein von dem durch die Zinsstruktur implizierten Zins für das zweite Jahr abweichender künftiger Einjahreszins im Zeitpunkt t = 1 (Beginn des zweiten Jahres) würde wegen der Gleichheit von Soll- und Habenzins und der unbegrenzten Kapitalverfügbarkeit zu einem unendlich hohen, sicheren Arbitragegewinn verhelfen: Zur Ausnutzung der Zinsdifferenz im zweiten Jahr ist lediglich der Einjahreszins des zweiten Jahres mit dem impliziten Zins dieses Jahres aus der Linearkombination der ersten beiden Laufzeiten der Zinsstruktur in t = 0 zu vergleichen. Der niedrigere Zins wird dann als Kredit-, der höhere als Guthabenzins gewählt. Da bei sicheren Erwartungen Arbitragegewinne durch den Mechanismus des vollkommenen Marktes nicht bestehen können, muß die Zinsdifferenz verschwinden. Aus diesem Grunde ist das Entscheidungsfeld durch die gegenwärtige Zinsstruktur vollständig abgebildet; künftige Zeitpunkte spielen für den Abschluß von Finanzgeschäften keine Rolle mehr. Linearkombinationen der in t = 0 angebotenen Papiere ermöglichen Kredite und Geldanlagen in jedem Zeitpunkt bis zum Planungshorizont.

Weil all diese Finanzgeschäfte bereits im Zeitpunkt 0 abgeschlossen und aus mehreren Basispapieren kombiniert werden, spricht man von *synthetischen* (also zusammengesetzten) Termingeschäften (im Bankjargon „Forward"-Geschäften). Der implizite Terminzins des t-ten Jahres (englisch *forward rate*) sei mit i_t bezeichnet. Er ergibt sich durch Hintereinanderschaltung zweier synthetischer Nullkuponpapiere (englisch *zero bonds*). Eine Geldanlage oder Finanzierung mit den Papieren der Zinsstruktur heißt *fristenkongruent*, weil stets alle Fristigkeiten einzubeziehen sind. Eine vierjährige Investition wird beispielsweise mit ein-, zwei-, drei- und vierjährigen Kredittranchen finanziert. Zahlungen im Zeitpunkt t lösen entgegengerichtete Kapitalmarktgeschäfte mit ebendieser Laufzeit t aus.

Bevor die beschriebenen Zusammenhänge allgemein hergeleitet werden, sei zuerst die Vorgehensweise exemplarisch veranschaulicht. Gegeben sind die Zahlungsreihe **g** = (–1000, 200, 390, 460, 220) und die Zinsstruktur **r** = (3%, 4%, 5%, 6%) mit **p** = (1, 1, 1, 1). Alle Papiere notieren vereinfachend zu pari.[2] Analog zur Kapitalwertberech-

---

[1] Ein als Grenzfall definiertes Papier mit der Laufzeit von null Perioden ist immer zum Nennwert $p_0 = 1$ zu haben und hat einen Kupon von $r_0 = 0\%$; seine auf t = 0 beschränkte Zahlungsreihe wäre also $\pm(-p_0 + 1 + r_0) = \pm(-1 + 1 + 0) = (0)$.

[2] Ausführlich durchgerechnete Zahlenbeispiele für von 100% abweichende Kurse finden sich in HERING, Formeln (1996), S. 100 ff. und MATSCHKE/HERING/KLINGELHÖFER, Finanzplanung (2002), S. 26 ff.

nung bei einheitlichem Kalkulationszins i verdichten Gegengeschäfte den Zahlungsstrom auf den Zeitpunkt 0. Die Zahlung 220 in t = 4 ist durch einen vierjährigen Kredit im Umfang von 220 · $1{,}06^{-1}$ = 207,55 zum Ausgleich zu bringen, für den vier Jahre lang Sollzinsen von 6% · 207,55 = 12,45 zu zahlen sind. Der Überschuß von 460 in t = 3 wird, vermindert um die Zinszahlung für den vierjährigen Kredit, durch einen dreijährigen Kredit zu 5% ausgeglichen. Dieses retrograde Vorgehen setzt sich fort, bis die Zahlungssalden der Zeitpunkte 1 bis 4 auf null stehen. Übrig bleiben in t = 0 die Einzahlungen aus den vier Kredittranchen abzüglich der Anschaffungsauszahlung von 1000. Die im Beispiel positive Differenz von 124,41 gibt den auf t = 0 bezogenen Vorteil (Entnahmemöglichkeit) der Investition gegenüber ihrer fristenkongruenten Finanzierung an. Die nachstehende Tabelle 3-8 faßt die Berechnung des Kapitalwerts (C = 124,41) zusammen.

	t = 0	t = 1	t = 2	t = 3	t = 4
	−1000	200	390	460	220
6%	207,547170	−12,452830	−12,452830	−12,452830	−220
5%	426,235400	−21,311770	−21,311770	−447,547170	0
4%	342,534038	−13,701362	−356,235400	0	
3%	148,091299	−152,534038	0		
Kapitalwert	124,407907	0			

Tabelle 3-8: Kapitalwert bei nicht-flacher Zinsstruktur

Es ist nun nicht erforderlich, für jeden Zahlungsstrom eine derartige Rechnung anzustellen. Wenn nämlich bekannt ist, welchen Beitrag eine einzelne in einem bestimmten Zeitpunkt verfügbare DM zum Kapitalwert leistet, kann jede beliebige Zahlungsreihe mit den gewonnenen Werten abgezinst werden. Zum Beispiel ergibt sich der Abzinsungsfaktor des Zeitpunkts 3 gemäß Tabelle 3-9.

	t = 0	t = 1	t = 2	t = 3
	0	0	0	1
5%	0,952381	−0,047619	−0,047619	−1
4%	−0,045788	0,001832	0,047619	0
3%	−0,044454	0,045787	0	
ρ_3	0,862139	0		

Tabelle 3-9: Abzinsungsfaktor für t = 3

Eine DM in t = 3 hat einen Kapitalwert von 0,862139. Durch Linearkombination eines dreijährigen 5%-Kredits mit zwei- bzw. einjährigen 4%- bzw. 3%-Geldanlagen ist ein *synthetischer Zinssammler* (künstlich hergestellte Nullkuponanleihe ohne zwischenzeitliche Zinszahlungen) mit der Zahlungsreihe (0,862139, 0, 0, −1) erzeugt worden, der eine DM in t = 3 fristenkongruent in 0,862139 DM zu t = 0 transformiert.[1] Der gefundene Kapitalwert einer in t = 3 anfallenden Mark ist daher als *Abzinsungsfaktor* des Zeitpunkts t = 3 interpretierbar und sei mit dem Symbol ρ_t bezeichnet. Analog resultiert:

$$\rho_0 = 1{,}000000000,$$
$$\rho_1 = 0{,}970873786,$$
$$\rho_2 = 0{,}924197162,$$
$$\rho_3 = 0{,}862139479,$$
$$\rho_4 = 0{,}787327711.$$

Der Kapitalwert ergibt sich mit Hilfe der ρ_t als:

$$C = -1000 + 200 \cdot \rho_1 + 390 \cdot \rho_2 + 460 \cdot \rho_3 + 220 \cdot \rho_4 = 124{,}407907.$$

Die Abzinsungsfaktoren ρ_t *implizieren* zugleich periodenspezifische Kalkulationszinsfüße i_t. Um die Verzinsung des t-ten Jahres zu erhalten, ist der t-jährige synthetische Zinssammler $(-\rho_t, 0, 0, \dots, 0, 0, 1)$ mit dem t−1-jährigen synthetischen Nullkuponpapier $(\rho_{t-1}, 0, 0, \dots, 0, -1, 0)$ zu kombinieren, so daß lediglich zu den Zeitpunkten t−1 und t noch Zahlungen verbleiben:

$$\pm\left[\frac{\rho_{t-1}}{\rho_t}\cdot(-\rho_t, 0, 0, \dots, 0, 0, 1) + (\rho_{t-1}, 0, 0, \dots, 0, -1, 0)\right]$$
$$= \pm\left(0, 0, 0, \dots, 0, -1, \frac{\rho_{t-1}}{\rho_t}\right).$$

Die konstruierte synthetische Zahlungsreihe zeigt, daß die fristenkongruenten Geschäfte im Jahr t eine Verzinsung von $\rho_{t-1}/\rho_t - 1$ aufweisen. Diese Verzinsung heißt

[1] Die Effektivrendite des synthetischen Zinssammlers in Höhe von $0{,}862139^{-0{,}\overline{3}} - 1 = 5{,}07\%$ übersteigt den Dreijahreszins von 5%, weil der 5%-Kredit zum Teil genutzt wird, um zwischenzeitliche Zahlungen mittels Geldanlagen schlechterer Verzinsung auszugleichen. Der negative *Hebeleffekt* verteuert den Kredit. Zum Effektivzins vgl. unten, Abschnitt 3.3.1.

Impliziter Terminzinssatz der Periode t:

$$i_t := \frac{\rho_{t-1}}{\rho_t} - 1 \qquad \forall\, t \in \{1, 2, ..., n\}.$$

Im Beispiel liefert die Formel folgende implizite Terminzinssätze für die betrachteten vier Jahre:

$i_1 = 3{,}000000000000000\ \%$,
$i_2 = 5{,}050505050505051\ \%$,
$i_3 = 7{,}198102505929669\ \%$,
$i_4 = 9{,}501985750323856\ \%$.

Aus der Definition der impliziten Terminzinssätze ergibt sich unmittelbar:

$$\prod_{\tau=1}^{t}(1+i_\tau) = \frac{\rho_0}{\rho_1} \cdot \frac{\rho_1}{\rho_2} \cdot \ldots \cdot \frac{\rho_{t-1}}{\rho_t} = \frac{\rho_0}{\rho_t}.$$

Unabhängig von der Zinsstruktur gilt immer $\rho_0 := 1$, so daß sich auch umgekehrt ρ_t durch die impliziten Terminzinssätze definieren läßt.

Abzinsungsfaktor des Zeitpunkts t:[1]

$$\rho_t = \frac{1}{\prod_{\tau=1}^{t}(1+i_\tau)} \qquad \forall\, t \in \{0, 1, 2, ..., n\}.$$

Es ist also gleichgültig, ob der Kapitalwert mit den Abzinsungsfaktoren oder durch periodenweises Abzinsen mit den impliziten Terminzinssätzen ermittelt wird:

$$C = -1000 + \frac{200}{1+i_1} + \frac{390}{(1+i_1)\cdot(1+i_2)} + \frac{460}{(1+i_1)\cdot(1+i_2)\cdot(1+i_3)} + \frac{220}{(1+i_1)\cdot(1+i_2)\cdot(1+i_3)\cdot(1+i_4)} = 124{,}407907.$$

[1] Man beachte die mathematische Konvention, daß leere Produkte $\prod$ (deren Obergrenze also kleiner als die Untergrenze ist) den Wert 1 (des neutralen Elements der Multiplikation) annehmen. Die Formel liefert also auch korrekt den Grenzfall $\rho_0 = 1$.

Insgesamt kann festgehalten werden:

Kapitalwert des Objekts j bei nicht-flacher Zinsstruktur:

$$C_j := \sum_{t=0}^{n} g_{jt} \cdot \rho_t \,.$$

Dies ist eine Verallgemeinerung der Satz 1 zugrunde gelegten Kapitalwertdefinition. Bei flacher Zinsstruktur (also einem einheitlichen, laufzeitunabhängigen Kalkulationszins i), wie im Abschnitt 3.2.1 vorausgesetzt, gilt speziell:

$$\rho_t = (1 + i)^{-t} \qquad \forall\, t \in \{0, 1, 2, ..., n\},$$

$$i_t = i \qquad \forall\, t \in \{1, 2, ..., n\}.$$

Der Objektindex j wird im folgenden aus Gründen der besseren Lesbarkeit weggelassen. Die oben dargestellte retrograde Berechnung der Abzinsungsfaktoren und der fristenkongruenten Finanzierungstranchen (Tabellen 3-4 und 3-5) entspricht formal der Lösung eines linearen Gleichungssystems.[1] $TR_{0\tau}$ sei der Nominalbetrag der Tranche des τ-jährigen Geschäfts[2] zur Errechnung des Kapitalwerts C und **x** der gesuchte Vektor $(C, TR_{01}, TR_{02}, TR_{03}, \ldots, TR_{0n})^T$. Es gilt also *per def.*:

$$C = g_0 + \sum_{t=1}^{n} p_t \cdot TR_{0t} \,.$$

In Tabelle 3-8 entspricht **x** der Spalte für t = 0, von unten nach oben gelesen. Das retrograde Berechnungsschema hat allgemein die folgende Dreiecksstufengestalt:

$$\begin{array}{ccccccccc}
C & -p_1 \cdot TR_{01} & -p_2 \cdot TR_{02} & -p_3 \cdot TR_{03} & - & \cdots & -p_n \cdot TR_{0n} & = & g_0 \\
 & (1 + r_1) \cdot TR_{01} & + r_2 \cdot TR_{02} & + r_3 \cdot TR_{03} & + & \cdots & + r_n \cdot TR_{0n} & = & g_1 \\
 & & (1 + r_2) \cdot TR_{02} & + r_3 \cdot TR_{03} & + & \cdots & + r_n \cdot TR_{0n} & = & g_2 \\
 & & & \ddots & + & \cdots & \vdots & \vdots & \vdots \\
 & & & & & \ddots & \vdots & \vdots & \vdots \\
 & & & & & & (1 + r_n) \cdot TR_{0n} & = & g_n
\end{array}$$

1 Vgl. *MARUSEV*, Marktzinsmodell (1990), S. 31 ff., *ROLFES*, Investitionsrechnung (1992), S. 177 ff. sowie auch *MARUSEV/PFINGSTEN*, Zinsstruktur-Kurven (1992), *MARUSEV/PFINGSTEN*, Erweitertes Marktzinsmodell (1994), *HERING*, Formeln (1996), S. 100 f.

2 Aus Tabelle 3-8 liest man z.B. TR_{02} = 342,534038 ab (Nennwert des zweijährigen 4%-Kredits).

Da wohl ohne weiteres angenommen werden kann, daß die Sätze r_t der Zinsstruktur niemals −100% betragen, ist das Gleichungssystem eindeutig lösbar (*GAUß*sche Elimination).[1] Schreibt man es in Matrizenform kompakt als

$$\mathbf{A} \cdot \mathbf{x} = \mathbf{g}$$

mit **A** als Koeffizientenmatrix, so existiert die Inverse $\mathbf{A}^{-1}$, und es gilt:

$$\mathbf{x} = \mathbf{A}^{-1} \cdot \mathbf{g}.$$

Damit sind Kapitalwert und Tranchen ermittelt. Der Abzinsungsfaktor ρ_t des Zeitpunkts t und seine zugehörigen Tranchen müssen sich als spezielle Lösung **x** ergeben, wenn für **g** der entsprechende Einheitsvektor angesetzt wird ($g_t = 1$ und $g_k = 0$ für $k \neq t$, vgl. Tabelle 3-9 für t = 3). Hieraus folgt, daß die zum Zeitpunkt t gehörende Spalte der Inversen mit dieser speziellen Lösung übereinstimmt.

Satz 5 **(Elementare Berechnung der ρ_t und $\mathbf{TR}_\tau^t$)**:

Die Spalte $t \in \{0, 1, ..., n\}$ der Inversen $\mathbf{A}^{-1}$ enthält in der „nullten" Zeile den Abzinsungsfaktor ρ_t und in jeder folgenden Zeile τ die zu ρ_t gehörende Tranche TR_τ^t der Fristigkeit τ.

Beispiel. Die bei natürlicher Zählweise vierte Spalte (t = 3, „Spalte Nummer drei", da die Zeitpunktzählung mit null beginnt) der Inversen $\mathbf{A}^{-1}$ lautet für die oben angegebene Zinsstruktur gemäß Tabelle 3-9:[2]

$$\begin{pmatrix} 0,862139 \\ -0,044454 \\ -0,045788 \\ 0,952381 \\ 0,000000 \end{pmatrix}.$$

Die Abzinsungsfaktoren und ihre Tranchen können also entweder einzeln retrograd wie in Tabelle 3-9 ermittelt oder simultan durch Invertierung einer $(n + 1) \times (n + 1)$ -

[1] Die n + 1 Spaltenvektoren sind wegen der Dreiecksgestalt ersichtlich linear unabhängig und bilden daher eine *Basis* des $\mathbb{R}^{n+1}$. Die Darstellung eines Vektors durch Basisvektoren ist eindeutig. Vgl. *FISCHER*, Lineare Algebra (1986), S. 43 f.

[2] Es gilt also bspw. $TR_2^3 = -0,045788$ (Nennwert der zweijährigen 4%-Geldanlage zur Konstruktion der Einzahlung $\rho_3 = 0,862139$ gemäß Tabelle 3-9).

Matrix berechnet werden.[1] Dieses Ergebnis zeigt allerdings nur einen *Lösungsweg* auf – die für große n langwierige und stark rundungsfehleranfällige Matrixinvertierung bleibt dem Anwender nicht erspart. Sie erlaubt zudem keine Einblicke in die Struktur der Lösung.

3.2.2.2 Geschlossene Formeln

Die im vorhergehenden Unterabschnitt dargestellte elementare Berechnungsweise der Abzinsungsfaktoren, Finanzierungstranchen und impliziten Terminzinssätze ist unnötig zeitaufwendig und ungenau. Im folgenden werden für alle genannten Größen *geschlossene Formeln* hergeleitet, welche die ρ_t, i_t und TR_τ^t direkt als Funktionen der Zinsstruktur (**r** und **p**) darstellen. Unter Ausnutzung der besonderen Struktur der Matrix **A** läßt sich die herkömmliche rechnerische Behandlung des zugehörigen linearen Gleichungssystems (*GAUß*sche Elimination oder Invertierung) komplett umgehen. Bemerkenswert an dieser Problemstellung ist, daß ein nicht-triviales lineares System beliebiger Dimension und beliebiger Wahl der Eingangskoeffizienten r_t und p_t eine geschlossene, allgemeine Lösung besitzt.

Die Zahlungsreihe (0, 0, 0, 1) hat den Kapitalwert $C = 1 \cdot \rho_3$. Alle Abzinsungsfaktoren ρ_t lassen sich daher als Kapitalwerte zeitpunktbezogener Einheits-Zahlungsreihen auffassen. Somit lautet die allgemeine tranchenbezogene Kapitalwertformel

$$C = g_0 + \sum_{t=1}^{n} p_t \cdot TR_{0t}$$

speziell für den Abzinsungsfaktor des Zeitpunkts t:[2]

$$\rho_t = \sum_{\tau=1}^{t} p_\tau \cdot TR_\tau^t .$$

Der Zusammenhang zwischen den ρ_t, TR_τ^t, p_t und r_t läßt sich ergründen, indem z.B. das Schema der Tabelle 3-9 in allgemeinen Symbolen angeschrieben wird (vgl. Tabelle 3-10):

1 Es genügt prinzipiell auch die Invertierung einer n×n-Matrix, da sich in jeder Spalte der Abzinsungsfaktor ρ_t als mit den Preisen p_t gewichtete Summe der Tranchen berechnen läßt. Vgl. auch das Zahlenbeispiel von *MARUSEV*, Marktzinsmodell (1990), S. 33.

2 Zur Definition der verschiedenen Tranchensymbole TR vgl. Unterabschnitt 3.2.2.1 um Satz 5.

	t = 0	t = 1	t = 2	t = 3
	0	0	0	1
r_3	$\frac{1}{1+r_3}$	$-\frac{r_3}{1+r_3}$	$-\frac{r_3}{1+r_3}$	-1
r_2	$-\frac{r_3}{(1+r_2)\cdot(1+r_3)}$	$\frac{r_2\cdot r_3}{(1+r_2)\cdot(1+r_3)}$	$\frac{r_3}{1+r_3}$	0
r_1	$-\frac{r_3}{(1+r_1)\cdot(1+r_2)\cdot(1+r_3)}$	$\frac{r_3}{(1+r_2)\cdot(1+r_3)}$	0	
ρ_3	$\frac{p_3-r_3\cdot\left[\frac{p_2}{1+r_2}+\frac{p_1}{(1+r_1)\cdot(1+r_2)}\right]}{1+r_3}$	0		

Tabelle 3-10: Allgemeiner Abzinsungsfaktor für t = 3

Die Spalte t = 0 offenbart das Bildungsgesetz[1] der drei nominellen Tranchen des Abzinsungsfaktors (die dann zur Berechung von ρ_3 noch, mit den Preisen p_t gewichtet, zu addieren sind) und gibt Anlaß zum

Satz 6 **(Abzinsungsfaktoren und ihre Nominaltranchen)**:[2]

$$\rho_t = \frac{p_t - r_t \cdot \sum_{\tau=1}^{t-1} p_\tau \cdot \prod_{k=\tau}^{t-1} (1+r_k)^{-1}}{1+r_t} \qquad \forall\, t \in \{0, 1, 2, \ldots, n\}$$

$$\text{mit} \quad TR_t^t = \frac{1}{1+r_t}$$

$$\text{und} \quad TR_\tau^t = -\frac{r_t}{\prod_{k=\tau}^{t} (1+r_k)} \qquad \forall\, \tau \in \{1, 2, \ldots, t-1\}.$$

1 Es sei an die Konvention erinnert, daß eine leere Summe (Obergrenze kleiner als Untergrenze des Laufindex) den Wert 0 und ein leeres Produkt den Wert 1 hat (neutrales Element der Addition bzw. Multiplikation). Ferner gelte $r_t \neq -1\ \forall\ t$ und, wie bereits definiert, $r_0 = 0$ und $p_0 = 1$. Die Formel schließt dann auch den Fall t = 0 ($\rho_0 = 1$) ein.

2 Vgl. *HERING*, Formeln (1996), S. 106.

Der *Beweis* dieses zentralen Satzes zur nicht-flachen Zinsstruktur bei vollkommenem Kapitalmarkt erfordert einigen formalen Aufwand und wird deshalb im Anhang 1. geliefert.

Die Formel aus Satz 6 erlaubt es, das rundungsfehlerreduzierende HORNERsche Schema anzuwenden.[1]

Beispiel. Für die oben angegebene Zinsstruktur errechnet sich ρ_4 einfach als:

$$\rho_4 \quad = \frac{1}{1{,}06} - \frac{0{,}06}{1{,}06} \cdot \left(\frac{1}{1{,}03 \cdot 1{,}04 \cdot 1{,}05} + \frac{1}{1{,}04 \cdot 1{,}05} + \frac{1}{1{,}05} \right)$$

$$= \frac{1}{1{,}06} - \frac{0{,}06}{1{,}06} \cdot \frac{1}{1{,}05} \cdot \left(1 + \frac{1}{1{,}04} \cdot \left(1 + \frac{1}{1{,}03} \right) \right)$$

$$= 0{,}787327711.$$

$$TR_4^4 = \frac{1}{1{,}06} \qquad \text{(vierjährige Tranche = 6\%-Kredit);}$$

$$TR_3^4 = -\frac{0{,}06}{1{,}05 \cdot 1{,}06} \qquad \text{(dreijährige Tranche = 5\%-Geldanlage);}$$

$$TR_2^4 = -\frac{0{,}06}{1{,}04 \cdot 1{,}05 \cdot 1{,}06} \qquad \text{(zweijährige Tranche = 4\%-Geldanlage);}$$

$$TR_1^4 = -\frac{0{,}06}{1{,}03 \cdot 1{,}04 \cdot 1{,}05 \cdot 1{,}06} \qquad \text{(einjährige Tranche = 3\%-Geldanlage).}$$

Die mit den Preisen der Wertpapiere (im Beispiel notieren alle Papiere zu 100%, also zu einem Preis (Kurs) von 1) gewichtete Summe der vier Tranchen ergibt den Abzinsungsfaktor ρ_4.

Anwendung von Satz 6 auf die Definition der impliziten Terminzinssätze i_t liefert unmittelbar einen geschlossenen Ausdruck für die i_t in Abhängigkeit von der Zinsstruktur:

---

1 Zum HORNER-Schema vgl. z.B. *FORSTER*, Analysis 1 (1983), S. 47.

Satz 7 **(Implizite Terminzinssätze)**:[1]

$$i_t = \frac{\rho_{t-1}}{\rho_t} - 1 = \frac{p_{t-1} - r_{t-1} \cdot \sum_{\tau=1}^{t-2} p_\tau \cdot \prod_{k=\tau}^{t-2} (1 + r_k)^{-1}}{p_t - r_t \cdot \sum_{\tau=1}^{t-1} p_\tau \cdot \prod_{k=\tau}^{t-1} (1 + r_k)^{-1}} \cdot \frac{1 + r_t}{1 + r_{t-1}} - 1 \qquad \forall\, t \in \{1, 2, ..., n\}.$$

Beispiel. Die gegebene Zinsstruktur liefert:

$$i_3 = \frac{1 - 0{,}04 \cdot 1{,}03^{-1}}{1 - 0{,}05 \cdot (1{,}03^{-1} \cdot 1{,}04^{-1} + 1{,}04^{-1})} \cdot \frac{1{,}05}{1{,}04} - 1 = 7{,}19810250\ \%.$$

Die Steuerungszinsfüße i_t liegen damit in allgemeiner Form vor. Einer Matrixinvertierung bedarf es nicht mehr. Auch zur Berechnung der einzelnen Tranchen ist kein Gleichungssystem erforderlich. Nach dem Satz 6 sind die Tranchen TR_τ^t jedes Abzinsungsfaktors ρ_t bekannt, d.h., eine bis auf $g_t = 1$ nur aus Nullen bestehende Zahlungsreihe (vgl. Tabelle 3-9 versus Tabelle 3-8) verursacht im Zeitpunkt 0 eine Finanztranche der Laufzeit τ in Höhe von TR_τ^t (sofern $\tau \leq t$). Eine beliebige Zahlung g_t eines Objekts im Zeitpunkt $t \geq \tau$ bewirkt demnach für die Fristigkeit τ die Tranche $TR_\tau^t \cdot g_t$.[2] Wird also schließlich über alle Zeitpunkte $t \geq \tau$ summiert, resultiert $TR_{0\tau}$, die durch das gesamte Objekt verursachte fristenkongruente Finanzierungstranche der Laufzeit τ.

Satz 8 **(Kapitalwerttranchen)**:

$$TR_{0\tau} = \sum_{t=\tau}^{n} g_t \cdot TR_\tau^t = \frac{g_\tau}{1 + r_\tau} - \sum_{t=\tau+1}^{n} \frac{g_t \cdot r_t}{\prod_{k=\tau}^{t} (1 + r_k)} \qquad \forall\, \tau \in \{1, 2, ..., n\}.$$

Beispiel. Alle Tranchen der zu t = 0 gehörenden Spalte in Tabelle 3-8 können nun direkt berechnet werden. Die für eine fristenkongruente Finanzierung der Investition erforderliche 4%-Tranche (Laufzeit $\tau = 2$) ergibt sich als:

[1] Vgl. *HERING*, Formeln (1996), S. 107.

[2] Man beachte, daß die Tranchen aus Satz 6 nur für $\tau \leq t$ definiert sind, denn eine Zahlung im Zeitpunkt t verursacht keine Tranchen mit längerer Laufzeit als t. Umgekehrt ausgedrückt: Die Tranche der Laufzeit τ wird allein durch Zahlungen g_t mit $t \geq \tau$ determiniert.

$$TR_{02} = \frac{390}{1{,}04} - \frac{460 \cdot 0{,}05}{1{,}04 \cdot 1{,}05} - \frac{220 \cdot 0{,}06}{1{,}04 \cdot 1{,}05 \cdot 1{,}06} = 342{,}534038.$$

Die Entnahme des durch den positiven Kapitalwert angezeigten Investitionsvorteils braucht nun gemäß Konsumzielfunktion keineswegs zu $t = 0$ zu erfolgen. Ebenso läßt sich z.B. fragen, wie aus der Zahlungsreihe **g** mit dem Kapitalwert C ein *Endwert* zu $t = n$ ausgeschüttet werden kann. Um einen Geldbetrag in Höhe von 1 vom Zeitpunkt $t = n$ auf $t = 0$ vorzuziehen, bedarf es bekanntlich der Tranchen TR_τ^n (als mit den jeweiligen Preisen p_τ gewichtete Summe ergeben diese Tranchen den Abzinsungsfaktor ρ_n). Umgekehrt *erzeugen* die in $t = 0$ abzuschließenden nominalen Tranchen $-TR_\tau^n$ gerade genau einen Betrag (Endwert) von 1 in $t = n$. Analog läßt sich für jeden Zeitpunkt θ zwischen $t = 0$ und $t = n$ argumentieren.

Der Kapitalwert C im Zeitpunkt $t = 0$ erlaubt die gleiche Ausschüttung wie ein Betrag von C/ρ_θ im Zeitpunkt $t = \theta$, denn es gilt ja für den Kapitalwert der letzteren Zahlung: $C/\rho_\theta \cdot \rho_\theta = C$. Die Tranchen zur Entnahme des Betrags C/ρ_θ im Zeitpunkt $t = \theta$ ergeben sich aber nach dem zuvor Gesagten als:

$$-\frac{C}{\rho_\theta} \cdot TR_\tau^\theta.$$

Weil Ausgangspunkt der Betrachtung nicht der in $t = 0$ verfügbare Kapitalwert C, sondern die Zahlungsreihe **g** ist, müssen zu diesen Tranchen noch die nach Satz 8 bekannten Tranchen $TR_{0\tau}$ zur Erzeugung des Kapitalwerts addiert werden. Per Saldo ergibt sich damit eine Formel, die für jede vorgelegte Zahlungsreihe **g** direkt die in $t = 0$ nominal abzuschließende Tranche $TR_{\theta\tau}$ eines Zinsstruktur-Basispapiers der Laufzeit τ angibt, welche zur Verdichtung der Zahlungsreihe auf den Zeitpunkt θ führt.

Satz 9 **(Tranchen für beliebige Entnahmezeitpunkte)**:[1]

$$TR_{\theta\tau} = TR_{0\tau} - \frac{C}{\rho_\theta} \cdot TR_\tau^\theta \qquad \forall\, \theta \in \{0, 1, 2, \dots, n\},\ \forall\, \tau \in \{1, 2, \dots, n\}.$$

Weil die Tranche der Laufzeit τ allein durch Zahlungen g_t mit $t \geq \tau$ determiniert wird, sei allgemein definiert: $TR_\tau^\theta := 0$ für $\theta < \tau$. Dies schließt $TR_\tau^0 := 0\ \forall\, \tau$ ein. Für $\theta = 0$ vereinfacht sich Satz 9 also zur Kapitalwerttranchenformel (Satz 8).

1 Vgl. *HERING*, Formeln (1996), S. 108. Zu Rechenbeispielen vgl. ebenda, S. 109 f.

Abschließend soll noch der Fall annuitätischer Entnahmen untersucht werden. Der Barwert einer uniformen endlichen Rente a beträgt (vgl. Unterabschnitt 3.2.1.1.2)

$$C = a \cdot \sum_{t=1}^{n} \rho_t .$$

Aus dem Vergleich von Satz 6 mit Satz 12 (nächster Unterabschnitt 3.2.2.3) resultiert der *Rentenbarwertfaktor* $RBF_{\mathbf{r},\mathbf{p},n}$ (Kehrwert des *Annuitätenfaktors*):

$$\sum_{t=1}^{n} \rho_t = \sum_{t=1}^{n} p_t \cdot \prod_{k=t}^{n} (1 + r_k)^{-1} .$$

Satz 10 **(Annuität)**:[1]

$$a = C \cdot ANF_{\mathbf{r},\mathbf{p},n} = \frac{C}{\sum\limits_{t=1}^{n} p_t \cdot \prod\limits_{k=t}^{n} (1 + r_k)^{-1}} .$$

Beispiel.

$$ANF_{\mathbf{r},\mathbf{p},4} = \frac{1}{\frac{1}{1{,}03 \cdot 1{,}04 \cdot 1{,}05 \cdot 1{,}06} + \frac{1}{1{,}04 \cdot 1{,}05 \cdot 1{,}06} + \frac{1}{1{,}05 \cdot 1{,}06} + \frac{1}{1{,}06}}$$

$$= 0{,}282124203.$$

Die *Annuität* ergibt sich für die Zahlungsreihe der Rübezahl AG mit $C = 124{,}407907$ (Tabelle 3-8) nach Satz 10 als $a = 124{,}407907 \cdot 0{,}282124203 = 35{,}0984816$.

Es stellt sich wiederum die Frage nach einer Formel, welche die zur Realisierung der Annuität erforderlichen Tranchen $TR_{a\tau}$ ohne Gleichungssystem angibt. Aus der Herleitung von Satz 9 resultiert mit der gleichen Argumentation wie dort

$$TR_{a\tau} := TR_{0\tau} - \sum_{t=\tau}^{n} a \cdot TR_{\tau}^{t} \qquad \forall\, \tau \in \{1, 2, \ldots, n\}.$$

[1] Vgl. *HERING*, Formeln (1996), S. 110.

Unter Ausnutzung von Satz 8 läßt sich dies auch schreiben als:

Satz 11 **(Tranchen für annuitätische Entnahme)**:[1]

$$TR_{a\tau} = \sum_{t=\tau}^{n} (g_t - a) \cdot TR_{\tau}^{t} \qquad \forall\, \tau \in \{1, 2, \ldots, n\}.$$

Man könnte vermuten, die Theorie des Rechnens bei nicht-flacher Zinsstruktur sei durch die Sätze 5 bis 11 im wesentlichen abgerundet. Dem ist jedoch nicht so, denn es existiert noch ein zweiter („dualer"), grundlegend andersartiger Zugang. Dieser führt über das Phänomen der *Rekursivität* und wird im nächsten Unterabschnitt einer eingehenden Betrachtung unterzogen.

3.2.2.3 Rekursive Formeln

Das im Unterabschnitt 3.2.2.1 vor Satz 5 aufgestellte Gleichungssystem zur Ermittlung der Kapitalwerttranchen zeigt bereits durch seine Dreiecksstufengestalt, daß sich die Tranchen $TR_{0\tau}$ rekursiv berechnen lassen. Das Rückwärtseinsetzen nach dem Abschluß des *GAUß*schen Eliminationsverfahrens drückt jede Tranche τ durch die bereits bekannten Tranchen $\tau+1, \tau+2, \ldots, n$ aus. Wie sich zeigen läßt, sind aber auch die Abzinsungsfaktoren ρ_t und impliziten Terminzinssätze i_t rekursiv definierbar.

Den Schlüssel zu dieser Einsicht liefert die folgende Tatsache: Der Kapitalwert beträgt für jedes Papier der Zinsstruktur null. Dies läßt sich nachweisen, indem die retrograde Berechnung der Tranchen auf die Zahlungsreihe des t-jährigen Geschäfts angewendet wird:

$$\begin{array}{cccccccc}
C & -p_1 \cdot TR_{01} & -p_2 \cdot TR_{02} & -p_3 \cdot TR_{03} & - & \cdots & -p_t \cdot TR_{0t} & = & \mp\, p_t \\
 & (1+r_1)\cdot TR_{01} & +r_2 \cdot TR_{02} & +r_3 \cdot TR_{03} & + & \cdots & +r_t \cdot TR_{0t} & = & \pm\, r_t \\
 & & (1+r_2)\cdot TR_{02} & +r_3 \cdot TR_{03} & + & \cdots & +r_t \cdot TR_{0t} & = & \pm\, r_t \\
 & & & \ddots & + & \cdots & \vdots & \vdots & \vdots \\
 & & & & \ddots & & \vdots & \vdots & \vdots \\
 & & & & & & (1+r_t)\cdot TR_{0t} & = & \pm\,(1+r_t)
\end{array}$$

Dieses System besitzt die eindeutige Lösung $TR_{0t} = \pm\, 1$ und $TR_{0t-1} = TR_{0t-2} = \ldots = TR_{01} = C = 0$, q.e.d.

[1] Vgl. *HERING*, Formeln (1996), S. 111. Zu Rechenbeispielen vgl. ebenda, S. 111 f.

Es gilt demnach für alle t:

$$C = -p_t + \sum_{\tau=1}^{t-1} r_t \cdot \rho_\tau + (1 + r_t) \cdot \rho_t = 0.$$

Der gleich null gesetzte Kapitalwert des t-jährigen Papiers führt also sofort zum

Satz 12 **(Rekursionsformel für die Abzinsungsfaktoren)**:[1]

$$\rho_t = \frac{p_t - r_t \cdot \sum_{\tau=1}^{t-1} \rho_\tau}{1 + r_t} \qquad \forall\, t \in \{0, 1, 2, \ldots, n\}.$$

Der Abzinsungsfaktor ρ_t des Zeitpunkts t wird durch die Abzinsungsfaktoren der Zeitpunkte 1 bis t–1 festgelegt. Man kann also sukzessiv nacheinander ρ_0, ρ_1, ρ_2 und zuletzt ρ_t berechnen. (Satz 6 bietet demgegenüber eine geschlossene Formel, mit der sich jeder einzelne Faktor ρ_t gezielt nur aus den Ausgangsdaten ermitteln läßt, ohne alle Vorgängerfaktoren ρ_τ mit $\tau < t$ kennen zu müssen.)

Beispiel. Für die bekannten Daten ergibt sich:

$$\rho_3 = \frac{1 - 0{,}05 \cdot (0{,}970873786 + 0{,}924197162)}{1{,}05} = 0{,}862139479.$$

Ein Vergleich von Satz 6 mit Satz 12 liefert die bereits zum Beweis von Satz 10 genutzte Beziehung:[2]

$$\sum_{\tau=1}^{t-1} \rho_\tau = \sum_{\tau=1}^{t-1} p_\tau \cdot \prod_{k=\tau}^{t-1} (1 + r_k)^{-1} \quad \Leftrightarrow \quad \sum_{t=1}^{n} \rho_t = \sum_{t=1}^{n} p_t \cdot \prod_{k=t}^{n} (1 + r_k)^{-1}.$$

Beispiel. Die Summe $\rho_1 + \rho_2 + \rho_3$ beträgt:

$$0{,}970873786 + 0{,}924197162 + 0{,}862139479 = 2{,}757210427.$$

Sie läßt sich ohne Kenntnis der einzelnen Abzinsungsfaktoren wie folgt berechnen:

---

1 Vgl. *Hering*, Formeln (1996), S. 102.

2 Ein alternativer Beweis ohne die Voraussetzung von Satz 6 befindet sich im Anhang 2.

$$\frac{1}{1{,}03 \cdot 1{,}04 \cdot 1{,}05} + \frac{1}{1{,}04 \cdot 1{,}05} + \frac{1}{1{,}05} = 2{,}757210427.$$

Hinweis: Die einzelnen Summanden (Brüche) entsprechen natürlich *nicht* den einzelnen Abzinsungsfaktoren ρ_1, ρ_2 und ρ_3! Nur die Summe $\rho_1 + \rho_2 + \rho_3$ ist identisch. (Beispielsweise tritt $\rho_1 = 1/1{,}03$ unter den Summanden gar nicht auf.)

Die Summe der Abzinsungsfaktoren ist als Rentenbarwertfaktor interpretierbar und ihr Kehrwert als Annuitätenfaktor; vgl. Satz 10.

Beispiel. Ein in t = 0 verfügbarer Geldbetrag von 1000 kann in der gegebenen Datensituation durch fristenkongruente Anlage zu einem dreijährigen Einkommensstrom der Breite

$$\frac{1000}{2{,}757210427} = 362{,}6854121$$

umgewandelt werden.

Der hier über die Tranchen direkt bewiesene Satz 12 ist übrigens auch mit Hilfe der in der Finanzierungstheorie bedeutsamen *arbitragefreien Bewertung* herleitbar.[1] Die (im Beispiel vier) Basispapiere der Zinsstruktur konstituieren einen sogenannten *vollständigen* Kapitalmarkt, und die gesuchten Abzinsungsfaktoren ρ_t sind als Marktpreise *reiner* Wertpapiere (d.h. Wertpapiere mit dem Rückfluß 1 in genau einem Zeitpunkt) interpretierbar. Wenn der Markt arbitragefrei ist, ist dies aufgrund der Dualitätstheorie der linearen Optimierung äquivalent mit der Lösbarkeit des folgenden Gleichungssystems in positiven, monoton fallenden Preisen ρ_t (starke Arbitragefreiheitsbedingung):[2]

$$\begin{aligned}
&1{,}03\,\rho_1 &&= 1\\
&0{,}04\,\rho_1 + 1{,}04\,\rho_2 &&= 1\\
&0{,}05\,\rho_1 + 0{,}05\,\rho_2 + 1{,}05\,\rho_3 &&= 1\\
&0{,}06\,\rho_1 + 0{,}06\,\rho_2 + 0{,}06\,\rho_3 + 1{,}06\,\rho_4 &&= 1
\end{aligned}$$

Die Formel aus Satz 12 bildet nichts anderes als das *GAUß*sche Eliminationsverfahren für dieses in Dreiecksstufengestalt vorliegende System ab. Ökonomisch beinhaltet das System die Aussage, daß auf einem arbitragefreien Markt keine Gewinne möglich sind, also alle gehandelten Wertpapiere den Kapitalwert null aufweisen. Genau dieses

[1] Vgl. *KRUSCHWITZ/RÖHRS*, Marktzinsorientierte Investitionsrechnung (1994), S. 658 f., *HERING*, Formeln (1996), S. 102.

[2] Zum Beweis vgl. *HERING*, Arbitragefreiheit (1998), S. 168-171.

arbitragetheoretische Resultat ist oben (vor Satz 12) schon direkt aus dem Tranchengleichungssystem abgeleitet worden.

Zu zeigen bleibt noch die Rekursivität der impliziten Terminzinssätze. Hierzu wird in Satz 12 der bekannte Definitionszusammenhang

$$\rho_t = \frac{1}{(1+i_1)\cdot(1+i_2)\cdot\ldots\cdot(1+i_t)} = \frac{1}{\prod_{k=1}^{t}(1+i_k)}$$

eingesetzt:

$$\frac{1}{\prod_{k=1}^{t}(1+i_k)} = \frac{p_t - r_t \cdot \sum_{\tau=1}^{t-1} \frac{1}{\prod_{k=1}^{\tau}(1+i_k)}}{1+r_t}$$

$$\Leftrightarrow \qquad \prod_{k=1}^{t-1}(1+i_k)\cdot(1+i_t) = \frac{1+r_t}{p_t - r_t \cdot \sum_{\tau=1}^{t-1} \prod_{k=1}^{\tau}(1+i_k)^{-1}}$$

$$\Leftrightarrow \qquad 1+i_t = \frac{1+r_t}{p_t \cdot \prod_{k=1}^{t-1}(1+i_k) - r_t \cdot \sum_{\tau=1}^{t-1} \prod_{k=\tau+1}^{t-1}(1+i_k)}.$$

Die impliziten Terminzinssätze der Perioden 1 bis t–1 legen demnach den impliziten Terminzinssatz i_t der Periode t fest.

Satz 13 **(Rekursionsformel für die impliziten Terminzinssätze)**:[1]

$$i_t = \frac{1+r_t}{p_t \cdot \prod_{k=1}^{t-1}(1+i_k) - r_t \cdot \sum_{\tau=1}^{t-1} \prod_{k=\tau+1}^{t-1}(1+i_k)} - 1 \qquad \forall\, t \in \{1, 2, \ldots, n\}.$$

---

1 Vgl. *HERING*, Formeln (1996), S. 103.

Beispiel.[1]

$$i_3 = \frac{1{,}05}{1{,}03 \cdot 1{,}\overline{05} - 0{,}05 \cdot (1{,}\overline{05} + 1)} - 1 = 7{,}19810250\ \%.$$

3.2.2.4 Modelldiskussion

Aus der *Chaostheorie*[2] ist bekannt, daß rekursive nichtlineare Systeme sehr sensibel auf Änderungen ihrer Basisparameter reagieren. Ein und dieselbe Rekursionsformel erzeugt durch Variation ihrer Konstanten die unterschiedlichsten Zahlenfolgen. Die Zahlenfolgen sind „chaotisch" in dem Sinne, daß die scheinbar erratischen Schwankungen der Werte auf den ersten Blick kein Bildungsgesetz erkennen lassen und darüber hinaus sehr extreme Entwicklungen und Sprünge aufweisen können. Je nach Parameterwahl streben sie einem Gleichgewichtszustand zu oder auch nicht. Für die Rekursionsformeln der Sätze 12 und 13 können allerdings keine Bifurkationsdiagramme aufgestellt werden, weil hierzu eine willkürliche bzw. hypothetische Fortschreibung der Zinsstruktur in die Zukunft erforderlich wäre. Der chaostheoretische Bezug beschränkt sich daher auf die mitunter eigenwilligen, stark parameterabhängigen Schwankungen der impliziten Terminzinssätze im Zeitablauf.

Der Graph der Zinsstruktur wird als *Zinsstrukturkurve* bezeichnet. Abbildung 3-8 zeigt die Terminzinssätze (obere Kurve, Symbol FR für „forward rate") auf der Grundlage der deutschen Zinsstruktur (untere Kurve, Symbol r für Rendite) vom Januar 1988 mit[3] **r** = (3,29%, 4,29%, 4,87%, 5,28%, 5,59%, 5,84%, 6,05%, 6,23%, 6,39%, 6,53%).

Eine monoton steigende Zinsstrukturkurve heißt *normal*, eine monoton fallende *invers*. Hängt der Zins nicht von der Laufzeit ab, wird von einer *flachen* Zinsstruktur gesprochen. Normal bedeutet, daß eine längere Kapitalbindungsdauer i.d.R. mit einem höheren Zins belohnt wird (Inflexibilitäts- oder Unsicherheitsprämie). Beim Übergang von einer Hoch- zu einer Niedrigzinsphase kann die Zinsstruktur invers werden, weil die Renditen zuerst „am langen Ende" einbrechen: Zeichnet sich eine Zinssenkung ab, steigt die Nachfrage der Anleger nach möglichst lang laufenden Papieren, um sich die Konditionen der Hochzinsphase so weit wie möglich für die

---

[1] Die 1 rechts unten im Nenner des Bruchs entsteht aufgrund der bereits erwähnten Konvention, daß ein leeres Produkt (hier wegen t = 3 für τ = 2: Produkt von k = 2 + 1 bis 3 – 1) den Wert des neutralen Elements der Multiplikation annimmt.

[2] Zur Chaostheorie vgl. z.B. *MANDELBROT*, Fraktale Geometrie (1987), *ZEITLER/NEIDHARDT*, Chaos (1993), *FEICHTINGER/KOPEL*, Chaos (1994), *ADAM*, Planung und Entscheidung (1996), S. 179 ff.

[3] Die Zahlen stammen aus *ROLFES*, Investitionsrechnung (1992), S. 176.

Zukunft zu sichern. Die steigende Nachfrage führt zum Kursanstieg und damit zum Sinken der Effektivverzinsung dieser Papiere, so daß die langfristigen Renditen stark fallen. Wenn sich die kurzfristigen Papiere mangels Nachfrage dieser Entwicklung erst mit zeitlichem Verzug anpassen, entsteht eine inverse Zinsstruktur.

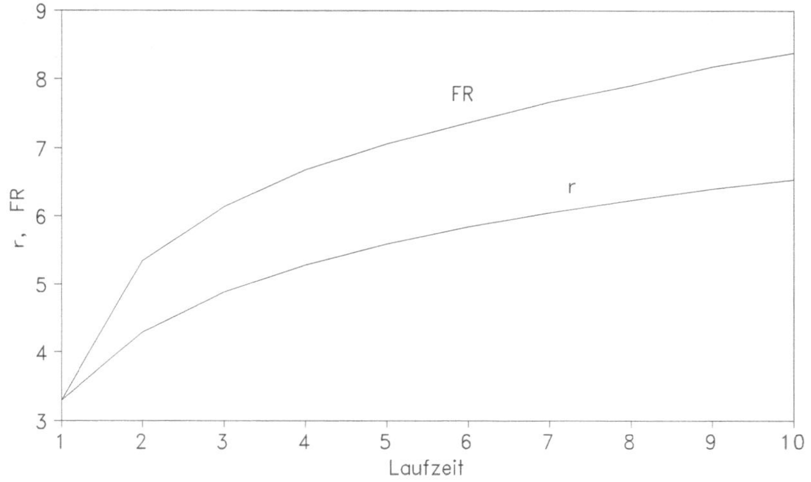

Abbildung 3-8: Normale Zinsstruktur und steigende Terminzinssätze

Notierten alle Papiere zu pari, könnte die Zinsstruktur am einfachsten durch die als Kupons gegebenen Nominalrenditen r_t beschrieben werden, die in diesem Falle mit den Effektivrenditen identisch wären. Da aber typischerweise der Preisvektor **p** nicht nur aus Einsen besteht, bietet es sich an, die Zinsstruktur durch die Effektivrenditen r_{0t} der synthetischen Zinssammler (sog. „Zerobondrenditen" oder „Kassazinssätze" oder englisch *spot rates*) zu messen. Es gilt:[1]

$$\rho_t \cdot (1 + r_{0t})^t = 1 \quad \Leftrightarrow \quad r_{0t} = \sqrt[t]{\frac{1}{\rho_t}} - 1.$$

Diese Definition der Zinsstruktur über synthetische Zinssammler statt direkt über die Kupons r_t der tatsächlich gehandelten Papiere ist insofern wichtig, als sie auch bei zu pari notierenden Papieren von der nominellen Kuponstruktur abweichen kann.

---

[1] Vgl. z.B. *Breuer*, Investition I (2012), S. 201, *Kruschwitz*, Investitionsrechnung (2014), S. 90, *Schäfer*, Unternehmensinvestitionen (2005), S. 190 f.

Beispiel. Es gelte n = 3. Alle Papiere notieren zu pari, d.h., **p** = (1, 1, 1). Lauten nun die nominellen Kupons r_t (zusammengefaßt als Vektor) **r** = (3%, 4%, 4,0005%), so erscheint die Zinsstruktur normal (steigend). Nach Definition über die Effektivrenditen der synthetischen Zinssammler liegt aber keine normale Zinsstruktur vor, denn es gilt: r_{01} = 3%, r_{02} = 4,02 % und r_{03} = 4,014 %.

Die Gestalt der Zinsstruktur läßt erst recht keinen Rückschluß auf das Monotonieverhalten der einjährigen impliziten Terminzinssätze zu, wie die Daten vom Januar 1986 zeigen (**r** = (4,8%, 5,22%, 5,68%, 6,25%, 6,43%, 6,51%, 6,75%, 6,85%, 6,97%, 7,01%); vgl. Abbildung 3-9).[1]

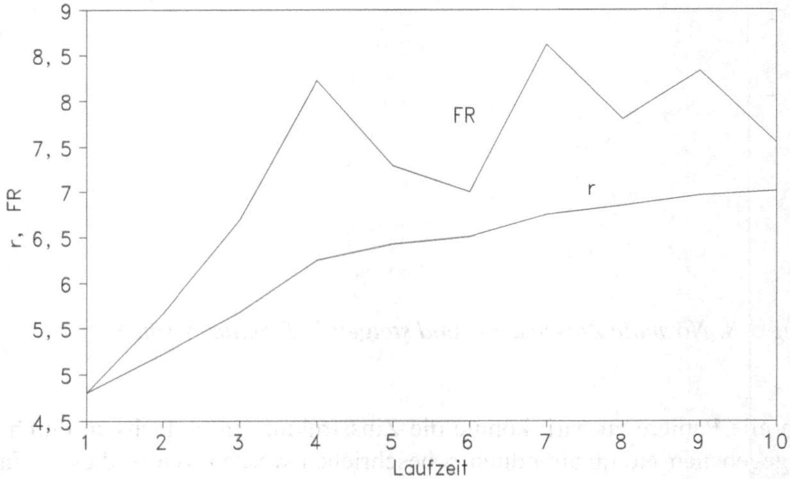

Abbildung 3-9: Normale Zinsstruktur und oszillierende Terminzinssätze

Ein einfacher Spezialfall liegt vor, wenn die betrachteten Papiere zu pari notieren und die Nominalrenditen zweier benachbarter Laufzeiten identisch sind. Dann entspricht der implizite Terminzinssatz der hinteren Periode exakt diesem übereinstimmenden Nominalzins. Formal ausgedrückt: $r_t = r_{t-1} \Rightarrow i_t = r_t$.

Zum Beweis kombiniere man das t-periodige Papier mit einem Gegengeschäft der Fristigkeit t – 1. Es verbleibt per Saldo ein einperiodiges synthetisches Termingeschäft zwischen den Zeitpunkten t – 1 und t mit der Verzinsung r_t (Tabelle 3-11).

---

1 Die Zinsstruktur ist entnommen aus *MARUSEV*, Marktzinsmodell (1990), S. 60, 269. Wenn nichts Gegenteiliges gesagt ist, sei in den Beispielen für alle Wertpapierpreise **p** = (1, 1, 1, ... , 1) unterstellt, d.h., die Zinsstruktur wird dann als allein durch den Vektor **r** gegeben betrachtet.

Zeitpunkt	0	1	...	t − 1	t
Laufzeit t	−1	r_t	r_t	r_t	$1 + r_t$
Laufzeit t − 1	1	$-r_t$	$-r_t$	$-1 - r_t$	0
Saldo	0	0	0	−1	$1 + r_t$

Tabelle 3-11: Trivialer impliziter Terminzinssatz für $r_{t-1} = r_t$

Da die Papiere der Zinsstruktur und folglich auch ihre Linearkombinationen einen Kapitalwert von null aufweisen (Satz 12), muß der in Periode t geltende implizite Terminzins i_t (per def. = $\rho_{t-1}/\rho_t - 1$) genau dieser Nominalrendite r_t entsprechen.

$$C = -1 \cdot \rho_{t-1} + (1 + r_t) \cdot \rho_t = 0 \quad \Leftrightarrow \quad i_t = \frac{\rho_{t-1}}{\rho_t} - 1 = r_t \text{, w.z.z.w.}$$

Noch etwas anschaulicher begründet: Da die synthetische Saldozahlungsreihe nur am Ende zwei von null verschiedene Elemente aufweist, muß bereits ihr auf den Zeitpunkt t − 1 bezogener Gegenwartswert verschwinden, woraus ebenfalls die zu beweisende Behauptung sofort folgt.

$$-1 + \frac{1 + r_t}{1 + i_t} = 0 \quad \Leftrightarrow \quad i_t = r_t.$$

Beispiel. Was theoretisch leicht gezeigt ist, läßt sich der allgemeinen Formel numerisch nur etwas „widerwilliger" entlocken. Gegeben sei eine nicht-flache Zinsstruktur mit drei zu pari gehandelten Kuponpapieren und den Nominal- (dann zugleich Effektiv-) Renditen 3%, 5% und 5%. Es gelte also $\mathbf{p} = (1, 1, 1)$ und $\mathbf{r} = (3\%, 5\%, 5\%)$ mit der für das Beispiel konstitutiven Eigenschaft $r_3 = r_2 = 5\%$. Dann muß auch $i_3 = 5\%$ folgen. Mechanisches Einsetzen in Satz 7 bestätigt die theoretische Vorhersage am Zahlenbeispiel:

$$i_3 = \frac{1 - 0{,}05 \cdot 1{,}03^{-1}}{1 - 0{,}05 \cdot (1{,}03^{-1} \cdot 1{,}05^{-1} + 1{,}05^{-1})} \cdot \frac{1{,}05}{1{,}05} - 1$$

$$= \frac{1 - \dfrac{0{,}05}{1{,}03}}{1 - \dfrac{0{,}05}{1{,}03 \cdot 1{,}05} - \dfrac{0{,}05}{1{,}05}} - 1 = \frac{1{,}03 - 0{,}05}{1{,}03 - \dfrac{0{,}05}{1{,}05} - \dfrac{1{,}03 \cdot 0{,}05}{1{,}05}} - 1$$

$$= \frac{1,05 \cdot (1,03 - 0,05)}{1,03 \cdot 1,05 - 0,05 - 1,03 \cdot 0,05} - 1 = \frac{1,05 \cdot (1,03 - 0,05)}{1,03 \cdot (1,05 - 0,05) - 0,05} - 1$$

$$= \frac{1,05 \cdot (1,03 - 0,05)}{1,03 - 0,05} - 1 = 1,05 - 1$$

$$= 5\%.$$

Wer einige Rechenexperimente, z.B. mit den Rekursionsformeln, anstellt, entdeckt schnell, daß die Nominalrenditestruktur **r** nicht beliebige numerische Ausprägungen annehmen kann. Auch auf den ersten Blick „unverdächtig“ aussehende Nominalrenditestrukturen erlauben u.U. unbegrenzte Arbitrage durch einen negativen oder unendlich großen impliziten Terminzins. Auf einem vollkommenen Kapitalmarkt *kann* aber kein negativer Kalkulationszins existieren, denn die Annahme unbegrenzter Kreditaufnahmemöglichkeiten ist mit negativen Kreditzinsen unverträglich. Einen Markt, auf dem Kreditgeber unbegrenzte Verluste hinzunehmen bereit sind, gibt es nicht. Auf einem solchen Markt könnte jeder Geldanleger unendlich hohe sichere Arbitragegewinne (Goldesel, Perpetuum mobile) erzielen, indem er sich beim „dummen“ Kreditgeber zum negativen Sollzins beliebig hoch verschuldet und mit den ihm zufließenden Kreditsummen als sichere Anlageform einfach nur (kostenlose) Kassenhaltung betreibt. Die mathematische Gültigkeit der oben bewiesenen Sätze bleibt hiervon unberührt; das Modell kann aber bei negativen impliziten Terminzinssätzen in Verbindung mit der natürlichen Kassenhaltungsmöglichkeit nicht mehr als Abbild eines vollkommenen Kapitalmarkts akzeptiert werden. Die theoretische Möglichkeit eines solchen modellimmanenten „Kurzschlusses“ sei an Zahlenbeispielen veranschaulicht.

Für eine hypothetische Zinsstruktur **r** mit $r_t := t\%$ und $t \leq 25$ eilen die impliziten Terminzinssätze i_t den Nominalzinssätzen r_t entsprechender Fristigkeit zunächst stark voraus und erreichen mit i_{13} ein Maximum von fast 180% (bei einem entsprechenden 13-Jahreszins von r_{13} = 13% p.a.!), bevor sie im nächsten Jahr schlagartig auf etwa –270% einbrechen. Danach nehmen sie wieder zu und werden schließlich erneut positiv. Der Pfad der Terminzinssätze erinnert an Funktionen mit Polstellen wie etwa Hyperbeln oder die Tangensfunktion; vgl. Abbildung 3-10.

Die Folge der Terminzinssätze kann sogar echte Polstellen aufweisen. Nach Satz 7 gilt beispielsweise:

$$i_3 = \frac{(1 + r_3) \cdot (1 + r_1 - r_2)}{(1 + r_1) \cdot (1 + r_2) - r_3 \cdot (2 + r_1)} - 1.$$

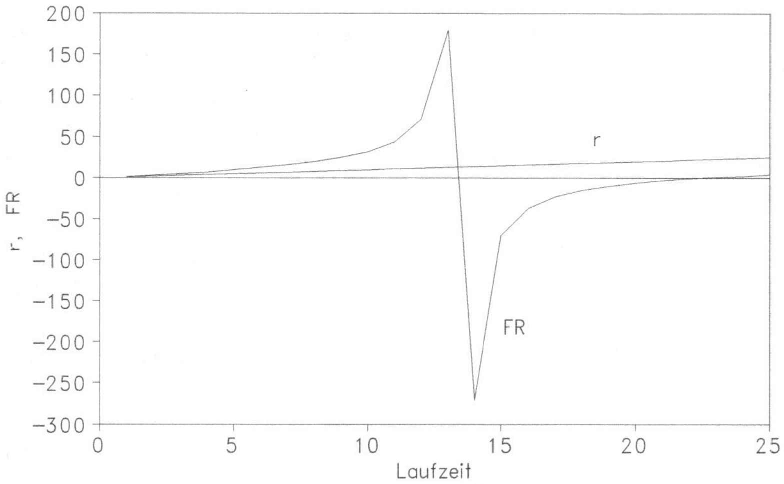

Abbildung 3-10: Normale Zinsstruktur und „chaotische" Terminzinssätze

i_3 wächst über alle Grenzen, wenn sich der Nenner des Bruches dem Wert 0 nähert. Die Nullstelle des Nenners ist definiert durch:

$$r_3 = \frac{(1+r_1)\cdot(1+r_2)}{2+r_1}.$$

Gilt etwa in einem Inflationsland $r_1 = 10\%$ und $r_2 = 20\%$, so kommt es in Abhängigkeit vom Dreijahreszins r_3 zu aberwitzigen impliziten Terminzinssätzen im dritten Jahr:

$$r_3 = 62\% \quad \Rightarrow \quad i_3 = 8000\%;$$
$$r_3 = 62{,}8571428\% \quad \Rightarrow \quad i_3 = \pm\,\infty;$$
$$r_3 = 63\% \quad \Rightarrow \quad i_3 = -49000\%.$$

Bemerkenswert ist, daß schon geringfügige Änderungen der Parameter den Modellkollaps herbeiführen. Ein Terminzins von 8000% ist mit dem vollkommenen Kapitalmarkt theoretisch noch vereinbar, nicht aber eine unendlich große oder negative Rate. Hieraus kann für praktische Investitionsrechnungen unter unvollkommeneren Marktbedingungen bei Unsicherheit nur der Schluß gezogen werden, rechnerisch extremen Terminzinssätzen zu mißtrauen. Diese decken zwar Arbitragemöglichkeiten auf, beweisen aber damit gleichzeitig die Verletzung der Prämissen des vollkommenen Kapitalmarkts, denn Arbitrage ist in der Realität immer begrenzt. Als Kalkulationszinsfüße sind „astronomisch" hohe oder negative i_t daher ungeeignet. Es stellt sich sofort die Frage, wo in der Praxis die Grenze zwischen „vertrauenswürdigen" und

„unrealistischen“ Terminzinssätzen gezogen werden soll. Diese Frage ist nicht ohne vom Terminmarkt gelöste, subjektive Prognosen der Bandbreite künftig zu erwartender Zinsentwicklungen beantwortbar. Im Unterabschnitt 5.2.1.2 erfolgt hierzu eine Diskussion der „Marktzinsmethode“ als eines Vorschlags, das Unsicherheitsproblem und die Zinsprognosen in der Investitionsrechnung durch Rückgriff auf Terminzinssätze zu umgehen.

Zum Arbitragefall $i_3 = \pm \infty$ gehört übrigens $\rho_3 = 0$, wie man durch Einsetzen der obigen Gleichung $r_3 = (1 + r_1) \cdot (1 + r_2)/(2 + r_1)$ in Satz 6 (bzw. Tab. 3-6) überprüft.

Negative i_t können auch bei fallenden Renditen auftreten. Für das Beispiel $\mathbf{r}$ = (6%, 5%, 4%, 3,01%) gilt i_1 = 6%, i_2 = 3,96%, i_3 = 1,92% und i_4 = –0,04%. Das Modell bricht also u.U. schon bei vergleichsweise „harmlos“ aussehenden Parametern r_t zusammen, indem es in Widerspruch zur Annahme des vollkommenen Kapitalmarkts gerät.[1] Die fehlende Arbitragefreiheit des Beispielmarktes ist auch an der fehlenden Monotonie seiner Abzinsungsfaktoren erkennbar: ρ_1 = 0,94340, ρ_2 = 0,90746, ρ_3 = 0,89035 und ρ_4 = 0,89068. Wegen $\rho_3 < \rho_4$ ist $i_4 = \rho_3/\rho_4 - 1 < 0$.

Satz 14 **(Arbitragefreie Zinsstruktur)**:[2]

Ein vollkommener Kapitalmarkt setzt Arbitragefreiheit voraus. Diese liegt dann und nur dann vor, wenn die Abzinsungsfaktoren ρ_t positiv sind und im Zeitablauf nicht zunehmen.

Die ökonomische (und nicht bloß mathematische) Gültigkeit des durch die Sätze 5 bis 13 beschriebenen Kapitalwertmodells hängt demnach von den konkreten Parametern der zugrunde gelegten nicht-flachen Zinsstruktur ab. Diese explizite Prämisse fehlt bei flacher Zinsstruktur, da der dann direkt extern vorgegebene Kalkulationszins i gemäß Unterkapitel 3.1 als endlich und nichtnegativ vorausgesetzt wird und mithin den Anforderungen von Satz 14 *per def.* genügt.

---

1 Für r_4 = 3% wäre die vierjährige Geldanlage durch die dreijährige dominiert, da letztere dieselbe Zinssumme (3·4 = 4·3) samt Tilgung zu einem früheren Zeitpunkt erbringt. Deshalb wurde der Wert r_4 = 3,01% gewählt.

2 Der Beweis des Satzes kann am einfachsten mit Hilfe der Methoden des Kapitels 4 geführt werden. Er findet sich in *HERING*, Arbitragefreiheit (1998), S. 168-171 sowie *HERING*, Unternehmensbewertung (2014), S. 244-249.

3.2.3 Analysezweckspezifischer Kalkulationszins

3.2.3.1 Analyse der Wirkung von Steuern

3.2.3.1.1 Prämissen bei der Einbeziehung von Steuern

Das unübersichtliche und komplizierte deutsche Steuersystem[1] läßt sich in der Investitionsrechnung nur näherungsweise abbilden.[2] Vereinfachende Annahmen sind allerdings nicht nur aus praktischen, sondern auch aus theoretischen Erwägungen geboten. Eine die Steuergesetzgebung in allen Verästelungen nachzeichnende, hochdetaillierte Modellbildung täuscht einen Genauigkeitsgrad der Analyse vor, welcher auf der langfristigen Planungsebene überhaupt nicht erreichbar ist. Das Hauptproblem praktischer Investitionsrechnungen besteht in der Abschätzung der Zahlungsreihen sowie der erwarteten Kapitalmarkt-Rahmendaten, und derartige Prognosen sind bestenfalls größenordnungsmäßig oder im Durchschnitt richtig. Selbst unter der Annahme sicherer Erwartungen enthält das klassische Kapitalwertmodell bereits zahlreiche Vereinfachungen der Realität. Detailverliebte Steuerwirkungsanalysen kämen also dem hochgenauen Rechnen mit ungenauen Zahlen gleich, so daß die Qualitätssteigerung der Ergebnisse in keinem vernünftigen Verhältnis zum zusätzlichen Rechenaufwand stünde. Die Einbeziehung von Steuern darf die Vorteile des einfachen Partialmodells „Kapitalwertmethode“ nicht zunichte machen. Um die praktische Anwendbarkeit nicht aus dem Auge zu verlieren, sind daher heuristische Vereinfachungen einzuführen, welche die Besteuerung im Grundsatz, aber nicht in den vielen – z.T. grotesken – Details abbilden:[3]

- Das Unternehmen erwirtschaftet in jeder Periode insgesamt einen steuerpflichtigen Gewinn, so daß tatsächlich Steuerzahlungen anfallen, die vom zu beurteilenden Objekt erhöht oder gemindert werden können.

- Die durch die Rückflüsse des Objekts verursachten Steuerzahlungen bzw. -minderungen lassen sich eindeutig bestimmen. Hierzu muß gefordert werden, daß der Ertragsteuersatz nicht von der Höhe des Gesamtgewinns abhängt.

- Alle zum Kalkulationszins i getätigten Transaktionen unterliegen einem einheitlichen, proportionalen Steuersatz s. Die Steuerzahlung bzw. -minderung erfolgt in derselben Periode wie die Entstehung der Zinserträge- bzw. -aufwendungen.

---

[1] Vgl. z.B. *SCHNEELOCH*, Besteuerung (2012), *KAMINSKI/STRUNK*, Besteuerung (2007).

[2] Vgl. *LÜDER*, Ertragsteuern (1976), S. 541, *HERING*, Investition (2000), S. 469 ff., *KRUSCHWITZ*, Investitionsrechnung (2014), S. 117 ff.

[3] Vgl. auch die Prämissenkataloge bei *HABERSTOCK*, Ertragsbesteuerung (1971), S. 161 ff., *BLOHM/LÜDER*, Investition (1995), S. 123 ff., *BITZ/EWERT/TERSTEGE*, Investition (2012), S. 156 sowie *SCHNEELOCH*, Steuerpolitik (2009), S. 206 ff.

Unter diesen drei Voraussetzungen läßt sich die Vorteilhaftigkeit eines Zahlungsstroms isoliert durch ein Partialmodell beurteilen.

Zuvor sei aber noch kurz angedeutet, wie sich der Ertragsteuersatz s unter den Bedingungen des deutschen Steuerrechts zusammensetzt.[1] Sei G der Bruttogewinn des Unternehmens vor Ertragsteuern.[2] Früher war zunächst der effektive Gewerbeertragsteuersatz s_G anzuwenden und anschließend – auf die um die Gewerbeertragsteuer gekürzte Bemessungsgrundlage – der (marginale) Einkommensteuersatz s_E. Die Gesamtsteuerlast S ergab sich als:[3]

$$S = s \cdot G = s_G \cdot G + s_E \cdot (G - s_G \cdot G) = (s_G + s_E \cdot (1 - s_G)) \cdot G.$$

Es galt demnach $s = s_G + s_E \cdot (1 - s_G) \Leftrightarrow 1 - s = (1 - s_G) \cdot (1 - s_E)$. Die letzte Formulierung ist besonders einprägsam; sie zeigt, daß zunächst die Kürzung um die Gewerbeertragsteuer und dann – bezogen auf die verminderte Bemessungsgrundlage – um die Einkommensteuer erfolgte.

Hinsichtlich des effektiven Gewerbeertragsteuersatzes s_G galt es zu bedenken, daß die Gewerbeertragsteuer $S_G = s_G \cdot G$ bei ihrer eigenen Bemessungsgrundlage abzugsfähig war. Nach dem Gesetz wird auf den Gewerbeertrag GE das Produkt aus Meßzahl m und kommunalem Hebesatz h angewendet.[4] Es galt bei Selbstabzugsfähigkeit:

$$S_G = m \cdot h \cdot GE = m \cdot h \cdot (G - S_G) \Leftrightarrow S_G = \frac{m \cdot h}{1 + m \cdot h} \cdot G \Leftrightarrow s_G = \frac{m \cdot h}{1 + m \cdot h}.$$

Da der Gesetzgeber die Abzugsfähigkeit der Gewerbeertragsteuer als Betriebsausgabe bei Gewerbe- und Einkommen- bzw. Körperschaftsteuer inzwischen abgeschafft hat,[5] gilt nunmehr ganz einfach $s_G = m \cdot h$, somit $S_G = m \cdot h \cdot G$ und darum insgesamt $S = s \cdot G = (s_G + s_E) \cdot G$.

---

1 Es handelt sich um einen „Multifaktor“, der neben der Körperschaftsteuer für eine bestimmte Ausschüttungsquote auch die Gewerbeertragsteuer berücksichtigt. Zur näherungsweisen Ermittlung von s vgl. z.B. *ROSE*, Teilsteuerrechnung (1979), *ADAM*, Investitionscontrolling (2000), S. 166 ff. Da der Steuergesetzgeber in immer kürzeren Abständen für immer abwegigere Regelungen sorgt, ist die Berechnung des gerade gültigen Steuersatzes mühselig und rasch veraltet.

2 Von sonstigen Unterschieden hinsichtlich der Bemessungsgrundlagen von Einkommen- und effektiver Gewerbeertragsteuer sei abstrahiert.

3 Vgl. *HERING*, Investition und Unternehmensbewertung (2002), S. 39 f. Obwohl die Rechtslage inzwischen überholt ist, bleibt sie didaktisch lehrreich, um aufzuzeigen, wie die Abzugsfähigkeit einer ertragsabhängigen Steuer bei verschiedenen Bemessungsgrundlagen investitionstheoretisch modelliert werden kann.

4 Vgl. z.B. *MATSCHKE/HERING*, Kommunale Finanzierung (1998), S. 55 f.

5 Vgl. z.B. *KAMINSKI/STRUNK*, Besteuerung (2007), S. 245.

3.2.3.1.2 Steuerkorrigierter Zins im Standardmodell

Gegeben sei der einheitliche, proportionale Ertragsteuersatz s mit $s \in [0; 1]$. Jeder Zinsertrag wird um die Steuerzahlung gemindert, und jeder Zinsaufwand reduziert sich um die Steuersenkung durch die Abzugsfähigkeit der Sollzinsen.[1] Damit gilt:

Steuerkorrigierter Zinsfuß i_s und steuerkorrigierter Zinsfaktor q_s:

$$i_s := (1 - s) \cdot i \qquad \text{und} \qquad q_s := 1 + i_s.$$

Je größer der Steuersatz s ist, desto kleiner fällt der Kalkulationszinsfuß i_s aus. Natürlich müssen neben der Korrektur von i auch die Elemente der Zahlungsreihen um Ertrag- und Substanzsteuerzahlungen sowie die Steuerwirkungen von Abschreibungen berichtigt werden. An die Stelle des Zahlungsstroms $\mathbf{g}_j$ tritt der steuerkorrigierte Zahlungsstrom $\mathbf{g}_j^{St}$. Die Gültigkeit der Kapitalwertmethode bleibt von diesen Modifikationen unberührt, so daß sich die Einführung neuer Symbole im Grunde als unnötig erweist. Eine Unterscheidung von Größen vor und nach Steuern ist nur für die nachfolgende Darstellung von Standard- und Zinsmodell erforderlich. Für den gesamten Rest des Buches wird vorausgesetzt, daß die Zahlungsreihen $\mathbf{g}_j$ alle zurechenbaren Finanzwirkungen der Objekte j enthalten, also insbesondere auch Steuerzahlungen.[2]

Das Kapitalwertmodell mit ausdrücklicher Einbeziehung von Steuern ist in der Literatur unter dem Namen *Standardmodell* bekannt.[3] Mit den eingeführten Symbolen lautet der

Kapitalwert des Objekts j nach dem Standardmodell:

$$C_j := \sum_{t=0}^{n} g_{jt}^{St} \cdot q_s^{-t}.$$

Beispiel. Ein Investitionsobjekt besitzt vor Steuern die Zahlungsreihe $\mathbf{g} = (-900, 300, 500, 400)$. Die Anschaffungsauszahlung von 900 wird linear über drei Perioden abgeschrieben, und die übrigen drei Elemente des Zahlungsstroms mögen in voller Höhe

---

1 Zur Berücksichtigung von Freibeträgen vgl. *HERING*, Zinsfreibetrag (1998).

2 Im Kapitel 4 wird sich zeigen, daß die richtigen Kalkulationszinsfüße auf den Zahlungen der Grenzobjekte beruhen. Bei unvollkommenem Kapitalmarkt wird der Lenkpreis des Kapitals daher nicht allein durch die Höhe des Steuersatzes s, sondern auch von der Wahl der Abschreibungsmethode beeinflußt, da sich die Steuerentlastung durch Abschreibung in der Zahlungsreihe $\mathbf{g}_j$ niederschlägt. Vgl. *HABERSTOCK*, Kalkulationszinsfuß vor und nach Steuern (1970), S. 511 ff.

3 Vgl. z.B. *SCHIERENBECK*, Grundzüge (2003), S. 380 ff., *SCHIERENBECK/WÖHLE*, Grundzüge (2012), S. 433 ff., *STEINER*, Gewinnsteuern (1980), S. 100 ff.

steuerwirksam sein. Der Ertragsteuer-Multifaktor sei s = 60%, der Kalkulationszins vor Steuern i = 10%.

Die Abschreibung bewirkt in jeder der drei Perioden eine Steuerentlastung in Höhe von 0,6 · (900/3) = 180. Andererseits bleiben von den Überschüssen nach Steuern nur 40% übrig, so daß sich insgesamt die folgende korrigierte Zahlungsreihe ergibt: $\mathbf{g}^{St}$ = (–900, 0,4·300 + 180, 0,4·500 + 180, 0,4·400 + 180) = (–900, 300, 380, 340). Unter Verwendung des steuerkorrigierten Zinsfußes $i_s = 0{,}4 \cdot 0{,}1 = 4\%$ errechnet sich ein Kapitalwert von 42,05. Wird zum Vergleich die ursprüngliche Zahlungsreihe **g** mit 10% abgezinst, ergibt sich ein Kapitalwert von 86,48. Die Einführung von Steuern hat im Beispiel die mit der Investition verbundene Entnahmemöglichkeit vermindert. Wegen des von 10% auf 4% gesunkenen Kalkulationszinsfußes sind auch Endwert und Annuität niedriger als im Fall ohne Steuern.

Es mag überraschen, daß dieses Ergebnis des Beispiels nicht verallgemeinert werden darf. Denn ohne weiteres sind Objekte konstruierbar, deren Kapitalwert bei einer Erhöhung des Steuersatzes steigt. Dieses „Steuerparadoxon" wurde erstmals von SCHNEIDER aufgezeigt.[1] Bei genauerer Betrachtung zeigt sich allerdings, daß kein (echtes) Paradoxon vorliegt, da sich das Phänomen sehr einfach erklären läßt. Der Kapitalwert steigt, wenn die steuerbedingte Senkung der Einzahlungsüberschüsse durch Steuererstattungen aufgrund von absetzbaren Verlusten überkompensiert wird. Abschreibungen wirken stets kapitalwerterhöhend. Zusätzlich sinkt der Kalkulationszinsfuß im Vergleich zum Fall ohne Steuern; infolgedessen kann eine Kompensation steuergekürzter Überschüsse durch den abgeschwächten Abzinsungseffekt auftreten.

Das Steuerparadoxon schlägt u.U. sogar bis auf den Endwert durch, d.h., es kann so stark ausfallen, daß der gestiegene Kapitalwert trotz des gesunkenen Kalkulationszinsfußes noch zu einem höheren Endwert führt. Dies gilt selbst bei reiner Eigenfinanzierung der Anschaffungsauszahlung.[2] Die Unbestimmtheit der Endwertänderung beim Steuerparadoxon wird aus der folgenden Darstellung ersichtlich:

$$EW = \underbrace{C\uparrow \cdot q_s^n \downarrow}_{\Delta EW} + \underbrace{EK \cdot q_s^n \downarrow}_{\text{Endwert des EK}} .$$

Während der Endwert des „Eigenkapitals" mit Sicherheit bei steigendem Steuersatz s fällt, kann der zusätzliche Endwert ΔEW je nach Datensituation zunehmen oder auch

1 Vgl. *SCHNEIDER*, Besteuerung (1969).

2 Im folgenden wird stets nur ein Objekt betrachtet, so daß vorhandene Eigenmittel (EK) diesem Objekt eindeutig zugerechnet werden können. Allgemein ist es dagegen nicht möglich, Positionen der Aktiv- und Passivseite der Bilanz einander zuzuordnen. Werden mehrere Investitionen mit einer Mischung aus eigenen Mitteln und Krediten finanziert, läßt sich nicht sagen, eine bestimmte Investition sei eigen- und eine andere sei fremdfinanziert.

abnehmen. Die Gesamtwirkung auf EW bleibt offen, wenngleich es mit zunehmendem EK (und n) immer unwahrscheinlicher wird, daß EW ebenfalls steigt.

Aus der Sicht der Lenkpreistheorie ist in diesem Zusammenhang von Interesse, ob das Auftreten des Steuerparadoxons allein von der Zahlungsreihe **g** abhängt oder ob auch die Höhe des Kalkulationszinsfußes i vor Steuern eine Rolle spielt.

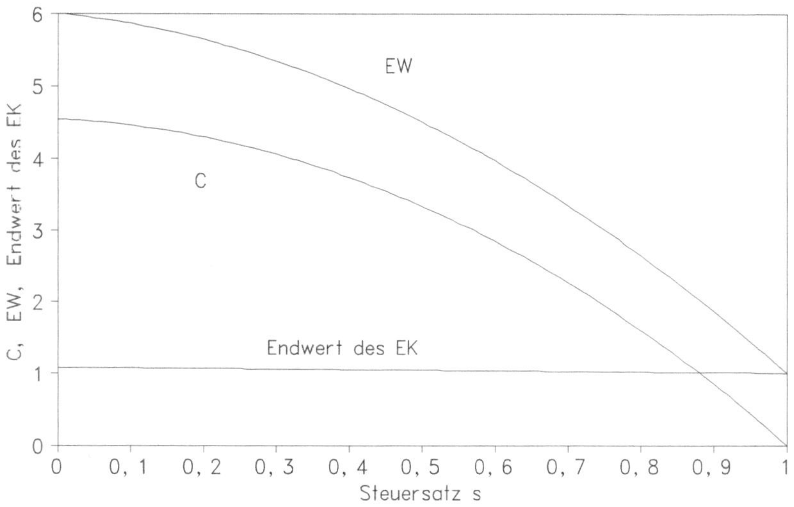

Abbildung 3-11: Kein Steuerparadoxon bei i = 4%

Das folgende Zahlenbeispiel zeigt die Zinsempfindlichkeit des Steuerparadoxons. Für die Zahlungsreihe **g** = (–1, –100, 110) und den Zinssatz i = 4% sind in der Abbildung 3-11 die Kurven des Kapitalwerts, des Endwerts und des Eigenkapital-Endwerts in Abhängigkeit vom Steuersatz s eingetragen. Die Investitionssumme $|g_0|$ = 1 wird in der ersten Periode voll abgeschrieben und ist gänzlich aus eigenen Mitteln finanziert (EK = 1).[1] Das Steuerparadoxon tritt nicht auf; C und EW fallen mit steigendem s.

Beträgt der Kalkulationszins jedoch i = 10%, so gibt es ein Intervall, in dem der Kapitalwert bei steigendem Steuersatz zunimmt (Abbildung 3-12). Über weite Strek-

[1] In der Literatur zum Steuerparadoxon wird hinsichtlich der Unterscheidung zwischen Eigen- und Fremdfinanzierung nur auf den Zeitpunkt t = 0 Bezug genommen. Späterer Finanzierungsbedarf (z.B. ein Defizit in t = 1) bleibt für diese Klassifikation außer Betracht; vgl. *Steiner*, Gewinnsteuern (1980), S. 122 f. und *Schierenbeck*, Grundzüge (2003), S. 382, *Schierenbeck/Wöhle*, Grundzüge (2012), S. 435.

ken dieses Intervalls wächst dabei gleichzeitig auch der Endwert – trotz reiner Eigenfinanzierung.[1]

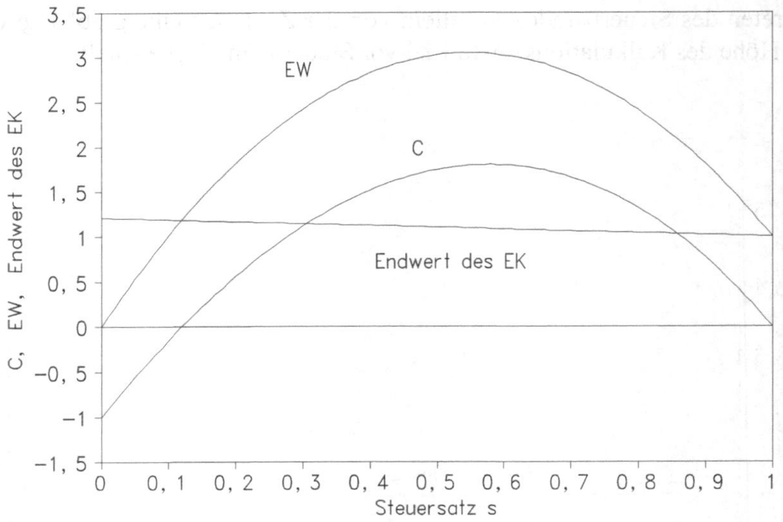

Abbildung 3-12: Steuerparadoxon bei i = 10%

Im Ergebnis ist festzuhalten, daß neben der Gestalt der Zahlungsreihe auch die Höhe des Kalkulationszinsfußes Einfluß darauf hat, in welche Richtung sich Kapitalwert und Endwert bei einer Variation des Ertragsteuersatzes verändern.

3.2.3.1.3 Kalkulationszins im Zinsmodell

Das Standardmodell erfaßt die Steuerwirkung der Zinsen durch eine Korrektur des zur Kapitalwertberechnung heranzuziehenden Kalkulationszinsfußes. Lenkungsfunktion besitzt demnach der Zinssatz i_s. Mit einiger Mühe läßt sich aber auch der ursprüngliche Zinsfuß i (vor Steuern) weiterhin zur Berechnung von Kapitalwerten im Steuerfall verwenden. Diesen Weg beschreitet das *Zinsmodell*.[2]

Die steuerkorrigierte Zahlungsreihe $\mathbf{g}_j^{St}$ ist nochmals zu korrigieren, und zwar um die Steuerzahlungen für Habenzinsen und die Steuererstattungen aufgrund von Sollzin-

1 Mit diesem Beispiel ist die Behauptung widerlegt, ein auf den Endwert durchschlagendes Steuerparadoxon könne bei reiner Eigenfinanzierung nicht existieren. Vgl. SCHIERENBECK, Grundzüge (2003), S. 387 und STEINER, Gewinnsteuern (1980), S. 138.

2 Vgl. STEINER, Gewinnsteuern (1980), S. 155 ff. und SCHIERENBECK, Grundzüge (2003), S. 380 ff.

sen. Die resultierende Zahlungsreihe $\mathbf{g}_j^Z$ hängt von der Art der Finanzierung ab, denn die Höhe der Soll- und Habenzinsen wird direkt vom vorhandenen „Eigenkapital" (EK) beeinflußt. Wenn sämtliche Steuerzahlungen auf Zinsen per Definition im Zahlungsstrom $\mathbf{g}_j^Z$ enthalten sind, muß zur Berechnung des Endwerts der nicht steuerkorrigierte Zinsfaktor $q = 1 + i$ eingesetzt werden. Es gilt also:

$$EW = EK \cdot q^n + \sum_{t=0}^{n} g_{jt}^Z \cdot q^{n-t}.$$

Unter Anwendung der bekannten Beziehung zwischen Kapitalwert und Endwert folgt hieraus für den

Kapitalwert des Objekts j nach dem Zinsmodell:

$$C_j^Z := \frac{EW}{q^n} - EK = \sum_{t=0}^{n} g_{jt}^Z \cdot q^{-t}.$$

Der Endwert EW ergibt sich nach dem Standardmodell wie bisher als $(C_j + EK) \cdot q_s^n$. Einsetzen in die obige Definitionsgleichung liefert:

$$C_j^Z = \left(C_j + EK\right) \cdot \frac{q_s^n}{q^n} - EK.$$

Damit ist der Zusammenhang zwischen Standard- und Zinsmodell hergestellt.

Satz 15 **(Standard- und Zinsmodell)**:

$$C_j^Z = C_j \cdot \frac{q_s^n}{q^n} + EK \cdot \left(\frac{q_s^n}{q^n} - 1\right).$$

Es sei $i > 0$ und $0 < s \leq 1$. Dann ist die in Klammern stehende Differenz negativ. Dies bedeutet aber, daß der Kapitalwert des Zinsmodells finanzierungsabhängig ist, weil er mit zunehmendem EK (zunehmender Eigenfinanzierung) abnimmt. Jede eingesetzte DM Eigenkapital spart Sollzinsen oder erwirtschaftet Habenzinsen. Je mehr EK eingesetzt wird, desto höher sind die in der Zahlungsreihe $\mathbf{g}_j^Z$ enthaltenen Steuerzahlungen und desto niedriger ist der Kapitalwert des Zinsmodells.

Infolgedessen ist es möglich, daß das Zinsmodell für eine *vorteilhafte*, ganz oder zum Teil eigenfinanzierte Investition einen *negativen* Kapitalwert errechnet. Der Kapitalwert C_j^Z ist bereits negativ, wenn

$$C_j < EK \cdot \left(\frac{q^n}{q_s^n} - 1 \right)$$

gilt, aber die Investition ist erst unvorteilhaft für $C_j < 0$. Dieser „Schönheitsfehler" des Zinsmodells läßt sich nur beheben, indem die durch das EK hervorgerufenen Verzerrungen wieder herausgerechnet werden. Mit EK := 0 lautet der

Kapitalwert des Objekts j nach dem Zinsmodell bei reiner Fremdfinanzierung:

$$C_j^{Z,FK} := C_j \cdot \frac{q_s^n}{q^n}.$$

Dieser Kapitalwert hat den Vorteil der Vorzeichengleichheit mit dem theoretisch richtigen Kapitalwert des Standardmodells. Er führt also zur gleichen Vorteilhaftigkeitsentscheidung. Unter den Annahmen $i > 0$ und $0 < s \leq 1$ besteht aber wegen

$$\left| C_j^{Z,FK} \right| \leq \left| C_j \right|$$

keine betragsmäßige Identität beider Werte. Auch der um Finanzierungseinflüsse korrigierte Kapitalwert des Zinsmodells leidet damit noch unter dem Mangel, nicht absolut als Entnahmemöglichkeit interpretierbar zu sein. Sein Aussagegehalt ist lediglich relativ. Dies wird durch Satz 15 besonders deutlich:

$$\underbrace{C_j \cdot \frac{q_s^n}{q^n}}_{C_j^{Z,FK}} = \underbrace{C_j^Z}_{\substack{\text{Kapitalwert der} \\ \text{Investition j nach} \\ \text{dem Zinsmodell}}} - \underbrace{EK \cdot \left(\frac{q_s^n}{q^n} - 1 \right)}_{\substack{\text{Kapitalwert der} \\ \text{Opportunität nach} \\ \text{dem Zinsmodell}}} .$$

Die Alternativanlage des verfügbaren Eigenkapitals würde einen Endwert von $EW = EK \cdot q_s^n$ liefern. Nach Definition hätte sie im Zinsmodell den Kapitalwert:

$$\frac{EW}{q^n} - EK = EK \cdot \left(\frac{q_s^n}{q^n} - 1 \right) \leq 0 \text{ für } i \geq 0 \text{ und } 0 \leq s \leq 1 \quad \Rightarrow \quad C_j^Z \leq C_j^{Z,FK}.$$

$C_j^{Z,FK}$ ist demnach die Differenz zwischen dem Kapitalwert des Zinsmodells bei Durchführung und bei Unterlassung der Investition j. Ein positiver Wert von $C_j^{Z,FK}$ zeigt an, daß die Investition relativ zur alternativ möglichen Finanzanlage des Eigenkapitals vorteilhaft ist. Genau dann ist auch der Kapitalwert des *Standard*modells positiv.

Bei korrekter Anwendung des Zinsmodells ist daher folgendes zu beachten:

- Ist C_j^Z nichtnegativ, dann erst recht auch $C_j^{Z,FK}$ (und C_j). Die Investition ist vorteilhaft.
- Für negative C_j^Z muß zur Entscheidung erst das Vorzeichen von $C_j^{Z,FK}$ ermittelt werden.

Beispiel. Die verschlungenen Wege des Zinsmodells sollen anhand der zur Illustration des Standardmodells genutzten Zahlungsreihe nachgezeichnet werden. Bei Verzicht auf die Anwendung von Satz 15 ist zunächst ein vollständiger Finanzplan (VOFI) erforderlich, um die Zinszahlungen zu ermitteln. EK möge im Umfang von 250 zur Verfügung stehen; vgl. Tabelle 3-12.

Zeitpunkt t	t = 0	t = 1	t = 2	t = 3
g_t	–900	300	500	400
EK	250			
Zinsen 10%: Z_t		–65	–37,6	–1,104
Steuern 60%:[1] $-s\cdot(g_t + Z_t - 300)$		39	–97,44	–59,3376
Kredit/Anlage	650	–274	–364,96	–339,5584
Summe	0	0	0	0
Kontostand	–650	–376	–11,04	328,5184

Tabelle 3-12: VOFI zum Zinsmodell

Die hervorgehobene Zeile enthält die für das Zinsmodell zusätzlich benötigten Daten. Es gilt $\mathbf{g}^Z = \mathbf{g}^{St}$ + Steuerwirkung der Zinsen = (–900, 300, 380, 340) – 0,6 · (0, –65,

[1] Ab t = 1. In t = 0 fallen noch keine Steuern an, da die Anschaffungsauszahlung erfolgsneutral ist.

−37,6, −1,104) = (−900, 339, 402,56, 340,6624).[1] Der Kapitalwert dieser Zahlungsreihe lautet bei i = 10%:

$$C^Z = -3{,}18.$$

Probe (Satz 15). Der Endwert ist aus dem VOFI (unten rechts) oder aus dem Standardmodell bekannt: EW = (C + EK) · q_s^n = (42,05 + 250) · $1{,}04^3$ = 328,52. Dann gilt:

$$C^Z = \frac{EW}{q^n} - EK = 328{,}52 \cdot 1{,}1^{-3} - 250 = -3{,}18.$$

Dieser Kapitalwert kann bei falscher Interpretation zur Ablehnung der Investition führen; er ist negativ, obwohl die Vorteilhaftigkeit der Investition durch den positiven Kapitalwert des Standardmodells erwiesen ist. In diesem Falle muß der Kapitalwert des Zinsmodells bei reiner Fremdfinanzierung ($C^{Z,FK}$) berechnet werden. Der Kapitalwert der Opportunität beträgt nach dem Zinsmodell

$$-250 + \frac{250 \cdot 1{,}04^3}{1{,}1^3} = -38{,}72 \qquad < \qquad -3{,}18.$$

Im Vergleich zur Alternativanlage des EK ist die Investition auch im Zinsmodell vorteilhaft! Es gilt nämlich:

$$C^{Z,FK} = -3{,}18 - (-38{,}72) = 35{,}54 > 0.$$

Dieses Ergebnis läßt sich natürlich viel schneller über den Kapitalwert des Standardmodells erreichen:

$$C^{Z,FK} = 42{,}05 \cdot \frac{1{,}04^3}{1{,}1^3} = 35{,}54.$$

Zusammenfassend kann gesagt werden: Bei sorgfältiger Anwendung behält i, der Zinssatz *vor* Steuern, auch im Steuerfall seine Lenkungsfunktion. Dieses Ergebnis ist allerdings für praktische Rechnungen ohne Bedeutung, da das Zinsmodell Zahlenmaterial voraussetzt, welches erst verfügbar ist, wenn der Kapitalwert des Standardmodells (oder der Endwert der Investition) vorliegt. Dann aber bedarf es des Zinsmodells nicht mehr: Warum sollte man weiterrechnen und über evtl. negative Kapital-

---

[1] Probe: Dieselbe Zahlungsreihe ergibt sich, wenn zum Ausgangszahlungsstrom **g** (zweite Zeile des VOFIs) die gesamten Steuerzahlungen (fünfte Zeile des VOFIs) addiert werden.

werte nachdenken, wenn das Ergebnis bereits gefunden ist? Der Kapitalwert des Standardmodells ist nicht nur leichter und schneller zu berechnen, sondern darüber hinaus weitaus besser interpretierbar als der Kapitalwert des Zinsmodells.[1] Eine Beschäftigung mit dem Zinsmodell lohnt sich daher nur als didaktische Fingerübung im Umgang mit Modellen.[2] Wer das Zinsmodell verstanden hat, sollte mit dem in der Praxis anwendbaren Standardmodell keine Probleme mehr haben.

3.2.3.2 Analyse der Wirkung von Inflation

Nach der makroökonomischen Theorie führt Inflation im langfristigen Gleichgewicht zu einer Erhöhung des nominalen Marktzinssatzes i.[3] Für die Investitionsrechnung stellt sich die Frage, ob weiterhin mit nominalen Zahlungsreihen und Zinsen zu operieren ist oder ob die Rechnung auf der Basis inflationsbereinigter, „realer" Werte erfolgen muß.[4]

Es sei i_t der (nominale) Kalkulationszins und ι_t die Inflationsrate (durchschnittliche Preissteigerungsrate) der Periode t. Im Abschnitt 3.2.2 ist i_t als impliziter Kalkulationszinsfuß aus der Zinsstruktur definiert worden; ebensogut kann i_t aber auch (genau wie i bei flacher Zinsstruktur) als periodenspezifischer Zinssatz am Markte explizit gegeben sein.

Eine DM, die in t−1 angelegt wird, wächst zwar bis zum Zeitpunkt t auf $1 + i_t$ DM an; dieser Geldbetrag hat aber, bezogen auf die Preise in t−1, nur eine Kaufkraft von:

$$\frac{1+i_t}{1+\iota_t}.$$

Dieser „reale" Zinsfaktor führt zu der folgenden Definition.

---

1 Die sich im Kapitel 4 auf natürliche Weise aus der Dualitätstheorie ergebenden Kapitalwerte sind von ihrer Struktur her solche des Standardmodells, da die endogenen Grenzzinsfüße aus steuerverkürzten Zahlungsreihen hervorgehen und Objekte mit negativem Kapitalwert immer unvorteilhaft sind. Vgl. auch *HERING*, Zinsfreibetrag (1998).

2 Vgl. – in drastischeren Worten – *ADAM*, Investitionscontrolling (2000), S. 175, 186, 189.

3 Aus der sog. FISHER-Gleichung folgt, daß die Differenz zwischen dem nominalen Zinssatz i und dem langfristig konstanten Realzins im Gleichgewichtszustand der Inflationsrate zuzüglich dem Produkt aus Realzins und Inflationsrate entspricht. Zu diesem Unterabschnitt vgl. *HERING*, Investition (2000), S. 472 f.

4 Vgl. *BLOHM/LÜDER*, Investition (1995), S. 137 ff., *FRANKE/HAX*, Finanzwirtschaft (2009), S. 218 ff., *SWOBODA*, Investition (1996), S. 66 ff., *HIGSON*, Finance (1986), S. 72.

Realer Kalkulationszinsfuß der Periode t:

$$i_t^{real} := \frac{1+i_t}{1+\iota_t} - 1 = \frac{i_t - \iota_t}{1+\iota_t} \qquad \forall\, t \in \{1, 2, \ldots, n\}.$$

Durch Auflösen nach i_t ergibt sich die berühmte FISHER-Gleichung, der zufolge der Nominalzins durch Inflation ceteris paribus steigt:

$$i_t = i_t^{real} + \iota_t + \iota_t \cdot i_t^{real}.$$

Der „reale" Zinsfuß berücksichtigt den Kaufkraftverlust der Zinszahlungen. Aber auch der Zahlungsüberschuß g_{jt} eines Objekts j im Zeitpunkt t repräsentiert, gemessen in DM des Preissystems des Zeitpunkts 0, in t nur eine Kaufkraft von:

$$\frac{g_{jt}}{\prod_{\tau=1}^{t}(1+\iota_\tau)}.$$

Der „reale" Kapitalwert des Objekts j ergibt sich daher auf der Basis inflationsbereinigter Größen als:

$$\begin{aligned} C_j &= \sum_{t=0}^{n} \frac{g_{jt}}{\prod_{\tau=1}^{t}(1+\iota_\tau)} \cdot \prod_{\tau=1}^{t}\left(1+i_\tau^{real}\right)^{-1} \\ &= \sum_{t=0}^{n} \frac{g_{jt}}{\prod_{\tau=1}^{t}(1+\iota_\tau)\cdot\left(1+i_\tau^{real}\right)} \\ &= \sum_{t=0}^{n} \frac{g_{jt}}{\prod_{\tau=1}^{t}(1+i_\tau)} \\ &= \sum_{t=0}^{n} g_{jt} \cdot \rho_t. \end{aligned}$$

Der letzte Ausdruck ist aber nichts anderes als der übliche Kapitalwert in verallgemeinerter Schreibweise mit der Möglichkeit voneinander abweichender Kalkulationszinsfüße i_t in den einzelnen Perioden, wie er bereits im Abschnitt 3.2.2 definiert worden ist. Der vermeintlich „reale" Kapitalwert stimmt mit dem nominalen Kapitalwert überein. Dies darf bei genauerer Betrachtung auch gar nicht überraschen, denn der (nominale) Kapitalwert ist bekanntlich (absolut) als Entnahmemöglichkeit eines Geldbetrages zum Zeitpunkt 0 interpretierbar.[1] Im Zeitpunkt 0 besteht aber definitionsgemäß kein Unterschied zwischen realen und nominalen Größen.

Satz 16 **(Inflation)**:

Bei Anwendung der Kapitalwertmethode sind Nominal- und Realwertrechnung äquivalent.

Die vorgeführte Deflationierung von Überschüssen und Kalkulationszinsfüßen ist somit nicht falsch, aber überflüssig. Sie erfordert die Schätzung von Inflationsraten, welche sich in der Rechnung ohnehin wieder vollständig herauskürzen, und erschwert zudem investitionsbegleitende Soll-Ist-Vergleiche. Die tatsächlichen Zahlungen erfolgen zum Nominalwert, so daß es für die Kontrolle (oder das „Controlling") zweckmäßig ist, auch die Plandaten gleich auf nominaler Basis zu dimensionieren. Selbstverständlich belastet Inflation die Investitionsplanung, weil die Bestimmung der nominalen Überschüsse und Zinssätze neben den realwirtschaftlichen Gegebenheiten (z.B. Nachfrage, Produktionskapazität) noch die erwarteten Preissteigerungen einbeziehen muß. Einer Anpassung der Kapitalwertdefinition bedarf es allerdings nicht.

Zweckmäßigkeitsgründe sprechen für die Beibehaltung nominaler Rechengrößen. Die Nationalökonomie lehrt, daß der nominale Zinssatz von der Inflationsrate beeinflußt wird. Inflation ist damit kein Problem der Investitionstheorie, sondern eines der Datengewinnung für praktische Investitionsrechnungen. Sofern infolge der Teuerung die Zahlungsreihen von Investition, Finanzierung oder Opportunität unsicher werden, sind die Verfahren des Kapitels 5 anzuwenden.

[1] Vgl. oben, Tabelle 3-1.

3.3 Rentabilitätsmaße bei einheitlichem Kalkulationszins

3.3.1 Interner Zins

3.3.1.1 Streit um den internen Zins

Die bisherigen Ausführungen haben deutlich gezeigt, daß in der Modellumgebung des vollkommenen Kapitalmarkts nur *ein* Vorteilhaftigkeitskriterium benötigt wird: der *Kapitalwert*. Empirischen Untersuchungen zufolge kommt jedoch der Kapitalwertmethode in betrieblichen Investitionsrechnungen immer noch nicht der Stellenwert zu, welcher ihr theoretisch gebührt. Nach wie vor erfreuen sich insbesondere „griffige" Renditekennzahlen großer Beliebtheit.[1] Eine in Prozent ausgedrückte Rendite erscheint dem Laien intuitiv einleuchtend und überdies einfacher als das abstrakte Konstrukt des Kapitalwerts als einer möglichen anfänglichen Geldentnahme (die ja meist gar nicht als Konsumziel angestrebt wird). Die Theorie hat sich folglich mit der Frage auseinanderzusetzen, inwieweit Rentabilitätsmaße eine Alternative zum Kapitalwert darstellen.

Der *interne Zinsfuß* ist die klassische dynamische Rentabilitätskennzahl der Investitionsrechnung. Ebenso „klassisch" ist allerdings auch die um ihn in der Literatur geführte Kontroverse.[2] Die Spannweite der Diskussion reicht von scharfer, deutlich über das berechtigte Maß hinausgehender Kritik[3] bis hin zu übertriebener Verteidigung[4]. In älteren Veröffentlichungen findet sich noch die unzutreffende These, Kapitalwert- und interne Zinsfußmethode seien stets äquivalent.[5] Die mittlerweile erkannten Probleme veranlassen andere Autoren dazu, dem internen Zinsfuß die Existenzberechtigung in Theorie und Praxis abzusprechen.[6] Demgegenüber wird der interne Zins als Maßzahl für die Effektivverzinsung von Krediten und Kapitalmarktanlagen gemeinhin akzeptiert[7] – überraschenderweise selbst von entschiedenen Kritikern der

---

1 Vgl. *BLOHM/LÜDER*, Investition (1995), S. 50 ff. Theorie und Praxis entwickeln immer wieder neue Vorschläge für Verzinsungsmaßstäbe; vgl. z.B. *LIEDL*, Bertelsmann (1988), *SCHIRMEISTER*, Dynamische Rentabilitätsmaße 1 (1991), *LEWIS/LEHMANN*, CFROI (1992).

2 Vgl. *KILGER*, Interner Zinsfuß (1965), S. 765 ff., *GROB*, VOFI (1989), S. 129 ff.

3 Vgl. z.B. *PETERS*, Rentabilität (1972), S. 13 und 18.

4 Vgl. z.B. *MEYER*, Interne Verzinsung (1978).

5 Vgl. z.B. *MOXTER*, Kalkulationszinsfuß (1961), S. 187 f.

6 Vgl. z.B. *GROB*, VOFI (1989), S. 164 und *KRUSCHWITZ*, Investitionsrechnung (2014), S. 92 f.

7 Vgl. z.B. *PERRIDON/STEINER/RATHGEBER*, Finanzwirtschaft (2012), S. 187 ff., *SCHIERENBECK/ROLFES*, Effektivzinsrechnung (1986), *WIMMER*, Effektivzinsangabeverpflichtung (1993) sowie *HOSTERBACH*, Interner Zinsfuß (1972), S. 203.

internen Zinsfußmethode[1] in der Investitionsrechnung.[2] Dies ist deshalb bemerkenswert, weil die Beurteilung der Vorteilhaftigkeit eines Zahlungsstroms nicht vom Zustandekommen der Zahlungen bzw. ihrer inhaltlichen Interpretation abhängt. Wer auf der einen Seite anerkennt, daß die Bundesobligation mit der Zahlungsreihe (–100, 9, 9, 9, 9, 109) eine Effektivverzinsung in Höhe ihres internen Zinssatzes von 9% aufweist, darf sich auch nicht dagegen sträuben, einer betrieblichen Sachinvestition mit der gleichen Zahlungsreihe die Renditekennziffer 9% zuzubilligen. Es wird zu klären sein, was eine solche Rendite ökonomisch aussagt und unter welchen Umständen sie für die Investitionsrechnung nützlich ist.

Im Mittelpunkt des Streits steht die Frage nach der Gültigkeit der sogenannten „Wiederanlageprämisse".[3] Zwei Zitate mögen die gegensätzlichen Auffassungen illustrieren. ALBACH behauptet: „Der interne Zinsfuß eines Investitionsobjektes ist nur dann richtig ermittelt, wenn die später freigesetzten Mittel wieder zu dem gleichen durchschnittlichen internen Zinsfuß angelegt werden können."[4] Dagegen vertritt KILGER die Position, daß für die überwiegende Zahl der in der Praxis vorkommenden Zahlungsreihen „der Lösungswert des internen Zinsfußes die Effektivrendite der Investition angibt, und zwar ohne irgendwelche Prämissen über die Anlage frei werdender Beträge."[5]

Die Widersprüchlichkeit der Standpunkte ist das Ergebnis von unzulässigen Verallgemeinerungen und gegenseitigen Mißverständnissen, die vor allem durch das stillschweigende Voraussetzen einer jeweils speziellen Rentabilitätsdefinition erklärt werden können. Die Verfechter der Wiederanlageprämisse sehen einen Zusammenhang zwischen internem Zins und Endwert, während andere Autoren den Bezug zum jeweils gebundenen Kapital herstellen.

Bevor die unterschiedlichen Auffassungen im Detail untersucht und beurteilt werden können, ist jedoch zunächst noch auf einige mathematische Fallstricke der internen Zinsfußmethode einzugehen.

---

1 Der eingebürgerte kurze Terminus „interne Zinsfußmethode" als Synonym der längeren Fassung „Methode des internen Zinsfußes" sei im folgenden trotz sprachlicher Bedenken verwendet (nicht die Methode ist „intern", sondern der aus der Zahlungsreihe berechnete Zinsfuß).

2 Vgl. *GROB*, VOFI (1989), S. 94 und 95. Von *KRUSCHWITZ*, Finanzierung (2007), S. 60 wird der Begriff „interner Zinsfuß" bei der Erläuterung des Effektivzinses auffällig vermieden, vielleicht um dem Widerspruch zu *KRUSCHWITZ*, Investitionsrechnung (2014), S. 92 f. auszuweichen.

3 Vgl. *KERN*, Investitionsrechnung (1974), S. 173, *SCHULTE*, Wirtschaftlichkeitsrechnung (1986), S. 93 f., *GROB*, VOFI (1989), S. 130.

4 *ALBACH*, Investition und Liquidität (1962), S. 55.

5 *KILGER*, Interner Zinsfuß (1965), S. 792; vgl. auch ebenda, S. 797 und *KILGER*, Kritische Werte (1965), S. 342.

3.3.1.2 Begriff und numerische Ermittlung des internen Zinses

Ein Kapitalwert von null signalisiert Indifferenz zwischen der betrachteten Investition und einer Geldanlage zum Kalkulationszinsfuß i (vgl. Satz 1). In diesem Falle erbringt die Investition offenbar dieselbe „Rendite" wie die Opportunität, mithin ebenfalls i. Daher liegt folgender Ansatz zur Definition der Effektivverzinsung nahe:

Interner Zinsfuß des Objekts j:

Der interne Zinsfuß r_j führt als (hypothetischer) Kalkulationszinsfuß zu einem Kapitalwert von null:

$$C_j = \sum_{t=0}^{n} g_{jt} \cdot (1 + r_j)^{-t} = 0.$$

Die Nullstelle der Kapitalwertfunktion definiert den internen Zinsfuß als kritischen Kalkulationszinsfuß, welcher über die Vorteilhaftigkeit eines Zahlungsstroms entscheidet.[1] Bei der Kapitalwertmethode ist i vorgegeben und C gesucht; bei der internen Zinsfußmethode hingegen umgekehrt C gegeben (gleich null) und i = r gesucht. Während sich der Kapitalwert C auf einfache Weise mit Hilfe der Zinseszinsrechnung bestimmen läßt, erfordert die Ermittlung des internen Zinsfußes die Lösung einer Gleichung n-ten Grades. Dabei treten zwei Probleme auf: Zum einen ist es – abgesehen von Spezialfällen – schon für Laufzeiten von $n \geq 5$ nicht mehr möglich, die Bestimmungsgleichung durch Wurzelziehen exakt zu lösen, d.h. den internen Zins mathematisch als geschlossenen Ausdruck zu bestimmen. Zum anderen braucht die Lösung der Bestimmungsgleichung, sofern sie überhaupt existiert, nicht eindeutig zu sein. Es kann also vorkommen, daß ein Zahlungsstrom mehr als einen internen Zins besitzt! Welcher ist dann der richtige?

Nach dem Fundamentalsatz der Algebra besitzt eine Polynomgleichung n-ten Grades genau n komplexe, d.h. reelle und/oder imaginäre Wurzeln.[2] Letztere scheiden von vornherein aus der ökonomischen Betrachtung aus. Aber auch reelle Lösungen im Intervall $]-\infty; -1[$ sind irrelevant, „denn mehr als 100% des gebundenen Kapitals kann auch der schlechteste Investor nicht verlieren."[3] Bei i = –100% besitzt jede Kapitalwertfunktion eine Definitionslücke. Der sinnvoll interpretierbare Suchbereich für den internen Zinsfuß entspricht also dem Intervall $]-1; +\infty[$, d.h., der Zinsfaktor

---

1 Vgl. *KILGER*, Kritische Werte (1965), S. 341 f. und oben, Satz 1. Zum Folgenden vgl. *HERING*, Investition und Unternehmensbewertung (2002), S. 21.

2 Vgl. z.B. *MILLER*, Mathematische Probleme (1986), S. 73.

3 *KILGER*, Interner Zinsfuß (1965), S. 776 f.

$1 + r_j$ kann als positiv vorausgesetzt werden.[1] Ein schwerwiegendes Problem ergibt sich dadurch, daß ein reellwertiger interner Zinsfuß im ökonomisch relevanten Intervall u.U. nicht existiert oder nicht eindeutig ist.

Mit Hilfe der *Zeichenregel von DESCARTES*[2] läßt sich nachweisen, daß eine Zahlungsreihe mit genau einem Vorzeichenwechsel auch genau einen internen Zinsfuß im relevanten Bereich $r_j > -1$ besitzt.[3] Damit sind Existenz und Eindeutigkeit des internen Zinsfußes für eine wichtige Klasse von Investitionen und Finanzierungen gesichert. Das Kriterium „genau ein Vorzeichenwechsel" ist hinreichend, aber nicht notwendig. Auch alternierende Zahlungsreihen können einen eindeutigen internen Zins besitzen.[4] Darüber hinaus gibt es noch andere hinreichende Kriterien.[5] Im Vorgriff auf den folgenden Unterabschnitt sei bereits in diesem Zusammenhang erwähnt, daß ein sinnvoll interpretierbarer interner Zins immer im ökonomisch relevanten Bereich (größer als −100%) liegt und dort eindeutig bestimmt ist.[6]

Numerische Probleme treten angesichts des Entwicklungsstands der elektronischen Datenverarbeitung in den Hintergrund. Algebraische Gleichungen bis zum vierten Grade können durch Wurzelziehen exakt gelöst werden,[7] und auf Gleichungen höheren Grades lassen sich Such- und Näherungsverfahren mit beliebiger Genauigkeit anwenden, z.B. das Verfahren von NEWTON. Im folgenden soll die Ermittlung des internen Zinses an Beispielen verdeutlicht werden.[8]

Zunächst sei der einfache Fall n = 1 betrachtet. Der interne Zins der Zahlungsreihe (−1000, 1100) ergibt sich aus $C = -1000 + 1100 \cdot (1 + r)^{-1} = 0 \Leftrightarrow 1 + r = 1100/1000 \Leftrightarrow r = 1{,}1 - 1 = 0{,}1 = 10\%$. Dieses Ergebnis stimmt mit dem umgangssprachlichen Verständnis einer Rendite vollkommen überein: Wer 1000 DM anlegt und ein Jahr später 1100 DM zurückerhält, hat offenbar einen Gewinn von 100 DM, d.h. von 10% des eingesetzten Kapitals gemacht. Wäre der Kalkulationszins i gleich r = 10%, hätte

1 Ein negativer Zinsfaktor $1 + r_j$ wäre schon deshalb ökonomisch unsinnig, weil er beim Abzinsen in jeder zweiten Periode (also bei ungeradem t) das Vorzeichen des Rückflusses umdrehte, also rechnerisch aus positiven Überschüssen negative (Barwerte) machte und aus negativen positive.

2 Ein Beweis dieser Regel findet sich z.B. in *ONISCIK/SULANKE*, Algebra (1977), S. 113 f.

3 Einen Beweis ohne Verwendung der kartesischen Zeichenregel liefert *KILGER*, Interner Zinsfuß (1965), S. 793 f.

4 Vgl. das Beispiel von *ALTROGGE*, Interner Zinsfuß (1977), S. 404 sowie Unterabschnitt 3.3.1.3.1.

5 Vgl. z.B. *WITTEN/ZIMMERMANN*, Interner Zinssatz (1977).

6 Vgl. *BLOHM/LÜDER*, Investition (1995), S. 91.

7 Vgl. z.B. *MILLER*, Mathematische Probleme (1986), S. 73-86. Mit „exakter" Lösung ist nicht eine beliebig hohe numerische Genauigkeit gemeint, sondern ein geschlossener Lösungsausdruck, z.B. $x = \sqrt{2}$ als exakte Lösung der Gleichung $x - \sqrt{2} = 0$. Numerisch läßt sich dies beliebig genau approximieren zu x = 1,41421... .

8 Zum Folgenden vgl. *HERING*, Investition und Unternehmensbewertung (2002), S. 21 ff.

die Investition gerade einen Kapitalwert von null. Ist der Marktzins i kleiner als 10%, hat die Investition einen positiven Kapitalwert; ist i dagegen größer als r, wird der Zahlungsstrom unvorteilhaft. Im Einperiodenfall stimmt also die Aussage, daß r der *kritische Zins* für die Kapitalwertmethode ist: Es gilt $C \geq 0 \Leftrightarrow r \geq i$, d.h.: Die Investition ist genau dann vorteilhaft, wenn ihre Rendite r nicht kleiner ist als der Kalkulationszins, welcher die Rendite der Opportunität am Kapitalmarkt darstellt.

Für die Zahlungsreihe (–1000, 900) folgt r = –0,1. Die Investition vernichtet 10% des Kapitals, also gilt r = –10%. Die noch verlustreicheren Zahlungsreihen (–1000, 0) und (–1000, –1000) sowie die erfreuliche Zahlungsreihe (+1000, +1000) haben keinen internen Zins oder keinen im Definitionsbereich r > –1. Die interne Zinsfußmethode kann also bereits im Einperiodenfall an die Grenzen ihrer Anwendbarkeit stoßen.

Der Fall n = 2 ist rechentechnisch noch gut zu bewältigen. Die Zahlungsreihe (–10000, 10000, 864) führt mit der Substitution q = 1 + r auf die Bestimmungsgleichung $-10000 + 10000/q + 864/q^2 = 0 \Leftrightarrow q^2 - q - 864/10000 = 0$. Mit Hilfe der quadratischen Ergänzung erhält man q = 1,08 oder q = –0,08 bzw. r = 0,08 = 8% oder r = –1,08 = –108%. Die zweite Lösung scheidet aus, denn *ökonomisch relevant* sind nur interne Zinssätze größer als –1. Die Zahlungsreihe hat demnach den eindeutigen internen Zins r = 8%, und es gilt auch hier die Regel: Die Investition ist vorteilhaft unter der Bedingung $r \geq i$. Bei einem Kalkulationszins von i = 5% ist diese Bedingung erfüllt, d.h., der Renditevergleich mit dem Kalkulationszins läßt auf einen positiven Kapitalwert schließen.

Schon im Zweiperiodenfall kann die interne Zinsfußmethode problematisch sein, auch wenn die Bestimmungsgleichung lösbar ist. Die Zahlungsreihe (–10000, +22000, –12091) besitzt sowohl den internen Zinsfuß r = 7% als auch den internen Zins r = 13%.[1] Beide liegen im ökonomisch relevanten Bereich! Selbst in dem noch harmlos erscheinenden Fall, daß der Kalkulationszins i nicht zufällig zwischen diesen beiden „Renditen“ liegt, leitet die interne Zinsfußmethode hier in die Irre. Gilt etwa i = 5%, so könnte man die Investition für vorteilhaft halten, weil immerhin beide Renditen größer sind als die Verzinsung der Alternativanlage. Dies wäre ein schwerer Fehler! Bei i = 5% hat die Zahlungsreihe einen negativen Kapitalwert, so daß für sie die Regel $C \geq 0 \Leftrightarrow r \geq i$ offensichtlich nicht gilt. Im vorliegenden Beispiel ist der Kapitalwert der Investition nur für 7% < i < 13% positiv, vgl. Abbildung 3-13. Aussagen wie „Die Investition ist vorteilhaft, wenn der interne Zinsfuß größer ist als der Kalkulationszinsfuß“ sind also ohne die Angabe weiterer Bedingungen nicht richtig.

Im nächsten Unterabschnitt wird gezeigt, wann man sich sicher sein kann, daß die Regel „$r \geq i$“ nicht zu Fehlentscheidungen führt.

---

[1] Das Beispiel ist entlehnt aus *KOBELT/SCHULTE*, Finanzmathematik (2006), S. 93 f.

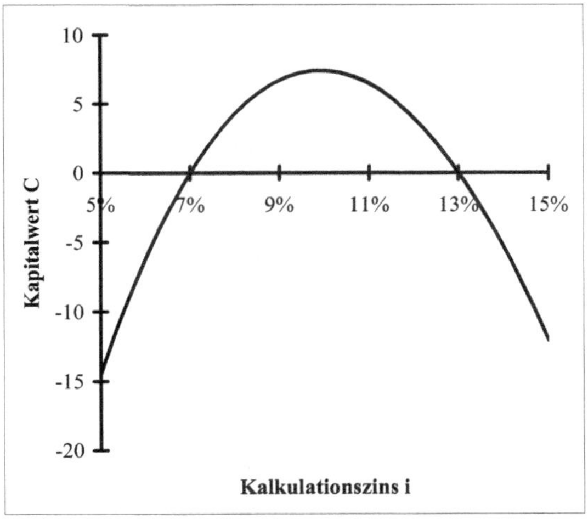

Abbildung 3-13: Kapitalwertfunktion mit zwei Nullstellen

In den Fällen n = 3 bzw. n = 4 könnte man sich mit großem Aufwand noch der kardanischen Formel bzw. der kubischen Resolvente bedienen, um die internen Zinsfüße algebraisch zu ermitteln. Es ist aber bereits hier einfacher und im Fall $n \geq 5$ gar nicht mehr umgehbar, auf Approximationsverfahren der numerischen Mathematik zurückzugreifen. Lediglich Spezialfälle lassen sich noch durch Wurzelziehen lösen: Leiht etwa ein Kaufmann einem Geschäftspartner 100.000 DM und fordert dafür nach sieben Jahren die Rückzahlung des doppelten Betrages, so ergibt sich der interne Zins aus:

$$-1 + 2 \cdot (1 + r)^{-7} = 0 \Leftrightarrow r = \sqrt[7]{2} - 1 = 10{,}4\%.$$

Eine andere einfach lösbare Situation liegt vor, wenn die regelmäßige Verzinsung der Anfangsauszahlung bei beliebiger Laufzeit konstant ist und die endfällige Tilgung zum Nennwert erfolgt. Als Beispiel hierfür diene die bereits oben erwähnte Bundesobligation der Serie 93 von 1990/95 mit der Zahlungsreihe (–100, 9, 9, 9, 9, 109) und der ohne investitionstheoretische Kenntnisse direkt erkennbaren Rendite von 9%. Folgende Zerlegung in fünf einperiodige Zahlungsreihen mit jeweils trivial errechenbarem r = 9% zeigt, daß das anschaulich sofort gegebene Resultat 9% tatsächlich den Kapitalwert dieser fünfjährigen Zahlungsreihe auf null bringt:

C bei i = 9%	t = 0	t = 1	t = 2	t = 3	t = 4	t = 5
0	–100	109				
0		–100	109			
0			–100	109		
0				–100	109	
0					–100	109
0	**–100**	**9**	**9**	**9**	**9**	**109**

Tabelle 3-13: Trivial ablesbarer interner Zins einer Kuponanleihe zum Nennwert

Alternativ zu dem anschaulichen Zerlegungstrick der Tabelle 3-13 ist es natürlich auch analytisch leicht, den Nachweis eines internen Zinses von 9% zu erbringen. Hierzu muß lediglich die spezielle Struktur der Zahlungsreihe mit Hilfe des Rentenbarwertfaktors für das gesuchte q := 1 + r ausgenutzt werden. Wir erhalten aus dem gleich null gesetzten Kapitalwert:

$$-100 + 9 \cdot \frac{q^5 - 1}{r \cdot q^5} + \frac{100}{q^5} = 0$$

$$\Leftrightarrow \quad -100 \cdot q^5 + 9 \cdot \frac{q^5 - 1}{r} + 100 = 0$$

$$\Leftrightarrow \quad -100 \cdot \left(q^5 - 1\right) + 9 \cdot \frac{q^5 - 1}{r} = 0$$

$$\Leftrightarrow \quad \frac{9}{r} = 100$$

$$\Leftrightarrow \quad r = 9\%.$$

Ebenfalls trivial lösbar ist der Fall des internen Zinses einer ewigen Rente. Gegeben sei z.B. die Zahlungsreihe (–1000, 400, 400, 400, 400, …), welche ersichtlich das anfänglich eingesetzte Kapital von 1000 auf ewig mit 400, also r = 40% p.a. verzinst.[1] Der gesuchte Rentenbarwertfaktor für $n \to \infty$ beträgt 1/r. Damit errechnet sich aus dem gleich null gesetzten Kapitalwert die eindeutige Lösung: C = –1000 + 400/r = 0 ⇔ r = 40%.

Im allgemeinen Fall besteht die Aufgabe darin, die Nullstelle(n) r der Kapitalwertfunktion C(i) im für die Suche nach r ökonomisch relevanten Bereich i > –1 zu fin-

[1] Das Beispiel stammt aus HERING, Dynamische Investitionsrechenverfahren (1999), S. 15.

den. Die Vorgehensweise sei am bekannten Beispiel der Rübezahl AG (–1.000, 200, 390, 460, 220) beschrieben. Für $i \to -1$ oder $q \to 0+$ wächst C über alle Grenzen, so daß die Kapitalwertfunktion für kleine i positiv ist. Andererseits konvergiert C für $i \to \infty$ gegen –1000. Hieraus folgt, daß die Kapitalwertfunktion für große i negativ wird. Nach dem Zwischenwertsatz für stetige Funktionen muß es dann mindestens eine Stelle geben, an der C = 0 ist. Bildet man die erste Ableitung der Kapitalwertfunktion nach q, erkennt man: $C'(q) < 0$. Die Kapitalwertfunktion ist streng monoton fallend und kann deshalb höchstens eine Nullstelle haben. Wenn es aber mindestens eine und zugleich höchstens eine Nullstelle gibt, folgt daraus, daß *genau ein interner Zins im relevanten Bereich* existiert. Abbildung 3-14 zeigt skizzenhaft den Funktionsverlauf.[1]

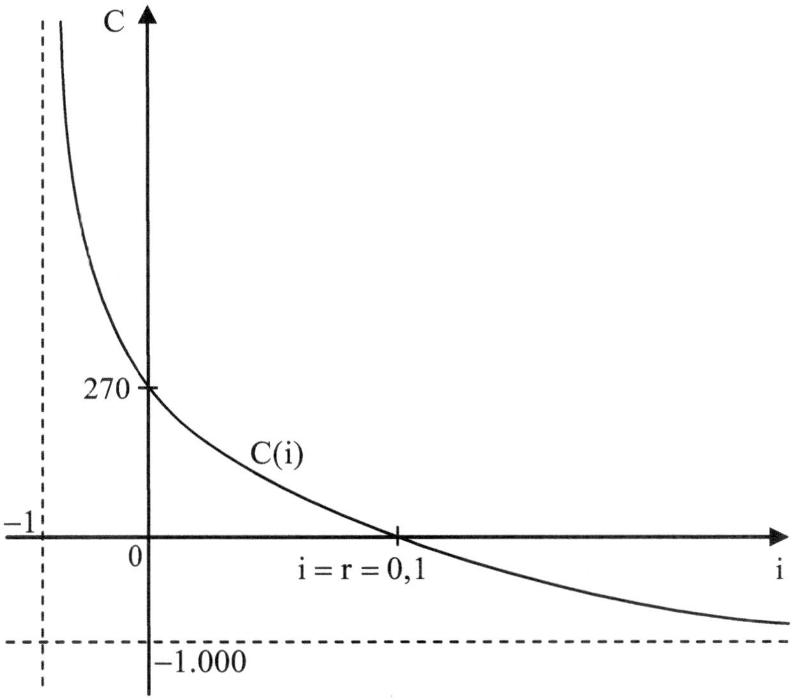

Abbildung 3-14: Kapitalwertfunktion des Standardbeispiels

Um den eindeutigen internen Zins numerisch zu identifizieren, ergibt sich nach dem NEWTON-Verfahren folgender Rechenweg: Aus einem Anfangs-Schätzwert r_0 wird als nächster Näherungswert für die gesuchte Nullstelle r der Kapitalwertfunktion die

[1] Vgl. für einen maßstäblich dargestellten Ausschnitt der Kurve bereits oben, Abbildung 3-1.

Nullstelle der Tangente im Punkt (r_0, $C(r_0)$) ermittelt. Wie man mit Hilfe des Steigungsdreiecks herleiten kann, resultiert die Nullstelle der Tangente aus der

NEWTON-Formel:[1]

$$r_1 = r_0 - \frac{C(r_0)}{C'(r_0)}.$$

Es bietet sich an, zur Vereinfachung der Schreibweise nicht r, sondern q = 1 + r zu suchen. Hierzu wird neben der Kapitalwertfunktion

$$C(q) = -1000 + 200 \cdot q^{-1} + 390 \cdot q^{-2} + 460 \cdot q^{-3} + 220 \cdot q^{-4}$$

nur noch ihre Ableitungsfunktion

$$C'(q) = -200 \cdot q^{-2} - 780 \cdot q^{-3} - 1380 \cdot q^{-4} - 880 \cdot q^{-5}$$

benötigt. Für i = 5% ist der Kapitalwert noch positiv. Startet man also z.B. mit dem willkürlich erhöhten Wert q_0 = 1,08 als erster Näherung, errechnen sich im ersten Schritt C(1,08) = 46,4 und C'(1,08) = –2403,9. Die NEWTON-Formel liefert dann q_1 = 1,08 – 46,4/(–2403,9) = 1,099. Dieser Wert ist Ausgangspunkt des nächsten Schritts, und man erhält durch Ermittlung der Größen C(1,099) = 2,2 und C'(1,099) = –2248,1 sowie erneutes Einsetzen in die Formel: q_2 = 1,099 – 2,2/(–2248,1) = 1,1. Weitere Iterationen bringen keine Verbesserung mehr, denn mit C(1,1) = 0 ist die Lösung q = 1,1 bzw. r = 0,1 = 10% gefunden.

Zur einfachen praktischen Berechnung des internen Zinses ist zudem eine Vielzahl von statischen Näherungsformeln entwickelt worden.[2] Derartige „Faustformeln" haben jedoch ihre frühere Bedeutung verloren, da eine beliebig genaue Approximation des exakten Wertes mit Hilfe EDV-gestützter Iterationsverfahren keinen nennenswerten Zeitaufwand mehr erfordert.

---

1 Vgl. z.B. *FORSTER*, Analysis 1 (1983), S. 121 ff., *ROLLBERG*, Finanzierung (2000), S. 510 f., *KRUSCHWITZ*, Programmentwicklung (1987).

2 Vgl. *BLOHM/LÜDER*, Investition (1995), S. 166 ff., *PERRIDON/STEINER/RATHGEBER*, Finanzwirtschaft (2012), S. 187 ff., *SCHIERENBECK*, Grundzüge (2003), S. 460 ff., *SCHIERENBECK/WÖHLE*, Grundzüge (2012), S. 545 ff., *HERING*, Statische Investitionsrechnung (2008), S. 773.

3.3.1.3 Interner Zins beim reinen Vorteilhaftigkeitsproblem

3.3.1.3.1 Verzinsung des gebundenen Kapitals

Zur Interpretation des internen Zinsfußes als Effektivverzinsung ist die Vorstellung hilfreich, der zu beurteilende Zahlungsstrom bilde die Bewegungen auf einem in jeder Periode gleich verzinsten Konto ab.[1] Für die Investition der Rübezahl AG mit der Zahlungsreihe **g** = (–1000, 200, 390, 460, 220) und einem internen Zinsfuß von r = 10% (vgl. Abbildung 3-1 und 3-14) bedeutet dies: Der Investor eröffnet gedanklich in t = 0 ein Konto durch eine Einzahlung von 1000 DM. Das gebundene Kapital (Guthaben, Kapitalbindung KB_t) erbringt eine Periode später 100 DM Zinsen. Da der Investor jedoch gleichzeitig 200 DM zu Konsumzwecken abhebt, sinkt das gebundene Kapital (seine Restforderung an die Investition) auf 900 DM. Dieser Kontostand wird von der Investition wieder mit 10% verzinst und schließlich bis t = 4 vollständig getilgt. Die folgende Tabelle zeigt die jeweilige Kapitalbindung KB_t als „Restschuld der Investition gegenüber dem Investor".[2]

t	KB_{t-1}	Zinsen r = 10%	Tilgung Σ = 1000	Zinsen + Tilgung = Rückfluß g_t	KB_t
0					1000
1	1000	100	100	200	900
2	900	90	300	390	600
3	600	60	400	460	200
4	200	20	200	220	0

Tabelle 3-14: Verzinsung des gebundenen Kapitals

Die Kapitalbindung ist im Beispiel zu jedem Zeitpunkt nichtnegativ, d.h., es entsteht niemals eine *Schuld* des Investors „gegenüber der Investition". Daher kann der Investor die Rückflüsse nach Belieben verwenden, ohne daß die Effektivverzinsung von 10% auf dem „Investitionskonto" beeinflußt wird.[3] Die Deutung des internen Zinsfußes als Rendite des jeweils gebundenen Kapitals enthält in diesem Falle keinerlei „Wiederanlageprämisse". Die Rückflüsse verzinsen und tilgen das gebundene Kapital. Für ihre Aufspaltung in einen Zins- und einen Tilgungsanteil ist die Frage belanglos, wozu sie anschließend vom Investor verwendet werden. JONAS formuliert treffend: „Diese weitere Anlage des aus der Investition fließenden Einnahmenüberschus-

---

1 Vgl. *KILGER*, Interner Zinsfuß (1965), S. 778, *ALTROGGE*, Interner Zinsfuß (1977), S. 402, *ALTROGGE*, Investition (1996), S. 313.

2 Zu ähnlichen Darstellungen vgl. *KILGER*, Interner Zinsfuß (1965), S. 792, *BÄHREN*, Rentabilität (1981), S. 404 f., *LENZ*, Investitionsrechenverfahren (1991), S. 501.

3 Vgl. *KILGER*, Interner Zinsfuß (1965), S. 776.

ses ist eine neue Investition, die von der in Frage stehenden sorgsam unterschieden werden muß."[1]

Im bekannten Beispiel der 9%-Bundesobligation mit der Zahlungsreihe (–100, 9, 9, 9, 9, 109) bleibt das gebundene Kapital bis zur kompletten Endtilgung konstant:

t	KB_{t-1}	Zinsen r = 9%	Tilgung Σ = 100	Zinsen + Tilgung = Rückfluß g_t	KB_t
0					100
1	100	9	0	9	100
2	100	9	0	9	100
3	100	9	0	9	100
4	100	9	0	9	100
5	100	9	100	109	0

Tabelle 3-15: Konstante Kapitalbindung

Das obige 40%-Investitionsbeispiel mit ewigem Rentencharakter (–1000, 400, 400, 400, 400, …) bietet ein noch eintönigeres Bild. Die mit r = 40% verzinste Kapitalbindung bleibt nicht nur stets gleich, sondern endet niemals:[2]

t	KB_{t-1}	Zinsen r = 40%	Tilgung Σ = 0	Zinsen + Tilgung = Rückfluß g	KB_t
0					1000
1	1000	400	0	400	1000
2	1000	400	0	400	1000
3	1000	400	0	400	1000
4	1000	400	0	400	1000
⋮	⋮	⋮	⋮	⋮	⋮

Tabelle 3-16: Ewige Kapitalbindung

Die Zahlenbeispiele lassen auf fundamentale Eigenschaften des internen Zinsfußes schließen:[3]

1 *JONAS*, Investitionsrechnung (1964), S. 130. Vgl. auch *BITZ*, Interner Zinsfuß (1977), S. 148.

2 Vgl. *HERING*, Dynamische Investitionsrechenverfahren (1999), S. 15.

3 Im folgenden wird der Objektindex j (wie schon in den Beispielen) weggelassen. Zum ersten Teil von Satz 17 vgl. auch *ALTROGGE*, Interner Zinsfuß (1977), S. 401 f.

Satz 17 **(Interner Zins und gebundenes Kapital)**:

Der interne Zinsfuß r kennzeichnet die *Effektivverzinsung* des gebundenen Kapitals. Das gebundene Kapital zum Zeitpunkt t (KB_t) entspricht dem *Ertragswert* zum Zinssatz r:

$$KB_t := \sum_{\tau=t+1}^{n} g_\tau \cdot (1+r)^{t-\tau} \qquad \forall\, t \in \{0, 1, \ldots, n\}.$$

Beweis durch Induktion nach t.

Induktionsverankerung. Das gebundene Kapital zu t = 0 beträgt $-g_0$ und ist gleich dem Ertragswert: Nach Definition des internen Zinsfußes und des Ertragswertes gilt

$$C = g_0 + KB_0 = 0 \quad \Leftrightarrow \quad KB_0 = -g_0, \text{ w.z.z.w.}$$

Induktionsvoraussetzung. Für ein festes, aber beliebiges t–1 sei KB_{t-1} das gebundene Kapital am Ende der Periode t–1.

Induktionsschluß von t–1 auf t. Bis zum Ende der Periode t wächst die Kapitalbindung um die Zinsen und sinkt um den Rückfluß in t. Sie beträgt dann

$$KB_{t-1} \cdot (1+r) - g_t = \sum_{\tau=t}^{n} g_\tau \cdot (1+r)^{t-\tau} - g_t = KB_t, \text{ w.z.z.w.}$$

Damit steht fest, daß der Ertragswert gleich dem gebundenen Kapital (Restschuld der Investition gegenüber dem Investor) ist. Aus den letzten Gleichungen folgt:

$$\underbrace{g_t}_{\substack{\text{Überschuß}\\ \text{in t}}} = \underbrace{KB_{t-1} \cdot r}_{\substack{\text{Zinsen auf die}\\ \text{Restschuld der}\\ \text{Vorperiode}}} + \underbrace{KB_{t-1} - KB_t}_{\substack{\text{Minderung der}\\ \text{Restschuld}\\ = \text{Tilgung}}} = \text{Zins} + \text{Tilgung}.$$

Die Überschüsse verzinsen und tilgen das jeweils gebundene Kapital zum internen Zins. Die Summe aller Tilgungen läßt genau die ursprüngliche Kapitalbindung in Höhe von $-g_0$ zurückfließen:

$$\sum_{t=1}^{n} \left(KB_{t-1} - KB_t \right) = KB_0 - KB_n = -g_0 - 0.$$

Die nachgewiesenen Eigenschaften des internen Zinsfußes als Rentabilität des gebundenen Kapitals lassen unter sogleich herauszuarbeitenden Voraussetzungen seine Interpretation als *Effektivverzinsung* des Zahlungsstroms zu.[1]

Beispiele. Die Kapitalbindungen KB_t gemäß Tabelle 3-14 ergeben sich für jeden Zeitpunkt t sofort als Ertragswerte (berechnet zum internen Zins r = 10%) der noch ausstehenden Zahlungen:

$$KB_0 = \frac{200}{1{,}1} + \frac{390}{1{,}1^2} + \frac{460}{1{,}1^3} + \frac{220}{1{,}1^4} = 1000 = -g_0;$$

$$KB_1 = \frac{390}{1{,}1} + \frac{460}{1{,}1^2} + \frac{220}{1{,}1^3} = 900;$$

$$KB_2 = \frac{460}{1{,}1} + \frac{220}{1{,}1^2} = 600;$$

$$KB_3 = \frac{220}{1{,}1} = 200;$$

$$KB_4 = 0.$$

Im Anschluß an Tabelle 3-14 ist bereits dargelegt worden, warum die Deutung des internen Zinsfußes als Effektivverzinsung nicht an eine „Wiederanlageprämisse" geknüpft ist, wenn das gebundene Kapital der Investition[2] stets nichtnegativ bleibt.[3] Im Umkehrschluß soll nun aufgezeigt werden, daß zeitweilig negative Kapitalbindung eine unrealistische Wiederanlageprämisse impliziert, welche dem Aussagegehalt des internen Zinsfußes in starkem Maße Abbruch tut.

Wenn das gebundene Kapital negativ wird, ist die Schuld der Investition gegenüber dem Investor getilgt, und es entsteht umgekehrt ein „Guthaben der Investition" beim Investor. Satz 17 setzt für das gebundene Kapital kein bestimmtes Vorzeichen voraus.

---

1 Die Effektivzinseigenschaft des internen Zinses erkennt auch KRUSCHWITZ in seinem „Kapitel, das Sie eigentlich nicht lesen sollten", an, wenn auch ohne Begründung; vgl. *KRUSCHWITZ*, Investitionsrechnung (2014), S. 100. Nur sieben Seiten vorher (ebenda, S. 93) heißt es allerdings noch, eine „ökonomische Interpretation der Zahl *r* in allgemeiner Form" sei „leider unmöglich". Tabelle 3-14 bis 3-16 und Satz 17 liefern die von KRUSCHWITZ vermißte ökonomische Interpretation.

2 Zahlungsreihen mit $g_0 > 0$ (z.B. Finanzierungen) sind im folgenden mit umgekehrtem Vorzeichen aus der Sicht des Geldgebers in t = 0 zu betrachten, so daß o.B.d.A. $g_0 < 0$ vorausgesetzt und stets von „Investitionen" gesprochen werden kann.

3 Vgl. *ALTROGGE*, Investition (1996), S. 315 ff.

Daraus folgt, daß die Interpretation des internen Zinsfußes r nur dann gültig bleibt, wenn sich auch die negative Kapitalbindung zu r verzinst. Genau hierin liegt aber eine implizite Anlageprämisse begründet! Der Investor muß in der Lage sein, das überschüssig getilgte Kapital „für die Investition" zum Satz von r anzulegen. Gelingt ihm dies nicht oder konsumiert er die ihm über die Tilgung der Schuld hinaus zugeflossenen Beträge, so muß er die für die negative Kapitalbindung verantwortlichen späteren Auszahlungsüberschüsse[1] der Investition „aus eigener Tasche" bezahlen, so daß die bislang vom Investor erzielte Rendite r geschmälert wird und somit nicht mehr zutrifft. Zur Illustration diene das Beispiel von KILGER mit der Zahlungsreihe **g** = (–6250, 10000, –3000) und den internen Zinsfüßen –60% und 20%.[2] Betrachtet werden soll aber nur der Fall r = 20% (Tabelle 3-17).

t	KB_{t-1}	Zinsen 20%	Tilgung $\Sigma = 6250$	Zinsen + Tilgung = Rückfluß g_t	KB_t
0					6250
1	6250	1250	8750	10000	–2500
2	–2500	–500	–2500	–3000	0

Tabelle 3-17: Negatives gebundenes Kapital

In t = 1 wird das gebundene Kapital von 6250 DM zu 20% verzinst und komplett zurückgezahlt. Der Investor erhält aber darüber hinaus 2500 DM, die ihm aufgrund einer Rendite von 20% gar nicht zustehen: Die Kapitalbindung wird negativ. Der Investor darf nun die 2500 DM nicht beliebig verwenden, sondern muß sie zum internen Zinsfuß anlegen können, um das Defizit in t = 2 abdecken zu können. Ist die Anlage nur zu weniger als 20% möglich, so wird die Effektivrendite der Investition überschätzt, da dann in t = 2 eine Nachfinanzierung aus externen, nicht von der Investition verdienten Mitteln erforderlich ist.

Objekte mit zeitweise negativem gebundenen Kapital sind nicht „isoliert durchführbar", sondern erfordern eine zwischenzeitliche Wiederanlage zum internen Zinsfuß, wenn dieser aussagefähig bleiben soll. Eine solche Wiederanlageprämisse ist aber als wirklichkeitsfremd abzulehnen und widerspricht der Annahme des vollkommenen Kapitalmarkts, Wiederanlagen seien (nur) zum Kalkulationszins i möglich. Die interne Zinsfußmethode erzwingt in diesem Falle die Gleichheit von Investitions- und Wiederanlagerendite. Die willkürliche Kopplung zweier voneinander streng zu trennender Sachverhalte liefert auch die ökonomische Erklärung für mehrdeutige oder ausschließlich imaginäre Lösungen: Unter Umständen läßt sich die geforderte Zinsgleichheit nicht erzwingen (interner Zins existiert nicht), oder aber es kommen gleich

[1] Man beachte: Kapitalbindung = Ertragswert!

[2] Vgl. *KILGER*, Interner Zinsfuß (1965), S. 782 f.

mehrere Zinssätze in Frage. Bei negativer Kapitalbindung ist der interne Zinsfuß als Renditekennziffer im allgemeinen wertlos.[1]

Negatives gebundenes Kapital kann z.B. für die wichtige Klasse der Zahlungsreihen mit genau einem Vorzeichenwechsel nicht auftreten. Gilt etwa für eine *Normalinvestition* $g_0 < 0$, $g_t \leq 0$ für $t < \tau$ (mit einem festen $\tau \geq 1$), $g_t \geq 0$ für $t \geq \tau$ und $g_n > 0$, so existiert (vgl. Unterabschnitt 3.3.1.2) ein eindeutiger interner Zins $r > -1$. Das gebundene Kapital KB_t ist dann offensichtlich (nach Satz 17) für $t \geq \tau-1$ nichtnegativ. Für $t < \tau-1$ erkennt man zunächst $KB_0 = -g_0 > 0$ und damit sukzessiv (Induktionsschluß, Satz 17) $KB_t = KB_{t-1} \cdot (1 + r) - g_t > 0$. Wenn aber bei Normalinvestitionen das gebundene Kapital nie negativ wird, dann ist ihr interner Zins ohne jede Einschränkung aussagefähig.

Auch andere, z.B. alternierende Zahlungsreihen können durchaus eine nichtnegative Kapitalbindung aufweisen.[2] Für die Zahlungsreihe $\mathbf{g} = (-100, 10, -10, 132)$ mit dem internen Zins $r = 10\%$ errechnen sich die drei positiven Kapitalbindungen (Ertragswerte): $KB_0 = -g_0 = 100 = 10/1{,}1 - 10/1{,}1^2 + 132/1{,}1^3$, $KB_1 = -10/1{,}1 + 132/1{,}1^2 = 100$ und $KB_2 = 132/1{,}1 = 120$.[3]

Mit Hilfe der bereits erwähnten kartesischen Zeichenregel läßt sich der Nachweis erbringen, daß alle Zahlungsreihen mit durchweg nichtnegativem gebundenen Kapital (für sie gilt wegen $KB_0 > 0$ und $KB_{n-1} > 0$[4] notwendig $g_0 < 0$ und $g_n > 0$) einen eindeutigen internen Zinsfuß im ökonomisch relevanten Bereich $r > -100\%$ besitzen.[5] Unter den gegebenen Voraussetzungen konvergiert nämlich die Kapitalwertfunktion für $i \to -1$ gegen $+\infty$ und für $i \to +\infty$ gegen $g_0 < 0$. Aus Stetigkeitsgründen folgt hieraus unmittelbar, daß der Kapitalwert derartiger Zahlungsreihen nichtnegativ ist genau dann, wenn $i \leq r$ gilt.[6] Der interne Zinsfuß ist also bei nichtnegativer Kapitalbindung zugleich der *kritische Kalkulationszinsfuß*, bei dessen Überschreitung die Investition unvorteilhaft wird. Das Kriterium „Investiere, wenn der interne Zinsfuß r den Kalku-

---

1 Vgl. *KILGER*, Interner Zinsfuß (1965), S. 783 f. und 786, *BLOHM/LÜDER*, Investition (1995), S. 95, 100 f., *ALTROGGE*, Investition (1996), 324 f., 335 f., *TEICHROEW/ROBICHEK/MONTALBANO*, Rates of Return (1965), S. 403, *TEICHROEW/ROBICHEK/MONTALBANO*, Investment Decisions (1965), S. 161 f.

2 Vgl. *ALTROGGE*, Interner Zinsfuß (1977), S. 404.

3 Vgl. *HERING*, Interner Zins (1998), S. 901.

4 Der Fall „= 0“ scheidet aus. Sollte nämlich $g_0 = 0$ oder $g_n = 0$ gelten, so sind überflüssige Zeitpunkte zu Beginn oder am Ende der Zahlungsreihe so lange zu streichen, bis das erste und letzte Element von null verschieden sind. Daher kann o.B.d.A. angenommen werden, daß die Zahlungsreihe weder mit null beginnt noch aufhört.

5 Vgl. *ALTROGGE*, Interner Zinsfuß (1977), S. 403 f., *BLOHM/LÜDER*, Investition (1995), S. 91.

6 Vgl. den oben dargestellten Kurvenverlauf des Standard-Zahlenbeispiels (Rübezahl-Zahlungsreihe), Abbildung 3-14.

lationszinsfuß i übersteigt" ist für die untersuchte Klasse von Investitionen (zu der, wie gezeigt, auch alle „Normalinvestitionen" gehören) uneingeschränkt anwendbar. In diesem Falle ist die interne Zinsfußmethode nicht nur sinnvoll interpretierbar (r = Verzinsung des gebundenen Kapitals), sondern darüber hinaus der Kapitalwertmethode äquivalent.

Dieses Ergebnis wird durch einen allgemeinen formelmäßigen Zusammenhang zwischen Kapitalwert, internem Zins und Kalkulationszins bestätigt. Aus dem Beweis von Satz 17 resultiert:

$$g_t = (1 + r) \cdot KB_{t-1} - KB_t.$$

Damit läßt sich der Kapitalwert auch wie folgt ausdrücken:[1]

$$C = \sum_{t=0}^{n} g_t \cdot q^{-t}$$

$$= \sum_{t=0}^{n} \left[(1+r) \cdot KB_{t-1} - KB_t\right] \cdot q^{-t}$$

$$= \left[-KB_0\right] + \left[(1+r) \cdot KB_0 - KB_1\right] \cdot q^{-1} + \ldots + \left[(1+r) \cdot KB_{n-1}\right] \cdot q^{-n}$$

$$= \left[-KB_0 + \frac{(1+r) \cdot KB_0}{q}\right] \cdot q^0 + \ldots + \left[-KB_{n-1} + \frac{(1+r) \cdot KB_{n-1}}{q}\right] \cdot q^{-(n-1)}$$

$$= \sum_{t=0}^{n-1} \left[-KB_t + \frac{(1+r) \cdot KB_t}{q}\right] \cdot q^{-t}$$

$$= \sum_{t=0}^{n-1} \left[KB_t \cdot \left(-1 + \frac{1+r}{1+i}\right)\right] \cdot (1+i)^{-t}$$

$$\Leftrightarrow C = \frac{r-i}{1+i} \cdot \sum_{t=0}^{n-1} KB_t \cdot (1+i)^{-t}.$$

---

1 Man beachte $KB_n = 0$ sowie nach Definition des internen Zinsfußes $KB_{-1} := (g_0 + KB_0) \cdot (1+r)^{-1} = 0$. NORSTRÖM leitet eine sehr ähnliche und inhaltlich gleichwertige Kapitalwertformel auf anderem Wege her; er gibt jedoch keinen geschlossenen Berechnungsausdruck für das gebundene Kapital an. Vgl. *NORSTRÖM*, Interner Zinsfuß (1990), S. 113 f.

Die Zahlungsreihe läßt sich, wie gezeigt, in n einperiodige Investitionen mit der Rendite r zerlegen. *Wenn die Kapitalbindung KB_t in jedem Zeitpunkt nichtnegativ ist,* folgt aus der letzten Formel *für den ganzen relevanten Definitionsbereich* ($i > -1$):[1]

a) C nimmt für $i \le r$ mit steigendem i streng monoton ab;[2]

b) $C \ge 0 \quad \Leftrightarrow \quad r \ge i$ (*Äquivalenz* von C- und r-Kriterium);

c) $C < 0 \quad \Leftrightarrow \quad r < i$;

d) $C > 0 \quad \Leftrightarrow \quad r > i$;

e) $C = 0 \quad \Leftrightarrow \quad r = i$.

Aus c) und d) ergibt sich ferner, daß für $i \neq r$ auch $C \neq 0$ gilt. Eigenschaft e) impliziert die *Eindeutigkeit* des berechneten internen Zinses r.[3] Die Definition des internen Zinses allein beinhaltet nämlich nur die Implikation $i = r \Rightarrow C = 0$, nicht aber die in e) eingeschlossene Umkehrung „$\Leftarrow$“, also $C = 0 \Rightarrow i = r$.

Die *Existenz* des internen Zinssatzes ist durch das Kapitalbindungskriterium bereits impliziert, denn die Kapitalbindung definiert sich durch den oder einen internen Zins. Für Normalinvestitionen folgt die Existenz eines internen Zinses schon allein, wie oben erwähnt, aus dem Verlauf der stetigen Kapitalwertfunktion: Sie konvergiert wegen $g_n > 0$ für $i \to -1$ gegen $+\infty$ und für $i \to +\infty$ gegen $g_0 < 0$. Aufgrund des Zwischenwertsatzes für stetige Funktionen muß also eine Stelle $i = r$ mit $C = 0$ existieren.

Die bisherigen Ergebnisse sind zusammengefaßt im

Satz 18 **(Interner Zins, Kalkulationszins und Kapitalwert)**:

Zwischen Kapitalwert und internem Zins besteht der Zusammenhang (*C-r-Formel*):

$$C = (r - i) \cdot \sum_{t=1}^{n} KB_{t-1} \cdot (1 + i)^{-t}.$$

Für eine große Klasse von Zahlungsreihen (darunter diejenigen mit genau einem Vorzeichenwechsel) ist das gebundene Kapital KB_t stets nichtnegativ. Dann existiert ein

---

[1] Vgl. auch *NORSTRÖM*, Interner Zinsfuß (1990), S. 115.

[2] Die Aussage gilt nicht für den Bereich $i > r$, wie sich z.B. anhand des Gegenbeispiels von WITTEN und ZIMMERMANN belegen läßt. Vgl. *WITTEN/ZIMMERMANN*, Interner Zinssatz (1977), S. 104 f., Fußnote 22.

[3] Vgl. *HERING*, Interner Zins (1998), S. 975. Die Zeichenregel des CARTESIUS benötigt man zum Beweis der Eindeutigkeit des internen Zinses bei nichtnegativer Kapitalbindung also nicht.

eindeutiger interner Zinsfuß $r > -1$, der sich ohne Wiederanlageprämisse als Effektivverzinsung des gebundenen Kapitals und als kritischer Zinsfuß sinnvoll interpretieren läßt. In diesem Falle ist ein Zahlungsstrom genau dann vorteilhaft, wenn sein interner Zinsfuß r nicht kleiner ist als der Kalkulationszinsfuß i (d.h.: $r \geq i \Leftrightarrow C \geq 0$). Bei negativer Kapitalbindung ist der interne Zinsfuß als Renditekennzahl unbrauchbar.

Beispiel für die C-r-Formel. Der allgemeine Kapitalwert der Rübezahl-Zahlungsreihe,

$$C = -1000 + \frac{200}{1+i} + \frac{390}{(1+i)^2} + \frac{460}{(1+i)^3} + \frac{220}{(1+i)^4},$$

läßt sich nach Satz 18 mit Hilfe der Kapitalbindungen auch wie folgt notieren:

$$C = (0{,}1 - i) \cdot \left(\frac{1000}{1+i} + \frac{900}{(1+i)^2} + \frac{600}{(1+i)^3} + \frac{200}{(1+i)^4} \right).$$

Diese Darstellung ist für die Berechnung des Kapitalwerts natürlich unzweckmäßiger als die erste. Man erkennt an ihr aber sehr gut, daß die Klammer mit den abgezinsten Kapitalbindungen im ökonomisch relevanten Definitionsbereich $i > -1$ positiv ist und deshalb die Vorteilhaftigkeit der Investition nur noch vom Vorzeichen der ersten Klammer abhängt, d.h. von der Frage, ob der interne Zins $r = 10\%$ größer ist als der Kalkulationszins i.

In der Bereitstellung des kritischen Zinses liegt eine echte Zusatzinformation, die nicht schon in der Kapitalwertmethode selbst enthalten ist. Häufig kennt man die Alternativanlage i in der Praxis nicht genau, oder ihre künftige Höhe ist unsicher. Kann man aber abschätzen, daß der interne Zins auf jeden Fall größer ist als ein realistischerweise zu erwartender Wert von i, läßt sich die Vorteilhaftigkeit der Investition leicht ersehen.

Nachdem ein interner Zins mit dem NEWTON-Verfahren ermittelt wurde, sollten also – sofern es sich nicht um eine von vornherein unproblematische Normalinvestition handelt – stets als nächstes die Kapitalbindungen berechnet werden, um zu sehen, ob das Kriterium „$r \geq i \Leftrightarrow C \geq 0$" gemäß Satz 18 anwendbar ist. Sind alle Kapitalbindungen nichtnegativ, kann man sicher sein, daß der gefundene interne Zins der einzige im relevanten Bereich ist und als Effektivverzinsung des gebundenen Kapitals sowie als kritischer Zins der Kapitalwertmethode interpretiert werden darf. In diesem Falle gilt für das reine Vorteilhaftigkeitsproblem[1] *uneingeschränkte Äquivalenz* von Kapitalwert- und interner Zinsfußmethode. Bei negativer Kapitalbindung ist der interne

[1] Für das Wahlproblem ist ein anderes Urteil zu fällen; vgl. Unterabschnitt 3.3.1.4.

Zinsfuß als Renditekennzahl unbrauchbar und nur noch in speziellen Ausnahmefällen für Investitionseinzelentscheidungen hilfreich. Diese (zwei) Ausnahmefälle seien im folgenden noch kurz abgehandelt.[1]

Sofern der Ausdruck $\sum$ in Satz 18 zwar einzelne negative Summanden KB_t enthält, aber dennoch immer positiv bleibt, gilt weiterhin (rechen)technisch: $C \geq 0 \Leftrightarrow r \geq i$.

Beispiel. Die Zahlungsreihe **g** = (–1000, 1110, –1011, 1100) hat den internen Zins r = 10% und die Kapitalbindungen (Ertragswerte):

$KB_0 = -g_0 = 1000$, $KB_1 = -1011/1{,}1 + 1100/1{,}1^2 = -10$ und $KB_2 = 1100/1{,}1 = 1000$.

Es gilt (Satz 18): $$C = (0{,}1 - i) \cdot \left(\frac{1000}{1+i} + \frac{-10}{(1+i)^2} + \frac{1000}{(1+i)^3} \right).$$

Wie durch quadratische Ergänzung leicht überprüft werden kann, bleibt die rechte Klammer immer positiv:

$$\frac{1000}{1+i} + \frac{-10}{(1+i)^2} + \frac{1000}{(1+i)^3} > 0$$

$$\Leftrightarrow \quad (1+i)^2 - \frac{1}{100} \cdot (1+i) + 1 > 0$$

$$\Leftrightarrow \quad (1+i)^2 - \frac{1}{100} \cdot (1+i) + \left(\frac{1}{200}\right)^2 > \left(\frac{1}{200}\right)^2 - 1$$

$$\Leftrightarrow \quad \left(1 + i - \frac{1}{200}\right)^2 > -0{,}999975.$$

Also fällt die interne Zinsfußmethode die gleiche Entscheidung wie die Kapitalwertmethode, obwohl die ökonomische Interpretation von r als Rendite wegen der negativen Kapitalbindung in t = 1 nicht mehr zulässig ist. Sofern also wie in diesem Beispiel trotz Auftretens negativer Kapitalbindungen noch $C \geq 0 \Leftrightarrow r \geq i$ gilt, wird nicht mehr von uneingeschränkter (ökonomischer), sondern nur noch von *technischer Äquivalenz* der Kapitalwert- und internen Zinsfußmethode gesprochen.

[1] Zum Folgenden vgl. *HERING*, Interner Zins (1998), S. 901 ff.

Selbst in solchen Fällen, in denen der interne Zins im ökonomisch relevanten Bereich $r > -1$ infolge negativer Kapitalbindung mehrdeutig wird, kann das interne Zinsfußkriterium $r \geq i$ anwendbar bleiben, und zwar dann, wenn nur eine positive Nullstelle existiert. Der als Vergleichsmaßstab dienende Kalkulationszins i darf auf einem vollkommenen Kapitalmarkt bekanntlich nicht negativ werden, weil sonst Arbitrage durch Kassenhaltung möglich wäre. Beschränkt man also den Definitionsbereich auf $i \geq 0$, liefert die interne Zinsfußmethode faktisch das richtige Ergebnis, wenn der Summenausdruck Σ in Satz 18 wenigstens auf diesem eingeschränkten Intervall positiv bleibt.

Beispiel. Betrachtet sei hierfür erneut KILGERS Zahlungsreihe (–6250, 10000, –3000) aus Tabelle 3-17 mit den beiden internen Zinsfüßen –60% und 20%. Zur Prüfung auf *faktische Äquivalenz* interessiert nur der positive Wert. Für $r = 20\%$ errechnen sich die Kapitalbindungen 6250 und –2500. Man erhält gemäß Satz 18:

$$C = (0{,}2 - i) \cdot \left(\frac{6250}{1+i} + \frac{-2500}{(1+i)^2} \right).$$

Die zweite Klammer ist positiv für $i > -60\%$, also auf jeden Fall im Definitionsbereich $i \geq 0$. Demnach hängt die Vorteilhaftigkeit der Investition nur davon ab, wie sich i zum internen Zins 20% verhält.

Offensichtlich gilt die Regel $r \geq i \Leftrightarrow C \geq 0$ dann nicht mehr, wenn der Summenterm Σ in Satz 18 auch im Bereich $i \geq 0$ negative Werte annimmt. Erst in dieser Situation versagt die interne Zinsfußmethode vollständig. Ein solcher Fall *fehlender Äquivalenz* zur Kapitalwertmethode ist bereits oben im Unterabschnitt 3.3.1.2 behandelt worden. Der Kapitalwertverlauf der Zahlungsreihe $\mathbf{g} = (-10000, +22000, -12091)$ mit den internen Zinsfüßen $r = 7\%$ und $r = 13\%$ ist dort in Abbildung 3-13 abgetragen. Für $r = 7\%$ lauten die Kapitalbindungen 10000 und –11300, und die C-r-Formel liefert die Kapitalwertdarstellung:

$$C = (0{,}07 - i) \cdot \left(\frac{10000}{1+i} + \frac{-11300}{(1+i)^2} \right).$$

Für $i < 13\%$ ist die zweite Klammer negativ. Der Kapitalwert nimmt also nur im Intervall $7\% < i < 13\%$ positive Werte an. Beträgt der Kalkulationszins etwa $i = 5\%$, wäre es falsch, aus der Relation $r > i$ auf die Vorteilhaftigkeit der Investition zu schließen. Vgl. erneut Abbildung 3-13.

Die nachstehende Tabelle 3-18 enthält eine Zusammenfassung der obigen Fallunterscheidung.

Äquivalenz:	Interner Zins r = (sinnvolle) Rendite?	$r \geq i$? $\Leftrightarrow$? $C \geq 0$
uneingeschränkte	ja	ja
technische	nein	ja
faktische	nein	ja, für $i \geq 0$
keine	nein	nein

Tabelle 3-18: Zusammenfassung der C-r-Äquivalenzfälle[1]

Ob es vom Aufwand her gerechtfertigt erscheint, den Summenterm in der C-r-Formel auf Positivität zu untersuchen, hängt vom Einzelfall ab. Sicherlich ist es für die Anwendung pragmatischer, den Kapitalwertverlauf im realistischen Bereich von i mit einem Tabellenkalkulationsprogramm darzustellen, als mit Hilfe der Algebra weitere Abschätzungen der C-r-Formel vorzunehmen. Dem Leser sollte jedoch klargeworden sein, daß der Anwendungsbereich der anschaulichen Regel „$r \geq i$" viel weiter reicht und somit die interne Zinsfußmethode *viel unproblematischer* ist, als es durch etliche Aufsätze und Lehrbücher bis heute suggeriert wird.[2] Wer lieber anschauliche Renditen verwendet als Kapitalwerte, ist mit dem internen Zins im allgemeinen „gut bedient". Der Preis dafür ist allerdings die theoretische Einarbeitung in seine Anwendungsvoraussetzungen. Sieht man von der technischen und faktischen Äquivalenz nach Tabelle 3-18 ab, genügt zur sicheren Anwendung der internen Zinsfußmethode die Kenntnis der Kapitalbindungen und des grundsätzlichen Zusammenhangs von Satz 18.

[1] Quelle: *HERING*, Interner Zins (1998), S. 903.

[2] Als ein Beitrag stellvertretend für (sehr) viele sei genannt: *KUßMAUL/RICHTER*, Baldwin-Methode (2000), S. 684. Hier finden sich in Fußnote 6 alle „Nachteile", derentwegen die interne Zinsfußmethode gemeinhin kritisiert wird: „Existenz mehrerer oder gar keiner Lösungen, die Wiederanlage der ... Rückflüsse zum internen Zinsfuß" sowie die „Widersprüchlichkeit innerhalb der Methode", die daraus resultiere, daß „finanzielle Mittel gleichzeitig zum internen Zinsfuß und zum Kalkulationszinsfuß beschafft bzw. angelegt werden können". Vgl. auch ebenda, S. 692, Tab. 2.

3.3.1.3.2 Zur vermeintlichen „Wiederanlageprämisse"

Die Rentabilität des jeweils gebundenen Kapitals ist nicht die einzige mögliche Definition einer Effektivverzinsung. Es läßt sich ebensogut die Frage nach der durchschnittlichen Wachstumsrate des Vermögens zwischen Anfangs- und Endzeitpunkt stellen.

Gegeben sei zu $t = 0$ ein Anfangsbestand liquider Mittel in Höhe von $EK > 0$, der in ein Objekt investiert werden möge. Die *endwertbezogene Eigenkapitalrentabilität*[1] r_{EK} ist definiert als diejenige durchschnittliche Zinsrate pro Periode, mit der EK auf den Endwert EW (> 0) anwächst.

Endwertbezogene Eigenkapitalrentabilität r_{EK}:

$$EK \cdot (1 + r_{EK})^n = EW \quad \Leftrightarrow \quad r_{EK} := \sqrt[n]{\frac{EW}{EK}} - 1.$$

Die Literatur nimmt nun häufig daran Anstoß, daß der interne Zins nur im Ausnahmefall mit r_{EK} übereinstimmt. Mit Hilfe von VOFIs wird demonstriert, unter welcher „impliziten Prämisse" $r = r_{EK}$ gilt.[2] Für die Beispielzahlungsreihe **g** = (–1000, 200, 390, 460, 220) sei die „Wiederanlageprämisse" gültig, d.h., der zur Ermittlung des Endwerts anzuwendende Kalkulationszinsfuß möge (zufällig) mit dem eindeutigen internen Zins von $r = 10\%$ übereinstimmen. Dann gilt tatsächlich $EK \cdot 1{,}1^4 = EW$. Ein VOFI belegt dies für $EK = 600$; vgl. Tabelle 3-19.

Wenn Defizite zum internen Zins von 10% finanziert und Überschüsse zum internen Zins angelegt werden können („Wiederanlageprämisse"), beträgt auch die endwertbezogene Eigenkapitalrentabilität 10%:

$$r_{EK} = \sqrt[4]{\frac{878{,}46}{600}} - 1 = 10\% = r.$$

---

1 Sie ist auch unter dem Namen VOFI-Eigenkapitalrentabilität bekannt; vgl. *GROB*, VOFI-Rentabilitätskennzahlen (1990), S. 183.

2 Vgl. z.B. *SCHULTE*, Wirtschaftlichkeitsrechnung (1986), S. 94, *GROB*, VOFI (1989), S. 133. Zum Folgenden vgl. *GROB*, VOFI (1989), S. 131 ff.

Zeitpunkt t	t = 0	t = 1	t = 2	t = 3	t = 4
g_t	−1000	200	390	460	220
EK	600				
Kredit	400				
Tilgung		−160	−240		
Anlage			−126	−472,6	−279,86
Zinsen 10%		−40	−24	12,6	59,86
Schuld	400	240			
Guthaben			126	598,6	878,46

Tabelle 3-19: VOFI zur „Wiederanlageprämisse" mit i = 10% = r

Das Zahlenbeispiel läßt sich verallgemeinern.

Satz 19 (**„Wiederanlageprämisse"**):

Wenn der Kalkulationszinsfuß i mit dem internen Zins r übereinstimmt, stellt der interne Zinsfuß zugleich die endwertbezogene Eigenkapitalrentabilität dar.

$$i = r \quad \Rightarrow \quad r = r_{EK}.$$

Beweis. Es gilt $EW = (C + EK) \cdot q^n$. Mit $i = r$ ist $C = 0$ und $EW = EK \cdot (1 + r)^n$, q.e.d.

Die „Wiederanlageprämisse" könnte wesentlich schärfer formuliert werden, wenn auch die Umkehrung („⇐") von Satz 19 gültig wäre. Genau dies ist jedoch nicht der Fall! Wenn EK mit der Rate r auf EW anwächst, so folgt daraus noch lange nicht, daß i = r sein muß. Es kann auch noch andere Kalkulationszinsfüße geben, die zum selben Endwert führen und die trotzdem keine internen Zinsfüße der Zahlungsreihe sind.[1] Die Gleichung

$$(C + EK) \cdot (1 + i)^n = EK \cdot (1 + r)^n$$

ist zwar, wie gezeigt, für i = r erfüllt, schließt aber weitere Lösungen nicht unbedingt aus. Im Beispiel besitzt

$$-400q^4 + 200q^3 + 390q^2 + 460q + 220 = 878,46$$

[1] Vgl. *GROB*, VOFI (1989), S. 132 ff.

neben q = 1,1 auch noch die Lösung q = 1,0519. Der Endwert von 878,46 setzt also keineswegs eine „Wiederanlage" zum internen Zins voraus. Ein Kalkulationszins i = 5,19% ≠ r führt zum selben Ergebnis, wie Tabelle 3-20 veranschaulicht.

Zeitpunkt t	t = 0	t = 1	t = 2	t = 3	t = 4
g_t	−1000	200	390	460	220
EK	600				
Kredit	400				
Tilgung		−179,24	−220,76		
Anlage			−157,78	−468,19	−252,49
Zinsen 5,19%		−20,76	−11,46	8,19	32,49
Schuld	400	220,76			
Guthaben			157,78	625,97	878,46

Tabelle 3-20: VOFI zur „Wiederanlageprämisse" mit i = 5,19% ≠ r

Zusammenfassend läßt sich festhalten, daß der interne Zinsfuß im allgemeinen nicht mit der endwertbezogenen Eigenkapitalrentabilität übereinstimmt. Eine derartige Übereinstimmung ergibt sich allenfalls zufällig, wenn der interne Zins r bei hypothetischer Verwendung als Kalkulationszinsfuß zum selben Endwert führt wie der am Markt gegebene Kalkulationszins i.

Satz 20 **(Interner Zins und Endwert)**:

Der interne Zins darf nicht als endwertbezogene Eigenkapitalrentabilität fehlinterpretiert werden.

Der interne Zinsfuß r ist konzeptionell außerstande, eine Beziehung zwischen EK und EW herzustellen, denn zur Berechnung des Endwerts sind Annahmen über die Verzinsung der Zahlungssalden zwischen t = 0 und t = n erforderlich. Solche Annahmen gehen aber in die Berechnung von r überhaupt nicht ein – r ist doch *expressis verbis* eine *interne*, allein aus den Daten der Zahlungsreihe berechnete Kennzahl. Externe Daten wie z.B. die am Markt erzielbare Anlageverzinsung i können *und sollen* den internen Zins nicht beeinflussen. Wer dem internen Zins *generell* eine verborgene Unterstellung über Wiederanlagen „anzudichten" versucht, setzt selbst eine stillschweigende Prämisse voraus, nämlich den Anspruch, der interne Zins müsse mit der endwertbezogenen Eigenkapitalrentabilität übereinstimmen. Einen derartig weitreichenden Anspruch – welcher im übrigen Endwert- und Renditekonzept untrennbar vermischt – kann und „will" der interne Zinsfuß nicht erfüllen.[1]

1 Ähnlicher Ansicht ist z.B. *HOSTERBACH*, Interner Zinsfuß (1972), S. 208.

Es ist durchaus möglich und oft auch nicht unzweckmäßig, Rentabilität über den Endwert zu definieren. Man darf aber nicht dem internen Zinsfuß generelles Versagen vorwerfen, nur weil er einen anderen, ebenfalls anschaulichen Renditebegriff voraussetzt: die Verzinsung des gebundenen Kapitals.

3.3.1.4 Versagen der internen Zinsfußmethode beim Wahlproblem

Der Renditebegriff des internen Zinsfußes ist zweckmäßig zur Beurteilung einer einzelnen Zahlungsreihe mit nichtnegativem gebundenen Kapital (Satz 18). Er eignet sich jedoch nicht zur Lösung des Wahlproblems, weil unterschiedliche Objekte i.d.R. zu jedem Zeitpunkt eine voneinander abweichende Kapitalbindung aufweisen. Wie aber bereits das Buchhändler-Beispiel aus dem Abschnitt 2.2.1 gezeigt hat, sind relative Zielkriterien unbrauchbar, wenn ihre Bezugsbasis nicht die gleiche ist. Eine niedrige Rendite auf einen im Durchschnitt hohen Kapitalbetrag kann einer hohen Rendite auf einen kleinen Kapitalbetrag vorzuziehen sein, weil u.U. mit der niedrigen Rendite insgesamt eine größere Vermögens- oder Einkommensmehrung erreicht wird. Interne Zinsfüße verschiedener Objekte sind prinzipiell *nicht vergleichbar*, da ihre Aussage auf die individuelle Struktur der jeweiligen Zahlungsreihe bezogen ist.

Die mangelnde Vergleichbarkeit von internen Zinsfüßen findet ihren formalen Ausdruck in dem offensichtlichen Konflikt mit der Kapitalwertmethode beim Wahlproblem.[1] Nach Satz 2 ist von zwei Alternativen diejenige mit dem größeren Kapitalwert vorzuziehen. Es ist aber ohne weiteres möglich, daß sich die Kapitalwertfunktionen im ersten Quadranten des Koordinatensystems schneiden, so daß das Objekt mit dem (beim gegebenen Kalkulationszinsfuß) kleineren Kapitalwert den größeren internen Zins besitzt.

Beispiel. Abbildung 3-2 im Unterabschnitt 3.2.1.2 zeigt zwei sich schneidende Kapitalwertkurven. Beträgt der Kalkulationszinsfuß am Markte i = 5%, so ist Objekt A mit $\mathbf{g}_A = (-1000, 200, 390, 460, 220)$ gegenüber Objekt B mit $\mathbf{g}_B = (-500, 350, 100, 100, 100)$ wegen des höheren Kapitalwerts vorteilhaft. Gleichwohl ist der interne Zinsfuß von B größer als der interne Zins von A: 15,379012% > 10%. Eine Entscheidung für die Investition B mit Rücksicht auf die höhere Rendite des gebundenen Kapitals wäre deshalb falsch.

Die interne Zinsfußmethode ist demnach zur Lösung des Wahlproblems im allgemeinen ungeeignet. Gleichwohl werden in der Praxis gerne Renditen miteinander verglichen (z.B. Effektivzinssätze von Krediten). Man unterstellt dabei offenbar stillschweigend, daß die Kapitalwertfunktionen sich nicht schneiden oder daß der Kalku-

[1] Vgl. z.B. *BITZ*, Interner Zinsfuß (1977), S. 148.

lationszins im unkritischen Bereich liegt, in dem Kapitalwert- und interne Zinsfußmethode zur gleichen Wahlentscheidung kommen.[1]

Im vorliegenden Beispiel kann man sich noch mit dem internen Zins der Differenzinvestition (vgl. Unterabschnitt 3.2.1.2) weiterhelfen; meistens scheidet aber auch dieser Wert für die Lösung von Wahlproblemen aus,[2] und zwar aus drei Gründen:

1. Selbst wenn zwei Objekte A und B jeweils durchweg nichtnegative Kapitalbindungen aufweisen, muß dies nicht für ihre Differenzinvestition A–B gelten. Durch die Differenzbildung kann eine Zahlungsreihe mit mehreren Vorzeichenwechseln entstehen, auf die u.U. das interne Zinsfußkriterium gemäß Satz 18 nicht mehr anwendbar ist.[3]

2. Die Differenzinvestition sagt nur etwas über die relative Vorteilhaftigkeit von Objekt A gegenüber Objekt B aus. Sie läßt hingegen nicht erkennen, ob überhaupt eines der beiden Objekte vorteilhaft ist.[4]

3. Bei mehr als zwei sich gegenseitig ausschließenden Objekten muß eine schnell steigende Anzahl von Paarvergleichen durchgeführt werden. Die große Zahl der zu bildenden Differenzinvestitionen macht die Planung unübersichtlich und schwerfällig.[5]

Eine weitere Möglichkeit zur Anpassung der internen Zinsfußmethode an das Wahlproblem besteht darin, die Zahlungsreihen durch Ergänzungsinvestitionen auf zwei Zahlungszeitpunkte zu reduzieren, z.B. eine für alle Objekte gleiche Auszahlung in $t = 0$ und eine Einzahlung in $t = n$. Die dann ermittelbaren internen Zinsfüße sind als „Zerobondrenditen"[6] vergleichbar, weil das Objekt mit dem höchsten internen Zins auch den höchsten Endwert und damit Kapitalwert besitzt. Leider ändert sich der interne Zinsfuß eines Objekts durch jedwede Ergänzungsinvestition, es sei denn, diese erfolgt *genau zum jeweiligen* internen Zins. Es ist aber vollkommen indiskutabel, für verschiedene Objekte mit voneinander abweichenden internen Zinsfüßen jeweils unterschiedliche Renditen der zum selben Zeitpunkt zu tätigenden Ergänzungsinvestitionen zu unterstellen. Eine derartige Annahme widerspricht zudem der Prämisse des vollkommenen Kapitalmarkts, der zufolge Ergänzungsinvestitionen zum Kalkulationszinsfuß i erfolgen (soweit es sich nicht um projektspezifische handelt, die aber

---

1 In Abbildung 3-2 lautet der unkritische Bereich: $i > 6{,}902408\%$.

2 Vgl. *HAX*, Investitionstheorie (1985), S. 41 ff.

3 Vgl. *BLOHM/LÜDER*, Investition (1995), S. 99.

4 Vgl. *HAX*, Investitionstheorie (1985), S. 40 f.

5 Vgl. *ADAM*, Planung und Entscheidung (1996), S. 51.

6 Vgl. oben, Unterabschnitt 3.2.2.4.

beim Vergleich vollständiger Alternativen ohnehin in den zu beurteilenden Zahlungsreihen enthalten sind).[1]

Abschließend sei der mit Renditevergleichen verbundene Denkfehler noch einmal an einem besonders deutlichen Fall veranschaulicht: Ein Unternehmer, der sich selbst gerne als „Renditemaximierer" sieht, steht vor der Wahl zwischen den sich gegenseitig ausschließenden Zahlungsreihen $\mathbf{g}_A = (-1, 10)$ und $\mathbf{g}_B = (-100, 200)$. Wie soll er sich entscheiden, wenn der Marktzins i = 5% beträgt? Investition A hat einen internen Zins von 900% und B nur einen von 100%. Der „Renditemaximierer" müßte sich strenggenommen für A entscheiden. Dennoch sollten ihm durch dieses Beispiel Zweifel kommen, ob er mit „Renditemaximierung" tatsächlich das meint, was er sagt: Investition A liefert einen Kapitalwert von nur 8,52 und B den mehr als zehnmal höheren Wert von 90,48.[2] Bei genauerer Überlegung entscheidet er sich natürlich für B, weil ihm Konsummöglichkeiten durch absolute Vermögens- oder Einkommenszuwächse doch wichtiger erscheinen als hohe relative Renditeziffern.

Satz 21 **(Interner Zins und Wahlproblem)**:

Der interne Zins ist zur Lösung des Wahlproblems im allgemeinen ungeeignet.

Über die mangelnde Eignung des internen Zinsfußes zum Alternativenvergleich herrscht in der Literatur weitgehend Einigkeit.[3]

---

1 Vgl. z.B. *BLOHM/LÜDER*, Investition (1995), S. 97 f., *BUSSE VON COLBE/LAßMANN*, Investitionstheorie (1990), S. 115 ff., *NORSTRÖM*, Interner Zinsfuß (1990), S. 109.

2 Erst wenn der Kalkulationszins am Markt größer als 91,9192% wäre, hätte B einen kleineren Kapitalwert als A.

3 Vgl. z.B. *KRUSCHWITZ*, Investitionsrechnung (2014), S. 92. Auch KILGER weist „mit Nachdruck" darauf hin, daß sich seine viel zitierten Ausführungen nicht auf diesen Problemkreis beziehen; vgl. *KILGER*, Interner Zinsfuß (1965), S. 771 f. Eine Ausnahme bildet HOSTERBACH, den auch die pointierte, sehr gelungene Widerlegung durch HABERSTOCK nicht von der Richtigkeit der Kapitalwertmethode überzeugt hat. Vgl. *HOSTERBACH*, Kapitalwert-Methode (1970), Interner Zinsfuß (1972), Noch einmal (1972) und *HABERSTOCK*, Kapitalwert-Methode (1971), Interner Zinsfuß (1972).

3.3.1.5 Zusammenfassende Würdigung des internen Zinses

Es hat sich gezeigt, daß das Rentabilitätsmaß „interner Zins" nur zur Beurteilung einzelner Investitionen in Frage kommt. Auch in diesem eingeschränkten Anwendungsbereich ist noch Vorsicht geboten; nach der Ermittlung des Wertes r muß immer sofort überprüft werden, ob die Kapitalbindung zu keinem Zeitpunkt negativ ist. Besteht der interne Zins diese Kontrolle, so steht seiner Interpretation als Effektivverzinsung und kritischer Kalkulationszins der Kapitalwertmethode nichts mehr im Wege (insbesondere keine vermeintliche „Wiederanlageprämisse").[1]

Der Satz 18 sichert dem internen Zinse einen nicht zu vernachlässigenden Anwendungsbereich und damit die Existenzberechtigung in der Investitionstheorie.[2]

---

1 Besonders lesenswerte, abgewogene Zusammenfassungen bieten *BLOHM/LÜDER*, Investition (1995), S. 100 f. und *KILGER*, Interner Zinsfuß (1965), S. 797 f.

2 Überraschenderweise wird sich der interne Zins in der Situation des *un*vollkommenen Kapitalmarkts noch als sehr nützlich erweisen; vgl. Unterabschnitt 4.2.6.2.2.

3.3.2 Rentabilitätsmaße mit Wiederanlage zum Kalkulationszins

3.3.2.1 Initialverzinsung

Rentabilität muß nicht zwangsläufig als *interne* Kennzahl einer Zahlungsreihe definiert werden. Eine ganze Klasse von Rentabilitätsmaßen bezieht den *extern* gegebenen Marktzins i mit in das Kalkül ein. Im einfachsten Fall wird lediglich eine einperiodige Rendite berechnet. Diesen Weg beschreitet die *Initialverzinsung.*[1]

Im folgenden sei wieder o.B.d.A. $g_0 < 0$ vorausgesetzt. Durch Transaktionen zum Kalkulationszins können sämtliche nach dem Zeitpunkt t = 0 anfallenden Zahlungen auf den Zeitpunkt t = 1 konzentriert werden. Der Zahlungsreihe $\mathbf{g} = (g_0, g_1, \dots, g_n)$ entspricht also der äquivalente einperiodige Zahlungsstrom $(g_0, G_1 - g_0 \cdot q)$. G_1 ist dabei der aus dem Unterabschnitt 3.2.1.1.1 bekannte Gegenwartswert zum Zeitpunkt t = 1. Der interne Zins r dieser äquivalenten einperiodigen Zahlungsreihe heißt Initialverzinsung.

$$g_0 + \frac{G_1 - g_0 \cdot q}{1+r} = g_0 + \frac{(C - g_0) \cdot q}{1+r} = 0 \Leftrightarrow r = \frac{(C - g_0) \cdot q}{-g_0} - 1 =: V.$$

Das gebundene Kapital verzinst sich in der ersten Periode zur Initialverzinsung V und danach zum Kalkulationszinsfuß.

Initialverzinsung:

$$V := \frac{\sum_{t=1}^{n} g_t \cdot q^{-(t-1)}}{-g_0} - 1 \quad = \quad \frac{(C - g_0) \cdot q}{-g_0} - 1.$$

Die Initialverzinsung ist für jede beliebige Zahlungsreihe mit mindestens zwei von null verschiedenen Überschüssen g_t definiert (und eindeutig).

Beispiel. Für die bekannte Zahlungsreihe $\mathbf{g} = (-1000, 200, 390, 460, 220)$ gilt bei einem Kalkulationszins von i = 5%:

$$V = \frac{200 + \frac{390}{1{,}05} + \frac{460}{1{,}05^2} + \frac{220}{1{,}05^3}}{1000} - 1 = 17{,}87\%.$$

---

[1] Vgl. *HAX*, Investitionstheorie (1985), S. 24 ff.

Die Initialverzinsung ist genau dann größer als der Kalkulationszinsfuß, wenn der Kapitalwert positiv ist.

$$V \geq i \quad \Leftrightarrow \quad V = \frac{C \cdot q - g_0 \cdot q + g_0}{-g_0} = \frac{(1+i) \cdot C}{-g_0} + i \geq i \quad \Leftrightarrow \quad C \geq 0.$$

Existiert der interne Zins r und stimmt der Kalkulationszins i zufällig mit r überein, so gilt $C = 0$ und darum $V = i = r = r_{EK}$ (vgl. Satz 19).

Sofern im Wahlproblem durch Ergänzungsinvestitionen für alle Objekte Vergleichbarkeit (gleiches g_0) sichergestellt wird, hat das Objekt mit dem höchsten Kapitalwert auch die größte Initialverzinsung. Entscheidungen auf Basis der Initialverzinsung führen also immer zum gleichen Ergebnis wie die Kapitalwertmethode.

3.3.2.2 BALDWIN-Verzinsung

Von BALDWIN stammt der Vorschlag, eine mehrperiodige Rentabilität unter expliziter Berücksichtigung von Wiederanlagen zu definieren.[1] Bezugsgröße der *BALDWIN-Verzinsung* r_{Bldw} ist nicht $-g_0$ (wie bei der Initialverzinsung) oder EK (wie bei der endwertbezogenen Eigenkapitalrentabilität), sondern der Barwert der u.U. zu verschiedenen Zeitpunkten anfallenden Anschaffungsauszahlungen.[2] Die Zahlungsreihe ist in zwei Teile zu zerlegen:

$$\mathbf{g} = \underbrace{\mathbf{g}_A}_{\substack{\text{Anschaffungs-}\\ \text{auszahlungen}}} + \underbrace{\mathbf{g}_Ü}_{\substack{\text{laufende}\\ \text{Überschüsse}}} .$$

Gefragt wird nun nach der Rate, mit der der Barwert der absoluten Anschaffungsauszahlungen auf den Endwert der laufenden Überschüsse anwächst.

$$-\sum_{t=0}^{n} g_{At} \cdot q^{-t} \cdot (1 + r_{Bldw})^n = \sum_{t=0}^{n} g_{Üt} \cdot q^{n-t} .$$

Hieraus folgt die Definition der

1 Vgl. *BALDWIN*, Investment Proposals (1959). BALDWIN verwendet allerdings nicht den korrekten Steuerungszins i, sondern die erwartete durchschnittliche Unternehmensrentabilität („value of money", vgl. ebenda, S. 100). Vgl. auch *KUßMAUL/RICHTER*, Baldwin-Methode (2000).

2 Vgl. *HAX*, Investitionstheorie (1985), S. 29 ff.

BALDWIN-Verzinsung:

$$r_{Bldw} := \sqrt[n]{\frac{\sum_{t=0}^{n} g_{Üt} \cdot q^{n-t}}{-\sum_{t=0}^{n} g_{At} \cdot q^{-t}}} - 1 \quad \text{mit} \quad \sum_{t=0}^{n} g_{At} \cdot q^{-t} < 0 \quad \text{und} \quad \sum_{t=0}^{n} g_{Üt} \cdot q^{n-t} \geq 0.$$

Beispiel. Für **g** = (–1000, 200, 390, 460, 220) mögen Anschaffungsauszahlungen und Überschüsse wie folgt verteilt sein:

$$\mathbf{g}_A = (-1000, -100, 0, 0, 0) \quad \text{und} \quad \mathbf{g}_Ü = (0, 300, 390, 460, 220).$$

Bei einem Kalkulationszins von i = 5% beträgt der absolute Barwert der Anschaffungsauszahlungen $1000 + 100 \cdot 1{,}05^{-1} = 1095{,}2381$ und der Endwert der laufenden Überschüsse $300 \cdot 1{,}05^3 + 390 \cdot 1{,}05^2 + 460 \cdot 1{,}05 + 220 = 1480{,}2625$. Dann lautet die BALDWIN-Verzinsung:

$$r_{Bldw} = \sqrt[4]{\frac{1480{,}2625}{1095{,}2381}} - 1 = 7{,}82\%.$$

Die BALDWIN-Verzinsung ist genau dann größer als der Kalkulationszinsfuß, wenn der Kapitalwert positiv ist.

$$r_{Bldw} = \sqrt[n]{q^n \cdot \frac{\sum_{t=0}^{n} g_{Üt} \cdot q^{-t}}{-\sum_{t=0}^{n} g_{At} \cdot q^{-t}}} - 1 = q \cdot \sqrt[n]{\frac{\sum_{t=0}^{n} g_{Üt} \cdot q^{-t}}{-\sum_{t=0}^{n} g_{At} \cdot q^{-t}} - \frac{-\sum_{t=0}^{n} g_{At} \cdot q^{-t}}{-\sum_{t=0}^{n} g_{At} \cdot q^{-t}} + 1} - 1$$

$$= q \cdot \sqrt[n]{\frac{\sum_{t=0}^{n} g_t \cdot q^{-t}}{-\sum_{t=0}^{n} g_{At} \cdot q^{-t}} + 1} - 1 = q \cdot \sqrt[n]{\frac{C}{-\sum_{t=0}^{n} g_{At} \cdot q^{-t}} + 1} - 1.$$

Nun ist ersichtlich:

$$r_{Bldw} \geq i \quad \Leftrightarrow \quad (1 + r_{Bldw}) \geq q \quad \Leftrightarrow \quad \sqrt[n]{\frac{C}{-\sum\limits_{t=0}^{n} g_{At} \cdot q^{-t}} + 1} \geq 1 \quad \Leftrightarrow \quad C \geq 0.$$

Sofern der interne Zins r existiert und zufällig mit i übereinstimmt, gilt C = 0 und damit $r_{Bldw} = i = r = r_{EK} = V$.

Wenn durch Ergänzungsinvestitionen beim Wahlproblem gewährleistet ist, daß alle Objekte den gleichen Barwert der Anschaffungsauszahlungen besitzen, verfügt die Investition mit dem höchsten Kapitalwert auch über die maximale BALDWIN-Verzinsung. Die BALDWIN-Verzinsung führt demnach immer zur selben Vorteilhaftigkeitsentscheidung wie die Initialverzinsung oder die Kapitalwertmethode.

Der BALDWIN-Verzinsung haftet etwas Willkürliches an, da sie zu einer sehr künstlich erscheinenden Aufspaltung der Zahlungsreihe in zwei Teile ($\mathbf{g}_A$ und $\mathbf{g}_Ü$) zwingt.[1] Die unterschiedliche Behandlung von zur selben Zeit anfallenden Zahlungen vermag nicht zu überzeugen – und das um so weniger, als in der Realität oftmals nicht zweifelsfrei entschieden werden kann, ob eine Auszahlung zur Investitionssumme oder zum laufenden Überschuß gehört.

Die Literatur hat daher folgerichtig vorgeschlagen, die BALDWIN-Verzinsung durch nachstehende Definition zu vereinfachen:

$$\mathbf{g}_A := (g_0, 0, 0, \ldots, 0) \quad \text{und} \quad \mathbf{g}_Ü := (0, g_1, g_2, \ldots, g_n).$$

Der so festgelegte Spezialfall der BALDWIN-Verzinsung ist unter dem Namen *realer Zinsfuß* bekannt.[2]

Realer Zinsfuß:

$$r_{real} := \sqrt[n]{\frac{\sum\limits_{t=1}^{n} g_t \cdot q^{n-t}}{-g_0}} - 1 = q \cdot \sqrt[n]{\frac{C}{-g_0} + 1} - 1.$$

---

1 Vgl. *ALTROGGE*, Rentabilitätskennziffern (1973), S. 669 ff.

2 Vgl. *PETERS*, Rentabilität (1972), S. 16, *SCHIERENBECK*, Grundzüge (2003), S. 469 ff., *SCHIERENBECK/WÖHLE*, Grundzüge (2012), S. 553 ff., *ADAM*, Investitionscontrolling (2000), S. 158 ff.

Beispiel. Für **g** = (–1000, 200, 390, 460, 220) errechnet sich mit i = 5%:

$$r_{real} = \sqrt[4]{\frac{200 \cdot 1{,}05^3 + 390 \cdot 1{,}05^2 + 460 \cdot 1{,}05 + 220}{1000}} - 1 = 8{,}08\%.$$

Da die reale Verzinsung eine spezielle BALDWIN-Verzinsung ist, gilt auch für sie:

$$r_{real} \geq i \quad \Leftrightarrow \quad C \geq 0.$$

Hinsichtlich des reinen Vorteilhaftigkeitsvergleichs wie auch des Wahlproblems (bei jeweils gleichen Werten g_0) sind reale Verzinsung, BALDWIN-Verzinsung, Initialverzinsung und Kapitalwertmethode äquivalente Entscheidungskriterien.

Falls zufällig i = r zutrifft, folgt $r_{real} = i = r = r_{Bldw} = r_{EK} = V$.

3.3.2.3 Endwertbezogene Eigenkapitalrentabilität

Die endwertbezogene (oder auch VOFI-) Eigenkapitalrentabilität ist bereits im Zusammenhang mit der „Wiederanlageprämisse" im Unterabschnitt 3.3.1.3.2 eingeführt worden. Es gilt bei vorgegebenem EK > 0:

$$r_{EK} = \sqrt[n]{\frac{EW}{EK}} - 1 = \sqrt[n]{\frac{(C + EK) \cdot q^n}{EK}} - 1 = q \cdot \sqrt[n]{\frac{C}{EK} + 1} - 1.$$

r_{EK} nimmt mit steigendem EK streng monoton ab. Durch einfache Umformung resultiert:

$$r_{EK} \geq i \quad \Leftrightarrow \quad C \geq 0.$$

Die Äquivalenz mit der Kapitalwertmethode ist auch für das Wahlproblem unmittelbar ersichtlich, da der Betrag EK als Konstante feststeht und dem größten Wert r_{EK} dann auch der größte Kapitalwert C entspricht. Im Spezialfall i = r stimmt r_{EK} mit dem internen Zins (und den anderen oben definierten Rentabilitäten) überein (Satz 19).

3.3.2.4 Beurteilung der Alternativen zum internen Zinsfuß

Das Ergebnis dieses Abschnitts ist zusammengefaßt im

Satz 22 **(Rentabilitätsmaße mit expliziter Wiederanlage)**:

Die Rentabilitätsmaße Initialverzinsung, BALDWIN-Verzinsung, realer Zinsfuß und endwertbezogene Eigenkapitalrentabilität sind der Kapitalwertmethode äquivalent. Sie führen im allgemeinen zu unterschiedlichen Renditewerten und sind im Spezialfall $i = r$ allesamt gleich dem internen Zinsfuß r. Nur die Initialverzinsung ist für fast beliebige Zahlungsreihen definiert. Die übrigen Renditemaße setzen voraus, daß der jeweilige Radikand nicht negativ wird.

Die angeführten Renditekennzahlen lassen sich leicht berechnen und bis auf die allgemeine BALDWIN-Verzinsung auch anschaulich interpretieren. Sie sind zumal dann nützlich, wenn der interne Zins nach Satz 18 und 21 nicht existiert oder nicht angewendet werden darf.

Andererseits leiden die Rentabilitätsmaße mit expliziter Wiederanlage unter dem konzeptionellen Nachteil, daß ihre Werte maßgeblich von der Höhe des Kalkulationszinsfußes i abhängen. Sie bieten keine endwertunabhängige, zahlungsstrom*interne* Verzinsungsmaßgröße und damit keinerlei wesentliche Information, welche nicht auch schon die Berechnung des Kapitalwerts liefert. Insofern kehrt sich ihr Vorteil, immer die gemäß Kapitalwertmethode richtige Entscheidung zu treffen, in einen Nachteil um: Gerade *wegen* ihrer Äquivalenz mit dem Kapitalwertkriterium sind diese Maße prinzipiell überflüssig.

Insbesondere den in seiner Bedeutung durch die Sätze 18 und 21 stark relativierten internen Zins können derartige Renditemaße nicht ersetzen, denn allein der interne Zins liefert (bei Äquivalenz nach Tabelle 3-18) als wertvolle Zusatzinformation für die reine Vorteilhaftigkeitsentscheidung den *kritischen Kalkulationszins* der Kapitalwertmethode. Dieser bleibt im Gegensatz zu den Renditemaßen mit Wiederanlageprämisse selbst dann als feste „Renditekante" bestehen, wenn über die künftige Entwicklung des Kalkulationszinssatzes i Unsicherheit herrscht.[1]

Die behandelten Rentabilitätsmaße sind nicht nur entscheidungslogisch verzichtbar, sondern wegen ihres eingeschränkteren Definitionsbereiches der Kapitalwertmethode auch theoretisch unterlegen. Ihre Existenzberechtigung liegt nur in der durch sie vermittelten *zusätzlichen* Anschaulichkeit. Damit kann dieser Abschnitt mit der viel-

---

1 Vgl. auch Unterabschnitt 4.2.6.2.2.

leicht überraschenden Erkenntnis beschlossen werden, daß von allen Rentabilitätsmaßen nur eines nicht notfalls entbehrlich ist: der vielgeschmähte interne Zinsfuß.

Im folgenden wird zu zeigen sein, daß das Kapitalwertkriterium auch unter den Bedingungen des unvollkommenen Kapitalmarkts seine zentrale Position in der Investitionstheorie behauptet. Im Mittelpunkt des Kapitels 4 steht das Problem des richtigen Kalkulationszinsfußes, welches sich angesichts des Dilemmas der wertmäßigen Kosten (bzw. der Lenkpreistheorie) ungleich schwieriger stellt als in der klassischen Welt des vollkommenen Kapitalmarkts.

4. Kapitel

Investitionstheorie auf einem unvollkommenen Kapitalmarkt unter Sicherheit

4 Investitionstheorie auf einem unvollkommenen Kapitalmarkt unter Sicherheit

4.1 Merkmale eines unvollkommenen Kapitalmarkts bei Sicherheit

Auf einem *unvollkommenen Kapitalmarkt* existiert kein einheitlicher Marktzins mehr, zu dem in beliebiger Höhe Kredite oder Geldanlagen erhältlich sind.[1] Kapital anbietende und nachfragende Unternehmen hegen jeweils individuelle Zukunftserwartungen und unterscheiden sich auch hinsichtlich ihres Informationsstandes. Die insgesamt unübersehbare Konditionenvielfalt der Finanzgeschäfte geht u.a. auf ungleiche Marktmacht, Informationsasymmetrien und inhomogene Erwartungen der Wirtschaftssubjekte zurück. Alle in der Realität zu beobachtenden Märkte sind (mehr oder weniger) unvollkommen. Insbesondere gilt:

- Sollzins und Habenzins müssen nicht mehr übereinstimmen. Unternehmen erhalten (wie Privatleute) i.d.R. für Geldanlagen eine geringere Verzinsung, als sie für Kredite entrichten müssen. Dagegen existieren Banken u.a. deshalb als Finanzintermediäre, weil für sie innerhalb gewisser Grenzen die umgekehrte Relation Gültigkeit besitzt. Differenzen zwischen Soll- und Habenzins können auch durch Transaktionskosten oder Mindestreserveverpflichtungen entstehen.

- Kapital ist knapp. Die Vergabe von Krediten wird an die Leistung von Sicherheiten (z.B. Bürgschaften, Grundpfandrechte) geknüpft, welche nicht in beliebigem Umfang verfügbar sind.[2] Bei steigendem Verschuldungsgrad fordern Gläubiger häufig als „Risikoprämie" einen höheren Zins. Vielfach muß der Kreditnehmer eine Mindest-Eigenkapitalquote in seiner Bilanz aufrechterhalten, um als kreditwürdig zu gelten. Infolgedessen existieren für Finanzierungen im allgemeinen Obergrenzen (ebenso wie für die Investitionsobjekte, die offenkundig ebenfalls nicht unendlich oft durchgeführt werden können).

Zu welchem Zins und in welchem Umfang ein Unternehmen Geld leihen oder anlegen kann, hängt entscheidend von seiner Marktmacht und dem Ausmaß des *Vertrauens* in seine Bonität ab. *Sicherheit* ist demnach auf dem unvollkommenen Kapital-

---

1 Vgl. *ALBACH*, Investition und Liquidität (1962), S. 31 ff., *SCHULTE*, Wirtschaftlichkeitsrechnung (1986), S. 67.

2 Vgl. z.B. *HAX*, Bewertungsprobleme (1967), S. 756, *WALDMANN*, Unternehmensfinanzierung (1972), S. 136 ff., *ADAM/HERING/SCHLÜCHTERMANN*, Lenkpreistheorie (1993), S. 789.

markt nur noch *subjektiv* definiert, d.h. von persönlichen Einschätzungen geprägt.[1] Irrtumsfreiheit wird nicht vorausgesetzt.

Rechnet ein Unternehmen beispielsweise fest mit dem exakten Eintreffen eines Investitionszahlungsstroms **g**, so muß die um ein Finanzierungsangebot gebetene Hausbank diese optimistische Einschätzung keineswegs teilen. Die Bank wird im allgemeinen von der Sicherheit der Rückflüsse nicht restlos überzeugt sein und deshalb nur betragsmäßig begrenzten Kredit zur Verfügung stellen. Zusätzliche Mittel sind allenfalls zu einem höheren Zins erhältlich. Das die Investition planende Unternehmen steht somit vor der Modellsituation des unvollkommenen Kapitalmarkts bei Sicherheit.

Das Beispiel widerlegt die in der Finanzierungstheorie verbreitete Auffassung, die Kombination von „Unvollkommenheit" (des Kapitalmarkts) mit „Sicherheit" (der Erwartungen) sei nicht fruchtbar oder sogar nicht vorstellbar.[2] Die auf einfache Gleichgewichtsmodelle fixierten Kapitalmarkttheoretiker übersehen bei ihrer Kritik den Unterschied zwischen subjektiver und objektiver Sicherheit. Unter *objektiv* sicheren Erwartungen gibt es *per def.* keine Prognoseirrtümer, so daß in der Tat Kreditbegrenzungen wegen des nicht existierenden Ausfallrisikos unbegründet sind. Vollständige Markttransparenz verhindert zudem ein großes Auseinanderklaffen von Soll- und Habenzins (unvermeidlich bleiben allerdings Transaktionskosten, z.B. Depotgebühren und Börsenspesen, durch die Kredite verteuert und Anlagerenditen geschmälert werden). Die Annahme eines *vollkommenen* Kapitalmarkts ist bei „unfehlbaren" Erwartungen und Abstraktion von Transaktionskosten plausibel. In der realen Welt gibt es aber fast nichts objektiv Sicheres – *subjektive* Sicherheit bedeutet somit lediglich, daß der Planer nur mit *einer* bestimmten Datensituation rechnet, die aber tatsächlich gar nicht eintreten muß.[3] Daher stehen z.B. geplante (oder besser: subjektiv erwartete, erhoffte) Spekulationsgewinne nicht im Widerspruch zur *formalen* Modellvorstellung „Sicherheit". Der Begriff „Sicherheit" kennzeichnet im Rahmen dieses

---

1 Unvollkommene Märkte sind nicht *informationseffizient*. Vgl. PERRIDON/STEINER/RATHGEBER, Finanzwirtschaft (2012), S. 217.

2 Vgl. SCHMIDT/TERBERGER, Investitions- und Finanzierungstheorie (1997), S. 181 ff., WEINGARTNER, Capital Rationing (1977), S. 1429 f. Die teilweise als polemisch zu bezeichnende Kritik von WEINGARTNER ist schon deshalb zurückzuweisen, weil das Modell des unvollkommenen Kapitalmarkts bereits dann angewendet werden muß, wenn „nur" Soll- und Habenzins auseinanderfallen. Es reicht somit nicht aus, die Knappheit des Kapitals („capital rationing") zu bestreiten.

3 Ein Beamter kann üblicherweise sein Einkommen als so sicher erachten, daß jede Bank ihm gerne den Kredit für sein Haus gibt. *Objektiv* sicher ist seine Besoldung natürlich nicht, denn schlechte Politik könnte zum Staatsbankrott und damit zum (anteiligen oder gänzlichen) Verlust auch dieses *subjektiv* sicheren Einkommens führen. Es bleibt dem Beamten überlassen (und nicht dem Finanzierungstheoretiker), ob er bei der Planung seiner (!) Hausfinanzierung sein Einkommen als quasi sicher ansieht oder nicht.

Kapitels nur den Verzicht auf die Berücksichtigung mehrwertiger Erwartungen.[1] Im Kapitel 5 wird diese Einschränkung aufgehoben.

Der im folgenden zugrunde gelegte subjektive Sicherheitsbegriff im Sinne einwertiger Erwartungen in einer u.U. bereits unsicheren Umwelt impliziert keinesfalls vollkommene Voraussicht. Deswegen kann auch nicht mit arbitragetheoretischen Gleichgewichtsbedingungen argumentiert werden. Tagtäglich fallen an der Börse Spekulationsgewinne an, die bei „arbitragefreien" Preisen unter der Annahme vollkommener Voraussicht gar nicht denkbar wären. Es spricht also nichts dagegen, mit subjektiven Erwartungen als „quasi-sicheren" Daten zu planen, welche z.B. auf einem Informationsvorsprung (Marktunvollkommenheit!) oder schlichtem „Fingerspitzengefühl" beruhen. Die Möglichkeit des Erwartungsirrtums bleibt in einer solchen Situation natürlich immer bestehen. Es sei daher betont, daß die im folgenden betrachtete Modellwelt subjektiver einwertiger Erwartungen nicht den Zweck hat, eine Lanze für den Verzicht auf die Berücksichtigung mehrwertiger Erwartungen bei Unsicherheit zu brechen. Ob die ausdrückliche Planung mit mehreren für möglich gehaltenen Datensituationen erforderlich ist, läßt sich nur im Einzelfall entscheiden. Die Situation des unvollkommenen Kapitalmarkts bei subjektiver Sicherheit ist vielmehr vor allem deshalb von großer Bedeutung, weil sie wichtige Zusammenhänge vermittelt, welche für die Konstruktion von Heuristiken bei mehrwertigen Erwartungen ausgenutzt werden können. Der Quasi-Sicherheitsfall ist ein optimierenden Verfahren zugängliches Planungsmodul, auf das im Kapitel 5 unter der realitätsnahen, nur noch heuristisch zu lösenden Problemstellung des unvollkommenen Kapitalmarkts unter Unsicherheit zurückgegriffen wird.

Der subjektive Sicherheitsbegriff rechtfertigt die modellmäßige Abbildung folgender, in der Realität beobachtbarer Sachverhalte:

- Informationsdefizite führen zu Kreditbeschränkungen wegen des nicht auszuschließenden Konkurs- bzw. Insolvenzfalls.[2]

- Persönliche Präferenzen und fehlender Zugang zum Kapitalmarkt haben individuell zugeschnittene Finanzierungsangebote zur Folge. Die Konditionenvielfalt läßt sich nicht mehr in einem einzigen, im voraus bekannten Kalkulationszins i ausdrücken.[3]

---

[1] Man spricht deshalb auch von „Quasi-Sicherheit"; vgl. *FRANKE/HAX*, Finanzwirtschaft (2009), S. 148 f., *BUSSE VON COLBE/LAẞMANN*, Investitionstheorie (1990), S. 157, *OBERMAIER*, Bewertung (2004), S. 132.

[2] Vgl. *ALBACH*, Investition und Liquidität (1962), S. 31.

[3] Vgl. z.B. auch *SCHAUB*, Kalkulationszinsfuß (1967), S. 123.

- Die fehlende vollkommene Voraussicht zwingt zur Festsetzung eines endlichen Planungshorizonts t = n.[1]

Auf dem unvollkommenen Kapitalmarkt bestehen zwischen den einzelnen zu beurteilenden Objekten *Interdependenzen.*[2] Weil es keinen *ex ante* (im voraus) feststehenden Kalkulationszins mehr gibt, hängt die Vorteilhaftigkeit eines Zahlungsstroms mit davon ab, welche anderen Zahlungsströme verwirklicht werden. Wie sich zeigen wird, existieren zwar für alle Problemstellungen ohne nachteilige Ganzzahligkeitsbedingungen Steuerungszinsfüße, welche die isolierte Vorteilhaftigkeitsberechnung jedes einzelnen Objektes erlauben; sie fallen aber erst zusammen mit der optimalen Lösung des Gesamtproblems an. Der richtige Kalkulationszins ist somit nicht mehr Eingangsdatum, sondern *Ergebnis* der Investitionsrechnung.[3]

Dieses als *Dilemma der Lenkpreistheorie* bezeichnete Problem erfordert eine eingehende Untersuchung des *Total*modells, welches die Objektinterdependenzen *simultan* erfaßt. Auf diesem Wege lassen sich Aussagen ableiten, die für die Konstruktion eines möglichst einfachen *Partial*modells (Kapitalwertmethode) von großem Wert sind. Dabei müssen vier im Vergleich zum vollkommenen Kapitalmarkt neue Problemkreise berücksichtigt werden:

1. Für das Partialmodell „Kapitalwertmethode" sind *ex ante* Kalkulationszinssätze als periodenspezifische Steuerungszinsfüße i_t zu *schätzen.*

2. Die *Ziele* Vermögens- und Einkommensmaximierung sind nicht mehr äquivalent. Periodenspezifische Steuerungszinsfüße und optimale Lösung hängen auch von der Konsumpräferenz der Unternehmenseigner ab.[4] Die Unternehmensleitung hat dafür Sorge zu tragen, daß sich die Investitions- und Finanzierungsplanung an den vorzugebenden Entnahmewünschen der Eigentümer orientiert.

3. Zu jedem Zeitpunkt muß die *Liquidität* gewährleistet sein. Der Unternehmenszusammenbruch (Konkurs bzw. Insolvenz) wegen Illiquidität (Zahlungsunfähigkeit) läßt sich nicht mehr einfach durch Verschuldung zum Kalkulationszins abwenden.

---

1 Vgl. *JÄÄSKELÄINEN*, Optimal Financing (1966), S. 51. Zur Wahl des Planungshorizonts vgl. Abschnitt 2.1.2.

2 Vgl. *ALBACH*, Investition und Liquidität (1962), S. 182, *HAX*, Investitions- und Finanzplanung (1964), S. 430 ff., *KEIFER*, Kalkulationszinsfuß (1970), S. 111 ff., *SPIES*, Capital Budgeting (1974), S. 829, 844.

3 Vgl. *MOXTER*, Betriebswirtschaftliche Kapitaltheorie (1963), S. 286.

4 Vgl. *HIRSHLEIFER*, Optimal Investment Decision (1958), S. 329 und Unterkapitel 2.3 mit Abbildung 2-6.

4. (Fehlende) Ganzzahligkeit von Objekten bereitet u.U. Schwierigkeiten. Die optimale Lösung kann eine anteilige Realisation unteilbarer Projekte vorsehen. In diesem Falle entstehen kombinatorische Probleme, die im allgemeinen nicht mehr durch Partialmodelle lösbar sind. Die Lenkpreistheorie stößt hier an ihre Grenzen.

Die Lenkpreistheorie des unvollkommenen Kapitalmarkts geht (in der deutschsprachigen Literatur) vor allem auf die Arbeiten von HAX, LAUX und FRANKE aus den sechziger Jahren des 20. Jahrhunderts zurück. Ihre wesentlichen Aussagen sollen im folgenden entwickelt, ergänzt und zum Teil in der Beweisführung vereinfacht werden.

4.2 Endogene Grenzzinsfüße als theoretisch richtige Lenkpreise zur optimalen Steuerung des Investitions- und Finanzierungsverhaltens

4.2.1 Dilemma der Lenkpreistheorie

Der *Wert* von Produktionsfaktoren ist definiert durch den *Nutzen*, welchen sie im Hinblick auf die zugrunde gelegte *Zielsetzung* stiften.[1] Welchen Zielbeitrag nun eine zu einem beliebigen Zeitpunkt verfügbare Mark erbringt, kann allerdings nur bewertet werden, wenn ihre optimale Grenzverwendung bekannt ist. Auf dem vollkommenen Kapitalmarkt wird jede überschüssige DM (oder jeder €) dazu eingesetzt, zum Kalkulationszins i eine Geldanlage zu tätigen oder den Betrag eines Kredits zu reduzieren. Bei unvollkommenem Kapitalmarkt gibt es den Lenkpreis i nicht mehr, und als Grenzverwendung des Geldes (Grenzobjekt) kommt *ex ante* eine Vielzahl verschiedener Objekte in Frage.

Die Zahlungsreihe eines *Grenzobjekts* wird in der optimalen Lösung gerade noch – d.h. nur *teilweise* – verwirklicht. Grenzobjekte sind also weder gänzlich vorteilhaft noch gänzlich unvorteilhaft. Lediglich in *Ausartungsfällen* kommt es vor, daß ein Grenzobjekt ganz oder gar nicht zu realisieren ist.

Die wertmäßigen Kosten des Kapitals drücken sich in dem zunächst unbekannten Steuerungszins (Lenkpreis des Faktors Kapital) aus, zu dem sich die letzte in einer Periode angelegte oder aufgenommene DM verzinst. Dieser *Grenzzins* definiert die Opportunität, an der die Zielwertverbesserung durch eine zusätzlich verfügbare Mark zu messen ist. Die Grenzzinssätze leiten sich aus den Zahlungsreihen der Grenzobjekte ab. Den Zahlungsreihen oder internen Zinssätzen der anderen, voll oder überhaupt nicht verwirklichten Objekte kommt dagegen keinerlei Steuerungsfunktion zu.

Die Ermittlung des optimalen Investitions- und Finanzierungsprogramms mit Hilfe der Kapitalwertmethode als einfachem, dezentral anwendbarem Partialmodell setzt die Kenntnis des Grenzzinsfußes einer jeden Periode voraus. Wie sich zeigen wird, stellen die Grenzzinsfüße die theoretisch richtigen periodenspezifischen Kalkulationszinsfüße für die Kapitalwertmethode bei unvollkommenem Kapitalmarkt dar. Das *Dilemma der wertmäßigen Kosten* liegt nun darin, daß die zur Ermittlung der optimalen Lösung benötigten Steuerungszinsfüße selbst erst durch die optimale Lösung definiert werden. Der Grenzzins einer Periode ist ein Kuppelprodukt der optimalen Lösung, denn die Grenzobjekte als die „schlechtesten" oder „letzten" Verwendungen des Kapitals sind erst bekannt, wenn die bei Optimalverhalten gänzlich vorteilhaften

---

[1] Vgl. auch *Hering*, Produktionsfaktoren (2002), *Kolb*, Grenznutzenlehre (2001) sowie grundlegend *Gossen*, Gesetze (1854) und *Menger*, Volkswirtschaftslehre (1871).

bzw. gänzlich unvorteilhaften Objekte identifiziert sind. Die Grenzzinsfüße sind modell*endogen*, d.h., sie fallen als „Abfallprodukt" zusammen mit der Optimallösung an. Die zur Lösung des Investitions- und Finanzierungsproblems durch ein Partialmodell gesuchten endogenen Grenzzinsfüße stehen also leider erst dann zur Verfügung, wenn sie nicht mehr benötigt werden, weil das Problem schon auf anderem Wege – durch ein Totalmodell – gelöst worden ist.[1]

Das Dilemma läßt sich auch anhand von GUTENBERGS „Ausgleichsgesetz der Planung" veranschaulichen, dem zufolge sich die Planung auf den Engpaß auszurichten hat („Dominanz des Minimumsektors").[2] Auf dem unvollkommenen Kapitalmarkt ist aber der „Minimumsektor" angesichts der Fülle von Investitions- und Finanzierungsalternativen im voraus nicht bekannt. Erst das Ergebnis der Planung zeigt, in welchen Perioden (und zu welchen Konditionen) das Kapital zum Engpaß wird und wann Liquiditätsüberfluß herrscht.

Bevor im nächsten Abschnitt 4.2.2 die allgemeine Herleitung der Theorie endogener Grenzzinsfüße erfolgt, sollen wesentliche Aussagen zuerst an einem einfachen Einperioden-Zahlenbeispiel demonstriert werden. Einem Unternehmen bieten sich im Planungszeitpunkt t = 0 vier Investitions- und zwei Finanzierungsalternativen für das folgende Jahr. Die Objekte sind beliebig teilbar. Ihre Zahlungsreihen sind der nachstehenden Tabelle 4-1 zu entnehmen.

Projekt j	g_{j0}	g_{j1}	r_j
A	−100	105	5%
B	−100	115	15%
C	−50	60	20%
D	−50	56	12%
E	100	−108	8%
F	100	−113	13%

Tabelle 4-1: Daten zum DEAN-Modell

1 Zum Dilemma der wertmäßigen Kosten vgl. *HIRSHLEIFER*, Optimal Investment Decision (1958), S. 340, *HAX*, Investitions- und Finanzplanung (1964), S. 441, *BAUMOL/QUANDT*, Capital Rationing (1965), S. 325, *HAX*, Kostenbewertung (1965), *HAX*, Bewertungsprobleme (1967), S. 755 f., *ADAM*, Kostenbewertung (1970), S. 53, 177 f., *HELLWIG*, Kapitalwertmethode (1976), S. 166, *WEINGARTNER*, Capital Rationing (1977), S. 1425, *HAX*, Investitionstheorie (1985), S. 100. Eine entscheidungstheoretische Einordnung des wertmäßigen Kostenbegriffs bietet *SCHNEEWEIß*, Kostenbegriffe (1993).

2 *GUTENBERG*, Die Produktion (1983), S. 164.

Das Unternehmen verfügt über keine eigenen Mittel. Welche Investitionen (aus A, B, C, D) soll es durchführen, und wie soll es die Anschaffungsauszahlungen finanzieren (aus E, F), wenn die Unternehmensleitung in t = 1 einen maximalen Endwert an die Eigner ausschütten möchte?[1]

Erster Lösungsversuch: „Klassische Kapitalwertmethode". Was passiert, wenn man Kapitalwerte mit einem willkürlichen Kalkulationszins von z.B. i = 5% berechnet, obwohl sich zu diesen Konditionen auf dem vorliegenden unvollkommenen Kapitalmarkt keine Geschäfte mehr abschließen lassen? Man erkennt, daß dann alle Investitionen (A bis D) einen nichtnegativen Kapitalwert und alle Finanzierungen (E und F) einen negativen Kapitalwert aufweisen. Der anfänglichen Kapitalnachfrage von 300 steht somit ein Kapitalangebot von 0 gegenüber, weil beide Finanzierungen nach der Kapitalwertmethode nachteilig sind. Die angeblich vorteilhaften vier Investitionen können also nicht finanziert werden und sind deshalb nicht realisierbar. Willkürlich festgesetzte Kalkulationszinsfüße führen zu unzulässigen Lösungen, weil sie die Nebenbedingung „Liquidität" mißachten. Sie sind deshalb für die Investitionsplanung bei unvollkommenem Kapitalmarkt ungeeignet.

Zweiter Lösungsversuch: „Tragfähigkeitsprinzip". Man könnte auf die Idee kommen, wie folgt vorzugehen: Investition B und C sind vorteilhaft, weil ihre Rendite die Effektivverzinsung beider Kredite E und F übersteigt. A lohnt sich nicht. Investition D ist vorteilhaft, wenn sie mit dem niedriger verzinslichen Kredit E finanziert wird. Das Budget umfaßt danach die Objekte B bis F. Damit ist die Liquidität in t = 0 gewährleistet: Einzahlungen – Auszahlungen = 100 + 100 – 100 – 50 – 50 ≥ 0. Der Endwert in t = 1 beträgt 115 + 60 + 56 – 108 – 113 = 10. Dieses Vorgehen ist scheinbar plausibel. Es beruht jedoch auf dem *Denkfehler*, bestimmte Finanzierungen bestimmten Investitionen zuordnen zu wollen. Die Gesamtheit der aus Krediten eingenommenen Mittel dient zur Finanzierung des kompletten Investitionsprogramms. Sofern bargeldlos gezahlt wird, ist es rein technisch unmöglich, den Kontostand nach der Herkunft des Geldes zu differenzieren und zu behaupten, Investition D werde mit dem Kredit E, keinesfalls aber mit F finanziert. Selbst wenn jede einzelne Münze nach ihrer Herkunft gekennzeichnet würde und sichergestellt wäre, daß die Zahlungen für D physisch aus dem Geld des Kredits E stammten, wäre es ökonomisch unsinnig, *zur gleichen Zeit* Mittel zu 13% (F) aufzunehmen und teilweise nur zu 12% anzulegen (D). Das Tragfähigkeitsprinzip sichert zwar einen *positiven* Endwert – hierin liegt seine scheinbare Plausibilität –, aber es führt nicht zum *maximalen* Endwert.

Lösung: DEAN-Modell. Die suboptimale Lösung nach dem Tragfähigkeitsprinzip läßt sich sofort verbessern, indem der teuerste Kredit (F, 13%) reduziert und im vollen Umfang auf die schlechteste Investition (D, 12%) verzichtet wird. Der Endwert ver-

---

[1] Zu den folgenden zwei Lösungsversuchen vgl. *HERING*, Investition (2000), S. 479 f.

bessert sich dabei um insgesamt 50 · (0,13 – 0,12) = 0,5 auf 10,5. Im Optimum gilt, daß der teuerste Kredit höchstens so viel kostet, wie die schlechteste im Programm befindliche Investition einbringt: Die Grenzrendite des Investitionsprogramms darf nicht kleiner sein als die Grenzverzinsung des Finanzierungsprogramms.

Zur graphischen Ermittlung des endwertmaximalen Investitions- und Finanzierungsprogramms kann ein einfaches, von DEAN vorgeschlagenes Totalmodell eingesetzt werden, welches die Interdependenzen durch eine Simultanbetrachtung aller sechs Objekte berücksichtigt.[1] Weil der Planungszeitraum nur aus einer Periode besteht, sind die Objekte durch Berechnung ihrer internen Zinsfüße mühelos in eine Reihenfolge zu bringen. Objekt C ist allen anderen Investitionsprojekten vorzuziehen, da jede in C investierte Mark am Jahresende 20 Pfennig Zinsen erbringt. Das Objekt B erwirtschaftet dagegen mit einer DM knappen Kapitals nur 15 Pfennig, usw. Die monoton fallende *Kapitalnachfragefunktion* ordnet jedem Geldbetrag die erzielbare Grenzverzinsung zu. Ein Objekt j ist natürlich nur dann vorteilhaft, wenn seine Grenzrendite r_j nicht den höchsten Zins unterschreitet, welcher gleichzeitig für aufgenommenes Fremdkapital anfällt. Der Kapitalnachfragefunktion muß folglich noch die monoton steigende *Kapitalangebotsfunktion* gegenübergestellt werden, welche jedem potentiell nachgefragten Geldbetrag den entsprechenden Grenz-Sollzins zuordnet. Der Schnittpunkt beider Funktionsgraphen definiert das optimale *Budget*; vgl. Abbildung 4-1.

Das Ergebnis der *Kapitalbudgetierung* (bzw. simultanen Investitions- und Finanzplanung) mit dem DEAN-Modell lautet: Die Objekte C, B und E sind vollständig zu realisieren. Der Kredit F wird dagegen nur zu 50% in Anspruch genommen; er ist das Grenzobjekt. Die rechts vom Schnittpunkt liegenden Investitionsobjekte D und A sind unvorteilhaft, weil sie weniger einbringen, als der teuerste im optimalen Programm befindliche Kredit (Grenzobjekt F) kostet. Das optimale Budget beträgt 150, und der als Ergebnis ablesbare endogene Grenzzins der Planungsperiode entspricht der Verzinsung des Grenzobjekts F: 13%. Der maximale Endwert beträgt EW = 60 + 115 – 108 – 0,5 · 113 = 10,5.

Die rechtzeitige Kenntnis des endogenen Grenzzinsfußes hätte die Lösung des Kapitalbudgetierungsproblems durch ein bereits bekanntes einfaches Partialmodell, nämlich die Kapitalwertmethode, erlaubt. Mit i_1 = 13% als Kalkulationszinsfuß der betrachteten (einen, ersten) Periode ergeben sich die folgenden Kapitalwerte:

---

[1] Vgl. *DEAN*, Capital Budgeting (1951), *ADAM/BRAUCKSCHULZE*, Kapitalbudgetierung (1984), *VEIT/WALZ/GRAMLICH*, Investitions- und Finanzplanung (1990), S. 173 ff., *MATSCHKE*, Investitionsplanung (1993), S. 290 ff., *ROLLBERG*, Controlling (2012), S. 31 ff., *BITZ/EWERT/TERSTEGE*, Investition (2012), S. 251 ff., *KRUSCHWITZ*, Investitionsrechnung (2014), S. 223 ff. Zu einem Zahlenbeispiel mit eigenem Kassenbestand (EK) vgl. z.B. *HERING*, Unternehmensbewertung (2014), S. 65 f. Hier ist einfach das „Objekt“ EK als Kapitalangebot zum Sollzinssatz 0% aufzufassen, für das überdies bei der Endwertberechnung keine Tilgung erfolgt.

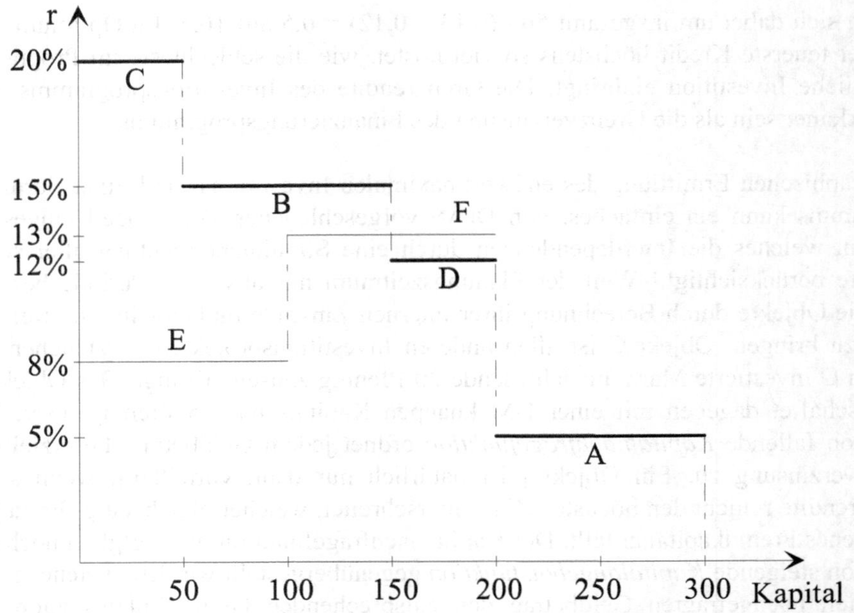

Abbildung 4-1: DEAN*-Modell*

$$C_A = -100 + \frac{105}{1{,}13} = -7{,}079646, \qquad C_B = -100 + \frac{115}{1{,}13} = 1{,}769912,$$

$$C_C = -50 + \frac{60}{1{,}13} = 3{,}097345, \qquad C_D = -50 + \frac{56}{1{,}13} = -0{,}442478,$$

$$C_E = 100 - \frac{108}{1{,}13} = 4{,}424779, \qquad C_F = 100 - \frac{113}{1{,}13} = 0.$$

Die Kapitalwertberechnung kann für jedes einzelne Objekt *dezentral* erfolgen, d.h. isoliert ohne Kenntnis der übrigen Objekte. Alle Interdependenzen sind im *zentral* vorgegebenen Steuerungszins i_1 enthalten. Jede Division oder Sparte des Unternehmens kalkuliert ihre Investitions- und Finanzierungsprojekte selbständig und entscheidet aufgrund des Kapitalwertvorzeichens. Alle Objekte mit positivem Kapitalwert werden in vollem Umfang verwirklicht: B, C, E. Objekte mit negativem Kapitalwert sind zu verwerfen: A, D. Die Objekte mit einem Kapitalwert von null sind potentielle Grenzobjekte; über den genauen Umfang ihrer Verwirklichung kann nur zentral entschieden werden: F. In Analogie zum vollkommenen Kapitalmarkt ergibt sich der maximale Endwert als Summe der auf $t = n = 1$ aufgezinsten positiven Kapitalwerte: $EW = (1{,}769912 + 3{,}097345 + 4{,}424779) \cdot 1{,}13 = 10{,}5$.

Die Unternehmensleitung errechnet den Umfang des Grenzobjekts als Residualgröße: Die uneingeschränkt vorteilhaften Zahlungsströme B, C und E führen in t = 0 zu einer Finanzierungslücke in Höhe von 100 + 50 − 100 = 50. Der maximal bis zum Wert 100 verfügbare Kredit F muß zur Deckung des Liquiditätsbedarfs zu 50% in Anspruch genommen werden. F ist teilweise zu verwirklichen und deshalb Grenzobjekt.

Es hat sich gezeigt, daß Partialmodell (Kapitalwertmethode) und Totalmodell (DEAN-Modell) bei Verwendung des richtigen Lenkpreises (Steuerungszins i_1 = 13%) *äquivalent* sind. Das einfache und dezentral anwendbare Partialmodell leidet allerdings unter dem Dilemma der wertmäßigen Kosten: Der korrekte Steuerungszinsfuß 13% ergibt sich erst aus der optimalen Lösung des Totalmodells, also erst dann, wenn es des Partialmodells schon nicht mehr bedarf.

Aus dem Dilemma der wertmäßigen Kosten darf nun nicht der voreilige Schluß gezogen werden, die Lenkpreistheorie des unvollkommenen Kapitalmarkts sei nur eine originelle Spielerei ohne praktischen Nutzen. Eine praktikable Investitionsrechnung in einem weitverzweigten Konzern kann sich nur auf Partialmodelle gründen, denn Komplexität und Schwerfälligkeit einer zentralen Simultanplanung verhindern den Einsatz von großen Totalmodellen in der Investitionsrechnung.

Das theoretisch richtige Totalmodell stellt unerfüllbar hohe Anforderungen an die Informationsbeschaffung und -verarbeitung. Die vollständigen Zahlungsreihen *aller* zur Disposition stehenden Investitions- und Finanzierungsobjekte müßten der Konzernzentrale zeitgleich vorliegen. Das einfache DEAN-Modell aber ist zur Auswertung realistischer Budgetierungsprobleme ungeeignet, da es nur im Einperiodenfall richtige Ergebnisse liefert.[1] Deshalb wäre ein sehr umfangreiches, mehrperiodiges, u.U. gemischt-ganzzahliges lineares Optimierungsmodell heranzuziehen. Dieses müßte erst unter großem Zeitaufwand mit Zahlen „gefüttert“ und anschließend numerisch ausgewertet werden. Die Berechnung der optimalen Lösung bereitet auch beim heutigen Stand der elektronischen Datenverarbeitung noch erhebliche Schwierigkeiten, sofern zahlreiche ganzzahlige Variable vorkommen.[2] Die Konzernspitze wäre mit der Interpretation und (bei Unsicherheit!) Sensitivitätsanalyse der optimalen Lösung voll-

[1] Die internen Zinsfüße mehrperiodiger Zahlungsreihen (sofern sie überhaupt definiert und eindeutig sowie nach Satz 18 sinnvoll sind) stellen *Durchschnitts*größen dar – steuerungsrelevant sind aber nur *Grenz*zinssätze. Das DEAN-Modell berücksichtigt nicht die Möglichkeit eines im Zeitablauf schwankenden Grenzzinses. Es kann z.B. optimal sein, in t = 0 einen 18%-Kredit aufzunehmen und nach einem Jahr zu tilgen, um ebenfalls in t = 0 eine fünfjährige Investition mit einem internen Zins von nur 16% zu tätigen. Im DEAN-Modell können aber niemals beide Objekte zugleich Bestandteil der Schnittpunktlösung sein, weil nur Durchschnittsrenditen im Zeitpunkt t = 0 Berücksichtigung finden. Auch das Zahlungsgleichgewicht ist für spätere Perioden nicht gewährleistet. Zum Versagen des DEAN-Modells im Mehrperiodenfall vgl. *HAX*, Investitionstheorie (1985), S. 79 ff.

[2] Vgl. z.B. *BÄUERLE*, Planung (1987), S. 107-112 und 283-288.

kommen überfordert. Qualitative Informationen über Vor- und Nachteile jedes einzelnen Objekts könnten weder in die Rechnung einfließen noch – aus Zeitgründen – von der Unternehmensleitung nachträglich angemessen gewürdigt werden. Die Arbeitsmotivation der mittleren und unteren Instanzen wäre rasch im Schwinden begriffen, da sie als die marktnäheren Hierarchiestufen trotz ihres besseren Informationsstandes nicht an den Entscheidungen der Totalplanung betreibenden Konzernzentrale teilnähmen. Zudem würde der bürokratische Aufwand zur Erfassung, Bündelung, Kontrolle und Rückübermittlung der Planungsdaten jeden wirtschaftlich gerechtfertigten Rahmen sprengen.[1]

Wenn aber Partialmodelle in der Praxis die einzige gangbare Alternative darstellen, bleibt gar keine andere Möglichkeit, als Wege aus dem Dilemma der wertmäßigen Kosten zu suchen. Hierzu ist es zunächst erforderlich, sich die Wirkungszusammenhänge des theoretisch richtigen, aber praktisch nicht realisierbaren Totalmodells vor Augen zu führen.

4.2.2 Allgemeine Herleitung der endogenen Grenzzinsfüße

4.2.2.1 Endogene Grenzzinsfüße bei Vermögensmaximierung

4.2.2.1.1 Gegenwartswertmaximierung

Die am einperiodigen Zahlenbeispiel verdeutlichten Erkenntnisse sollen nun in allgemeiner Form hergeleitet werden. Das zur Definition der Optimallösung gewählte und im folgenden zu beschreibende Simultanmodell erscheint aufgrund seiner eher moderaten Komplexität als gangbarer Kompromiß zwischen übermäßig vereinfachenden Partialmodellen des vollkommenen Kapitalmarkts einerseits und komplizierteren, übermäßig detaillierten Totalansätzen andererseits.[2] Das Grundmodell zur simultanen Investitions- und Finanzplanung wahrt das Gleichgewicht zwischen Abbildungsge-

---

[1] Zu den Nachteilen der Totalplanung vgl. z.B. *ADAM*, Planung und Entscheidung (1996), S. 357 f., *BÄUERLE*, Planung (1987), S. 11-21, *FRESE*, Geschäftssegmentierung (1993), S. 1001. Die totale Mißwirtschaft des ehemaligen Ostblocks mag für alle Zeiten als abschreckendes Beispiel einer ineffizienten, bürokratischen und zentralistischen Planung dienen. Dagegen werden die Vorteile dezentraler wirtschaftlicher Entscheidungen am Beispiel der unbestechlichen preußischen Verwaltung deutlich, die stets mit knappen Mitteln auskommen mußte und dennoch Hervorragendes leistete. Vgl. etwa *VON EISENHART-ROTHE*, Ober-Ost (1925), S. 256 f., der selbst für die Kriegs-Ausnahmesituation im Gebiet des Oberbefehlshabers Ost keinen Zweifel an der Notwendigkeit dezentraler finanzwirtschaftlicher Entscheidungsbefugnisse läßt.

[2] Zu möglichen, für die Partialisierung allerdings nicht zweckdienlichen Erweiterungen des einfachen Grundmodells vgl. *BLOHM/LÜDER*, Investition (1995), S. 310 ff., *HAX*, Investitionstheorie (1985), S. 110-122 mit der dort angegebenen Literatur (darunter *JACOB*, Neuere Entwicklungen (1964), *JÄÄSKELÄINEN*, Optimal Financing (1966) und *HABERSTOCK*, Ertragsbesteuerung (1971)).

nauigkeit und Rechenbarkeit.[1] Fast identische Modelle sind u.a. von WEINGARTNER und HAX aufgestellt worden.[2] Wahlprobleme und Ganzzahligkeitsforderungen bleiben zunächst unberücksichtigt; sie werden im Abschnitt 4.2.4 behandelt.

Zunächst sei das Ziel der Vermögensmaximierung zugrunde gelegt, wie es im Abschnitt 2.2.3 definiert worden ist. Die Summe der gemäß Konsumpräferenz gewichteten Entnahmebeträge wird mit dem Symbol GW bezeichnet.[3] Die Zielfunktion gewichtet eine Entnahme G_t zum Zeitpunkt t mit dem Faktor $w_t \geq 0$. Wenigstens einer der Faktoren w_t sei positiv. *Strukturvariable* des Typs G_t gibt es nur für positive w_t. Beispielsweise wird bei Endwertmaximierung nur eine Variable G_n definiert, und die übrigen G_t entfallen im Ansatz. Insgesamt existieren m Investitions- oder Finanzierungsobjekte, deren Zahlungsreihen $\mathbf{g}_j$ ggf. am Planungshorizont $t = n$ um eine Bewertungskomponente ergänzt worden sind (Restwert; vgl. Abschnitt 2.1.2). Die *Strukturvariablen* x_j geben an, wie oft das Objekt j durchgeführt wird. Für jedes x_j kann eine obere Schranke $x_j^{max} > 0$ vorgegeben sein.[4]

Weiterhin ist für jeden Zeitpunkt t ein *fester* Zahlungsüberschuß $b_t \in \mathbb{R}$ bekannt. Der konstante Zahlungssaldo b_t unterliegt keiner Vorzeichenbeschränkung und enthält die folgenden (*fixen*) Größen, die sich aus bereits gefällten Entscheidungen unabhängig vom erst zu planenden Investitionsprogramm deterministisch ergeben: vorhandene Kassenbestände (z.B. b_0 als Kassenbestand zu $t = 0$), Zahlungen bereits realisierter Objekte aus der Vergangenheit (z.B. laufende Umsatzüberschüsse, die auch ohne zusätzliche Investitionen anfallen), regelmäßige, fixe Auszahlungen sowie fest eingeplante Entnahmen (z.B. Dividendenausschüttungen) und Einlagen (z.B. Beteiligungs-

---

1 Vgl. *ADAM*, Planung und Entscheidung (1996), S. 188.

2 Vgl. *WEINGARTNER*, Capital Budgeting (1963), S. 16 ff., *HAX*, Investitions- und Finanzplanung (1964), S. 435 ff., *FRANKE/LAUX*, Kalkulationszinsfüße (1968), S. 742 ff.

3 Die Abkürzung GW soll an den Begriff *Gegenwartswert* aus dem Kapitel 3 erinnern; GW stimmt mit diesem aber nur in Sonderfällen überein.

4 Wenn es den tatsächlichen Gegebenheiten entsprechen sollte, *braucht* also z.B. eine Finanzierungsquelle keineswegs begrenzt zu sein. „Capital rationing" ist kein unverzichtbares Wesensmerkmal des gewählten Ansatzes, und darum läuft die Kritik mancher Kapitalmarkttheoretiker, welche Finanzierungsgrenzen bestreiten, ins Leere. Vgl. die Anmerkungen zu *WEINGARTNER*, Capital Rationing (1977) im Unterkapitel 4.1. Das Wesen des Ansatzes besteht gerade darin, die existierende Konditionenvielfalt realitätsnah berücksichtigen zu *können*. Interessanterweise hat WEINGARTNER noch in seiner Dissertation selbst vorgeschlagen, mit Hilfe von Objektobergrenzen einen mit der Höhe des aufgenommenen Kapitals steigenden Sollzins abzubilden. Vgl. *WEINGARTNER*, Capital Budgeting (1963), S. 168 ff. Mit solchen *Obergrenzen* lassen sich auch bestimmte Nichtlinearitäten approximativ erfassen: Ein z.B. maximal fünfmal realisierbares Objekt mit degressiv steigendem Verlauf der Rückflüsse in Abhängigkeit vom Umfang (Werk für ein Neuprodukt mit einer Kapazität zwischen dem Index null und fünf) wird in fünf höchstens einmal durchführbare Objekte mit jeweils abnehmenden Einzahlungsüberschüssen zerlegt.

finanzierung, Kapitalerhöhung).[1] Beispielsweise führt ein zusätzlich einzuhaltendes Mindest-Endvermögen von 1000 ceteris paribus zur Reduktion der vorzugebenden Konstanten b_n um 1000. Die geforderte Kassenreserve schlägt sich also als (fiktive) Entnahmevorgabe zum Ende des Planungszeitraums nieder.

Durch *Liquiditätsnebenbedingungen* ist sicherzustellen, daß die Summe der Auszahlungen zu keinem Zeitpunkt die Summe der Einzahlungen übersteigt.[2] Um überschüssige Mittel von Periode zu Periode „weiterreichen" zu können, muß im Ansatz für jeden Zeitpunkt $t < n$ ein einperiodiges und *in beliebigem Umfang* verfügbares Investitionsobjekt enthalten sein (Festgeld, Sparbuch usw.). Sollte ausnahmsweise kein solches Objekt existieren, ist ersatzweise die einperiodige, immer ohne Obergrenze realisierbare Investition „Kassenhaltung" in den Ansatz aufzunehmen. Das unverzinsliche Objekt „Kasse" besitzt die Zahlungsreihe (–1, 1) ohne obere Schranke.[3] Im übrigen dürfen die Entscheidungsvariablen nur nichtnegative Werte annehmen. Zu lösen ist mithin das nachstehende lineare Optimierungsproblem P^{GW}:

---

[1] Das Ausmaß der *Finanzierung durch Eigenkapital* wird modellexogen vorgegeben, weil die Beeinflussung der Eigenkapitalquote zu den strategischen Grundsatzentscheidungen gehört, welche die Abwägung zahlreicher qualitativer, quantitativer und situationsbedingter Faktoren erfordern (vgl. Abschnitt 2.1.1; z.B.: Berücksichtigung des Hebeleffekts, Einhaltung einer Mindesteigenkapitalquote zur Sicherung der Kreditwürdigkeit und damit zur Erhöhung der Flexibilität, Ausnutzung der Konjunktur- und Kapitalmarktlage, Dividendenpolitik). Ein *einfaches* investitionstheoretisches Totalmodell vermag die Entscheidungsparameter der Beteiligungsfinanzierung nur ungenügend abzubilden; seine Modellergebnisse liefern aber Anhaltspunkte zur Vorteilhaftigkeit einer Eigenkapitalzuführung. Sind etwa die endogenen Grenzzinsfüße infolge starker Verschuldung sehr hoch, versprechen zusätzlich verfügbare eigene Mittel eine hohe Verzinsung (vgl. die Beispiele im Abschnitt 4.2.3), so daß die Möglichkeit der Beteiligungsfinanzierung von der Unternehmensleitung geprüft werden sollte.

[2] Auf der strategischen Ebene der Investitionsplanung gibt es z.B. *eine* Liquiditätsbedingung pro Jahr. Die jederzeitige, tägliche Zahlungsfähigkeit ist damit nur in groben Zügen gesichert. Zur unterjährlichen Liquiditätsplanung sind kürzerfristige Modelle aufzustellen; vgl. z.B. *DEPPE/LOHMANN*, Finanzplanung (1989).

[3] Vgl. *HAX*, Investitions- und Finanzplanung (1964), S. 435, *LAUX/FRANKE*, Investitions- und Finanzplanung (1969), S. 44, *ATKINS/ASHTON*, Discount Rates (1976), S. 163.

$$\max. GW; \quad GW := \sum_{t=0}^{n} w_t \cdot G_t$$

$$-\sum_{j=1}^{m} g_{jt} \cdot x_j + G_t \leq b_t \qquad \forall t \in \{0, 1, 2, \ldots, n\}^1$$

$$x_j \leq x_j^{max} \qquad \forall j \in \{1, 2, \ldots, m\}^2$$

$$x_j \geq 0 \qquad \forall j \in \{1, 2, \ldots, m\}$$

$$G_t \geq 0 \qquad \forall t \in \{0, 1, 2, \ldots, n\}^3$$

Das LO-Problem[4] P^{GW} ist mit dem Simplexalgorithmus lösbar.[5] Um dieses auf der GAUßschen Elimination beruhende Verfahren anwenden zu können, muß P^{GW} zunächst in Normalform (Gleichungsform) überführt werden. Dies geschieht durch Definition von nichtnegativen *Schlupfvariablen* y_t für die Liquiditäts- und s_j für die Schrankenrestriktionen.

$$-\sum_{j=1}^{m} g_{jt} \cdot x_j + G_t + y_t = b_t \qquad \forall t \in \{0, 1, 2, \ldots, n\}$$

$$x_j + s_j = x_j^{max} \qquad \forall j \in \{1, 2, \ldots, m\}$$

---

1 Die Variable G_t entfällt für alle Zeitpunkte mit $w_t = 0$.

2 Kann ein Objekt j in beliebigem Umfang realisiert werden (z.B. Kassenhaltung), beträgt also die obere Schranke unendlich, so entfällt diese Restriktion (und im Dualproblem die Variable u_j).

3 Die Variable G_t entfällt für alle Zeitpunkte mit $w_t = 0$.

4 Ein LO-Problem wird oft auch als „lineares Programm" (LP) bezeichnet. Der Begriff LP ist sachlich nicht sehr treffend und überdies für Nichtfachleute mißverständlich, da das Wort „Programmierung" in der EDV anders belegt ist. Vgl. *MÜLLER-MERBACH*, Operations Research (1973), S. 90 f., *VON ZWEHL*, Lineare Programmierung (1981), S. 360, *ZIMMERMANN/STACHE*, Operations Research (2001), S. 48.

5 Zur linearen Optimierung vgl. *DANTZIG*, Lineare Programmierung (1966), *HADLEY*, Linear Programming (1962), *COLLATZ/WETTERLING*, Optimierungsaufgaben (1971), *KREKÓ*, Lineare Optimierung (1973), *MÜLLER-MERBACH*, Operations Research (1973), *KALL*, Operations Research (1976), *WITTE/DEPPE/BORN*, LP (1975), *ELLINGER/BEUERMANN/LEISTEN*, OR (2003).

Zu jedem *Primalproblem* P^{GW} gibt es eine eng verwandte Optimierungsaufgabe, das *Dualproblem* D^{GW}. Aus seiner Analyse lassen sich wichtige Erkenntnisse über die optimale Lösung der primalen Aufgabe gewinnen.[1] Das Dualproblem lautet im vorliegenden Fall:

$$\min. Z;\; Z := \sum_{t=0}^{n} b_t \cdot d_t + \sum_{j=1}^{m} x_j^{max} \cdot u_j$$

$$-\sum_{t=0}^{n} g_{jt} \cdot d_t + u_j \geq 0 \qquad \forall j \in \{1, 2, \dots, m\}$$

$$d_t \geq w_t \qquad \forall t \in \{0, 1, 2, \dots, n\}$$

$$d_t \geq 0 \qquad \forall t \in \{0, 1, 2, \dots, n\}$$

$$u_j \geq 0 \qquad \forall j \in \{1, 2, \dots, m\}$$

Den primalen Liquiditätsrestriktionen (Schlupfvariablen y_t) sind duale Strukturvariable d_t zugeordnet und den primalen Schrankenrestriktionen (Schlupfvariable s_j) duale Strukturvariable u_j. Umgekehrt gehören zu den primalen Objektvariablen (x_j) duale Objektrestriktionen (duale Schlupfvariablen seien mit der Bezeichnung μ_j hinzugefügt). Auch den primalen Entnahmevariablen (G_t) entspricht eine Klasse von Dualrestriktionen (mit dualen Schlupfvariablen $\varepsilon_t := d_t - w_t$).

Die ökonomische Interpretation der Dualvariablen führt auf das Kapitalwertkriterium und liefert die periodenspezifischen Steuerungszinsfüße i_t. Zur Herleitung kann der Sattelpunktsatz von KUHN und TUCKER herangezogen werden.[2] Die unterstellte Linearität der Zielfunktion und der Restriktionen erlaubt jedoch eine anschaulichere Beweisführung unter Verwendung des Dualitätstheorems der linearen Optimierung.[3]

---

1 Vgl. *WEINGARTNER*, Capital Budgeting (1963), S. 24 ff. Die zentralen Sätze der Dualitätstheorie und ihre Beweise finden sich beispielsweise in *KOLBERG*, Optimierungstheorie (1992), *DANTZIG*, Lineare Programmierung (1966), S. 148 ff., *KREKÓ*, Lineare Optimierung (1973), S. 213 ff., *COLLATZ/WETTERLING*, Optimierungsaufgaben (1971), S. 55 ff., *KALL*, Operations Research (1976), S. 30 ff., *KISTNER*, Optimierungsmethoden (2003), S. 40 ff.

2 Vgl. *HAX*, Investitionstheorie (1985), S. 97 ff. Zum Beweis des KUHN-TUCKER-Theorems vgl. *COLLATZ/WETTERLING*, Optimierungsaufgaben (1971), S. 105 ff., 109 ff., *KÜNZI/KRELLE/VON RANDOW*, Nichtlineare Programmierung (1979), S. 55 ff., *KISTNER*, Optimierungsmethoden (2003), S. 129 ff.

3 Vgl. *WEINGARTNER*, Capital Budgeting (1963), S. 24 ff., *HAX*, Investitions- und Finanzplanung (1964), S. 439 ff., *HERING*, Endogene Grenzzinsfüße (1992), S. 26 ff.

Satz 23 (**Dualitätstheorem**):

Wenn eines der beiden zueinander dualen Probleme eine optimale Lösung besitzt, dann auch das andere Problem. In diesem Falle gilt: Beide Probleme haben den gleichen optimalen Zielfunktionswert, und aus dem optimalen Simplextableau eines Problems lassen sich die Optimallösungen beider Probleme entnehmen. Insbesondere entsprechen die Zielfunktionskoeffizienten der primalen Schlupfvariablen (bzw. Strukturvariablen) den Werten der zugehörigen dualen Strukturvariablen (bzw. Schlupfvariablen).

Der *Beweis* dieses zentralen Satzes der Optimierungstheorie sowie der mit ihm eng verbundenen *Komplementaritätsbeziehungen* findet sich in der bereits zitierten Literatur.[1] Die Komplementaritätsbeziehungen besagen im vorliegenden Fall:

Satz 24 (**Komplementarität**):

Zwei zulässige[2] Lösungen des Primal- bzw. Dualproblems sind genau dann optimal, wenn:

$$x_j \cdot \mu_j = 0 \qquad \forall\, j \in \{1, 2, \ldots, m\}$$

und $$s_j \cdot u_j = 0 \qquad \forall\, j \in \{1, 2, \ldots, m\}$$

und $$y_t \cdot d_t = 0 \qquad \forall\, t \in \{0, 1, 2, \ldots, n\}$$

und $$G_t \cdot \varepsilon_t = 0 \qquad \forall\, t \in \{0, 1, 2, \ldots, n\}.$$

Im folgenden sollen nur ökonomisch sinnvoll formulierte Probleme betrachtet werden. Das heißt (auf die nachstehenden Prämissen 3. und 4. wird weiter unten häufig nicht zurückgegriffen, so daß viele Ergebnisse auch für nicht sinnvoll formulierte Probleme gelten):

1. Die Zielfunktion des Primalproblems ist nach oben beschränkt, denn in der Realität gibt es keine unendlich großen Zahlungsüberschüsse. Ein fehlerhaft formuliertes Modell (z.B. mit einem über dem Sollzins liegenden Habenzins bei unbe-

1 Vgl. *KOLBERG*, *DANTZIG*, *KREKÓ*, *COLLATZ/WETTERLING*, *KALL*, *KISTNER*, a.a.O. (drei Fußnoten zuvor).

2 Zulässig heißt, daß alle Struktur- und Schlupfvariablen x_j, μ_j, s_j, u_j, y_t, d_t, G_t, ε_t nichtnegativ sind.

grenzter Kapitalverfügbarkeit) kann Lösungen mit unbeschränktem Zielfunktionswert besitzen (unendliche Arbitrage, vgl. auch Satz 14).

2. Der durch die Restriktionen definierte Lösungsraum des Primalproblems ist nicht leer. Ein unter Ansatz unvernünftig hoher fixer Entnahmewünsche aufgestelltes Modell besitzt u.U. keine zulässige Lösung.

3. Die Zielfunktion darf zu keinem Zeitpunkt Zahlungsmittel implizit[1] mit null bewerten: Jede Zielsetzung, die positive Werte der Liquiditäts-Schlupfvariablen y_t zur Folge hat, widerspricht dem ökonomischen Prinzip, weil sie Geldvernichtung in Form des Verzichts auf eine zinsbringende Anlage oder zumindest Kassenhaltung nicht ausschließt.

4. Den nichtnegativen Dualvariablen d_t kommt in der optimalen Lösung die Aufgabe zu, den Zielbeitrag eines im Zeitpunkt t anfallenden Geldbetrages für die Partialbetrachtung zu bewerten. In einem ökonomisch vernünftigen Partialmodell sind Vorzeichen und Höhe einer Zahlung niemals unbeachtlich, so daß nur solche Probleme als sinnvoll angesehen werden dürfen, deren optimale Lösung ausschließlich positive d_t enthält. Die Bewertung eines Geldbetrages mit null wäre ein Verstoß gegen das ökonomische Prinzip.

Die nachstehende Untersuchung konzentriert sich daher auf Probleme, für die eine optimale Lösung existiert, in der die Liquiditätsrestriktionen positive Dualwerte d_t besitzen und deshalb als Gleichungen erfüllt sind (Komplementarität: $d_t > 0 \Rightarrow y_t = 0 \;\forall\, t$). Ferner sei (in der Regel) angenommen, daß der maximale Zielfunktionswert größer als null ist.

Um das Kapitalwertkriterium des unvollkommenen Kapitalmarkts herleiten zu können, sei an die Prämisse erinnert, der zufolge in jeder Periode t ein unbeschränktes Investitionsobjekt mit der Zahlungsreihe $(-1,\, 1 + i_{Ht})$ und dem Habenzins $i_{Ht} \geq 0$ existiert. Dann liest sich die betreffende Restriktion des Dualproblems D^{GW} folgendermaßen:[2]

$$1 \cdot d_{t-1} - (1+ i_{Ht}) \cdot d_t \geq 0 \quad \forall\, t \in \{1, 2, \ldots, n\}.$$

Diese Bedingung impliziert die Abschätzung $d_{t-1} \geq (1+ i_{Ht}) \cdot d_t \geq d_t$ und somit insgesamt:

---

1 Dies ist nicht zu verwechseln mit der *expliziten* Bewertung von Ausschüttungen, die durchaus null sein darf. Bei Endwertmaximierung beispielsweise wünscht die Zielfunktion explizit nur Zahlungen zu $t = n$ (mit dem Gewicht $w_n = 1$), während sie implizit natürlich auch Zahlungen zu allen anderen Zeitpunkten positiv bewertet, da diese verzinslich angelegt werden können und somit endwertsteigernd wirken.

2 Man beachte, daß wegen der fehlenden Obergrenze für x_j keine Variable u_j existiert.

$$d_{t-1} \geq d_t \qquad \forall\, t \in \{1, 2, \ldots, n\}.$$

Die Dualvariablen d_t nehmen also im Zeitablauf nicht zu. Annahmegemäß ist mindestens ein $w_t > 0$. Aus den Dualrestriktionen $d_t \geq w_t\ \forall\ t$ folgt daraus die Positivität mindestens eines der d_t. Wenn es aber ein positives d_t gibt, dann gilt wegen $d_{t-1} \geq d_t$ auf jeden Fall:

$$d_0 > 0.$$

Sofern $w_n > 0$ vorgegeben ist, resultiert aus der dualen Restriktion $d_t \geq w_t$ sofort $d_n > 0$ und wegen $d_{t-1} \geq d_t$ auch $d_t > 0\ \forall\ t \in \{0, 1, 2, \ldots, n\}$. Eine in der Konsumzielfunktion GW positiv bewertete Entnahmemöglichkeit zu t = n garantiert mithin ökonomisch sinnvolle Dualwerte (und sei w_n betragsmäßig auch noch so gering!).

Damit läßt sich die zum Objekt j gehörende Dualrestriktion in der folgenden Form anschreiben:

$$-\sum_{t=0}^{n} g_{jt} \cdot d_t + u_j \qquad \geq 0$$

$$\Leftrightarrow \qquad -\sum_{t=0}^{n} g_{jt} \cdot d_t + u_j - \mu_j \qquad = 0$$

$$\Leftrightarrow \qquad \underbrace{\sum_{t=0}^{n} g_{jt} \cdot \frac{d_t}{d_0}}_{C_j} + \frac{\mu_j}{d_0} \qquad = \frac{u_j}{d_0}.$$

Der Ausdruck über der geschweiften Klammer ist der *Kapitalwert* C_j des Objekts j zum Zeitpunkt 0. Ein Zahlungsüberschuß zum Zeitpunkt t wird durch Multiplikation mit dem

Abzinsungsfaktor

$$\rho_t := \frac{d_t}{d_0} \qquad \forall\, t \in \{0, 1, 2, \ldots, n\}$$

auf den Zeitpunkt t = 0 bezogen. Wegen $d_{t-1} \geq d_t \geq 0$ liegen die Faktoren ρ_t im Intervall zwischen null und eins und nehmen im Zeitablauf nicht zu.[1] Für sinnvolle Ziel-

---

[1] Vgl. *HAX*, Investitions- und Finanzplanung (1964), S. 441.

setzungen ist immer $d_t > 0$ und damit $0 < \rho_t \leq 1$ gewährleistet. In diesem Falle läßt sich auch ein

Aufzinsungsfaktor

$$\frac{\rho_t}{\rho_n} = \frac{d_t}{d_n} \qquad \forall\, t \in \{0, 1, 2, \dots, n\}$$

vom Zeitpunkt t zum Planungshorizont n definieren. Sofern $d_t > 0$ gilt, existieren auch endliche periodenspezifische Steuerungszinsfüße (endogene Grenzzinsfüße) i_t. Aus den Faktoren d_t oder ρ_t ergeben sich die impliziten Periodenzinssätze wie folgt:[1]

Endogener Grenzzinsfuß:

$$i_t := \frac{d_{t-1}}{d_t} - 1 = \frac{\rho_{t-1}}{\rho_t} - 1 \qquad \forall\, t \in \{1, 2, \dots, n\}.$$

Die Definition sei zunächst kurz graphisch erläutert. Der Zinsfaktor $1 + i_t$ für die Periode t ergibt sich, indem vom Periodenanfang $t - 1$ auf $t = 0$ abgezinst und anschließend von $t = 0$ auf das Periodenende t aufgezinst wird; vgl. Abbildung 4-2:

$$1 + i_t = \rho_{t-1} \cdot \frac{1}{\rho_t}.$$

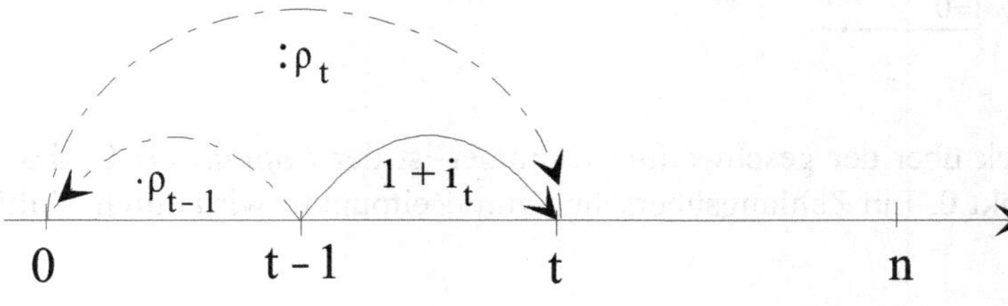

Abbildung 4-2: Beziehung zwischen i_t und ρ_t

[1] Vgl. *HAX*, Investitions- und Finanzplanung (1964), S. 441, *HERING*, Endogene Grenzzinsfüße (1992), S. 30. Man beachte die formale Analogie zu den Zusammenhängen im Abschnitt 3.2.2. Das Zinsstrukturmodell ist (genau wie der Fall des vollkommenen Kapitalmarkts insgesamt) als Spezialfall der allgemeinen Lenkpreistheorie aufzufassen.

Ebensogut kann man von t – 1 auf t = n aufzinsen, um von dort auf t abzuzinsen, wie es die Abbildung 4-3 zeigt.[1]

$$1 + i_t = \frac{d_{t-1}}{d_n} \cdot \frac{1}{\frac{d_t}{d_n}} = \frac{d_{t-1}}{d_t}.$$

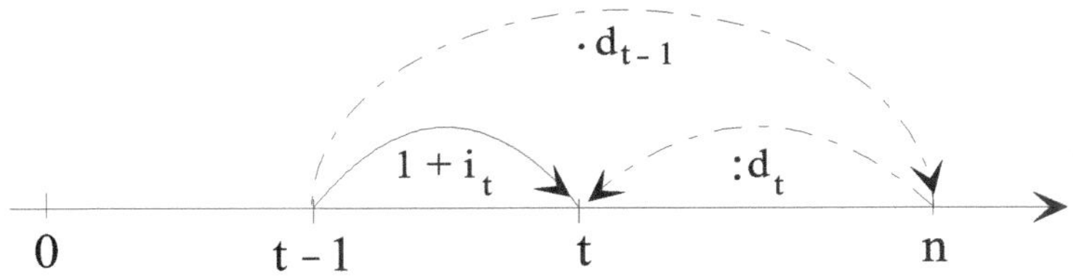

Abbildung 4-3: Beziehung zwischen i_t und d_t

Umgekehrt können aus den Grenzzinsfüßen wieder die Ab- und Aufzinsungsfaktoren gewonnen werden:

$$\frac{1}{\prod_{\tau=1}^{t}(1+i_\tau)} = \frac{d_1}{d_0} \cdot \frac{d_2}{d_1} \cdot \frac{d_3}{d_2} \cdot \ldots \cdot \frac{d_{t-1}}{d_{t-2}} \cdot \frac{d_t}{d_{t-1}} = \frac{d_t}{d_0} = \rho_t \qquad \forall\, t \in \{0, 1, 2, \ldots, n\}.$$

$$\prod_{\tau=t+1}^{n} (1+i_\tau) = \frac{d_t}{d_{t+1}} \cdot \frac{d_{t+1}}{d_{t+2}} \cdot \ldots \cdot \frac{d_{n-2}}{d_{n-1}} \cdot \frac{d_{n-1}}{d_n} = \frac{d_t}{d_n} \qquad \forall\, t \in \{0, 1, 2, \ldots, n\}.$$

Die Lenkpreise i_t, d_t und ρ_t sind, wie gezeigt, ineinander überführbar. Es ist gleichgültig, ob der Kapitalwert durch direktes Abzinsen mit den Faktoren ρ_t oder durch periodenweises Abzinsen mit den endogenen Grenzzinsfüßen i_t ermittelt wird. Genau wie im Abschnitt 3.2.2 eingeführt, ergibt sich der

Kapitalwert des Objekts j:

$$C_j := \sum_{t=0}^{n} g_{jt} \cdot \rho_t = \sum_{t=0}^{n} g_{jt} \cdot \prod_{\tau=1}^{t} (1+i_\tau)^{-1} \qquad \forall\, j \in \{1, 2, \ldots, m\}.$$

[1] Das Bild zeigt die Aufzinsungsfaktoren d_t/d_n bei Endwertmaximierung (unter dieser Zielsetzung ist $d_n = 1$ und demnach der Dualwert d_t gleich dem Aufzinsungsfaktor von t auf n).

Zu zeigen ist im folgenden die Vorzeichenrichtigkeit der mit den optimalen dualen Lösungswerten d_t bzw. ρ_t berechneten Kapitalwerte. Damit wird zugleich der Nachweis erbracht, daß auf dem unvollkommenen Kapitalmarkt periodenspezifische Steuerungszinsfüße i_t existieren, welche die Ermittlung des optimalen Investitions- und Finanzierungsprogramms mit Hilfe der Kapitalwertmethode erlauben.

Gegeben sei das Simplextableau einer optimalen Lösung des Primalproblems. Dann lassen sich gemäß Dualitätstheorem die optimalen, nichtnegativen Werte der Dualvariablen ε_t, d_t, u_j und μ_j als Zielfunktionskoeffizienten der nichtnegativen Primalvariablen G_t, y_t, s_j und x_j ablesen. Wie bereits gezeigt worden ist, gilt $d_0 > 0$ und bei Verwendung der Faktoren ρ_t:

$$C_j + \frac{\mu_j}{d_0} = \frac{u_j}{d_0}.$$

Im Optimum sind die Komplementaritätsbeziehungen gültig (Satz 24). Für das gegebene duale Paar resultiert hieraus im besonderen:

- Ist die primale Strukturvariable x_j positiv und somit Basisvariable der Optimallösung, so beträgt ihr Zielfunktionskoeffizient und damit auch die duale Schlupfvariable μ_j null.

$$x_j > 0 \qquad \Rightarrow \qquad \mu_j = 0.$$

- Wird das Objekt j nicht im maximal möglichen Umfang verwirklicht, so muß die Schlupfvariable s_j der primalen Schrankenrestriktion positiv sein. Dann aber hat ihr Zielfunktionskoeffizient u_j den Wert null.

$$x_j < x_j^{max} \qquad \Rightarrow \qquad u_j = 0.$$

Die beiden Implikationen brauchen nur noch auf die zuletzt notierte Gleichung angewendet zu werden. Es ergibt sich unmittelbar:[1]

1. Wird ein Objekt j in der optimalen Lösung voll verwirklicht, so ist wegen $x_j = x_j^{max} > 0$ der Dualwert $\mu_j = 0$ und damit:

$$C_j = \frac{u_j}{d_0} \geq 0.$$

[1] Vgl. *HERING*, Endogene Grenzzinsfüße (1992), S. 27-29. Zur analogen Beweisführung für das im Grunde strukturgleiche Modell der operativen Produktionsprogrammplanung vgl. Anhang 7.

Wenn die Optimallösung nicht ausgeartet ist, gilt sogar $C_j > 0$.

2. Wird ein Objekt j in der optimalen Lösung teilweise verwirklicht (*Grenzobjekt*), so folgt wegen $x_j > 0$ und $x_j < x_j^{max}$ sofort $\mu_j = u_j = 0$ und damit:

$$C_j = 0.$$

3. Wird ein Objekt j in der optimalen Lösung nicht verwirklicht, so ist wegen $x_j < x_j^{max}$ der Dualwert $u_j = 0$ und damit:

$$C_j = -\frac{\mu_j}{d_0} \leq 0.$$

Wenn die Optimallösung nicht ausgeartet ist, gilt sogar $C_j < 0$.

Die Steuerungszinsfüße i_t führen zur richtigen Partialisierung des Totalmodells: Eindeutig vorteilhafte Objekte haben einen nichtnegativen Kapitalwert, komplett unvorteilhafte einen nichtpositiven. Der Kapitalwert eines Grenzobjekts beträgt null.

Die Umkehrung der Aussagen 1. bis 3. liefert als Verallgemeinerung von Satz 1 den

Satz 25 **(Einzelentscheidungsregeln bei unvollkommenem Kapitalmarkt)**:

I. Ist $C_j > 0$, so wird Objekt j in vollem Umfang durchgeführt.
II. Ist $C_j < 0$, so wird Objekt j nicht durchgeführt.
III. Ist $C_j = 0$, so kann über Objekt j nicht dezentral entschieden werden.

Beweis. I. Ein nicht voll verwirklichtes Objekt hat gemäß 2. und 3. bestenfalls einen Kapitalwert von null. Positive Werte C_j *können* daher nur auf die volle Verwirklichung zurückzuführen sein. II. Sobald Objekt j mindestens zum Teil realisiert wird, beträgt sein Kapitalwert wegen 1. und 2. schlechtestenfalls null. Ein negativer Kapitalwert läßt deshalb zwingend auf völlige Unvorteilhaftigkeit schließen. III. Ein Kapitalwert von null kann Ergebnis jedes der drei Fälle 1. bis 3. sein. Daher ist eine nur auf das Kapitalwertvorzeichen gegründete Aussage über den Umfang eines Objekts mit $C_j = 0$ nicht möglich.[1] Es liegt häufig (und bei nicht ausgearteten Problemen immer) ein Grenzobjekt vor.

Mit Satz 25 ist gezeigt: Auch bei Unvollkommenheit des Kapitalmarkts spiegelt sich die Vorteilhaftigkeit eines Objekts im Vorzeichen des Kapitalwerts wider. Ein nicht-

[1] Vgl. *HAX*, Investitionstheorie (1985), S. 100.

negativer Kapitalwert ist notwendig (nicht hinreichend) und ein positiver Kapitalwert hinreichend (nicht notwendig) für die Vorteilhaftigkeit eines jeden Zahlungsstroms. Die zur Berechnung des Kapitalwerts benötigten endogenen Grenzzinsfüße sind allerdings nicht ex ante bekannt (Dilemma). Zudem fällt beim Vergleich mit dem Satz 1 eine „Lücke in der pretialen Lenkung“[1] auf: Unter den Bedingungen des unvollkommenen Kapitalmarkts ist es nicht länger gleichgültig, in welchem Umfang Objekte mit einem Kapitalwert von null realisiert werden. Die dezentralen Instanzen (z.B. Divisionen) melden ihrer Zentrale die Zahlungsreihen aller aufgrund des positiven Kapitalwerts eindeutig vorteilhaften Projekte. Außerdem übermitteln sie die Zahlungsströme der potentiellen Grenzobjekte, die partial durch ihren Kapitalwert von null identifiziert worden sind. Der Zentrale obliegt sodann die Aufgabe, durch Kombination der potentiellen Grenzobjekte für jeden Zeitpunkt das Zahlungsgleichgewicht herbeizuführen.

Für nicht ausgeartete Probleme und bei Vorliegen einperiodiger Grenzobjekte ist diese Aufgabe recht einfach: Aus den eindeutig vorteilhaften, vollständig realisierten Objekten ergibt sich in jedem Zeitpunkt ein kumulierter Zahlungssaldo. Das Grenzobjekt ist *residual* so zu dimensionieren, daß es diesen Zahlungssaldo unter Berücksichtigung der Entnahmen G_t zu null ergänzt; vgl. das DEAN-Modell-Beispiel im Abschnitt 4.2.1.

Sofern mehr potentielle Grenzobjekte als Perioden existieren oder mehrperiodige Objekte mit einem Kapitalwert von null vorkommen, gestaltet sich die zentrale Ermittlung einer zulässigen Lösung ein wenig aufwendiger. Gegeben sei die optimale Lösung des Dualproblems D^{GW}. Unter einer sinnvollen Zielsetzung sind die primalen Liquiditätsrestriktionen in Gleichungsform erfüllt, denn: $d_t > 0 \Rightarrow y_t = 0 \ \forall\ t$. Die fixen Überschüsse b_t werden um die in ihrem Umfang feststehenden Zahlungen aller vollständig vorteilhaften Objekte modifiziert und seien nunmehr mit dem Symbol b_t* bezeichnet. Alle Schrankenrestriktionen der eindeutig vorteilhaften und der vollständig unvorteilhaften Objekte sind automatisch erfüllt und entfallen. Schließlich lassen sich aus den gegebenen Dualvariablen d_t über die Beziehung $d_t - w_t = \varepsilon_t$ auch die Optimalwerte der ε_t berechnen. Als potentielle Entnahmezeitpunkte ($G_t > 0$) kommen nur diejenigen t in Betracht, für die $\varepsilon_t = 0$ gilt (Komplementarität $G_t \cdot \varepsilon_t = 0$). Damit *vereinfacht* sich das ursprüngliche primale Optimierungsproblem P^{GW} zu einem linearen Ungleichungssystem:

$$\sum_{j \text{ mit } C_j=0} -g_{jt} \cdot x_j + G_t \;=\; b_t^* \qquad \forall\, t \in \{0, 1, 2, \dots, n\}$$

[1] *LOISTL*, Dekomposition (1971), S. 18. Vgl. auch ebenda, S. 16 f. und *BLUMENTRATH*, Endwertmaximierung (1969), S. 90 ff.

$$x_j \leq x_j^{max} \qquad \forall\, j \text{ mit } C_j = 0$$[1]

$$x_j \geq 0 \qquad \forall\, j \text{ mit } C_j = 0$$

$$G_t \geq 0 \qquad \text{für alle potentiellen Entnahmezeitpunkte } t$$

$$G_t = 0 \qquad \text{für alle Zeitpunkte } t \text{ mit } \varepsilon_t > 0$$

Dieses System ist immer zumindest *lösbar*, da gemäß Dualitätstheorem zu der annahmegemäß gegebenen dualen Optimallösung eine optimale Lösung des Primalproblems gehört, welche aufgrund der Komplementaritätsbeziehungen die obigen Bedingungen erfüllt. Es kann bei dualer Ausartung aber auch mehr als eine Lösung geben. Allerdings genügen sämtliche Lösungen des Systems den Komplementaritätsbeziehungen und sind deshalb optimal. Weil alle zum gleichen Zielfunktionswert führen, kann die Zentrale eine beliebige von ihnen auswählen. Die zentrale Ermittlung der numerischen Werte für die potentiellen Grenzobjekte erfolgt zweckmäßigerweise unter Einsatz des Simplexalgorithmus, da neben dem Gleichungssystem der Liquiditätsbedingungen noch obere und untere Schranken in Form von Ungleichungen einzuhalten sind. Es sei aber nachdrücklich darauf hingewiesen, daß in der Zentrale dennoch *kein Optimierungs*problem mehr vorliegt: Gesucht ist lediglich eine beliebige zulässige Lösung des oben angegebenen Ungleichungssystems.[2]

Am Schluß der theoretischen Betrachtungen zur allgemeinen Vermögensmaximierung soll die zusammenfassende ökonomische Interpretation des Dualproblems D^{GW} stehen. Die Restriktionen

$$-\sum_{t=0}^{n} g_{jt} \cdot d_t + u_j \geq 0 \qquad \forall\, j \in \{1, 2, \ldots, m\}$$

definieren, wie gezeigt, richtige Implikationen bezüglich der Kapitalwertvorzeichen. Der Beitrag einer im Zeitpunkt t verfügbaren Geldeinheit zum gewichteten Gegenwartswert beträgt d_t. Es gilt nämlich nach dem Dualitätstheorem im Optimum $GW^* = Z^*$, so daß die Bewertungseigenschaft der d_t aus der dualen Zielfunktion ersichtlich ist:[3]

---

1 Die Bedingung entfällt, falls keine Obergrenze existiert.

2 Die zentrale Ermittlung der Werte der Grenzobjekte hat in der Literatur zu schwerwiegenden Mißverständnissen geführt. *BLUMENTRATH*, Endwertmaximierung (1969) irrt, wenn er auf S. 93-107 im Zusammenhang mit dem dualen Paar von *Kapitalwertmaximierung* spricht und die Liquiditätsbedingungen des reduzierten Primalproblems als Ungleichungen formuliert.

3 Das Sternchen * kennzeichnet den Optimalwert der jeweiligen Variable.

$$GW^* = \sum_{t=0}^{n} b_t \cdot d_t + \sum_{j=1}^{m} x_j^{max} \cdot u_j .$$

Für nicht oder nur teilweise realisierte Objekte steht bekanntlich $u_j = 0$ fest; diese leisten keinen Beitrag zum Wert GW*. Nur maximal realisierte Objekte können einen positiven Kapitalwert haben, und für sie gilt $u_j = C_j \cdot d_0 \geq 0$; vgl. das Ergebnis 1. in der Herleitung zu Satz 25. Der zweite Summand Σ der dualen Zielfunktion bewertet also die auf t = 0 bezogenen, nichtnegativen Kapitalwerte mit dem Faktor d_0. In diesem Lichte werden auch die Bedingungen

$$d_t \geq w_t \qquad \forall\, t \in \{0, 1, 2, \ldots, n\}$$

verständlich. Die Bewertung einer Geldeinheit zum Zeitpunkt t darf niemals geringer ausfallen als die durch die primale Zielfunktion ausgedrückte Wertschätzung einer Entnahme in t:

$$GW = \sum_{t=0}^{n} w_t \cdot G_t .$$

Sofern die optimale Lösung Entnahmen zum Zeitpunkt t tätigt, müssen die Werte d_t und w_t übereinstimmen, denn eine in t weniger entnommene DM mindert GW per Definition um w_t. Formal zeigt sich in der Tat (siehe oben): $d_t \geq w_t \Leftrightarrow d_t - \varepsilon_t = w_t$ und hieraus im Falle $G_t > 0$ wegen $G_t \cdot \varepsilon_t = 0$ zwingend $\varepsilon_t = 0$, so daß $d_t = w_t$. Damit haben auch die bislang recht abstrakt wirkenden Komplementaritätsbeziehungen $G_t \cdot \varepsilon_t = 0\ \forall\, t$ ihre ökonomische Begründung erfahren.

Bevor die nachgewiesenen Zusammenhänge im Abschnitt 4.2.3 an Zahlenbeispielen veranschaulicht werden, sei noch auf die Besonderheiten zweier spezieller Vermögensziele sowie des Einkommensziels eingegangen.

4.2.2.1.2 Barwertmaximierung

Das Barwertmaximierungsproblem P^{BW} ist ein einfacher Spezialfall des allgemeinen Vermögensmaximierungsmodells P^{GW}. Die Zielfunktion strebt (vgl. Abschnitt 2.2.3) nach einer möglichst großen Sofortausschüttung bzw. Anfangsentnahme G_0 im Zeitpunkt t = 0; d.h., der Konsumpräferenzfaktor w_0 ist gleich eins, und alle übrigen w_t sind null. Im Primalproblem kommt nur eine einzige Entnahmevariable G_0 vor, und die Zielfunktion vereinfacht sich zu: max. BW; BW := G_0. Daher enthält das Dualproblem D^{BW} u.a. die Bedingung $d_0 \geq 1$.

Wenn der maximale Barwert BW positiv ist, folgt aus $G_0 > 0$ und $d_0 \geq 1$ aufgrund der Komplementarität: $d_0 = 1$. Eine DM in t = 0 hat im Partialmodell den Wert 1, weil sie sofort entnommen werden kann und damit den Zielwert BW um 1 erhöht. Die Dualwerte d_t sind zugleich schon die Abzinsungsfaktoren ρ_t vom Zeitpunkt t zum Zeitpunkt 0:

$$d_0 = 1 \quad \Rightarrow \quad \rho_t = d_t \qquad \forall\, t \in \{0, 1, 2, \ldots, n\}.$$

Für die Kapitalwerte gilt die vereinfachte Definitionsgleichung $C_j + \mu_j = u_j$; d.h., die Dualvariable μ_j *oder* u_j ist direkt als Absolutbetrag des Kapitalwerts C_j interpretierbar. Die duale Zielfunktion Z summiert im Optimum die Barwerte der fixen Zahlungen b_t und alle Kapitalwerte $C_j = u_j$ der voll realisierten Objekte. Wegen $Z^* = BW^*$ (das Sternchen * kennzeichnet die Werte der optimalen Lösung) kann daher der entscheidungslogische Kapitalwert C_j bei Barwertmaximierung auch auf einem unvollkommenen Kapitalmarkt *absolut*, d.h. als Entnahmemöglichkeit zu t = 0 interpretiert werden.

Beispiel. Auf die DEAN-Modell-Datensituation des Abschnitts 4.2.1 (Tabelle 4-1) werde die Zielsetzung Barwertmaximierung angewendet. Die optimale Lösung enthält dann B, C und E in vollem Umfang und F zu 59,292%. Der endogene Grenzzins beträgt $i_1 = 13\%$. In diesem Beispiel ergeben sich also die gleichen Kapitalwerte wie bei Endwertmaximierung (im allgemeinen muß das aber nicht der Fall sein). Das Investitions- und Finanzierungsprogramm erlaubt eine maximale sofortige Barausschüttung in Höhe der Summe der (bereits oben berechneten) positiven Kapitalwerte: BW* = 1,769912 + 3,097345 + 4,424779 = 9,2920.

Abbildung 4-4 veranschaulicht diese Lösung mit Hilfe eines auf das Barwertziel hin *modifizierten DEAN-Modells*, welches auf der Kapitalachse nunmehr das Budget des Zeitpunkts t = 1 (statt t = 0 wie im ursprünglichen DEAN-Modell, vgl. Abbildung 4-1) zum Ausgleich bringt und die Objekte jetzt umgekehrt nach der Relation „Zahlung in t = 0 zu Zahlung in t = 1“[1] anordnet. Dies ergibt eine monoton fallende Kapitalangebotsfunktion (Kredite sind um so günstiger, je höher die Einzahlung in t = 0 im Verhältnis zur Rückzahlung und Verzinsung in t = 1 ausfällt) und eine monoton steigende Kapitalnachfragefunktion (Investitionen sind um so besser, je geringer die Anschaffungsauszahlung in t = 0 im Verhältnis zum Rückfluß in t = 1 ist).

Die barwertmaximale Schnittpunktlösung sieht in t = 1 ein Budget von 175 vor mit der vollständigen Durchführung der Objekte C, B und E sowie der anteiligen von F. Der auf t = 0 bezogene Projektumfang des Grenzobjekts F beträgt (175 – 108) / 1,13

[1] Ebensogut könnte man wie im endwertmaximierenden Original-DEAN-Modell die internen Zinsfüße zur Bildung der Objektrangfolgen heranziehen, da sich die Reihenfolge der Vorziehenswürdigkeit durch die Kehrwertbildung des Kriteriums nicht ändert. Aus Gründen der Anschaulichkeit soll aber für das neue graphische Barwert-DEAN-Modell nicht nur der Budgetausgleich von t = 0 auf t = 1 verschoben, sondern damit korrespondierend auch das Vorteilskriterium auf den Zeitpunkt t = 1 normiert und damit umgekehrt werden. Aus der Rangordnung auf der vertikalen Achse nach dem internen Zins $r = -g_1/g_0 - 1$ (Endwert-DEAN-Modell) wird damit beim Barwert-DEAN-Modell eine nach $-g_0/g_1 = 1 / (1 + r)$.

= 67/1,13 = 59,2920, also 59,292% des Maximalumfangs. Als endogener Grenzzins resultiert i_1 = 13% (interner Zins des einperiodigen Grenzobjekts, des 13%-Kredits F). Es errechnet sich aus den realisierten Projektsummen zu t = 0 unmittelbar der maximale Barwert von BW* = –50 –100 + 100 + 59,2920 = 9,2920 bei Budgetausgleich in t = 1. Die bereits oben ermittelte Kapitalwertsumme 1,769912 + 3,097345 + 4,424779 = 9,2920 entspricht unter dieser Konsumzielsetzung dem maximalen Barwert BW*.[1]

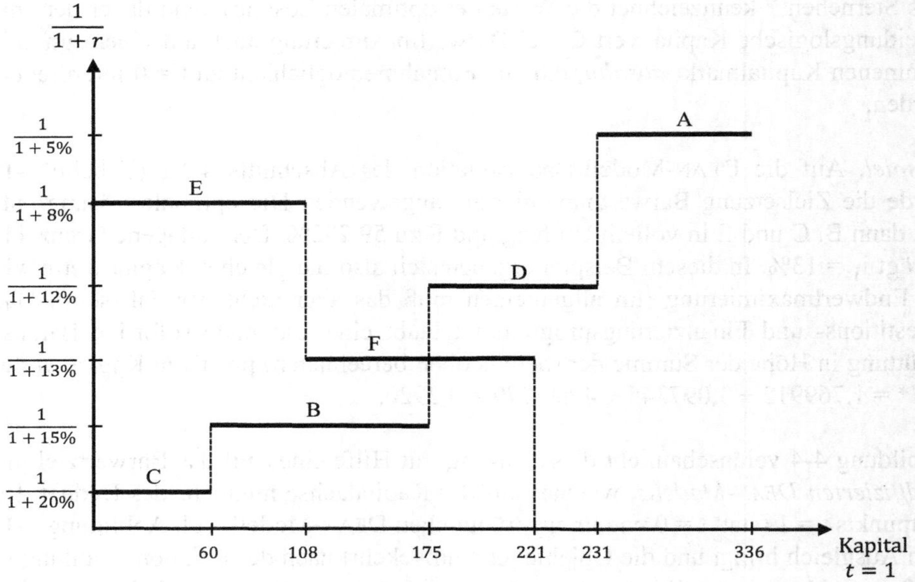

Abbildung 4-4: Barwert-DEAN-Modell

Die Zielsetzung Barwertmaximierung kann unter ungünstigen Bedingungen zu ökonomisch unsinnigen Lenkpreisen führen. Zahlungen späterer Zeitpunkte werden im Widerspruch zum Wirtschaftlichkeitsprinzip mit null bewertet, wenn sie sich nicht mit Hilfe von Krediten in Anfangsentnahmen ummünzen lassen. Ein Beispiel ist das folgende Problem mit einem Planungshorizont von drei Perioden:

---

[1] Da Grenzobjekt und Grenzzins sowie damit auch die Kapitalwerte im Vergleich zum Endwert-DEAN-Modell der Abbildung 4-1 unverändert geblieben sind, besteht zwischen beiden optimalen Zielfunktionswerten der Zusammenhang EW* = BW* · (1 + i_1), in Zahlen EW* = 9,2920 · 1,13 = 10,5.

$$\text{max. BW}; \quad BW := G_0$$

$$\begin{aligned} x_1 + G_0 &\leq 3 \\ x_2 - 1{,}05\, x_1 &\leq 2 \\ x_3 - 1{,}05\, x_2 &\leq 1 \\ -\,1{,}05\, x_3 &\leq 4 \end{aligned}$$

$$x_1, x_2, x_3, G_0 \geq 0$$

Es existieren nur drei Investitionsobjekte (einperiodige, unbeschränkte Geldanlagen zu 5%), aber keine Kreditaufnahmemöglichkeiten. Ersichtlich gilt $BW^* = 3 > 0$ und deshalb $d_0^* = 1$. Dann haben d_1^*, d_2^* und d_3^* den Wert null, weil anderenfalls der zugehörige duale Zielfunktionswert Z größer als 3 wäre, was aber nach dem Dualitätstheorem wegen $Z^* = BW^*$ ausgeschlossen ist. Die Zielfunktion erachtet die ab $t = 1$ anfallenden sieben Geldeinheiten $(2 + 1 + 4)$ und damit jedes beliebige zukünftig startende Objekt als wertlos! Lediglich der in $t = 0$ verfügbare Betrag von 3 kann zum Barwert BW beitragen, weil keine Kredite zur Kapitalisierung späterer Überschüsse verfügbar sind. Ähnliche Beispiele lassen sich für alle Einkommensziele und für all jene Vermögensziele konstruieren, welche keine Entnahme G_n im Zeitpunkt $t = n$ vorsehen ($w_n = 0$). Von derartigen Zielen sollte Abstand genommen werden, wenn sie nicht durchweg positive Dualwerte d_t liefern.

Abschließend sei vor einem möglichen Mißverständnis gewarnt: Zwar setzt sich der maximale Barwert BW im Optimum aus den Kapitalwerten der Objekte sowie der fixen Überschüsse zusammen; jedoch darf die Barwertmaximierung nicht als *Kapitalwertmaximierung* fehlinterpretiert werden. Die Kapitalwerte C_j werden nicht maximiert,[1] sondern sind ein Kuppelprodukt der optimalen Lösung. Der Kapitalwert stellt keine selbständige Zielgröße dar, sondern er ist das *Entscheidungskriterium* in bezug auf eine genau definierte Entnahmezielsetzung (Vermögen oder Einkommen). Die Höhe des Kapitalwerts spielt für die Entscheidung keine Rolle, sondern lediglich sein Vorzeichen (vgl. Satz 25).

4.2.2.1.3 Endwertmaximierung

Ein anderer Spezialfall des Problems P^{GW} ergibt sich, wenn die Entnahmepräferenz am Planungshorizont eins ($w_n = 1$) und zu den übrigen Zeitpunkten null beträgt. Zur Zielsetzung Endwertmaximierung gehört der Ansatz P^{EW} mit der Zielfunktion max. EW; $EW := G_n$. In den Liquiditätsrestriktionen der Zeitpunkte 0 bis $n - 1$ kommen keine Entnahmevariablen G_t mehr vor. Das zugehörige Dualproblem D^{EW} enthält u.a. die Restriktion $d_n \geq 1$.

---

[1] Diesem Mißverständnis erliegt *BLUMENTRATH*, Endwertmaximierung (1969), S. 91 ff. Die duale Zielfunktion ist im Gegenteil sogar eine Minimierungsvorschrift!

Falls überhaupt ein positiver Endwert EW erzielbar ist, gilt wegen $G_n > 0$ auch $d_n = 1$ (Komplementarität). Eine DM am Planungshorizont t = n erhöht den Endwert um 1 DM und hat daher im Partialmodell den Wert eins. Die Dualwerte d_t stellen bereits die Aufzinsungsfaktoren vom Zeitpunkt t auf den Zeitpunkt n dar (vgl. Abbildung 4-3):

$$d_n = 1 \;\Rightarrow\; \frac{\rho_t}{\rho_n} = d_t \qquad \forall\, t \in \{0, 1, 2, \ldots, n\}.$$

Die duale Zielfunktion berechnet also im Optimum den Endwert EW* = Z* durch Aufzinsen der fixen Überschüsse b_t sowie der Kapitalwerte der realisierten Objekte:

$$EW^* = \sum_{t=0}^{n} b_t \cdot d_t + \sum_{j=1}^{m} x_j^{max} \cdot u_j .$$

Die nicht oder nur teilweise verwirklichten Objekte leisten mit ihren nichtpositiven Kapitalwerten keinen Beitrag zum Endwert, denn für sie gilt bekanntlich $u_j = 0$. Ist ein Objekt dagegen in der optimalen Lösung voll verwirklicht, so erhöht es wegen $u_j = C_j \cdot d_0$ den Endwert um

$$x_j^{max} \cdot C_j \cdot d_0 ,$$

d.h. um seinen durch Multiplikation mit d_0 von t = 0 auf t = n aufgezinsten, nichtnegativen Kapitalwert. Es folgt:

$$EW^* = \sum_{t=0}^{n} b_t \cdot \prod_{\tau=t+1}^{n} (1+i_\tau) + \sum_{C_j > 0} x_j^{max} \cdot C_j \cdot \prod_{\tau=1}^{n} (1+i_\tau).$$

Die Zielfunktion des Problems D^{EW} kann daher als *Verallgemeinerung* der Endwertformel

$$EW_j = (C_j + EK) \cdot (1+i)^n$$

des vollkommenen Kapitalmarkts interpretiert werden.[1]

Weil unter der Annahme eines positiven Endwerts mit Gewißheit $d_n = 1$ gilt, folgt aus der im Rahmen der Herleitung von Satz 25 bewiesenen Beziehung

[1] Vgl. *HERING*, Endogene Grenzzinsfüße (1992), S. 31.

$$d_{t-1} \geq d_t \qquad \forall\, t \in \{1, 2, \dots, n\}$$

sofort $d_t \geq 1 = d_n \ \forall\, t \in \{0, 1, 2, \dots, n\}$ und deshalb erst recht:

$$d_t > 0 \qquad \forall\, t \in \{0, 1, 2, \dots, n\}.$$

Die Zielsetzung Endwertmaximierung empfiehlt sich also durch die angenehme Eigenschaft, immer ökonomisch sinnvolle, positive Dualwerte d_t als Lenkpreise für die Partialsteuerung zu liefern.

Auf einem unvollkommenen Kapitalmarkt kann der Kapitalwert im allgemeinen nicht mehr *absolut* als mögliche Anfangsentnahme interpretiert werden (es sei denn, man betrachtet die Zielsetzung Barwertmaximierung). Dies sei wiederum an dem bereits bekannten DEAN-Modell-Beispiel verdeutlicht. Es gelten die Daten der Tabelle 4-1 mit der einzigen Modifikation, daß der Kredit F nunmehr höchstens im Umfang von 55 (statt vorher 100) verfügbar ist. Die Abbildung 4-1 zeigt auch für diese Situation die optimale Lösung: B, C und E sind voll, F in Höhe von 50 im Programm. Der maximale Endwert beträgt 10,5 bei einem Grenzzins von $i_1 = 13\%$. Die Summe der mit 13% berechneten positiven Kapitalwerte der Objekte B, C und E,

$$1{,}769912 + 3{,}097345 + 4{,}424779 = \frac{10{,}5}{1{,}13} = 9{,}2920,$$

gibt jedoch nicht mehr wie bei vollkommenem Kapitalmarkt die maximal mögliche Sofortentnahme an. Wenn B, C und E voll realisiert sind, kann durch Ausdehnung von F auf die neue Obergrenze 55 in $t = 0$ höchstens ein Betrag von $5 \neq 9{,}2920$ entnommen werden. Der Endwert sinkt entsprechend von 10,5 um $5 \cdot 1{,}13$ auf 4,85. Der Kapitalwert liefert somit keine Informationen über eine mit der endwertmaximalen Lösung erzielbare Anfangsentnahme. Er ist eine entscheidungslogische Größe, deren Vorzeichen die relative Vorteilhaftigkeit gegenüber der Opportunität (Grenzobjekt) im Hinblick auf die zugrunde gelegte Zielsetzung anzeigt.

Das Beispiel eignet sich gut zur Vermittlung einer weiteren Einsicht: Auf einem unvollkommenen Kapitalmarkt sind die verschiedenen Vermögens- und Einkommensziele *im allgemeinen* nicht mehr äquivalent – obwohl es natürlich durchaus vorkommen *kann*, daß unterschiedliche Ziele die gleichen endogenen Grenzzinsfüße liefern.[1] Im gegebenen Fall stimmt die endwertmaximale Lösung nicht mit der barwertmaximalen überein. Die Anfangsentnahme kann von 5 deutlich auf BW* = 9,2174 gesteigert werden. Hierzu ist lediglich auf die volle Realisation des Objekts B zu ver-

[1] Sofern F im Umfang von 100 durchgeführt werden kann, gibt es keinen Zielkonflikt zwischen EW- und BW-Maximierung. Vgl. auch *KRUSCHWITZ/FISCHER*, Endwert- und Entnahmemaximierung (1978).

zichten. Der bei einer Entnahme von 5 noch verbleibende Rest-Endwert (4,85, siehe oben) läßt sich auf t = 0 vorziehen, indem in gleicher Höhe Rückflüsse der schlechtesten im Programm befindlichen Investition (B mit einem internen Zins von 15%) reduziert werden. Die eingesparten Anschaffungsauszahlungen für B ermöglichen die Steigerung der Anfangsentnahme auf:

$$BW^* = 5 + \frac{4{,}85}{1{,}15} = 9{,}2174.$$

Das barwertmaximale Programm enthält C, E und F vollständig sowie das neue Grenzobjekt B im Umfang von 100 – 4,2174 = 95,7826. Dies kann wiederum durch entsprechende Abwandlung des in Abbildung 4-4 eingeführten Barwert-DEAN-Modells graphisch veranschaulich werden; vgl. Abbildung 4-5.

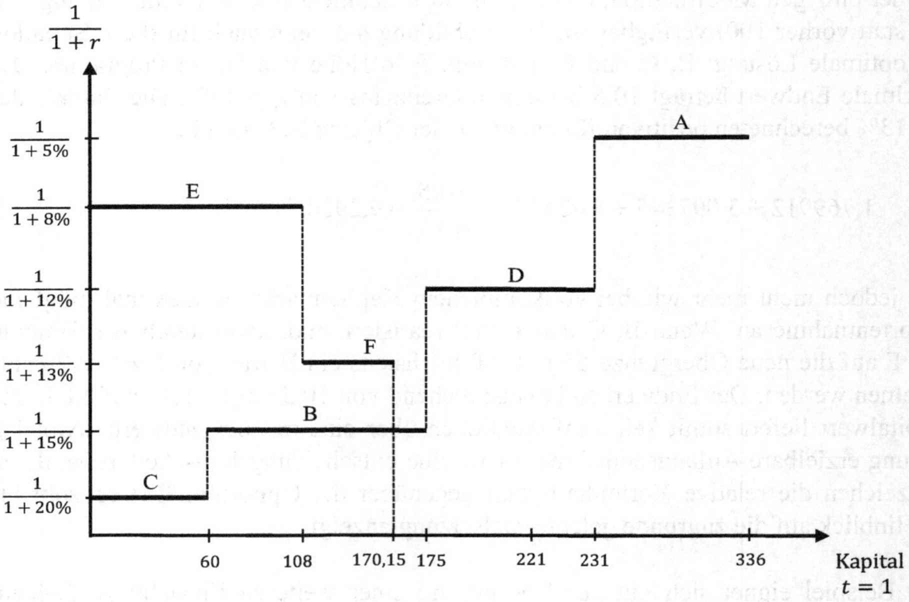

Abbildung 4-5: Abgewandeltes Barwert-DEAN-Modell

Wenn der 13%-Kredit F maximal im Umfang von 55 verfügbar ist, lautet seine Zahlungsreihe nunmehr (55, –62,15). Der Umfang des neuen Grenzobjekts B in t = 0 ergibt sich aus der graphischen Lösung als (170,15 – 60) / 1,15 = 95,7826. Damit lautet der maximale Barwert BW* = –50 –95,7826 + 100 + 55 = 9,2174 (primale Berechnung aus den Zahlungen in t = 0) bzw. (duale Berechnung beim Ziel Barwertmaximierung als Summe der jetzt mit dem neuen Grenzzins i_1 = 15% ermittelten

Kapitalwerte der vorteilhaften Objekte C, E und F) 2,1739 + 6,0870 + 0,9565 = 9,2174.

Die gegenüber der Endwertmaximierung eingetretene Änderung der optimalen Lösung spiegelt sich in der Erhöhung des endogenen Grenzzinses i_1 von 13% auf 15% wider. Ob ein zusätzlicher Kredit zu einem Zins von 14% vorteilhaft ist oder nicht, hängt dann allein von der Zielsetzung ab: Bei Endwertmaximierung ist der 14%-Kredit abzulehnen (negativer Kapitalwert, da i_1 = 13%). Soll jedoch der Barwert maximiert werden, wird der 14%-Kredit aufgenommen, um das 15% einbringende Objekt B doch noch voll realisieren zu können. In diesem Falle steigt BW* auf 9,2544. Der endogene Grenzzins sinkt dabei von 15% auf 14%.[1]

4.2.2.2 Endogene Grenzzinsfüße bei Einkommensmaximierung

Im Abschnitt 2.2.3 ist neben der Vermögensmaximierung auch noch das Ziel Einkommensmaximierung charakterisiert worden. Es bewertet Entnahmen zu einzelnen Zeitpunkten nicht mehr isoliert (additiv), sondern interdependent: Die *Breite* EN des Entnahmestroms soll maximal werden, nicht aber die Summe der gewichteten Einzelentnahmen. Kompensationen zwischen einzelnen Zeitpunkten sind nicht möglich; die kleinste Entnahme begrenzt die maximale Breite des gesamten Stroms. Eine derartige „Flaschenhalsoptimierung" (Minimax-Prinzip: Maximiere die Mindestentnahme!) muß nicht unbedingt sinnvoll sein, da sie u.U. vorhandene Geldbeträge mit null bewertet, weil sie sich nicht zu einer Verbreiterung des Entnahmestroms nutzen lassen.

Einkommensmodelle sind den bisher diskutierten Vermögensansätzen strukturell so ähnlich, daß die Übertragung der Ergebnisse (insbesondere Satz 25) nicht schwerfällt.[2] Der allgemeine Ansatz P^{GW} braucht nur geringfügig modifiziert zu werden, um das primale Einkommensmaximierungsmodell P^{EN} zu erhalten:

---

1 Der Rest-Endwert von 4,85 kann nun mit 14% kapitalisiert werden: BW* = 5 + 4,85/1,14 = 9,2544. Auch die Kapitalwertsumme der Objekte C, E, F (man beachte: Umfang 55) und B stellt sich dann bei 14% auf 2,63158 + 5,26316 + 0,48246 + 0,87719 = 9,2544.

2 Vgl. *HAX*, Investitions- und Finanzplanung (1964), S. 436 ff., *FRANKE/LAUX*, Kalkulationszinsfüße (1968), S. 755 ff.

max. Entn; Entn := EN

$$-\sum_{j=1}^{m} g_{j0} \cdot x_j \leq b_0$$

$$-\sum_{j=1}^{m} g_{jt} \cdot x_j + \overline{w}_t \cdot EN \leq b_t \qquad \forall\, t \in \{1, 2, \dots, n\}$$

$$x_j \leq x_j^{max} \qquad \forall\, j \in \{1, 2, \dots, m\}$$

$$x_j \geq 0 \qquad \forall\, j \in \{1, 2, \dots, m\}$$

$$EN \geq 0$$

Im Vergleich zum Problem P^{GW} fällt folgendes auf: Es gibt für die Gesamtheit der Planungszeitpunkte nur noch eine einzige Entnahmevariable EN; infolgedessen existiert auch nur eine Dualvariable ε. Die vierte Gruppe der Komplementaritätsbeziehungen reduziert sich auf die einzelne Bedingung $EN \cdot \varepsilon = 0$. Die als Konstante vorzugebenden Gewichtungsfaktoren $\overline{w}_t$ haben eine fundamental andere Bedeutung als die Werte w_t im Problem P^{GW}: Sie geben nicht mehr die Wertschätzung w_t einer Ausschüttung im Zeitpunkt t an, sondern bilden die gewünschte *zeitliche Struktur* des Entnahmestroms ab. Sofern z.B. ein gleichbleibendes Einkommen angestrebt wird, betragen alle $\overline{w}_t$ genau eins. Im Falle systematischen Wachstums nehmen die $\overline{w}_t$ dagegen von Periode zu Periode um einen bestimmten Prozentsatz zu. Die vorgenommene Festsetzung $\overline{w}_0 := 0$ ist nicht zwingend; sie wurde gewählt, um – in Übereinstimmung mit dem üblichen Einkommensbegriff und den im Kapitel 3 definierten Annuitätenfaktoren – während des Planungszeitraums von n Perioden genau n endfällige Entnahmen zuzulassen.[1] Annahmegemäß ist wenigstens ein Faktor $\overline{w}_t$ positiv. Sollte darüber hinaus *nur ein* $\overline{w}_t$ größer als null gewählt werden, liegt de facto ein spezieller Vermögensmaximierungsansatz vor. Falls z.B. $\overline{w}_n = 1$ gesetzt wird und alle übrigen Gewichte $\overline{w}_t$ null betragen, gilt Entn = EW. Das Charakteristische der Einkommensmaximierung zeigt sich erst, wenn mindestens zwei Ausschüttungszeitpunkte existieren.

Nachstehend sei noch das zugehörige Dualproblem D^{EN} notiert.

1 Vgl. Unterabschnitt 3.2.1.1.2 (Annuitätenkriterium).

$$\text{min. } Z; \; Z := \sum_{t=0}^{n} b_t \cdot d_t + \sum_{j=1}^{m} x_j^{max} \cdot u_j$$

$$-\sum_{t=0}^{n} g_{jt} \cdot d_t + u_j \geq 0 \qquad \forall\, j \in \{1, 2, \ldots, m\}$$

$$\sum_{t=1}^{n} \overline{w}_t \cdot d_t \geq 1$$

$$d_t \geq 0 \qquad \forall\, t \in \{0, 1, 2, \ldots, n\}$$

$$u_j \geq 0 \qquad \forall\, j \in \{1, 2, \ldots, m\}$$

Wenn der maximale Zielfunktionswert EN* positiv ist, gilt $\varepsilon = 0$ (Komplementarität), d.h.:

$$\sum_{t=1}^{n} \overline{w}_t \cdot d_t = 1.$$

Hieraus folgt, daß zumindest einer der Dualwerte d_t positiv ist. Zusammen mit der weiter oben bewiesenen Beziehung $d_{t-1} \geq d_t \; \forall\, t \in \{1, 2, \ldots, n\}$ resultiert $d_0 > 0$. Die übrigen Dualrestriktionen unterscheiden sich nicht vom Fall der Vermögensmaximierung. Sämtliche Aussagen zu den endogenen Grenzzinsfüßen gelten daher auch für die Zielsetzung Einkommensmaximierung. Der Beweis von Satz 25 kann unverändert übernommen werden.

Die zuletzt notierte duale Restriktion läßt eine interessante ökonomische Interpretation zu. Der Dualwert d_t zeigt an, wie hoch der Beitrag einer im Zeitpunkt t anfallenden DM zur maximalen Breite des Entnahmestroms ist. Sind nun in jedem Zeitpunkt t genau $\overline{w}_t$ DM zusätzlich verfügbar, so muß dieser der gewünschten Entnahmestruktur genau entsprechende Zahlungsstrom $\mathbf{g} = \overline{\mathbf{w}}$ in bezug auf EN mit eins bewertet werden, weil seine sofortige Wiederausschüttung völlig unabhängig vom übrigen Investitions- und Finanzierungsprogramm die Breite des Einkommens EN um eins erhöht. Der Kapitalwert der Zahlungsreihe $\mathbf{g} = \overline{\mathbf{w}}$ beträgt:

$$\sum_{t=1}^{n} \overline{w}_t \cdot \frac{d_t}{d_0} = \frac{1}{d_0}.$$

Unter Ausnutzung der definitorischen Beziehung $d_t = \rho_t \cdot d_0$ ergibt sich darüber hinaus:

$$\sum_{t=1}^{n} \overline{w}_t \cdot \rho_t \cdot d_0 = 1 \quad \Leftrightarrow \quad d_0 = \frac{1}{\sum_{t=1}^{n} \overline{w}_t \cdot \rho_t}.$$

Der Dualwert d_0 gibt den Beitrag einer in $t = 0$ verfügbaren DM zur Breite des Einkommensstroms an und entspricht damit dem *Annuitätenfaktor,* welcher einen anfangs gegebenen Geldbetrag in einen Entnahmestrom bestimmter Struktur umrechnet. Der

Annuitätenfaktor

$$ANF_{\overline{\mathbf{w}}} := \frac{1}{\sum_{t=1}^{n} \overline{w}_t \cdot \rho_t} \qquad (= d_0 \text{ bei Einkommensmaximierung})$$

des unvollkommenen Kapitalmarkts wird demnach durch die Dualrestriktion definiert und stellt die *Verallgemeinerung* des aus Kapitel 3 bekannten Annuitätenfaktors

$$ANF_{i,\overline{\mathbf{w}}} = \frac{1}{\sum_{t=1}^{n} \overline{w}_t \cdot q^{-t}}$$

dar. Auf dem vollkommenen Kapitalmarkt entspricht $q^{-t} = (1 + i)^{-t}$ dem Abzinsungsfaktor ρ_t.

Jede sinnvolle Partialisierung des Investitions- und Finanzierungsproblems muß daher der Bedingung $EN \cdot \varepsilon = 0$ genügen, d.h., im Optimum beträgt die Summe der gewichteten Dualwerte d_t $(t > 0)$ eins.

Beispiel. Es gelte $\overline{w}_t = 1 \; \forall \; t \geq 1$ (uniformer Einkommensstrom mit $\overline{w}_0 = 0$). Die Dualrestriktion lautet dann im Optimum $d_1 + d_2 + ... + d_n = 1$ und besagt: Sofern in jedem Zeitpunkt eine DM zusätzlich verfügbar ist, nimmt das Einkommen pro Periode um 1 DM zu, denn die hinzugefügte DM kann jeweils sofort entnommen werden, ohne das übrige Programm zu tangieren.[1] Ökonomisch sinnvolle Dualwerte d_t müssen sich daher zu eins addieren.[2]

Die optimale Lösung gewährleistet EN* = Z*. Die duale Zielfunktion berechnet die Breite des Einkommensstroms durch Summation der Annuitäten, wobei für jeden Zeitpunkt ein eigener Annuitätenfaktor d_t existiert. Die voll realisierten Objekte tragen im Umfang von

$$x_j^{max} \cdot u_j \;=\; x_j^{max} \cdot C_j \cdot d_0 \;=\; x_j^{max} \cdot C_j \cdot ANF_{\overline{w}}$$

zur „Gesamtannuität" (Breite des Einkommens) bei. Die duale Zielfunktion kann daher als *Verallgemeinerung* der Annuitätenformel

$$a_j = C_j \cdot ANF_{i,\overline{w}}$$

des vollkommenen Kapitalmarkts angesehen werden.[3]

Abschließend sei noch kurz auf das Problem der *rechtlichen* Zulässigkeit einer Entnahmepolitik eingegangen. Aktiengesellschaften ist die Ausschüttung ihres Grundkapitals nicht gestattet; es dürfen nur realisierte Gewinne der laufenden Periode oder früherer Perioden (Rücklagen) entnommen werden. Sofern keine ausreichenden Rücklagen vorhanden sind, darf eine als Ergebnis der Investitions- und Finanzplanung vorgesehene Dividende u.U. gar nicht gezahlt werden. Insbesondere Planungsergebnisse, die zu sehr frühen, hohen und möglicherweise sogar kreditfinanzierten Ausschüttungen führen, sind unter diesem Gesichtspunkt kritisch zu betrachten. Die Zielsetzungen Barwertmaximierung und Maximierung eines im Zeitablauf gleichbleibenden (oder gar fallenden) Einkommensstroms führen leichter zu rechtlich unzulässigen Lösungen als z.B. die Endwertmaximierung.[4]

Solche Lösungen lassen sich durch die Einführung zusätzlicher Nebenbedingungen ausschließen, welche in jeder Periode den Gewinn ermitteln, die Rücklagen fortschreiben und Ausschüttungen begrenzen. Der eingangs geschilderte „Flaschenhals"-Effekt wird durch zusätzliche Beschränkungen der maximalen Breite des Entnahme-

---

1 Vgl. *FRANKE/LAUX*, Kalkulationszinsfüße (1968), S. 756.

2 Auf dem vollkommenen Kapitalmarkt gilt analog: Die Rente $\mathbf{g} = \overline{\mathbf{w}} = (0, 1, 1, 1, \ldots, 1)$ hat den Kapitalwert $RBF_{i,n}$. Sie erhöht also das gleichmäßige Einkommen pro Periode um ihre Annuität $RBF_{i,n} \cdot ANF_{i,n} = 1$.

3 Vgl. *HERING*, Endogene Grenzzinsfüße (1992), S. 34 f.

4 Selbst am Planungshorizont sind u.U. noch nicht alle Gewinne realisiert. Die Überschüsse bis t = n können z.B. hohe Kundenanzahlungen für noch im Bau befindliche Großanlagen (Schiffe, Maschinen) enthalten. Der ausschüttungsfähige Gewinn wird möglicherweise auch durch Rückstellungen verringert.

stroms allerdings verstärkt, so daß die Wahrscheinlichkeit des Auftretens ökonomisch unsinniger Lenkpreise ($d_t = 0$) steigt. Ähnliches gilt insbesondere für die Barwertmaximierung. Unter diesem Aspekt erscheint das Endwertziel unproblematischer und vernünftiger. Neben dem Flexibilitätsargument (Stärkung der Eigenkapitalbasis durch Gewinnthesaurierung) sprechen auch die mathematischen Modelleigenschaften (positive Dualwerte d_t) eher für die Verfolgung des Endwertziels. Allerdings ist zu bedenken, daß die Bedeutung der Wahl der Zielsetzung stark von der Höhe der in den Konstanten b_t enthaltenen fixen Entnahmen abhängt (vgl. Abschnitt 2.2.3). Auch ein Einkommensmodell liefert mit hoher Wahrscheinlichkeit positive Dualwerte d_t, wenn das vorgegebene Mindest-Endvermögen hinreichend groß ist, so daß der Optimierungsansatz für überschüssige Finanzmittel späterer Perioden sinnvollere Verwendungen findet als die „Geldvernichtung" in Form positiver Liquiditäts-Schlupfvariabler y_t ($y_t > 0 \Rightarrow$ unsinniger Lenkpreis $d_t = 0$).

4.2.3 Interpretation der endogenen Grenzzinsfüße am Zahlenbeispiel

4.2.3.1 Gegenwartswertmaximierung

Die mehrperiodigen Wirkungszusammenhänge der Lenkpreistheorie sollen im folgenden anhand von Zahlenbeispielen veranschaulicht werden. Zur besseren Identifizierbarkeit seien die Objekte – abweichend von den allgemeinen Ansätzen – nicht als x_j fortlaufend geführt, sondern mit „sprechenden" Variablennamen versehen (I für Investitionen, K für Kredite, F für Finanzanlagen usw.). Als Ausgangsbeispiel diene die folgende Situation:

Einem Unternehmen bieten sich zwei Investitionsmöglichkeiten I_1 und I_2 mit den Zahlungsreihen (–110, 10, 80, 80) bzw. (–100, 50, 55) und den Obergrenzen 1 bzw. 2. Zur Finanzierung könnte eine Anleihe A aufgenommen werden: Nennbetrag 100, Laufzeit drei Jahre, Ausgabekurs 98%, Nominalzins 6% p.a., Tilgung zu gleichen Teilen am Ende des zweiten und dritten Jahres. Die Kreditlinie für einen 10%-Kontokorrentkredit beträgt in jedem Jahr 25. Einjährige Geldanlagen sind zu 5% unbegrenzt verfügbar. Lediglich zu Beginn des Planungszeitraums kann noch auf eigene Mittel zurückgegriffen werden: Der Kassenbestand beträgt 10. Die Strukturvariablen der neun Objekte und ihre Zahlungsreihen finden sich zusammengefaßt in der folgenden Tabelle.

t	I_1	I_2	A	K_0	K_1	K_2	F_0	F_1	F_2	b_t
0	−110	−100	98	1			−1			10
1	10	50	−6	−1,1	1		1,05	−1		
2	80	55	−56		−1,1	1		1,05	−1	
3	80		−53			−1,1			1,05	
Grenze	1	2	1	25	25	25	∞	∞	∞	

Tabelle 4-2: Daten des Beispiels zur Gegenwartswertmaximierung

Der Gewichtungsvektor **w** sei (4, 3, 2, 1). Die Zielfunktion $GW = 4\,G_0 + 3\,G_1 + 2\,G_2 + G_3$ wertet also z.B. eine sofortige Entnahme viermal stärker als eine Endentnahme. Der zugehörige lineare Optimierungsansatz (LO-Ansatz vom Typ GW) lautet:

$$\max.\ GW;\ GW := 4\,G_0 + 3\,G_1 + 2\,G_2 + G_3$$

$$\begin{aligned}
110\,I_1 + 100\,I_2 - 98\,A - K_0 + F_0 \quad + G_0 &\le 10\\
-10\,I_1 - 50\,I_2 + 6\,A + 1{,}1\,K_0 - 1{,}05\,F_0 - K_1 + F_1 \quad + G_1 &\le 0\\
-80\,I_1 - 55\,I_2 + 56\,A + 1{,}1\,K_1 - 1{,}05\,F_1 - K_2 + F_2 \quad + G_2 &\le 0\\
-80\,I_1 \quad + 53\,A + 1{,}1\,K_2 - 1{,}05\,F_2 \quad + G_3 &\le 0\\
I_1 &\le 1\\
I_2 &\le 2\\
A &\le 1\\
K_0 &\le 25\\
K_1 &\le 25\\
K_2 &\le 25\\
I_1, I_2, A, K_0, K_1, K_2, F_0, F_1, F_2, G_0, G_1, G_2, G_3 &\ge 0
\end{aligned}$$

Für diesen Ansatz ergibt sich mit Hilfe der LO die folgende, eindeutige optimale Lösung:

$GW^* = \frac{51407}{336} = 152{,}9970, \quad G_0 = \frac{12821}{336} = 38{,}1577, \quad G_1 = \frac{41}{336} = 0{,}1220,$

$A = 1, \quad K_0 = 25, \quad K_1 = 25,$

$I_1 = \frac{2897}{3360} = 0{,}8622, \quad K_2 = \frac{305}{21} = 14{,}5238,$

$G_2 = G_3 = I_2 = F_0 = F_1 = F_2 = 0.$

Entnahmen werden nur zu $t = 0$ und $t = 1$ getätigt und ergeben einen maximalen gewichteten Gegenwartswert von 152,9970. Zur Finanzierung sind die Anleihe und die Kontokorrentkredite der ersten beiden Jahre voll auszuschöpfen. Als teilweise zu realisierende Grenzobjekte erweisen sich die Investition 1 und der Kontokorrentkredit des dritten Jahres. Investition 2 und sämtliche Geldanlagen sind unvorteilhaft.

Die Dualwerte d_t betragen:[1] $d_0 = 4$, $d_1 = 3$, $d_2 = 2{,}6845$ und $d_3 = 2{,}4405$. Die ersten beiden Werte müssen den Entnahmegewichten w_t entsprechen, weil zu $t = 0$ und $t = 1$ Vermögen ausgeschüttet wird (Komplementarität).[2] Später erfolgen keine Ausschüttungen mehr, da die in $t = 2$ und $t = 3$ anfallenden Beträge zu wertvoll sind, um entnommen zu werden. Zum Beispiel trägt eine DM im Zeitpunkt $t = 2$ genau 2,6845 zum gewichteten Gegenwartswert bei. Würde sie ausgeschüttet, betrüge ihr Nutzen gemäß Zielfunktion aber nur 2.[3] Das Zustandekommen des Dualwerts d_2 sei im folgenden näher untersucht.

Wenn in $t = 2$ eine zusätzliche DM verfügbar ist, kann der Zahlungssaldo dieses Zeitpunkts um eine DM niedriger ausfallen. Die Grenzobjekte I_1 und K_2 passen sich entsprechend an, so daß der gewichtete Gegenwartswert um d_2 steigt. Die erforderlichen Änderungen Δ des Umfangs der Grenzobjekte dürfen das Zahlungsgleichgewicht in keinem Zeitpunkt verletzen und müssen daher dem folgenden Gleichungssystem genügen:

1 Dem Leser sei empfohlen, die Aufgabe per EDV zu lösen und die Dualwerte gemäß Satz 23 als Zielfunktionskoeffizienten im Optimaltableau zu identifizieren.

2 Gemäß Satz 24 gilt im Optimum $G_t \cdot \varepsilon_t = 0$ (Komplementarität). Wegen $d_t \geq w_t \Leftrightarrow d_t - \varepsilon_t = w_t$ folgt hieraus $d_t = w_t$ für alle t mit $G_t > 0$, denn aus $G_t > 0$ ergibt sich wegen $G_t \cdot \varepsilon_t = 0$ zwangsläufig $\varepsilon_t = 0 \Leftrightarrow d_t = w_t$.

3 Im Falle $d_t > w_t \Leftrightarrow \varepsilon_t > 0$ folgt aus $G_t \cdot \varepsilon_t = 0$ (Satz 24) sofort $G_t = 0$ (keine Ausschüttung in t, wenn der endogene Faktorwert d_t den exogenen Nutzenwert w_t übersteigt).

$$\begin{array}{rcrcr} -110\Delta I_1 & - & \Delta G_0 & = & 0 \\ 10\Delta I_1 & - & \Delta G_1 & = & 0 \\ 80\Delta I_1 & + & \Delta K_2 & = & -1 \\ 80\Delta I_1 & - & 1{,}1\,\Delta K_2 & = & 0 \end{array}$$

Die Lösung lautet: $\Delta K_2 = -\frac{10}{21}$, $\Delta I_1 = -\frac{11}{1680}$, $\Delta G_1 = -\frac{11}{168}$ und $\Delta G_0 = \frac{121}{168}$.

Somit ergibt sich $\Delta GW = 4\,\Delta G_0 + 3\,\Delta G_1 = \frac{451}{168} = 2{,}6845 = d_2$.

Ebenso[1] läßt sich $d_3 = \frac{205}{84} = 2{,}4405$ herleiten. Die endogenen Grenzzinsfüße lauten:

$$i_t = \frac{d_{t-1}}{d_t} - 1, \text{ also}$$

$$i_1 = \frac{4}{3} - 1 \qquad = \quad 33\tfrac{1}{3}\%,$$

$$i_2 = \frac{3}{\frac{451}{168}} - 1 = \frac{53}{451} \qquad = \quad 11{,}7517\%,$$

$$i_3 = \frac{\frac{451}{168}}{\frac{205}{84}} - 1 \qquad = \quad 10\%.$$

Der letzte Zinssatz ist am einfachsten zu interpretieren: Er entspricht unmittelbar dem internen Zins des Grenzobjekts im dritten Jahr (10%-Kredit K_2). Zu Beginn des zweiten Jahres, also im Zeitpunkt t = 1, gibt es dagegen kein Grenzobjekt. Der endogene Zins i_2 ist in diesem Falle ein Mischzins, der sich aus den Zahlungsreihen der Grenzobjekte I_1 und K_2 sowie den Gewichtungsfaktoren w_t derjenigen Zeitpunkte t zusammensetzt, in denen Vermögen ausgeschüttet wird. Nur die Koeffizienten der Grenzobjekte haben Einfluß auf die Lösung des obigen Gleichungssystems und damit auf d_2 und i_2. Die Grenzverzinsung im zweiten Jahr beträgt 11,7517%, weil die Zielfunktion eine Entnahme von 1 in t = 1 mit einer Entnahme von $1 + i_2 = 1{,}117517$ in t = 2 gleichsetzt:

1 Im System sind nur die rechten Seiten der dritten und vierten Gleichung zu vertauschen.

$$1 \cdot 3 = 1{,}117517 \cdot 2{,}6845 \text{ wegen } 1 \cdot d_1 = (1 + i_2) \cdot d_2 \Leftrightarrow i_2 = \frac{d_1}{d_2} - 1 \text{ } \textit{per def.}$$

Zu t = 0 gibt es zwar mit I_1 ein Grenzobjekt, aber es erstreckt sich über mehrere Jahre. Im Unterabschnitt 4.2.5.1 wird allgemein gezeigt werden, daß in solchen Fällen der endogene Grenzzins der *Initialverzinsung* V des Grenzobjekts entspricht.

$$i_1 = V_{I1} = \frac{10 + \frac{80}{1{,}117517} + \frac{80}{1{,}117517 \cdot 1{,}1}}{110} - 1 = 33\tfrac{1}{3}\%.$$

Die endogenen Grenzzinsfüße lassen sich also auf die Zahlungsreihen bzw. Zinssätze der Grenzobjekte zurückführen. Nachdem die drei periodenspezifischen Lenkzinsfüße interpretiert worden sind, sei im folgenden ihre Steuerungseigenschaft für das Partialmodell demonstriert. Es errechnen sich die nachstehenden Kapitalwerte:

$$C_{I1} = -110 + \frac{10}{1{,}\bar{3}} + \frac{80}{1{,}\bar{3} \cdot 1\frac{53}{451}} + \frac{80}{1{,}\bar{3} \cdot 1\frac{53}{451} \cdot 1{,}1} = 0,$$

$$C_{I2} = -100 + \frac{50}{1{,}\bar{3}} + \frac{55}{1{,}\bar{3} \cdot 1\frac{53}{451}} = -25{,}5878,$$

$$C_A = 98 - \frac{6}{1{,}\bar{3}} - \frac{56}{1{,}\bar{3} \cdot 1\frac{53}{451}} - \frac{53}{1{,}\bar{3} \cdot 1\frac{53}{451} \cdot 1{,}1} = 23{,}5804.$$

Die Anleihe ist nach Satz 25 eindeutig vorteilhaft und Investition 2 gänzlich unvorteilhaft. Investition 1 wird als potentielles Grenzobjekt identifiziert. Analog ergeben sich die Kapitalwerte der drei einjährigen Kredite (0,175 für K_0, 0,011756 für K_1 und 0 für K_2) sowie der Geldanlagen (alle drei negativ). Das Kapitalwertvorzeichen trennt *dezentral* die „guten" von den „schlechten" Objekten und kommt zum selben Ergebnis wie das Simultanmodell, dem die oben angegebene Lösung entnommen worden ist. Lediglich der Umfang der beiden Objekte mit einem Kapitalwert von null muß noch *zentral* ermittelt werden. Das Gleichungssystem der Liquiditätsbedingungen vereinfacht sich in Kenntnis der eindeutig vorteilhaften Objekte A, K_0 und K_1 zu:

$$\begin{array}{rcrcrl}
110\, I_1 & + & G_0 & = & 133 & (= 10 + 98 + 25) \\
-10\, I_1 & + & G_1 & = & -8{,}5 & (= -6 - 25 \cdot 1{,}1 + 25) \\
-80\, I_1 & - & K_2 & = & -83{,}5 & (= -56 - 25 \cdot 1{,}1) \\
-80\, I_1 & + & 1{,}1\, K_2 & = & -53 & (= -53)
\end{array}$$

Als eindeutige Lösung resultieren die oben angegebenen Werte für I_1, K_2, G_0 und G_1. Der gewichtete Gegenwartswert ergibt sich aus der dualen Zielfunktion durch Bewertung der positiven Kapitalwerte sowie der liquiden Mittel in t = 0 mit dem Faktor d_0 (hier = w_0) = 4. Es gilt in der Tat:

$$(10 + 23{,}5804 + 25 \cdot 0{,}175 + 25 \cdot 0{,}011756) \cdot 4 = 152{,}997 = GW^*.$$

Wenn der Bewertungsvektor **w** in (1,21275; 1,1025; 1,05; 1) abgeändert wird, stimmt in der neuen, nicht eindeutigen optimalen Lösung jeder Dualwert d_t mit dem jeweiligen Gewichtungsfaktor w_t überein. Dies bedeutet, daß zu jedem Zeitpunkt Entnahmen getätigt werden *können*. Das Optimaltableau ist dual ausgeartet, wodurch innerhalb gewisser Grenzen ein zielwertneutrales zeitliches Hin- und Herschieben von Vermögensausschüttungen möglich wird. Beispielsweise kann die Entnahme auf drei Zeitpunkte verteilt (G_1 = 1,8, G_2 = 24, G_3 = 27) oder auf den Endzeitpunkt t = 3 konzentriert werden (G_3 = 54,1845). Die darüber hinaus noch zahlreichen anderen gleichwertigen Optimallösungen (und ihre unendlich vielen Konvexkombinationen; vgl. Unterabschnitt 4.2.4.2) haben gemein, daß stets die Investition 1 und die Anleihe in vollem Umfang realisiert werden und die endogenen Grenzzinsfüße der drei Jahre 10%, 5% und 5% betragen. Eine solche (begrenzte) Substituierbarkeit der Entnahmezeitpunkte kommt aber auf dem unvollkommenen Kapitalmarkt allenfalls zufällig vor. Sie setzt nämlich aufgrund der Komplementaritätsbeziehungen voraus, daß die subjektiv vorzugebenden Gewichte w_t genau den ex ante unbekannten Dualwerten d_t entsprechen.

Welche Lösung ist optimal, wenn keine Konsumpräferenz für einen bestimmten Zeitpunkt besteht, also im Beispiel zur Gegenwartswertmaximierung **w** = (1, 1, 1, 1) gilt? Gemäß Dualproblem D^{GW} ist $d_t \geq w_t = 1$ für alle t erfüllt. Sofern GW* > 0 ist, muß wenigstens ein Zeitpunkt t existieren mit $d_t = w_t = 1$ (Komplementarität). Die Dualrestriktionen der 5%-Geldanlagen lauten:

$$1 \cdot d_{t-1} - (1+ i_H) \cdot d_t \geq 0 \qquad \forall\, t \in \{1, 2, \dots , n\}.$$

Weil der Habenzins $i_H = 0{,}05$ positiv ist, folgt hieraus wegen $d_t \geq 1$ die Abschätzung $d_{t-1} \geq (1+ i_H) \cdot d_t > d_t$, d.h.: $d_{t-1} > d_t\ \forall\, t \in \{1, 2, \dots , n\}$. Wenn aber die Dualwerte d_t erstens im Zeitablauf kleiner werden und zweitens alle größer oder gleich eins sind, so *kann* höchstens der letzte Wert d_n *gleich* eins sein. Da annahmegemäß ein t mit $d_t = 1$ existiert, ergibt sich zwingend:

$$d_n = 1 \text{ und } d_t > 1\ \forall\, t \in \{0, 1, 2, \dots , n-1\} \;\Rightarrow\; \varepsilon_t > 0\ \forall\, t \in \{0, 1, 2, \dots , n-1\}.$$

Die Komplementaritätsbeziehungen $G_t \cdot \varepsilon_t = 0$ (Satz 24) liefern sodann das Ergebnis $G_t = 0\ \forall\, t \in \{0, 1, 2, \dots , n-1\}$. Die Entnahme erfolgt also ausschließlich im Endzeitpunkt t = n. Damit läßt sich festhalten, daß die Zielsetzung Gegenwartswertmaximierung in Endwertmaximierung übergeht, sofern keine Differenzierung der Konsumpräferenz erfolgt und der Habenzins der unbegrenzten Geldanlage jeweils größer als null ist. Dies ist nicht verwunderlich: Ohne bestimmte Konsumpräferenz werden alle Entnahmen bis zum spätesten Zeitpunkt aufgeschoben, weil sie bis dahin in Form verzinslicher Geldanlagen noch wachsen können.[1]

4.2.3.2 Endwertmaximierung

Das Beispiel der Tabelle 4-2 liest sich unter der Zielsetzung Endwertmaximierung wie folgt (hinter den Restriktionen stehen in Klammern die Schlupfvariablen y_t für die Liquiditäts- und s_j für die Schrankenrestriktionen):[2]

$$\text{max. EW; EW} := G_3$$

$$110\,I_1 + 100\,I_2 - 98\,A - K_0 + F_0 \leq 10 \quad (y_0)$$

$$-10\,I_1 - 50\,I_2 + 6\,A + 1{,}1\,K_0 - 1{,}05\,F_0 - K_1 + F_1 \leq 0 \quad (y_1)$$

$$-80\,I_1 - 55\,I_2 + 56\,A + 1{,}1\,K_1 - 1{,}05\,F_1 - K_2 + F_2 \leq 0 \quad (y_2)$$

$$-80\,I_1 + 53\,A + 1{,}1\,K_2 - 1{,}05\,F_2 + G_3 \leq 0 \quad (y_3)$$

$$I_1 \leq 1 \quad (s_{I1})$$

$$I_2 \leq 2 \quad (s_{I2})$$

$$A \leq 1 \quad (s_A)$$

$$K_0 \leq 25 \quad (s_{K0})$$

$$K_1 \leq 25 \quad (s_{K1})$$

$$K_2 \leq 25 \quad (s_{K2})$$

$$I_1, I_2, A, K_0, K_1, K_2, F_0, F_1, F_2, G_3 \geq 0$$

---

1 Vgl. Unterabschnitt 3.2.1.1.1.

2 Vgl. *HERING*, Endogene Grenzzinsfüße (1992), S. 4 ff., *MATSCHKE/HERING/KLINGELHÖFER*, Finanzplanung (2002), S. 216 ff.

Der maximale Endwert von EW* = 54,1845 wird durch volle Realisation der Investition 1 und der Anleihe erreicht ($I_1^* = A^* = 1$). Investition 2 ist unvorteilhaft. Das finanzielle Gleichgewicht bleibt durch eine Kreditaufnahme zu t = 0 (im Umfang von $K_0^* = 2$) sowie Geldanlagen zu t = 1 und t = 2 gewahrt ($F_1^* = 1{,}8$ und $F_2^* = 25{,}89$). Die nachstehende Tabelle zeigt den dazugehörigen VOFI.

Zeitpunkt t	t = 0	t = 1	t = 2	t = 3
Investition 1	–110	10	80	80
Anleihe	98	–6	–56	–53
EK (= b_0)	10			
Kredit (10%)	2	–2		
Geldanlage (5%)		–1,8	–24,09	–28,2945
Zinsen		–0,2	0,09	1,2945
Summe	0	0	0	0
Kreditstand	2			
Guthabenstand		1,8	25,89	54,1845

Tabelle 4-3: VOFI zur Optimallösung bei Endwertmaximierung

Grenzobjekte sind K_0, F_1 und F_2. Sie werden (nur) teilweise verwirklicht und haben daher nach Satz 25 einen Kapitalwert von null. Im vorliegenden, besonders einfachen *Standardfall* entspricht der endogene Grenzzins einer jeden Periode unmittelbar dem internen Zins des zugehörigen einperiodigen Grenzobjekts: $i_1 = 10\%$, $i_2 = i_3 = 5\%$.

Beispiel. Das Grenzobjekt F_1 muß den Kapitalwert null aufweisen (Satz 25). Dann gilt:

$$C_{F1} = \frac{-1}{1+i_1} + \frac{1{,}05}{(1+i_1)\cdot(1+i_2)} = 0 \quad \Leftrightarrow \quad i_2 = 0{,}05.$$

Aus den endogenen Grenzzinsfüßen lassen sich die zugehörigen Auf- und Abzinsungsfaktoren ermitteln. Bei Endwertmaximierung gilt allgemein $d_n = 1$ und darum speziell $d_3 = 1$. Die anderen Aufzinsungsfaktoren d_t/d_3 entsprechen daher unmittelbar den Dualwerten d_t:

$$d_0 = 1{,}1 \cdot 1{,}05 \cdot 1{,}05 \qquad = 1{,}21275,$$
$$d_1 = 1{,}05 \cdot 1{,}05 \qquad = 1{,}1025,$$
$$d_2 = 1{,}05 \qquad = 1{,}05.$$

Sie lassen sich leicht interpretieren: Eine z.B. im Zeitpunkt t = 0 verfügbare zusätzliche Geldeinheit verzinst sich im ersten Jahr zu 10%; sie erspart Kreditzinsen (0,1) und Tilgung (1) einer Einheit des Grenzobjekts „10%-Kontokorrent". In den beiden Folgejahren kann die in t = 1 eingetretene Ersparnis von 1,1 dazu genutzt werden, das jeweilige Grenzobjekt „5%-Geldanlage" aufzustocken. Aus einer anfangs verfügbaren Geldeinheit werden auf diese Weise in drei Perioden 1,21275 Geldeinheiten, wodurch der Aufzinsungsfaktor d_0 von t = 0 auf t = 3 ökonomisch erklärt ist.

Die beschriebene Interpretation der Dualwerte ist lediglich eine (didaktische) Hilfsbetrachtung. Sie gilt – ähnlich wie die Abschätzung einer Funktion durch ihr Differential – strenggenommen nur für infinitesimale Datenänderungen. Aufgrund der Linearität treffen aber die Interpretationsaussagen innerhalb eines gewissen Toleranzbereiches (der nur im Ausartungsfall auch leer sein kann) auch *absolut* zu. Durch eine *Sensitivitätsanalyse* läßt sich feststellen, für welche Änderungen die Struktur der Optimallösung (*Basis*) und damit die endogenen Grenzzinsfüße stabil bleiben.[1] Werden etwa in t = 0 über die vorhandenen 10 hinaus mehr als *zwei*, z.B. drei Geldeinheiten zugeführt, so ändert sich die Zusammensetzung der Lösung. Der Umfang des Kontokorrentkredits K_0 kann nicht um den Wert 3 sinken, weil er ja nur mit einem Betrag von 2 in Anspruch genommen wird. In diesem Falle ist K_0 ganz zu streichen, und die Anleihe avanciert zum neuen Grenzobjekt.

Es muß betont werden, daß der *Marginalcharakter* der endogenen Grenzzinsfüße ihre Steuerungseigenschaft für das gegebene Investitions- und Finanzierungsprogramm nicht berührt. Sämtliche Objekte der Tabelle 4-2 sind im ersten Jahr mit dem Grenzzins 10% abzuzinsen, obwohl dieser nur das geringe Kapitalvolumen von 2 Geldeinheiten des Grenzobjekts K_0 repräsentiert, das zur Finanzierung allein gar nicht ausreicht. Ungeachtet des begrenzten Gültigkeitsbereichs ihrer absoluten Interpretation sind allein die *Grenz*größen steuerungsrelevant. In der Literatur findet sich dagegen z.T. die irrige Auffassung, der theoretisch richtige Kalkulationszins müsse ein *Durchschnitts*zins mit Mischcharakter sein, welcher *absolute* – und nicht infinitesimale! – „Opportunitätskosten" widerspiegelt.[2] An einfachen Beispielen läßt sich nachweisen, daß derartige Durchschnittsgrößen zu falschen Kapitalwertvorzeichen führen und deshalb für eine dezentrale Partialsteuerung ungeeignet sind. Der theoretisch richtige Kalkulationszins kann zwar durchaus ein Mischzins aus verschiedenen Grenzobjekten sein (vgl. Unterabschnitt 4.2.3.1); er ist aber immer ein *Grenz*zins.

---

1 Vgl. Abschnitt 5.3.1.

2 Vgl. *SIEBEN*, Bewertungs- und Investitionsmodelle (1967), S. 147, *GROB*, Mischzinsfüße (1982).

Die Abzinsungsfaktoren $\rho_t = d_t/d_0$ lauten im gegebenen Zahlenbeispiel neben $\rho_0 = 1$:

$$\rho_1 = \frac{1,1025}{1,21275} = \frac{1}{1,1} = 0,909091,$$

$$\rho_2 = \frac{1,05}{1,21275} = \frac{1}{1,1 \cdot 1,05} = 0,865801,$$

$$\rho_3 = \frac{1}{1,21275} = \frac{1}{1,1 \cdot 1,05 \cdot 1,05} = 0,824572.$$

Diese Faktoren führen zum optimalen Programm. Beispielsweise ist Investition 1 wegen ihres positiven Kapitalwerts in vollem Umfang durchzuführen: $-110 + 10 \cdot \rho_1 + 80 \cdot \rho_2 + 80 \cdot \rho_3 = 34,32076 > 0$. Gleiches gilt für die Anleihe mit einem Kapitalwert von 0,35828. Investition 2 sowie die Objekte F_0, K_1 und K_2 sind wegen negativer Kapitalwerte zu verwerfen. Der Umfang der drei Grenzobjekte läßt sich anschließend residual ermitteln, wie im VOFI der Tabelle 4-3 gezeigt.

Alle Zusammenhänge spiegeln sich auch im optimalen Simplextableau wider. Es sieht folgendermaßen aus:

BV	K_1	K_2	F_0	I_2	y_0	y_1	y_2	y_3	s_{I1}	s_A	RS
EW	0,0525	0,05	0,0551	8,4	1,21275	1,1025	1,05	1	41,6225	0,4345	54,1845
I_1									1		1
F_1	–1		0,05	60	1,1	1			–111	101,8	1,8
F_2	0,05	–1	0,0525	8	1,155	1,05	1		–36,55	50,89	25,89
K_0			–1	–100	–1				110	–98	2
A										1	1
s_{K0}			1	100	1				–110	98	23
s_{K1}	1										25
s_{K2}		1									25
s_{I2}				1							2
G_3	0,0525	0,05	0,0551	8,4	1,21275	1,1025	1,05	1	41,6225	0,4345	54,1845

Tabelle 4-4: Optimaltableau bei Endwertmaximierung

In der rechten Spalte („rechte Seite" des Tableaus, RS) finden sich die optimalen Werte der in der linken Spalte abgetragenen Basisvariablen (BV). So ist von oben nach unten $EW^* = 54,1845$, $I_1^* = 1$, $F_1^* = 1,8$, usw. Es wird exakt die im VOFI der Tabelle 4-3 wiedergegebene Lösung ausgewiesen. Lenkpreistheoretisch interessanter als diese sogenannte „primale Lösung" sind die Zielfunktionskoeffizienten, also die Werte der EW-Zeile (Schattenpreise, Dualwerte, „duale Lösung"). Die Zuordnungen ergeben sich aus den Paarungen der Komplementaritätsbeziehungen (Satz 24).

BV	K_1	K_2	F_0	I_2	y_0	y_1	y_2	y_3	s_{I1}	s_A	RS
EW	μ_{K1}	μ_{K2}	μ_{F0}	μ_{I2}	d_0	d_1	d_2	d_3	u_{I1}	u_A	Z*

Tabelle 4-5: Dualwerte bei Endwertmaximierung

In den Spalten der Liquiditätsschlupfvariablen y_t stehen die zugehörigen Liquiditäts-Schattenpreise d_t (bei Endwertmaximierung: die *Aufzinsungsfaktoren* von t auf n). Zu den unvorteilhaften Investitions- und Finanzierungsobjekten (Nichtbasisvariablen x_j, im Beispiel „sprechend" K_1, K_2, F_0, I_2) gehören komplementär die Dualvariablen μ_j, welche dem *Absolutbetrag* des für diese Objekte *nichtpositiven zusätzlichen Endwerts* entsprechen.[1] Und schließlich sind den im Optimum null betragenden Schlupfvariablen s_j der vorteilhaften Objekte (hier I_1, A) ihre *nichtnegativen zusätzlichen Endwerte* u_j komplementär zugeordnet.[2] Ganz rechts findet sich der maximale Endwert EW* = Z*.

Das Simplextableau ist wie ein offenes Buch zu lesen; es beantwortet auch die Frage nach der Zusammensetzung aller Lenkpreise. Dies sei am Beispiel des Dualwerts d_0 aufgezeigt, der als Zielfunktionskoeffizient zur Liquiditätsschlupfvariablen y_0 des Zeitpunkts t = 0 gehört. Stünde in t = 0 eine zusätzliche Geldeinheit zur Verfügung (z.B. durch Zuführung aus dem Privatvermögen des Unternehmers), so könnte die *bisherige* Liquiditätsbedingung im Zeitpunkt t = 0 um 1 *verletzt* werden. Modelltechnisch dürfte y_0 von 0 auf –1 sinken, ohne die Liquidität zu gefährden, denn es steht ja annahmegemäß noch eine Geldeinheit „von außerhalb des Modells" zur Verfügung. Als Veränderung geschrieben, bewirkt die zusätzlich zugeführte Geldeinheit mithin: $\Delta y_0 = -1$.

Aus der y_0-Spalte der Tabelle 4-4 läßt sich nun Zeile für Zeile ablesen, welche Auswirkungen die Veränderung $\Delta y_0 = -1$ auf die Werte der übrigen Basisvariablen hat. Man mache sich dazu lediglich klar, daß das Optimaltableau die Kurzschreibweise eines Gleichungssystems ist. Die Zielfunktionszeile liest sich also als:

$$EW + 0{,}0525\ K_1 + \ldots + 1{,}21275\ y_0 + \ldots + 0{,}4345\ s_A = 54{,}1845.$$

[1] Vgl. die Herleitung von Satz 25 im Spezialfall Endwertmaximierung: Für nachteilige Objekte ist der auf t = n aufgezinste Kapitalwert (zusätzliche Endwert) $\Delta EW_j = C_j \cdot d_0 = -\mu_j \leq 0$.

[2] Vgl. die Herleitung von Satz 25 im Spezialfall Endwertmaximierung: Für voll vorteilhafte Objekte ist der auf t = n aufgezinste Kapitalwert (zusätzliche Endwert) $\Delta EW_j = C_j \cdot d_0 = u_j \geq 0$.

Im Optimum sind alle Variablen dieser Gleichung mit Ausnahme von EW gleich null, so daß EW = 54,1845 = EW* resultiert. Führt man nun die Änderung $\Delta y_0 = -1$ in die Gleichung ein, darf also y_0 den Wert –1 annehmen, liefert die Gleichung sofort als neuen maximalen Endwert:

$$EW = 54{,}1845 - 1{,}21275\ y_0 = 54{,}1845 - 1{,}21275 \cdot (-1) = 54{,}1845 + 1{,}21275.$$

Es gilt $\Delta y_0 = -1 \Rightarrow \Delta EW = 1{,}21275$. Im Ergebnis steigt der Endwert im Optimum um den Betrag des zu erklärenden Dualwerts $d_0 = 1{,}21275$. Dieser „Schattenpreis" des knappen Faktors „Liquidität in t = 0" gibt also die Endwertzunahme an, welche durch eine in t = 0 zur Verfügung stehende zusätzliche Geldeinheit bewirkt wird. Anders gesagt: Es handelt sich, wie bereits mehrfach erwähnt, um den Aufzinsungsfaktor von t = 0 auf t = n. *Warum* er gerade 1,21275 beträgt, beantworten die übrigen Zeilen des Tableaus.

Die Koeffizienten in der y_0-Spalte von Tabelle 4-4 zeigen – analog zur Interpretation bezüglich EW – die folgende Reaktionskette der übrigen Basisvariablen auf:

$$\Delta y_0 = -1 \Rightarrow \Delta K_0 = -1 \Rightarrow \Delta F_1 = 1{,}1 \Rightarrow \Delta F_2 = 1{,}155 \Rightarrow \Delta EW = 1{,}21275.$$

Was passiert ökonomisch? Wenn eine Geldeinheit in t = 0 zusätzlich verwendbar ist ($\Delta y_0 = -1$), wird sie optimal genutzt, indem der Umfang des Grenzobjekts K_0 (10%-Kredit) entsprechend verringert wird: $\Delta K_0 = -1$. Es ist also vorteilhaft, die zusätzlichen Eigenmittel zur sofortigen Kreditreduzierung zu verwenden. Dementsprechend spart das Unternehmen eine Periode später Zins und Tilgung in Höhe von 1,1. Dieses in t = 1 zusätzlich verfügbare Geld wird gemäß Optimaltableau am günstigsten im Grenzobjekt F_1 angelegt (5%-Anlage), dessen Umfang exakt in dieser Höhe reagiert: $\Delta F_1 = 1{,}1$. Infolge des höheren Anlagebetrages zu t = 1 steigert sich der in t = 2 anfallende Rückfluß aus der 5%-Geldanlage um $1{,}05 \cdot \Delta F_1 = 1{,}05 \cdot 1{,}1 = 1{,}155$. Auch diese Zahl findet sich im Tableau wieder: Die erhöhte Liquidität fließt ins Grenzobjekt F_2 des entsprechenden Zeitpunkts, d.h., die 5%-Geldanlage im Zeitpunkt t = 2 wird um 1,155 aufgestockt: $\Delta F_2 = 1{,}155$. Hieraus resultiert eine Periode später (im Endzeitpunkt t = 3) mit Zinsen ein höherer Rückfluß von $1{,}05 \cdot \Delta F_2 = 1{,}05 \cdot 1{,}155 = 1{,}21275 = d_0 = \Delta EW$. Der Aufzinsungsfaktor d_0 entsteht also durch periodenweises Verzinsen mit den endogenen Grenzzinsfüßen i_t; wie bereits oben angeschrieben, gilt $d_0 = 1{,}1 \cdot 1{,}05 \cdot 1{,}05 = 1{,}21275$. Damit ist der Dualwert d_0 als Endwertsteigerung durch eine am Anfang hinzugefügte Geldeinheit anschaulich erklärt.

Die hergeleitete absolute Endwertveränderung gilt unter der Annahme, daß die Basislösung des Optimaltableaus stabil bleibt. Sie setzt stillschweigend voraus, daß die ausgelösten Veränderungen ΔK_0, ΔF_1 und ΔF_2 nicht groß genug sind, um die Lösungsstruktur zu tangieren. Im Beispiel ist die Reduktion $\Delta K_0 = -1$ unproblematisch, weil in der optimalen Lösung bislang $K_0 = 2$ gilt. Ergäbe sich in der Argumentationskette aber nicht $\Delta K_0 = -1$, sondern z.B. $\Delta K_0 = -3$, wäre diese Reduktion des

Variablenwerts angesichts der Nichtnegativitätsbedingung $K_0 \geq 0$ gar nicht realisierbar. Man kann den Kredit nicht um 3 reduzieren, wenn er nur in Höhe von 2 besteht. Die Dualwerte und ihre Spalteninterpretation gelten also *absolut* nur innerhalb eines bestimmten Bereichs; *marginal* hingegen bleibt die anschauliche Interpretation immer zulässig.[1] Wenn also im folgenden Dualwerte interpretiert werden, sind ggf. stillschweigend marginale und keine absoluten Änderungen gemeint.

Analog lassen sich auch die übrigen Dualwerte d_t als endwertbezogene Schattenpreise der Liquidität in t ökonomisch deuten.[2] Im folgenden sollen beispielhaft noch u_{I1} und μ_{I2} erklärt werden (vgl. Tabellen 4-5 und 4-4). Der Leser müßte danach imstande sein, sich selbständig jede Zahl in einem Simplextableau herzuleiten.

Wie im Anschluß an Tabelle 4-5 festgestellt, entspricht der Dualwert $u_{I1} = 41{,}6225$ dem zusätzlichen Endwert ΔEW der Investition I_1, also deren mit den endogenen Grenzzinsfüßen auf t = n = 3 aufgezinsten Kapitalwert:

$$C_{I1} = -110 + 10 \cdot \rho_1 + 80 \cdot \rho_2 + 80 \cdot \rho_3 = 34{,}32076$$

$$\Rightarrow \quad \Delta EW_{I1} = C_{I1} \cdot d_0 = 34{,}32076 \cdot 1{,}1 \cdot 1{,}05 \cdot 1{,}05 = 41{,}6225 = u_{I1}.$$

Wie erklärt sich der Wert ökonomisch? Hierzu ist wiederum die entsprechende Tableauspalte s_{I1} in Tabelle 4-4 zu Rate zu ziehen. In der optimalen Lösung gilt $I_1^* = 1$ (Investition 1 ist voll vorteilhaft) und deswegen $s_{I1}^* = 0$. Die Schrankenrestriktion $I_1 \leq 1$ lautet in Gleichungsform (mit Schlupfvariable s_{I1}) bekanntlich $I_1 + s_{I1} = 1$. Führte man Investition 1 nun entgegen der optimalen Lösung doch nicht durch, d.h., setzte man I_1 von 1 auf 0 herab, stiege gemäß der Obergrenzenrestriktion entsprechend s_{I1} von 0 auf 1. Die Auswirkung der Veränderung $\Delta s_{I1} = 1$ läßt sich aber, wie oben an $\Delta y_0 = -1$ ausführlich vorexerziert, anhand des Tableaus inhaltlich nachzeichnen. Aus den Koeffizienten der s_{I1}-Spalte liest man ab:

$$\Delta s_{I1} = 1 \Rightarrow \Delta I_1 = -1 \Rightarrow \Delta K_0 = -110 \Rightarrow \Delta F_1 = 111 \Rightarrow \Delta F_2 = 36{,}55$$

$$\Rightarrow \quad \Delta EW = -41{,}6225.$$

Wird auf die Investition 1 mit der Zahlungsreihe (–110, 10, 80, 80) verzichtet (also $\Delta s_{I1} = 1$ und entsprechend $\Delta I_1 = -1$), kann zunächst der 10%-Kredit K_0 in Höhe der

1 Schätzt man die Veränderung einer Funktion durch ihr Differential dy = f'(x) dx ab, so gilt dies bekanntlich bei nichtlinearen Funktionen nur als Annäherung oder eben für beliebig kleine, marginale Änderungen dx.

2 Zur ökonomischen Interpretation von Simplextableaus vgl. z.B. *WITTE/DEPPE/BORN*, LP (1975), S. 104 ff., *ADAM*, Planung und Entscheidung (1996), S. 465 ff. Interpretationen von Kapitalbudgetierungsproblemen liefern u.a. *ADAM*, Investitionscontrolling (2000), S. 270 ff., *GROB*, Übungsfälle (1982), S. 143 ff., *REICHERTER*, Investitionsprogrammplanung (1999).

nicht verausgabten Anschaffungsauszahlung reduziert werden ($\Delta K_0 = -110$). Das gilt natürlich lediglich als Marginalbetrachtung, da K_0 im Optimum nur auf dem Wert 2 steht und gar nicht um 110 fallen könnte. Für die Interpretation der Lenkpreise spielt dies keine Rolle, da die Lenkpreistheorie auf Grenz- und nicht auf Durchschnittsgrößen basiert. In t = 1 wird rechnerisch demnach ein Kapitaldienst von 1,1 · 110 = 121 eingespart. Zugleich entfällt die Einzahlung von 10 aus der nicht durchgeführten Investition 1, so daß netto ein Betrag von 121 – 10 = 111 übrigbleibt, um den sich das Grenzobjekt 5%-Geldanlage erhöht ($\Delta F_1 = 111$). Den gesteigerten Rückflüssen aus der Geldanlage (1,05 · 111 = 116,55) steht allerdings der Verlust des Investitionsüberschusses von 80 gegenüber. Die 5%-Geldanlage in t = 2 wächst also nur um 116,55 – 80 = 36,55 = ΔF_2. Im Endzeitpunkt t = 3 fehlen nochmals 80 Geldeinheiten aus der unterlassenen Investition, denen aus der Geldanlage F_2 nur Zusatzeinzahlungen in Höhe von 1,05 · 36,55 = 38,3775 gegenüberstehen. Der Endwert sinkt hierdurch per Saldo um 80 – 38,3775 = 41,6225 = u_{I1}, w.z.z.w. Wenn der Verzicht auf die Investition mithin den Endwert rechnerisch (Marginalbetrachtung!) um 41,6225 vermindert, kommt – positiv betrachtet – der Investition offenbar ein zusätzlicher Endwert in genau dieser Höhe zu. Es sei nochmals betont, daß eine Marginalbetrachtung wie die hier vorgeführte im allgemeinen keinen Rückschluß auf die tatsächliche absolute Endwertänderung zuläßt, die bei einem Verzicht auf die Investition einträte. Hierzu wäre eine Totalbetrachtung erforderlich, die aber für die Lenkpreissteuerung unnötig ist.[1]

In der gleichen Weise erklärt sich $\mu_{I2} = 8{,}4$: Führt die Unternehmung entgegen der optimalen Lösung die nachteilige Investition I_2 mit der Zahlungsreihe (–100, 50, 55) dennoch durch, verzichtet sie – erneut (nur) in der Marginalbetrachtung – auf einen zusätzlichen Endwert von 8,4. Die Investition hat demnach – anders ausgedrückt – den negativen zusätzlichen Endwert –8,4 und ist darum unvorteilhaft. Mit den endogenen Grenzzinsfüßen direkt berechnet, ergibt sich der zusätzliche Endwert als aufgezinster Kapitalwert zu:

$$\Delta EW_{I2} = C_{I2} \cdot d_0 = -100 \cdot 1{,}1 \cdot 1{,}05 \cdot 1{,}05 + 50 \cdot 1{,}05 \cdot 1{,}05 + 55 \cdot 1{,}05 = -8{,}4 = -\mu_{I2}.$$

Die I_2-Spalte der Tabelle 4-4 erläutert den Dualwert mit Hilfe der Implikationskette:

$$\Delta I_2 = 1 \Rightarrow \Delta K_0 = 100 \Rightarrow \Delta F_1 = -60 \Rightarrow \Delta F_2 = -8 \Rightarrow \Delta EW = -8{,}4.$$

Bei Durchführung der Investition 2 entsteht in t = 0 zusätzlicher Kreditfinanzierungsbedarf von $\Delta K_0 = 100$ (Investitionssumme). Dem erhöhten Kapitaldienst 1,1 · 100 = 110 stehen in t = 1 Investitionsrückflüsse von 50 gegenüber, so daß netto 110 – 50 = 60 Geldeinheiten weniger in die Geldanlage fließen können ($\Delta F_1 = -60$). Eine Peri-

[1] Die Totaländerung des Endwerts ist beispielsweise für die Kalkulation von Entscheidungswerten als Grenzpreisen oder Preisgrenzen für Zahlungsströme (z.B. ganze Unternehmen) wichtig. Vgl. hierzu HERING, Unternehmensbewertung (2014), S. 55 f.

ode später fehlen folglich 1,05 · 60 = 63 Geldeinheiten, die durch den Investitionsüberschuß von 55 nicht kompensierbar sind. Im Endeffekt bleibt in t = 2 eine Finanzierungslücke von 63 – 55 = 8, um die das letzte Grenzobjekt, die 5%-Geldanlage, zu reduzieren ist ($\Delta F_2 = -8$). Das schlägt natürlich mit $1{,}05 \cdot (-8) = -8{,}4 = -\mu_{12}$ auf den rechnerischen Endwert durch, w.z.z.w.

Der Kapitalwert der Anleihe A beträgt

$$C_A = 98 - 6 \cdot \rho_1 - 56 \cdot \rho_2 - 53 \cdot \rho_3$$

$$= 98 - \frac{6}{1{,}1} - \frac{56}{1{,}1 \cdot 1{,}05} - \frac{53}{1{,}1 \cdot 1{,}05 \cdot 1{,}05}$$

$$= \frac{u_A}{d_0} = \frac{0{,}4345}{1{,}1 \cdot 1{,}05 \cdot 1{,}05}$$

$$= 0{,}35828.$$

Mit Hilfe der bisher berechneten Zahlen läßt sich abschließend die Endwertmethode des vollkommenen Kapitalmarkts auf den unvollkommenen Markt übertragen: Der maximale Endwert EW* = Z* ergibt sich alternativ auch durch Aufzinsen aller positiven Kapitalwerte ($C_{I1} = 34{,}32076$ und $C_A = 0{,}35828$) sowie der anfangs verfügbaren liquiden Mittel (EK = 10) auf den Zeitpunkt t = n. Man erhält:

$$EW^* = (10 + 34{,}32076 + 0{,}35828) \cdot 1{,}21275 = 54{,}1845.$$

Im folgenden soll noch an einem zweiten, diesmal nicht standardmäßigen Beispiel die Interpretation von Dualwerten mit Hilfe des optimalen Simplextableaus demonstriert werden. Dabei zeigt sich, daß auch auf den ersten Blick schwer erklärliche endogene Kalkulationszinsfüße immer auf das Zusammenwirken von Zahlungen bzw. Zinssätzen der Grenzobjekte zurückführbar sind, auch wenn es sich nicht wie im obigen Beispiel um einperiodige Grenzobjekte handelt, deren interner Zins unmittelbar als periodenspezifischer Grenzzins einleuchtet. Das gegenüber Tabelle 4-2 im Hinblick auf I_2 und die Kreditobergrenzen veränderte Beispiel enthält als zusätzliche Kreditmöglichkeit einen achtprozentigen Zinssammler Z_0 („Zerobond“) mit der Zahlungsreihe $(1, 0, -1{,}08^2)$. Die Daten sind in der nachfolgenden Tabelle 4-6 zusammengefaßt.[1]

1 Vgl. *HERING*, Endogene Grenzzinsfüße (1992), S. 15 ff.

t	I_1	I_2	A	Z_0	K_0	K_1	K_2	F_0	F_1	F_2	b_t
0	−110		98	1	1			−1			10
1	10	−100	−6		−1,1	1		1,05	−1		
2	80	85	−56	−1,1664		−1,1	1		1,05	−1	
3	80	60	−53				−1,1			1,05	
Grenze	1	1	1	100	60	60	60	∞	∞	∞	

Tabelle 4-6: Daten des modifizierten Beispiels zur Endwertmaximierung

Der Simplexalgorithmus liefert nach zehn Iterationen das Optimaltableau der Tabelle 4-7. Beide Investitionen, die Anleihe und der Kredit K_1 sind in vollem Umfang durchzuführen. Wegen der Erschöpfung des Kreditrahmens in t = 1 erfolgt zu t = 0 eine *Vorfinanzierung* durch den Zinssammler Z_0. Das erst eine Periode später benötigte Geld wird zwischenzeitlich angelegt (Objekt F_0). Im dritten Jahr findet nochmals eine Geldanlage statt (F_2). Es gibt kein einperiodiges Grenzobjekt im zweiten Jahr; demnach muß i_2 ein Mischzins aus den Grenzobjekten Z_0 und F_0 sein.

BV	K_0	K_2	F_1	y_0	y_1	y_2	y_3	s_{I1}	s_A	s_{K1}	s_{I2}	RS
EW	0,0583	0,05	0,0639	1,22472	1,1664	1,05	1	40,9448	1,2242	0,0114	32,61	87,7102
I_1								1				1
I_2											1	1
F_2	0,0555	−1	0,0609	1,1664	1,1109	1		−37,1954	51,6421	0,0109	−26,0857	0,6763
Z_0	−0,0476		−0,9524	−1	−0,9524			100,4762	−92,2857	−0,9524	95,2381	36,2857
A									1			1
s_{K0}	1											60
K_1										1		60
s_{K2}		1										60
F_0	−1,0476		−0,9524		−0,9524			−9,5238	5,7143	−0,9524	95,2381	34,2857
s_{Z0}	0,0476		0,9524	1	0,9524			−100,4762	92,2857	0,9524	−95,2381	63,7143
G_3	0,0583	0,05	0,0639	1,22472	1,1664	1,05	1	40,9448	1,2242	0,0114	32,61	87,7102

Tabelle 4-7: Optimaltableau bei Endwertmaximierung (modifiziert)

$$i_1 = \frac{1,22472}{1,1664} - 1 \quad = 5\ \%,$$

$$i_2 = \frac{1,1664}{1,05} - 1 \quad = 11,0857\ \%,$$

$$i_3 = \frac{1{,}05}{1} - 1 \qquad = 5\ \%.$$

Erwartungsgemäß entsprechen i_1 und i_3 den internen Zinsfüßen der zugehörigen einperiodigen Grenzobjekte F_0 und F_2. Der endogene Zins i_2 erscheint zunächst etwas rätselhaft; keines der beteiligten Objekte hat einen internen Zins von 11,0857%. Bereits die Berechnungsvorschrift läßt aber erkennen, daß i_2 durch die Zinssätze 8% (zweijährig) und 5% (einjährig) der beiden Grenzobjekte Z_0 und F_0 erklärt werden kann:

$$i_2 = \frac{1{,}08^2}{1{,}05} - 1 = 11{,}0857\ \%.$$

Die Grenzverzinsung von 11,0857% in der zweiten Periode bedeutet, daß eine in t = 1 zugeführte Geldeinheit bis t = 2 auf den Betrag 1,110857 anwächst. Ein zusätzliches, bisher nicht berücksichtigtes Objekt mit der Zahlungsreihe ± (0; –1; 1,110857; 0) wäre also Grenzprojekt mit einem Kapitalwert von null. Führt man in t = 1 eine weitere Geldeinheit zu und entnimmt in t = 2 den Betrag 1,110857, so ändert sich hierdurch der maximale Endwert nicht. Der endogene Grenzzins i_2 entspricht daher den marginalen Opportunitätskosten bzw. den wertmäßigen Kosten des Kapitals im zweiten Jahr auf der Basis optimaler Verwendung.

Anhand der Koeffizientenspalte der Liquiditäts-Schlupfvariablen y_1 im Optimaltableau (Tabelle 4-7) läßt sich das Zustandekommen der Grenzverzinsung i_2 nachvollziehen. Wird in t = 1 eine *zusätzliche* (nötigenfalls marginale) Geldeinheit bereitgestellt, so ist nunmehr eine *Verletzung* der *ursprünglichen* Liquiditätsrestriktion des Zeitpunkts 1 im Umfang von 1 erlaubt. y_1 kann also von null auf –1 sinken, wenn zu t = 1 entsprechende Liquidität von außen zufließt. Die y_1-Spalte zeigt, wie die Basisvariablen der Optimallösung auf die Änderung $\Delta y_1 = -1$ reagieren. Die zusätzliche Geldeinheit in t = 1 erlaubt eine Verringerung der ein Jahr vorher zu tätigenden 5%-Finanzanlage F_0 um 1/1,05 = 0,9524. Aus $\Delta F_0 = -0{,}9524$ folgt eine gleiche Reduktion des Vorfinanzierungsbedarfs durch den Zinssammler: $\Delta Z_0 = -0{,}9524$. Die Kapitaldienstersparnis aus diesem Kredit beträgt also in t = 2: $0{,}9524 \cdot 1{,}08^2 = 1{,}1109 = \Delta F_2$. Der in t = 1 zugeführte Geldbetrag von 1 ist durch das Zusammenwirken der beiden Grenzobjekte F_0 und Z_0 bis t = 2 um 11,0857% = i_2 gewachsen, so daß die Geldanlage F_2 im dritten Jahr entsprechend gesteigert werden kann und den Endwert schließlich um $\Delta G_3 = 1{,}05 \cdot \Delta F_2 = 1{,}1664 = d_1$ erhöht. Damit ist zugleich der Aufzinsungsfaktor d_1 von t = 1 auf t = 3 interpretiert.

Die übrigen Dualwerte können ganz analog gedeutet werden. Beispielsweise erklärt sich der Aufzinsungsfaktor d_0 wie folgt: Eine in t = 0 verfügbare zusätzliche Geldeinheit ($\Delta y_0 = -1$) erlaubt die Verminderung des Grenzobjekts Z_0 um 1 ($\Delta Z_0 = -1$), weshalb in t = 2 die Zins- und Tilgungszahlungen um $1 \cdot 1{,}08^2 = 1{,}1664$ abnehmen. Das gesparte Geld wird für ein Jahr zu 5% angelegt ($\Delta F_2 = 1{,}1664$) und vermehrt den Endwert um $\Delta G_3 = 1{,}05 \cdot 1{,}1664 = 1{,}22472 = d_0$.

Die mit Hilfe der endogenen Grenzzinsfüße ermittelten Kapitalwerte liefern die optimale Partialsteuerung. Zum Beispiel errechnet sich für I_1 der Kapitalwert $33{,}4320 > 0$ und für K_0 der Wert $-0{,}0476 < 0$. Zur Kontrolle können auch die Dualwerte aus dem Tableau herangezogen werden (Zielfunktionskoeffizienten u_{I1} von s_{I1} und μ_{K0} von K_0). Dem Beweis von Satz 25 ist zu entnehmen, daß im Falle eines vorteilhaften Objekts $d_0 \cdot C_j = u_j$ gilt, während für unvorteilhafte Objekte $-d_0 \cdot C_j = \mu_j$ zutrifft. Im Beispiel heißt dies: $1{,}22472 \cdot 33{,}4320 = 40{,}9448$ und $1{,}22472 \cdot 0{,}0476 = 0{,}0583$. Ebenso mag man sich davon überzeugen, daß $EW^* = (10 + C_{I1} + C_{I2} + C_A + 60 \cdot C_{K1}) \cdot 1{,}22472 = 87{,}7102$ gilt.

4.2.3.3 Einkommensmaximierung

Auch die Einkommensmaximierung soll noch kurz durch ein Zahlenbeispiel illustriert werden. Und zwar sei wiederum auf die Datensituation der Tabelle 4-2 zurückgegriffen.[1] Die Zielsetzung „Maximierung der Breite eines uniformen Einkommensstroms" EN mit $\overline{w} = (0, 1, 1, 1)$ als Entnahmestruktur liefert den nachstehenden LO-Ansatz:

$$\text{max. Entn; Entn} := \quad EN$$

$$110\, I_1 + 100\, I_2 - 98\, A - K_0 + F_0 \leq 10$$

$$-10\, I_1 - 50\, I_2 + 6\, A + 1{,}1\, K_0 - 1{,}05\, F_0 - K_1 + F_1 + EN \leq 0$$

$$-80\, I_1 - 55\, I_2 + 56\, A + 1{,}1\, K_1 - 1{,}05\, F_1 - K_2 + F_2 + EN \leq 0$$

$$-80\, I_1 + 53\, A + 1{,}1\, K_2 - 1{,}05\, F_2 + EN \leq 0$$

$$I_1 \leq 1$$

$$I_2 \leq 2$$

$$A \leq 1$$

$$K_0 \leq 25$$

[1] Vgl. *HERING*, Endogene Grenzzinsfüße (1992), S. 10 ff. Zur Datensituation der Tabelle 4-6 vgl. ebenda, S. 20 ff.

$$
\begin{aligned}
K_1 \quad & \leq 25 \\
K_2 \quad & \leq 25 \\
I_1, I_2, A, K_0, K_1, K_2, F_0, F_1, F_2, EN \quad & \geq 0
\end{aligned}
$$

Nach sieben Simplexschritten ergibt sich folgendes Optimaltableau:

BV	I_2	F_0	F_1	F_2	y_0	y_1	y_2	y_3	s_{I1}	s_A	RS
Entn	3,6556	0,0183	0,0166	0,0151	0,4021	0,3656	0,3323	0,3021	10,1782	2,5915	16,7909
I_1									1		1
EN	3,6556	0,0183	0,0166	0,0151	0,4021	0,3656	0,3323	0,3021	10,1782	2,5915	16,7909
K_1	−56,3444	−0,0317	−0,9834	0,0151	−0,6979	−0,6344	0,3323	0,3021	121,1782	−99,2085	14,9909
K_2	−3,3233	−0,0166	−0,0151	−0,9683	−0,3656	−0,3323	−0,3021	0,6344	63,4743	−50,5378	9,281
K_0	−100	−1			−1				110	−98	2
s_{I2}	1										2
A										1	1
s_{K0}	100	1			1				−110	98	23
s_{K1}	56,3444	0,0317	0,9834	−0,0151	0,6979	0,6344	−0,3323	−0,3021	−121,1782	99,2085	10,0091
s_{K2}	3,3233	0,0166	0,0151	0,9683	0,3656	0,3323	0,3021	−0,6344	−63,4743	50,5378	15,719

Tabelle 4-8: Optimaltableau bei Einkommensmaximierung

Am Ende jedes der drei Jahre kann ein Einkommen von maximal 16,7909 entnommen werden. Investition 1 und die Anleihe A sind hierzu im Höchstumfang durchzuführen; zusätzlich wird auf die drei 10%-Kontokorrentkredite als Grenzobjekte zurückgegriffen. Die Einkommensabflüsse lassen im Gegensatz zur Lösung bei Endwertmaximierung (Tabelle 4-4) keinerlei 5%-Geldanlagen zu. Der endogene Grenzzinsfuß beträgt in jedem Jahr 10%.[1]

$$
i_1 = \frac{0,4021}{0,3656} - 1 \quad = \quad i_2 = \frac{0,3656}{0,3323} - 1 \quad = \quad i_3 = \frac{0,3323}{0,3021} - 1 \quad = \quad 10\%.
$$

Als Beispiel sei der Dualwert $d_2 = 0,3323$ interpretiert. Die Zuführung einer zusätzlichen Geldeinheit zum Zeitpunkt $t = 2$ erlaubt eine um jeweils d_2 höhere Entnahme in $t = 1$, 2 und 3, denn aus der Zielfunktionszeile läßt sich folgern: $\Delta y_2 = -1 \Rightarrow \Delta\text{Entn} =$

[1] Die folgenden Zahlen werden der Einfachheit halber nur auf vier Stellen angegeben; die Rechnungen erfolgen mit höherer Genauigkeit.

0,3323. Die y_2-Spalte läßt die Wirkung auf das optimale Niveau der Basisvariablen erkennen. In t = 1 entsteht durch die gesteigerte Entnahme zusätzlicher Finanzierungsbedarf, welcher über eine Erhöhung des 10%-Kontokorrentkredits (Grenzobjekt K_1) gedeckt wird: $\Delta K_1 = 0{,}3323$. Infolgedessen fällt in t = 2 ein zusätzlicher Kapitaldienst von $1{,}1 \cdot 0{,}3323 = 0{,}3656$ an, dem allerdings annahmegemäß der zugeführte Betrag von 1 gegenübersteht. Nach Abzug der Entnahmeerhöhung ΔEN verbleibt in t = 2 insgesamt noch ein Liquiditätszuwachs von $1 - 0{,}3656 - 0{,}3323 = 0{,}3021$. Um diesen Betrag kann die Kreditaufnahme (Grenzobjekt K_2) reduziert werden, d.h.: $\Delta K_2 = -0{,}3021$. Der eingesparte Kapitaldienst ermöglicht in t = 3 nochmals eine Entnahmeerhöhung von $1{,}1 \cdot 0{,}3021 = 0{,}3323$, w.z.z.w.

Analog erklären sich die anderen Werte. Wegen des im Beispiel konstanten endogenen Grenzzinses von 10% muß der Annuitätenfaktor d_0 mit dem einfachen klassischen Annuitätenfaktor $ANF_{i,n}$ übereinstimmen:

$$d_0 = \frac{0{,}1 \cdot 1{,}1^3}{1{,}1^3 - 1} = 0{,}4021148.$$

Nach Definition des endogenen Grenzzinsfußes gilt $d_t = d_{t-1} \cdot (1 + i_t)^{-1}$ und deshalb für das vorliegende Zahlenbeispiel wegen $i_t = 10\%$ konst.:

$$d_t = \frac{0{,}1 \cdot 1{,}1^{3-t}}{1{,}1^3 - 1} \qquad \forall\, t \in \{0, 1, 2, 3\}.$$

Die Deutung der Dualwerte als (modifizierte) Annuitätenfaktoren ist evident. Ihre Summe von t = 1 bis n beträgt, wie im Unterabschnitt 4.2.2.2 begründet wurde, bei einem uniformen Einkommensstrom stets eins. Es ist allgemein

$$\sum_{t=1}^{n} d_t = \frac{0{,}1 \cdot 1{,}1^{n-1}}{1{,}1^n - 1} \cdot \sum_{t=1}^{n} \left(\frac{1}{1{,}1}\right)^{t-1} = \frac{0{,}1 \cdot 1{,}1^{n-1}}{1{,}1^n - 1} \cdot \frac{1{,}1^{-n} - 1}{1{,}1^{-1} - 1} = \frac{0{,}1 \cdot (1{,}1^{-1} - 1{,}1^{n-1})}{1{,}1^{n-1} - 1{,}1^n - 1{,}1^{-1} + 1}$$

$$= \frac{0{,}1 \cdot (1 - 1{,}1^n)}{1{,}1^n - 1{,}1^{n+1} - 1 + 1{,}1} = \frac{0{,}1 \cdot (1 - 1{,}1^n)}{1{,}1^n \cdot (1 - 1{,}1) + 0{,}1} = \frac{1 - 1{,}1^n}{1 - 1{,}1^n} = 1$$

und numerisch für n = 3: $d_1 + d_2 + d_3 = 0{,}3656 + 0{,}3323 + 0{,}3021 = 1$. Die aus Kapitel 3 bekannten finanzmathematischen Formeln können also durchaus auch bei unvollkommenem Kapitalmarkt anwendbar sein, wenn nämlich zufällig alle endogenen Grenzzinsfüße gleich sind. Im vorliegenden Zahlenbeispiel ergeben sich bei einheitlichem Kalkulationszins von 10% die „klassischen" Kapitalwerte und Annuitäten. Für I_1 gilt z.B.: $-110 + 10 \cdot 1{,}1^{-1} + 80 \cdot 1{,}1^{-2} + 80 \cdot 1{,}1^{-3} = 25{,}3118 > 0$ und analog

$C_A = 6{,}44478 > 0$. Für die verallgemeinerte Annuität folgt Entn* = (10 + 25,3118 + 6,44478) · 0,4021148 = 16,7909.

Die Zahlenbeispiele dieses Abschnitts zeigen erneut[1], daß Gegenwartswert-, Endwert- und Einkommensmaximierung auf einem unvollkommenen Kapitalmarkt im allgemeinen keine äquivalenten Ziele sind. Trotz gleicher Ausgangslage hinsichtlich des Entscheidungsfelds resultieren in den Beispielen jeweils unterschiedliche endogene Grenzzinsfüße und damit auch unterschiedliche optimale Investitions- und Finanzierungsprogramme.

4.2.4 Berücksichtigung zusätzlicher Restriktionen

4.2.4.1 Kapitalwertkorrektur

Die Einführung zusätzlicher Restriktionen in die bisher untersuchten Modelle kann verschiedene Gründe haben. Sie ist immer dann angezeigt, wenn nicht-finanzielle Projektinterdependenzen bestehen, deren Vernachlässigung zu unbrauchbaren Planungsergebnissen führte. Als Beispiel sei das *Wahlproblem*[2] genannt, auf das im nächsten Unterabschnitt noch ausführlich einzugehen sein wird. Ein weiterer möglicher Anwendungsfall sind Kapitalstrukturbedingungen zur Sicherung der Eigenkapitalquote in einem offenen Entscheidungsfeld.[3] Eine ähnliche Wirkung geht von Obergrenzen für die kumulierte Verschuldung bzw. Neukreditaufnahme einer oder mehrerer Perioden aus. Um die Eigenkapitalquote und das Ausschüttungspotential möglichst genau abzubilden, bedarf es zusätzlicher Nebenbedingungen, welche für jede Periode die Rücklagen unter Berücksichtigung des Gewinns und der Entnahmen fortschreiben.[4] Der Einfluß künftiger bilanzpolitischer Maßnahmen dürfte allerdings im voraus schwer abzuschätzen sein, so daß im allgemeinen eine pauschale, aus groben Planbilanzen abgeleitete „Deckelung" der Gesamtverschuldung ausreicht. Es sei darum wieder an den Gedanken der Planungsökonomie erinnert, welcher einen auf der strategischen Ebene unangemessenen Detailliertheitsgrad verbietet.[5] Der Nutzen

---

1 Vgl. schon die Einperiodenbeispiele zur Barwert- und Endwertmaximierung im obigen Unterabschnitt 4.2.2.1.3. Andere Mehrperiodenbeispiele finden sich in *HERING/SCHNEIDER/TOLL*, Investitionsrechnung auf unvollkommenem Markt (2010).

2 Siehe schon Abschnitt 3.2.1.2 bei vollkommenem Markt.

3 Vgl. Abschnitt 2.1.2 und *ALBACH*, Investitionsbudget bei Unsicherheit (1967), S. 509, *FELZMANN*, Unternehmensplanung (1982), S. 840. Kapitalstrukturbedingungen ergeben sich für Banken auch aus dem Kreditwesengesetz. Vorschläge zur Erweiterung des Marktzinsmodells der Bankbetriebslehre um Engpaßwirkungen unterbreiten *SCHIERENBECK/MARUSEV/WIEDEMANN*, Marktzinsmethode (1992) und *MARUSEV/PFINGSTEN*, Erweitertes Marktzinsmodell (1994).

4 Vgl. die Schlußbemerkungen im Unterabschnitt 4.2.2.2.

5 Vgl. die Ausführungen zur Totalplanung im Abschnitt 4.2.1.

der Einführung zusätzlicher Restriktionen sollte sorgsam abgewogen werden, da mit ihnen eine nicht unerhebliche Aufblähung des Modellumfangs verbunden ist. Auch die Partialsteuerung wird durch sie komplizierter, weil zusätzliche Lenkpreise ins Spiel treten, deren ökonomischer Gehalt für die dezentralen Steuerungseinheiten weniger ersichtlich ist – im Gegensatz zu den „anschaulichen“ endogenen Grenzzinsfüßen.[1]

Wenn die bisher untersuchten Modelle P^{GW} und P^{EN} um κ zusätzliche lineare Restriktionen erweitert werden, ist das Kapitalwertkriterium zu modifizieren. In diesem Falle erweisen sich neben den Lenkpreisen d_t der Liquidität auch noch die „Knappheitspreise“ δ_k der neuen Nebenbedingungen als steuerungswirksam.[2] Vom abstrakten Standpunkt aus betrachtet, besteht zwischen Liquiditäts- und Zusatzrestriktionen nur *ein* wesentlicher Unterschied: Letztere enthalten keine Entnahmevariablen G_t bzw. EN. Die neuen Bedingungen lassen sich wie folgt notieren:

$$\sum_{j=1}^{m} a_{jk} \cdot x_j \quad \leq \quad \alpha_k \qquad \forall\, k \in \{1, 2, \ldots, \kappa\}.$$

Zur Restriktion k möge die Schlupfvariable $y_{n+k} \geq 0$ gehören. Die Zahlen a_{jk} und α_k können positiv oder negativ sein, so daß selbstverständlich auch „≥“- oder Gleichungsrestriktionen möglich sind:

$$\sum_{j=1}^{m} a_{jk} \cdot x_j \quad \geq \quad \alpha_k \qquad \Leftrightarrow \qquad \sum_{j=1}^{m} -a_{jk} \cdot x_j \;\leq\; -\alpha_k.$$

$$\sum_{j=1}^{m} a_{jk} \cdot x_j \quad = \quad \alpha_k \qquad \Leftrightarrow \qquad \begin{cases} \sum_{j=1}^{m} a_{jk} \cdot x_j \leq \alpha_k \\ \sum_{j=1}^{m} a_{jk} \cdot x_j \geq \alpha_k \end{cases}.$$

Die durch die Zusatzrestriktionen bewirkte Einschränkung des Lösungsraums kann u.U. zu ökonomisch unsinnigen Lenkpreisen führen. Wird etwa die Geldanlage oder Kassenhaltung eng begrenzt, ist „Geldvernichtung“ nicht mehr ausgeschlossen.[3] Wie

---

1 Soll hingegen beispielsweise der Produktionsbereich explizit hinzumodelliert werden, sind zusätzliche Restriktionen und Variable natürlich unvermeidlich. Vgl. z.B. *ROLLBERG*, Integrierte Unternehmensplanung (2001), S. 172, *BRÖSEL*, Programmplanung (2001), S. 381 ff., *HERING*, Produktionsfaktoren (2002), S. 77, *BRÖSEL*, Medienrechtsbewertung (2002), S. 107 ff.

2 Vgl. *FRANKE/LAUX*, Kalkulationszinsfüße (1968), S. 752.

3 $y_t > 0 \Rightarrow$ unsinniger Lenkpreis $d_t = 0$; vgl. Ende des Unterabschnitts 4.2.2.2.

im Abschnitt 4.2.2 gezeigt wurde, gilt nur unter der Voraussetzung der Existenz eines unbegrenzten einperiodigen Investitionsobjekts sicher $d_0 > 0$ ($\Rightarrow$ Existenz der Abzinsungsfaktoren ρ_t und Kapitalwerte C_j) und darüber hinaus bei Gegenwartswertmaximierung mit $w_n > 0$ sogar $d_t > 0 \ \forall \ t$ ($\Rightarrow$ ökonomisch sinnvolle Lenkpreise, Existenz der endogenen Grenzzinsfüße i_t). Es ist daher sorgfältig zu überprüfen, ob die gewählte Zielsetzung nach Einführung der zusätzlichen Restriktionen noch für die Partialsteuerung brauchbar ist. Im folgenden wird unterstellt, daß das Modell ökonomisch sinnvoll bleibt; d.h., es gelte $d_t > 0 \ \forall \ t$.

Das erweiterte Dualproblem enthält κ zusätzliche Variable δ_k und liest sich wie folgt:

$$\text{min. } Z; \; Z := \sum_{t=0}^{n} b_t \cdot d_t + \sum_{k=1}^{\kappa} \alpha_k \cdot \delta_k + \sum_{j=1}^{m} x_j^{max} \cdot u_j$$

$$-\sum_{t=0}^{n} g_{jt} \cdot d_t + \sum_{k=1}^{\kappa} a_{jk} \cdot \delta_k + u_j \geq 0 \qquad \forall \, j \in \{1, 2, \dots, m\}$$

$$d_t \geq w_t \qquad \forall \, t \in \{0, 1, 2, \dots, n\} \qquad \text{(nur bei Vermögensmaximierung)}$$

$$\text{bzw.} \quad \sum_{t=1}^{n} \overline{w}_t \cdot d_t \geq 1 \qquad \text{(nur bei Einkommensmaximierung)}$$

$$d_t \geq 0 \qquad \forall \, t \in \{0, 1, 2, \dots, n\}$$

$$\delta_k \geq 0 \qquad \forall \, k \in \{1, 2, \dots, \kappa\}$$

$$u_j \geq 0 \qquad \forall \, j \in \{1, 2, \dots, m\}$$

Die Gruppe der Komplementaritätsbeziehungen (Satz 24) erweitert sich um:

$$y_{n+k} \cdot \delta_k = 0 \qquad \forall \, k \in \{1, 2, \dots, \kappa\}.$$

Wenn der Begrenzungsfaktor k einen positiven Wert δ_k hat, so wird er voll ausgeschöpft ($y_{n+k} = 0$). Greift jedoch die Restriktion k in der optimalen Lösung nicht ($y_{n+k} > 0$), dann muß der im Überfluß vorhandene Faktor k mit null bewertet werden. Er ist in diesem Fall für die Steuerung irrelevant ($\delta_k = 0$). Eine Restriktion muß kein physisches Gut repräsentieren, wie die später folgenden Beispiele zeigen. Daher deutet ein Dualwert $\delta_k = 0$ im allgemeinen nicht wie ein Wert $d_t = 0$ auf einen ökonomisch unsinnigen Ansatz hin. Er zeigt lediglich an, daß die betreffende Zusatzrestriktion (bei gegebener Datenlage) entbehrlich ist.

Die zum Objekt j gehörende Dualrestriktion läßt sich folgendermaßen interpretieren:

$$-\sum_{t=0}^{n} g_{jt} \cdot d_t + \sum_{k=1}^{\kappa} a_{jk} \cdot \delta_k + u_j - \mu_j = 0$$

$$\Leftrightarrow \quad \underbrace{\underbrace{\sum_{t=0}^{n} g_{jt} \cdot \rho_t}_{C_j} \underbrace{- \sum_{k=1}^{\kappa} a_{jk} \cdot \frac{\delta_k}{d_0}}_{\text{Korrektur}}}_{C_j^{korr}} + \frac{\mu_j}{d_0} = \frac{u_j}{d_0}.$$

Der Kapitalwert eines jeden Objekts j wird um die abgezinste Summe der in Anspruch genommenen *wertmäßigen Kosten* der Restriktionen reduziert. Der „Produktionskoeffizient" a_{jk} gibt an, wie viele Einheiten des nur im Umfang α_k verfügbaren Faktors k von einer Einheit des Objekts j verbraucht werden. Die „Kosten" im Hinblick auf die Zielfunktion betragen δ_k pro Einheit des Faktors k. Division durch d_0 berechnet schließlich den Kapitalwert der Opportunitätskosten $a_{jk} \cdot \delta_k$. Ein in $t = 0$ verfügbarer Geldbetrag

$$\frac{a_{jk} \cdot \delta_k}{d_0}$$

steuert nämlich gemäß der dualen Zielfunktion Z das d_0-fache zum Zielwert bei und ist damit den Opportunitätskosten äquivalent. In der Funktion Z sind die vorhandenen Faktormengen α_k mit ihrem jeweiligen zielbezogenen Wert δ_k enthalten. Wegen

$$C_j^{korr} + \frac{\mu_j}{d_0} = \frac{u_j}{d_0}$$

gilt ersichtlich Satz 25 auch für das um weitere Restriktionen vergrößerte Problem. Es ist lediglich anstelle des Wertes C_j der *korrigierte Kapitalwert* C_j^{korr} zu verwenden. Für voll realisierte Objekte ergibt sich nunmehr $u_j = C_j^{korr} \cdot d_0$, d.h., die erweiterte duale Zielfunktion Z enthält in ihrem dritten Summanden Σ *korrigierte* Kapitalwerte.

Satz 26 **(Kapitalwertkriterium unter Restriktionen):**

Bei Ansatz des korrigierten Kapitalwerts

$$C_j^{korr} := C_j - \sum_{k=1}^{\kappa} a_{jk} \cdot \frac{\delta_k}{d_0}$$

gilt das Kapitalwertkriterium (Satz 25) auch unter zusätzlichen Restriktionen.

Beispiel. Gegeben sei die Datensituation der Tabelle 4-6 unter der Zielsetzung Endwertmaximierung. Aus Gründen der „Bilanzoptik" möge nun gefordert werden, daß in $t = 0$ höchstens 20% der evtl. aufzunehmenden Fremdkapitalsummen eine kürzere Laufzeit als drei Perioden aufweisen dürfen. Für die betroffenen Variablen A, Z_0 und K_0 gilt daher eine neue Restriktion:

$$\frac{100\,A}{K_0 + Z_0 + 100\,A} \geq 80\% \qquad \Leftrightarrow \qquad 0{,}8\,K_0 + 0{,}8\,Z_0 - 20\,A \leq 0.$$

Vom Engpaßfaktor „kurzfristiger Kreditspielraum" sind null Einheiten verfügbar. Sie werden erst mit wachsenden Werten der Anleihevariablen A „produziert" und stehen sodann den kurzfristigen Krediten Z_0 und K_0 zum Verbrauch zur Verfügung. Der „Verbrauchskoeffizient" beträgt jeweils 0,8 Einheiten Kreditspielraum pro Geldeinheit. Die Optimallösung der Tabelle 4-7 genügt der zusätzlichen Restriktion nicht, da in ihr der Anteil des Anleihekapitals nur 100/136,2857 = 73,4% < 80% beträgt. Die neue optimale Lösung ist daher mit einer Zielwertverschlechterung verbunden. Sie lautet: $EW^* = 83{,}8459$, $I_1 = A = 1$, $K_1 = 60$ mit den nunmehr *vier* Grenzobjekten $I_2 = 0{,}8815$, $Z_0 = 25$, $F_0 = 23$ und $F_2 = 3{,}7675$. Aufgrund der einperiodigen Finanzanlagen muß $i_1 = i_3 = 5\%$ gelten. Wie im Unterabschnitt 4.2.5.1 noch bewiesen wird, kann aus diesen Angaben auch schon zwingend auf i_2 geschlossen werden: Es muß sich um die Initialverzinsung[1] des in Periode 2 startenden Grenzobjekts I_2 handeln!

$$i_2 = \frac{85 + \frac{60}{1{,}05}}{100} - 1 = 42{,}142857\%.$$

Berechnet man mit den drei endogenen Steuerungszinsfüßen 5%, 42,142857% und 5% die Kapitalwerte C_j der Objekte, so resultiert für das Grenzobjekt Z_0 der zunächst nicht vorzeichenrichtige Wert:

1 Vgl. schon für den Fall des vollkommenen Kapitalmarkts oben, Unterabschnitt 3.3.2.1.

$$C_{Z_0} = 1 - \frac{1{,}1664}{1{,}05 \cdot 1{,}42142857} = 0{,}21849 > 0.$$

Hieraus darf jedoch nicht der Schluß gezogen werden, den Zinssammler in vollem Umfang von 100 aufzunehmen. Die auf Z_0 einwirkende Zusatzrestriktion hat nämlich einen positiven Lenkpreis $\delta = 0{,}42800625$, so daß erst der korrigierte Kapitalwert das richtige Ergebnis liefert. Nach Satz 26 erhält man unter Berücksichtigung von $d_0 = 1{,}567125$:

$$C_{Z_0}^{\text{korr}} = 0{,}21849 - 0{,}8 \cdot \frac{0{,}42800625}{1{,}567125} = 0.$$

Nachdem dem Grenzobjekt auch die Opportunitätskosten der Beanspruchung des knappen Faktors „kurzfristiger Kreditspielraum" angelastet worden sind, hat es einen korrigierten Kapitalwert von null. Die Lenkpreistheorie bleibt auch angesichts der Zusatzrestriktion gültig. Eine analoge Korrektur kann auch für K_0 bzw. A durchgeführt werden, wodurch der bereits negative Kapitalwert von K_0 weiter sinkt bzw. der positive Kapitalwert von A weiter steigt, so daß sich gemäß Satz 25 keine Änderung der Vorteilhaftigkeit dieser Objekte ergibt. Der für die Korrektur entscheidende Quotient δ/d_0 soll abschließend noch inhaltlich interpretiert werden.

δ ist der „Schattenpreis" des knappen Faktors Kreditspielraum. Wäre eine Einheit dieses Faktors zusätzlich vorhanden, könnte das Grenzobjekt Z_0 um 1,25 wachsen ($\Delta Z_0 = 1{,}25$ wegen $0{,}8 \cdot 1{,}25 = 1$). Die Erhöhung der Vorfinanzierung ermöglicht eine Aufstockung der Geldanlage in $t = 0$ um $\Delta F_0 = 1{,}25$. Eine Periode später steht daher der Betrag $1{,}05 \cdot 1{,}25 = 1{,}3125$ zusätzlich bereit, um das Grenzobjekt I_2 auszubauen: $\Delta I_2 = 1{,}3125/100$. Hieraus resultiert in $t = 2$ ein Rückfluß von $0{,}013125 \cdot 85$, von dem allerdings der gestiegene Kapitaldienst des Zinssammlers Z_0 abzusetzen ist: Es ergibt sich $0{,}013125 \cdot 85 - 1{,}25 \cdot 1{,}1664 = -0{,}342375 = \Delta F_2$. Damit liegt auch die Änderung des vierten Grenzobjekts F_2 fest. In $t = 3$ summieren sich die vermehrten Zahlungen aus I_2 mit den verminderten Rückflüssen der Geldanlage F_2 zur Endwerterhöhung $\Delta EW = 0{,}013125 \cdot 60 - 0{,}342375 \cdot 1{,}05 = 0{,}42800625 = \delta$. Diese Zahl repräsentiert den pro Einheit des knappen Faktors anzusetzenden Wert.

Der Kapitalwertbeitrag des endwertbezogenen Opportunitätssatzes δ resultiert erst nach Division durch den Aufzinsungsfaktor d_0. Letzterer ergibt sich aus der Überlegung, daß eine zu $t = 0$ verfügbare zusätzliche Geldeinheit für ein Jahr angelegt wird, um Verwendung zur Aufstockung der Grenzinvestition 2 zu finden: $\Delta y_0 = -1 \Rightarrow \Delta F_0 = 1 \Rightarrow \Delta I_2 = 1{,}05/100$. Die aus der Investition vermehrt zurückfließenden Überschüsse werden in $t = 2$ angelegt ($\Delta F_2 = 0{,}0105 \cdot 85 = 0{,}8925$) und bewirken zu $t = 3$ den Endwertzuwachs $\Delta EW = 0{,}0105 \cdot 60 + 0{,}8925 \cdot 1{,}05 = 1{,}567125 = d_0$, w.z.z.w.

Manchmal sind mit zusätzlichen Restriktionen auch untrennbar zusätzliche Entscheidungsvariable verbunden. Auch solche Fälle lassen sich durch konsequente Erweiterung des vorgestellten Modells lösen. Als Beispiel sei auf die Modellierung steuerlicher Zinsfreibeträge verwiesen: Neben den Restriktionen für den jeweils noch verfügbaren steuerlichen Freibetrag sind zeitpunktbezogene Variable für die steuerlichen Bemessungsgrundlagen einzuführen.[1]

4.2.4.2 Ganzzahligkeitsbedingungen

Das Dilemma der Lenkpreistheorie besitzt noch eine zweite Facette: das *Ganzzahligkeitsproblem*. Zusätzliche Restriktionen in Form von Ganzzahligkeitsbedingungen stellen eine gravierende Komplikation der Investitionsrechnung dar. Sie können verschiedene Ursachen haben:

- *Unteilbarkeiten*. Eine Maschine darf z.B. nur ganz oder gar nicht angeschafft werden; ihre Realisation im Umfang von 75% ist nicht definiert. Kredite oder Geldanlagen sind u.U. nur in Stückelungen von glatten Tausenderbeträgen zulässig. Ob eine einfache Rundung der Ergebnisse akzeptabel ist, läßt sich nur im Einzelfall entscheiden. Das Aufrunden von z.B. 99,6 auf 100 dürfte dabei wegen des geringeren relativen Fehlers unproblematischer sein als das Runden von 0,7 auf 1. Das ganzzahlige (oder auch *diskrete*) Optimum kann bisweilen weit vom gerundeten *kontinuierlichen* Optimum entfernt liegen.[2]

- *Wahlprobleme*. Wenn sich mehrere Zahlungsströme gegenseitig ausschließen, so sind Hilfsvariable v_j unter Verwendung der nachstehenden Bedingungen zu definieren:

  (1) $x_j \le x_j^{max} \cdot v_j \quad \forall j$

  (2) $v_j \in \{0; 1\} \quad \forall j$

  (3) $\sum_j v_j \le 1$

  Sofern x_j positiv wird, folgt wegen (1) und (2) $v_j = 1$. Zugleich ist dann mit (1) gewährleistet, daß x_j seine vorgegebene Obergrenze $x_j^{max} > 0$ nicht überschreitet.

---

1 Vgl. zu diesem Problem eingehend *HERING*, Zinsfreibetrag (1998) sowie *HERING/KLINGELHÖFER*, Zinsfreibetrag (1998).

2 Zur gemischt-ganzzahligen linearen Optimierung vgl. *BURKARD*, Ganzzahlige Optimierung (1972), *MÜLLER-MERBACH*, Operations Research (1973), S. 366 ff.

Aufgrund der Restriktion (3) kann schließlich höchstens eine der Variablen x_j positiv werden. Die Abbildung des Wahlproblems erfordert *Ganzzahligkeitsbedingungen* (2).

- *Projektinterdependenzen.* Das Ganze umfaßt häufig mehr als die Summe seiner Teile. Wenn z.B. die Objekte 1 und 2 bei gemeinsamer Durchführung höhere Rückflüsse erwarten lassen, als es der Summe ihrer beiden einzelnen Zahlungsreihen entspricht, so ist ein drittes Objekt „1 *und* 2" zu definieren, dem die durch Synergieeffekte positiv beeinflußte Gesamtzahlungsreihe zugeordnet wird. Die drei Objekte 1, 2 und „1 und 2" schließen sich gegenseitig aus und verursachen deshalb Ganzzahligkeitsbedingungen (Wahlproblem).[1]

Im folgenden wird zunächst der Frage nachgegangen, ob und wie das *Wahlproblem* der Investitionsrechnung (und damit auch das Nutzungsdauer- und das Ersatzproblem[2]) mit Hilfe von Kapitalwerten dezentral gelöst werden kann.[3]

Wie die Sätze 28 und 29 zeigen werden, gilt die Lenkpreistheorie aber nur für *kontinuierliche* Probleme. Als kontinuierliche Optimierungsaufgabe wird die *Relaxation* des ganzzahligen (*diskreten*) Problems bezeichnet. Sie enthält zwar im Falle des Wahlproblems die oben aufgeführten Bedingungen (1) und (3); die Restriktionen des Typs (2) kommen jedoch nur in der abgeschwächten (erleichterten, relaxierten) Form $0 \leq v_j \leq 1$ vor. Alle Variablen x_j und v_j des relaxierten Problems sind reellwertig. Die Einhaltung der 0-1-Bedingungen (2) für die Hilfsvariablen v_j läßt sich im kontinuierlichen Ansatz nicht sicherstellen. Daher kann das System der Bedingungen (1) bis (3) u.U. nicht verhindern, daß mehrere Variable x_j positiv werden. Die Variablen v_j vermögen in einem relaxierten Ansatz ihren Zweck nicht zu erfüllen und sind deshalb ersatzlos zu streichen. Damit wird eine vereinfachte Notation des relaxierten Wahlproblems möglich. Sofern die Zahlungsreihen der sich ausschließenden Objekte so definiert werden, daß für jedes von ihnen die Obergrenze $x_j^{max} = 1$ gilt, tritt an die Stelle des ganzen Systems (1) bis (3) einfach die folgende Bedingung:

$$\sum_j x_j \leq 1 \qquad \text{mit} \qquad x_j^{max} = 1 \qquad \text{für die sich ausschließenden Objekte j.}$$

Es liegt dann eine spezielle *zusätzliche Restriktion* vor, für die alle bislang abgeleiteten Aussagen zur Kapitalwertkorrektur gelten. Mit dem bekannten Instrumentarium

---

[1] Vgl. *HAX*, Investitions- und Finanzplanung (1964), S. 442 f., *HAX*, Investitionstheorie (1985), S. 95 ff., *WEINGARTNER*, Capital Budgeting (1963), S. 32 ff., *MEIER/DÜSING*, Modellierung logischer Aussagen (1992), *CARRAWAY/SCHMIDT*, Allocating Resources (1991).

[2] Vgl. oben, Unterabschnitt 3.2.1.2.

[3] Für den Spezialfall der Endwertmaximierung vgl. kompakt *HERING*, Wahlproblem (2002).

soll im folgenden die Frage untersucht werden, ob nach Satz 1 (→ Satz 25) nicht auch der Satz 2 (Wahlregel bei vollkommenem Kapitalmarkt) auf den unvollkommenen Kapitalmarkt übertragbar ist.[1]

$\mathfrak{I}_k$ sei die k-te Indexmenge von sich gegenseitig ausschließenden Objekten. Die primalen Obergrenzenbedingungen $x_j \leq 1 \; \forall \; j \in \mathfrak{I}_k$ sind wegen $x_j \geq 0$ alle in der Ausschlußbedingung

$$\sum_{j \in \mathfrak{I}_k} x_j \leq 1 \qquad \Leftrightarrow \qquad \sum_{j \in \mathfrak{I}_k} x_j + y_{n+k} = 1.$$

enthalten und können daher ebenso entfallen wie die zugehörigen Dualvariablen u_j $\forall \; j \in \mathfrak{I}_k$. Im folgenden sei o.B.d.A. nur eine Ausschlußrestriktion betrachtet, damit zur Vereinfachung der Schreibweise auch auf den Index k verzichtet werden kann. Die zum Objekt $j \in \mathfrak{I}$ gehörende Dualrestriktion reduziert sich dann gegenüber der allgemeinen Schreibweise des vorangegangenen Unterabschnitts auf:

$$-\sum_{t=0}^{n} g_{jt} \cdot d_t + \delta \geq 0 \qquad \forall \; j \in \mathfrak{I}.$$

Nach den üblichen Umformungen ergibt sich weiterhin (wie oben):

$$\underbrace{C_j - \frac{\delta}{d_0}}_{C_j^{korr}} + \frac{\mu_j}{d_0} = 0 \qquad \forall \; j \in \mathfrak{I}.$$

Aus dieser Formel läßt sich nun dreierlei ableiten:

1. Falls keines der Objekte $j \in \mathfrak{I}$ in der optimalen Lösung enthalten ist, besitzt die Ausschlußbedingung den Schlupf eins, und es gilt $\delta = 0$ (Komplementarität) sowie:

$$C_j = -\frac{\mu_j}{d_0} \leq 0 \qquad \forall \; j \in \mathfrak{I}.$$

[1] *WEINGARTNER*, Capital Budgeting (1963) untersucht auf S. 147 f. das Wahlproblem des vollkommenen Kapitalmarkts, während *HAX/LAUX*, Investitionstheorie (1969) auf S. 234 ff. auch knapp auf den Fall des gespaltenen Kalkulationszinses eingehen („HIRSHLEIFER-Fall"). Vgl. auch *LAUX/ FRANKE*, Versagen der Kapitalwertmethode (1970), S. 520 f. Die Untersuchung von *LANDAU*, Comparison of Cash Flow Streams (1980), S. 1220-1222, kommt zu interessanten Ergebnissen u.a. im HIRSHLEIFER-Fall, allerdings unter der engen Prämisse einer speziellen Kontenausgleichshypothese für die Zielfunktion (reines Partialmodell).

Kein Objekt hat einen positiven Kapitalwert.

2. Wenn genau ein Objekt $j^* \in \Im$ in der Optimallösung mit einem positiven Wert vertreten ist, so gilt wegen $x_{j^*} > 0$ aufgrund der Komplementarität $\mu_{j^*} = 0$ und somit:

$$C_{j^*} = \frac{\delta}{d_0} \geq 0.$$

Falls das einzige in der Lösung enthaltene Objekt j* nur teilweise realisiert wird, hat die Ausschlußbedingung wegen $x_{j^*} < 1$ einen positiven Schlupf, woraus $\delta = 0$ sowie $C_{j^*} = 0$ folgt. Der Kapitalwert eines Grenzobjekts beträgt auch unter den Bedingungen des erfolgreich partialisierten Wahlproblems null.

Für die übrigen, nicht verwirklichten Objekte $j \neq j^*$ ergibt sich:

$$C_j = \frac{\delta}{d_0} - \frac{\mu_j}{d_0} \leq C_{j^*} \qquad \forall\, j \in \Im \text{ mit } j \neq j^*.$$

Das verwirklichte Objekt j* hat einen nichtnegativen Kapitalwert, welcher nicht geringer ist als irgendein Kapitalwert eines nicht zum Zuge kommenden konkurrierenden Objekts.

3. Sofern sich mehr als ein Objekt mit positivem Wert in der optimalen Lösung befindet, gilt für jedes dieser Objekte h wegen $1 > x_h > 0$ auch $\mu_h = 0$ und deshalb:

$$C_h = \frac{\delta}{d_0} \geq 0 \qquad \text{sowie} \qquad C_h \geq \frac{\delta}{d_0} - \frac{\mu_j}{d_0}.$$

Wenn die Zusatzrestriktion des relaxierten Problems in ihrer Funktion als *Ausschluß*bedingung versagt, haben *alle* (zwangsläufig nur) teilweise realisierten Objekte h den *gleichen*, innerhalb der Menge $\Im$ *maximalen*, *nichtnegativen* Kapitalwert.

Die Steuerungszinsfüße führen also prinzipiell zur richtigen Wahlentscheidung: Das ausgewählte Objekt j* hat den maximal vorkommenden nichtnegativen Kapitalwert aller zur Wahl stehenden Objekte.[1] Leider kann es passieren, daß j* nicht eindeutig bestimmt ist.

Die Umkehrung der Aussagen 1. bis 3. liefert als Verallgemeinerung von Satz 2 den

[1] Falls alle Objekte nachteilig sind, ist der maximal vorkommende Kapitalwert nicht positiv.

Satz 27 **(Wahlregeln bei unvollkommenem Kapitalmarkt)**:

I. Ist der maximale vorkommende Kapitalwert C_{j*} positiv und j* eindeutig bestimmt, so wird das Objekt j* als einziges durchgeführt, und zwar in vollem Umfang.

II. Ist der maximale vorkommende Kapitalwert negativ, so wird keines der Objekte durchgeführt.

III. Ist der maximale vorkommende Kapitalwert C_{j*} null und j* eindeutig bestimmt, so wird keines der Objekte j mit $j \neq j*$ durchgeführt, und über Objekt j* selbst kann nicht dezentral entschieden werden.

IV. Ist der maximale vorkommende Kapitalwert weder negativ noch eindeutig bestimmt, so kann die Wahlentscheidung nicht dezentral getroffen werden, und es besteht die Möglichkeit, daß das *diskrete* Optimierungsproblem nicht mit einem relaxierten Ansatz lösbar ist (nachteilige Ganzzahligkeit).

Der *Beweis* der Wahlregeln I. bis IV. ist dem Anhang 3. zu entnehmen.

Die Ergebnisse I. bis III. sind als Verallgemeinerungen von Satz 2 nicht mit größeren Beeinträchtigungen verbunden als die entsprechenden Resultate des Satzes 25 im Vergleich zu Satz 1. Die im dortigen Zusammenhang beschriebene „Lücke in der pretialen Lenkung" hat sich allerdings durch das Ergebnis IV. spürbar erweitert. Es ist aber zu bedenken, daß das Wahlproblem in seiner Struktur ein kombinatorisches ist, welches sich je nach Datenlage der Partialisierung erschließt oder auch nicht. Man kann von der Kapitalwertmethode nicht Unmögliches verlangen. Der Satz 27 bietet daher insgesamt ein solides Fundament für in der Praxis zu treffende heuristische Wahlentscheidungen. Die dort wegen des Dilemmas der Lenkpreistheorie unausweichlichen Ungenauigkeiten in der Schätzung der endogenen Zinsfüße sowie das Datengewinnungsproblem überlagern die *theoretischen* „Schönheitsfehler" der Partialplanung so nachhaltig, daß sich kaum ein Investitionsrechner dazu veranlaßt sehen wird, wegen des Verdachts auf Vorliegen von Fall IV. zentrale Planungsanweisungen zu erbitten.

Das Wahlproblem soll wiederum auch an Beispielen illustriert werden. Betrachtet sei die Endwertmaximierungsaufgabe der Tabelle 4-6, in deren optimaler Lösung die Investitionen 1 und 2 jeweils im vollen Umfang von 1 enthalten sind (Tabelle 4-7). Schließen sich diese beiden Objekte nun gegenseitig aus, ist zusätzlich die Restriktion $I_1 + I_2 \leq 1$ einzuhalten. Durch sie wird Investition 2 unvorteilhaft und damit auch der zu ihrer Finanzierung benötigte Zinssammler Z_0. Die Wahlentscheidung fällt für Investition 1, und es ergibt sich die bereits bekannte Optimallösung der Tabelle 4-4 mit EW* = 54,1845, I_1 = A = 1, K_0 = 2, F_1 = 1,8 und F_2 = 25,89. Die endogenen Grenzzinsfüße lauten hier wie dort i_1 = 10%, i_2 = 5% und i_3 = 5%.

Mit diesen Steuerungszinssätzen überprüft man die Nachteiligkeit des Zinssammlers und die Richtigkeit der Wahlentscheidung: Der Kapitalwert von Investition 1 ist positiv und größer als der Kapitalwert von Investition 2, woraus nach Satz 27 I. folgt: I_1 wird voll realisiert, und auf I_2 ist zu verzichten.

$$C_{Z_0} = -0{,}0099 < 0, \qquad C_{I1} = 34{,}32 \; > \; 32{,}16 = C_{I2} \;\Rightarrow\; \text{Wähle } I_1!$$

Das gleiche Ergebnis läßt sich auch über Satz 26 finden. Man beachte jedoch, daß der Wert des Lenkpreises δ davon abhängt, ob neben der Ausschlußbedingung $I_1 + I_2 \leq 1$ die redundanten Obergrenzenrestriktionen $I_1 \leq 1$ und $I_2 \leq 1$ noch im Ansatz enthalten sind oder nicht.[1]

Leider ist es nicht immer möglich, das Wahlproblem mit Hilfe eines relaxierten Ansatzes zu behandeln. Dieser Fall kann aber nach Satz 27 nur auftreten, wenn zwei oder mehr Objekte den gleichen, nichtnegativen Kapitalwert auf Basis der endogenen Grenzzinsfüße des relaxierten Problems besitzen. Diese Einsicht soll an folgendem *Beispiel* bestätigt werden: Gegeben seien zwei beliebig teilbare Objekte A und B, die sich aber gegenseitig ausschließen (Wahlproblem), mit den beiden Zahlungsreihen: $\mathbf{g}_A = (-500, 565)$ und $\mathbf{g}_B = (-1500, 1680)$. Die internen Zinsfüße betragen r_A = 13% und r_B = 12%. Zur Finanzierung steht ein 10%-Kredit C bis zu einer Höhe von 1000 zur Verfügung, d.h.: $\mathbf{g}_C = (1000, -1100)$.

Der relaxierte Ansatz führt (ohne Rücksicht auf die Behandlung der redundanten Obergrenzen) zu der Lösung EW* = 22,5, $x_A = x_B = 0{,}5$ und $x_C = 1$ mit δ = 7,5 und i_1 = 11,5%.

---

[1] Kommen im Primalproblem noch die überflüssigen Obergrenzen vor, ergeben sich mit δ = 39 und d_0 = 1,21275 die folgenden korrigierten Kapitalwerte: $C_{I1}^{korr} = 34{,}32 - \delta/d_0 = 2{,}16 > 0$ und $C_{I2}^{korr} = 32{,}16 - \delta/d_0 = 0$. Demnach ist I_1 wegen des positiven korrigierten Kapitalwerts voll zu verwirklichen, während I_2 zunächst als potentielles Grenzobjekt eingestuft wird. Das Wahlproblem kann aber dennoch rein dezentral gelöst werden, denn im zentralen Gleichungssystem zur Bestimmung des Umfangs der Grenzobjekte befände sich die Ausschlußbedingung in der Form $1 + I_2 = 1 \Leftrightarrow I_2 = 0$ (Die Gleichungsform resultiert aus der Komplementarität: $\delta > 0 \Rightarrow y = 0$). Der Zentrale verbliebe nur noch die Möglichkeit, Investition 2 zu verwerfen. Daher braucht ihr weder das Investitionsobjekt 2 noch die zugehörige Ausschlußbedingung gemeldet zu werden.

Sind die redundanten Obergrenzen im primalen Ansatz nicht mehr enthalten, lautet der Lenkpreis δ = 41,6225. Die korrigierten Kapitalwerte stellen sich auf $C_{I1}^{korr} = 34{,}32 - \delta/d_0 = 0$ und $C_{I2}^{korr} = 32{,}16 - \delta/d_0 = -2{,}16 < 0$. Objekt I_2 wird als unvorteilhaft erkannt und I_1 als potentielles Grenzobjekt. Auch hier bedarf es jedoch keiner zentralen Entscheidung über Investition 1 mehr, denn im Gleichungssystem wäre eine Bedingung $I_1 + 0 = 1$ enthalten, aus der unabhängig von allen anderen Grenzobjekten die vollständige Vorteilhaftigkeit von I_1 folgt.

Die Lenkpreise seien kurz interpretiert. Würde die Ausschlußbedingung $x_A + x_B \leq 1$ um eine Einheit des „knappen Faktors" gelockert werden, wäre also $x_A + x_B \leq 2$ zulässig, so könnte x_A um 1,5 wachsen und x_B um 0,5 sinken. Der Endwert stiege um $1{,}5 \cdot 565 - 0{,}5 \cdot 1680 = 7{,}5$. Wäre andererseits in $t = 0$ eine zusätzliche Geldeinheit verfügbar, würde x_B um 0,001 zunehmen und x_A um 0,001 sinken. Die Restriktion $x_A + x_B \leq 1$ bliebe gewahrt, und die zusätzliche Geldeinheit reichte gerade aus, in $t = 0$ den durch die Verschiebung eingetretenen zusätzlichen Kapitalbedarf zu dekken: $-500 \cdot (-0{,}001) - 1500 \cdot 0{,}001 = -1$. Der Endwert wüchse dementsprechend um $565 \cdot (-0{,}001) + 1680 \cdot 0{,}001 = 1{,}115$. Die zugeführte Geldeinheit hätte sich in der betrachteten Periode um 11,5% vermehrt. Diese Interpretationen zeigen noch einmal sehr deutlich den Marginalcharakter der Lenkpreise. Der Wert $\delta = 7{,}5$ ist als Endwertänderung fiktiv, weil Objekt A wegen seiner Obergrenze 1 gar nicht um 1,5 auf 2 anwachsen kann. Für die Lenkungseigenschaft kommt es aber nicht auf die tatsächliche Realisierbarkeit der aufgezeigten Wirkungsketten an, sondern nur auf die Höhe der infinitesimalen Grenzgrößen, welche notfalls eben nur für unendlich kleine oder endlich eng begrenzte Veränderungen interpretiert werden können. *Beide* Objekte A und B haben, kalkuliert mit dem Grenzzinsfuß i_1 bzw. den Grenzgrößen i_1 und δ, *den gleichen positiven Kapitalwert* 6,7265 bzw. *den korrigierten Kapitalwert null* (6,7265 $- \delta/d_0$). Sowohl nach Satz 27 als auch nach Satz 25/26 verweigert sich die Aufgabe einer dezentralen Lösung. Die Zentrale stellt nachteilige Ganzzahligkeit fest, denn aus der Liquiditäts- und der Ausschlußbedingung ergibt sich die *eindeutige* relaxierte Optimallösung, in der *beide* Objekte enthalten sind.

Es bleibt zu untersuchen, ob das Versagen des relaxierten Ansatzes die Unmöglichkeit einer Partialsteuerung durch Kapitalwerte nach sich zieht. Diese Frage soll nicht nur für das Wahlproblem, sondern für beliebige Ganzzahligkeitsbedingungen beantwortet werden.

Auf dem vollkommenen Kapitalmarkt existiert kein Ganzzahligkeitsproblem,[1] weil ein Objekt mit dem Kapitalwert null ohne Beeinträchtigung des Zielwertes (Vermögen, Einkommen) voll durchgeführt oder aber gänzlich gestrichen werden kann. Im Wahlproblem wird bei Kapitalwertgleichheit eine beliebige Alternative voll (und die andere(n) gar nicht) realisiert; vgl. die Sätze 1 und 2.

Unter den Bedingungen des unvollkommenen Kapitalmarkts ist es nicht mehr gleichgültig, in welchem Umfang Objekte mit einem Kapitalwert von null verwirklicht werden. Die Grenzobjekte müssen zur Aufrechterhaltung des Zahlungsgleichgewichts genau definierte Werte annehmen, die sich als Residualgrößen nach Berechnung der Liquiditätssalden für die eindeutig vorteilhaften Objekte ergeben. Die optimale

[1] Vgl. *HAX/LAUX*, Investitionstheorie (1969), S. 234 ff., *LAUX/FRANKE*, Versagen der Kapitalwertmethode (1970), S. 520 f.

Lösung kann daher prinzipiell die nur anteilige Realisation eines unteilbaren Objekts vorsehen.[1]

In zwei Fällen erweisen sich Ganzzahligkeitsbedingungen auch bei unvollkommenem Kapitalmarkt als *nicht nachteilig*:[2]

1. Die optimale Lösung des *kontinuierlichen Problems* liefert (zufällig, glücklicherweise) bereits zulässige Werte für sämtliche ganzzahligen Variablen. Endogene Grenzzinsfüße existieren demnach immer dann auch für das diskrete Problem, wenn die optimale Lösung des kontinuierlichen Problems die Ganzzahligkeitsbedingungen (schon ohne weiteres Zutun) erfüllt.

2. Falls die optimale Lösung des kontinuierlichen Problems nicht eindeutig ist, besteht die Möglichkeit, daß sich unter den unendlich vielen Konvexkombinationen[3] der verschiedenen Optimallösungen wenigstens eine befindet, welche die Ganzzahligkeitsbedingungen erfüllt. Wenn eine solche Lösung existiert, bleibt die Lenkpreistheorie für das diskrete Problem gültig.[4] Der Umfang der Objekte mit einem Kapitalwert von null ist allerdings nicht mehr eindeutig bestimmt, so daß sich die Suche nach der annahmegemäß existierenden ganzzahligen Lösung als recht aufwendig erweisen kann.

Wenn weder die Situation 1. noch 2. gegeben ist, liegen *nachteilige Ganzzahligkeitsbedingungen* vor. Die optimale Lösung des diskreten Problems stimmt dann nicht mehr mit irgendeiner Optimallösung der relaxierten Aufgabe überein. In diesem Falle führen die Ganzzahligkeitsbedingungen nicht nur zu einem *geringeren* maximalen Zielfunktionswert im Vergleich zum kontinuierlichen Problem, sondern setzen dar-

---

1 Nur für sehr spezielle Problemstrukturen ist die Ganzzahligkeit – ähnlich wie bei Transport- und Zuordnungsproblemen der Unternehmensforschung – automatisch gewährleistet. Vgl. *FRANKE*, Ganzzahligkeitseigenschaften (1974).

2 Vgl. *LAUX/FRANKE*, Versagen der Kapitalwertmethode (1970), S. 521 f.

3 Das Optimierungsproblem besteht allgemein darin, die Zielfunktion $x_0 = \mathbf{c}^T\mathbf{x}$ unter den Restriktionen $\mathbf{Ax} \leq \mathbf{b}$ und $\mathbf{x} \geq \mathbf{0}$ zu maximieren. Für zwei voneinander verschiedene Optimallösungen $\mathbf{x}_1$ und $\mathbf{x}_2$ gilt demnach $\mathbf{x}_1 \geq \mathbf{0}$, $\mathbf{x}_2 \geq \mathbf{0}$, $\mathbf{Ax}_1 \leq \mathbf{b}$, $\mathbf{Ax}_2 \leq \mathbf{b}$ und $\mathbf{c}^T\mathbf{x}_1 = \mathbf{c}^T\mathbf{x}_2 = x_0^*$. Dann ist auch jede *Konvexkombination* $\lambda\mathbf{x}_1 + (1-\lambda)\mathbf{x}_2$ mit $0 \leq \lambda \leq 1$ eine optimale Lösung des Problems. *Beweis*. Es gilt $\lambda\mathbf{x}_1 + (1-\lambda)\mathbf{x}_2 \geq \mathbf{0}$ und $\mathbf{A}\cdot(\lambda\mathbf{x}_1 + (1-\lambda)\mathbf{x}_2) = \lambda\mathbf{Ax}_1 + (1-\lambda)\mathbf{Ax}_2 \leq \lambda\mathbf{b} + (1-\lambda)\mathbf{b} = \mathbf{b}$ (zulässige Lösung). Aus $\mathbf{c}^T\cdot(\lambda\mathbf{x}_1 + (1-\lambda)\mathbf{x}_2) = \lambda\,\mathbf{c}^T\mathbf{x}_1 + (1-\lambda)\mathbf{c}^T\mathbf{x}_2 = \lambda x_0^* + (1-\lambda)x_0^* = x_0^*$ folgt schließlich die Optimalität.

4 Eine mehrdeutige Lösung setzt duale Ausartung voraus; vgl. bspw. *KREKÓ*, Lineare Optimierung (1973), S. 215 f. Bei einem Basiswechsel bleiben die Zielfunktionskoeffizienten und damit die endogenen Grenzzinsfüße unverändert. Die alternativen Optimallösungen können sich also nur im Hinblick auf die Objekte mit einem Kapitalwert von null unterscheiden. Die alten Steuerungszinsfüße bleiben somit für die neue Lösung und sämtliche möglichen Konvexkombinationen gültig, da ein Kapitalwert von null mit jedem beliebigen Projektumfang vereinbar ist.

über hinaus die Lenkpreistheorie außer Kraft. Zur Illustration dieses Sachverhalts sollen zunächst drei Zahlenbeispiele herangezogen werden.

Beispiel 1. Betrachtet sei das einperiodige Budgetierungsproblem aus dem Abschnitt 4.2.1 (vgl. Abbildung 4-1). Wenn alle Objekte nur entweder ganz oder gar nicht realisiert werden dürfen, ist die Lösung gemäß DEAN-Modell nicht zulässig, weil in ihr das Finanzobjekt F im Umfang von 50% beansprucht wird. Nach Einführung einer reellwertigen nichtnegativen Kassenhaltungsvariablen für u.U. nicht einsetzbare Mittel liefert der gemischt-ganzzahlige Algorithmus von GOMORY[1] die folgende Optimallösung des diskreten Problems: Die Objekte B, C, D, E und F sind vollständig durchzuführen, während auf Objekt A sowie die Kassenhaltung verzichtet wird. Das optimale Budget steigt auf 200, weil der 13%-Kredit F im Vergleich zur kontinuierlichen Lösung der Abbildung 4-1 um den Wert 50 aufzustocken ist. Die zusätzlichen Finanzmittel können allerdings nur in das mit 12% schlechter verzinsliche Objekt D investiert werden, so daß der Endwert von 10,5 um den Betrag $50 \cdot (0{,}13 - 0{,}12) = 0{,}5$ auf EW = 10 sinkt. Die Unteilbarkeitsbedingung für F ist demnach *nachteilig*.

Um diese Lösung mit der Kapitalwertmethode zu erhalten, müßte ein Steuerungszins i bzw. ein Zinsfaktor $q = 1 + i$ existieren, bei dem die Kapitalwerte der realisierten Objekte F und D nichtnegativ sind. Es wäre also gleichzeitig zu fordern:

$$C_F = 100 - \frac{113}{q} \geq 0 \qquad \text{und} \qquad C_D = -50 + \frac{56}{q} \geq 0.$$

Aus diesem Ungleichungssystem folgt zunächst $q \neq 0$, denn für $q = 0$ ergäbe sich $C_F \to -\infty < 0$ im Widerspruch zur Forderung $C_F \geq 0$. Für $q > 0$ resultiert ein leeres Intervall, weil aufgrund der beiden Ungleichungen gelten müßte: $q \geq 1{,}13$ *und zugleich* $q \leq 1{,}12$. Es bleibt also nur noch die Möglichkeit $q < 0$. Dann aber liefert das System die Eingrenzung $1{,}12 \leq q \leq 1{,}13$ im Widerspruch zur Voraussetzung $q < 0$. Damit ist gezeigt, daß kein reeller Zinssatz i existieren kann, der eine Partialisierung des diskreten Problems mit Hilfe von Kapitalwerten erlaubt.

Bei nachteiliger Ganzzahligkeit reicht es im allgemeinen nicht aus, die aus dem DEAN-Modell resultierende unzulässige Schnittpunktlösung lediglich lokal zu modifizieren, also nur über die komplette Durchführung oder Nichtdurchführung des unteilbaren Grenzobjekts zu entscheiden. Vielmehr bricht unter solchen Umständen der marginalanalytische Modellkern, d.h. die gesamte Entscheidungslogik mit ihren nach dem internen Zinsfuß geordneten Kapitalnachfrage- und -angebotsfunktionen zusammen. Es entsteht ein kombinatorisches Problem, dessen Lösung grundsätzlich nicht

[1] Darstellung und Beweis des Algorithmus finden sich z.B. in *BURKARD*, Ganzzahlige Optimierung (1972), S. 158 ff. Im vorliegenden Beispiel genügt eine einzige Schnittebene, um zur ganzzahligen Optimallösung zu gelangen.

mehr beinhaltet, daß die Investitionen und Finanzierungen in der Reihenfolge ihrer internen Zinssätze ins optimale Programm gelangen. Mitunter ist es also besser, auf eine Investition mit hoher Rendite zu verzichten als auf eine mit niedriger Rendite.[1] Der interne Zins leitet dann als Kompaß der Objektreihung und -auswahl in die Irre, und das DEAN-Modell versagt insgesamt.

Die Ungültigkeit einer Renditereihung nach dem internen Zins bei nachteiliger Ganzzahligkeit sei noch an einem einfachstmöglichen DEAN-Modell-Beispiel demonstriert: Gegeben sind eine kleine Investition A mit sehr hoher Rendite r_A und eine sehr große Investition B mit dem deutlich niedrigeren internen Zins r_B. Zur Verfügung steht nur eine Fremdfinanzierung C genau im für B benötigten Umfang mit der noch ganz erheblich niedrigeren Effektivverzinsung r_C. Alle Objekte sind einperiodig. Während aber A und C beliebig teilbar sein mögen, kann B nur ganz oder gar nicht realisiert werden (Unteilbarkeit). Abbildung 4-6 zeigt die zugehörige Schnittpunktlösung des DEAN-Modells, die aufgrund der Teilung des Objekts B unzulässig ist.

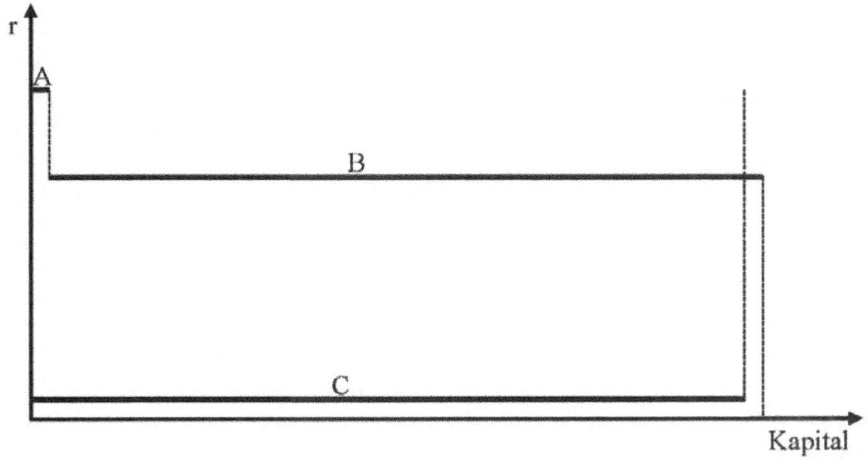

Abbildung 4-6: Versagen des DEAN-Modells bei nachteiliger Ganzzahligkeit

Es wäre nun grundverkehrt, zur Herstellung einer zulässigen ganzzahligen Lösung einfach auf das nicht komplett finanzierbare Schnittpunktobjekt B zu verzichten und das Budget auf den geringen Umfang von A (finanziert durch das anteilig realisierte

1 Die Ganzzahligkeitsbedingungen konstituieren gewissermaßen ein investitionstheoretisches *Wahlproblem* (vgl. oben, Unterabschnitte 3.2.1.2 und 3.3.1.4) mit der bekannten Konsequenz des allgemeinen Versagens des internen Zinsfußes als brauchbarer Investitionskennzahl (Satz 21).

Objekt C) zu reduzieren. Der Endwert profitierte dann zwar von der hohen Renditedifferenz zwischen A und C; allerdings fiele diese eben nur auf den geringen Projektumfang A an. Optisch ist an der (maßstäblichen) Skizze der Abbildung 4-6 leicht zu erkennen, daß ein wesentlich höherer Endwert resultiert, wenn angesichts der Kapitalknappheit nicht das ganze unteilbare Objekt B, sondern das zwar (gemessen an der Rendite r) relativ lukrative, aber doch recht kleine Objekt A „über Bord geworfen" wird. Dann kann das große Objekt B voll verwirklicht und mit dem gesamten Kredit C finanziert werden. Im Ergebnis profitiert der Endwert von einer etwas geringeren Renditedifferenz (als der zwischen A und C), multipliziert dafür mit einem ganz erheblich höheren Budget.

Da es für das Konsumziel des eigenmittellosen Investors auf den absoluten Endwert ankommt, erweist sich die Entscheidungslogik des marginalanalytischen DEAN-Modells in der Situation nachteiliger Ganzzahligkeit als unbrauchbar: Die Kapitalnachfragefunktion zerfällt; es ist nicht mehr richtig, zuerst das hochrentierliche Objekt A (voll) durchzuführen, bevor B überhaupt in Betracht gezogen werden kann. Der interne Zins verliert im Vergleich zum DEAN-Modell ohne Ganzzahligkeitsbedingungen seine Steuerungsfunktion bezüglich der optimalen Auswahl und Aufreihung der Objekte. Vielmehr muß jetzt kombinatorisch wie in einem „Baukastenspiel" ausprobiert werden, welche Mischung der teilbaren und unteilbaren Objekte den höchsten Endwert liefert. Nicht immer ist das so leicht ersichtlich wie in der Abbildung 4-6. Insbesondere darf man sich nicht darauf verlassen, lediglich in der Nähe der nicht mehr zulässigen Schnittpunktlösung „nachzubessern". Selbst die nach dem internen Zins günstigsten Investitionen und Finanzierungen sind wie im gegebenen Beispiel prinzipiell in Frage zu stellen, da zur optimalen Lösung des Ganzzahligkeitsproblems auch ihr „Opfer" gefordert sein kann. Im Beispiel der Abbildung 4-6 verdrängt gar die renditeschwächste Investition (B) die renditestärkste (A).

Beispiel 2. Gegeben sei das zweite Beispiel zu Satz 27 mit zwei beliebig teilbaren Objekten A und B, die sich gegenseitig ausschließen (Wahlproblem). Es gilt also $\mathbf{g}_A = (-500, 565)$, $\mathbf{g}_B = (-1500, 1680)$ und $\mathbf{g}_C = (1000, -1100)$. Die optimale Lösung des relaxierten Problems sieht vor, A und B jeweils zur Hälfte zu verwirklichen und hierfür Kredit C voll in Anspruch zu nehmen. Der zugehörige Endwert beträgt 22,5. Die Ausschlußbedingung $v_A + v_B \leq 1$ ist zwar mit $v_A = v_B = 0{,}5$ erfüllt. Dies stellt jedoch keine zulässige Lösung des Wahlproblems dar: Die Variablen v_j dürfen nur den Wert null oder eins annehmen.

Die mit dem GOMORY-Algorithmus ermittelte gemischt-ganzzahlige Optimallösung lautet: Objekt B ist zu zwei Dritteln zu realisieren und mit dem ganzen Kredit C zu finanzieren. Projekt A wird verworfen. Der maximale Endwert *sinkt* auf 20 (nachteilige Ganzzahligkeit).

B ist in der optimalen Lösung lediglich teilweise verwirklicht und somit Grenzobjekt. Daher könnte für das Objekt B ein Kapitalwert von null gefordert werden, welcher jedoch nur bei einem Zins von 12% eintritt. Wenn aber der Steuerungszins mit 12% feststeht, versagt die Kapitalwertmethode bei der Lösung des Wahlproblems: Mit i = 12% hat A einen größeren Kapitalwert als B, so daß die Entscheidung für A fallen müßte. Das gemischt-ganzzahlige Optimum läßt sich also im gegebenen Beispiel nicht *auf naheliegende Weise* durch die Berechnung von Kapitalwerten finden. Die Partialisierung gelingt allerdings mit Hilfe des korrigierten Kapitalwertbegriffs. Hierauf wird im Anschluß an Satz 28 zurückzukommen sein.

Beispiel 3. Es gilt Beispiel 2 mit der einzigen Veränderung, daß die Objekte A und B nunmehr unteilbar sind. Die optimale gemischt-ganzzahlige Lösung ist sofort erkennbar: Objekt B entfällt (nicht finanzierbar), wohingegen A voll verwirklicht und mit dem halben Kredit C finanziert wird. Der maximale Endwert beträgt nur noch 15. Objekt C ist lediglich teilweise verwirklicht und unterliegt keiner Ausschlußbedingung. Dann muß es als Grenzobjekt den Kapitalwert null aufweisen, woraus $i_1 = 10\%$ folgt. Bei diesem Steuerungszins hat aber B einen größeren Kapitalwert als A, so daß das Wahlproblem nicht mit der Kapitalwertmethode gelöst werden kann.

Es läßt sich allgemein zeigen, daß unter nachteiligen Ganzzahligkeitsbedingungen grundsätzlich keine Steuerungszinsfüße mehr existieren, welche eine Partialisierung des Totalproblems erlauben.[1] Die Kapitalwertmethode versagt in dieser Situation grundsätzlich, weil nachteilig ganzzahlige Variable ein der Marginalanalyse unzugängliches kombinatorisches Problem begründen. Partialmodelle können dann nur heuristisch eingesetzt werden. Die exakte Lösung erfordert ein aufwendiges kombinatorisches Totalmodell.

Satz 28 **(Nachteilige Ganzzahligkeit)**:

Sofern die optimale Lösung des Kapitalbudgetierungsproblems infolge nachteiliger Ganzzahligkeitsbedingungen eine Zielwertverschlechterung im Vergleich zum kontinuierlichen Problem beinhaltet, existieren keine Steuerungszinsfüße mehr.

Der im folgenden geführte Beweis ist vergleichsweise kurz, dafür allerdings recht abstrakt.

---

1 Vgl. *LAUX/FRANKE*, Versagen der Kapitalwertmethode (1970), S. 517, 522 ff. und 526, *HELLWIG*, Partialmodelle (1973), S. 1, 27 ff., 38 f. und 72, *HELLWIG*, Kapitalwertmethode (1976), S. 169, *HAX*, Investitions- und Finanzplanung (1964), S. 443. Die bei weitem anschaulichste Herleitung liefern *LAUX/FRANKE*, Versagen der Kapitalwertmethode (1970), S. 522 ff. Ihre Argumentation zum Wahlproblem greift allerdings zu kurz.

Beweis (indirekt). Die optimale Lösung des diskreten Primalproblems möge nach Anwendung eines Schnittebenen- oder Entscheidungsbaumverfahrens der gemischt-ganzzahligen linearen Optimierung in Form eines Simplextableaus vorliegen. Der zugehörige maximale Zielfunktionswert P^g ist nach Voraussetzung kleiner als das Maximum des relaxierten Primalproblems, P^r (nachteilige Ganzzahligkeit). Für D^r, das Minimum des (relaxierten) Dualproblems, gilt nach dem Dualitätstheorem $D^r = P^r$.

Annahme: Die Partialisierung des ganzzahligen Problems ist möglich. Das heißt, es existieren nichtnegative Dualwerte (Zahlen $d_t > 0$, $u_j \geq 0$, $\mu_j \geq 0$ und $\varepsilon_t \geq 0$)[1] zur Lösung P^g, welche erstens für alle Objekte des diskreten Primalproblems vorzeichenrichtige Kapitalwerte beinhalten[2] und zweitens die aus logischen Gründen zu fordernden Komplementaritätsbeziehungen der Entnahmevariablen erfüllen ($G_t \cdot \varepsilon_t = 0$ und $EN \cdot \varepsilon = 0$).[3]

Prüfung der Annahme. Wenn die Annahme stimmt, stellen die besagten Dualwerte eine optimale Lösung des relaxierten Dualproblems dar, weil alle Komplementaritätsbeziehungen der Dualitätstheorie gelten. Das Produkt jeder primalen Struktur- bzw. Schlupfvariable mit ihrer zugehörigen dualen Schlupf- bzw. Strukturvariablen ist gleich null.[4] Die Primalvariablen definieren entsprechend eine optimale Lösung des relaxierten Primalproblems und führen daher zum Zielfunktionswert $P^r = D^r$ (Satz 23 und 24). Dies steht jedoch im *Widerspruch* zur Voraussetzung, der zufolge die vorlie-

---

1 Eine triviale Partialisierung ergibt sich, wenn alle d_t gleich null gewählt werden. Die Objekte sind dann allesamt mit null zu bewerten. Um eine derartig unsinnige, weil aussagelose „Lösung" auszuschließen, erscheint es gerechtfertigt, den ökonomisch sinnvollen Betrachtungsbereich auf positive d_t zu beschränken. Dualwerte der Liquidität in Höhe von $d_t = 0$ signalisieren die Unvernünftigkeit der zugrunde gelegten Zielsetzung, da das Vorzeichen und die Höhe einer Zahlung in t bei einer Bewertung mit null keine Rolle mehr spielen. Die Aussage von Satz 28 gilt nur für wirtschaftlich vernünftige Zielsetzungen.

2 Die Vorzeichenrichtigkeit der Kapitalwerte impliziert die Gültigkeit der ersten beiden Gruppen von Komplementaritätsbeziehungen. Beispiel: u_j ergibt sich für ein in der ganzzahligen Optimallösung voll verwirklichtes Objekt j, indem der mit den annahmegemäß existierenden Faktoren d_t errechnete nichtnegative Kapitalwert mit d_0 multipliziert wird. μ_j ist dann gleich null. Somit gilt $x_j \cdot \mu_j = 0$ und $s_j \cdot u_j = 0$ (Komplementarität, Satz 24).

3 Beispiel: Bei Endwertmaximierung muß der Bewertungsfaktor d_n genau gleich eins sein, wenn der Endwert positiv ist. Im Falle $d_n > 1$ würde nämlich der Zukauf einer DM von außen zu einem Preis zwischen 1 und d_n ungeachtet der dadurch bewirkten Endwertsenkung vorteilhaft erscheinen. Der ebenso unvernünftige Fall $d_n < 1$ läßt sich immer vermeiden, indem die d_t, u_j und μ_j mit einer hinreichend großen positiven Zahl multipliziert werden. Jede Bewertung mit $d_n \neq 1$ widerspricht der durch die Zielfunktion definierten Konsumpräferenz. Daher muß in einem ökonomisch sinnvollen Partialmodell $d_n = 1$ gelten und damit $\varepsilon_n = 0$. Hieraus folgt $G_n \cdot \varepsilon_n = 0$.

4 Auch die von der Annahme nicht berührten Beziehungen $y_t \cdot d_t = 0$ sind eingehalten, weil aufgrund des unbegrenzt verfügbaren und beliebig teilbaren Objekts „Kassenhaltung" jede Lösung mit $y_t > 0$ eine ökonomisch unsinnige Zielsetzung (Geldvernichtung) unterstellt. In einem sinnvollen Primalproblem gilt $y_t = 0 \; \forall \; t$.

genden Werte der Primalvariablen lediglich den Zielfunktionswert $P^g < P^r$ liefern.[1] Damit fällt die Annahme.

Bemerkung. Der Beweis gilt auch bei Vorliegen zusätzlicher Restriktionen, *wenn* die Komplementaritätsbeziehungen $y_{n+k} \cdot \delta_k = 0 \; \forall \; k$ erfüllt sind. In diesem Falle ergibt sich wie oben ein Widerspruch zur Annahme der Existenz vorzeichenrichtiger *korrigierter Kapitalwerte.*[2] Leider läßt sich aber unter Ganzzahligkeitsbedingungen ein denkbares Lenkpreissystem mit $y_{n+k} > 0$ und $\delta_k > 0$ nicht von vornherein als ökonomisch abwegig einstufen, da aufgrund der Unteilbarkeiten ein knapper Faktor dennoch einen positiven Schlupf aufweisen kann (aus $y_{n+k} > 0$ folgt nicht mehr zwingend die Redundanz der Restriktion). Unter Umständen gibt es dann auch bei nachteiliger Ganzzahligkeit Steuerungszinsfüße, sogar im Falle des Wahlproblems![3]

Beispiel 4. Betrachtet sei die folgende diskrete Optimierungsaufgabe mit einem Investitionsobjekt I (−1000, 1100) und einer Anleihe A (1000, −1050):

---

1 Der Widerspruch läßt sich auch wie folgt herbeiführen: Das diskrete Primalproblem enthält zusätzliche Nebenbedingungen (Schnittebenen aus dem GOMORY-Algorithmus oder Begrenzungen aus dem Branch-and-Bound-Verfahren), für die im relaxierten Dualproblem keine entsprechenden Strukturvariablen existieren. Die fehlenden Variablen werden mit dem Wert null hinzugefügt, so daß weiterhin eine zulässige Lösung des Dualproblems mit demselben Zielwert $D^r = P^r$ vorliegt. Annahmegemäß gelten dann bei Gegenüberstellung des um die Nullvariablen erweiterten Dualproblems und des diskreten Primalproblems nach wie vor alle Komplementaritätsbeziehungen. Da sämtliche Variable nichtnegativ sind, folgt die Optimalität beider Lösungen für das um Schnittrestriktionen bzw. zusätzliche Dualvariable erweiterte Primal- bzw. Dualproblem. Dann müssen auch beide Zielfunktionswerte P^g und D^r gleich sein (Dualitätstheorem, Satz 23), was aber nach Voraussetzung wegen $P^g < P^r = D^r$ nicht zutrifft.

2 Sofern die nach Annahme vorliegende Partialisierung sinnvoll sein soll, müssen die in die korrigierten Kapitalwerte einfließenden Knappheitspreise δ_k ein positives Vorzeichen tragen. Negative Preise knapper Faktoren sind ausgeschlossen, weil ein per Restriktion begrenzt zur Verfügung stehender Faktor k im ungünstigsten Fall wertlos ist. Auch dieser Grenzfall $\delta_k = 0$ kann aus den Überlegungen ausgeklammert bleiben, da er die völlige Bedeutungslosigkeit (keine Kapitalwertkorrektur durch den Faktor k) und damit die Redundanz der zusätzlichen Nebenbedingung k impliziert.

3 Diese Möglichkeit übersehen *LAUX/FRANKE*, Versagen der Kapitalwertmethode (1970) auf S. 525. Ihre dortige Argumentation ist nicht stichhaltig, weil sie unterstellt, daß die nachteilige Ganzzahligkeit im Restproblem begründet liegt, welches nach Elimination der durch die Ausschlußbedingung unvorteilhaften Objekte verbleibt. Dies muß jedoch keineswegs zutreffen, wie das obige *Beispiel 2* belegt: Nach Elimination der Variablen x_A (und v_A) sowie der Restriktion $v_A + v_B \leq 1$ liegt ein gewöhnliches Problem ohne Ganzzahligkeitsbedingungen (man setze $v_B = 1$) vor, das mit dem Zins $i_1 = 12\%$ partialisierbar ist. Die nachteilige Ganzzahligkeit ist durch die Ausschlußbedingung selbst verursacht worden! LAUX/FRANKE setzen also einen Spezialfall voraus.

$$\text{max. EW}; \quad EW := G_1$$

$$\begin{aligned} 1000\,x_I - 1000\,x_A & \leq 0 \\ -1100\,x_I + 1050\,x_A + G_1 & \leq 0 \\ x_I & \leq 1 \\ x_A & \leq 1 \\ G_1 & \geq 0 \end{aligned}$$

$$x_I, x_A \in \mathbb{Z}_{\geq 0}$$

Es gilt also $x_I, x_A \in \{0; 1\}$. Die optimale diskrete und zugleich kontinuierliche Lösung lautet $x_I^* = x_A^* = 1$ mit $EW^* = 50$. Es liegt daher noch keine nachteilige Ganzzahligkeit vor, und zur Partialisierung sind alle Zinssätze aus dem abgeschlossenen Intervall [5%; 10%] geeignet (primale Ausartung, vgl. Unterabschnitt 4.2.5.2), z.B. $i_1 = 7{,}5\%$. Im folgenden wird als zusätzliche Restriktion die Ausschlußbedingung

$$x_I + x_A \leq 1$$

hinzugefügt (Wahlproblem: Die Anleihe kann nur begeben werden, wenn die aus Sicht der Kapitalgeber zu riskante Investition unterbleibt). Die modifizierte Aufgabe hat *unter Vernachlässigung* der Ganzzahligkeitsbedingungen die optimale Lösung $x_I^* = x_A^* = 0{,}5$ mit $EW^* = 25$. Bei *Berücksichtigung* der 0-1-Bedingungen ergibt sich die *schlechtere* Optimallösung $x_I^* = x_A^* = EW^* = 0$. Die Senkung des maximal erzielbaren Endwerts von 25 auf 0 signalisiert *nachteilige Ganzzahligkeit*, welche ihre Ursache in der Ausschlußbedingung hat. Ohne die Restriktion $x_I + x_A \leq 1$ sind die Ganzzahligkeitsbedingungen, wie gezeigt, *nicht* nachteilig.

Die Ausschlußbedingung ist nicht redundant (ohne sie steigt der Endwert von 0 auf 50), aber dennoch nicht prall erfüllt: Ihre Schlupfvariable hat den Wert $1 - x_I^* - x_A^* = 1 = y_2 > 0$. Damit liegt der oben beschriebene Fall des (begrenzten) Überschusses eines knappen Faktors vor. Ein positiver Preis δ für die knappe Kapazität der Ausschlußbedingung ist daher ökonomisch vertretbar. Dann aber läßt sich die Wahlentscheidung trotz nachteiliger Ganzzahligkeit partialisieren, wenn *in Analogie* zum nur für relaxierte Probleme geltenden Satz 26 nach den Vorzeichen der korrigierten Kapitalwerte entschieden wird. Für einen fest, aber beliebig gewählten Zins $i_1 \neq -1$ braucht lediglich der Lenkpreis δ so groß festgesetzt zu werden, daß beide korrigierten Kapitalwerte negativ sind, so daß das Kapitalwertvorzeichen die Unvorteilhaftigkeit beider Objekte signalisiert:

$$C_I^{korr} = -1000 + \frac{1100}{1+i_1} - \frac{\delta}{1+i_1} < 0 \quad \text{und} \quad C_A^{korr} = 1000 - \frac{1050}{1+i_1} - \frac{\delta}{1+i_1} < 0.$$

Die Existenz eines hinreichend großen, positiven δ ist offensichtlich. Damit steht fest, daß es Budgetierungsprobleme gibt, die unter nachteiliger Ganzzahligkeit *und* (!) *zusätzlichen Nebenbedingungen* mit Hilfe der (korrigierten) Kapitalwertmethode lösbar sind.

Zu dieser Problemklasse gehört auch obiges *Beispiel 2*, das sich einer Partialisierung zunächst verschließt. Bei Betrachtung des relaxierten Problems (mit der Ausschlußbedingung $x_A + x_B \leq 1$) ergeben sich aber für einen Zins von z.B. $i_1 = 11\%$ folgende korrigierte Kapitalwerte:

$$C_A^{korr} = -500 + \frac{565 - \delta}{1{,}11}, \quad C_B^{korr} = -1500 + \frac{1680 - \delta}{1{,}11}, \quad C_C^{korr} = C_C = 1000 - \frac{1100}{1{,}11}.$$

Mit $\delta = 1{,}11 \cdot C_B = 15 > 0$ resultiert eine funktionierende Partialsteuerung! Man überprüft:

$$C_A^{korr} = C_A - C_B = 9{,}009 - 13{,}514 = -4{,}505 < 0,$$

$$C_B^{korr} = 0 \text{ und}$$

$$C_C^{korr} = 9{,}009 > 0.$$

Danach ist genau wie im relaxierten Fall (Sätze 26 und 25) A zu verwerfen, C in vollem Umfang zu akzeptieren und B als (potentielles) Grenzobjekt der Zentrale zu melden. Diese bestimmt aus der Liquiditätsrestriktion für t = 0 wegen $x_C = 1$ unmittelbar $1500\, x_B - 1000\, x_C = 0 \Leftrightarrow x_B = 2/3$. Damit ist die Lösung des GOMORY-Algorithmus mit (korrigierten) Kapitalwerten gefunden worden. Für die unkorrigierten Kapitalwerte gilt darüber hinaus die richtige Größenrelation ($C_A < C_B$).[1] Man beachte, daß die in der relaxierten Version des Beispiels 2 zu Satz 27 bestehende Komplementaritätsbeziehung $y \cdot \delta = 0$ mit $1/3 \cdot 15 = 5 > 0$ nicht eingehalten ist und von einem vernünftigen Lenkpreissystem auch nicht beachtet zu werden *braucht*, weil die Ausschlußrestriktion trotz positiven Schlupfs nicht redundant ist (ihr Wegfall hätte die bessere Lösung $x_A = x_C = 1$, $x_B = 1/3$, EW* = 25 zur Folge). Ein knapper Faktor darf einen positiven Opportunitätskostensatz δ haben.

Der Versuch, auch das obige *Beispiel 3* in ähnlicher Weise zu partialisieren, scheitert dagegen. Das Grenzobjekt C muß einen *korrigierten* Kapitalwert von null besitzen. Weil es der Ausschlußbedingung nicht unterworfen ist, „nagelt" es den Kalkulationszins *unabhängig von δ* auf 10% fest. Bei 10% gilt aber $C_B > C_A$ und deshalb zwin-

[1] Der in einem relaxierten Problem zulässige Schluß (Satz 27 I.) auf die *volle* Realisation des Objekts B ist jedoch nicht mehr erlaubt.

gend $C_B - \delta/1{,}1 = C_B^{korr} > C_A^{korr} = C_A - \delta/1{,}1$. Aufgrund der Beziehung $C_B^{korr} > C_A^{korr}$ kann niemals *zugleich* $C_B^{korr} \leq 0$ *und* $C_A^{korr} \geq 0$ gelten. Das wäre aber erforderlich, um die ganzzahlige Optimallösung $x_B = 0$ und $x_A = 1$ mit der (korrigierten) Kapitalwertmethode in Einklang zu bringen. Das Versagen des Kapitalwertkriteriums infolge nachteiliger Ganzzahligkeit folgt im übrigen sofort aus der *Bemerkung* zum Beweis von Satz 28: Die Komplementaritätsbeziehung $y \cdot \delta = 0$ ist nämlich für jedes beliebige δ wegen $y = 1 - x_A - x_B = 0$ erfüllt!

Es läßt sich allgemein zeigen, daß Satz 28 unter einer für das Beispiel 3 erfüllten Voraussetzung auch für Wahlprobleme in voller Strenge gültig ist:[1]

Satz 29 **(Wahlproblem bei nachteiliger Ganzzahligkeit)**:

Wenn eines der sich gegenseitig ausschließenden Objekte im ganzzahligen Optimum voll realisiert wird, kann das Wahlproblem unter nachteiliger Ganzzahligkeit nicht mit Kapitalwerten gelöst werden.

Beweis. In der optimalen Lösung des diskreten Problems ist genau eines der sich gegenseitig ausschließenden Objekte enthalten, d.h., es gibt ein $j \in \mathfrak{I}$ mit $x_j^* = 1$. Die Ausschlußrestriktion ist dann in der optimalen Lösung prall erfüllt, d.h., ihre Schlupfvariable y hat den Wert null. Mithin greift auch die zugehörige Komplementaritätsbeziehung $y \cdot \delta = 0$ unabhängig von δ, woraus nach obiger *Bemerkung* zum Beweis von Satz 28 das Versagen der Kapitalwertmethode folgt.

Beispiel 2 und Beispiel 4 erfüllen die Voraussetzung von Satz 29 nicht. Die Verletzung der Komplementaritätsbeziehung ($y > 0$ und $\delta > 0 \Rightarrow y \cdot \delta \neq 0$) eröffnet einen Spielraum für die Existenz von Steuerungszinsfüßen trotz nachteiliger Ganzzahligkeit.

Das fast vollständige Versagen der Kapitalwertmethode unter nachteiligen Ganzzahligkeitsbedingungen kann nicht zum Anlaß genommen werden, auf Partialmodelle zu verzichten. Sehr große gemischt-ganzzahlige Totalmodelle sind in der Praxis unbrauchbar, weil zu allen anderen, bereits geschilderten Problemen der Totalplanung noch die faktische Unlösbarkeit hinzutritt. Der Rechenaufwand potenziert sich, sobald die Annahme sicherer Daten wegfällt und Sensitivitäts- oder Risikoanalysen durchgeführt werden sollen. Angesichts der zahlreichen bereits als unvermeidlich akzeptierten Ungenauigkeiten und Vereinfachungen der strategischen Investitionsplanung mag die Vermutung gerechtfertigt erscheinen, daß es sich im allgemeinen nicht lohnen wird, fast die ganze Rechenzeit nur dafür einzusetzen, die *optimale dis-*

---

1 Vgl. *HERING*, Wahlproblem (2002), S. 31. Betrachtet sei o.B.d.A. nur eine Ausschlußrestriktion, weshalb der Index k entfällt.

krete Lösung eines Modells zu ermitteln, welches ohnehin nur ein *grobes* Abbild der Realität darstellt.

Abschließend sei erwähnt, daß das Ganzzahligkeitsproblem z.T. relativiert werden kann. Hierauf wird im Abschnitt 4.2.6 zurückzukommen sein.

4.2.5 Determinanten der endogenen Grenzzinsfüße

4.2.5.1 Zurückführung der Grenzzinsfüße auf die Grenzobjekte

Alle bisherigen Zahlenbeispiele haben auf die *Erklärbarkeit der Grenzzinsfüße durch die Zahlungen der Grenzobjekte* schließen lassen. Diese Erkenntnis findet sich bereits in der älteren Literatur und wurde von FRANKE und LAUX auch schon für lineare Endwert- und Entnahmestrommodelle bewiesen.[1] Der allgemeine Nachweis soll im folgenden auf einem anderen, besonders elementaren Wege geführt werden.

Die Lenkpreise d_t und δ_k sind gemäß Dualitätstheorem dem primalen Optimaltableau als nichtnegative Dualwerte direkt zu entnehmen. Sofern sie überhaupt positiv und somit erklärungsbedürftig sind, gehören die zugehörigen primalen Schlupfvariablen y_t und y_{n+k} nicht zu den *Basisvariablen* (sonst wären ja ihre Zielfunktionskoeffizienten d_t und δ_k null). Das Optimaltableau ist aber nichts anderes als ein lineares Gleichungssystem, dessen Koeffizienten d_t bzw. δ_k angeben, wie sich die Zielvariable (GW, BW, EW oder Entn) ändert, wenn der Wert der zugehörigen Nichtbasisvariablen y_t bzw. y_{n+k} ceteris paribus (d.h. bei Konstanz der Werte der übrigen Nichtbasisvariablen) variiert. Beispielsweise gilt bei Endwertmaximierung: $\Delta y_t = -1 \Rightarrow \Delta EW = d_t$. Die folgende Herleitung trifft für die d_t und δ_k gleichermaßen zu, so daß zur Vereinfachung nur noch vom „Dualwert" (d_t bzw. δ_k) und seiner zugehörigen „Schlupfvariablen" y (y_t bzw. y_{n+k}) gesprochen wird.

In der ursprünglichen primalen Zielfunktion kommt die zu variierende Schlupfvariable y gar nicht vor, sondern nur eine Auswahl der Strukturvariablen. Das Optimaltableau ist aber dem Ausgangsproblem *äquivalent*! Wenn also gemäß der ersten Gleichung des Optimaltableaus eine Veränderung der Schlupfvariablen y eine Änderung des Zielwerts auslöst, so muß sich diese Wirkung *indirekt* über eine Veränderung der Werte derjenigen Strukturvariablen ergeben, welche in der ursprünglichen Zielfunktion des primalen Ansatzes enthalten sind. Diese indirekte Wirkungskette *muß* in der zur betrachteten Schlupfvariablen y gehörenden Spalte des Optimaltableaus ablesbar

---

[1] Vgl. *FISHER*, Theory of Interest (1930), S. 264 ff., *SCHMALENBACH*, Pretiale Lenkung (1947), S. 86, *HIRSHLEIFER*, Optimal Investment Decision (1958), S. 335, *FRANKE/LAUX*, Kalkulationszinsfüße (1968), S. 744 ff., 757 f., dabei insbesondere S. 748, *LAUX/FRANKE*, Investitions- und Finanzplanung (1969), S. 55 f., *KEIFER*, Kalkulationszinsfuß (1970), S. 4 und 48, *HAEGERT*, Kalkulationszinsfüße (1975), S. 243 f.

sein (Ausgangs- und Optimaltableau sind äquivalente Gleichungssysteme). Die Koeffizientenspalte von y enthält aber nur die Änderungen der *Basisvariablen* in Abhängigkeit von einer Variation von y. Damit steht als erstes Ergebnis fest: Wenn y um den Wert 1 sinkt und infolgedessen (Gleichung!) die Zielfunktion um den zu erklärenden Dualwert zunimmt, so kann diese Änderung ohne Beteiligung von Nichtbasisvariablen erklärt werden. Hieraus ergibt sich zweierlei:

1. Diejenigen *Strukturvariablen* x_j bzw. G_t, die in der optimalen Lösung *Nichtbasisvariable* sind,[1] haben keinen Einfluß auf die Lenkpreise, denn ihre Werte bleiben auch bei Variation der betrachteten Schlupfvariablen y gleich null. Sie können daher nicht für die Veränderung des Zielwerts verantwortlich sein.

2. Diejenigen Strukturvariablen x_j, deren zugehörige *Schlupfvariable* s_j in der Optimallösung *Nichtbasisvariable* sind, haben ebenfalls keinen Einfluß auf die Lenkpreise, denn es bedarf zur Erklärung des Dualwerts keiner Änderung dieser Nichtbasisvariablen s_j. Wenn aber s_j konstant null bleibt, darf sich aufgrund der Obergrenzenrestriktion $x_j + s_j = x_j^{max}$ auch der Wert von x_j selbst nicht ändern. Auch diese Objekte j können demnach nicht für die Veränderung des Zielwerts verantwortlich zeichnen, da sie auf ihrer Obergrenze festgehalten werden und ihnen dadurch eine Reaktion auf den geänderten Wert von y versagt bleibt.[2]

Für eine die Zielwertänderung bewirkende Reaktion der Strukturvariablen auf die Variation von y stehen mithin nur diejenigen Strukturvariablen zur Verfügung, für die weder 1. noch 2. zutrifft. Dieses sind

a) in der optimalen Basis befindliche Entnahmevariable G_t bzw. EN,

b) in der optimalen Basis enthaltene Strukturvariable x_j, deren Schlupfvariable s_j Basisvariable sind, und

c) zur optimalen Basis gehörende Strukturvariable x_j ohne Obergrenzenrestriktion (welche also über keine Schlupfvariable s_j verfügen).

Alle Grenzobjekte erfüllen die Kriterien b) oder c), denn für sie gilt definitionsgemäß (teilweise verwirklicht!) $x_j > 0$ und, falls vorhanden, $s_j > 0$. Aus dem positiven Wert folgt die Zugehörigkeit der betreffenden Variablen zur optimalen *Basis*. Darüber hinaus kommen auch *voll* verwirklichte Objekte in Frage, wenn ihre Schlupfvariable s_j mit dem Wert null in der Basis steht, oder *nicht* verwirklichte Objekte, wenn ihre Strukturvariable x_j in der Basis den Wert null hat. In den zuletzt genannten beiden Fällen liegt *primale Ausartung* vor. Verursacht ein Objekt primale Ausartung, so sei

1 Im Falle der Einkommensmaximierung sei EN* > 0 unterstellt, so daß EN nicht NBV sein kann.

2 Man überprüfe z.B. anhand der Tabellen 4-4, 4-7 und 4-8, daß tatsächlich der in den y-Spalten stehende (Änderungs-) Koeffizient solcher Variabler (z.B. I_1, A) stets null ist!

es als *ausgeartetes Grenzobjekt* bezeichnet, weil wie bei einem echten Grenzobjekt die Struktur- und die Schlupfvariable in der Basis sind und der (ggf. korrigierte) Kapitalwert null beträgt.[1]

Nur die Koeffizienten der unter a), b) und c) charakterisierten Strukturvariablen können Einfluß auf den zu erklärenden Dualwert nehmen, weil nur diese Variablen Bewegungsspielraum besitzen und ihr Zusammenwirken die Zielwertänderung hervorruft. Die Lenkpreise d_t und δ_k und mit ihnen auch die endogenen Grenzzinsfüße i_t werden somit determiniert durch:

- Bewegungen der in der optimalen Basis befindlichen Entnahmevariablen G_t bzw. EN. Die Entnahmegewichte w_t wirken bei Vermögensmaximierung direkt auf den Zielwert und damit den Lenkpreis d_t ein ($d_t = w_t$ bei Ausschüttung $G_t > 0$ in t; vgl. Unterabschnitt 4.2.2.1), während sie bei Einkommensmaximierung indirekten Einfluß auf die Zielfunktion nehmen: Die Entnahmestrukur $\overline{\mathbf{w}}$ beeinflußt das Ausmaß der Reaktion der Grenzobjekte auf die Änderung der Variablen y_t bzw. y_{n+k}.

- Bewegungen der in der optimalen Basis befindlichen (echten und ausgearteten) Grenzobjekte. Damit wird das Ausmaß der Zielwertänderung durch die Restriktionskoeffizienten g_{jt} und, falls vorhanden, a_{jk} der Grenzobjekte determiniert.

Alle anderen Objekte sowie die konstanten Koeffizienten b_t wirken nur *indirekt* mit, indem sie durch ihre Anwesenheit die Struktur der optimalen Lösung beeinflussen und somit das Feld der Grenzobjekte abstecken.[2]

---

1 Ein primale Ausartung verursachendes Objekt (ausgeartetes Grenzobjekt) muß einen (ggf. korrigierten) Kapitalwert von null haben. *Beweis.* Ist x_j ausgeartete BV, so gilt nach dem Dualitätstheorem $\mu_j = 0$, weil der Zielfunktionskoeffizient einer BV null ist. Wie in der Herleitung von Satz 25 (ggf. 26) ergibt sich weiterhin wegen $x_j = 0$ ($\Rightarrow s_j > 0$) auch $u_j = 0$ und mithin insgesamt $C_j = 0$. Ist dagegen s_j ausgeartete BV, muß analog u_j gleich null sein und wegen $s_j = 0$ zwingend $x_j > 0$ gelten, woraus wie üblich $\mu_j = 0$ folgt und deshalb insgesamt $C_j = 0$, w.z.z.w. Die unter b) und c) charakterisierten Objekte haben somit *alle* einen Kapitalwert von null, seien sie nun Grenzobjekte oder „ausgeartete Grenzobjekte". Umgekehrt gehört aber nicht jedes Objekt mit einem Kapitalwert von null auch zur Gruppe b) bzw. c). Im Falle dualer Ausartung gilt nämlich $C_j = 0$ auch dann, wenn eine der beiden zum Objekt j gehörenden Variablen NBV mit dem Zielfunktionskoeffizienten null ist. Im Falle eines nicht verwirklichten Objekts (NBV x_j) kann $\mu_j = 0$ gelten oder für ein voll verwirklichtes Objekt (NBV s_j) $u_j = 0$. Aus $\mu_j = u_j = 0$ resultiert jeweils $C_j = 0$ (vgl. Hinführung zu Satz 25). Objekte, welche duale Ausartung verursachen, könnte man konsequenterweise als „ausgeartete Nicht-Grenzobjekte" bezeichnen. Es ergeben sich damit vier Gruppen von Objekten, von denen nur die ersten beiden Einfluß auf die Lenkpreise haben: (echte) Grenzobjekte, (primal) ausgeartete Grenzobjekte, (dual) ausgeartete Nicht-Grenzobjekte und (echte) Nicht-Grenzobjekte. Der (für *praktische* Investitionsrechnungen wahrscheinlich bedeutungslose) Ausartungsfall zwingt die Theorie zu lästigen, aber notwendigen Differenzierungen.

2 Das die Werte der Lenkpreise bestimmende Dualproblem besteht nicht nur aus den Grenzobjekten!

Beispiel. Die Höhe des festen Zahlungssaldos b_0 kann natürlich ausschlaggebend dafür sein, ob zu t = 0 ein Kredit oder eine Geldanlage zum Grenzobjekt *wird.* Liegt jedoch die Zahl b_0 erst einmal fest und sind die Grenzobjekte zusammen mit der optimalen Lösung *bekannt*, so hat die Konstante b_0 keinen Einfluß mehr auf die Berechnung der endogenen Steuerungszinsfüße.

Satz 30 **(Determinanten der Lenkpreise)**:

Die Höhe der Lenkpreise d_t, δ_k und i_t hängt ab von den Entnahmegewichten w_t bzw. $\overline{w}_t$ sowie den Zahlungsreihen der (echten und ausgearteten) *Grenzobjekte.* Falls zusätzliche Restriktionen existieren, so sind auch ihre Koeffizienten bedeutsam, soweit sie die Grenzobjekte betreffen.

Beispiele. Der Zusammenhang zwischen Lenkpreisen und Grenzobjekten ist in den bisherigen Ausführungen und besonders im Kapitel 4 stark in den Vordergrund gerückt worden, so daß an dieser Stelle nur exemplarisch auf die Zahlenbeispiele der Unterabschnitte 4.2.3.1, 4.2.3.2 und 4.2.4.1 verwiesen sei. Zusätzlich soll noch an einer neuen Aufgabe demonstriert werden, daß sich eine zusätzliche Restriktion nicht nur in einem neuen Lenkpreis δ, sondern auch direkt im endogenen Kalkulationszins auswirken kann.

Ein dreiperiodiges Endwertmaximierungsproblem mit einer zusätzlichen Bilanzstrukturrestriktion führt zu vier Grenzobjekten:[1] ein dreijähriger 9%-Zinssammler Z_{03} $(1; 0; 0; -1{,}09^3)$, ein zweijähriger 8%-Zinssammler Z_{02} $(1; 0; -1{,}08^2; 0)$, ein einjähriger 10%-Kredit K_1 $(0; 1; -1{,}1; 0)$ und eine einjährige 6%-Geldanlage F_2 mit der Zahlungsreihe $(0; 0; -1; 1{,}06)$. Gemäß der im Optimum als Gleichung erfüllten Zusatzrestriktion müssen sich die Beträge Z_{03} und Z_{02} zueinander im Verhältnis 6:4 verhalten: $0{,}6\ Z_{02} - 0{,}4\ Z_{03} = 0$. Wie hoch ist der endogene Grenzzins des ersten Jahres?

Ausgangspunkt zur Beantwortung dieser Frage ist die Erkenntnis, daß sich der maximale Endwert EW nicht ändert, wenn zusätzlich zur bisherigen Optimallösung ein (der Bilanzrestriktion nicht unterworfenes) Objekt mit folgender Zahlungsreihe durchgeführt wird: $(-1; 1 + i_1; 0; 0)$. Sein (korrigierter) Kapitalwert ist gleich null, so daß kein Endwertbeitrag entsteht. Die in t = 0 zu zahlende DM wird durch eine Erhöhung der beiden Zinssammler im vorgeschriebenen Verhältnis finanziert: $\Delta Z_{02} = 0{,}4$ und $\Delta Z_{03} = 0{,}6$. Der Kapitaldienst von Z_{02} steigt in t = 2 um $0{,}4 \cdot 1{,}08^2$. In dieser Höhe muß die Geldanlage F_2 reduziert werden, und es kommt zu einer Endwertschmälerung von $1{,}06 \cdot 0{,}4 \cdot 1{,}08^2$, die noch durch den gestiegenen Kapitaldienst des dreijährigen Zinssammlers um $0{,}6 \cdot 1{,}09^3$ verstärkt wird. Nun zur Wirkung des Rück-

---

[1] Die vollständigen Daten dieses Beispiels finden sich in *ADAM*, Investitionscontrolling (2000), S. 285 ff.

flusses $1 + i_1$ in $t = 1$. Der Kredit K_1 kann um den Betrag $1 + i_1$ sinken, wodurch ein Jahr später $1{,}1 \cdot (1 + i_1)$ DM zusätzlich für die Geldanlage F_2 zur Verfügung stehen. Der Endwert erhöht sich um $1{,}06 \cdot 1{,}1 \cdot (1 + i_1)$. Die Summe sämtlicher Endwertänderungen muß null ergeben:

$$\Delta EW = 1{,}06 \cdot 1{,}1 \cdot (1 + i_1) - 1{,}06 \cdot 0{,}4 \cdot 1{,}08^2 - 0{,}6 \cdot 1{,}09^3 = 0$$

$$\Leftrightarrow \quad i_1 = \frac{1{,}06 \cdot 0{,}4 \cdot 1{,}08^2 + 0{,}6 \cdot 1{,}09^3}{1{,}06 \cdot 1{,}1} - 1 = 9{,}0541166\%.$$

Der Steuerungszins des ersten Jahres setzt sich als *Mischzins*[1] aus den Zahlungen bzw. Zinssätzen aller vier Grenzobjekte zusammen und wird außerdem von den Koeffizienten 0,4 und 0,6 beeinflußt, welche in der Zusatzrestriktion für die Grenzobjekte gelten.

Satz 30 ist zwar zentraler Bestandteil der Lenkpreistheorie, liefert allerdings nur wenig konkrete Anhaltspunkte zur heuristischen Schätzung der Grenzzinsfüße. Er sagt lediglich aus, daß die endogenen Steuerungszinsfüße *irgendwie* durch die Grenzobjekte ausgedrückt werden können.[2] Die Struktur des Mischzinsfußes ist jeweils problemindividuell. Sie läßt sich allerdings für diejenigen Perioden τ näher charakterisieren, zu deren Beginn $\tau - 1$ ein *Grenzobjekt* startet (also seine erste Zahlung hat).[3]

Satz 31 **(Endogener Grenzzinsfuß und Initialverzinsung)**:

Beginnt im Zeitpunkt $\tau - 1$ die Zahlungsreihe eines Grenzobjekts, so ist der endogene Grenzzinsfuß der Periode τ gleich der (korrigierten) Initialverzinsung dieses Grenzobjekts.

Beweis. Der (korrigierte) Kapitalwert eines Grenzobjekts beträgt null (Theorem 25 und 26). Fängt das Objekt im Zeitpunkt $\tau - 1$ an, so folgt hieraus unter der Voraussetzung $\rho_\tau > 0$:

---

1 Dieser Zins ist nicht zu verwechseln mit den andersartigen und nicht steuerungsrelevanten Mischzinsfüßen von *SCHNEIDER*, Wirtschaftlichkeitsrechnung (1973), S. 68 f. und *GROB*, Mischzinsfüße (1982).

2 Vgl. *FRANKE/LAUX*, Kalkulationszinsfüße (1968), S. 751.

3 Der Spezialfall $\tau = 1$ ohne zusätzliche Nebenbedingungen ist bereits von *HAX*, Investitionstheorie (1985) auf S. 107 ff. gelöst worden.

$$C_j^{korr} = \sum_{t=\tau-1}^{n} g_{jt} \cdot \rho_t - \sum_{k=1}^{\kappa} a_{jk} \cdot \frac{\delta_k}{d_0}$$

$$= g_{j\tau-1} \cdot \rho_{\tau-1} + \sum_{t=\tau}^{n} g_{jt} \cdot \rho_t - \sum_{k=1}^{\kappa} a_{jk} \cdot \frac{\delta_k}{d_0} = 0$$

$$\Leftrightarrow \quad g_{j\tau-1} \cdot \frac{\rho_{\tau-1}}{\rho_\tau} + \sum_{t=\tau}^{n} g_{jt} \cdot \frac{\rho_t}{\rho_\tau} - \sum_{k=1}^{\kappa} a_{jk} \cdot \frac{\delta_k}{d_0 \cdot \rho_\tau} = 0$$

$$\Leftrightarrow \quad V_j^{korr} := \frac{\sum_{t=\tau}^{n} g_{jt} \cdot \frac{\rho_t}{\rho_\tau} - \sum_{k=1}^{\kappa} a_{jk} \cdot \frac{\delta_k}{d_0 \cdot \rho_\tau}}{-g_{j\tau-1}} - 1 = \frac{\rho_{\tau-1}}{\rho_\tau} - 1 = i_\tau.$$

Der Zähler des linken Bruchs enthält erstens die auf $t = \tau$ abgezinste Zahlungsreihe mit Ausnahme der Anfangszahlung $g_{j\tau-1}$ sowie zweitens die Kapitalwertänderung durch zusätzliche Restriktionen, welche durch Multiplikation mit dem Kehrwert des Abzinsungsfaktors ρ_τ vom Zeitpunkt 0 auf den Zeitpunkt τ aufgezinst wird. Die „Rendite" des Grenzobjekts stimmt im ersten Jahr seiner Laufzeit mit dem endogenen Grenzzins i_τ des betreffenden Jahres τ überein (es sei 1 Periode = 1 Jahr).

Die korrigierte Initialverzinsung V_j^{korr} des unvollkommenen Kapitalmarkts ist gegenüber ihrer klassischen Version (Unterabschnitt 3.3.2.1) in dreifacher Hinsicht verallgemeinert: 1. Sie bezieht sich nicht mehr zwingend auf die erste Periode des Planungszeitraums, sondern auf die erste Periode in der Lebensdauer des betrachteten Objekts. 2. Sie ist für periodenindividuelle Zinssätze i_t bzw. Abzinsungsfaktoren ρ_t definiert. 3. Sie berücksichtigt die Wirkung zusätzlicher Restriktionen (sofern keine vorhanden und deshalb alle a_{jk} und δ_k gleich null sind, fällt im Zähler des Bruches die zweite Summe Σ weg).

Beispiele. Ist im Zeitraum zwischen $t = \tau - 1$ und $t = \tau$ ein einperiodiges, von Zusatzrestriktionen nicht beeinflußtes Objekt mit der Zahlungsreihe $c \cdot (-1; 1 + r)$ *Grenzobjekt* (es gelte $c \neq 0$, $r \geq 0$), so entspricht der endogene Grenzzins i_τ der Periode τ dem internen Zins r dieses Grenzobjekts.

$$i_\tau = V = \frac{c \cdot (1+r)}{c} - 1 = r.$$

Im Beispiel der Tabellen 4-6 und 4-7 ist i_1 gleich der Initialverzinsung 5% des in t = 0 beginnenden einperiodigen Grenzobjekts F_0. Gleichzeitig tritt aber auch das Grenzobjekt Z_0 an, so daß dessen Initialverzinsung ebenfalls 5% betragen muß. Man verifiziert:

$$V_{Z_0} = \frac{\frac{-1{,}1664}{1{,}110857}}{-1} - 1 = 5\%.$$

Der zur Berechnung verwendete Grenzzins der zweiten Periode ($1{,}08^2/1{,}05 - 1 = 11{,}0857\%$) ist zwar (Satz 30) Mischzins der beiden Grenzobjekte F_0 und Z_0, aber er läßt sich nicht nach Satz 31 als Initialverzinsung ausdrücken. Zu Beginn der zweiten Periode startet nämlich überhaupt kein Grenzobjekt.

Im Beispiel zu Satz 26 gilt für den Zinssammler Z_0 eine zusätzliche Restriktion. Erst die *korrigierte* Initialverzinsung stimmt mit dem Steuerungszins i_1 überein:

$$V_{Z_0}^{korr} = \frac{\frac{-1{,}1664}{1{,}42142857} - 0{,}8 \cdot \frac{0{,}42800625}{1{,}567125} \cdot 1{,}05}{-1} - 1 = 5\%.$$

Satz 31 gibt durch die Aufdeckung der *Struktur* des Steuerungszinsfußes eine Hilfestellung für die heuristische Abschätzung von Lenkpreisen. Er setzt allerdings voraus, daß zu Beginn der betrachteten Periode ein Grenzobjekt anläuft, was nicht immer der Fall zu sein braucht.

4.2.5.2 Mehrdeutigkeit der Grenzzinsfüße

Die Grenzobjekte determinieren die Steuerungszinsfüße. Was geschieht, wenn sich ausgeartete Objekte nicht zweifelsfrei als Grenzobjekte klassifizieren lassen? Auch in diesem Fall gelten die Sätze 30 und 31, aber es kann pro Periode mehr als einen möglichen Steuerungszinsfuß geben. Wenn die optimale duale Lösung nicht eindeutig ist, muß primale Ausartung vorliegen.[1]

Die Möglichkeit des Auftretens mehrdeutiger Steuerungszinsfüße soll an einem kleinen Beispiel verdeutlicht werden. Zu entscheiden ist über zwei Investitionen A (−1000; 1100) und B (−1000; 1080) sowie eine Finanzierung C (1000; −1050) unter der Zielsetzung Endwertmaximierung. Die Objekte sind voneinander unabhängig und alle höchstens einmal durchführbar. Das Endwertmaximum beträgt EW* = 50 mit

[1] Vgl. *KREKÓ*, Lineare Optimierung (1973), S. 215 f., *FRANKE/LAUX*, Kalkulationszinsfüße (1968), S. 748.

$x_A = x_C = 1$ und $x_B = 0$. Die optimale Lösung ist eindeutig, aber primal ausgeartet. Entweder s_A oder x_B sind Basisvariable mit dem Wert null. Im ersten Fall ist A ausgeartetes *Grenzobjekt*, so daß der endogene Steuerungszins 10% betragen muß, im zweiten Fall Objekt B (man beachte $s_B = 1$), woraus ein Steuerungszins von 8% folgt. Die Lösung des Dualproblems ist also nicht eindeutig! Beide Zinssätze sind richtig, und darüber hinaus führen auch *alle* Konvexkombinationen $\lambda \cdot 8\% + (1 - \lambda) \cdot 10\%$ mit $0 \leq \lambda \leq 1$ zur korrekten Partialisierung des Problems, d.h., jeder Zins aus dem Intervall [8%; 10%] erfüllt die Steuerungsfunktion.

Die optimalen Dualwerte d_t lauten $d_0 = 1{,}08$ und $d_1 = 1$ oder $d_0 = 1{,}1$ und $d_1 = 1$. Folgende Konvexkombinationen sind ebenfalls optimal:

$$d_0 = \lambda \cdot 1{,}08 + (1 - \lambda) \cdot 1{,}1 = 1 + 0{,}08\,\lambda + 0{,}1\,(1 - \lambda) = 1{,}1 - 0{,}02\,\lambda.$$

$$d_1 = \lambda \cdot 1 + (1 - \lambda) \cdot 1 = 1.$$

Es gilt $i_1 = d_0 - 1 = 0{,}1 - 0{,}02\,\lambda$. Damit ergeben sich die Kapitalwerte:

$$C_A = -1000 + \frac{1100}{1{,}1 - 0{,}02\lambda} = \frac{20\lambda}{1{,}1 - 0{,}02\lambda} \geq 0 \quad \text{für } 0 \leq \lambda \leq 1;$$

$$C_B = -1000 + \frac{1080}{1{,}1 - 0{,}02\lambda} = \frac{20\lambda - 20}{1{,}1 - 0{,}02\lambda} \leq 0 \quad \text{für } 0 \leq \lambda \leq 1;$$

$$C_C = 1000 - \frac{1050}{1{,}1 - 0{,}02\lambda} = \frac{50 - 20\lambda}{1{,}1 - 0{,}02\lambda} > 0 \quad \text{für } 0 \leq \lambda \leq 1.$$

Für alle Zinssätze aus dem Intervall [8%; 10%] ergeben sich die richtigen Kapitalwertvorzeichen. C ist immer eindeutig vorteilhaft. Mit $i_1 = 10\% \Leftrightarrow \lambda = 0$ ist A ausgeartetes Grenzobjekt und B eindeutig unvorteilhaft; die Zentrale ermittelt aus der Liquiditätsrestriktion des Zeitpunkts 0 zwingend $x_A = 1$. Für $i_1 = 8\% \Leftrightarrow \lambda = 1$ wird B zum ausgearteten Grenzobjekt. A und C sind eindeutig vorteilhaft, so daß die Zentrale nur zum Ergebnis $x_B = 0$ kommen kann. Liegt schließlich der Steuerungszins im Inneren des Intervalls ($8\% < i_1 < 10\% \Leftrightarrow 0 < \lambda < 1$), so sind A und C eindeutig vorteilhaft, und B ist eindeutig unvorteilhaft. Es gibt demnach *keine Grenzobjekte*! Der primale Ausartungsfall ist also insofern höchst bemerkenswert, als er bei geschickter Wahl des Steuerungszinsfußes die *vollständige Dezentralisation* der Entscheidung ermöglicht. Leider läßt sich eine Einschaltung der Zentrale dennoch nicht umgehen, weil das Lenkpreisintervall ex ante nicht bekannt ist (Dilemma der wertmäßigen Kosten).

Nachzutragen bleibt noch die Berechnung des in allen Fällen gleichen Endwerts:

$$EW^* = (C_A + C_C) \cdot d_0 = 20\,\lambda + 50 - 20\,\lambda = 50 \qquad \text{für } 0 \leq \lambda \leq 1.$$

Der Ausartungsfall dürfte in praktischen Investitionsrechnungen keine große Rolle spielen, da die primale Ausartung schon durch eine minimale *Störung der Koeffizienten* verschwindet. Hätte etwa A die Zahlungsreihe (–1001; 1101,1), so stünde die duale Lösung nicht mehr „auf der Kippe", und der Steuerungszins betrüge eindeutig 10%.

4.2.6 Auswege aus dem Dilemma der Lenkpreistheorie

4.2.6.1 Spezialfall des einheitlichen Kalkulationszinssatzes

Nachdem die bisherigen Abschnitte Klarheit über die Wirkungsweise der endogenen Grenzzinsfüße gebracht haben, soll im folgenden der Versuch unternommen werden, die gewonnenen Einsichten zur Relativierung des Dilemmas der wertmäßigen Kosten auszunutzen, um der Lenkpreistheorie den Zugang zur praktischen Anwendung zu öffnen.

Zunächst ist die Brücke zum Kapitel 3 zu schlagen. Das Dilemma der Lenkpreistheorie verschwindet unter den Prämissen des vollkommenen Kapitalmarkts. Existiert zu Beginn jeder Periode ein unbegrenzter einperiodiger Kredit (1; –1 – i) und eine nicht beschränkte Geldanlage (–1; 1 + i) zum jeweils gleichen Zinssatz $i \geq 0$, so enthält das Dualproblem (unabhängig von der verfolgten Zielsetzung) die Restriktionen:[1]

$$-1 \cdot d_{t-1} + (1+i) \cdot d_t \geq 0 \quad \forall\, t \in \{1, 2, \ldots, n\} \qquad \text{(n Kredite)},$$

$$1 \cdot d_{t-1} - (1+i) \cdot d_t \geq 0 \quad \forall\, t \in \{1, 2, \ldots, n\} \qquad \text{(n Geldanlagen)}.$$

Dualvariable u_j kommen in diesen Restriktionen wegen der fehlenden Obergrenzen nicht vor. Es folgt insgesamt:

$$d_{t-1} - (1+i) \cdot d_t = 0 \qquad \forall\, t \in \{1, 2, \ldots, n\}.$$

Annahmegemäß ist wenigstens eines der Entnahmegewichte w_t bzw. $\bar{w}_t$ positiv. Die den Entnahmevariablen G_t bzw. EN zugeordneten Dualrestriktionen lassen erkennen, daß dann zumindest ein Zeitpunkt t mit $d_t > 0$ existiert. Ist aber einer der Dualwerte positiv, dann sind es wegen $i \geq 0$ und $d_{t-1} = (1+i) \cdot d_t \; \forall\, t \in \{1, 2, \ldots, n\}$ auch alle anderen:

[1] Ähnliche Herleitungen liefern *WEINGARTNER*, Capital Budgeting (1963), S. 143, *FRANKE/LAUX*, Kalkulationszinsfüße (1968), S. 745, *BLUMENTRATH*, Endwertmaximierung (1969), S. 89 f., *HAX*, Investitionstheorie (1985), S. 103 f.

$$\exists\, t \text{ mit } d_t > 0 \;\Rightarrow\; d_t > 0 \;\; \forall\, t \in \{0, 1, 2, \ldots, n\}.$$

Hieraus folgt die Existenz der endogenen Grenzzinsfüße i_t und ihre Übereinstimmung mit dem Kalkulationszins i.

$$i = \frac{d_{t-1}}{d_t} - 1 = i_t \qquad \forall\, t \in \{1, 2, \ldots, n\}.$$

Der Nachweis ist in der gleichen Weise zu führen, wenn der Kalkulationszins i im Zeitablauf variiert. Man ersetze lediglich überall i durch i_t, wobei allerdings beachtet werden muß, daß das Symbol i_t gleichzeitig für den endogenen Grenzzins $d_{t-1}/d_t - 1$ belegt ist. Die Doppelverwendung der beiden Symbole bleibt jedoch unschädlich, da ja gerade ihre Identität bewiesen wird.

Ein vollkommener Kapitalmarkt kann auch durch implizite Zinsfüße gegeben sein, sofern linear unabhängige, unbeschränkte Zahlungsreihen existieren, die wahlweise als Kredit oder als Geldanlage zur Verfügung stehen (z.B. Papiere bei nicht-flacher Zinsstruktur, durch die implizite Zinsfüße festgelegt werden; vgl. Abschnitt 3.2.2). Nach Abschnitt 4.2.2 ist $d_{t-1} \geq d_t$ und deshalb wegen der aus dem Dualproblem folgenden Existenz eines positiven d_t sicher $d_0 > 0$. Zu jeder unbeschränkten und mit beliebigem Vorzeichen durchführbaren Zahlungsreihe gibt es zwei Dualrestriktionen:

$$\left\{ -\sum_{t=0}^{n} g_t \cdot d_t \geq 0 \text{ und } \sum_{t=0}^{n} g_t \cdot d_t \geq 0 \right\} \Rightarrow C_{\pm g} = \pm \sum_{t=0}^{n} g_t \cdot \frac{d_t}{d_0} = 0.$$

Der Kapitalwert derartiger Zahlungsreihen ist null, d.h., sie fungieren als Grenzobjekte.

Satz 32 **(Endogene Grenzzinsfüße und vollkommener Kapitalmarkt)**:

Zahlungsreihen, welche mit beliebigem Vorzeichen und in beliebigem Umfang durchgeführt werden können, haben einen Kapitalwert von null. Das Auftreten von n ab t = 1 linear unabhängigen Zahlungsreihen, von denen mindestens eine auch eine Zahlung in t = 0 enthält, kommt der Existenz eines vollkommenen Kapitalmarkts gleich. Die endogenen Grenzzinsfüße stimmen unter diesen Bedingungen mit den expliziten (klassischer Fall) oder impliziten (z.B. nicht-flache Zinsstruktur) Kalkulationszinsfüßen überein. Implizite Zinsfüße sind mit dem vollkommenen Kapitalmarkt nur dann vereinbar, wenn sie endlich und nichtnegativ sind sowie nicht von anderen, für die gleiche Periode geltenden Kalkulationszinsfüßen abweichen (Arbitragefreiheit, Satz 14).

Die den vollkommenen Kapitalmarkt konstituierenden Basisgeschäfte haben einen Kapitalwert von null. Diese Eigenschaft war der Schlüssel zur Herleitung der Rekursionsformeln im Unterabschnitt 3.2.2.3 (Satz 12 und 13). Sie wird auch von der Theorie der arbitragefreien Bewertung ausgenutzt, um aus n linear unabhängigen Basiszahlungsreihen des vollkommenen Kapitalmarkts implizite Kalkulationszinsfüße abzuleiten. Hierzu dient ein lineares Gleichungssystem, welches aus den gleich null gesetzten Kapitalwerten der Basispapiere besteht (bzw.: „Preis" des Papiers in $t = 0$ gleich Kapitalwert seiner Zahlungen von $t = 1$ bis $t = n$). Variable des Systems sind die gesuchten Abzinsungsfaktoren ρ_1 bis ρ_n.[1]

Satz 32 bestätigt die Erkenntnis des Kapitels 3, daß auf einem vollkommenen Kapitalmarkt der richtige Steuerungszins *ex ante* und unabhängig von der verfolgten Zielsetzung durch den *Kalkulationszins* gegeben ist, so daß kein Dilemma der Lenkpreistheorie auftritt. Die Theorie des vollkommenen Kapitalmarkts (Kapitel 3) fügt sich somit als einfacher Spezialfall in die allgemeine Lenkpreistheorie (Kapitel 4) ein.

4.2.6.2 Grenzzinssätze bei gespaltenem Kalkulationszins

4.2.6.2.1 Schranken für den Steuerungszins

Im folgenden soll dort angeknüpft werden, wo die Methoden des vollkommenen Kapitalmarkts an ihre Grenzen stoßen. Im Falle des gespaltenen Kalkulationszinsfußes gilt für jede Periode t ein Habenzins $i_{Ht} \geq 0$, zu dem in beliebiger Höhe einperiodige Geldanlagen $(-1;\ 1 + i_{Ht})$ getätigt werden können. Außerdem existiert ein Sollzins $i_{St} \geq i_{Ht}$, welcher unbegrenzte einperiodige Kreditaufnahmen $(1;\ -1 - i_{St})$ gestattet. Es sei daran erinnert, daß die Obergrenzen der zugehörigen Variablen – insbesondere der Kredite – nicht wirklich unendlich sein müssen. Sie dürfen lediglich nicht zum Engpaß werden.

Das Dualproblem enthält auf jeden Fall die folgenden Restriktionen:[2]

$$-1 \cdot d_{t-1} + (1+ i_{St}) \cdot d_t \quad \geq 0 \quad \forall\, t \in \{1, 2, \ldots, n\} \qquad \text{(n Kredite)},$$

$$1 \cdot d_{t-1} - (1+ i_{Ht}) \cdot d_t \quad \geq 0 \quad \forall\, t \in \{1, 2, \ldots, n\} \qquad \text{(n Geldanlagen)}.$$

Wegen der fehlenden oberen Schranken enthalten diese Bedingungen keine Dualvariablen u_j. Wie im vorangegangenen Unterabschnitt begründet, ist zumindest einer

---

1 Vgl. *COPELAND/WESTON*, Financial Theory (1988), S. 111 ff., *SPREMANN*, Wirtschaft (1996), S. 557 ff., *HERING*, Arbitragefreiheit (1998).

2 Ähnliche Herleitungen liefern *HAX/LAUX*, Investitionstheorie (1969), S. 236 ff., *MAIER/VAN DER WEIDE*, Capital Budgeting (1976), S. 436, *HAX*, Investitionstheorie (1985), S. 104 f. Vgl. auch *HIRSHLEIFER*, Optimal Investment Decision (1958), S. 335.

der Dualwerte d_t positiv, und deshalb gilt wegen der schon mehrfach verwendeten Beziehung $d_{t-1} \geq d_t$ mit Sicherheit $d_0 > 0$. Aus $i_{St} \geq 0$ folgt sodann, daß auch alle anderen d_t größer als null sind:

$$\{\ (1+i_{St}) \cdot d_t \ \geq d_{t-1} \ \text{ und } \ d_0 > 0\ \} \ \Rightarrow \ d_t > 0 \ \text{ (iterativ) } \forall\ t \in \{1, 2, ..., n\}.$$

Damit ist die Existenz endogener Grenzzinsfüße für alle Perioden gesichert, und es ergibt sich die Abschätzung:

$$\left.\begin{aligned} i_t &= \frac{d_{t-1}}{d_t} - 1 \leq i_{St} \\ i_t &= \frac{d_{t-1}}{d_t} - 1 \geq i_{Ht} \end{aligned}\right\} \Rightarrow i_{Ht} \leq i_t \leq i_{St} \quad \forall\ t \in \{1,2,...,n\}.$$

Der endogene Steuerungszins liegt im geschlossenen Intervall zwischen Soll- und Habenzins. Wird in Periode t der Kredit bzw. die Geldanlage in Anspruch genommen ($x_j > 0$), folgt aus der Komplementaritätsbeziehung $x_j \cdot \mu_j = 0$ für das betreffende Objekt $\mu_j = 0$, d.h.:

$$-1 \cdot d_{t-1} + (1+i_{St}) \cdot d_t = 0 \qquad \text{bzw.} \qquad 1 \cdot d_{t-1} - (1+i_{Ht}) \cdot d_t = 0.$$

Wegen $i_t = d_{t-1}/d_t - 1$ gilt also in diesem Falle $i_t = i_{St}$ bzw. $i_t = i_{Ht}$. Sofern die unbegrenzten einperiodigen Objekte realisiert werden, sind sie Grenzobjekte und fixieren nach Satz 31 den Steuerungszins in Höhe ihres internen Zinsfußes.

Satz 33 **(Endogene Grenzzinsfüße bei gespaltenem Kalkulationszins)**:

Besteht in einer Periode die Möglichkeit, zum Habenzins $i_{Ht} \geq 0$ unbegrenzt Geld anzulegen und zum Sollzins $i_{St} \geq i_{Ht}$ uneingeschränkt Kredit zu erhalten, so liegt der endogene Grenzzinsfuß i_t im Intervall zwischen Soll- und Habenzins: $i_{Ht} \leq i_t \leq i_{St}$. Wenn es optimal ist, in der Periode t den Kredit zu beanspruchen (bzw. die Geldanlage zu tätigen), entspricht der Steuerungszins i_t dem Sollzins i_{St} (bzw. dem Habenzins i_{Ht}).

Sonderfälle. Existiert ein einheitlicher Kalkulationszins i (vollkommener Kapitalmarkt, Unterabschnitt 4.2.6.1), so folgt aus Satz 33 sofort das erwartete Ergebnis (Satz 32): $i \leq i_t \leq i \ \Rightarrow \ i_t = i$. Wäre *entgegen der Voraussetzung* $i_{St} < i_{Ht}$, könnte durch beliebig hohe Kreditaufnahme und entsprechende Geldanlage ein unendlich großer Zielwert erreicht werden (unsinnig formuliertes Primalproblem, unbegrenzte Arbitrage). Das Dualproblem muß dann unlösbar sein; tatsächlich ist in diesem Falle das Intervall für den endogenen Zins i_t leer (Widerspruch im Dualsystem).[1]

Beispiele. 1. In der ersten Aufgabe zur Endwertmaximierung (Tabelle 4-3) wird der Kreditspielraum nie ausgeschöpft. *De facto* wirken keine Obergrenzen für die Kredite und Geldanlagen. In der Tat bewegen sich die Steuerungszinsfüße nur im Intervall [5%, 10%] und lassen jeweils erkennen, ob der Kredit oder die Geldanlage Grenzobjekt ist. 2. Im Fall der Tabellen 4-6 und 4-7 sind dagegen die Voraussetzungen von Satz 33 nicht erfüllt. Der 10%-Kredit K_1 steht auf seiner Obergrenze und hat (da keine Ausartung vorliegt) einen positiven Kapitalwert. Also muß der Steuerungszins i_2 größer als 10% sein; er liegt mit 11,0857% außerhalb des durch Soll- und Habenzins begrenzten Intervalls. 3. Der Steuerungszins kann auch aus dem Inneren des Intervalls stammen, wenn z.B. eine einperiodige Grenzinvestition vorkommt, deren interner Zins genau zwischen i_{Ht} und i_{St} liegt.

Da jedermann in beliebigem Umfang Kassenhaltung betreiben kann, existiert immer eine unbegrenzte Geldanlage, nämlich zu 0%. Üblicherweise gibt es sogar verzinsliche sichere Anlagemöglichkeiten in deutschen Staatspapieren, für die aus der Sicht des planenden Unternehmens so gut wie keine Obergrenzen bestehen. Aus Satz 33 resultiert deshalb unmittelbar der

Satz 34 **(Untergrenze des Steuerungszinses)**:

Der endogene Grenzzinsfuß i_t ist nichtnegativ und bei einer Periodenlänge von einem Jahr nicht kleiner als der interne Zinsfuß einjähriger (sicherer) Staatspapiere.

Die Nettorendite „risikoloser" Wertpapiere mit einer Restlaufzeit von einer Periode stellt die absolute Untergrenze des Steuerungszinses dar. Eine Obergrenze läßt sich nicht näher angeben, weil für jeden noch so hohen Sollzins theoretisch Investitionen vorstellbar sind, deren Rückflüsse auch einen „Wucherzins" rechtfertigen würden. Astronomisch hohe Grenzzinsfüße können auch das Resultat erwarteter Hyperinflation sein.

---

[1] Vgl. z.B. *KOLBERG*, Optimierungstheorie (1992), *COLLATZ/WETTERLING*, Optimierungsaufgaben (1971), S. 58 und 60. Zum Zusammenhang von Arbitragefreiheit und Lösbarkeit des Dualproblems vgl. *HERING*, Arbitragefreiheit (1998), S. 172 in Verbindung mit S. 169.

Satz 34 setzt freilich voraus, daß die Kassenhaltung[1] bzw. Geldanlage nicht durch Zusatzrestriktionen unvernünftig beschränkt wird.[2] Außerdem müssen die Staatspapiere, welche die Mindestrendite definieren, hinreichend sicher und frei verfügbar sein (was für Papiere aus Deutschland bislang noch zutrifft).

4.2.6.2.2 Komplexitätsreduktion

Die Ausnutzung von Satz 33 setzt das Dilemma der wertmäßigen Kosten zum Teil außer Kraft. Wenn zumindest die *Bandbreite* der ex ante unbekannten Steuerungszinsfüße festliegt, lassen sich Objekte *dezentral* daraufhin untersuchen, ob ihr Kapitalwert für alle Kombinationen von Steuerungszinsfüßen aus den zeitpunktbezogenen Intervallen $i_{Ht} \leq i_t \leq i_{St}$ positiv oder negativ ist. Objekte mit immer positivem Kapitalwert sind nach Satz 25 vorteilhaft, ganz gleich, welche Werte die endogenen Grenzzinsfüße genau annehmen. Analog sind Projekte mit stets negativem Kapitalwert a priori unvorteilhaft. Je enger die Steuerungszinsfüße eingegrenzt werden können, desto kleiner ist die Zahl derjenigen Objekte, über deren Vorteilhaftigkeit nicht *rein dezentral* entschieden werden kann.[3]

---

1 Negative Grenzzinsfüße lassen sich leicht erzeugen, wenn einem Endwertansatz in einer bestimmten Periode nur die Möglichkeit gegeben wird, Geld zu einem negativen Zins (z.B. –1%) anzulegen. Um nicht einen u.U. erheblichen, vor dieser Periode verfügbaren Geldbetrag für den Endwert ganz verloren zu geben, ist der Ansatz wohl oder übel gezwungen, ihn unter Verlust von 1% durch diese Periode zu „schleusen". Das aufgezwungene Grenzobjekt bewirkt den Steuerungszins –1% ($d_{t-1} < d_t$!).

2 Die Realität hat die theoretische Möglichkeit negativer Steuerungszinsen inzwischen eingeholt: Um die steigenden Kosten der politisch gewollten, aber ökonomisch von Anfang an zum Scheitern verurteilten Währungsunion zu finanzieren (angeblich „alternativlose" sog. „Euro-Rettungsschirme", sog. Griechenland- bzw. Bankenrettung als finanzielles „Faß ohne Boden"), wird in der Europäischen Union die *Abschaffung des Bargelds* und damit der unbegrenzten Kassenhaltungsmöglichkeit (mit $i_{Ht} = 0$) diskutiert. Damit entfiele nicht nur die absolute Untergrenze 0 für den Steuerungszins (Satz 34), sondern auch die Option, sich einem nominell negativen Guthabenzins durch Abheben des Geldes und Verwahrung zu Hause „unter dem Kopfkissen" zu entziehen. Finanzminister und Banken könnten dann ihre beim privaten Geldanleger aufgetürmten Schulden negativ verzinsen, also als „Gegenleistung" für die Aufbewahrung des Geldes das anvertraute Kapital allmählich aufzehren, statt es zumindest nominell zu mehren (oder bei einem Zins von 0 wenigstens auf dem Papier zu bewahren). Institutionelle Anleger mußten bereits Negativrenditen bei Staatsanleihen akzeptieren, da die Transaktionskosten der Kassenhaltung für große Beträge erheblich sind. Flankierend hat die Europäische Zentralbank beschlossen, in offenkundig rechtswidriger Umkehrung ihres eindeutigen gesetzlichen Auftrags als Währungshüter die Inflation anzuheizen (trotz des schon auf nahezu 0 herabgedrückten Leitzinses wird aktuell (2015) eine Inflation von 2% angestrebt!) und die schon nominell stagnierenden oder bei negativem Zins sogar schrumpfenden Geldvermögen in der Kaufkraft noch schneller zu entwerten. *Cui bono*? Negativer Zins und Inflation helfen heillos überschuldeten Staaten und Banken, den drohenden Bankrott abzuwenden und ihre Mißwirtschaft auf Kosten privater Geldanleger, insbesondere auch Kleinsparer und für ihre finanzielle Alterssicherung vorsorgender Bürger fortzusetzen.

3 Vgl., auch zum folgenden Absatz, *HAX*, Investitionstheorie (1985), S. 105 ff., *KRUSCHWITZ*, Investitionsrechnung (2014), S. 253 ff., *PYE*, Present Values (1966), S. 50.

Die Komplexität des Investitions- und Finanzierungsproblems läßt sich durch die beschriebene *Vorselektion* der Objekte u.U. deutlich reduzieren. Die von vornherein unvorteilhaften Objekte gehen gar nicht erst in den Ansatz ein, während die a priori vorteilhaften – im Höchstumfang realisiert – zu Konstanten des Problems werden. Nur für die restlichen Objekte sind noch Variable zu definieren. Die im voraus als vorteilhaft erkannten Objekte mit immer positivem Kapitalwert wirken sich im reduzierten Primalproblem nur noch summarisch aus, indem ihre nunmehr konstanten Zahlungsreihen die fixen Überschüsse b_t verändern.

Im folgenden sollen zwei Kriterien entwickelt werden, welche eine einfache Vorselektion eindeutig vorteilhafter bzw. unvorteilhafter Objekte erlauben. Ihre Anwendung setzt jedoch jeweils spezielle Eigenschaften der betrachteten Zahlungsreihen voraus.

Ist für eine Zahlungsreihe **g** der interne Zinsfuß r definiert, so besteht der mit Satz 17 bewiesene Zusammenhang $g_t = (1 + r) \cdot KB_{t-1} - KB_t$. Der Kapitalwert ergibt sich damit wie folgt:[1]

$$C = \sum_{t=0}^{n} g_t \cdot \rho_t$$

$$= \sum_{t=0}^{n} \left[(1+r) \cdot KB_{t-1} - KB_t\right] \cdot \rho_t$$

$$= -KB_0 + \left[(1+r) \cdot KB_0 - KB_1\right] \cdot \rho_1 + \ldots + \left[(1+r) \cdot KB_{n-1}\right] \cdot \rho_n$$

$$= \left[-KB_0 + \frac{(1+r) \cdot KB_0}{1+i_1}\right] \cdot \rho_0 + \ldots + \left[-KB_{n-1} + \frac{(1+r) \cdot KB_{n-1}}{1+i_n}\right] \cdot \rho_{n-1}$$

$$= \sum_{t=0}^{n-1} \left[-KB_t + \frac{(1+r) \cdot KB_t}{1+i_{t+1}}\right] \cdot \rho_t$$

$$= \sum_{t=0}^{n-1} KB_t \cdot \frac{r - i_{t+1}}{1+i_{t+1}} \cdot \rho_t$$

[1] Vgl. Unterabschnitt 3.3.1.3.1.

$$\Leftrightarrow C = \sum_{t=1}^{n} \frac{r - i_t}{1 + i_t} \cdot KB_{t-1} \cdot \rho_{t-1}.$$

Die zuletzt gefundene Formel entspricht dem Satz 18 des vollkommenen Kapitalmarkts.[1] Ist nun nach Satz 33 für jede Periode $t \in \{1, 2, 3, \ldots, n\}$ das Intervall $i_{Ht} \leq i_t \leq i_{St}$ bekannt, welches den endogenen Grenzzins i_t mit Sicherheit enthält, so kann über das Vorzeichen des Kapitalwerts folgendes ausgesagt werden: $1 + i_t$ ist positiv wegen $i_t \geq i_{Ht} \geq 0$, und alle Abzinsungsfaktoren ρ_t sind ebenfalls positiv, weil aus den Dualrestriktionen $d_t > 0 \ \forall \ t$ folgt (siehe oben). Dann resultiert:

- Der Kapitalwert C ist mit Sicherheit *positiv*, wenn in *jeder* Periode t eine der beiden folgenden Aussagen (1. oder 2.) zutrifft:

  1. Das zu Beginn der Periode t gebundene Kapital KB_{t-1} ist positiv, und der Sollzins i_{St} der Periode t ist kleiner als der interne Zinsfuß r.

  2. Das zu Beginn der Periode t gebundene Kapital KB_{t-1} ist negativ, und der Habenzins i_{Ht} der Periode t übersteigt den internen Zinsfuß r.

  In beiden Fällen ist das Produkt $(r - i_t) \cdot KB_{t-1}$ und damit der Beitrag der Periode t zum Kapitalwert C positiv. Es gilt nämlich 1. $r > i_{St} \geq i_t$ oder 2. $r < i_{Ht} \leq i_t$.

  Darüber hinaus ist der Kapitalwert C schon dann positiv, wenn für alle Perioden t das Produkt $(r - i_t) \cdot KB_{t-1}$ nichtnegativ und für mindestens eine dieser Perioden positiv ist.

- Der Kapitalwert C ist mit Sicherheit *negativ*, wenn in *jeder* Periode t eine der beiden folgenden Aussagen (1. oder 2.) zutrifft:

  1. Das zu Beginn der Periode t gebundene Kapital KB_{t-1} ist positiv, und der Habenzins i_{Ht} der Periode t übersteigt den internen Zinsfuß r.

  2. Das zu Beginn der Periode t gebundene Kapital KB_{t-1} ist negativ, und der Sollzins i_{St} der Periode t ist kleiner als der interne Zinsfuß r.

  In beiden Fällen ist das Produkt $(r - i_t) \cdot KB_{t-1}$ und damit der Beitrag der Periode t zum Kapitalwert C negativ. Es gilt nämlich 1. $r < i_{Ht} \leq i_t$ oder 2. $r > i_{St} \geq i_t$.

---

[1] *NORSTRÖM*, Interner Zinsfuß (1990) gibt auf S. 115 eine ähnliche, bedeutungsgleiche Formel an, die jedoch keinen geschlossenen Berechnungsausdruck für das gebundene Kapital enthält.

Weiterhin ist der Kapitalwert C auch schon dann negativ, wenn für alle Perioden t das Produkt $(r - i_t) \cdot KB_{t-1}$ nichtpositiv, aber für mindestens eine Periode negativ ist.

Die Verallgemeinerung von Satz 18 liefert zusammengefaßt den wichtigen

Satz 35 **(Interner Zins, endogene Grenzzinsfüße und Kapitalwert)**:

Zwischen Kapitalwert und internem Zins besteht der Zusammenhang:

$$C = \sum_{t=1}^{n} (r - i_t) \cdot KB_{t-1} \cdot \rho_t .$$

Unter der Voraussetzung $i_{Ht} \leq i_t \leq i_{St}\ \forall\ t$ folgt bei Existenz eines internen Zinssatzes r:

Der Kapitalwert ist mit Sicherheit positiv (C > 0), wenn in jeder einzelnen Periode t entweder $\{KB_{t-1} \geq 0$ und $i_{St} \leq r\}$ oder $\{KB_{t-1} \leq 0$ und $i_{Ht} \geq r\}$ gilt und für mindestens eine Periode t $\{KB_{t-1} > 0$ und $i_{St} < r\}$ oder $\{KB_{t-1} < 0$ und $i_{Ht} > r\}$ erfüllt ist.

Der Kapitalwert ist mit Sicherheit negativ (C < 0), wenn in jeder einzelnen Periode t entweder $\{KB_{t-1} \geq 0$ und $i_{Ht} \geq r\}$ oder $\{KB_{t-1} \leq 0$ und $i_{St} \leq r\}$ gilt und für mindestens eine Periode t $\{KB_{t-1} > 0$ und $i_{Ht} > r\}$ oder $\{KB_{t-1} < 0$ und $i_{St} < r\}$ erfüllt ist.

Beispiel 1. Für die Zahlungsreihe **g** = (–100, 10, –10, 132) mit dem internen Zins r = 10% errechnen sich die drei positiven Kapitalbindungen (als Ertragswerte zum internen Zins) $KB_0 = 100$, $KB_1 = 100$ und $KB_2 = 120$. Beträgt der maximal für möglich gehaltene Zins eines ausreichend verfügbaren Einjahreskredits im ersten, zweiten bzw. dritten Jahr 7%, 8% bzw. 9%, so ist die betrachtete Investition a priori vorteilhaft, weil ihre Kapitalbindung stets positiv bleibt und der interne Zins in jedem Jahr den maximal möglichen endogenen Grenzzins übersteigt. Damit gilt sicher C > 0.

Beispiel 2. Ein Objekt (–20000, 73000, –89000, 36250)[1] mit r = 25% besitzt das als Ertragswert berechnete gebundene Kapital $KB_0 = 20000$, $KB_1 = -48000$ und $KB_2 = 29000$. Mit $i_{S1} := i_{S3} := 24\%$ und $i_{H2} := 26\%$ ist das Objekt vorteilhaft. Beträgt jedoch z.B. der Habenzins i_{Ht} in allen drei Perioden nur 5%, erlaubt Satz 35 keine Vorab-Entscheidung. Gleiches gilt, wenn alle Soll- und Habenzinsfüße 5% lauten (einheitlicher Kalkulationszins). Satz 35 stellt ersichtlich nur ein hinreichendes, aber kein notwendiges Kriterium für eine Vorauswahl bereit! Bei einem Kalkulationszins von 5% ist das Objekt a priori vorteilhaft (Kapitalwert 112,30 > 0), was aber von diesem Kri-

---

[1] Die Zahlungsreihe ist entliehen aus *NORSTRÖM*, Interner Zinsfuß (1990), S. 112.

terium nicht erkannt wird. Ebensowenig gelingt z.B. eine Beurteilung des Objekts (100, –200, 200), für das kein interner Zins existiert (der ökonomisch nicht interpretierbare *komplexe* Lösungswert lautet $r = \pm\sqrt{-1}$).

Beispiel 3. Die Investition der Rübezahl AG (Tabelle 3-14) mit $\mathbf{g} = (-1000, 200, 390, 460, 220)$ und r = 10% hat immer ein nichtnegatives gebundenes Kapital. Wenn der Sollzins i_{St} im ersten (bzw. zweiten, dritten, vierten) Jahr 7% (bzw. 8%, 9%, 10%) beträgt, ist ihr Kapitalwert mit Sicherheit größer als null. Gilt aber im letzten Jahr $i_{S4} = 11\% > r$, versagt das Kriterium.

Beispiel 4. Die Kapitalwertabschätzung kann auch schon angewendet werden, wenn nur *eine* Grenze des endogenen Steuerungszinsfußes bekannt ist. Gelten etwa die Voraussetzungen von Satz 34 mit einem Sparbuchzins von $2{,}5\% = i_{Ht}\ \forall\ t$, so lassen sich bestimmte Zahlungsreihen auch ohne Information über den Sollzins *ex ante* beurteilen. *Normalinvestitionen* besitzen stets ein nichtnegatives gebundenes Kapital (vgl. 3.3.1.3.1) und sind deshalb nach Satz 35 sofort zu verwerfen, wenn ihr interner Zins r den Habenzins i_{Ht} in keiner Periode erreicht. So ist beispielsweise die Zahlungsreihe (–100, –50, 10, 10) mit r = –60,51866575% < 2,5% von vornherein unvorteilhaft. Gleiches gilt für die Kassenhaltung (–1; 1) mit r = 0%. Niemand behält bei sicheren Erwartungen eine Kassenreserve, wenn das Geld zu wenigstens 2,5% angelegt werden kann. Umgekehrt gibt es auch Objekte, deren Vorteilhaftigkeit außer Zweifel steht. *Normalfinanzierungen* beginnen mit einer Einzahlung und weisen genau einen Vorzeichenwechsel in ihrer Zahlungsreihe auf. Mit –1 multipliziert, gehen sie formal in Normalinvestitionen über. Daher ist das gebundene Kapital einer Normalfinanzierung stets *nichtpositiv*. Ihr Kapitalwert bleibt nach Satz 35 immer größer als null, wenn ihre Effektivverzinsung niedriger ist als der Habenzins i_{Ht} einer jeden Periode. Deswegen ist z.B. ein zinsloser Kredit (1; –1) mit r = 0% im maximal möglichen Umfang aufzunehmen, wenn sich die Möglichkeit einer verzinslichen Geldanlage bietet. Die Lenkpreistheorie steht natürlich auch mit solchen Entscheidungen in Einklang, die unmittelbar einleuchtend sind.

Bemerkung. Allein die Nützlichkeit von Satz 35 sichert bereits dem internen Zinsfuß seinen Platz in der Investitionsrechnung!

Im folgenden soll für die wichtige Gruppe der Normalzahlungsreihen noch ein zusätzliches Kriterium abgeleitet werden, welches ihre spezielle Struktur ausnutzt und u.U. weiterhelfen kann, wenn Satz 35 nicht greift.

Normalzahlungsreihen

besitzen genau einen Vorzeichenwechsel. Für eine *Normalinvestition* gilt $g_0 < 0$ und $g_n > 0$, und es existiert ein festes $\tau \geq 1$ mit $g_t \leq 0$ für alle $t < \tau$ und $g_t \geq 0$ für alle $t \geq \tau$. Eine *Normalfinanzierung* genügt den Bedingungen $g_0 > 0$ und $g_n < 0$ sowie $g_t \geq 0$ für alle $t < \tau$ und $g_t \leq 0$ für alle $t \geq \tau$.

Normalzahlungsreihen gehorchen dem sehr nützlichen

Satz 36 **(Kapitalwertabschätzung für Normalzahlungsreihen)**:

Unter der Voraussetzung $i_{Ht} \leq i_t \leq i_{St}$ $\forall$ $t \in \{1, 2, \ldots, n\}$ treffen folgende Aussagen zu:

Eine Normalinvestition ist vorteilhaft, wenn ihr Kapitalwert auf Basis der Sollzinsfüße i_{St} positiv ist. Sie ist unvorteilhaft, wenn ihr Kapitalwert unter Verwendung der Habenzinsfüße i_{Ht} negativ ist. Eine Normalfinanzierung ist vorteilhaft, wenn ihr Kapitalwert auf Basis der Habenzinsfüße i_{Ht} positiv ist. Sie ist unvorteilhaft, wenn ihr Kapitalwert unter Verwendung der Sollzinsfüße i_{St} negativ ist.

Der *Beweis* dieses Satzes[1] wird im Anhang 4. geführt. Im folgenden seien einige Zahlenbeispiele untersucht.

Beispiel 1. Im Beispiel 3 zu Satz 35 versagte die Vorauswahl des **Rübezahl**-Objekts (–1000, 200, 390, 460, 220) bei den Sollzinssätzen 7%, 8%, 9%, 11%. Satz 36 schafft nun Abhilfe: Es ist auch dann anwendbar, wenn einzelne Sollzinsfüße den internen Zins der Normalinvestition übersteigen. Der Kapitalwert bleibt auch unter Verwendung der größtmöglichen Steuerungszinsfüße i_{St} positiv (C = 46,95), so daß die Vorteilhaftigkeit des Objekts unabhängig von den ex ante unbekannten endogenen Zinssätzen i_t gewährleistet ist.

Beispiel 2. Im allgemeinen ist bei Monotonieabschätzungen große Vorsicht geboten, wenn negative Funktionswerte im Spiel sind.[2] Nach Satz 36 ist die Zahlungsreihe (–100, –50, 10, 10) des obigen Beispiels 4 mit Sicherheit unvorteilhaft, weil ihr Kapitalwert auf Basis der kleinstmöglichen Zinssätze (Habenzinsfüße i_{Ht} = 2,5% $\forall$ t) negativ bleibt (C = –129,98). Dies bedeutet aber nicht, daß damit eine obere Schranke des Kapitalwerts vorliegt! Zum Beispiel ergibt sich unter Verwendung der Sollzinsfüße, welche jeweils 10% betragen mögen, mit C = –129,68 ein größerer Kapitalwert. Satz 36 besagt also durchaus nicht, der Kapitalwert einer Normalinvestition falle *generell* mit steigenden Grenzzinsfüßen i_t. Für negative Kapitalwerte ist auch das Gegenteil nicht richtig, denn mit den Zinsfüßen i_1 = 10% und $i_2 = i_3$ = 2,5% resultiert ein noch größerer Kapitalwert (C = –127,93). Die Kalkulation mit den Grenzen der Zinsintervalle garantiert im allgemeinen nicht, die Extremwerte der Kapitalwertfunktion $C = f(i_1, i_2, \ldots, i_n)$ zu finden. Der Nachweis von Satz 36 ist deshalb nicht trivial.

---

[1] Inhaltlich fast identische Auswahlregeln gibt *KRUSCHWITZ*, Investitionsrechnung (2014) auf S. 254 f. ohne Beweis an.

[2] Vgl. *WITTEN/ZIMMERMANN*, Interner Zinssatz (1977), S. 104 f., *NORSTRÖM*, Interner Zinsfuß (1990), S. 116.

Beispiel 3. Kassenhaltung und zinsloser Kredit werden ebenso vorselektiert wie im Beispiel 4 zu Satz 35. Maßgeblich ist der Kapitalwert zum Habenzins.

Sofern Satz 35 und 36 nicht anwendbar sind (oder Satz 35 keine Entscheidung bringt), können die Maxima und Minima der Kapitalwertfunktion $C = f(i_1, i_2, \ldots, i_n)$ unter den Restriktionen $i_{Ht} \leq i_t \leq i_{St}\ \forall\ t$ mit Hilfe der nichtlinearen Optimierung bestimmt werden. Wegen der allgemein nicht erfüllten Konkavität bzw. Konvexität kommen zur Lösung solcher Optimierungsaufgaben grundsätzlich simulationsgestützte Heuristiken in Frage, z.B. Gradientenverfahren in Kombination mit simulierter Abkühlung.[1] Die vorliegende spezielle Problemstruktur erlaubt hingegen ein einfacheres Vorgehen: Der Kapitalwert wird, beginnend mit t = n, zeitlich von hinten nach vorne durch jeweils einperiodiges Abzinsen auf den Vorzeitpunkt t–1 und unverzinste Hinzunahme der Zahlung in t–1 sukzessiv ermittelt. Solange die dabei von t auf t–1 abzuzinsende Zwischensumme positiv ist, wird zu ihrer Maximierung (Minimierung) der kleinstmögliche Zins i_{Ht} (größtmögliche Zins i_{St}) verwendet, sonst der größtmögliche Zins i_{St} (kleinstmögliche Zins i_{Ht}).

Satz 37 **(Kapitalwertextrema)**:

Unter der Voraussetzung $i_{Ht} \leq i_t \leq i_{St}\ \forall\ t \in \{1, 2, \ldots, n\}$ läßt sich das Kapitalwertmaximum (bzw. Kapitalwertminimum) rekursiv ermitteln, indem zeitlich von hinten nach vorn periodensukzessiv abgezinst und addiert wird, wobei positive Zwischensummen mit i_{Ht} (bzw. i_{St}) und negative mit i_{St} (bzw. i_{Ht}) zu diskontieren sind.

Der *Beweis* von Satz 37 wird mit vollständiger Induktion im Anhang 5. geführt.

Beispiel. Im Beispiel 2 zu Satz 36 ermittelt sich das Kapitalwertmaximum sukzessiv wie folgt: Die 10 in t = 3 wird mit dem kleinstmöglichen Zins 2,5% auf t = 2 abgezinst. Nach Addition der 10 in t = 2 ist die Zwischensumme immer noch positiv, so daß sie erneut mit dem kleinstmöglichen Zins 2,5% auf t = 1 diskontiert wird. Nach Hinzunahme der Zahlung –50 in t = 1 wechselt das Vorzeichen der Zwischensumme: $-50 + 10/1{,}025 + 10/1{,}025^2$ ist negativ und muß zur Maximierung des Kapitalwerts also mit dem größtmöglichen Zins 10% auf t = 0 abgezinst werden. Der maximale Kapitalwert lautet demnach $C = -100 + (-50 + 10/1{,}025 + 10/1{,}025^2)/1{,}1 = -127{,}93$.

Objekte mit positivem Kapitalwertminimum sind ex ante vorteilhaft, Zahlungsreihen mit negativem Kapitalwertmaximum von vornherein zu verwerfen.

[1] Zur nichtlinearen Optimierung vgl. z.B. *KÜNZI/KRELLE/VON RANDOW*, Nichtlineare Programmierung (1979) und *DOMSCHKE/DREXL*, Operations Research (2011), S. 176 ff.; zur Suche mit simulierter Abkühlung vgl. z.B. *KUHN*, Heuristische Suchverfahren (1992).

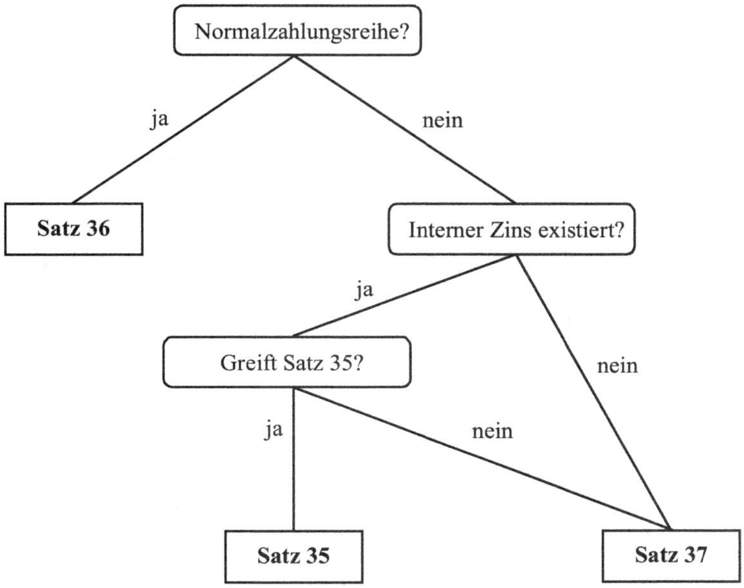

Abbildung 4-7: Vorselektion durch Kapitalwertabschätzung

Abbildung 4-7 faßt den beschriebenen Prüfalgorithmus zur Kapitalwertabschätzung bei gespaltenem Kalkulationszins zusammen.

4.2.6.3 Approximative Dekomposition

Die Anwendung der Sätze 33 bis 37 engt i.d.R. die Zahl der noch zu beurteilenden Objekte ein. Wegen des Dilemmas der wertmäßigen Kosten kann die optimale Lösung des nach der Vorselektion verbleibenden *Restproblems* aber nur durch ein Totalmodell gefunden werden. Sofern sich das entsprechende Simultanmodell einer *zentralen* Lösung durch den Simplexalgorithmus widersetzt, weil es noch zu viele[1] Entscheidungsvariable enthält, muß es durch *Dekomposition* in mehrere kleinere Teilprobleme zerlegt werden, an deren Lösung die dezentralen Instanzen mitwirken.

1 Die Operationalisierung der für eine Totalplanung noch tragbaren Problemgröße ist situationsspezifisch zu treffen. Sie hängt u.a. von der Leistungsfähigkeit der Informations- und Führungsunterstützungssysteme ab (verfügbare EDV-Anlagen und Programme, Geschwindigkeit des Datenaustauschs, Datenqualität).

Grundsätzlich besteht die Möglichkeit, auf diesem Wege die *optimale* Lösung zu erreichen. Hierzu finden Verfahren Anwendung, die auf dem klassischen Dekompositionsprinzip von DANTZIG und WOLFE aufbauen.[1] Allerdings ist der mit diesen exakten Verfahren verbundene Koordinations- und Rechenaufwand im allgemeinen sehr hoch. Je nach Modellkonstruktion benötigen zudem auch die dezentralen Einheiten Simultanmodelle zur Lösung ihrer Teilprobleme. Ganzzahligkeitsbedingungen sorgen für weitere Komplikationen.

Die exakte Dekomposition beteiligt im übrigen die dezentralen Einheiten nur scheinbar an der Entscheidung, denn die Zentrale delegiert lediglich Rechentätigkeiten an nachgeordnete Instanzen.[2] Eine *wirkliche* Komplexitätsreduktion über die Sätze 35 bis 37 hinaus gelingt nicht. Der erwünschte Durchbruch zum *einfachen Partialmodell* Kapitalwertmethode läßt sich also bei Aufrechterhaltung des strengen Optimierungsanspruchs im Sicherheitsfall nicht erzwingen.

Totalplanung und exakte Dekomposition dürften zur Lösung von Investitions- und Finanzierungsproblemen realistischer Größenordnung im allgemeinen ausscheiden, weil der Planungsaufwand zur Bestimmung des Optimums unwirtschaftlich hoch wäre. Diese Einschätzung gilt um so mehr, wenn die Prämisse sicherer Erwartungen aufgehoben wird (Kapitel 5). Die Planungsverfahren bei Sicherheit sind Module, welche in der nur noch heuristisch handhabbaren, realitätsnahen Situation des unvollkommenen Kapitalmarkts bei Unsicherheit zum Einsatz kommen sollen. Ihr Komplexitätsgrad sollte daher für die praktische Anwendung noch erträglich sein.

Eine Lösung des nach der Vorselektion eindeutig vorteilhafter bzw. nachteiliger Objekte verbleibenden Restproblems kann im realen Anwendungsfall nur auf *heuristischem* Wege erfolgen.[3] Die erforderliche Komplexitätsreduktion wird durch plausible Annahmen erreicht, welche das Dilemma der wertmäßigen Kosten ausschalten und dem Einsatz der Kapitalwertmethode den Weg ebnen. Zwar verfehlt dieses Vorgehen i.d.R. das bei sicheren Erwartungen noch definierte Optimum des Totalproblems; jedoch bleibt keine Alternative zur heuristischen Lösung, wenn man nicht vor

---

1 Vgl. *DANTZIG/WOLFE*, Decomposition Principle (1960), *HAX*, Koordination (1965), S. 170 ff., *ADAM*, Kostenbewertung (1970), S. 196 ff., *MÜLLER-MERBACH*, Operations Research (1973), S. 522 ff., *VAN DE PANNE*, Decentralization (1991), *KISTNER*, Koordinationsmechanismen (1992), S. 1132 ff. Speziell zur Anwendung auf die simultane Investitions- und Finanzplanung in dezentralisierten Unternehmen vgl. *LOISTL*, Dekomposition (1971), S. 60 ff., *CARLETON/KENDALL/TANDON*, Decomposition Principle (1974), S. 817 ff., *MAIER/VAN DER WEIDE*, Capital Budgeting (1976), S. 434 ff.

2 Zur Kritik an der Scheindezentralisierung durch exakte Dekomposition vgl. beispielsweise *COENENBERG*, Verrechnungspreise (1973), S. 380 f., *KISTNER*, Koordinationsmechanismen (1992), S. 1135.

3 Zum Begriff heuristischer Planung vgl. z.B. *ADAM*, Heuristische Vorgehensweisen (1983), S. 490, *WITTE*, Heuristisches Planen (1979).

der Komplexität des Simultanproblems kapitulieren will.[1] Je mehr Erkenntnisse der Lenkpreistheorie in die zu konstruierende Heuristik einfließen, desto besser wird die *Approximation* des nicht mit vertretbarem Aufwand berechenbaren Optimums ausfallen.

Die Literatur hat konsequent gefordert, die Höhe der endogenen Grenzzinsfüße für die dezentrale Berechnung von Kapitalwerten zu schätzen.[2] Zur Verengung der Intervalle von Satz 33/34 gibt es allerdings kaum Anhaltspunkte. Eine völlig subjektive Festlegung der für möglich gehaltenen Zinsbandbreiten ist aus theoretischer Sicht unbefriedigend, wenngleich die Sätze 35 bis 37 natürlich auch als Heuristiken bei nur ungefähr bekannten Maximal- und Minimalzinssätzen angewendet werden können. Auf jeden Fall sollte versucht werden, mit Hilfe überschlägiger Rechnungen (z.B. grober Planbilanzen) näherungsweise zu ermitteln, in welchen künftigen Perioden Fremdkapitalbedarf bestehen könnte. Falls z.B. im folgenden Jahr voraussichtlich eine aufzunehmende Anleihe zum Grenzobjekt wird, so muß als Grenzzinsfuß ihre Initialverzinsung geschätzt werden (Satz 31). Besteht dagegen ein Überfluß an liquiden Mitteln, ist eine Geldanlage Grenzobjekt, und der Steuerungszins entspricht dem Habenzinsfuß (Satz 33).[3] Viele Unternehmen und Gebietskörperschaften müssen sich aufgrund ihrer zu dünnen Eigenkapitaldecke fortwährend revolvierend verschulden, so daß für sie fast immer der Sollzinssatz zum Grenzzins wird (Satz 33).[4]

Wenn die beschriebene Schätzung der Grenzzinsfüße zu schlecht abgestimmten Plänen führt (beispielsweise legen einige Tochtergesellschaften Geld in Wertpapieren an, während gleichzeitig die Obergesellschaft wider Erwarten Zahlungsdefizite durch einen Kontokorrentkredit decken muß), ist das heuristische Vorgehen durch Rückkopplung zu verfeinern. Im folgenden soll das für diesen Fall entworfene Verfahren der *approximativen Dekomposition* vorgestellt werden.[5]

---

[1] Zur heuristischen Investitions- und Finanzplanung bei (subjektiver) Sicherheit vgl. *KRUSCHWITZ*, Heuristische Planung (1977), *FISCHER*, Heuristische Investitionsplanung (1981), *KRUSCHWITZ/FISCHER*, Heuristische Methoden (1979), *BÄUERLE*, Planung (1987).

[2] Vgl. *MOXTER*, Kalkulationszinsfuß (1961), S. 193, *PYE*, Present Values (1966), S. 46, *HABERSTOCK*, Kalkulationszinsfuß vor und nach Steuern (1970), S. 511, *HABERSTOCK*, Ertragsbesteuerung (1971), S. 76, *KRUSCHWITZ*, Heuristische Planung (1977), S. 219, *FISCHER*, Heuristische Investitionsplanung (1981), S. 415-424, *FRANKE/HAX*, Finanzwirtschaft (2004), S. 232 ff., *LAUX/LIERMANN*, Organisation (1997), S. 408. Vgl. auch *ADAM*, Kostenbewertung (1970), S. 173 ff.

[3] Vgl. *HAEGERT*, Kalkulationszinsfüße (1975), S. 252.

[4] Vgl. *FRANKE/HAX*, Finanzwirtschaft (2009), S. 235, *MATSCHKE/HERING*, Kommunale Finanzierung (1998), S. 160. Für ein reales Fallbeispiel ohne Dilemma der Lenkpreistheorie vgl. *HERING*, Universitätsklinikum (2014).

[5] In der Produktionsplanung ist die heuristische Dekomposition eines komplexen Simultanproblems unter dem Namen „hierarchische Planung" zum Begriff geworden; vgl. z.B. *KISTNER/SWITALSKI*, Hierarchische Produktionsplanung (1989), *KISTNER*, Koordinationsmechanismen (1992), S. 1136 ff. Die approximative Dekomposition ist jedoch weniger hierarchisch geprägt und steht wegen der andersgearteten Problemstellung einer exakten Dekomposition weitaus näher.

Ausgangspunkt der Überlegungen ist die Erkenntnis, daß eine fundierte Schätzung der Steuerungszinsfüße nicht ohne die Berücksichtigung der finanziellen Interdependenzen auskommt. Der Kapitalbedarf des Gesamtunternehmens muß wenigstens näherungsweise abgebildet werden, was nur durch ein *notwendiges Minimum* an Simultanplanung zu leisten ist. Die endogenen Grenzzinsfüße ergeben sich nach dem Dualitätstheorem aus den Zielfunktionskoeffizienten des von der Zentrale zu lösenden Totalproblems. Dieses Totalproblem ist durch heuristische Überlegungen so klein wie nur irgend möglich zu halten, so daß es mühelos mit vernachlässigbar geringer Rechenzeit gelöst werden kann.

Nach Satz 30 reicht es aus, wenn im zentralen Primalproblem nur die Variablen der Grenzobjekte enthalten sind, da nur sie (im Zusammenwirken mit der Zielfunktion) die Steuerungszinsfüße determinieren. Wie im Unterabschnitt 4.2.6.5 gezeigt wird (Satz 39), ist aber die Zahl der (echten und ausgearteten) Grenzobjekte nach oben eng begrenzt; sie kann die Anzahl der Perioden (und ggf. der zusätzlichen Restriktionen) nicht überschreiten. Sofern an objektübergreifenden Restriktionen nur die Liquiditätsnebenbedingungen einzuhalten sind, gibt es z.B. bei einem Planungshorizont von n = 10 Jahren nur maximal zehn Grenzobjekte für das gesamte Unternehmen. Die Schwierigkeit besteht lediglich darin, die potentiellen Grenzobjekte zu identifizieren.

Die approximative Dekomposition bildet nun auf heuristischem Wege zwei Gruppen von Objekten: Potentielle Grenzobjekte fließen in das von der Zentrale zu lösende *kleine* lineare Optimierungsproblem ein, während über die große Masse aller übrigen Objekte dezentral durch Berechnung des Kapitalwerts nach Satz 25 bis 27 entschieden wird.

Die Wahrscheinlichkeit, daß ein Objekt in der optimalen Lösung nur teilweise in Anspruch genommen wird (Grenzobjekt), steigt mit seinem Maximalumfang. Als potentielle Grenzobjekte kommen daher vor allem *beliebig teilbare Projekte mit sehr großem Kapitalvolumen* in Frage, *welche nicht schon nach Satz 35 bis 37 vorselektiert werden können*. Ihre Zahl ist rein pragmatisch so zu begrenzen, daß das zentrale LO-Modell hinreichend klein und somit mühelos berechenbar bleibt. Es erscheint plausibel, für jede Periode einen Kredit und eine Geldanlage vorzusehen und darüber hinaus eine Handvoll Großfinanzierungen (z.B. Anleihen, Obligationen, Schuldscheindarlehen).[1] Die dezentralen Einheiten können auch große Sachinvestitionen als potentielle Grenzobjekte melden, besonders wenn die Teilbarkeit gewährleistet ist. Die Zentrale fügt ggf. strategische Investitionsobjekte[2] größten Ausmaßes hinzu (z.B. Übernahme der Aktien eines anderen Unternehmens). Für einen Planungszeitraum

---

[1] Häufig ist eine strategische Obergesellschaft als Konzernzentrale für die gesamte Außenfinanzierung verantwortlich; vgl. z.B. *HOFFMANN*, Konzernorganisationsformen (1992), S. 554.

[2] Zu den Besonderheiten strategischer Investitionsobjekte vgl. *BLOHM/LÜDER*, Investition (1995), S. 231 ff.

von zehn Jahren braucht das zentrale Totalmodell also nicht mehr als 20-30 Entscheidungsvariable zu enthalten.

Die Zentrale fällt die Entscheidung über die genaue Entnahmezielsetzung und ermittelt unter Beteiligung der dezentralen Einheiten (Divisionen) die zu erwartenden fixen Zahlungsüberschüsse b_t. Sodann gibt sie den Divisionen einen ersten Satz von Steuerungszinsfüßen ($i_1, i_2, \ldots, i_n$) vor, z.B. das Endergebnis der vorjährigen Rechnung. Stark verschuldete Unternehmen setzen als Startlösung einfach durchweg einen Sollzins an. Daraufhin beginnt das rückgekoppelte Dekompositionsverfahren.

Die Divisionen errechnen die Kapitalwerte ihrer Investitions- und Finanzierungsobjekte mit Hilfe der zentral vorgegebenen Steuerungszinsfüße und treffen sodann dezentrale Vorteilhaftigkeitsentscheidungen nach Satz 25 bis 27. Weil annahmegemäß alle Grenzobjekte im Zentralmodell stehen, dürfen die Divisionen nur voll vorteilhafte Objekte an die Zentrale zurückmelden. In begründeten Ausnahmefällen könnte es den Divisionen auch erlaubt werden, *während* des laufenden Dekompositionsprozesses der Zentrale noch weitere potentielle Grenzobjekte zu benennen. Eine starke Aufblähung des zentralen Primalproblems durch zusätzliche Variable ist aber unter allen Umständen zu vermeiden. Die dezentralen Instanzen sollen selbständig klare Entscheidungen für oder gegen ein Objekt fällen (unter Hinzuziehung auch qualitativer Beurteilungskriterien). Die Zentrale erhält von jeder Division die *konstante* summierte Zahlungsreihe aller dezentral als eindeutig vorteilhaft beurteilten Objekte (positiver Kapitalwert!). In einem Rückkopplungsschritt stellt sie die saldierten Summenzahlungsreihen aller Divisionen zusätzlich in ihr Simultanproblem ein. Es ändern sich mithin lediglich die *konstanten* Parameter b_t (und ggf. α_k) des zentralen Primalproblems! Die *im Umfang nicht vergrößerte* zentrale Optimierungsaufgabe liefert nach Ermittlung ihres Optimaltableaus Steuerungszinsfüße ($i_1, i_2, \ldots, i_n$), welche erneut den Divisionen übermittelt werden, die daraufhin ggf. ihre Objektbeurteilungen revidieren.[1]

Das kleine, zentrale Totalmodell erzeugt die Steuerungszinsfüße für die dezentrale Kapitalwertberechnung, und die Divisionen antworten durch Übermittlung konstanter Zahlungsreihen für das zentrale Modell. Ab dem zweiten Rückkopplungsschritt muß die Zentrale jeweils nur einige Iterationen mit dem dualen Simplexalgorithmus ausführen, um zur optimalen Lösung des geänderten LO-Problems zu gelangen.

[1] Im Falle zusätzlicher Restriktionen erhalten die Divisionen aus dem Zentraltableau auch Lenkpreise δ_k und d_0. Sollte das Zentralproblem bei ungünstiger Wahl der Startzinssätze keine zulässige Lösung besitzen, können zeitweise fiktive Hilfskredite zu einem sehr hohen Sollzins eingeführt werden, die vor Abschluß des Verfahrens wieder zu eliminieren sind.

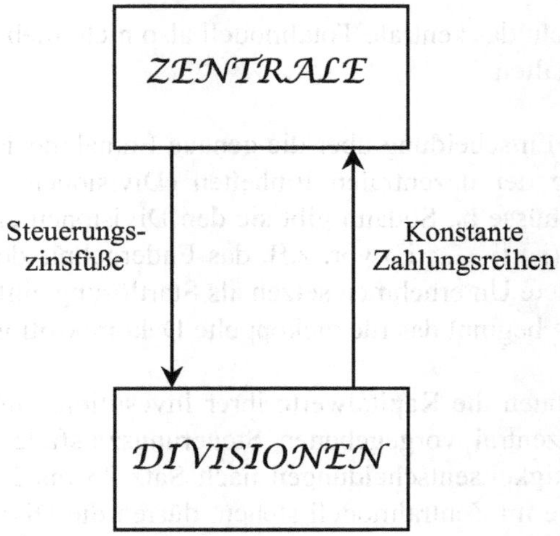

Abbildung 4-8: Approximative Dekomposition

Im Idealfall endet das Verfahren damit, daß sich die Steuerungszinsfüße ($i_1, i_2, \ldots, i_n$) nicht mehr ändern. Die zuletzt berechneten Entscheidungen sind dann optimal, weil für alle Objekte die Komplementaritätsbeziehungen gelten. Eine endlose Fortsetzung des Verfahrens würde weder die zentralen noch die dezentralen Entscheidungen ändern. Dieser Idealfall einer exakten Lösung durch heuristisches Vorgehen tritt allerdings nur ein, wenn das kleine zentrale LO-Problem zufällig alle Objekte als Variable enthält, die in der zu approximierenden optimalen Lösung des ursprünglichen Totalmodells Grenzobjekte sind. Anders gesagt: Die Approximation findet das Optimum, wenn im ersten Schritt die potentiellen Grenzobjekte so zutreffend geschätzt werden, daß sich unter ihnen sämtliche tatsächlichen Grenzobjekte der anzunähernden Optimallösung befinden.

Die approximative Dekomposition simuliert in diesem Falle verschiedene Basislösungen des ursprünglichen Totalproblems, indem sie nach Art der revidierten Simplexmethode[1] nur Teile des Gesamttableaus explizit ausschreibt. Für die Objekte der Divisionen werden lediglich die Kapitalwerte und damit indirekt die Zielfunktionskoeffizienten u_j bzw. μ_j berechnet. Von Schritt zu Schritt findet dann ein multipler Basiswechsel statt; d.h., alle bisher nicht in der Lösung enthaltenen Objekte werden bei positivem Kapitalwert gleichzeitig auf ihre Obergrenze gesetzt und alle bisher enthaltenen Projekte mit nunmehr negativem Kapitalwert zugleich auf den Wert null reduziert. Der maximale Zielfunktionswert des zentralen LO-Problems nimmt bei

[1] Zur revidierten Simplexmethode vgl. etwa *MÜLLER-MERBACH*, Operations Research (1973), S. 230 ff., *WITTE/DEPPE/BORN*, LP (1975), S. 148 ff., *DOMSCHKE/DREXL*, Operations Research (2011), S. 52 ff.

diesem Vorgehen *tendenziell* zu, da alle Variablen in die hinsichtlich der Verbesserung der vorliegenden Basislösung „richtige" Richtung bewegt werden (wenn auch ohne Rücksicht auf die Zulässigkeit der Lösung, weshalb duale Simplexschritte notwendig werden, welche den Zielfunktionswert wieder reduzieren können). Sofern unter günstigen Bedingungen der maximale Zielfunktionswert des Zentralmodells bei *jedem* Rückkopplungsschritt steigt, endet das Verfahren nach einer endlichen Anzahl von Koordinationsrunden: Die Zahl der Basislösungen des ursprünglichen Totalproblems ist endlich, und keine von ihnen kann sich wiederholen, weil der erreichte Zielfunktionswert in jeder Runde steigt. Also muß schließlich die optimale Basis erreicht werden.

Eine entsprechende Konvergenzaussage gilt nicht, wenn die potentiellen Grenzobjekte nur unvollkommen erkannt worden sind. Weil die Objekte der Divisionen nur ganz oder gar nicht durchgeführt werden können, wird das Gesamtoptimum immer verfehlt, wenn sich unter ihnen ein echtes (nicht ausgeartetes) Grenzobjekt der Optimallösung befindet. Die Einbuße an Lösungsqualität wird allerdings um so geringer ausfallen, je „kleiner" das nicht als solches erkannte Grenzobjekt ist. Darum ist es wichtig, verhältnismäßig „große" Objekte als potentielle Grenzobjekte der Zentrale zu melden. Wenn die approximative Dekomposition nicht gegen einen stabilen Vektor von Steuerungszinsfüßen konvergiert, ist das Verfahren nach einer gewissen Anzahl von Koordinationsrunden mit der besten bis dahin erreichten Lösung abzubrechen.

Die den Divisionen zumutbare Zahl von Rückkopplungsschritten läßt sich nur im Einzelfall festlegen. Jedoch reicht schon ein zwei- bis dreimaliges Durchlaufen der Dekomposition aus, um wenigstens näherungsweise koordinierte dezentrale Entscheidungen zu ermöglichen und die künftige Liquiditätslage des Gesamtunternehmens abzuschätzen. Mehr kann von einer praktischen Investitionsrechnung ohnehin nicht erwartet werden, die zusätzlich noch das Problem der Datenunsicherheit zu berücksichtigen hat.

Nach Abbruch der approximativen Dekomposition bestätigt die Zentrale den Divisionen die für „optimal" befundenen Steuerungszinsfüße, welche bis zur nächsten Planungsperiode für das gesamte Unternehmen als Kalkulationszinsfüße gelten. Sollten für die im zentralen LO-Problem befindlichen Objekte nachteilige Ganzzahligkeitsbedingungen gelten, erzwingt die Zentrale eine zulässige Lösung mit Hilfe der gemischt-ganzzahligen linearen Optimierung. Der Rechenaufwand ist aufgrund der geringen Größe des Zentralproblems auf jeden Fall beherrschbar. Die Entscheidungen der Divisionen bleiben unberührt.

Die approximative Dekomposition bei Sicherheit soll im folgenden anhand eines *einfachen* Zahlenbeispiels veranschaulicht werden. Das Beispiel ist untypisch, weil das Zentralproblem mehr Objekte enthält, als die Divisionen zu beurteilen haben. In einem praktischen Fall wäre das Verhältnis z.B. 10:1 oder 100:1 zugunsten der dezentralen Objekte. Außerdem ist das Kapitalvolumen der dezentralen Objekte im Beispiel meist größer als das Volumen der Zentralobjekte. Auch diese Relation sollte in der Realität genau umgekehrt sein. Das Verfahren funktioniert jedoch trotzdem problemlos, weil die Grenzobjekte richtig geschätzt werden.

Betrachtet sei die Aufgabe der Tabelle 4-6. Die Zentrale verfügt über liquide Mittel von 10, die drei 10%-Kredite und 5%-Geldanlagen sowie den Zinssammler Z_0. Die 1. Division plant ihre Investition I_1, die sie durch Ausgabe der Anleihe A selbst finanzieren möchte. Die 2. Division wünscht die Investition I_2. Eine Vorselektion der Objekte scheitert. Die Startwerte der Steuerungszinsfüße mögen jeweils 10% betragen (Sollzins). Die 1. Division meldet daraufhin die Objekte I_1 und A, die 2. Division I_2. Die fixen Zahlungen betragen zu den einzelnen Zeitpunkten:

$$(10 - 110 + 98;\ 10 - 100 - 6;\ 80 + 85 - 56;\ 80 + 60 - 53) = (-2, -96, 109, 87).$$

Damit liefert das „kleine" Zentralproblem die Grenzzinsfüße 5%, 11,0857% und 5%. Auch mit diesen Lenkpreisen sind die Kapitalwerte von I_1, I_2 und A positiv, so daß das zentrale LO-Modell unverändert bleibt. Die Koordination schließt mit der optimalen Lösung.

Die approximative Dekomposition besitzt als *Kompromiß* zwischen den Extremen „exakte Dekomposition" und „subjektive Schätzung von Grenzzinsfüßen" die folgenden entscheidenden Vorzüge:

1. Das zentrale LO-Problem ist rechentechnisch gut beherrschbar und behält immer den gleichen, überschaubaren Umfang. Bei klassischer Dekomposition steigt dagegen die Zahl der Variablen des Zentralproblems mit jedem Rückkopplungsschritt an.
2. Die dezentralen Entscheidungen werden durch ein simples Partialmodell gefällt. Es gilt das klassische Kapitalwertkriterium![1]
3. Das Ganzzahligkeitsproblem stellt sich nicht.
4. Der Planungsprozeß kann zu jedem Zeitpunkt mit einer zulässigen Lösung des Gesamtproblems abgebrochen werden. Diese Eigenschaft ist für ein lenkpreisgestütztes Koordinationssystem durchaus bemerkenswert.[2]

---

1 Im Gegensatz zur klassischen Dekomposition gibt es keine Lücken in der Lenkpreissteuerung. Zu den sonst in Kauf zu nehmenden Schwächen der pretialen Lenkung vgl. *LOISTL*, Dekomposition (1971), S. 16-18, 165 f.

2 Zu den sonst üblichen Nachteilen einer Steuerung durch Lenkpreise vgl. z.B. *ADAM*, Planung und Entscheidung (1996), S. 361 ff.

5. Die Heuristik ist lenkpreistheoretisch fundiert und kann unter günstigen Bedingungen auch die optimale Lösung des Gesamtproblems finden.

Das Verfahren entfaltet seine vollen Vorzüge gegenüber der exakten Dekomposition besonders im Unsicherheitsfall. Die approximative Dekomposition ist das „deterministische“ Kernstück der im nächsten Kapitel zu konstruierenden Heuristik zur simultanen Investitions- und Finanzplanung auf einem unvollkommenen Kapitalmarkt bei Unsicherheit.[1]

4.2.6.4 Weitere Anwendungen der endogenen Grenzzinsfüße

4.2.6.4.1 Theoretische Absicherung der Kapitalwertmethode

In den bisherigen Ausführungen dieses Abschnitts stand das Ziel im Vordergrund, die theoretisch elegante Lenkpreissteuerung für praktische Investitionsentscheidungen nutzbar zu machen. Die Bedeutung der Theorie endogener Grenzzinsfüße beschränkt sich jedoch nicht allein auf die instrumentelle Bereicherung und qualitative Verbesserung des betriebswirtschaftlichen Arsenals von Planungswerkzeugen auf dem Gebiete der Investitionsrechnung. Das Wissen um die *Existenz* endogener Grenzzinsfüße auch in solchen Situationen, in denen ihre Abschätzung schwierig ist, ermöglicht vielmehr eine *umfassende theoretische Rechtfertigung der Kapitalwertmethode.*[2]

Sofern vom Problem nachteiliger Ganzzahligkeit abstrahiert wird, welches sich ohnehin nur – wenn überhaupt – durch ein kombinatorisches Totalmodell zentral lösen läßt, gilt für die allgemeinste vorstellbare Planungssituation: Auch unter noch so komplexen Verhältnissen des unvollkommenen Kapitalmarkts (bei Sicherheit wie auch bei Unsicherheit[3], mit und ohne Zusatzrestriktionen) existieren bei vernünftiger Zielsetzung *ex post* immer Lenkpreise, welche eine Lösung des Investitions- und Finanzierungsproblems durch die (korrigierte) Kapitalwertmethode zulassen. Diese

---

[1] Vgl. unten, Abschnitt 5.3.3. Zur approximativen Dekomposition unter Sicherheit vgl. auch *BOSSE*, Investitionsmanagement (2000), S. 160 ff., *STEINBACH*, Investitionsvolumen (2005), S. 107 f.

[2] Ähnlicher Ansicht sind u.a. *HIRSHLEIFER*, Optimal Investment Decision (1958), S. 351 f., *HAX*, Bewertungsprobleme (1967), S. 756 f., *HAX/LAUX*, Investitionstheorie (1969), S. 250 f., *HAEGERT*, Kalkulationszinsfüße (1975), S. 243, *BITZ*, Interner Zinsfuß (1977), S. 147, *KRUSCHWITZ/FISCHER*, Endwert- und Entnahmemaximierung (1978), S. 782.

[3] An dieser Stelle sei auf die Forderung weitgehender stochastischer Unabhängigkeit der gebildeten strategischen Objekte hingewiesen. Stark interdependente Objekte sollten nicht von verschiedenen dezentralen Einheiten isoliert beurteilt, sondern derselben Division zugeteilt werden. Nur so kann der für die Unsicherheitssituation bedeutsame Diversifikationsaspekt in die Partialplanung eingehen. Vgl. *MARKOWITZ*, Portfolio Selection (1952), S. 77. Zudem ist ein *Optimum* bei Unsicherheit nur *ex post* für einen irgendwie festgelegten Planungszeitraum definiert. Vgl. hierzu oben, Abschnitt 2.1.2. Zur Übertragung der Kapitalwertmethode mit der Lenkpreistheorie auf den Unsicherheitsfall vgl. *HERING*, Arbitragefreiheit (1998) sowie unten, Abschnitt 5.1.3.

theoretische Grunderkenntnis rechtfertigt den *generellen* heuristischen Einsatz des Kapitalwertkriteriums auch in komplizierteren Planungssituationen, die nichts mehr mit dem klassischen Fall des vollkommenen Kapitalmarkts bei Sicherheit zu tun haben. Die Theorie verbürgt die Existenz der Lenkpreise, welche es „nur noch" möglichst gut zu schätzen gilt.

Hieraus folgt zweierlei: Zum einen müssen sich alle in der Literatur vorgeschlagenen Kapitalwertmethoden – auch z.B. das CAPM[1] oder das Marktzinsmodell[2] der Bankbetriebslehre – daran messen lassen, inwieweit sie mit der Lenkpreistheorie kompatibel sind, inwieweit also die Modellkonstruktion dafür Sorge trägt, daß die zugrunde gelegten Steuerungszinsfüße möglichst gute Approximationen der ex ante unbekannten, aber mit Sicherheit existierenden endogenen Grenzzinsfüße sind. Zum anderen zeigt das Dilemma der wertmäßigen Kosten, daß jeder Versuch zum Scheitern verurteilt ist, unter den Bedingungen des unvollkommenen Kapitalmarkts *optimale* Kalkulationszinsfüße herzuleiten, ohne auf die zwischen den Objekten bestehenden Interdependenzen Rücksicht zu nehmen. Die theoretisch richtigen Steuerungszinsfüße werden durch die Grenzobjekte des Totaloptimums definiert (Satz 30). Die Angabe „optimaler" Verrechnungspreise oder Steuerungszinsfüße setzt daher zwingend die Identifikation der Grenzobjekte des Totalproblems voraus.

Die Theorie endogener Grenzzinsfüße bildet nicht nur das Fundament für die Übertragung der Kapitalwertmethode auf den unvollkommenen Kapitalmarkt, und zwar unter Sicherheit wie unter Unsicherheit. Sie erlaubt außerdem die Verallgemeinerung des von LÜCKE für den Fall des vollkommenen Kapitalmarkts aufgestellten Theorems über die Gleichwertigkeit von Zahlungs- und Erfolgsrechnungen auf der Basis des Kapitalwertkriteriums. Ein Partialmodell kann ebensogut auf Erfolgs- wie auf Zahlungsgrößen aufbauen. LÜCKE hat gezeigt, daß bei korrektem Ansatz von kalkulatorischen Zinsen der Barwert der Differenz von Leistungen und Kosten dem Barwert der Zahlungsüberschüsse entspricht, so daß die Wahl der *Rechengröße* nur noch eine Frage der Zweckmäßigkeit ist.[3] Weil aber die Ermittlung der Erfolgsgrößen umständliche Nebenrechnungen erfordert, ändert sich nichts an dem Ergebnis, daß ein zweckmäßiges Investitionskalkül auf Zahlungsgrößen basieren sollte.[4]

---

1 Vgl. unten, 5.2.1.3.2.

2 Vgl. oben, 3.2.2 sowie unten, 5.2.1.2.

3 Vgl. *LÜCKE*, Investitionsrechnungen (1955), S. 313 ff. und 323 f., *FRANKE/HAX*, Finanzwirtschaft (2009), S. 91 ff., *BITZ*, Zielkonzepte (1976), S. 489 ff.

4 Vgl. *SCHULTE*, Wirtschaftlichkeitsrechnung (1986), S. 35 ff.

Das LÜCKE-Theorem gilt auch bei nicht-flacher Zinsstruktur.[1] Es läßt sich darüber hinaus ohne weitere Voraussetzungen auf den unvollkommenen Kapitalmarkt ausdehnen, wie im folgenden gezeigt werden soll.

Der Objektindex j sei wie üblich weggelassen. Der *kalkulatorische Gewinn* G_t^{kalk} am Ende der Periode t unterscheidet sich vom Zahlungsüberschuß g_t nur um die in dieser Periode erfolgte Änderung des „gebundenen Kapitals" $(K_t - K_{t-1})$ abzüglich der *kalkulatorischen Zinsen* auf die „Kapitalbindung" am Anfang der Periode $(K_{t-1} \cdot i_t)$.

$$G_t^{kalk} := g_t + K_t - K_{t-1} - K_{t-1} \cdot i_t \qquad \forall\, t \in \{0, 1, 2, \dots, n\}.$$

Investitionsobjekte haben ein positives „gebundenes Kapital",[2] welches im Zeitablauf durch Abschreibungen sinkt. Finanzierungen sorgen für eine negative kalkulatorische Kapitalbindung, die mit der Zeit durch Tilgungen wieder auf den Wert null zurückgeführt wird. Tilgungsmodalitäten und Abschreibungsmethoden sind frei wählbar. Das LÜCKE-Theorem setzt lediglich voraus, daß $K_{-1} = K_n = 0$ gilt, d.h., die „Kapitalbindung" beginnt frühestens im Zeitpunkt t = 0 und endet spätestens am Planungshorizont t = n. Ihr zwischenzeitlicher Verlauf ist gänzlich in das Belieben des Kostenrechners gestellt.[3] Unter diesen sehr schwachen Voraussetzungen gilt bereits

Satz 38 (**LÜCKE-Theorem für den unvollkommenen Kapitalmarkt**):

Sofern die kalkulatorischen Zinsen auf Basis der endogenen Grenzzinsfüße i_t berechnet werden und von null verschiedene „Kapitalbindungen" K_t nur für $t \in \{0, 1, 2, \dots, n-1\}$ auftreten, entspricht der Kapitalwert der kalkulatorischen Gewinne dem Kapitalwert der Zahlungen.

---

1 Der Nachweis wird von *MARUSEV/PFINGSTEN*, Lücke-Theorem (1993) geführt und ist bei Uminterpretation der Symbole sofort auf den Fall des unvollkommenen Kapitalmarkts anwendbar. Die Annahme einer gekrümmten Zinsstrukturkurve auf einem vollkommenen Markt ist für die Herleitung unwesentlich.

2 Das im Rahmen des LÜCKE-Theorems definierte *kalkulatorische* „gebundene Kapital" K_t ist streng zu unterscheiden vom *investitionstheoretischen* Kapitalbindungsbegriff, dem zufolge das gebundene Kapital dem Ertragswert KB_t zum internen Zins entspricht (Satz 17).

3 Sogar der Ansatz ökonomisch widersinniger Kapitalbindungsverläufe ist für die Berechnung des Kapitalwerts unschädlich. Wer etwa alle „Kapitalbindungen" willkürlich mit –1 multipliziert, verrechnet z.B. für die erfolgsneutrale Anschaffungsauszahlung $g_0 < 0$ im Zeitpunkt t = 0 einen kalkulatorischen Verlust in Höhe von 2 g_0 und in den Folgeperioden negative Abschreibungen. Der Barwert dieser betriebswirtschaftlich absurden kalkulatorischen Gewinne entspricht gleichwohl dem Kapitalwert! Dieses Beispiel demonstriert, daß kalkulatorische Erfolgsgrößen für die Investitionsentscheidung irrelevant sind. Allein die Zahlungsgröße Kapitalwert gibt den Ausschlag.

Beweis. Nach Definition von $G_t^{kalk} = g_t + K_t - (1 + i_t) \cdot K_{t-1}$ gilt wegen $K_{-1} = 0$ und $K_n = 0$:

$$C = \underbrace{\sum_{t=0}^{n} g_t \cdot \rho_t}_{\substack{\text{Kapitalwert}\\ \text{der Zahlungen}}} = \underbrace{\sum_{t=0}^{n} G_t^{kalk} \cdot \rho_t}_{\substack{\text{Kapitalwert}\\ \text{der Gewinne}}} \qquad \text{(zu zeigen)}$$

$$\Leftrightarrow \quad \sum_{t=0}^{n} \left(K_{t-1} \cdot (1 + i_t) - K_t\right) \cdot \rho_t = 0 \qquad \text{(per def. } g_t - G_t^{kalk} = (1 + i_t) \cdot K_{t-1} - K_t\text{)}$$

$$\Leftrightarrow \quad \sum_{t=0}^{n} \left(K_{t-1} \cdot \rho_{t-1} - K_t \cdot \rho_t\right) = 0 \qquad \text{(per def. } 1 + i_t = \frac{\rho_{t-1}}{\rho_t}\text{)}$$

$$\Leftrightarrow \quad K_{-1} \cdot \rho_{-1} - K_n \cdot \rho_n = 0 \qquad \text{(mittlere Terme heben sich auf)}$$

$$\Leftrightarrow \quad 0 = 0 \qquad \text{(nach Voraussetzung).}$$

Es ist also auch auf dem unvollkommenen Kapitalmarkt nicht nötig, zwischen dem Barwert von Erfolgen und dem Barwert der Zahlungen zu unterscheiden, sofern nur die kalkulatorischen Zinsen richtig angesetzt werden. Wegen des vermeidbaren zusätzlichen Rechenaufwands durch die willkürbehaftete Ermittlung des kalkulatorischen Gewinns besteht daher generell keine Veranlassung, vom Kapitalwertkriterium auf der Basis von Zahlungsgrößen abzugehen.[1]

Wenn die Laufzeit eines Objekts erst nach dem Planungshorizont endet (offenes Entscheidungsfeld, Restwertproblem, vgl. Abschnitt 2.1.2), besteht zum Zeitpunkt $t = n$ noch ein kalkulatorisches gebundenes Kapital in Höhe von $K_n \neq 0$. Wie anhand des Beweises ersichtlich ist, gilt das LÜCKE-Theorem auch in diesem Fall, sofern der „Restwert" K_n als fiktive Abschlußzahlung in die Berechnung des Kapitalwerts der Überschüsse g_t eingeht. Mit

$$C = \sum_{t=0}^{n} g_t \cdot \rho_t + K_n \cdot \rho_n$$

[1] *Bemerkung*. Satz 38 schließt das klassische LÜCKE-Theorem (*LÜCKE*, Investitionsrechnungen (1955)) als Spezialfall ein.

heben sich die beiden K_n-Terme gegenseitig ebenso auf wie die Überschüsse g_t. Die Einbeziehung des Restwerts (oder umgekehrt – bei endfälligen Krediten – der noch zu tilgenden Schuld) in die Kapitalwertberechnung ist dadurch theoretisch gerechtfertigt.

Auch Satz 38 sei wiederum durch die Datensituation der Tabellen 4-2 und 4-3 veranschaulicht. Bei Endwertmaximierung ergeben sich die endogenen Grenzzinsfüße 10%, 5% und 5% (vgl. Unterabschnitt 4.2.3.2).

Beispiel 1. Die Investition 1 mit der Zahlungsreihe (–110, 10, 80, 80) und dem Kapitalwert 34,32076 möge linear über drei Perioden abgeschrieben werden. Das „gebundene Kapital" beträgt zu Beginn $K_0 = 110$ und sinkt jeweils um die Abschreibungsrate $36,\overline{6}$ auf $K_1 = 73,\overline{3}$, $K_2 = 36,\overline{6}$ und $K_3 = 0$. Die kalkulatorischen Gewinne errechnen sich auf die folgende Weise:

$(-110 + 110\ ;\ 10 - 36,\overline{6} - 0{,}1 \cdot 110\ ;\ 80 - 36,\overline{6} - 0{,}05 \cdot 73,\overline{3}\ ;\ 80 - 36,\overline{6} - 0{,}05 \cdot 36,\overline{6}) = (0\ ;\ -37,\overline{6}\ ;\ 39,\overline{6}\ ;\ 41{,}5)$. Der Kapitalwert dieser Gewinne beträgt

$$\frac{-37,\overline{6}}{1{,}1} + \frac{39,\overline{6}}{1{,}1 \cdot 1{,}05} + \frac{41{,}5}{1{,}1 \cdot 1{,}05^2} = 34{,}32076 = C, \text{ w.z.z.w.}$$

Beispiel 2. Die Anleihe (98, –6, –56, –53) hat den Kapitalwert 0,35828. Das kalkulatorische gebundene Kapital stimmt z.B.[1] mit der jeweiligen Restschuld überein: $K_0 = -100$, $K_1 = -100$, $K_2 = -50$, $K_3 = 0$. Dann ergeben sich die kalkulatorischen Gewinne als: $(98 - 100\ ;\ -6 + 0{,}1 \cdot 100\ ;\ -56 + 50 + 0{,}05 \cdot 100\ ;\ -53 + 50 + 0{,}05 \cdot 50) = (-2; 4; -1; -0{,}5)$. Diese Zahlungsreihe enthält zu $t = 0$ die Abschreibung des Disagios und im übrigen die absoluten „Zinsvorteile" bzw. „Zinsnachteile" der Anleihe beim Vergleich ihres Nominalzinses 6% mit dem periodenspezifischen endogenen Zins. Ihr Kapitalwert stellt sich auf

$$-2 + \frac{4}{1{,}1} - \frac{1}{1{,}1 \cdot 1{,}05} - \frac{0{,}5}{1{,}1 \cdot 1{,}05^2} = 0{,}35828 = C.$$

4.2.6.4.2 Postoptimale Betrachtungen

Die endogenen Grenzzinsfüße erweisen sich natürlich auch dann als nützlich, wenn ihre Ermittlung ausnahmsweise kein Problem darstellen sollte. Sofern die Steuerungszinsfüße hinreichend genau bekannt sind oder sogar schon ein optimales Simplextableau vorliegt, kann der Fall eintreten, daß nachträglich neue Investitions- oder

[1] Ebensogut könnte man auf die Idee kommen, die investitionstheoretischen Kapitalbindungen auf Basis des internen Zinses anzusetzen; vgl. Unterabschnitt 3.3.1.3.1.

Finanzierungsobjekte bekanntwerden, deren Einfluß auf die bereits ermittelte Optimallösung zu untersuchen ist (*Sensitivitätsanalyse*[1]).

Es wäre umständlich und unwirtschaftlich, den Lösungsprozeß mit den neuen Objekten ganz von vorn zu beginnen. Einfacher ist die indirekte Beantwortung der Frage, wie das primale Simplextableau der bisherigen optimalen Basislösung aussehen würde, wenn die zusätzlichen Variablen von Anfang an enthalten gewesen wären. Im folgenden sei o.B.d.A. genau ein Zusatzobjekt x_{m+1} betrachtet.

In der bisherigen Optimallösung ist die neue Variable nicht vorhanden; es gilt also $x_{m+1} = 0$ und mithin $s_{m+1} = x_{m+1}^{max} > 0$. Die alte Lösung bleibt zulässig, so daß sich ausschließlich die Frage nach ihrer Optimalität für das erweiterte Problem stellt. Der Einführung einer neuen primalen Strukturvariablen x_{m+1} (sowie Obergrenzenrestriktion) entspricht im Dualproblem das Hinzutreten einer Restriktion mit der Schlupfvariablen μ_{m+1} (sowie der Dualvariablen u_{m+1}):[2]

$$\underbrace{\sum_{t=0}^{n} g_{m+1t} \cdot \frac{d_t}{d_0}}_{C_{m+1}} + \frac{\mu_{m+1}}{d_0} = \frac{u_{m+1}}{d_0}.$$

Wegen der für ein Optimum zu fordernden Komplementaritätsbeziehung (Satz 24) $s_{m+1} \cdot u_{m+1} = 0$ kann die alte Lösung ohne die neue Variable nur optimal bleiben, wenn $u_{m+1} = 0$ ist, denn bei Verzicht auf Objekt m+1 gilt $s_{m+1} > 0$. Mit $u_{m+1} = 0$ folgt aber sofort:

1. Ist der mit den bisherigen endogenen Grenzzinsfüßen berechnete Kapitalwert C_{m+1} des neuen Objekts kleiner oder gleich null, so hat die Schlupfvariable der Dualrestriktion den Wert $\mu_{m+1} = -C_{m+1} \cdot d_0 \geq 0$. Es liegt also mit $x_{m+1} = 0$ eine zulässige Lösung des Primal- und auch des Dualproblems vor, welche die beiden Komplementaritätsbeziehungen $s_{m+1} \cdot u_{m+1} = 0$ und $x_{m+1} \cdot \mu_{m+1} = 0$ erfüllt. Dann bleibt die bisherige Lösung optimal, und das neue Objekt kann verworfen werden.

2. Errechnet sich dagegen mit den alten endogenen Grenzzinsfüßen ein positiver Kapitalwert C_{m+1}, folgt $\mu_{m+1} = -C_{m+1} \cdot d_0 < 0$. Die neue Dualrestriktion ist verletzt, so daß die Komplementaritätsbeziehungen nicht mehr angewendet werden

[1] Vgl. Abschnitt 5.3.1 und DINKELBACH, Parametrische Programmierung (1969), S. 83 f., HILLIER/LIEBERMAN, Operations Research (1997), S. 144 f., 153.

[2] Vgl. Unterabschnitt 4.2.2.1.1. Von der Existenz zusätzlicher Restriktionen (Unterabschnitt 4.2.4.1) sei hier der Einfachheit halber abgesehen; die Ergebnisse gelten jedoch analog für korrigierte Kapitalwerte.

können. Die bisherige Lösung braucht nicht länger optimal zu sein,[1] und es sind weitere Rechenschritte erforderlich.

Die Berechnung des Kapitalwerts liefert indirekt, d.h. ohne Simplexschritte, den Zielfunktionskoeffizienten μ_{m+1} der neuen Variablen x_{m+1} im alten Optimaltableau! Ist dieser Koeffizient μ_{m+1} nichtnegativ, liegt weiterhin ein *optimales* Tableau vor; andernfalls sorgt der primale Simplexalgorithmus für den Eintritt der neuen Variablen in die Basis.

Die postoptimale Analyse weiterer Objekte ist also dann einfach, wenn diese Objekte *nachteilig* sind.[2] Aufgrund ihres nichtpositiven Kapitalwerts auf Basis der alten endogenen Grenzzinsfüße haben sie weder Einfluß auf das Optimum noch auf die Steuerungszinsfüße. Selbst bei einem Kapitalwert von null werden sie nicht als Grenzobjekte gebraucht.

Beispiel. In der Aufgabe der Tabellen 4-2 und 4-3 gelten bei Endwertmaximierung die Grenzzinsfüße 10%, 5% und 5%. Nachträglich stellt sich heraus, daß ein Investitionsobjekt 3 mit der Zahlungsreihe (–100, 6, 6, 106) vergessen wurde. Es ist jedoch keine Änderung des optimalen Programms erforderlich, weil sich für das neue Objekt mit den angegebenen Grenzzinsfüßen ein negativer Kapitalwert errechnet (man erhält $C = -1{,}94599$). Durch eine Sensitivitätsanalyse läßt sich überdies feststellen, wie sich die Zahlungsreihe ändern muß, damit Investition 3 doch noch interessant wird. Zum Beispiel beträgt der Kapitalwert exakt null, wenn die Anfangsauszahlung von 100 auf $100 - 1{,}94599 = 98{,}0540$ sinkt (*kritischer Wert* für $-g_0$).

Wenn ein neues Objekt auf der Grundlage der alten Steuerungszinsfüße einen positiven Kapitalwert besitzt, wird es ganz oder teilweise (bzw. im Ausartungsfall auch gar nicht) realisiert. Auch die endogenen Grenzzinsfüße können sich ändern. In dieser Situation ist es unumgänglich, auf das Totalproblem zurückzugreifen.[3]

Beispiel. Erneut sei die Datensituation der Tabellen 4-2 und 4-3 bei Endwertmaximierung betrachtet. Kurzfristig steht in $t = 0$ ein eng limitierter 8%-Vorzugskredit

---

1 Bei primaler Ausartung kann die alte Lösung optimal bleiben, weil x_{m+1} u.U. nur mit dem Wert null in die Basislösung eintritt.

2 Vgl. *Götze*, Investitionsrechnung (2014), S. 338 f., *Laux/Franke*, Bewertung von Unternehmungen (1969), S. 213.

3 Wenn sich die Grenzobjekte bei Aufnahme der neuen Variable ändern, ist eine absolute Interpretation des Kapitalwerts als „Wert“ oder Grenzpreis nicht möglich. Der Kapitalwert auf Basis der alten wie auch der neuen Grenzzinsfüße ist lediglich eine entscheidungslogische Größe, deren Aussage im Vorzeichen, nicht aber im absoluten Betrag liegt. Vgl. *Laux/Franke*, Bewertung von Unternehmungen (1969), S. 214, 218, *Keifer*, Kalkulationszinsfuß (1970), S. 135 f., *Grob*, Mischzinsfüße (1982), S. 384 ff., 393 f., *Hering*, Unternehmensbewertung (2014), S. 54-60. Vgl. auch Unterabschnitt 4.2.3.2.

zusätzlich zur Verfügung (Obergrenze = 1). Sein Kapitalwert ist bei $i_1 = 10\%$ positiv: $C = 1 - 1{,}08/1{,}1 = 0{,}0\overline{18} > 0$. Das Totalproblem (vgl. Tabelle 4-3) zeigt, daß der neue Kredit bei unveränderten endogenen Grenzzinsfüßen voll realisiert werden kann. Der 10%-Kredit K_0 sinkt um den Wert 1, bleibt aber Grenzobjekt. Die Zinsersparnis von 0,1 – 0,08 = 0,02 erhöht in den letzten beiden Perioden den Umfang des jeweiligen Grenzobjekts „5%-Geldanlage", so daß der maximale Endwert insgesamt um den Betrag $0{,}02 \cdot 1{,}05^2 = 0{,}02205$ auf 54,20655 steigt. Weil die Basislösung stabil bleibt, entspricht die Endwertänderung erwartungsgemäß genau dem aufgezinsten Kapitalwert: $C \cdot d_0 = 0{,}0\overline{18} \cdot 1{,}1 \cdot 1{,}05^2 = 0{,}02205$.

4.2.6.5 Relativierung des Ganzzahligkeitsproblems

Das Dilemma der *wertmäßigen Kosten* läßt sich durch die Sätze 33 bis 37 teilweise aus dem Weg räumen und mit Hilfe der approximativen Dekomposition – welche allerdings nur eine Heuristik darstellt – gänzlich überwinden. Es bleibt noch zu klären, ob auch das *Ganzzahligkeitsproblem*[1] für die praktische Anwendung entkräftet werden kann. Hierzu ist die Frage zu beantworten, ob die Kapitalwertmethode trotz ihres prinzipiellen Versagens unter nachteiligen Ganzzahligkeitsbedingungen (Satz 28/29) brauchbare Approximationen des gemischt-ganzzahligen Totaloptimums liefert. Eine exakte Berechnung dieses Totaloptimums scheidet aufgrund des zu hohen Rechenaufwandes aus.[2]

Nachteilige Ganzzahligkeit kann überhaupt nur im Zusammenhang mit echten Grenzobjekten auftreten, denn vollständig oder gar nicht in der optimalen relaxierten Lösung enthaltene Objekte verletzen keine Ganzzahligkeitsbedingungen. Als echte Grenzobjekte treten aber sehr häufig *beliebig teilbare* Finanzierungen und Geldanlagen auf. Der Kreis der unteilbaren Grenzobjekte dürfte sich i.d.R. auf einige wenige Sachinvestitionen beschränken.[3] Auch diese müssen nicht zwingend Probleme verursachen: Kann z.B. eine Fertigungsanlage j ein- oder zweimal angeschafft werden und steht die zugehörige Variable x_j in der optimalen Lösung auf dem Wert eins, so ist die

---

1 Vgl. Unterabschnitt 4.2.4.2.

2 Vorab sei auf einen Aspekt hingewiesen, der nur von akademischer und nicht von praktischer Bedeutung ist. Das diskrete Problem könnte durch einen linearen Ansatz gelöst und mit Hilfe der korrigierten Kapitalwertmethode theoretisch immer partialisiert werden, wenn die im Optimum gültigen GOMORY-Schnittrestriktionen bzw. Obergrenzen des DAKIN-Verfahrens mitsamt ihren Lenkpreisen δ ex ante bekannt wären und von vornherein als Zusatzrestriktionen gemäß Satz 26 aufgefaßt würden. Da es aber keinerlei Anhaltspunkte zur Schätzung dieser Restriktionskoeffizienten gibt und darüber hinaus die Zahl der zusätzlichen Lenkpreise sehr groß werden kann, ist an eine Verwertung dieser Einsicht nicht zu denken. Ohne Kenntnis der inhaltlich nicht interpretierbaren Schnittrestriktionen bleibt das Ganzzahligkeitsproblem bestehen (Satz 28 und 29).

3 Vgl. *MAIER/VAN DER WEIDE*, Capital Budgeting (1976), S. 441.

Anlage j ein echtes Grenzobjekt, welches gleichwohl der Ganzzahligkeitsbedingung $x_j \in \{0; 1; 2\}$ genügt.

Es läßt sich also festhalten: *Die Zahl der vom relaxierten Optimum verletzten Ganzzahligkeitsbedingungen ist nicht größer und im allgemeinen sogar viel kleiner als die Anzahl der Grenzobjekte.* Erfreulicherweise kann aber für diese eine recht niedrige obere Schranke angegeben werden.[1]

Das Totalproblem enthält n + 1 Liquiditätsrestriktionen (eine für jeden Zeitpunkt von 0 bis n), m Obergrenzenbedingungen (für jedes Objekt)[2] und κ zusätzliche Restriktionen. Eine mit dem Simplexalgorithmus ermittelbare Optimallösung besitzt daher genau $m + n + \kappa + 1$ *Basisvariable.* Im Optimum gibt es insgesamt

- Z^E positive Entnahmevariable (G_t bzw. EN > 0),
- Z^{Gr} echte oder ausgeartete Grenzobjekte (Struktur- *und* Schlupfvariable sind BV),
- Z^+ vorteilhafte Objekte, deren *Schlupf*variable Nichtbasisvariable sind, und
- Z^- unvorteilhafte Objekte, deren *Struktur*variable Nichtbasisvariable sind.

Unter den insgesamt $m + n + \kappa + 1$ *Basisvariablen* befinden sich somit zwangsläufig

- Z^E Entnahmevariable,
- $2\,Z^{Gr}$ Struktur- und Schlupfvariable der Grenzobjekte,
- Z^+ Strukturvariable vorteilhafter Objekte und
- Z^- Schlupfvariable unvorteilhafter Objekte.

Daraus ergibt sich die Abschätzung:

$$Z^E + 2\,Z^{Gr} + Z^+ + Z^- \leq m + n + \kappa + 1.$$

Es gilt $m = Z^{Gr} + Z^+ + Z^-$. Ferner sei angenommen, daß der maximale Zielfunktionswert positiv ist, mithin $Z^E \geq 1$ zutrifft. Bei Barwert-, Endwert- und Einkommensmaximierung gibt es nur eine Entnahmevariable, weshalb die Annahme in diesen Fällen auf $Z^E = 1$ hinausläuft. Die Abschätzung vereinfacht sich damit zu:

$$Z^{Gr} \leq n + \kappa + 1 - Z^E \leq n + \kappa.$$

---

1 Zur Abschätzung der Zahl der Grenzobjekte vgl. bereits *WEINGARTNER*, Capital Budgeting (1963), S. 35 ff., *FRANKE/LAUX*, Kalkulationszinsfüße (1968), S. 745 ff., *HAX*, Investitionstheorie (1985), S. 94 f.

2 Zum Zwecke des folgenden Beweises sei von einer äquivalenten Formulierung des Totalproblems ausgegangen, welche auch für die nach oben unbegrenzten Objekte fiktive Schrankenrestriktionen $x_j \leq M$ enthält. M ist eine hinreichend große positive Zahl. Es gelte stets $M > x_j$, d.h., die Schlupfvariablen s_j der fiktiven Obergrenzenrestriktionen $x_j + s_j = M$ sind mit Sicherheit Basisvariable.

Es gibt also *höchstens* so viele Grenzobjekte wie Perioden und Zusatzrestriktionen zusammen. Diese obere Schranke $n + \kappa$ reduziert sich ggf. noch weiter, und zwar um jeweils eins für

- jede im Optimum unwirksame Zusatzrestriktion, weil dann zwangsläufig die Schlupfvariable der überflüssigen Restriktion in der Basis ist,[1]
- jede im Optimum wirksame Zusatzrestriktion, deren Schlupfvariable Basisvariable mit dem Wert null ist (primale Ausartung),[2] und
- jede zweite, dritte und weitere *Basis*variable G_t bei Gegenwartswertmaximierung.

Im einfachsten Fall der Barwert-, Endwert- oder Einkommensmaximierung ohne Zusatzrestriktionen und mit vernünftiger Zielsetzung ($\Rightarrow$ alle Schlupfvariablen y_t der Liquiditätsrestriktionen sind Nichtbasisvariable) gilt genau:

$$Z^{Gr} = n.$$

Das heißt, die Zahl der Grenzobjekte entspricht exakt der Zahl der Teilperioden.

Satz 39 **(Schranke für die Zahl verletzter Ganzzahligkeitsbedingungen)**:

Die relaxierte primale Optimallösung enthält maximal $n + \kappa$ Grenzobjekte und deshalb höchstens genauso viele Verstöße gegen Ganzzahligkeitsbedingungen des zugehörigen diskreten Problems.

Beispiele. Im Drei-Perioden-Problem der Tabelle 4-2 bei Gegenwartswertmaximierung gibt es nur zwei Grenzobjekte, weil *zwei* Entnahmevariable G_t positiv sind. Unter der Zielsetzung Endwertmaximierung (Tabelle 4-3) bzw. Einkommensmaximierung (Tabelle 4-8) entspricht die Zahl der Grenzobjekte der Zahl der Perioden. Im Beispiel zu Satz 26 steigt die Zahl der Grenzobjekte durch die Zusatzrestriktion auf vier ($n = 3, \kappa = 1$).

Theorem 39 beinhaltet eine starke Relativierung der praktischen Bedeutung des Ganzzahligkeitsproblems. In einem dezentral gegliederten Unternehmen ist die Anzahl m der insgesamt zu beurteilenden Objekte im Verhältnis zur Zahl der Grenzobjekte vermutlich sehr groß. Der Anteil unzulässig nichtganzzahliger Objekte dürfte unter diesen Bedingungen nur noch schwach ins Gewicht fallen. Dies gilt um so mehr, wenn alle Objekte im Vergleich zum Gesamtumfang des optimalen Investiti-

[1] Man kann auch jede überflüssige Restriktion ganz streichen und direkt κ um jeweils eins verringern. Bei unvernünftiger Zielsetzung sind u.U. sogar Liquiditätsrestriktionen redundant, weil ihre Schlupfvariablen y_t Basisvariable sind!

[2] Ist die Schlupfvariable y_t einer *Liquiditätsrestriktion* ausgeartete Basisvariable, beträgt ihr Zielfunktionskoeffizient d_t null. Dieser Fall kann also nur bei unsinniger Zielsetzung eintreten.

ons- und Finanzierungsprogramms relativ „klein" sind. Sofern Zusatzrestriktionen nur sparsam Verwendung finden, können bei einem Planungszeitraum von zehn Perioden (Jahren) überhaupt nur einige wenige Projekte gegen evtl. vorhandene Ganzzahligkeitsbedingungen verstoßen. Das einfache Erzwingen ganzzahliger Lösungen durch Auf- und Abrunden führt in diesem Falle nicht zu allzu großen Fehlern, weil annahmegemäß die gerundete Lösung nur wenig vom relaxierten Optimum und dieses wiederum nur verhältnismäßig geringfügig vom diskreten Optimum abweicht.[1] Es erscheint plausibel, daß ein lenkpreistheoretisches Verfahren wie z.B. die *approximative Dekomposition*, welches das relaxierte Optimum ansteuert und gleichzeitig auf Ganzzahligkeitsbedingungen Rücksicht nimmt, unter solchen Voraussetzungen in die Nähe des diskreten Optimums gelangen könnte. Damit verbleibt der Kapitalwertmethode auch im Ganzzahligkeitsfall noch genügend heuristisches Potential.[2]

1 Vgl. *HAX*, Investitionstheorie (1985), S. 95, *FISCHER*, Heuristische Investitionsplanung (1981), S. 424.

2 Den heuristischen Einsatz des Kapitalwertkriteriums unter Ganzzahligkeitsbedingungen empfehlen auch *LAUX/FRANKE*, Versagen der Kapitalwertmethode (1970), S. 526 f.

4.3 Reine Partialmodelle

4.3.1 Rentabilitätsmaße bei gespaltenem Kalkulationszins

Im folgenden soll kurz auf eine Gruppe von *reinen Partialmodellen* eingegangen werden, die im Übergangsbereich zwischen vollkommenem und unvollkommenem Kapitalmarkt angesiedelt sind.[1] Und zwar sei lediglich wie im HIRSHLEIFER-Fall (Unterkapitel 2.3) unterstellt, daß der Kreditzins (*Sollzins* i_S) vom Guthabenzins (*Habenzins* i_H) abweicht. Alle übrigen Prämissen aus dem Unterkapitel 3.1 mögen weiterhin gelten; insbesondere bestehen keinerlei Mengenbeschränkungen für Kapitalaufnahmen und -anlagen.

Die zu besprechende Klasse von Rentabilitätsmaßen sucht bei gegebenem Habenzins den *kritischen Sollzins*, bei dessen Überschreitung ein rein fremdfinanziertes Investitionsobjekt unvorteilhaft wird. Entspricht i_S gerade dem kritischen Sollzins, so beträgt der Endwert des zu beurteilenden Objektes null.[2]

Sobald Soll- und Habenzins auseinanderfallen, entsteht das *Dilemma der Lenkpreistheorie* (Abschnitt 4.2.1). Ohne Kenntnis der finanziellen Gesamtlage des Unternehmens läßt sich nicht sagen, in welchen Perioden der Sollzins und in welchen der Habenzins zum Zuge kommt (oder gar ein Wert zwischen i_S und i_H). Die einzelnen Objekte werden *interdependent* und können nicht mehr isoliert beurteilt werden. Ein Zahlungsstrom mag unvorteilhaft sein, wenn er fremdfinanziert werden muß; er kann aber vorteilhaft werden, sofern aus den Zahlungsreihen anderer Objekte genügend eigene Finanzmittel zufließen. Zur Lösung des Dilemmas ist ein die Interdependenzen erfassendes Totalmodell erforderlich, das für jede Periode die Liquiditätslage des Gesamtunternehmens ermittelt. Erst dann ist bekannt, wann der Sollzins und wann der Habenzins zum *Grenzzins* wird (Abschnitt 4.2.2).

Die Methoden des kritischen Sollzinses müssen scheitern, weil sie das Problem ganz ohne Totalbetrachtung zu lösen versuchen. Sie haben daher nur *heuristischen* Charakter.

Ihr Vorgehen läßt sich wie folgt kennzeichnen: Die Liquiditätslage wird allein durch das zu beurteilende Objekt definiert, d.h., aus den Zahlungen des Objekts ergibt sich über eine spezielle Kontenausgleichshypothese, in welchen Perioden der Sollzins und in welchen der Habenzins anzuwenden ist. Zwei Hypothesen seien kurz dargestellt.

---

1 Zum Folgenden vgl. *HERING*, Investition (2000), S. 474 ff.

2 Vgl. z.B. *BLOHM/LÜDER*, Investition (1995), S. 111 ff., *GÖTZE*, Investitionsrechnung (2014), S. 117 ff.

- *Hypothese 1: Kontenausgleichsgebot.*[1] Die *Sollzinssatzmethode* geht davon aus, daß Geldanlagen erst nach Tilgung der gesamten Kreditschuld möglich sind. Diese Prämisse ist sinnvoll, wenn der Sollzins den Habenzins übersteigt. Der kritische Sollzins r_{Soll} kann durch ein iteratives Suchverfahren bestimmt werden. Hierzu ist in einem VOFI der Sollzins i_S so lange systematisch zu variieren, bis der Endwert im Toleranzbereich um null liegt. Existenz und Eindeutigkeit des kritischen Sollzinses können vorausgesetzt werden.[2] Falls der interne Zinsfuß r existiert und das gebundene Kapital stets nichtnegativ ist, kommt es für $i_S = r$ nie zu einem Guthaben, und die Höhe des Habenzinses spielt keine Rolle. Dann entspricht r_{Soll} dem internen Zins.[3]

Beispiel. Für die **Rübezahl**-Zahlungsreihe **g** = (–1000, 200, 390, 460, 220) gilt r_{Soll} = 10%. Dies macht man sich durch Uminterpretation der Tabelle 3-14 wie folgt klar: Die Investition sei durch einen mit 10% p.a. verzinslichen Kredit finanziert. Dann entspricht die Kapitalbindung immer dem jeweiligen Kreditstand, und die gesamten Überschüsse werden zur Verzinsung und Tilgung der Schuld verbraucht, so daß in t = 4 nur ein Endwert von null verbleibt. Muß die Investition also in allen Perioden fremdfinanziert werden, lohnt sie sich nur bei einem Sollzins von höchstens 10%. Ohne Totalmodell bleibt aber leider offen, ob die Prämisse vollkommener Fremdfinanzierung im gesamten Planungszeitraum zutrifft. Nicht zu klären ist dann auch die Frage, wie die Entscheidung lautet, wenn der Sollzins im Planungszeitraum um den Wert 10% herum schwankt.

- *Hypothese 2: Kontenausgleichsverbot.*[4] Die Vermögensrentabilität r_{Verm} ist definiert als der kritische Sollzinssatz i_S, für den der Endwert der (absoluten) Auszahlungsüberschüsse gerade dem mit i_H berechneten Endwert der Einzahlungsüberschüsse entspricht. Negative Elemente g_t der Zahlungsreihe werden also mit dem gesuchten Zins r_{Verm} bis t = n aufgezinst, während positive g_t zum Habenzins anzulegen sind. Positive und negative Kontostände dürfen somit nicht gegeneinander aufgerechnet werden, d.h., es ist unzulässig, die Kredite vor dem Zeitpunkt t = n zu tilgen, obwohl für t < n Geldanlagen getätigt werden und der Sollzins den Habenzins übersteigt. Eine derartige, ökonomisch sinnvolles Verhalten verbietende Modellkonstruktion kann nur als künstlich und wenig realitätsgerecht eingeschätzt werden.[5] Existenz und Eindeutigkeit der Vermögensrentabilität sind

---

[1] Vgl. *TEICHROEW/ROBICHEK/MONTALBANO*, Rates of Return (1965), S. 396, *KRUSCHWITZ*, Endwert- und Zinsfußmodelle (1976), S. 247 f., 250 f. und 254 f.

[2] Zum Beweis vgl. *KRUSCHWITZ*, Endwert- und Zinsfußmodelle (1976), S. 260 ff.

[3] Vgl. *BLOHM/LÜDER*, Investition (1995), S. 111.

[4] Vgl. *HENKE*, Vermögensrentabilität 1 (1973), S. 186 ff., *KRUSCHWITZ*, Endwert- und Zinsfußmodelle (1976), S. 247 f., 253 f.

[5] Vgl. *GÖPPL/HELLWIG*, Vermögensrentabilität (1973) und die Replik von *HENKE*, Vermögensrentabilität 2 (1974).

gewährleistet;[1] die numerische Ermittlung erfordert wie beim internen Zins die Lösung einer algebraischen Gleichung und damit im *allgemeinen* Fall den Einsatz iterativer Näherungsverfahren. Falls nur das erste Element der Zahlungsreihe (g_0) negativ ist, vereinfacht sich die Vermögensrentabilität *formal* zum realen Zinsfuß, wobei in der Formel für r_{real} der Kalkulationszins i durch den Habenzins i_H zu ersetzen ist.[2]

Beispiel. Für **g** = (–1000, 200, 390, 460, 220) gilt bei einem Habenzins von 5%:

$$1000 \cdot (1 + r_{Verm})^4 = 200 \cdot 1{,}05^3 + 390 \cdot 1{,}05^2 + 460 \cdot 1{,}05 + 220$$

$$\Rightarrow r_{Verm} = 8{,}08\%.$$

Das ökonomisch unsinnige Saldierungsverbot senkt den maximal erträglichen Sollzins von 10% (bei Kontenausgleichs*ge*bot) auf 8,08%.

Der Vollständigkeit halber sei erwähnt, daß nicht nur Rentabilitätsmaße, sondern analog auch die Definitionen von Kapitalwert, Endwert und Annuität an den Fall des gespaltenen Kalkulationszinsfußes angepaßt werden können.[3] Dieses Vorgehen krankt aber ebenfalls an der vollkommenen Vernachlässigung der Projektinterdependenzen.

Die ausschließlich objektbezogene Berücksichtigung gravierender Kapitalmarktunvollkommenheiten wie des Auseinanderfallens von Soll- und Habenzins erweist sich im Ergebnis als Sackgasse. Reine Partialmodelle nach dem Muster des kritischen Sollzinssatzes verzichten auf die Einfachheit und Eleganz der klassischen Verfahren des vollkommenen Kapitalmarkts (Kapitel 3), ohne das Dilemma der Lenkpreistheorie des unvollkommenen Kapitalmarkts auch nur ansatzweise angemessen zu berücksichtigen (Kapitel 4). Wie das Unterkapitel 4.2 gezeigt hat, kommt die Theorie des unvollkommenen Kapitalmarkts nicht ohne ein notwendiges Minimum an Totalplanung aus.

---

1 Vgl. *HENKE*, Vermögensrentabilität 1 (1973), S. 187 f.

2 Vgl. *HENKE*, Vermögensrentabilität 1 (1973), S. 195, *BLOHM/LÜDER*, Investition (1995), S. 114.

3 Vgl. *EISENFÜHR*, Soll- und Habenzins (1979).

4.3.2 Vollständige Finanzplanung

Der vollständige Finanzplan (VOFI) ist ein heuristisches Partialmodell, welches die volle Konditionenvielfalt des unvollkommenen Marktes (z.B. Anleihen mit Aufgeld, Unterschiede zwischen Soll- und Habenzins, Kreditlinien) ausdrücklich berücksichtigt.[1] Die heuristische Vereinfachung liegt dabei in der Vernachlässigung des Interdependenzproblems. Jedes Objekt verursacht seine eigenen Investitions- und Finanzierungswirkungen, ohne daß eine Koordination zwischen den dezentral zu beurteilenden Projekten stattfindet. Defizite eines Objekts können nicht durch zeitgleiche Überschüsse eines anderen ausgeglichen werden, weil hierzu wieder eine Totalbetrachtung vonnöten wäre. Der VOFI nimmt also eine reine Partialbetrachtung vor, im Prinzip nicht anders als die im Abschnitt 4.3.1 vorgestellten Methoden des kritischen Sollzinssatzes (Sollzinssatzmethode, Vermögensrentabilität).

Die Problematik nicht miteinander kommunizierender „Investitionstöpfe" sei am Beispiel eines Projekts mit der Zahlungsreihe (–100, 6, 6, 106) unter der Zielsetzung Endwertmaximierung illustriert.

Zeitpunkt t	t = 0	t = 1	t = 2	t = 3
Investition	–100	6	6	106
Kredit (10%)	100	4	4,4	–95,16
Geldanlage (5%)				
Zinsen		–10	–10,4	–10,84
Summe	0	0	0	0
Kreditstand	100	104	108,4	
Guthabenstand				–13,24

Tabelle 4-9: VOFI bei Fremdfinanzierung

Die Investition ist bei Fremdfinanzierung unvorteilhaft, weil sie zu einem negativen Endwert führt. Stehen aber z.B. aus dem Umsatzprozeß genügend eigene Mittel zur Verfügung, ändert sich das Bild:

[1] Vgl. *Grob*, VOFI (1989).

Zeitpunkt t	t = 0	t = 1	t = 2	t = 3
Investition	–100	6	6	106
EK	100			
Kredit (10%)				
Geldanlage (5%)		–6	–6,3	–106,615
Zinsen			0,3	0,615
Summe	0	0	0	0
Kreditstand				
Guthabenstand		6	12,3	118,915

Tabelle 4-10: VOFI bei Eigenfinanzierung

Nunmehr erscheint die Investition vorteilhaft, weil sie aus Sicht der beurteilenden Division einen höheren Endwert liefert als die (vermeintliche) Opportunität: Bei Anlage der eigenen Mittel zum Habenzins betrüge der Endwert nur $100 \cdot 1{,}05^3 = 115{,}7625 < 118{,}915$.

Die Zuteilung von Finanzmitteln hat maßgeblichen Einfluß auf das Ergebnis der Rechnung. Sofern die Division noch für andere Objekte VOFIs aufstellt, hängt die Vorteilhaftigkeit der betrachteten Investition allein von der *willkürlichen* Aufteilung der eigenen Mittel auf die einzelnen Objekte ab. Im übrigen läßt sich ohne Berücksichtigung der Liquiditätslage des Gesamtunternehmens nicht einmal sagen, ob eine Division ihre Umsatzüberschüsse selbst verwertet oder an die Zentrale abführen muß. Die Liquidität der Zentrale hängt wiederum untrennbar mit den erst zu fällenden dezentralen Entscheidungen zusammen. Das Problem der Zurechnung eigener Mittel und der Koordination zwischen den Divisionen bleibt bei einer reinen Partialbetrachtung unlösbar. Die tatsächlichen Grenzzinsfüße des Gesamtunternehmens sind nicht bekannt. Damit erliegt auch die vollständige Finanzplanung dem Dilemma der wertmäßigen Kosten. Sie verzichtet darauf, die Opportunitätskosten des Geldes auf Unternehmensebene zu modellieren, und zerschneidet deshalb entscheidungsrelevante Interdependenzen durch willkürliche Finanzierungsannahmen.

Abhilfe läßt sich wie bei der „Rettung" der Kapitalwertmethode nur durch eine lenkpreistheoretisch abgestützte Schätzung der endogenen Grenzzinsfüße schaffen. Gegeben sei z.B. die Situation der Tabelle 4-3 mit den Grenzzinsfüßen 10%, 5% und 5%. Das Investitionsobjekt (–100, 6, 6, 106) ist unter diesen Bedingungen wegen seines negativen Kapitalwerts (C = –1,94599) unvorteilhaft.[1] Die Division gelangt mit ihrem

[1] Vgl. Unterabschnitt 4.2.6.4.2.

VOFI zum selben Ergebnis, wenn ihr die Zentrale die drei periodenspezifischen Steuerungszinsfüße mitteilt: 10% im ersten und 5% im zweiten und dritten Jahr.

Zeitpunkt t	t = 0	t = 1	t = 2	t = 3
Investition	–100	6	6	106
± Δ Grenzobjekt	100	4	–0,8	–100,84
Zinsen i_1 (10%)		–10		
Zinsen i_2, i_3 (5%)			–5,2	–5,16
Summe	0	0	0	0
Grenzvorteil	–100	–104	–103,2	–2,36

Tabelle 4-11: VOFI auf Basis der endogenen Grenzzinsfüße

Der entscheidungslogische Endwert ist negativ, und die Division fällt dezentral die richtige Entscheidung gegen die Investition. Das Dilemma der Lenkpreistheorie ist aber zugleich auch das Dilemma der vollständigen Finanzplanung: Sobald der VOFI die Liquiditätssalden mit den theoretisch richtigen Grenzzinsfüßen bewertet und nicht mehr einer willkürbehafteten „Töpfchenwirtschaft" verfällt, macht er sich selbst überflüssig. Der Endwert des VOFIs kann in diesem Falle nämlich viel schneller durch direktes Aufzinsen des Kapitalwerts ermittelt werden: $C \cdot d_0 = -1{,}94599 \cdot 1{,}1 \cdot 1{,}05^2 = -2{,}36$. Dies liegt daran, daß stets ein *einheitlicher Grenzzinsfuß* auf positive und negative Überschüsse angewendet wird. Es ist dann wie bei vollkommenem Kapitalmarkt gleichgültig, ob in jeder Periode ein Kontenausgleich erfolgt (VOFI) oder ob alle Zahlungen einzeln auf den Bezugszeitpunkt t = 0 bzw. t = n ab- bzw. aufgezinst werden (Kapitalwert). Der Kapitalwert ist dem VOFI daher auch in seiner ureigenen Domäne (auf dem unvollkommenen Kapitalmarkt) theoretisch überlegen.

Dieses Ergebnis könnte die Anhänger der vollständigen Finanzplanung betrüben, welche die Notwendigkeit einer Koordination der dezentralen VOFI-Rechnungen im Hinblick auf das Gesamtziel des Unternehmens erkannt haben und sich von ihr zweifellos eine Aufwertung des VOFI-Instrumentariums erhoffen.[1] Das Dilemma der Lenkpreistheorie erfordert aber ein organisatorisch aufwendigeres Vorgehen der Kapitalwertmethode (z.B. approximative Dekomposition), so daß anspruchslosere Heuristiken wie eine verbesserte vollständige Finanzplanung nach wie vor von Bedeutung sind, wenn ein lenkpreistheoretisch fundiertes Instrumentarium nicht zur Verfügung steht.

---

1 Vgl. *GROB*, Investition und Finanzierung (1994), S. 1059 ff.

Das Zahlenbeispiel der Tabellen 4-9 bis 4-11 zeigt letztlich nur einen HIRSHLEIFER-Fall mit dem Habenzins 5% und dem Sollzins 10%. Darüber hinaus könnten aber auch weitere Finanzierungsmöglichkeiten, z.B. endfällige Darlehen, Zinssammler etc. eingetragen und/oder periodenspezifische Obergrenzen für einzelne Objekte beachtet werden. Bei mehreren Möglichkeiten, Objekte unter Einhaltung der Liquidität miteinander zu kombinieren, ist nach der VOFI-Methode diejenige mit dem größten Endwert optimal. Bevor man für alle Kombinationen VOFIs aufstellt, sollte lieber für das gegebene partielle Entscheidungsfeld ein linearer Ansatz „max. EW“ gemäß Unterabschnitt 4.2.2.1.3 durchgerechnet werden. Der lineare Endwertmaximierungsansatz ist quasi ein „Super-VOFI“, welcher alle zulässigen VOFIs implizit enthält und den besten von ihnen findet. Auch hierin zeigt sich die eindeutige Überlegenheit der lenkpreistheoretisch fundierten Verfahren des Unterkapitels 4.2 gegenüber den reinen Partialmodellen des Unterkapitels 4.3.

In einfachen Planungssituationen mit wenigen Handlungsalternativen können VOFIs gleichwohl wirkungsvoll als „kleine Totalmodelle“ zum Einsatz gelangen. Aufgrund ihrer Übersichtlichkeit (z.B. detaillierte Aufschlüsselung der Zusammensetzung von Zahlungsreihen, Berücksichtigung verschiedener Steuerarten) stellen die VOFIs darüber hinaus ein ideales Instrument zur Vorbereitung und Interpretation von lenkpreistheoretisch fundierten Kapitalwertrechnungen dar. Ihr didaktischer und kommunikativer Wert bleibt unbestritten.[1]

Mit Hilfe der vollständigen Finanzplanung ist es möglich, auch auf einem unvollkommenen Kapitalmarkt dynamische Eigen- und Gesamtkapitalrentabilitäten zu definieren. Die VOFI-Eigenkapitalrentabilität[2] besitzt im Vergleich zum entscheidungslogischen Kapitalwert C die größere Anschaulichkeit, welche jedoch durch das Eigenmittelzurechnungsproblem erkauft wird. Sie entspricht formal der endwertbezogenen Eigenkapitalrentabilität[3] r_{EK} des vollkommenen Kapitalmarkts, wobei der Endwert EW nunmehr einem VOFI zu entnehmen ist. Ferner findet sich in der Literatur die umstrittene „Rentabilität des Initialkapitals“, welche den numerischen Rechenaufwand des internen Zinsfußes mit der willkürbehafteten Bezugsgrößenwahl der BALDWIN-Verzinsung verbindet.[4]

---

1 Der Leser, welcher das Buch bis hierher durchgearbeitet hat, erkennt den Wert des VOFIs auch daran, daß er ihm in diesem Kapitel nicht zum ersten Mal begegnet. Was der VOFI als eigenständige Methode nicht halten kann, leistet er als Hilfsmittel zur Veranschaulichung der Investitionstheorie und -rechnung.

2 Vgl. *GROB*, VOFI-Rentabilitätskennzahlen (1990).

3 Vgl. Unterabschnitt 3.3.1.3.2 und 3.3.2.3.

4 Vgl. *SCHIRMEISTER*, Investitionsrechnungen (1990), S. 267 ff., *SCHIRMEISTER*, Dynamische Rentabilitätsmaße 1 (1991), Rentabilität des Initialkapitals (1992), Dynamische Rentabilitätsmaße 2 (1993), *ALTROGGE*, Dynamische Rentabilitätsmaße (1992), *GAU*, Rentabilitätsmaße (1993).

Allen VOFI-basierten Rentabilitätskennziffern ist gemein, daß sie das Ziel Endwertmaximierung voraussetzen und gegenüber dem VOFI-Endwert bestenfalls eine prämissenabhängige *Zusatzinformation* liefern, die für eine Entscheidung nach dem heuristischen Endwertkriterium aber gar nicht mehr benötigt wird. Die Rentabilitätsmaße auf Basis der vollständigen Finanzplanung kranken zudem wie der VOFI selbst an dem konzeptionsbedingten Unvermögen, das Interdependenzproblem zu berücksichtigen.

Zusammenfassend läßt sich sagen, daß reine Partialmodelle (Sollzinssatzmethode, Vermögensrentabilität, VOFI) auf einem unvollkommenen Kapitalmarkt nicht zu zielsetzungsgerechten Entscheidungen beitragen, weil sie die Interdependenzen zwischen den einzelnen Investitions- und Finanzierungsobjekten mit letztlich willkürlichen Annahmen zerschneiden. Reine Partialmodelle geben der Rechenbarkeit den Vorzug vor der Entscheidungsqualität. Je unvollkommener der Kapitalmarkt ist, desto größer werden die Fehler reiner Partialmodelle (Unterkapitel 4.3) gegenüber dem lenkpreistheoretisch fundierten Partialmodell „Kapitalwertmethode auf Basis (geschätzter) endogener Grenzzinsfüße“ (Unterkapitel 4.2) ausfallen.

Im nächsten Kapitel erreicht die Komplexität des ohnehin schon schwierigen Planungsproblems durch die Aufgabe der Sicherheitsprämisse ihr volles Ausmaß. Kapitel 5 behandelt den in der Realität vorliegenden Fall unvollkommener Märkte unter Unsicherheit, für den erst recht nur noch Heuristiken einsetzbar sind.

5. Kapitel

Investitionstheorie unter Unsicherheit

5 Investitionstheorie unter Unsicherheit

5.1 Das Unsicherheitsproblem in der Investitionstheorie

5.1.1 Flexible Planung als allgemeines Denkprinzip bei Unsicherheit

Bereits im Abschnitt 2.1.2 ist das Unsicherheitsproblem im Zusammenhang mit der Zieldiskussion grundlegend charakterisiert worden. Demnach sind unter Unsicherheit in einem offenen Entscheidungsfeld die Erwartungen über die Zahlungsströme mehrwertig, die Entscheidungsvariablen und Nebenbedingungen nicht alle bekannt und die Planungsteilperioden von ungewisser Anzahl. Ein Optimum ist ex ante nicht mehr definiert, so daß neben das Gewinnziel ein subjektives Sicherheitsziel tritt. Außer strategischen Grundsatzentscheidungen dienen die Leitgedanken der Verlustbegrenzung, der Flexibilität und der Diversifikation als heuristische Richtschnüre der Unternehmensplanung unter Unsicherheit.

Bevor auf einzelne Modellphilosophien und konkrete Modelle einzugehen ist, sollen zunächst noch die Konsequenzen der Unsicherheit auf die *Organisation* des Planungsprozesses im Zeitablauf herausgearbeitet werden. In den Kapiteln 3 und 4 spielte dieser Aspekt keine Rolle, weil annahmegemäß alle relevanten Planungsdaten, insbesondere die Zahlungsreihen der Investitions- und Finanzierungsobjekte, als bekannt und im Zeitablauf unveränderlich angesehen wurden.

Alle bisher vorgestellten Methoden zur Investitionsplanung unter Sicherheit sagen zunächst nichts über die zeitliche Struktur des Entscheidungsprozesses aus, weil die im Zeitpunkt $t = 0$ zur Verfügung stehenden Informationen als erschöpfend vorausgesetzt werden. Die berechneten Zielwerte und Aktionsprogramme basieren jeweils auf einer im voraus vollständig festgelegten Handlungsfolge, d.h. auf einem *starren Plan.* Aufgrund der unter Unsicherheit auftretenden (stochastischen) Abhängigkeiten zwischen den Entscheidungsvariablen und der möglichen Verbesserung des Informationsstandes im Zeitablauf decken jedoch starre Pläne nur einen Teil der sinnvollen Handlungsalternativen unter Unsicherheit ab. So liegt es z.B. nahe, Investitionsentscheidungen für $t = 2$ nicht *un*bedingt in $t = 0$ zu treffen, sondern von der tatsächlich eintretenden, zu $t = 0$ noch unsicheren Nachfragesituation in $t = 1$ abhängig zu machen. Ein *flexibler Plan* enthält auch *bedingte* Entscheidungen, die für jeden Eventualfall eine bestimmte Reaktion vorsehen.[1] Auf diese Weise läßt sich der im Zeit-

---

[1] Vgl. z.B. *LAUX*, Flexible Planung (1969). Überblicksdarstellungen zur starren und flexiblen Planung finden sich in *BITZ*, Investition (2005), S. 141 ff., *HAX*, Investitionstheorie (1985), S. 165 ff., *BLOHM/LÜDER*, Investition (1995), S. 334 ff., *ADAM*, Planung und Entscheidung (1996), S. 299 ff., *KRUSCHWITZ*, Investitionsrechnung (2014), S. 331 ff., *GÖTZE*, Investitionsrechnung (2014), S. 407 ff., 464 ff., *ADAM*, Investitionscontrolling (2000), S. 342 ff.

ablauf eintretenden Informationsverbesserung Rechnung tragen, die sich durch sukzessive Realisation eines Teils der zu t = 0 noch unsicheren Größen ergibt.

Beispiel. Ein starrer Plan sähe vor, z.B. von einem Neuprodukt in diesem Jahr 100.000 und im nächsten Jahr 200.000 Stück zu produzieren. Ein flexibler Plan fixiert hingegen die Produktionsmenge des zweiten Jahres nicht schon heute, sondern trifft lediglich bedingte Festlegungen: So wird bspw. geplant, bei vollem Absatz der Produktion des ersten Jahres (also im Fall des Produkterfolgs) 300.000 Stück im zweiten Jahr zu produzieren, während bei Mißerfolg des Neuproduktes auch im zweiten Jahr nur 100.000 Stück gefertigt werden sollen. Ein Plan, der derartige bedingte Aussagen enthält, die an im Zeitablauf eintretende unsichere Ereignisse geknüpft sind, heißt flexibel.

Flexible Planung stellt allerdings mehr ein allgemeines Denkprinzip als ein Entscheidungswerkzeug dar.[1] Das Unsicherheitsproblem ist zielsetzungsdefekt und erlaubt stets nur die Untersuchung einer begrenzten Anzahl von Handlungsalternativen und Datenszenarien. Theoretisch lassen sich die zukünftigen Entwicklungen und Handlungspfade zwar mit Hilfe von Entscheidungsbäumen strukturieren.[2] Die Entscheidungsbaumtechniken werden hier dennoch nicht näher vorgestellt, weil in der Investitionstheorie das Augenmerk auf dem Vergleich mehrperiodiger Zahlungsströme liegt. Eine Anwendung von Entscheidungsbäumen auf Situationen mit mehr als einer Handvoll Planungszeitpunkten ist illusorisch, da die Zahl der möglichen Umweltzustände und bedingten Entscheidungen mit der Periodenzahl viel zu schnell wächst, um beherrschbar zu bleiben. Diese Art Komplexität potenziert die großen Schwierigkeiten, die mit einer hohen Zahl von interdependenten Investitions- und Finanzierungsobjekten schon im Sicherheitsfall verbunden sind.[3]

Wie im Abschnitt 2.1.2 dargelegt, erfordert das Sicherheitsziel die Erhaltung der Anpassungsfähigkeit (Flexibilität) des Unternehmens an verschiedene – auch unvermutete – Umweltsituationen. Liquiditätsreserven und moderne Fertigungstechnolo-

---

1 Vgl. *ADAM*, Planung und Entscheidung (1996), S. 300.

2 Entscheidungsbäume sind vorrangig Gegenstand der Entscheidungstheorie, welche im Mehrperiodenzusammenhang tendenziell eher den Unsicherheitsaspekt gestufter Entscheidungen betont als den „Vielperiodenaspekt". Vgl. *BITZ*, Entscheidungstheorie (1981), S. 334 ff., *BITZ/EWERT/TERSTEGE*, Investition (2012), S. 194 ff., *BAMBERG/COENENBERG/KRAPP*, Entscheidungslehre (2012), S. 233 ff., *GÖTZE/BLOECH*, Investitionsrechnung (2004), S. 429 ff., 441 ff., 488 ff.

3 Aus diesem Grunde wird im folgenden auch der den Entscheidungsbaumtechniken und der flexiblen Planung eng verwandte „Realoptionsansatz" nicht dargestellt; vgl. *DIXIT/PINDYCK*, Investment (1994), S. XI, 3, 6-9. Flexibilität läßt sich auch unter realistischeren Annahmen als denen der Optionspreistheorie adäquat bewerten. Beispielsweise stellt die Entscheidung über den optimalen Investitionszeitpunkt (d.h. die Bewertung der „Aufschuboption") nichts anderes als ein investitionstheoretisches Wahlproblem (Unterabschnitt 3.2.1.2) zwischen sich gegenseitig ausschließenden Zahlungsströmen unter Unsicherheit dar. Vgl. *HERING*, Unternehmensbewertung (2014), S. 293 f.

gien dienen als „Versicherung" gegen nicht vorhergesehene Zukunftsentwicklungen. Flexible *Planung* umfaßt in einer pragmatischen Sichtweise also nicht das Aufstellen schnell unübersichtlich werdender Entscheidungsbäume, sondern das Entwerfen sinnvoller Eventualstrategien für ausgewählte Datenszenarien („Schubladenpläne").

Hierbei ist besonders dem *Gedanken* bedingter Entscheidungen Aufmerksamkeit zu schenken. Über künftige Handlungen wird im Planungszeitpunkt t = 0 lediglich ein vorläufiges Urteil gefällt; nach Verbesserung des Informationsstandes bzw. nach Eintritt bestimmter Ereignisse stehen alle noch nicht realisierten Alternativen erneut zur Disposition. Bei zeitversetzt wiederholter Planung sind also stets nur die unmittelbar umzusetzenden Entscheidungen definitiv. Endgültig realisiert oder verworfen werden somit immer nur diejenigen Objekte, die in der ersten Periode des Planungszeitraums starten (müssen). Alle anderen sind mindestens ein weiteres Mal einzuplanen. Die Betrachtungszeiträume aufeinanderfolgender Planungsdurchgänge überlappen sich zum großen Teil, weshalb auch von überlappender, gleitender, rollender oder *rollierender Planung* gesprochen wird.[1]

Die rollierende Planung erscheint als zweckmäßige und praxistaugliche *Approximation* des theoretischen Ideals flexibler Planung,[2] weil sie nur für die erste Periode zu festen Entscheidungen führt. Der Handlungsspielraum aller späteren Zeitpunkte bleibt unangetastet, so daß das Unternehmen im nächsten Planungslauf auf geänderte Daten reagieren kann. Diese Plankorrekturen schützen allerdings nicht vor Fehlentscheidungen in der ersten Periode. Dies gilt aber ebenso für die flexible Planung, die *in der Realität* auch nicht sämtliche Umweltentwicklungen korrekt zu antizipieren vermag. Eine rollierende Planung mit unbedingten und einigen ausgewählten bedingten Strategien kommt der Idee flexibler Planung aus praktischer Sicht sehr nahe.

---

1 Vgl. hierzu *ALBACH*, Investition und Liquidität (1962), S. 226 f., *JACOB*, Flexibilitätsüberlegungen (1967), S. 19 f., *JACOB*, Unsicherheit (1967), S. 158, *INDERFURTH*, Flexible Investitionsplanung (1982), S. 41 ff., *TROßMANN*, Rollende Planung (1992), *ADAM*, Planung und Entscheidung (1996), S. 186 ff.

2 Vgl. auch *INDERFURTH*, Flexible Investitionsplanung (1982), S. 237, 239 ff., *ADAM*, Planung und Entscheidung (1996), S. 305.

5.1.2 Heuristische Planungsphilosophien bei Unsicherheit

Das Investitions- und Finanzierungsproblem unter Unsicherheit gehört zur Klasse der zielsetzungsdefekten Entscheidungsprobleme, welche sich nicht im mathematisch strengen Sinne ex ante *optimal* lösen lassen. Im Abschnitt 2.1.2 ist dargelegt worden, daß unter diesen Umständen kein Weg an einer lediglich heuristischen Planung vorbeiführt. Allerdings kann jedes schematisierte Vorgehen letztlich die *unternehmerische* Investitionsentscheidung bei Unsicherheit nicht ersetzen.[1] Das Abwägen von Chancen und Risiken unter Berücksichtigung von strategischen Faktoren (z.B. Verbundeffekten) und Sicherheitsaspekten läßt sich nicht in einen Algorithmus zwängen. Dies darf aber nicht als Aufforderung mißverstanden werden, der nach wie vor unverzichtbaren quantitativen Abstützung von Investitionsentscheidungen weniger Aufmerksamkeit zu schenken.

Der Investitions*rechnung* bleibt in einem offenen Entscheidungsfeld nichts anderes übrig, als den unerfüllbaren Optimierungsanspruch aufzugeben und statt dessen nach einer möglichst guten Abstimmung der dezentralen Entscheidungen im Hinblick auf das heuristische Ersatzziel zu streben. Es ist nicht sinnvoll, ein imaginäres *eindeutiges* Optimum zu suchen, welches *ex ante* nicht existiert. Keine Rechenmethode garantiert einen Schutz vor Fehlentscheidungen. Man muß sich also damit begnügen, möglichst „gute" Lösungen des strukturdefekten Gesamtproblems zu finden, und zwar ohne die in der Realität vorzufindenden Rahmenbedingungen des unvollkommenen Kapitalmarkts übermäßig zu vereinfachen. Die Investitionsrechnung hat im Unsicherheitsfall schon sehr viel erreicht, wenn sie zumindest diejenigen Objekte identifiziert, die in (fast) jeder zu erwartenden Situation *eindeutig vorteilhaft* bzw. *eindeutig nachteilig* sind.

Um überhaupt die Güte einer Lösung abschätzen zu können, ist zunächst auf *heuristischem* Wege ein Planungshorizont festzulegen. Verschiedene Investitions- und Finanzierungsprogramme lassen sich sodann anhand einer *plausibel* gewählten Ersatzzielsetzung (z.B. Endwertmaximierung, Einkommensmaximierung) beurteilen. Diese Problemstrukturierung bewirkt, daß zumindest *ex post* ein Optimalverhalten für den Planungszeitraum definiert ist. Wenn es gelänge, die künftigen Entscheidungsvariablen und ihre Zahlungsströme zutreffend zu schätzen, bestünde ein plausibles Vorgehen darin, den deterministischen Optimierungsansatz des Kapitels 4 für das heuristisch abgegrenzte Entscheidungsfeld zu lösen. Sofern ein Unternehmen glaubt, mit lediglich einwertigen subjektiven Erwartungen bzw. geschätzten *Sicherheitsäquivalenten*[2] der unsicheren Zahlungen operieren zu können, kann die Theorie des unvoll-

---

1 Vgl. *GUTENBERG*, Die Finanzen (1980), S. 377.

2 Vgl. *BITZ*, Entscheidungstheorie (1981), S. 88, 428, *BAMBERG/COENENBERG/KRAPP*, Entscheidungslehre (2012), S. 77 f., *ADAM*, Planung und Entscheidung (1996), S. 244 ff.

kommenen Kapitalmarkts bei (subjektiver) Sicherheit unmittelbar auf den Unsicherheitsfall angewendet werden.

In den seltensten Fällen wird man jedoch ein uneingeschränktes Zutrauen in die eigenen Prognosefähigkeiten voraussetzen dürfen. Weder einzelne Entscheidungsträger noch der anonyme Kapitalmarkt besitzen die Gabe, die Zukunft sicher vorhersagen zu können. In aller Regel sind der Investitionsplanung deshalb mehrwertige Erwartungen zugrunde zu legen. Die für möglich gehaltenen Datensituationen lassen sich in Form von *Szenarien* vorstrukturieren (z.B. pessimistisch/neutral/optimistisch, mit und ohne Konkurrenzreaktionen). Zur Handhabung der Datenflut bieten sich zwei verschiedene Wege an: *Verdichtung* oder *Offenlegung*.[1]

Unsicherheitsverdichtende Verfahren behandeln nur das Problem mehrwertiger Erwartungen. Der Planungshorizont und die Entscheidungsvariablen werden als bekannt vorausgesetzt. Zwei Varianten lassen sich unterscheiden. Im einfachsten Fall sind die mehrwertigen Eingangsdaten auf einwertige Sicherheitsäquivalente (oder Erwartungswerte) zu verdichten. Diese werden anschließend mit einem deterministischen Modell (Kapitel 3 und 4) ausgewertet. Die künstliche Zurückführung des Unsicherheitsfalls auf den Sicherheitsfall erscheint wenig zweckmäßig, weil alle Informationen über die Streuung der Eingangsdaten untergehen. Auch der errechnete Zielwert des deterministischen Modells muß keineswegs mit dem Sicherheitsäquivalent bzw. Erwartungswert der Zielgröße (z.B. Endwert) übereinstimmen, da die Dynamik des Zufallsprozesses (Zustände im Zeitablauf) nicht abgebildet wird.[2] Das Sicherheitsziel bleibt ganz außer Betracht. Zu der beschriebenen ersten Gruppe unsicherheitsverdichtender Verfahren gehören:

- deterministische Modelle mit einwertig verdichteten Eingangsdaten (einfach unverändert übertragen aus Kapitel 3 und 4);
- die Marktzinsmethode (Unterabschnitt 5.2.1.2);
- willkürliche Korrekturverfahren (Unterabschnitt 5.2.1.3.1).

Ein im Unsicherheitsfall vernünftigeres Vorgehen besteht darin, Informationen über die Verteilung oder Streuung der Eingangsgrößen zu nutzen und zu einem einheitlichen Zielwert zu komprimieren. Dieser zweiten Gruppe verdichtender Verfahren gehören an:

1 *KRUSCHWITZ*, Risikoanalyse (1980), S. 800 klassifiziert ähnlich in „problemlösende und die Problemlösung vorbereitende Methoden".

2 Vgl. Unterabschnitt 5.2.2.2 und *ADAM*, Planung und Entscheidung (1996), S. 209 ff.

- Methoden der klassischen Entscheidungstheorie (Unterabschnitt 5.2.1.1);
- kapitalmarkttheoretische Verfahren (Unterabschnitt 5.2.1.3.2);
- Simultanansätze bei Unsicherheit (Abschnitt 5.2.2);
- Entscheidungsbaumverfahren der flexiblen Planung (Abschnitt 5.1.1).

Durch die Verdichtung der ganzen Spannweite möglicher Daten auf einen einzigen Zielwert (z.B. erwarteter Endwert) wird versucht, das Unsicherheitsproblem „wegzurechnen". Dieses Unterfangen scheitert allerdings an der Mehrperiodigkeit des Kapitalbudgetierungsproblems sowie an den in einem offenen Entscheidungsfeld unerfüllbar hohen Prognoseanforderungen. Somit verbleibt als einziger praktikabler Ausweg der umgekehrte Ansatz: Die Unsicherheit kann und soll nicht „weggerechnet", sondern vielmehr in ihren vollen Auswirkungen aufgedeckt werden. Das Schaffen von *Transparenz* hinsichtlich der subjektiv für möglich gehaltenen Entscheidungskonsequenzen nimmt die Vorteilhaftigkeitsbeurteilung nicht vorweg, sondern dient ihr als Informationsgrundlage in anschaulicher und nachvollziehbarer Form. Die Entscheidung selbst wird nicht einem für Chancen und Risiken blinden Rechenprinzip überlassen, sondern in Abwägung der durch *Sensitivitäts-* und *Risikoanalysen*[1] offengelegten subjektiven Kapitalwertverteilung getroffen. Es verbleibt in der Verantwortung des Unternehmers, seine Wahl zwischen den Zielen Gewinn und Sicherheit zu treffen. Die unsicherheitsaufdeckenden Verfahren

- Sensitivitätsanalyse (Abschnitt 5.3.1),
- Risikoanalyse (Abschnitt 5.3.2) und
- rollierende Planung (Abschnitt 5.1.1)

erlauben es, nicht nur die Zahlungsüberschüsse, sondern auch die Anzahl der Objekte sowie die Länge des Planungszeitraums zu variieren. Sie werden den Planungsanforderungen in einem offenen Entscheidungsfeld am ehesten gerecht und darum im abschließenden Abschnitt 5.3.3 zu einer Heuristik auf Basis der approximativen Dekomposition (Unterabschnitt 4.2.6.3) miteinander kombiniert.

Der Vorteil dieses Vorgehens liegt darin, daß lediglich die Zahlungsreihen für unterschiedliche Datenszenarien in etwa zu schätzen sind. Im Vergleich hierzu wesentlich schwierigere Urteile über mehrperiodige Risikonutzenfunktionen und genaue Eintrittswahrscheinlichkeiten der Zahlungsreihen werden nicht benötigt. Trotz dieser anspruchsloseren Voraussetzungen können sich durchaus eindeutige Entscheidungsempfehlungen ergeben, falls sich z.B. herausstellt, daß der Kapitalwert in allen untersuchten Datensituationen positiv (oder immer negativ) ist. Erst wenn der ausgelotete Streubereich des Kapitalwerts sowohl negative als auch positive Werte umfaßt,

1 Vgl. z.B. *ALBACH*, Investitionsrechnungen bei Unsicherheit (1976).

bedarf es einer unternehmerischen Entscheidung gemäß der individuellen Risikobereitschaft des Eigentümers.

Aufgrund der heuristischen Abgrenzung des Entscheidungsfelds ist ein Optimum ex post für den gewählten Planungshorizont definiert. Die Modelle des Kapitels 4 (und deren Spezialfälle im Kapitel 3) bleiben somit gültig. Weil die Modellparameter (Zahlungsreihen und evtl. zusätzliche Variable) jedoch immer erst im nachhinein sicher bekannt sind,[1] müssen im voraus verschiedene für möglich gehaltene Datenszenarien betrachtet werden. Das Problem der Abschätzung des Kapitalwerts gewinnt dadurch eine zusätzliche Dimension: Ex ante unsicher sind nicht mehr allein die Steuerungszinsfüße, sondern nunmehr auch die zu beurteilenden Zahlungsströme selbst. Das Dilemma der Lenkpreistheorie wird von dem noch schwerer wiegenden Unsicherheitsproblem überlagert. Die Bedeutung einer Approximation der Steuerungszinsfüße tritt jedoch deswegen nicht zurück. Erkenntnisse der Lenkpreistheorie bleiben unentbehrlich, weil nur mit ihrer Hilfe das unsicherheitsbehaftete Totalproblem partialisiert und einer dezentralen Lösung zugänglich gemacht werden kann.

---

1 Selbst dies gilt nur mit Einschränkung. Führt man eine Investition gar nicht durch, erfährt man u.U. nie, welche Erfolge sie gezeitigt hätte.

5.1.3 Zustandspreismodell (ZPM)

Besteht Sicherheit über das genaue Ausmaß der Unsicherheit, d.h. über die möglichen zukünftigen Umweltzustände und die zustandsabhängigen Zahlungsüberschüsse aller Investitions- und Finanzierungsobjekte sowie der konstanten Parameter, so lassen sich alle Erkenntnisse und Modelle des Kapitels 4 sofort *strukturgleich* auf den Unsicherheitsfall übertragen. Es bedarf hierzu lediglich einer Uminterpretation der Planungszeitpunkte t ∈ {1, 2, 3, ... , n} als künftige unsichere Umweltzustände. Die endogenen Abzinsungsfaktoren ρ_t entsprechen dann den in der Finanzierungstheorie geläufigen *Zustandspreisen*, allerdings verallgemeinert für den Fall des unvollkommenen Marktes.[1] Der auf diese Weise gedanklich an den Unsicherheitsfall angepaßte investitionstheoretische Ansatz (z.B. GW- oder EN-Maximierung aus Abschnitt 4.2.2) sei deshalb (in Abgrenzung zu seiner bekannten Interpretation bei sicheren Daten) als *Zustandspreismodell* (ZPM) bezeichnet.

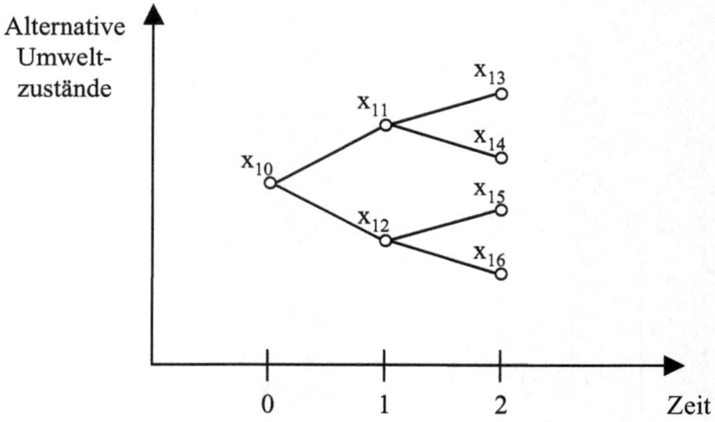

Abbildung 5-1: Zustandspreismodell

Abbildung 5-1 veranschaulicht das Zustandspreismodell. Betrachtet sind sieben Zustände t ∈ {0, 1, 2, ... , 6}, die drei verschiedenen Zeitpunkten (0, 1 und 2, siehe Abszisse) zugeordnet sind. Über die zeitliche Anordnung der unsicheren Zustände ist

[1] Vgl. HERING, Arbitragefreiheit (1998) und erweitert zum Zustands-Grenzpreismodell (ZGPM) HERING, Unternehmensbewertung (1999), S. 139 und 181, HERING, ZGPM (2000). Im Unterschied zu LAUX, Flexible Planung (1969) und LAUX, Unternehmensbewertung (1971) werden keine Eintrittswahrscheinlichkeiten für die Zustände benötigt. PFAFF/PFEIFFER/GATHGE, Zustands-Grenzpreismodelle (2002) präsentieren eine nichtlineare ZGPM-Variante.

in der Definition des ZPM (und des ZGPM[1]) nichts Einschränkendes ausgesagt, d.h., selbstverständlich schließt diese Sichtweise auch den Mehrperiodenfall bei Unsicherheit ein.[2] Auf der Ordinate ist beispielsweise die Nachfrage nach dem betrachteten Produkt 1 abgetragen („alternative Umweltzustände"). Die zukünftige Nachfrage nach dem Produkt 1 ist aus Sicht von heute (t = 0) unsicher: Für den Zeitpunkt 1 werden die Zustände t = 1 (Nachfrage gestiegen) und t = 2 (Nachfrage gesunken) für möglich gehalten, für den Zeitpunkt 2 analog die Zustände t = 3 (Nachfrage steigt nochmals), t = 4 (Nachfrage fällt wieder ab), t = 5 (Nachfrage steigt doch noch) und t = 6 (Nachfrage sinkt weiter). Die Zustände 3 und 4 setzen den Eintritt des zeitlich vorgelagerten Zustands 1 voraus, während die Zustände 5 und 6 nur denkbar sind, wenn zuvor Zustand 2 eingetreten ist. (Natürlich ist man nicht gezwungen, einen derartigen „Binomialprozeß" mit nur zwei möglichen Änderungen pro Zeitpunkt anzunehmen.)

Sofern nun die Variablen und Restriktionen des Modells zustandsbezogen definiert sind, ermittelt das Zustandspreismodell im Ergebnis einen *flexiblen Plan* gemäß Abschnitt 5.1.1. Wenn x_{1t} die Fertigungsmenge des Produkts 1 (oder die Stückzahl eines Zahlungsstroms vom Typ 1) im Zustand t wiedergibt, liefert das Modell in der optimalen Lösung detaillierte Angaben, unter welchen Bedingungen (Zuständen) wieviel zu produzieren ist. Die (nun für jeden Zustand t aufzustellenden) Liquiditätsrestriktionen stellen wie üblich sicher, daß das Unternehmen in jedem Zustand zahlungsfähig bleibt. Auch Absatzobergrenzen können oder müssen selbstverständlich zustandsabhängig formuliert werden: Im günstigen Umweltzustand t = 3 ist die Nachfrage nach Produkt 1 größer als im ungünstigen Zustand t = 6, so daß im Ansatz für die Produktionsmenge x_{13} eine größere Absatzschranke gilt als für die Variable x_{16}. Beide Variablen kennzeichnen die Produktionsmenge von Erzeugnis 1 im Zeitpunkt 2, aber sie differenzieren getreu dem Prinzip der flexiblen Planung, welche (vom Unternehmen nicht steuerbaren) unsicheren Ereignisse zuvor eingetreten sind. Der Produktions- oder Investitionsplan ist also nicht unbedingt („Die Fertigungsmenge im Zeitpunkt 2 soll ... betragen"), sondern bedingt (hier Eventualmengen für vier Zustände 3, 4, 5, 6, die im Zeitpunkt 2 möglich sind).

Da es „gute" und „schlechte" Umweltentwicklungen gibt, sollte natürlich auch die *Zielfunktion* Rücksicht auf die inhaltliche Interpretation der Zustände nehmen. Mit

---

1 Siehe vorherige Fußnote.

2 *FRANKE/HAX*, Finanzwirtschaft (2009), S. 247 f. und *SPREMANN*, Wirtschaft (1996), S. 560 arbeiten die mögliche Zeitverschiedenheit der künftigen unsicheren Zustände deutlich heraus. Vgl. hierzu im Zusammenhang mit dem ZGPM *HERING*, Unternehmensbewertung (1999), S. 139 und 181 sowie im Zusammenhang mit dem Binomialmodell für n > 2 künftige Zustände (als Spezialfall des ZGPM) ebenda, S. 139 f., 144 und 182 (Abbildung 13). *KLINGELHÖFER*, Investitionsbewertung (2003) expliziert ergänzend den Zustandsraum, was aber, wie Abbildung 5-1 veranschaulicht, die Struktur des Z(G)PM nicht tangiert. Es spielt für die formale Darstellung keine Rolle, ob die unsicheren Zustände wie im Beispiel der Abbildung 5-1 fortlaufend numeriert werden oder ob man zeitlich zusammengehörige Zustände zusätzlich mit einem gemeinsamen Index versieht.

Hilfe der Entnahmegewichte w_t oder $\overline{w}_t$ (Abschnitt 4.2.2) läßt sich die Ausschüttungswertigkeit w_t oder -anforderung $\overline{w}_t$ zustandsindividuell anpassen. Große $\overline{w}_t$ in günstigen Zuständen und kleine $\overline{w}_t$ in ungünstigen stellen sicher, daß die Entnahmewünsche auf Umweltfaktoren (z.B. Konjunktur, Erfolg oder Mißerfolg eines Neuprodukts) reagieren und somit auch bei schlechter Entwicklung des unsicheren Umfelds eine zulässige Lösung des Optimierungsproblems existiert. Da Zielfunktionen immer aus den subjektiven Präferenzen der Unternehmenseigner abzuleiten sind, soll die Wahl der Entnahmegewichte hier nicht weiter diskutiert werden. Die so überaus anschauliche Zielsetzung „Endwertmaximierung" steht leider nicht mehr zur Verfügung (es gibt ja sehr viele pfadabhängige Endzustände, in Abbildung 5-1 allein vier, nämlich t von 3 bis 6 im Endzeitpunkt 2). Im Unsicherheitsfall erweisen sich vornehmlich die Zielsetzungen GW und EN als gut geeignet, die Entnahmewünsche zustandsindividuell zu „kalibrieren".[1]

Auf der theoretischen Ebene läßt sich also die gesamte Lenkpreistheorie verallgemeinern und auch im Unsicherheitsfall weiter anwenden.[2] Dieses fundamentale Ergebnis formuliert

Satz 40 **(Lenkpreistheorie unter Unsicherheit)**:

Bei Interpretation der Zeitpunkte t als mögliche Umweltzustände gilt die Lenkpreistheorie des unvollkommenen Kapitalmarkts strukturgleich auch im Unsicherheitsfall.

Bedauerlicherweise ist die Realität zu komplex und die Zukunft zu undurchdringlich, um auch nur annähernd an eine explizite Formulierung sämtlicher Zustandsrestriktionen und bedingten Variablen denken zu können. Das ZPM erweist sich – genau wie die flexible Planung – als ein Denkmodell zur Strukturierung des Unsicherheitsproblems, auf dessen Grundlage sich theoretisch fundierte Heuristiken entwickeln lassen.[3]

---

1 Das EN-Ziel unter Unsicherheit kritisiert *KLINGELHÖFER*, Umweltschutzinvestitionen (2006), S. 82. Die der EN-Zielsetzung generell anhaftende Problematik der „Flaschenhalsoptimierung" ist bereits im Unterabschnitt 4.2.2.2 herausgestellt worden. Obwohl sie unter Unsicherheit tendenziell häufiger auftritt, bleibt es wie immer dem Entscheidungsträger und nicht dem Modelltheoretiker überlassen, ob er seine Präferenzen in der gegebenen Datensituation eher durch ein GW- oder ein EN-Ziel ausgedrückt sieht.

2 Als Beispiel für die Nützlichkeit der bruchlosen Übertragung von Erkenntnissen bei Sicherheit auf den Unsicherheitsfall vgl. *HERING/OLBRICH*, Mehrstimmrechte (2001), S. 32.

3 Auch im Unsicherheitsfall kann ergänzend der Zusammenhang zwischen Zustandspreisen und periodenbezogenen Grenzzinssätzen untersucht werden, wobei die jeweiligen Zustandspfade beachtet werden müssen. Vgl. *JOHANNWILLE*, Arbitragefreie Bewertung (2000), S. 203 ff. sowie weiterführend *KLINGELHÖFER*, Investitionsbewertung (2003). Da es jedoch genügt, mit den Zustandspreisen ρ_t zu arbeiten, und sich dafür nach Satz 40 gegenüber dem Sicherheitsfall strukturell nichts ändert, sei darauf nicht näher eingegangen.

Das Bemühen konzentriert sich im folgenden auf die Beantwortung der Frage, wie die Steuerungszinsfüße bei Unsicherheit zu wählen sind, damit eine heuristisch koordinierte dezentrale Investitionsrechnung auch in einem offenen Entscheidungsfeld möglich wird. Hierzu sind zunächst die in der Literatur diskutierten Planungsinstrumente unter Unsicherheit hinsichtlich ihrer Eignung zur heuristischen Problemstrukturierung zu untersuchen. Alsdann können die für zweckmäßig befundenen Instrumente in den Dienst der Lenkpreistheorie gestellt werden. Mit ihrer Hilfe gelingt die Übertragung des Verfahrens der approximativen Dekomposition auf den Unsicherheitsfall.

5.2 Unsicherheitsverdichtende Verfahren

5.2.1 Partialmodelle bei Unsicherheit

5.2.1.1 Methoden der klassischen Entscheidungstheorie

Zentraler Grundsatz der klassischen *Entscheidungstheorie* ist das *BERNOULLI-Prinzip*, welches die Maximierung des *erwarteten Nutzens* fordert. Demnach wird dasjenige Bündel von Aktionen vorgezogen, welches den höchsten statistischen Erwartungswert μ des Nutzens aufweist. Das BERNOULLI-Prinzip steht mit einigen sehr plausiblen Präferenzaxiomen in Einklang und gilt wegen dieser theoretischen Fundierung gemeinhin als *die* Maxime des Rationalverhaltens bei Unsicherheit.[1] Gleichwohl kann es keine Allgemeingültigkeit beanspruchen: Die empirische Ermittlung einer konsistenten und im Zeitablauf stabilen *Nutzenfunktion* bereitet in der Praxis fast unüberwindliche Schwierigkeiten. Das bekannte Paradoxon von ALLAIS beweist z.B. die Nichtexistenz der Nutzenfunktion unter einer durchaus plausiblen Präferenzordnung.[2] Außerdem ist das BERNOULLI-Prinzip aufgrund des vorausgesetzten Stetigkeitsaxioms u.U. außerstande, Alternativen zu verwerfen, die – wenn auch mit geringer Wahrscheinlichkeit – für das Unternehmen existenzgefährdend sind.[3]

Wird als Nutzenfunktion die Identität gewählt, geht das BERNOULLI-Prinzip in das *Erwartungswertprinzip* (μ-Prinzip, BAYES-Regel) über.[4] Eine Investitionsentscheidung nach dem μ-Prinzip ist jedoch im allgemeinen wenig sachgerecht, weil sich der Erwartungswert lediglich als Durchschnitt zahlreicher Wiederholungen derselben Entscheidung realisiert (etwa in der Spielbank beim Roulette). Ein Unternehmen kann aber u.U. nicht auf die Kompensation anfänglicher hoher Verluste durch spätere Gewinne warten, wenn es durch den ungünstigen Beginn des Zufallsprozesses bereits am Rande des Kollapses steht.[5] Zudem ist die Gesamtheit der Investitions- und Finan-

---

[1] Vgl. *BERNOULLI*, Specimen theoriae novae (1738), *BAMBERG/COENENBERG/KRAPP*, Entscheidungslehre (2012), S. 71 ff., 87 ff., *BITZ*, Entscheidungstheorie (1981), S. 153 ff., *KRUSCHWITZ*, Investitionsrechnung (2014), S. 295 ff., *ADAM*, Planung und Entscheidung (1996), S. 241 ff., *PERRIDON/STEINER/RATHGEBER*, Finanzwirtschaft (2012), S. 119 ff.

[2] Vgl. *THIEßEN*, Allais-Paradoxon (1993), S. 158 f., *KISCHKA/PUPPE*, Risk and Uncertainty (1992), S. 137.

[3] Vgl. *ADAM*, Planung und Entscheidung (1996), S. 249 f., *BLOHM/LÜDER*, Investition (1995), S. 262, *KOCH*, Theorie des Gewinn-Vorbehalts (1978). Zu weiteren Kritikpunkten am BERNOULLI-Prinzip vgl. *BAMBERG/COENENBERG/KRAPP*, Entscheidungslehre (2012), S. 97 ff., *PERRIDON/STEINER/RATHGEBER*, Finanzwirtschaft (2012), S. 123 ff.

[4] Vgl. *BAMBERG/COENENBERG/KRAPP*, Entscheidungslehre (2012), S. 91 f., *BITZ*, Entscheidungstheorie (1981), S. 90 ff.

[5] Vgl. *GUTENBERG*, Die Finanzen (1980), S. 374 f., *JACOB*, Unsicherheit (1967), S. 165, *KIRKWOOD*, Decision Analysis (1992), S. 29.

zierungsalternativen eines bestimmten Zeitpunkts in der gegebenen Zusammensetzung höchstwahrscheinlich gar nicht wiederholbar. Investitionsentscheidungen sind i.d.R. *einmalig* zu treffen. Auch eine spätere Wiederholung desselben Objekts wird in einem offenen Entscheidungsfeld nicht mehr die gleiche Zahlungsreihe besitzen und außerdem mit anderen Opportunitäten konkurrieren.[1]

Liegen ausnahmsweise *objektive* mathematische bzw. statistische Wahrscheinlichkeiten vor, kann ihr Einsatz auch für einmalige Entscheidungen durchaus sinnvolle Ergebnisse liefern: Bei einem einzelnen Wurf läßt sich nicht sagen, welche Zahl der Würfel zeigen wird; es ist jedoch sicherlich nicht verkehrt, die Prognose „Es fällt eine Zahl zwischen 1 und 5!“ für wahrscheinlicher zu halten als die These „Es fällt eine Sechs!“.[2] Die Anwendung des μ-Prinzips auf einmalige Entscheidungen unterstellt allerdings implizit strikte *Risikoneutralität*:[3] Das Objekt A mit dem sicheren Kapitalwert von 5 DM ist nach dem Erwartungswertprinzip dem Objekt B gleichwertig, welches mit einer Wahrscheinlichkeit von jeweils 50% den Kapitalwert –10 DM bzw. +20 DM verspricht. Ein risikoscheuer Entscheidungsträger würde Objekt A vorziehen. Das μ-Kriterium kann eine derartige Präferenz im Gegensatz zum allgemeineren BERNOULLI-Prinzip nicht abbilden. Die Streuung des Zielwerts findet gar keine Berücksichtigung. Nach dem μ-Prinzip können sogar höchst riskante Strategien optimal erscheinen, die z.B. in einigen Datensituationen den Ruin des Unternehmens zur Folge haben. Solche Alternativen sind deshalb – wie übrigens auch beim BERNOULLI-Prinzip – vorab auszusondern, um dem Sicherheitsziel gerecht zu werden.

Ansätze der linearen oder dynamischen Optimierung zur Auswertung von mehrperiodigen Entscheidungsbäumen (vgl. Abschnitt 5.1.1) verwenden vielfach als Verdichtungskriterium zur Beurteilung der einzelnen Strategien den Erwartungswert, z.B. des Endvermögens.[4] Selbst wenn ein Entscheidungsträger z.B. das μ-Prinzip akzeptiert, haben die entsprechenden Modelle dennoch nur theoretischen Wert, weil die Zahl der möglichen bedingten Strategien in der Realität allgemein gegen unendlich strebt. Die nötigen Informationen über künftige Ereignisse, ihre Eintrittswahrscheinlichkeiten und ihre Auswirkungen auf die Zahlungsreihen aller zu beurteilenden Objekte sind einfach nicht vorhanden; in einem offenen Entscheidungsfeld gibt es keine „Sicherheit über die Unsicherheit“.[5]

Ein anderer Ast der Entscheidungstheorie bezieht neben dem Erwartungswert μ auch die Streuung des Erfolgs, gemessen durch die Standardabweichung σ der Zielgröße,

---

1 Zu weiteren Kritikpunkten am μ-Prinzip vgl. *BITZ*, Entscheidungstheorie (1981), S. 95 ff., *ADAM*, Planung und Entscheidung (1996), S. 209 ff.

2 Vgl. *WITTMANN*, Unvollkommene Information (1959), S. 108 ff.

3 Vgl. *JACOB*, Flexibilität (1974), S. 309 ff.

4 Vgl. z.B. das Modell von *LAUX* (1969).

5 Vgl. *LAUX* (1969), S. 741 f., *JACOB* (1974), S. 447 f., 522, *BORN* (1976), S. 85 ff., 90 ff., 109 f.

ausdrücklich in die Rechnung mit ein (μ-σ-Prinzip). Es ist jedoch fraglich, ob die Standardabweichung einen geeigneten Indikator für Verlustgefahr darstellt, da sie nicht zwischen positiven und negativen Erfolgsabweichungen unterscheidet. Einige verdichtende Verfahren verwenden gleichwohl σ als Unsicherheitsmaß (vgl. Unterabschnitt 5.2.1.3 und Abschnitt 5.2.2).

Sofern keine Wahrscheinlichkeiten für den Eintritt bestimmter Datensituationen vorliegen (*Ungewißheit*), kann z.B. die Alternative mit dem größten Mindest-Zielwert (Minimax-Prinzip, Pessimismus-Kriterium) oder dem größten Höchst-Zielwert (Maximax-Prinzip, Optimismus-Kriterium) gewählt werden. Weiterhin findet sich der Vorschlag einer Konvexkombination beider Werte (HURWICZ-Kriterium).[1] Derartige Regeln sind allein wegen des mit ihnen unvermeidlich einhergehenden Informationsverlusts nicht akzeptabel. Am ehesten plausibel ist noch das Prinzip des unzureichenden Grundes, welches mangels Informationen alle Situationen als gleich wahrscheinlich betrachtet und das μ-Kriterium ansetzt (LAPLACE-Regel).

Die klassische Entscheidungstheorie bei Risiko (und Ungewißheit) ist bewußt nur äußerst knapp skizziert worden, weil ihrer Übertragung auf die Investitionstheorie bei Unsicherheit gravierende Einwände entgegenstehen (abgesehen von den ohnehin zahlreichen immanenten Kritikpunkten).[2] Die entscheidungstheoretischen Regeln fußen auf der sehr realitätsfernen Annahme, es herrsche Sicherheit über das Ausmaß der Unsicherheit. Nicht nur die möglichen Umweltsituationen und Unternehmensstrategien werden als genau bekannt vorausgesetzt, sondern darüber hinaus auch ihre zustandsbezogenen Zielbeiträge und ggf. Eintrittswahrscheinlichkeiten. In der Realität ist aber die Zahl der möglichen Handlungskombinationen wie auch der denkbaren Umweltzustände unübersehbar groß – erst recht im Mehrperiodenfall, von dem die klassische Entscheidungstheorie fast gänzlich abstrahiert.[3] Der Zielbeitrag eines einzelnen Zahlungsstroms läßt sich ohne die ex ante unbekannten und (jetzt auch noch) unsicheren endogenen Grenzzinsfüße nicht bestimmen (sogar selbst dann nicht, wenn die Zahlungen des Objekts selbst sicher sind, die als Vergleichsgröße benötigte Opportunität aber unsicher ist). Zudem verlagert die Entscheidungstheorie das Unsicherheitsproblem lediglich von den Zahlungsreihen auf die Wahrscheinlichkeiten. Es ist grundsätzlich schon schwer genug, die einem Investitionsobjekt zurechenbaren

---

1 Vgl. *ADAM*, Planung und Entscheidung (1996), S. 231 ff.

2 Sind im Unsicherheitsfall die Eintrittswahrscheinlichkeiten der Datensituationen bekannt, spricht man von *Risiko*, anderenfalls von *Ungewißheit*. Vgl. *BITZ*, Entscheidungstheorie (1981), S. 348, *ADAM*, Planung und Entscheidung (1996), S. 225, *BAMBERG*, Unsicherheitstheorie (2002). Sofern lediglich die unbekannten Reaktionen rational handelnder Gegenspieler für die Unsicherheit verantwortlich zeichnen, liegt eine Situation der *Spieltheorie* vor. Spieltheoretische Ansätze sind nur für einfache Problemstellungen praktikabel (z.B. Zweipersonen-Nullsummen-Matrixspiele). Vgl. *MÜLLER-MERBACH*, Operations Research (1973), S. 470 ff., *DANTZIG*, Lineare Programmierung (1966), S. 318 ff. und *VON NEUMANN/MORGENSTERN*, Spieltheorie (1961).

3 Vgl. *SCHMIDT/TERBERGER*, Investitions- und Finanzierungstheorie (1997), S. 301.

Zahlungen einigermaßen vollständig zu bestimmen und sie bei Unsicherheit in Abhängigkeit von verschiedenen Szenarien grob zu schätzen. Mit der darüber hinausgehenden Präzisierung von Eintrittswahrscheinlichkeiten und persönlichen Nutzenfunktionen dürften die Entscheidungsträger in der Praxis regelmäßig überfordert sein.

5.2.1.2 Marktzinsmethode

Unterkapitel 4.2 hat gezeigt, wie schwierig sich die Partialsteuerung bei unvollkommenem Kapitalmarkt gestaltet. Satz 23 bis 39 lassen erkennen, daß der Planungsvereinfachung durch Dezentralisierung schon im Sicherheitsfall Grenzen gezogen sind, wenn das Ziel der möglichst guten Approximation des optimalen Investitions- und Finanzierungsprogramms nicht von vornherein aufgegeben werden soll. Unter Unsicherheit wird das Problem nicht einfacher (Satz 40).

Seit Beginn der neunziger Jahre des vergangenen Jahrhunderts findet sich in der Literatur der Vorschlag, das Dilemma der Lenkpreistheorie und das Unsicherheitsproblem einfach zu ignorieren und für praktische Investitionsrechnungen den *vollkommenen Kapitalmarkt* in der Gestalt des Marktzinsmodells der Bankbetriebslehre zu unterstellen.[1] Vertreter der „Marktzinsmethode“ behaupten, ein nach ihrem Modell positiver Kapitalwert sei eine „notwendige Mindestbedingung für zielgerichtete Investitionsentscheidungen“[2]. Daß die Bedingung nicht hinreichend ist, gestehen sie (immerhin) zu. Erstaunlich erscheint schon a priori der Anspruch der Methode, unter Unsicherheit notwendige Optimalitätsbedingungen angeben zu können, ohne überhaupt etwas zur Unsicherheitsnatur des zu beurteilenden Zahlungsstroms auszusagen und zu präzisieren, welche Zahlungsreihe mit den „Marktzinssätzen“ zu bewerten ist: Sind es erwartete, durchschnittliche Zahlungen? Sichere Zahlungen? Wenn es Spielräume in der Bemessung der Zahlungen gibt, welcher Kapitalwert muß dann „notwendigerweise“ positiv sein, um welche Rationalitätspostulate bei Unsicherheit nicht zu verletzen? Obwohl die Vertreter der Marktzinsmethode durchweg mit Zinsänderungsrisiken und Fristentransformation argumentieren, versuchen sie, die Unsicherheit der zu bewertenden Zahlungsströme (Investitionen) auszublenden oder doch von der Unsicherheit des Zinses zu trennen.

Bezeichnenderweise ist die Marktzinsmethode selbst für ihre Verfechter keine Methode „zur Bewältigung des Unsicherheitsproblems bei Investitionsentscheidungen“[3]. Wenn es sich aber um eine Methode unter Sicherheit handelt, gibt es keinen „spezifischen Finanzierungserfolg“ durch Fristentransformation und auch keine

---

1 Zur formalen Struktur des Modells bei laufzeitabhängigem Zins vgl. oben, Abschnitt 3.2.2.

2 *ROLFES*, Marktzinsmethode 2 (1994), S. 122.

3 *SCHIERENBECK*, Grundzüge (2003), S. 388. In der Gliederung der Ansätze bei Unsicherheit taucht die Marktzinsmethode nicht auf.

gegenüber den Modellen der Kapitel 3 und 4 eigenständige „Marktzinsmethode". Die im Bankjargon als „Forward-Rates" bezeichneten impliziten Terminzinssätze der Marktzinsmethode sind als Spezialfall eines im Zeitablauf deterministisch schwankenden Kalkulationszinses i_t auf vollkommenem Markt anzusehen (Satz 7, 13, 32). Bei Arbitragefreiheit (Satz 14) gibt es aber keinen *Transformationserfolg*, d.h., der Marktmechanismus läßt sichere Gewinne verschwinden. Würde im Jahr t ein einjähriger Kalkulationszins $i \neq i_t$ gelten, wäre durch Fristentransformation unbegrenzte Arbitrage möglich. Eine nach oben unbeschränkte primale Zielfunktion hat nach den Dualitätssätzen die Unlösbarkeit des Dualproblems zur Folge.[1] Tatsächlich widersprechen sich für $i \neq i_t$ die Restriktionen des Dualproblems, denn sie implizieren unter den gegebenen Voraussetzungen des vollkommenen Marktes $i_t = i$ (Satz 32). Der Markt würde aber diese Arbitragemöglichkeit *sofort* erkennen und durch Preisanpassung (Zinsänderung) ein *Perpetuum mobile* verhindern (vgl. Unterabschnitt 3.2.2.4). Das Marktzinsmodell setzt also bei Gültigkeit aller seiner Prämissen im Sicherheitsfall voraus, daß die künftigen Einjahreszinssätze des vollkommenen Marktes durch die in t = 0 bestehende Zinsstruktur deterministisch festgelegt sind. Es gibt nicht den geringsten Unterschied zum Modell des Abschnitts 3.2.2.

Damit ist zugleich die Behauptung widerlegt, das Marktzinsmodell erlaube „erstmals" eine klare Separation zwischen dem Erfolg der Investition und dem Transformationserfolg aus nicht fristenkongruenter Finanzierung.[2] Wenn die Modellprämissen (vollkommener Kapitalmarkt bei Sicherheit) gelten, gibt es – wie gezeigt – keinen Transformationserfolg. Existiert umgekehrt ein Transformationserfolg, so kann das Modell nicht gelten, denn der Transformationserfolg strebt dann gegen unendlich, weil es unter der Annahme des vollkommenen Marktes keine Obergrenzen für die Arbitragegeschäfte gibt (Perpetuum mobile). Beliebig große Arbitragegewinne sind aber irreal und mit der Annahme des vollkommenen Kapitalmarkts nicht vereinbar. Also könnte höchstens noch argumentiert werden, daß das Modell doch unter Unsicherheit zu verstehen sei und die (dann eigentlich nicht mehr so zu nennende) „Arbitrage" deshalb nur begrenzt erfolge. In diesem Falle muß man aber konsequent auch die Unsicherheit der zu beurteilenden Investitionszahlungsreihe zulassen, und dadurch wird der Kapitalwert des Marktzinsmodells mehrdeutig. Dann verschwimmt aber die angeblich „notwendige Bedingung" eines positiven Marktzins-Kapitalwerts, denn auf welche Zahlungsreihe müßten die Abzinsungsfaktoren der Zinsstruktur angewendet werden?

---

1 Vgl. z.B. *KOLBERG*, Optimierungstheorie (1992), *COLLATZ/WETTERLING*, Optimierungsaufgaben (1971), S. 58 und 60.

2 Vgl. *ROLFES*, Marktzinsmethode 1 (1993), S. 691. *WIMMER*, Marktzinsmethode (1993), S. 784 f. und *ROLFES*, Marktzinsmethode 1 (1993), S. 706 f. verstricken sich in ihren eigenen Prämissen und starten ein *Perpetuum mobile*, wenn sie davon ausgehen, bei Gültigkeit des Marktzinsmodells könne es noch einen Transformationserfolg geben. Vgl. *MARUSEV/PFINGSTEN*, Strukturbeitrag (1993), S. 224, *ADAM/HERING/SCHLÜCHTERMANN*, Lenkpreistheorie (1993), S. 786 f., *ADAM/SCHLÜCHTERMANN/HERING*, Marktorientierte Kalkulationszinsfüße (1994), S. 116 f., Letzter Versuch (1994), S. 789.

Das Marktzinsmodell gilt also nur auf einem *vollkommenen* Kapitalmarkt bei *Sicherheit*. Andere als sichere Zahlungsreihen lassen sich damit nicht bewerten, so daß das Modell der bekannten Investitionstheorie unter Sicherheit nichts hinzufügt.

Eine rein „heuristische" Kalkulation mit impliziten Terminzinssätzen wird im allgemeinen nicht zielsetzungsgerecht sein, da die Realität leider sehr stark von den Prämissen abweicht. Soll- und Habenzins stimmen meist nicht annähernd überein, Kredite sind nicht beliebig verfügbar, und vor allem sind die Zahlungsreihen der Investitionen sowie die künftige Zinsentwicklung unsicher.

Implizite Terminzinssätze leisten einen willkommenen Beitrag zur Aufdeckung von begrenzten Arbitrage- bzw. Spekulationsmöglichkeiten, und hierin ist ihre Bedeutung für die Investitionstheorie zu sehen (Sätze 5 bis 13).[1] Deshalb besteht aber noch lange kein Grund, den Papieren der Zinsstruktur einen Sonderstatus gegenüber allen anderen Investitions- und Finanzierungsobjekten einzuräumen. Bei *unvollkommenem* Kapitalmarkt ist es nicht zulässig, willkürlich eine bestimmte Gruppe von Alternativen von vornherein mit den ex ante unbekannten Grenzobjekten gleichzusetzen. Sofern ein Unternehmen überhaupt Zugang zur Zinsstruktur hat, stellen Termingeschäfte ganz gewöhnliche Investitions- und Finanzierungsobjekte dar, die zu Grenzobjekten werden *können*, aber *nicht müssen*. Die Annahme des Marktzinsmodells, daß erstens *alle* und zweitens *nur* die impliziten Sätze der Zinsstruktur des Planungszeitpunkts für die Investitionen steuerungsrelevant seien, ist vom Standpunkt der Lenkpreistheorie her gänzlich ungerechtfertigt und daher *systematisch falsch*. Die endogenen Grenzzinsfüße stimmen im allgemeinen Fall des unvollkommenen Kapitalmarkts nicht mit den impliziten Terminzinssätzen überein.[2]

Natürlich steht es jedem frei, ein lenkpreistheoretisch nicht fundiertes heuristisches Vorgehen anzuwenden, weil es einfacher durchzuführen ist als z.B. die approximative Dekomposition. Es stellt sich aber die Frage – besonders für die Masse der Unternehmen, welche nicht einmal Zugang zur Kapitalmarktzinsstruktur hat! –, ob es nicht besser ist, gleich zum klassischen Kapitalwertkriterium mit einem individuell geschätzten Kalkulationszins i bzw. i_t zurückzukehren, wenn schon auf die Berücksichtigung der Objektinterdependenzen gänzlich verzichtet wird. Das Marktzinsmodell genügt nicht den im Unterabschnitt 4.2.6.4.1 formulierten Anforderungen an ein realitätsnahes Partialmodell, weil es die Opportunitäten bzw. Grenzobjekte im voraus *willkürlich* festlegt. Die labile, zu Sprüngen neigende mathematische Struktur der Terminzinssätze ist nicht geeignet, diese Raten als heuristische Kalkulationszinsfüße zu empfehlen.[3] Zwischen 1967 und 1994 wäre ein konstanter Kalkulationszins von

---

[1] Vgl. HERING, Formeln (1996), S. 112, HERING, Arbitragefreiheit (1998), S. 171.

[2] Wäre es anders, könnte die Investitionstheorie bei Sicherheit sich auf Kapitel 3 beschränken und Kapitel 4 streichen.

[3] Vgl. Unterabschnitt 3.2.2.4.

6,8 % ein besserer Prognosewert für den künftigen Zins gewesen als alle Terminzinssätze.[1]

Im allgemeinen muß daher vom Einsatz der Marktzinsmethode als Kern einer heuristischen Investitionsrechnung abgeraten werden. Man könnte es bei dieser im Lichte der Lenkpreistheorie folgerichtigen Erkenntnis bewenden lassen, wenn nicht Vertreter der Bankbetriebslehre darauf beharrten, ein positiver Kapitalwert des Marktzinsmodells sei „*notwendige* Bedingung“[2] für die Vorteilhaftigkeit eines Zahlungsstroms. Ein derart weitgehender Allgemeinheitsanspruch ist jedoch keinesfalls akzeptabel.[3] Das einfache heuristische Kriterium des Marktzinsmodells kann, wie gezeigt, außerhalb des vollkommenen Kapitalmarkts bei Sicherheit keine Allgemeingültigkeit beanspruchen, und zwar *weder als notwendige noch als hinreichende Bedingung.* Marktunvollkommenheiten und/oder mangelnde Sicherheit der Erwartungen erlauben es nicht länger, aus Kapitalmarktdaten objektive *exogene* Vergleichsmaßstäbe abzuleiten, mit deren Hilfe ein klar abgegrenzter Partialerfolg eines einzelnen Objekts ex ante greifbar gemacht werden könnte.[4] Die unternehmensindividuellen Grenzzinsfüße hängen in einer solchen Situation vom konkreten Entscheidungsfeld (mit all seinen Begrenzungen, vielfältigen Konditionen und subjektiven Zukunftserwartungen) sowie von der verfolgten Zielsetzung ab (vgl. Unterkapitel 4.2).

---

1 Vgl. *ADAM/HERING/JOHANNWILLE*, Prognosequalität (1995), S. 1412 f., 1419.

2 *ROLFES*, Marktzinsmethode 2 (1994), S. 122.

3 *ROLFES*, Investitionsrechnung (1992) setzt offenbar diese Variante des vollkommenen Kapitalmarkts bei Sicherheit gar mit der „modernen Investitionsrechnung“ gleich.

4 Vgl. *KEIFER*, Kalkulationszinsfuß (1970), S. 168, *HAEGERT*, Kalkulationszinsfüße (1975), S. 244, *ADAM/HERING/SCHLÜCHTERMANN*, Lenkpreistheorie (1993), S. 788 f., *ADAM/SCHLÜCHTERMANN/HERING*, Marktorientierte Kalkulationszinsfüße (1994), S. 116, *BITZ/EWERT/TERSTEGE*, Investition (2012), S. 126 ff. Anderer Ansicht sind *SCHIERENBECK*, Grundzüge (2003), S. 368 ff. und *ROLFES*, Marktzinsmethode 1 (1993), S. 708. In *ROLFES*, Investitionsrechnung (1992), S. 272 ff. findet sich noch eine im Vergleich zu späteren Veröffentlichungen spürbar vorsichtigere Einschätzung der Tauglichkeit des Marktzinsmodells.

In Anbetracht der bisherigen Ausführungen des Kapitels 4 erscheint es unnötig, alle theoretischen Zusammenhänge im Detail aufzuzählen, die von einzelnen Vertretern der Marktzinsmethode außer acht gelassen werden. Die Auseinandersetzung mit ihnen ist im übrigen sehr ausführlich an anderer Stelle nachzulesen.[1] Im folgenden soll lediglich anhand eines Schaubildes möglichst knapp skizziert werden, warum das Marktzinsmodell im allgemeinen zur Fehlsteuerung des Investitions- und Finanzierungsverhaltens führt.

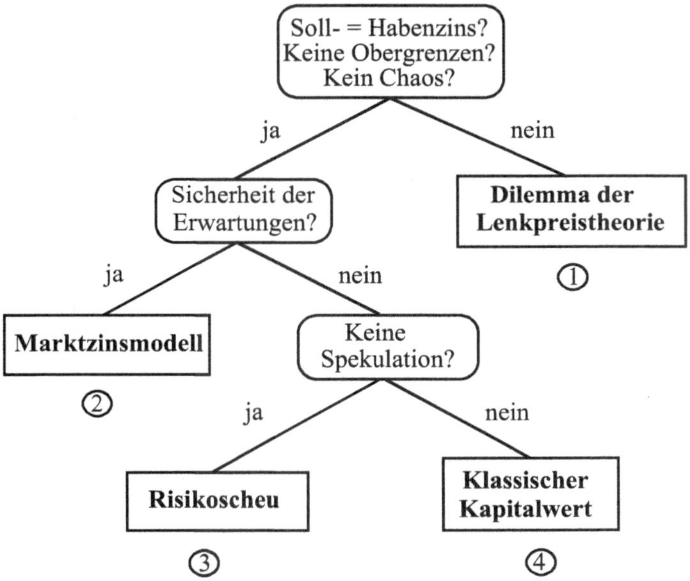

Abbildung 5-2: Bedingungen für den Einsatz des Marktzinsmodells

---

[1] Die (bisherige) Literaturdiskussion um die Marktzinsmethode umfaßt die Beiträge von *ROLFES*, Investitionsrechnung (1992), *ADAM/SCHLÜCHTERMANN/UTZEL*, Marktzinsmethode (1993), *ROLFES*, Marktzinsmethode 1 (1993), *WIMMER*, Marktzinsmethode (1993), *ADAM/HERING/SCHLÜCHTERMANN*, Lenkpreistheorie (1993), *ADAM/SCHLÜCHTERMANN/HERING*, Marktorientierte Kalkulationszinsfüße (1994), *ROLFES*, Marktzinsmethode 2 (1994), *KRUSCHWITZ/RÖHRS*, Marktzinsorientierte Investitionsrechnung (1994), *ROLFES*, Marktzinsmethode 3 (1994), *ADAM/SCHLÜCHTERMANN/HERING*, Letzter Versuch (1994), *HARTMANN-WENDELS/GUMM-HEUßEN*, Viel Lärm (1994), *SCHIERENBECK*, Marktzinsmethode (1994), *SCHIERENBECK*, Letzter Versuch (1994), *ADAM/HERING/SCHLÜCHTERMANN*, Partialmodell (1994), *HERING*, Investitionstheorie (1995), S. 29 ff. und 163 ff., *GRÜNDL*, Marktzinsmethode (1995), *ADAM/HERING/JOHANNWILLE*, Prognosequalität (1995), *DJEBBAR*, Marktzinsmethode (1996), *GISCHER*, Terminzinsen (1998), *HERING*, Unternehmensbewertung (1999), S. 167 ff., *BITZ/EWERT/TERSTEGE*, Investition (2012), S. 126 ff. Zu den zitierten ZfB-Artikeln ist auch stets das Editorial von ALBACH lesenswert.

In der vorstehenden Abbildung wird die Gesamtheit der möglichen Planungssituationen in vier Grundfälle aufgegliedert, die jeweils einer differenzierten Betrachtung im Hinblick auf die Eignung des Marktzinsmodells bedürfen.

Fall ①. Unter den Bedingungen des unvollkommenen Kapitalmarkts tritt das Dilemma der Lenkpreistheorie (vgl. Abschnitt 4.2.1) unvermeidlich auf. Hierzu genügt bereits das Auseinanderfallen von Soll- und Habenzins *oder* die Existenz von oberen Schranken für Kredite oder Geldanlagen. Das Marktzinsmodell versagt in dieser Situation vollständig. Als ein Partialmodell des vollkommenen Kapitalmarkts ist es schon im Ansatz außerstande, Knappheiten und Konditionsdifferenzen zu berücksichtigen. Wird es dennoch angewendet, sind die Planungsergebnisse grundsätzlich unbrauchbar, d.h. weder zulässig noch optimal. Wenn der Sollzins vom Habenzins abweicht, es also zwei gegeneinander verschobene Zinsstrukturkurven gibt, kann übrigens noch nicht einmal mehr der Kapitalwert des Marktzinsmodells vernünftig *definiert* werden, weil hierzu willkürliche Finanzierungsannahmen zu setzen wären.[1] Der Fall ① entspricht den allgemein für realistische Investitionsrechnungen geltenden Bedingungen. Er liegt auch automatisch vor, wenn negative oder sehr extreme Terminzinsfüße auftauchen („Chaos", vgl. Unterabschnitt 3.2.2.4). Die Marktzinsmethode liefert in der (vermutlich überwältigenden) Mehrzahl aller realen Anwendungsfälle keine vertrauenswürdigen Planungsergebnisse, weil sie die bestehenden Marktunvollkommenheiten ignoriert.

Fall ②. In der klassischen Lehrbuchsituation des vollkommenen Kapitalmarkts bei Sicherheit sind alle Prämissen des Marktzinsmodells erfüllt. Aufgrund der Arbitragefreiheit entsprechen die impliziten Terminzinssätze den endogenen Grenzzinsfüßen (Satz 32), und die Zinsstruktur des Planungszeitpunkts determiniert alle künftigen Zinssätze (Informationseffizienz, keine Arbitrage im Zeitablauf bzw. kein Transformationserfolg). In diesem Falle führen die Terminzinssätze zum richtigen Ergebnis (Sätze 5 bis 13). Allerdings ist dann auch die Marktzinsmethode zu einem bekannten Spezialfall (Satz 14) der arbitragefreien Bewertung verblaßt. Der Fall ② tritt in der Praxis so gut wie nie auf, weil die Anforderungen an die Vollkommenheit des Marktes und die Sicherheit der Erwartungen zu hoch sind. Alle Erfahrung lehrt, daß arbitragefreie Preise nur in der idealen Welt der Theorie existieren. Die zu einem bestimmten Zeitpunkt bestehenden Zinserwartungen am Kapitalmarkt besitzen in der Realität keine Prognosekraft. Terminzinssätze werden von der tatsächlichen Zinsentwicklung stets widerlegt. Tagtäglich fallen Arbitrage- und Spekulationsgewinne an, welche auf einem auch in zeitlicher Dimension vollkommenen Kapitalmarkt nicht

---

[1] Dieses Problem scheint *WIMMER*, Marktzinsmethode (1993), S. 781 f. und *ROLFES*, Investitionsrechnung (1992), S. 274 f. nicht bewußt zu sein.– Ein Zahlenbeispiel zum Versagen der Marktzinsmethode unter Verschuldungsobergrenzen ist bereits an anderer Stelle abgedruckt; vgl. *ADAM/ HERING/SCHLÜCHTERMANN* (1994), S. 777 ff.

vorkommen dürften.[1] Konjunkturelle Einflüsse und die Geldpolitik der Zentralbank können jederzeit zur Änderung der Zinsstruktur sowie der Zinserwartungen führen.[2] Das Marktzinsmodell setzt also insgesamt unerfüllbar künstliche, wirklichkeitsfremde Bedingungen voraus.

Fall ③. Sofern – gegenüber Fall ② immerhin realitätsnäher – ein vollkommener Kapitalmarkt bei *Unsicherheit* unterstellt wird, können durch Termingeschäfte die Konditionen der gegenwärtigen Zinsstruktur festgeschrieben werden. Risikoscheue Kreditnehmer schützen sich z.B. auf diese Weise vor einem befürchteten starken Anstieg des künftigen Zinses. Sie verschenken damit bei steigenden Terminzinssätzen zugleich die Chance, sich später kurzfristig günstiger zu finanzieren (z.B. einjährig revolvierend). Wegen ihres Hebeleffektes sind Kredite auf Termin bei normaler Zinsstruktur häufig sehr teuer, wie ein Blick auf die Abbildungen 3-8 und 3-9 zeigt. Für die abgesicherten Zinskonditionen fällt auf diesem Wege eine hohe „Versicherungsprämie" an, die dazu führen kann, daß Objekte „totgerechnet" werden, die bei vernünftiger Finanzierung durchaus vorteilhaft sind.[3] Es sei dahingestellt, ob der Abschluß überteuerter Versicherungen mit einer *unternehmerischen* Investitionspolitik kompatibel ist. Auf jeden Fall verhelfen auch die Termingeschäfte nicht zu einem *sicheren* Kapitalwert, da die Zahlungsreihe der Investition selbst unsicher bleibt. Aufgrund von Planungsirrtümern mangels vollkommener Voraussicht sind spätere Nachfinanzierungen zu ungewissen Konditionen im Regelfall ohnehin nicht auszuschließen. Die vollständige Elimination von Zinsrisiken bleibt eine Illusion. Es muß daher bezweifelt werden, daß die fristenkongruente Finanzierung zu Bedingungen, welche der eigenen subjektiven Zinserwartung zuwiderlaufen, selbst für extrem risikoaverse Unternehmen (z.B. Banken) von Vorteil ist. Das Marktzinsmodell kann zwar im Fall ③ als Heuristik bei extremer Risikoscheu in Betracht kommen, aber es steht auf tönernen Füßen. Der völlige Verzicht auf ergänzende, subjektiv „realistischere" Zinsprognosen erscheint in einer *per def. zukunftsgerichteten*, in jeder anderen Beziehung ebenfalls subjektiven Planung unter Unsicherheit wenig zielsetzungsgerecht.

Fall ④. Es gilt dieselbe Situation wie im Fall ③, aber nunmehr sei ein Abweichen vom fristenkongruenten Finanzverhalten erlaubt. Sofern auf im Vergleich zur gegen-

---

1 *Beispiel.* Im Januar 1988 galt ein Einjahreszins von 3,29% (Abbildung 3-8), während Anfang 1986 der entsprechende Terminzins i_3 für 1988 noch 6,69% prognostizierte (Abbildung 3-9). Die *Spekulation* auf fallende Zinsen hätte sich demnach gelohnt, und Verschuldung zu teuren 6,69% auf Termin wäre ein schlechtes Geschäft gewesen.– Zur Arbitragefreiheit von Zinsstrukturen vgl. Satz 14. (Ein Beispiel zur Arbitrage liefern *MULVEY/VLADIMIROU*, Stochastic Network Programming (1992), S. 1659 f.)

2 Die Geldpolitik der Zentralbank ist für die Marktteilnehmer nicht vollständig vorhersehbar und kann somit von der Zinsstruktur nicht genau antizipiert werden. Zum großen Einfluß der Notenbanken auf den Kapitalmarktzins vgl. die empirische Untersuchung von *VIRÉN*, Interest Rates (1993), S. 75, 88 sowie die gegenwärtige fatale Nullzins-Politik der Europäischen Zentralbank.

3 Vgl. *ADAM/SCHLÜCHTERMANN/HERING*, Marktorientierte Kalkulationszinsfüße (1994), S. 118.

wärtigen Zinsstruktur günstigere spätere Konditionen spekuliert wird, unterliegen die zu treffenden Dispositionen dem *Zinsänderungsrisiko*, da ihr Erfolg (oder Mißerfolg) von der Richtigkeit der subjektiven, von den Terminkonditionen abweichenden Zinserwartungen abhängt. Wenn sich aber ein Investor ein eigenständiges Urteil zutraut und nicht als Mitläufer blind der Meinung des Terminmarkts folgt, ist der Kapitalwert des Marktzinsmodells für ihn irrelevant. Die auch kurzfristig stark schwankenden[1] Terminzinssätze spiegeln nur durchschnittliche Kapitalmarkterwartungen eines Stichtages wider und stellen sich fast nie als tatsächliche künftige Einjahreszinssätze ein.[2] Dann sind sie aber nach Satz 30 nicht steuerungsrelevant, weil die zugehörigen fristenkongruenten Geschäfte nicht mehr zu den Grenzobjekten zählen.[3] Grenzobjekte sind vielmehr die künftigen einjährigen Geschäfte mit noch unsicherer, subjektiv geschätzter Verzinsung. Dies sei wie folgt begründet: Jede von den Terminzinssätzen abweichende Zinserwartung eröffnet den Weg zu einer *rein finanziellen Spekulation auf die Zinsdifferenz*. Wer z.B. eine Investition nicht fristenkongruent finanziert, weil er mit später niedrigeren Zinsen rechnet, muß bei unterstelltem vollkommenen Kapitalmarkt auch konsequent eine *Geldanlage* auf Termin tätigen, und zwar theoretisch in unendlich großem Umfang. Die Finanzierung der Geldanlage erfolgt erst in der Zukunft zu einem Einperiodenzins („Kassazins"), welcher annahmegemäß geringer als der Terminzins (Rendite der Geldanlage) ist. Auf diese Weise ergibt sich ein beliebig hoher Spekulationsgewinn (Perpetuum mobile). Wenn aber der Investor einen Risikoausgleich durch *Diversifikation* anstrebt und deshalb nicht „alles auf eine Karte" setzten möchte, wird er dieses *reine Spekulationsgeschäft* begrenzen. Die subjektive Zinserwartung könnte ja auch trügen und zu einem existenzgefährdenden Spekulations*verlust* führen, wenn der künftige Sollzins wider Erwarten den abgeschlossenen Terminzins der Geldanlage übersteigt. Sobald jedoch aus Sicherheitsgründen selbstauferlegte Obergrenzen für spekulative Termingeschäfte wirken, stellen die Kontrakte der Zinsstrukturkurve keine Grenzobjekte mehr dar. Die Termingeschäfte sind nämlich sofort (unmittelbar nach dem Planungszeitpunkt) als fristenkongruente Geschäfte abzuschließen und binden das Unternehmen definitiv *in genau festzulegendem Umfang*. Die beschriebene Geldanlage auf Termin wird z.B. aus Sicherheitsgründen auf 100.000 EYPΩ (oder DM, $, £, ...) begrenzt. Sie hat aufgrund der erwarteten Zinssenkung einen *positiven* Kapitalwert und ist deshalb *nicht* Grenzobjekt. Nach Satz 30 besitzt daher der zugehörige Terminzins keinerlei Rele-

---

[1] Vgl. *ADAM/HERING/JOHANNWILLE*, Prognosequalität (1995), S. 1417 f.

[2] Die schlechte Prognosequalität impliziter Terminzinssätze ergibt sich nicht allein aus erkenntnistheoretischen Überlegungen (vgl. *HERING*, Unternehmensbewertung (2014), S. 8 ff.), sondern ist auch empirisch vielfach belegt. Vgl. die drei unabhängig voneinander durchgeführten statistischen Untersuchungen von *SCHMITZ/PESCH*, Abweichungsanalyse (1994), *ADAM/HERING/JOHANNWILLE*, Prognosequalität (1995) und *GISCHER*, Terminzinsen (1998).

[3] Diese zentrale Erkenntnis der Lenkpreistheorie übersehen *MARUSEV*, Marktzinsmodell (1990), S. 59 und *ROLFES*, Marktzinsmethode 1 (1993), S. 703. Nach ihrer Auffassung spielt es keine Rolle, daß die Terminzinsfüße fast nie mit den später tatsächlich eintretenden Einjahreszinssätzen übereinstimmen.

vanz als Steuerungszinsfuß; er gehört ja im Modell zu einem voll verwirklichten Objekt. Vielmehr gelten weiterhin die subjektiv erwarteten künftigen Einjahreszinsfüße, da nur diese noch im Umfang anpaßbar und somit als Grenzobjekt brauchbar sind. Nach Annahme ist der Kapitalmarkt vollkommen; also stimmen die endogenen Grenzzinsfüße für die erwartete Datensituation mit den subjektiv geschätzten künftigen Zinsfüßen überein. Es gilt mithin nicht das Marktzinsmodell, sondern das klassische Kapitalwertkriterium.[1] *Der Gedanke des Risikoausgleichs durch Diversifikation limitiert die Termingeschäfte auf eine bestimmte Obergrenze und beraubt sie damit ihrer Eigenschaft, steuerungsrelevante Grenzobjekte zu sein. Sie werden „normale" Investitions- und Finanzierungsobjekte, die entweder gar nicht oder im Rahmen der Obergrenze voll zu realisieren sind.* Diese Argumentation ist natürlich bei Unsicherheit ebenso „heuristisch", wie es der Einsatz des Marktzinsmodells wäre. Geurteilt werden kann nur subjektiv nach Plausibilität. Unterstellt man hingegen die theoretischen Bedingungen des ZPM (Abschnitt 5.1.3), so gilt Satz 40 und damit eindeutig nicht die Marktzinsmethode. Fall ④ ist vorstellbar für sehr große Unternehmen, die an keine Finanzierungsgrenzen stoßen und deren Habenzins kaum vom Sollzins abweicht.

Betrachtet man die Abbildung 5-2 von links nach rechts, fällt die rasche „Verflüchtigung" der Marktzinsmethode auf. Die Steuerungseigenschaft ihrer „Forward-Rates" gilt unangefochten nur im äußerst wirklichkeitsfremden Grenzfall ②. Schon im nächsten, sicherlich nicht sonderlich repräsentativen Fall ③ eines völlig risikoscheu finanzierenden Unternehmens auf vollkommenem Markt besitzt die Marktzinsmethode nur noch ein – auch noch recht schwaches – heuristisches Potential. Sofern ein Unternehmen der Unsicherheitssituation *aktiv* begegnet (Fall ④), sind nur seine eigenen Zinserwartungen steuerungsrelevant, aber nicht mehr die Terminzinssätze als durchschnittliche Markterwartungen.[2] Im allgemeinsten und wohl auch am häufigsten vorkommenden Fall ① versagen die Planungsverfahren des vollkommenen Kapitalmarkts insgesamt, und das Marktzinsmodell teilt das Schicksal der klassischen Kapitalwertmethode. In dieser Situation können nur lenkpreistheoretisch fundierte Heuristiken weiterhelfen.

---

1 Vgl. Satz 32, wobei nun der Kalkulationszinsfuß i_t wegen des unterstellten Unsicherheitsfalls nicht einwertig zu sein braucht. Werden verschiedene Zinskonstellationen subjektiv für möglich gehalten, sind die Verfahren des Unterkapitels 5.3 anzuwenden (z.B. Risikoanalyse des Kapitalwerts).

2 ROLFES beklagt, daß ADAM, SCHLÜCHTERMANN und D. VERF. nicht geneigt sind, der Durchschnittserwartung des Terminmarktes mehr zu trauen als einer individuellen Zinsprognose; vgl. *ROLFES*, Marktzinsmethode 2 (1994), S. 124. Der Kapitalmarkt kann jedoch nicht klarer in die Zukunft blicken als der Durchschnitt der Marktteilnehmer selbst. Auch *ROLFES*, Marktzinsmethode 1 (1993) räumt auf S. 703 ein, daß die Terminzinssätze „in Zukunft ggf. nie real auftreten". Warum sollte also ein einzelner Teilnehmer oder Beobachter nicht zu einer eigenen Zinsprognose in der Lage sein, die von der Durchschnittsprognose des Marktes abweichen kann und genau wie diese natürlich keinerlei Gewähr dafür bietet, den künftigen Zins zutreffend vorherzusagen? Eine langfristige individuelle Prognose braucht dazu nicht von kurzfristigen Stimmungseinflüssen und Herdenverhalten (vgl. *HIRTH/WALTER*, Imitation (2002)) an der Börse beeinflußt zu werden.

Eine gänzlich offene Frage ist im übrigen, wie Objekte mit sehr langer Laufzeit im Marktzinsmodell zu behandeln sind. Für die Mehrzahl der Bankgeschäfte mögen fristenkongruente Tranchen mit Restlaufzeiten von bis zu zehn Jahren ausreichen. Strategische Investitionen von Industrieunternehmen können aber auch weit in die Zukunft reichende Zahlungsströme auslösen, zu deren Abzinsung überhaupt keine Termingeschäfte mehr bereitstehen. Kreditgeber und Geldanleger am Kapitalmarkt scheuen derartig lange Bindungsdauern. Die willkürliche Extrapolation der Zinsstrukturkurve führt zu absurden Kalkulationszinsfüßen, weil die rechnerisch fortgeschriebenen Terminzinssätze eine chaotische Entwicklung nehmen (vgl. Abbildung 3-10). Auch ein „Einfrieren" der Zinsstruktur auf dem letzten erreichten Niveau ist nicht sachgerecht. Wieso sollte z.B. der Zinssatz des zehnten Jahres für alle Zukunft repräsentativ sein? Willkürlich hohe Kalkulationszinsfüße führen nahezu zur Irrelevanz weit in der Zukunft liegender Zahlungen, weil ihr Kapitalwertbeitrag über den Zinseszinseffekt schnell gegen null konvergiert. Der einzige Ausweg besteht darin, die zukünftigen Grenzzinsfüße i_t möglichst realitätsgerecht zu schätzen. Dies entspricht aber der völligen Abkehr vom Marktzinsmodell, wie bereits durch die Fälle ① und ④ der Abbildung 5-2 nahegelegt.

Zusammenfassend kann gesagt werden: Das Marktzinsmodell führt bei unvollkommenem Kapitalmarkt und/oder Unsicherheit im allgemeinen zur Fehlsteuerung des Investitions- und Finanzierungsverhaltens. Ein schwaches heuristisches Potential ist lediglich für den Ausnahmefall eines ausgeprägt risikoscheuen Unternehmens auf einem näherungsweise vollkommenen Kapitalmarkt bei Unsicherheit zu erkennen, das überwiegend weitgehend sichere Zahlungsströme beurteilt (z.B. Banken). Die Marktzinsmethode vermag weder das Dilemma der Lenkpreistheorie noch das Unsicherheitsproblem „auszumanövrieren". Sie unterstellt einen vollkommenen Kapitalmarkt mit arbitragefreien Lenkpreisen. Diese klassische Lehrbuchvoraussetzung eines theoretischen Marktgleichgewichtsmodells hat mit dem realen Entscheidungsfeld betrieblicher Investitionspolitik so wenig gemein, daß der in der Vergangenheit teilweise vehement vorgetragene weitreichende Geltungsanspruch des Marktzinsmodells nur Verwunderung auslösen kann.

5.2.1.3 Risikozuschlagsmethoden

5.2.1.3.1 Subjektive Risikozuschläge

Eine elementare Vorgehensweise zur Berücksichtigung der Unsicherheit besteht darin, vom *schlechtesten* für möglich gehaltenen Fall auszugehen und die Rückflüsse der Objekte sehr pessimistisch anzusetzen.[1] Zahlungsreihen, die selbst unter ungünstigsten Bedingungen und für alle denkbaren Steuerungszinsfüße noch einen positiven Kapitalwert haben, sind unabhängig von der tatsächlich eintretenden Datensitua-

[1] Vgl. *KRUSCHWITZ*, Investitionsrechnung (1978), S. 280.

tion vorteilhaft. Auf diese Weise lassen sich aber vermutlich nur sehr wenige Objekte eindeutig positiv beurteilen. Eine derartig – fast schon „krankhaft“ – pessimistische Unternehmenspolitik führt höchstwahrscheinlich nur dazu, daß fast jegliche Investitionstätigkeit unterbleibt, weil ein gewisses „Restrisiko“ des Fehlschlags für kaum ein Projekt definitiv ausgeschlossen werden kann.

Eine gemilderte Variante des beschriebenen *Korrekturverfahrens* sieht lediglich die pauschalisierte, aber nicht maximale Kürzung der Zahlungsüberschüsse vor. Je „riskanter“ ein Objekt eingeschätzt wird, desto stärker sind die erwarteten Rückflüsse nach unten zu korrigieren. Das genaue Ausmaß der Korrekturen ist jedoch völlig subjektiv zu wählen und theoretisch nicht im Ansatz begründet. Die den Manipulationen der Zahlungsströme innewohnende Willkür verstellt nur den Blick auf das tatsächliche Ausmaß der Unsicherheit. Die resultierenden Kapitalwerte lassen sich weder sinnvoll interpretieren noch miteinander vergleichen, und es besteht nach wie vor die Gefahr des willkürlichen „Totrechnens“ von Projekten durch kumuliert pessimistische Prognosen. Erfolgschancen als positive Seite der Unsicherheit bleiben ebenso außer Betracht wie die Streuung des Kapitalwerts. Simple Korrekturverfahren führen trotz ihrer Beliebtheit in der Praxis zu ungenügenden Planungsergebnissen. Ihre Anwendung kommt vielfach einer quantitativ verbrämten Gefühlsentscheidung gleich.[1]

Als Alternative zur direkten Verminderung der Überschüsse findet sich häufig der umstrittene Vorschlag, den Kalkulationszins aus Vorsichtsgründen um einen *Risikozuschlag* zu erhöhen.[2] Insoweit dieser Zuschlag willkürlich festgelegt wird, ist er ebenfalls aus den bereits genannten Gründen inakzeptabel.[3] Die Literatur macht aber darüber hinaus nicht genug darauf aufmerksam, daß bereits der *Grundgedanke* des Risiko*zuschlags* auf den Zins wenig überzeugend ist. Dies gilt auch dann, wenn die erhöhten Steuerungszinssätze aus Kapitalmarktdaten abgeleitet werden.[4] Wegen ihrer grundsätzlichen Bedeutung, z.B. auch im Hinblick auf die Beurteilung des CAPM,[5] sei diese Einschätzung im folgenden ausführlich begründet.

---

1 Vgl. *BLOHM/LÜDER*, Investition (1995), S. 248 ff., *PERRIDON/STEINER/RATHGEBER*, Finanzwirtschaft (2012), S. 112 f., *KRUSCHWITZ*, Investitionsrechnung (2014), S. 310 ff., *DIRUF*, Risikoanalyse (1972), S. 821 f.

2 Vgl. *BLOHM/LÜDER*, *PERRIDON/STEINER/RATHGEBER*, *KRUSCHWITZ*, a.a.O. (vorherige Fußnote) sowie *HAX*, Unsichere Erwartungen (1964), S. 187, 193, *SIEGEL*, Unsicherheitsberücksichtigung (1992), S. 21 ff.

3 Willkürlich ist z.B. der Ansatz einer konstanten, „branchenüblichen“ Mindestrendite. Vgl. *KAUFMANN*, Zinsempfindlichkeit (1967), S. 70, 154.

4 Vgl. *HAEGERT*, Kalkulationszinsfüße (1975), S. 244.

5 Vgl. den nachfolgenden Unterabschnitt.

1. Das zur Bestimmung einer risikoangemessenen Verzinsung herangezogene Konzept der *Risikoklasse,* welches auch im Rahmen der *Irrelevanzthese* von MODIGLIANI und MILLER[1] eine wichtige Rolle spielt, ist nicht operational. Seine Anwendung erfordert die Identifizierung einer Kapitalanlage mit bekanntem Marktpreis, welche in etwa ebenso unsicher ist wie der zu beurteilende Zahlungsstrom. Das in Frage stehende Objekt wäre dann an der für diese Risikoklasse geltenden Kapitalmarktverzinsung zu messen. Abgesehen davon, daß das theoretisch unter idealen Bedingungen[2] bestehende „Bewertungspotential" der Börse durch Kapitalmarktunvollkommenheiten empfindlich beeinträchtigt ist, grenzt die Einordnung einer betrieblichen Sachinvestition in eine gänzlich subjektiv festgelegte Risikoklasse von Kapitalmarktanlagen an Willkür. Die dem Zahlungsstrom ohne theoretisch überzeugende Begründung zugewiesene Soll-Marktrendite unterliegt noch dazu künftigen Schwankungen, welche ihrerseits unsicher sind.

2. Es bleibt unklar, auf welche Zahlungsreihe überhaupt ein risikoadjustierter Kalkulationszins anzuwenden wäre: auf eine pessimistische, optimistische oder eine wie auch immer geschätzte Erwartungswert-Zahlungsreihe des Objekts? Die Annahme der Existenz eines vermeintlich objektiven Steuerungszinses bei Unsicherheit erfordert wiederum eine Verdichtung der unsicheren Zahlungsströme auf einwertige Erwartungen, welche angesichts der fragwürdigen Prämissen zu insgesamt kaum vernünftig interpretierbaren Ergebnissen führt.

3. Durch die Erhöhung der Steuerungszinsfüße ergibt sich über den Zinseszinseffekt eine automatische, weder erwünschte noch angemessene Übergewichtung des Risikozuschlags auf die Rückflüsse weiter in der Zukunft liegender Perioden.[3] Es ist nicht einsichtig, wieso z.B. eine Zahlung in $t = 10$ zehnmal mit Rücksicht auf ihre Unsicherheit abgewertet wird, während eine Zahlung *desselben* Objekts zu $t = 3$ nur dreimal eine erhöhte Abzinsung erleidet. Ein konstanter, noch dazu hoher Risikozuschlag benachteiligt langlaufende, z.B. „strategische" Objekte in ungerechtfertigter Weise. Es erscheint in diesem Lichte wesentlich vernünftiger, direkt jede einzelne Zahlung *einmalig* auf einen für realistisch befundenen Wert (geschätztes *Sicherheitsäquivalent*) zu reduzieren, anstatt den Umweg über den Kalkulationszins zu beschreiten.

4. Dasselbe gilt um so mehr, wenn die stillschweigende Voraussetzung streng monoton fallender Kapitalwertfunktionen in Frage gestellt wird. Der Risikozuschlag soll doch offenbar zu einer Verminderung des Kapitalwerts unsicherer Zahlungsreihen

---

[1] Vgl. *PERRIDON/STEINER/RATHGEBER*, Finanzwirtschaft (2012), S. 532 ff., *HAX*, Unsichere Erwartungen (1964), S. 187.

[2] Vgl. z.B. *HERING*, Unternehmensbewertung (2014), S. 211 ff.

[3] Vgl. *MYERS*, Financial Strategy (1984), S. 132, *BUSSE VON COLBE/LAßMANN*, Investitionstheorie (1990), S. 158 f.

führen. Ein Entscheidungsträger, der anstelle der naheliegenden und leicht möglichen direkten Kürzung der Überschüsse den Kalkulationszins erhöht, kann schnell das Gegenteil der beabsichtigten Kapitalwertsenkung erreichen! Diese Aussage gilt keineswegs nur für unsichere *Finanzierungs*objekte oder sehr irreguläre Investitionszahlungsreihen. Gegeben sei z.B. ein im Hinblick auf die Kostenentwicklung sehr unsicheres Geschäft des Großanlagenbaus mit einer beachtlichen Kundenanzahlung in t = 1. Die nachfolgende Abbildung zeigt den Kapitalwertverlauf der Zahlungsreihe **g** = (–19000, 69000, –80000, 28000, 2000) bei unterstelltem einheitlichen Kalkulationszins.

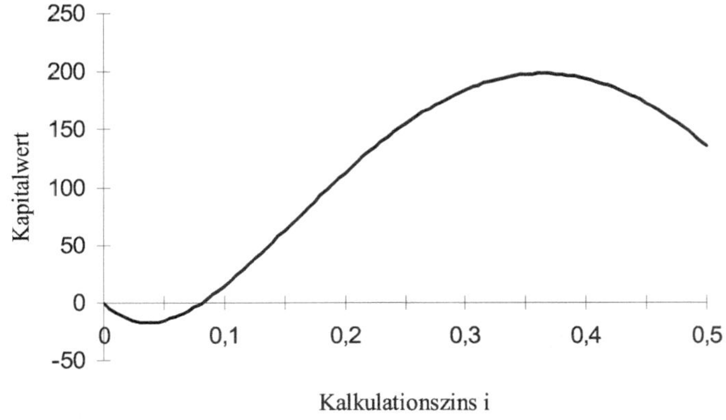

Abbildung 5-3: Fragwürdigkeit eines Risikozuschlags auf den Steuerungszins

Durch die Erhöhung des Kalkulationszinses von z.B. 5% auf 20% wird das betrachtete Objekt erst vorteilhaft! Der Risikozuschlag führt also keineswegs immer zu einer vorsichtigeren Beurteilung der Zahlungsströme. Dieses Beispiel zeigt sehr deutlich, daß ein risikoadjustierter Kalkulationszinsfuß gravierende Interpretationsschwierigkeiten nach sich zieht und nicht einmal den ihm zugedachten Zweck der Kapitalwertreduktion allgemein erfüllt. Der Risikozuschlag entspricht einer willkürlichen Manipulation des Steuerungszinses, welche nur den Blick auf die Chancen und Risiken des zu beurteilenden Objekts verschleiert.

5. Das letzte Argument wiegt besonders schwer: Die Verwendung risikoklassenabhängiger oder anders begründeter *objektspezifischer Steuerungszinsfüße*[1] widerspricht allen Ergebnissen der Lenkpreistheorie. Der Steuerungszins einer Periode ist der *für sämtliche Objekte gleiche Opportunitätsmaßstab*. Daran ändert (im Rah-

[1] Vgl. *RUDOLPH*, Neuere Kapitalkostenkonzepte (1986), S. 893.

men des gemäß Abschnitt 2.1.2 heuristisch abgesteckten Entscheidungsfeldes) auch die Unsicherheit nichts. Die den endogenen Zins jeder Periode determinierenden Grenzobjekte gelten für das gesamte Investitions- und Finanzierungsprogramm, und gerade sie verfügen häufig über eine eher moderate und nicht risikoadjustiert erhöhte Verzinsung (z.B. kurzfristiger Kredit bei normaler Zinsstruktur oder einjährige Geldanlage überschüssiger Mittel in „sicheren" Staatspapieren). Objektindividuelle Risikozuschläge führen zu *systematisch falschen*, willkürbehafteten Kapitalwerten, welche nicht mehr als Vorteil eines Objekts gegenüber der (infinitesimalen) Opportunität interpretiert werden können.[1] Sie entziehen darüber hinaus jedem Kapitalwert*vergleich* den Boden (z.B. im Rahmen des Wahlproblems).

Risikoadjustierte Kalkulationszinsfüße sind *willkürlich deterministisch* und *objektbezogen*, während die Lenkpreistheorie genau die umgekehrte Relation lehrt: Die richtigen Steuerungszinsfüße sind ex ante *unsicher*, aber für alle zu beurteilenden Zahlungsreihen *gleich*. Unter den theoretischen Bedingungen von Satz 40 gelten einheitliche Zustandspreise für alle zustandsbedingten Zahlungsströme – es kommt für den Kapitalwert eines Objekts nur darauf an, in welchem Zustand welche Zahlung erfolgt; spezielle Abzinsungsfaktoren für jedes einzelne Objekt lassen sich aus dem ZPM (Abschnitt 5.1.3) nicht herleiten.[2]

Die Berechnung des entscheidungslogischen Kapitalwerts für eine unterstellte Datensituation (*Lenkpreistheorie*) muß streng von der Beantwortung der Frage getrennt werden, wie wahrscheinlich der Eintritt der betreffenden Datensituation im Rahmen der heuristischen Planung ist (*Unsicherheitsproblem*). Nur Grenzobjekte beeinflussen die endogenen Steuerungszinsfüße. Sofern eine unsichere Zahlungsreihe nicht zum Grenzobjekt wird, darf die Unsicherheit z.B. nur durch direkte Reduktion *ihrer* Überschüsse auf die Höhe der geschätzten Sicherheitsäquivalente berücksichtigt werden, nicht aber durch zusätzliche Anpassung der Überschüsse der Opportunität (Kalkulationszins). Mit anderen Worten: Es erfolgt eine Korrektur der Zahlungsreihe, aber im allgemeinen[3] keine Änderung des Steuerungszinsfußes.

Die Festsetzung von Sicherheitsäquivalenten geht ebenfalls nicht willkürfrei vonstatten. Damit erweisen sich die in diesem Abschnitt beschriebenen Korrekturverfahren allesamt als sehr stark subjektiv manipulierbar und letztlich wenig nützlich. Ihr Scheitern liegt schon in dem nicht einlösbaren Anspruch begründet, das Unsicherheitspro-

---

[1] Vgl. ähnlich auch *BRÖHL*, Kalkulationszinsfuß (1966), S. 209 f., *KEIFER*, Kalkulationszinsfuß (1970), S. 147 ff., 164, 167 ff., *HAEGERT*, Kalkulationszinsfüße (1975), S. 252 f.

[2] Vgl. *HERING*, Unternehmensbewertung (2014), S. 280 f. sowie auch *FRANKE/HAX*, Finanzwirtschaft (2009), S. 354.

[3] Der Steuerungszins reagiert nur, wenn das betrachtete Objekt durch die Variation seiner Zahlungsreihe zum Grenzobjekt wird.

blem durch simple, mehr oder weniger unfundierte Modifikationen der Zahlungsreihen hinwegrechnen zu können.

5.2.1.3.2 Pseudo-objektive Risikozuschläge (CAPM)

Die *Kapitalmarkttheorie* versucht, unter Voraussetzung bestimmter Gleichgewichtsannahmen *Marktpreise* für die Übernahme von Risiko zu ermitteln. Nach der Bewertungstheorie des *Capital Asset Pricing Model (CAPM)*[1] besteht die im Marktgleichgewicht zu erwartende Rendite eines einzelnen unsicherheitsbehafteten Wertpapiers aus dem „risikolosen" Kalkulationszinssatz i zuzüglich einer (i.d.R. positiven) *Risikoprämie*. Es stellt sich die Frage, ob das CAPM auf das betriebliche Investitions- und Finanzierungsproblem übertragen werden kann und ob es einen Beitrag zur Schätzung der Steuerungszinsfüße unter Unsicherheit leistet.[2]

Das Modell setzt eine Fülle sehr restriktiver Annahmen, die kurz skizziert seien:[3]

1. Der *risikoscheue* Entscheidungsträger folgt dem *μ-σ-Prinzip*; d.h., von zwei alternativen Handlungsmöglichkeiten mit gleichem *Erwartungswert* μ der Rendite zieht er diejenige mit der geringeren *Standardabweichung* σ (bzw. *Varianz* σ^2) vor (und von zwei Alternativen mit gleichem σ die mit größerem μ). Das μ-σ-Prinzip ist im allgemeinen nur bei quadratischer Nutzenfunktion mit dem BERNOULLI-Prinzip verträglich.[4]

2. Alle Marktteilnehmer hegen die *gleichen Erwartungen* hinsichtlich μ und σ sämtlicher gehandelten Wertpapiere. Auch die Erwartungen bezüglich der zwischen den Papieren bestehenden *Kovarianzen* sind homogen.

3. Der Kapitalmarkt ist *vollkommen* und verfügt daher insbesondere über einen *sicheren Kalkulationszins* i, zu dem in beliebiger Höhe Geld angelegt oder aufgenommen werden kann. Es gibt weder Transaktionskosten noch Informationsvorteile.

4. Der Planungshorizont umfaßt *nur eine Periode*. Unsicher sind lediglich die Zahlungen im Zeitpunkt t = 1.

---

1 Dieses Bewertungsmodell geht zurück auf *SHARPE*, Capital Asset Prices (1964), *LINTNER*, Valuation of Risk Assets (1965) und *MOSSIN*, Equilibrium (1966).

2 Vgl. *RUDOLPH*, Neuere Kapitalkostenkonzepte (1986), *KRUSCHWITZ/SCHÖBEL*, CAPM (1987), *SERFLING/LANGGUTH*, β-Faktoren (1991).

3 Vgl. *PERRIDON/STEINER/RATHGEBER*, Finanzwirtschaft (2012), S. 272, *SCHIERENBECK/WÖHLE*, Grundzüge (2012), S. 467.

4 Vgl. *HAX*, Investitionstheorie (1985), S. 136 f. Die Vereinbarkeit des μ-σ- mit dem BERNOULLI-Prinzip ist auch in dem Spezialfall gegeben, daß alle vorkommenden Verteilungen durch μ und σ vollständig charakterisiert sind (z.B. Normalverteilung). Vgl. *FRANKE/HAX*, Finanzwirtschaft (2009), S. 308 ff.

Aus den vorliegenden Daten wird zunächst die *Effizienzkurve* der unsicherheitsbehafteten Portefeuilles bestimmt. Auf ihr liegen die für ein jeweils gegebenes μ varianzminimalen Wertpapiermischungen.[1] Jeder Investor kann darüber hinaus die sichere Geldanlage mit $\mu = i$ und $\sigma = 0$ wählen. Sie ist als Punkt S in der folgenden Abbildung 5-4 ausgewiesen.

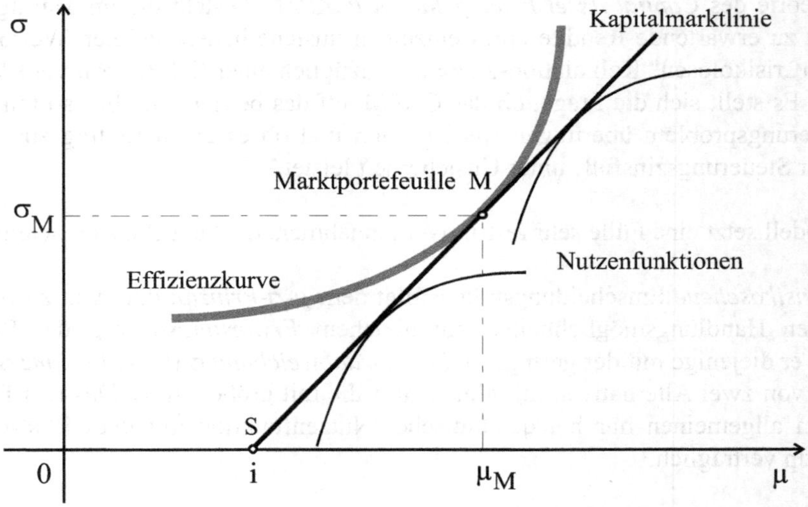

Abbildung 5-4: Kapitalmarktlinie und Portefeuilleauswahl

Die Portefeuilles der Effizienzkurve und die sichere Anlage S lassen sich – je nach individueller Risikoneigung – beliebig mischen. Die mit einer Linearkombination erzielbaren μ-σ-Kombinationen liegen jeweils auf der Verbindungsgeraden zwischen dem Punkt S und dem gewählten Portefeuille auf der Effizienzkurve. Solange die betreffende Gerade die Effizienzkurve *schneidet*, können durch ihre Drehung nach rechts um den Punkt S bessere Portefeuilles erzeugt werden, die bei gleichem μ ein geringeres σ aufweisen. Erst wenn die Gerade zur *Tangente* an der Effizienzkurve wird, liegen auf ihr keine nach dem μ-σ-Prinzip dominierten Kombinationen mehr. Von allen unsicheren Portefeuilles der Effizienzkurve bleibt also bei Vorliegen der sicheren Anlage S nur eines effizient: das Tangential- oder auch *Marktportefeuille* M mit $\mu = \mu_M$ und $\sigma = \sigma_M$. Wegen der Annahme homogener Erwartungen halten alle Anleger die riskanten Wertpapiere in der gleichen Zusammensetzung. Dies ist nur möglich, wenn das Marktportefeuille *alle* am Markte gehandelten Papiere im Verhältnis ihres zahlenmäßigen Vorkommens enthält. Die Zusammensetzung des Portefeuilles M ergibt sich also ganz unabhängig von den Werten der Modellparameter

[1] Näheres hierzu findet sich im Unterabschnitt 5.2.2.1.

(Erwartungswerte, Varianzen, Kovarianzen) allein aus den Prämissen des CAPM. Die Risikobereitschaft der Anleger kommt nicht mehr in der Auswahl oder Ablehnung einzelner Papiere, sondern lediglich im Mischungsverhältnis zwischen der sicheren Anlage S und dem unsicherheitsbehafteten, für alle gleichen Portefeuille M zum Ausdruck.[1] Abbildung 5-4 zeigt zwei individuelle Nutzenindifferenzkurven, deren Tangentialpunkte mit der Geraden durch S und M die jeweils präferierte μ-σ-Kombination angeben.

Eine Linearkombination von λ Anteilen S mit 1 − λ Anteilen M verspricht einen Erwartungswert der einperiodigen Portefeuillerendite von

$$\mu = \lambda \cdot i + (1 - \lambda) \cdot \mu_M.$$

Die Standardabweichung der Mischung beträgt (bei einer Kovarianz σ_{SM} von null und $-\infty < \lambda \leq 1$):

$$\sigma = \sqrt{\lambda^2 \cdot 0^2 + 2 \cdot \lambda \cdot (1-\lambda) \cdot 0 + (1-\lambda)^2 \cdot \sigma_M^2} = (1 - \lambda) \cdot \sigma_M.$$

Die Gerade zwischen den Punkten S und M heißt *Kapitalmarktlinie.* Sie geht über eine reine Konvexkombination von S und M hinaus, weil auch negative Anteile von S am Gesamtportefeuille möglich sind ($\lambda < 0$). Der *Hebeleffekt* durch Verschuldung zum Kalkulationszins i und Investition in das Marktportefeuille erlaubt die beliebige Erhöhung von μ und σ. Aus Abbildung 5-4 ergibt sich die Geradengleichung der Kapitalmarktlinie:

$$\mu = i + \frac{\mu_M - i}{\sigma_M} \cdot \sigma.$$

Man verifiziert für die Linearkombination $\lambda \cdot S + (1 - \lambda) \cdot M$ mit $\sigma = (1 - \lambda) \cdot \sigma_M$:

$$\mu = i + \frac{\mu_M - i}{\sigma_M} \cdot (1 - \lambda) \cdot \sigma_M = \lambda \cdot i + (1 - \lambda) \cdot \mu_M.$$

Die Steigung der Kapitalmarktlinie, $d\mu/d\sigma = (\mu_M - i)/\sigma_M$, wird als *Marktpreis des Risikos* bezeichnet. Sie gibt an, mit welcher Erwartungswerterhöhung der Kapitalmarkt einen Anstieg der Standardabweichung um eins vergütet.[2]

---

[1] Die Trennbarkeit der Wertpapierzusammenstellung von der Entscheidung über das einzugehende Ausmaß an Unsicherheit wird als *TOBIN-Separation* bezeichnet. Vgl. *PERRIDON/STEINER/RATHGEBER*, Finanzwirtschaft (2012), S. 31, 279.

[2] Vgl. *PERRIDON/STEINER/RATHGEBER*, Finanzwirtschaft (2012), S. 274.

Alle bisherigen Aussagen gelten für Mischportefeuilles aus S und M. Das CAPM will aber *einzelne* Wertpapiere innerhalb des effizienten Marktportefeuilles M bewerten. Hierzu wird eine marginale Störung von M betrachtet.[1] Gegeben sei eine Linearkombination aus λ Teilen des Wertpapiers j (Erwartungswert μ_j, Standardabweichung σ_j) und $1 - \lambda$ Teilen des Marktportefeuilles M. Die Kovarianz zwischen den unsicheren einperiodigen Renditen von j und M betrage σ_{jM}. Für die Mischung gilt daher $\mu = \lambda \cdot \mu_j + (1 - \lambda) \cdot \mu_M$ und:

$$\sigma = \sqrt{\lambda^2 \cdot \sigma_j^2 + 2 \cdot \lambda \cdot (1-\lambda) \cdot \sigma_{jM} + (1-\lambda)^2 \cdot \sigma_M^2}\,.$$

Eine infinitesimale Erhöhung des Anteils von Wertpapier j im Mischportefeuille liefert folgende Änderungsraten von Erwartungswert und Standardabweichung:

$$\frac{\partial \mu}{\partial \lambda} = \mu_j - \mu_M\,,$$

$$\frac{\partial \sigma}{\partial \lambda} = \frac{2 \cdot \lambda \cdot \sigma_j^2 + 2 \cdot (1 - 2 \cdot \lambda) \cdot \sigma_{jM} - 2 \cdot (1-\lambda) \cdot \sigma_M^2}{2 \cdot \sqrt{\lambda^2 \cdot \sigma_j^2 + 2 \cdot \lambda \cdot (1-\lambda) \cdot \sigma_{jM} + (1-\lambda)^2 \cdot \sigma_M^2}}\,.$$

Nur das Marktportefeuille M ist effizient. Im *Marktgleichgewicht* muß also $\lambda = 0$ gelten, da die Anleger keine von M abweichenden Wertpapiermischungen halten. Die Ableitungen lauten an der Stelle $\lambda = 0$:

$$\left.\frac{\partial \mu}{\partial \lambda}\right|_{\lambda=0} = \mu_j - \mu_M\,,$$

$$\left.\frac{\partial \sigma}{\partial \lambda}\right|_{\lambda=0} = \frac{2 \cdot \sigma_{jM} - 2 \cdot \sigma_M^2}{2 \cdot \sqrt{\sigma_M^2}} = \frac{\sigma_{jM} - \sigma_M^2}{\sigma_M}\,.$$

Hiermit läßt sich nun der Zusammenhang zwischen μ und σ bei Variation des Anteils von Wertpapier j im Marktportefeuille ermitteln.

$$\left.\frac{d\mu}{d\sigma}\right|_{\lambda=0} = \left.\frac{\partial \mu}{\partial \lambda}\right|_{\lambda=0} \cdot \left.\frac{\partial \lambda}{\partial \sigma}\right|_{\lambda=0} = \frac{(\mu_j - \mu_M) \cdot \sigma_M}{\sigma_{jM} - \sigma_M^2}\,.$$

[1] Zur folgenden Herleitung vgl. *PERRIDON/STEINER/RATHGEBER*, Finanzwirtschaft (2012), S. 275 ff.

Der auf der linken Seite stehende Differentialquotient ist aber bereits bekannt: Es handelt sich um den Marktpreis des Risikos. Die Kapitalmarktlinie ist ja gerade an der Stelle des Marktportefeuilles ($\lambda = 0$) Tangente im σ-μ-Koordinatensystem. Gleichsetzen liefert

$$\frac{\mu_M - i}{\sigma_M} = \frac{(\mu_j - \mu_M) \cdot \sigma_M}{\sigma_{jM} - \sigma_M^2}$$

und nach einigen einfachen Umformungen schließlich:

$$\mu_j = i + (\mu_M - i) \cdot \frac{\sigma_{jM}}{\sigma_M^2}.$$

Damit ist die einperiodige Renditeerwartung eines einzelnen Wertpapiers j im Marktportefeuille ermittelt. Mit k_{jM} als Korrelationskoeffizient (normierte Kovarianz) zwischen Papier j und M läßt sich auch schreiben:[1]

$$\frac{\sigma_{jM}}{\sigma_M^2} = k_{jM} \cdot \frac{\sigma_j}{\sigma_M} =: \beta_j.$$

Der Faktor β_j charakterisiert das *systematische Risiko* des Wertpapiers j, welches sich auch durch vollständige Diversifikation (Wahl des Marktportefeuilles) nicht mehr reduzieren läßt. Der zwischen dem *Betafaktor* β_j und der Renditeerwartung μ_j bestehende lineare Zusammenhang

$$\mu_j = i + (\mu_M - i) \cdot \beta_j$$

wird als *Wertpapierlinie* bezeichnet. β_j ist zugleich die Steigung der *Regressionsgeraden* zwischen der unabhängigen Variable „Rendite des Marktportefeuilles" und der abhängigen Variable „Rendite des Wertpapiers j". Papiere (z.B. Aktien) mit $\beta_j > 1$ (bzw. $\beta_j < 1$) reagieren überproportional (bzw. unterproportional) auf Veränderungen der Rendite des Marktportefeuilles (z.B. Deutscher Aktienindex, DAX). Ein negatives β_j läßt auf ein im Vergleich zum Gesamtmarkt antizyklisch reagierendes Papier schließen, welches zur Senkung der Gesamtvarianz beiträgt.[2]

1 Vgl. *PERRIDON/STEINER/RATHGEBER*, Finanzwirtschaft (2012), S. 277, *SCHMIDT/TERBERGER*, Investitions- und Finanzierungstheorie (1997), S. 354.

2 Vgl. *PERRIDON/STEINER/RATHGEBER*, Finanzwirtschaft (2012), S. 297.

Das Marktportefeuille ist perfekt mit sich selbst korreliert ($k_{MM} = 1 \Leftrightarrow \sigma_{MM} = \sigma_M^2$), so daß $\beta_M = 1$ gilt. Die sichere Anlage S wird vom Marktportefeuille nicht beeinflußt ($k_{SM} = \sigma_{SM} = 0$); es resultiert $\beta_S = 0$ und deshalb erwartungsgemäß $\mu_S = i$.

Zur praktischen Anwendung des beschriebenen theoretischen Marktgleichgewichtsmodells muß aus der Fülle möglicher unsicherheitsbehafteter Geldanlagen (Aktien, Rentenpapiere, GmbH-Anteile, Kommanditkapital, Immobilien, Verwertungsrechte, Lizenzen, Lebensversicherungen, Gold, Münzen, Briefmarken, Kunstschätze, Diamanten usw. usf.) ein Marktportefeuille spezifiziert werden, für dessen Bestandteile sich die benötigten Varianzen und Kovarianzen ermitteln lassen. Aus naheliegenden Gründen bietet sich hierfür ein Aktienindex an. Die Aktienbörse weist von allen in Frage kommenden Märkten noch die geringsten Unvollkommenheiten auf. Die gute Organisation des Aktienmarktes erlaubt z.B. die tägliche Veröffentlichung von empirisch ermittelten Betafaktoren.[1]

Zahlreiche Lehrbücher der Investitionstheorie enthalten den Vorschlag, einen für die Kapitalwertmethode geeigneten Kalkulationszins bei Unsicherheit aus dem CAPM abzuleiten.[2] Hierzu wird die Wertpapierlinie als Funktion des Steuerungszinses in Abhängigkeit vom systematischen Investitionsrisiko Beta aufgefaßt. Der objektspezifische Kalkulationszinsfuß i_j der ersten Periode beträgt unter diesen Umständen:

$$i_j = i + \underbrace{(\mu_M - i) \cdot \beta_j}_{\text{Risikoprämie}}.$$

Dieser Kalkulationszins ist *risikoadjustiert*, d.h., er entspricht dem Sicherheitszinsfuß i zuzüglich einer *Risikoprämie*. Bei positivem Beta liegt somit das bereits im vorangegangenen Unterabschnitt als ungeeignet verworfene Konzept des projektindividuellen *Risikozuschlags* zum Steuerungszins vor. Der Unterschied besteht lediglich darin, daß die Risikoprämie nicht willkürlich gesetzt, sondern auf subtile Weise kapitalmarkttheoretisch begründet wird.

Die Idee, den Kapitalwert unsicherer Zahlungsströme als *Marktpreis* zu ermitteln, ist im Prinzip bestechend. Die Existenz eines solchen objektivierten Preises würde die Investitionsrechnung ebenso vereinfachen wie die Annahme eines einheitlichen Kalkulationszinses i auf dem vollkommenen Kapitalmarkt bei Sicherheit (Kapitel 3). Leider gibt es aber keinen Markt für unsichere Investitionszahlungsreihen. Selbst wenn es ihn gäbe, wäre er aufgrund unvermeidlicher Informationsasymmetrien[3] so

---

1 Vgl. *PERRIDON/STEINER/RATHGEBER*, Finanzwirtschaft (2012), S. 298.

2 Vgl. z.B. *BUSSE VON COLBE/LAßMANN*, Investitionstheorie (1990), S. 239 ff., *SCHMIDT/TERBERGER*, Investitions- und Finanzierungstheorie (1997), S. 360 ff.

3 Wie sollen etwa Außenstehende die Marktchancen eines unter strenger Geheimhaltung entwikkelten Neuprodukts beurteilen können? Vgl. auch *ROLFES*, Investitionsrechnung (1992), S. 115.

unvollkommen, daß vermutlich kein einheitlicher, für alle Marktteilnehmer identischer „Marktwert" als Gleichgewichtspreis zustande käme.

Weil die neoklassische Kapitalmarkttheorie vielfach immer noch alternativlos als „herrschende Lehre" der betriebswirtschaftlichen Beurteilung unsicherer Zahlungsströme dargestellt wird, sei im folgenden ausführlich begründet, warum sie keine brauchbaren Steuerungszinsfüße für die Kapitalwertmethode unter Unsicherheit zu liefern vermag.

I. *Prämissenkritik*

1. Die automatische Unterstellung eines strikt risikoscheuen Entscheidungsträgers ist nicht angebracht. Unternehmerische Investitionsentscheidungen erfordern immer ein gewisses Maß an Wagemut. Ein Entscheidungsmodell sollte die Risikoneigung nicht vorschreiben, sondern individuell berücksichtigen können.

   Selbst für wirklich risikoscheue Unternehmen ist fraglich, ob das entscheidungstheoretisch umstrittene μ-σ-Prinzip in allen Fällen eine vernünftige Handlungsmaxime darstellt. Die fehlende Monotonie der quadratischen Nutzenfunktion kann zu unplausiblen Ergebnissen führen, weil die Nutzenfunktion nach Erreichen ihres Maximums bei zunehmenden Werten der Zielgröße fällt. Der sinnvolle Definitionsbereich umfaßt daher nur den streng monoton steigenden Teil der nach unten offenen Parabel. Die mangelnde Übereinstimmung mit dem BERNOULLI-Prinzip bei der Wahl nichtquadratischer Nutzenfunktionen ist bereits oben erwähnt worden.[1]

   Grundsätzliche Einwände können vor allem gegen die Verwendung der Standardabweichung σ als *Risikomaß* ins Feld geführt werden. Der statistische Wert σ mißt ganz allgemein die Streuung der Zielgröße um ihren Erwartungswert μ, ohne Rücksicht darauf, ob es sich um positive oder negative Abweichungen handelt. Die Unsicherheit in der Investitionsrechnung wird aber allein durch die mit ihr verbundene *Verlustgefahr* zum Problem. Positive Abweichungen vom Erwartungswert z.B. des Gewinns sind im Gegenteil sogar höchst erwünscht![2] Ein pauschal varianzminimierendes Vorgehen reduziert die Verlust- und Gewinnaussichten gleichermaßen.

   Als Beispiel seien zwei alternative Investitionsobjekte A_1 und A_2 betrachtet, die in den fünf gleich wahrscheinlichen Datensituationen S_1 bis S_5 folgende Rückflüsse versprechen:

---

[1] Vgl. z.B. *FRANKE/HAX*, Finanzwirtschaft (2009), S. 308 ff.

[2] *WITTMANN*, Unvollkommene Information (1959), S. 36 f. unterscheidet deshalb zwischen „Risiko" und „Chance".

	S_1	S_2	S_3	S_4	S_5
A_1	10	10	20	10	10
A_2	10	10	10	10	10

Tabelle 5-1: Standardabweichung als Risikomaß?

Das Objekt A_2 mit $\mu = 10$ wird wegen $\sigma = 0$ als risikolos eingestuft, da es mit Sicherheit einen Rückfluß von 10 garantiert. Dagegen erscheint A_1 mit $\mu = 12$ wegen $\sigma = 4$ als viel unsicherer. Ein Schluß von der Standardabweichung auf die Verlustgefahr ist jedoch unzulässig. Die „Unsicherheit" von A_1 wird nur durch die zusätzliche *Gewinn*chance in der Situation S_3 verursacht – ein *sicherer* Rückfluß von 10 ist auch hier garantiert. Es besteht lediglich wegen $\sigma = 4 > 0$ die „Gefahr", unter dem Erwartungswert von 12 zu bleiben. Eine Verlustgefahr gegenüber der *absolut dominierten* „risikolosen" Alternative A_2 existiert jedoch nicht. Das μ-σ-Prinzip ist blind für die sichere Unterlegenheit von A_2. Je nach Verlauf der Nutzenfunktion bzw. der subjektiven Austauschrate zwischen μ und σ ist nicht auszuschließen, daß eine μ-σ-gestützte Entscheidung *gegen* das offensichtlich überlegene Objekt A_1 fällt.[1] Der *Informationsverlust* durch Verdichtung von beliebigen Verteilungen auf die Kenngrößen μ und σ kann bei ungeeigneter Nutzenfunktion zu klaren Fehlentscheidungen führen. Wie soll aber ein Entscheidungsträger in der Realität beurteilen, ob seine Nutzenfunktion „geeignet" (z.B. quadratisch) ist?

Ein Ausweg besteht z.B. darin, normalverteilte Renditen zu unterstellen, weil in diesem Falle die Verteilungen allein durch die Parameter μ und σ abschließend charakterisiert sind.[2] Die Realitätsnähe einer solchen Pauschalannahme ist allerdings stark anzuzweifeln, allein schon deshalb, weil die Normalverteilung im Gegensatz zu Aktienrenditen beliebige reelle Zahlen als Realisationen des Zufallsprozesses erlaubt (die Dichtefunktion ist auf dem gesamten reellen Zahlenstrahl von $-\infty$ bis $+\infty$ definiert, was für Renditen offensichtlich nicht zutrifft).

2. Die fundamentale Prämisse homogener Erwartungen sämtlicher Marktteilnehmer ist wirklichkeitsfremd. Der Börsenhandel lebt gerade von den unentwegten Versuchen der Geldanleger, durch geschickte Zusammenstellung ihrer Depots eine höhere Rendite zu erzielen als der Marktdurchschnitt. Spekulanten setzen auf riskante Titel, deren Ankauf risikoscheue Anleger niemals in Betracht ziehen würden. Die Vorstellung eines einheitlichen Marktportefeuilles ist daher selbst für die

[1] Vgl. *BITZ*, Entscheidungstheorie (1981), S. 103 f. Ein ähnliches Beispiel für ein anderes Streuungsmaß liefert *JACOB*, Flexibilität (1974), S. 311 f.

[2] Vgl. *FRANKE/HAX*, Finanzwirtschaft (2009), S. 308.

Aktienbörse nicht haltbar;[1] für die Gesamtheit aller verfügbaren Geldanlagemöglichkeiten ist die Annahme eines allgemeinverbindlichen Portefeuilles sogar absurd.[2] Damit fehlt aber jede Grundlage für die Herleitung einer einheitlichen Kapitalmarktlinie. Ein objektiver Marktpreis des Risikos existiert nicht, weil die Anleger höchst unterschiedliche und oftmals entgegengesetzte Erwartungen über die Entwicklung der einzelnen Papiere haben (ganz zu schweigen von den Kovarianzen). Ohne die unrealistische Voraussetzung homogener Erwartungen ist aber das CAPM nicht länger aufrechtzuerhalten: Die zur Ableitung der Wertpapierlinie erforderlichen Gleichgewichtsannahmen (z.B. $\lambda = 0$) sind verletzt.

3. Die Unterstellung des vollkommenen Kapitalmarkts[3] entspricht der klassischen Investitionstheorie (Kapitel 3) und bedeutet einen gravierenden *Rückschritt* gegenüber moderneren Modellen, welche die in der Realität zu beobachtende Konditionenvielfalt wenigstens näherungsweise abbilden (Kapitel 4). In einer aussagefähigen Investitionsrechnung darf auch nicht vollständig von Transaktionskosten, Steuern, Informationsasymmetrien und anderen Unvollkommenheiten abstrahiert werden.

4. Besonders restriktiv und für eine *dynamische* Investitionsrechnung sogar fatal wirkt sich die Beschränkung der Aussagen des CAPM auf einperiodige Wertpapiergeschäfte aus. Dieser Ansatz ist etwa so aussichtsreich wie der Versuch, die Ergebnisse des Kapitels 4 nur aus dem DEAN-Modell abzuleiten. In der Realität können sich für jede Periode andere Grenzobjekte und Steuerungszinsfüße ergeben; das CAPM liefert aber nur einen Zins für die erste Periode. Bislang sind alle Bemühungen gescheitert, eine plausible und praktikable Verallgemeinerung des CAPM auf den Mehrperiodenfall vorzunehmen.[4] Die Vernachlässigung zeitüber-

---

[1] Vgl. *FRANKE/HAX*, Finanzwirtschaft (2009), S. 360 f., *ADAM*, Planung und Entscheidung (1996), S. 264 f.

[2] Damit sich beispielsweise jeder in gleicher Weise an einem bestimmten Einfamilienhaus beteiligen kann, müßte ein rigider Kommunismus eingeführt werden: Ohne „Volkseigentum" aller an allem (also in der Praxis aller an gar nichts, abgesehen von den in so einem System herrschenden privilegierten „Bonzen") läßt sich das Marktportefeuille nicht für jeden realisieren. Um die Konsequenz des CAPM in die Tat umzusetzen, wäre also de facto das Privateigentum abzuschaffen, was für ein Modell der marktwirtschaftlichen Betriebswirtschaftslehre schon ein erstaunliches Resultat ist, das seine Überzeugungskraft nicht gerade erhöht.

[3] Vgl. *ADAM*, Planung und Entscheidung (1996), S. 264, *ROLFES*, Investitionsrechnung (1992), S. 116.

[4] Auf das Mehrperioden-CAPM soll an dieser Stelle nicht näher eingegangen werden; vgl. etwa die Ansätze von *BOGUE/ROLL*, Capital Budgeting (1974) und *FAMA*, Risk-Adjusted Discount Rates (1977) sowie die Überblicksdarstellungen in *SCHNEIDER*, Investition (1992), S. 517 ff., *SCHMIDT/TERBERGER*, Investitions- und Finanzierungstheorie (1997), S. 368 ff., *RÖDER/MÜLLER* (2001) und *BREUER*, Investition II (2001), S. 437 f. Die mangelnde Aussagekraft dieser Modelle wird selbst von Vertretern der Kapitalmarkttheorie nicht bestritten.

greifender Beziehungen ist für die fundierte Beurteilung von Zahlungsströmen indiskutabel.

II. *Logische Einwände*

Das CAPM stellt ein *Gleichgewichtsmodell* dar, das die Preisbildung am Kapitalmarkt unter idealisierten Bedingungen *erklärt.* Sein Einsatz als *Entscheidungsmodell* für praktische Optimierungsrechnungen verbietet sich schon aus logischen Gründen. Annahmegemäß enthält das Marktportefeuille alle nur denkbaren Investitionsmöglichkeiten – also auch die erst zu beurteilenden. Der Kapitalwert jedes einzelnen Objekts auf Basis des risikoadjustierten Zinsfußes steht daher bereits im voraus fest: Er beträgt per def. genau null. Diese Aussage gilt deshalb auch für den Informationsgehalt eines CAPM-Kapitalwerts:

Der Zusammenhang zwischen dem gegenwärtigen Wertpapierpreis (Marktpreis, Marktwert, Kurs) p_j, der einperiodigen Renditeerwartung μ_j und dem durch β_j gemessenen Risiko ergibt sich im CAPM rein tautologisch als[1]

$$p_j = \frac{p_j \cdot (1+\mu_j)}{1+i+(\mu_M - i)\cdot \beta_j}.$$

Am Ende der Periode wird nach Voraussetzung ein Rückfluß in Höhe von $p_j \cdot (1 + \mu_j)$ erwartet, der mit dem aus dem CAPM resultierenden risikoadjustierten Kalkulationszinsfuß $\mu_j = i + (\mu_M - i) \cdot \beta_j$ zu diskontieren ist. Das Modell gibt also keinerlei praktische Hilfestellung für Entscheidungszwecke, da es lediglich aussagt, daß im Marktgleichgewicht alle Objekte einen Kapitalwert von null besitzen:

$$C_j^{\text{Gleichgewicht}} = -p_j + \frac{p_j \cdot (1+\mu_j)}{1+i+(\mu_M - i)\cdot \beta_j} = -p_j + \frac{p_j \cdot (1+\mu_j)}{1+\mu_j} = 0.$$

Die Berechnung der Wertpapierpreise und Kapitalwerte liefert wiederum nur den trivialen Aufschluß, das Marktportefeuille zu kaufen, in dem sämtliche Objekte als Grenzobjekte mit einem Kapitalwert von null enthalten sind. Erwartungshomogenität ist als Annahme so einschneidend, daß sie in letzter Konsequenz alle Investitions- und Finanzierungsprobleme wegdefiniert. Sind die zu beurteilenden Objekte dagegen noch nicht im Marktportefeuille enthalten, liegt ein Ungleichgewichtszustand vor, über den ein Gleichgewichtsmodell naturgemäß keine Aussage treffen kann.[2]

---

1 Zum Folgenden vgl. *HERING*, Unternehmensbewertung (2014), S. 235 f.

2 Vgl. *FRANKE/HAX*, Finanzwirtschaft (2009), S. 360, *SCHMIDT/TERBERGER*, Investitions- und Finanzierungstheorie (1997), S. 366, *ADAM*, Planung und Entscheidung (1996), S. 263, *PERRIDON/STEINER/RATHGEBER*, Finanzwirtschaft (2012), S. 548 f., *ROLFES*, Investitionsrechnung (1992), S. 117 f.

Auch die Aufspaltung der Renditeerwartung in einen sicheren Anteil i und eine mit dem Betafaktor zusammenhängende Risikoprämie enthält keinerlei zusätzliche Information: Annahmegemäß sind die Erwartungswerte μ_j und der Sicherheitszins i allen Marktteilnehmern bekannt. Dann ergibt sich die Risikoprämie *jedes* Papiers j sofort *trivial* als Differenz $\mu_j - i$. Dafür braucht man kein CAPM. Sollen jedoch außerhalb des Marktportefeuilles stehende, neue Investitionen bewertet werden, können gerade zu diesem Zweck die Gleichgewichtsformeln keine Gültigkeit mehr beanspruchen. Das CAPM teilt also das Schicksal des Marktzinsmodells (Unterabschnitt 5.2.1.2): Es ist im Gültigkeitsfall trivial und im nichttrivialen Fall ungültig.

Wie abwegig die logischen Implikationen des CAPM sind, ergibt sich abschließend aus dem folgenden Gedankengang: Angenommen, *nur* der Sicherheitszins i ändert sich schlagartig, etwa durch eine Zinsanpassung der Notenbank. Abbildung 5-4 zeigt dann, daß sich die Kapitalmarktlinie verschiebt (Punkt S „verrutscht") und entsprechend der neue Tangentialpunkt M an anderer Stelle liegt, mit anderen Koordinaten (μ_M, σ_M). Materiell-inhaltlich handelt es sich natürlich bei diesem neuen Punkt M wieder um das von allen Akteuren gehaltene Marktportefeuille, in dem alle Wertpapiere gemäß ihrem Anteil am Gesamtumlauf enthalten sind. Dies folgt, wie oben gezeigt, zwingend aus den Prämissen des CAPM. Das Marktportefeuille ist im CAPM monolithisch, unveränderlich, in seiner Zusammensetzung tautologisch determiniert. Warum hat es dann aber nach der Zinsänderung bei gleichem Portefeuillebestand einen anderen Erwartungswert μ_M und eine andere Streuung σ_M als vorher? Es hat sich doch nichts geändert außer i!? Doch, um das CAPM aufrechtzuerhalten, läßt sich offenbar nicht einmal *ceteris paribus* der Zins i ändern. Man ist logisch gezwungen, zusätzlich anzunehmen, daß die Zinsänderung unabweislich auch andere Erwartungswerte, Varianzen und Kovarianzen ändert, damit die nicht geänderte Wertpapiermischung M ihren neuen Erwartungswert μ_M und ihre neue Streuung σ_M bekommt. Ein Modell, das sich sogar den in der Wissenschaft sonst höchst instruktiven *Ceteris-paribus*-Analysen verweigert und nur konglomerate Datenänderungen erlaubt, ist für die heuristische Investitionsplanung unter Unsicherheit völlig untauglich. Das CAPM ist unter seinen Prämissen immer richtig, und leider sagt es über diese Erkenntnis hinaus nichts Nützliches aus.

III. *Lenkpreistheoretische Einwände*

Bereits der im CAPM angelegte Grundsatz des objektspezifischen Steuerungszinses ist verfehlt. Die Grenzzinsfüße oder Zustandspreise der Kapitalwertmethode leiten sich aus den ex ante unbekannten und i.d.R. auch unsicherheitsbehafteten Grenzobjekten ab; sie sind somit für das gesamte Investitions- und Finanzierungsprogramm und nicht nur für einzelne Objekte gegeben. Dies lehrt die Übertragung der allgemeinen Lenkpreistheorie (Kapitel 4) auf den Unsicherheitsfall (Satz 40). Es gelten weiterhin alle anderen im vorangegangenen Unterabschnitt 5.2.1.3.1 bereits vorgetragenen Argumente gegen eine Berücksichtigung des Risikos im Kalkulationszinsfuß.

Das Einperioden-CAPM erlaubt es zwar auch, anstelle einer Korrektur des Zinsfußes Sicherheitsäquivalente zu berechnen.[1] Damit ist jedoch wenig gewonnen, weil es das Ergebnis nicht ändert, sondern nur den Rechenweg. Ein falsches Ergebnis wird auch durch einen äquivalenten Rechenweg nicht besser. Wer dennoch einen eindeutigen Kapitalwert bei gegebenem Marktzins i zu berechnen wünscht, sollte lieber den einzigen unsicheren Rückfluß g_1 realistisch zu schätzen versuchen. Dieses Vorgehen ist zwar nicht mehr kapitalmarkttheoretisch motiviert, aber wenigstens ohne einen umfangreichen (überdies nicht erfüllten) Prämissenkatalog interpretierbar.

IV. *Statistische Einwände*

Als Tautologie entzieht sich das CAPM auch der empirischen Überprüfung. Seine Hypothese betrifft Renditeerwartungswerte, die sich nicht unmittelbar beobachten lassen. Abweichungen können immer mit Kapitalmarktunvollkommenheiten oder einem zu kurzen Betrachtungszeitraum „erklärt“ werden, abgesehen von der unbestreitbaren Ausflucht, man habe eben nicht das echte, allumfassende Marktportefeuille für den Test benutzt, sondern nur ein empirisch greifbares Teilportefeuille im „Marktmodell“ zugrunde gelegt. An die theoretisch gebotene Einbeziehung aller Geldanlagemöglichkeiten auch außerhalb des Aktienmarktes ist nicht einmal ansatzweise zu denken, so daß sich das CAPM im Kern gegen jede Prüfung immunisiert.[2]

Empirische Forschungen an ersatzweise verwendeten „Marktmodellen“ erschüttern das Fundament der „orthodoxen“ Kapitalmarkttheorie, weil die Ergebnisse auf eine *Widerlegung* des vom CAPM behaupteten Zusammenhangs zwischen Aktienrendite und Betafaktor hinauslaufen. Jedenfalls scheint der Betafaktor allein zur Erklärung der Renditen nicht auszureichen.[3] Alternativmodelle wie die „Arbitrage Pricing Theory“ (APT), die mit mehr Faktoren aufwarten, haben empirischen Tests ebensowenig standgehalten.[4] Gravierender noch, es lassen sich statistische Argumente finden, daß empirische Renditeverteilungen durch sogenannte „schwere Ränder“ gekennzeichnet

---

[1] Vgl. *BREALEY/MYERS*, Corporate Finance (1991), S. 206 f., *SCHMIDT/TERBERGER*, Investitions- und Finanzierungstheorie (1997), S. 367 f., *FRANKE/HAX*, Finanzwirtschaft (2009), S. 358 f., *FRANKE*, Investitionstheorie (1989), S. 71, *PERRIDON/STEINER/RATHGEBER*, Finanzwirtschaft (2012), S. 549 f.

[2] Vgl. *PERRIDON/STEINER*, Finanzwirtschaft (2007), S. 263 (man beachte allerdings im Gegensatz dazu das gewendete Fazit in *PERRIDON/STEINER/RATHGEBER*, Finanzwirtschaft (2012), S. 288), *SCHMIDT/TERBERGER*, Investitions- und Finanzierungstheorie (1997), S. 356, *ADAM*, Planung und Entscheidung (1996), S. 264 f.

[3] Vgl. *FAMA/FRENCH*, Cross-Section (1992), S. 427 f., 464, *O.V.*, Beta-Blocker (1992), *FAMA/FRENCH*, Dead or Alive (1996), S. 1947, 1956 f.

[4] Vgl. *GILLES/LEROY*, Arbitrage Pricing Theory (1991), S. 216, 229, *KRUSCHWITZ/LÖFFLER*, APT (1997), *HAHNENSTEIN/LOCKERT*, Bewertung (2001).

sind und infolgedessen Modelle wie die Portefeuilleauswahl (Unterabschnitt 5.2.2.1) und das CAPM ihre Grundlagen und Geltung verlieren.[1]

V. *Praktische Einwände*

Die Zuordnung eines festen Betafaktors zu einer Sachinvestition, die überhaupt nicht an der Börse gehandelt wird, öffnet jedweder Manipulation Tür und Tor. Wie soll z.B. ein *einmalig* durchzuführendes, innovatives Investitionsprojekt einer Risikoklasse von börsennotierten Aktien willkürfrei zugerechnet werden? Welches ist die Kovarianz zwischen der Errichtung eines Werkes in Ungarn und dem DAX? Selbst wenn sich diese Fragen befriedigend beantworten ließen, besteht immer noch das im Rahmen des CAPM unlösbare Problem der Abgrenzung des Referenz-Marktportefeuilles.[2] Es ist wenig überzeugend, sich auf einen Aktienindex zu beschränken, bloß weil die Betafaktoren der Tageszeitung entnommen werden können. Außerdem bleibt gänzlich offen, ob die an der Börse ermittelten Betawerte für die Zukunft repräsentativ sind.[3]

Als Marktportefeuille wird dennoch in der Regel ein Aktienindex zugrunde gelegt, wobei die Kunst darin besteht, den Betafaktor für die zu bewertende Investition zu schätzen. Daß dieses Unterfangen in der Praxis eher nicht zu einem – mit verdichtenden Verfahren angestrebten – objektiv eindeutigen Bewertungsergebnis führt, darf nicht überraschen, denn die Vorgehensweise besitzt etliche subjektive Freiheitsgrade, vom gewählten Zeitraum der Datenauswertung über die betrachtete Börse bis hin zur Mittelwertdefinition (z.B. arithmetisches oder geometrisches Mittel von Renditewerten). Ein Entscheidungsträger tut im allgemeinen besser daran, die Spannweite der Zahlungsüberschüsse seines Investitionsprojekts mit Hilfe von branchen- und betriebskundigen Experten abzuschätzen, anstatt sich über künftige Schwankungen von Aktienbetas den Kopf zu zerbrechen, deren Bezug zu der zu beurteilenden Sachinvestition mehr als fraglich ist.

Das Unsicherheitsproblem der Investitionsrechnung läßt sich nicht statistisch mit Varianzen und Kovarianzen aus der Welt schaffen, die noch dazu aus *Vergangenheitsdaten* eines Marktes abgeleitet werden, welcher mit den zu beurteilenden zukünftigen Zahlungsströmen in *keinem nachweisbaren Zusammenhang* steht. Der Kapitalmarkt ist kein gottgegebenes Zukunftsorakel, welches das Nachdenken über die individuellen Chancen, Risiken und die gegenseitigen Wechselwirkungen der

---

[1] Vgl. *BAMBERG/DORFLEITNER*, Schwere Ränder (2002), *NÖLL/WIEDEMANN*, Investitionsrechnung (2008), S. 63 f., 152 ff.

[2] Vgl. Unterabschnitt 5.2.1.3.1 und *RUDOLPH*, Neuere Kapitalkostenkonzepte (1986), S. 893 f., *FRANKE*, Investitionstheorie (1989), S. 76, *SCHMIDT/TERBERGER*, Investitions- und Finanzierungstheorie (1997), S. 356.

[3] Vgl. *ADAM*, Planung und Entscheidung (1996), S. 264. Zum Folgenden vgl. *HERING*, Investition und Finanzierung (2008), S. 658, *HERING*, Unternehmensbewertung (2014), S. 236-239.

Investitions- und Finanzierungsobjekte erspart. Die Verdichtung der Unsicherheit auf eindeutige Zielwerte muß scheitern, weil der menschlichen Erkenntnisfähigkeit in Hinsicht auf die Zukunft *unüberwindliche Grenzen* gezogen sind. Daher brauchen wir auch kein „neues CAPM, tot oder lebendig“[1], sondern eine Rückbesinnung auf die Tatsache, daß die betriebswirtschaftliche Theorie nur Hilfsmittel zur heuristischen Komplexitätsreduktion liefern kann, aber keine marktbezogene „Weltformel“ oder „große einheitliche Theorie“ der menschlichen Präferenzen, Erwartung(sänderung)en und der daraus im Zusammenwirken von Angebot und Nachfrage stets aufs neue gebildeten Marktpreise.[2]

Das CAPM stellt zweifellos einen didaktisch fruchtbringenden Fortschritt auf dem Gebiete der *Finanzierungstheorie* (Gleichgewichts-, Erklärungsmodell) dar. Kurzfristige Anlagestrategien am Aktienmarkt mögen sogar mangels anderer Anhaltspunkte versuchsweise an Betafaktoren ausgerichtet werden – vor allem dann, wenn andere Marktteilnehmer an die Betafaktoren „glauben“ und sich dieser Blick in das entscheidungslogische „Kartenblatt“ der Marktgegenseite vorteilhaft ausnutzen läßt. Für eine Übertragung des CAPM auf die *Investitionstheorie* (Optimierungs-, Planungs-, Entscheidungsmodell) fehlen aber, wie gezeigt, alle Voraussetzungen.

5.2.2 Simultanmodelle bei Unsicherheit

5.2.2.1 Portefeuilleauswahl

Sofern sich ein Entscheidungsträger der im Unterabschnitt zum CAPM dargestellten Einschränkungen des μ-σ-Prinzips bewußt bleibt, kann zumindest für kurzfristige Investitionen in börsengängige Wertpapiere das Konzept der Effizienzkurve angewendet werden. Damit lassen sich Wertpapiermischungen finden, die bei jeweils gegebenem Erwartungswert μ varianzminimal sind.

Der von MARKOWITZ entwickelte Ansatz der *Portefeuilleauswahl* (Portfolio Selection)[3] berücksichtigt die stochastischen Abhängigkeiten zwischen den einzelnen Wertpapieren in einem Einperioden-Simultanmodell. Zunächst sei der Grundgedanke der *Diversifikation* kurz skizziert. In der folgenden Abbildung 5-5 sind zwei Papiere A und B eingetragen. Nach dem μ-σ-Prinzip scheint B durch A komplett dominiert zu sein, weil A die niedrigere Standardabweichung ($\sigma_A < \sigma_B$) und gleichzeitig den höheren Renditeerwartungswert μ aufweist ($\mu_A > \mu_B$).

---

1 *KRUSCHWITZ/LÖFFLER*, APT (1997), S. 650 sowie ähnlich *FAMA/FRENCH*, Dead or Alive (1996), S. 1947.

2 Vgl. *HERING*, Unternehmensbewertung (2014), S. 8 ff., 236 ff., 282 ff., 314 f.

3 Vgl. *MARKOWITZ*, Portfolio Selection (1952), *MATSCHKE*, Investitionsplanung (1993), S. 301 ff., *BLOHM/LÜDER*, Investition (1995), S. 327 ff., *KRUSCHWITZ*, Investitionsrechnung (2014), S. 342 ff.

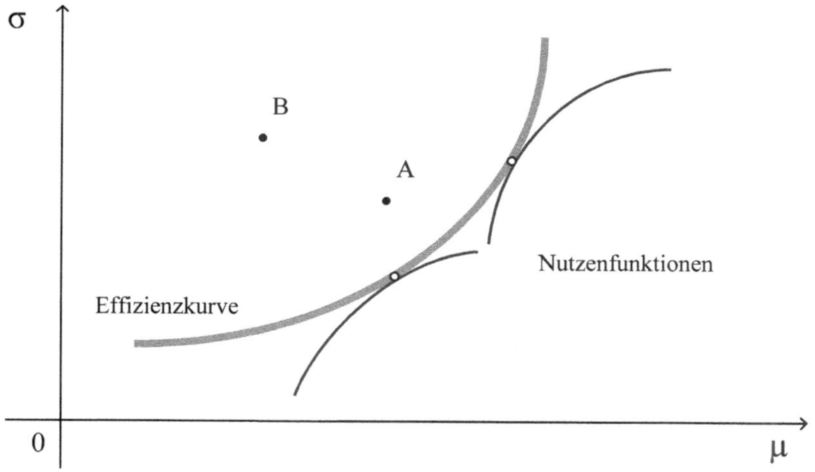

Abbildung 5-5: Diversifikation und Portefeuilleauswahl

Es kann aber durchaus eine Linearkombination (Mischung) beider Papiere geben, die nach dem μ-σ-Prinzip effizient ist. Daher wäre der Schluß voreilig, Papier B von vornherein aus der Betrachtung zu eliminieren.[1] Dies ist wie folgt einzusehen: Ein Portefeuille aus λ Teilen A und $1 - \lambda$ Teilen B mit $0 \leq \lambda \leq 1$ hat den einperiodigen Renditeerwartungswert $\mu = \lambda \cdot \mu_A + (1 - \lambda) \cdot \mu_B$. Die Standardabweichung der Mischung variiert aber im allgemeinen nicht linear mit λ, sondern ist außer bei einer perfekten positiven Korrelation von A und B immer kleiner als die Summe der gewogenen Standardabweichungen der Einzelpapiere. Die Mischung reduziert das „Risiko“, weil Einbußen eines Papiers durch Erfolge des anderen kompensiert werden können. Es gilt mit k_{AB} als Korrelationskoeffizient zwischen den Renditen von A und B für die Standardabweichung der Wertpapiermischung:[2]

$$\sigma = \sqrt{\lambda^2 \cdot \sigma_A^2 + 2 \cdot \lambda \cdot (1-\lambda) \cdot k_{AB} \cdot \sigma_A \cdot \sigma_B + (1-\lambda)^2 \cdot \sigma_B^2}\,.$$

Nur wenn die Renditen von A und B vollständig positiv korreliert sind, ergibt sich lediglich eine Linearkombination der einzelnen Standardabweichungen und somit kein Argument für Papier B. Aus $k_{AB} = 1$ folgt:

$$\sigma = \sqrt{\lambda^2 \cdot \sigma_A^2 + 2 \cdot \lambda \cdot (1-\lambda) \cdot \sigma_A \cdot \sigma_B + (1-\lambda)^2 \cdot \sigma_B^2} = \lambda \cdot \sigma_A + (1 - \lambda) \cdot \sigma_B.$$

[1] Vgl. *FRANKE/HAX*, Finanzwirtschaft (2009), S. 317 ff.

[2] Zum Folgenden vgl. *PERRIDON/STEINER/RATHGEBER*, Finanzwirtschaft (2012), S. 260 ff.

Für $k_{AB} < 1$ ist das mittlere Glied der binomischen Formel kleiner und damit die gesamte Standardabweichung niedriger. Zum Beispiel gilt:

$$\sigma = \sqrt{\lambda^2 \cdot \sigma_A^2 + (1-\lambda)^2 \cdot \sigma_B^2} \qquad \text{für } k_{AB} = 0$$

und $$\sigma = \left|\lambda \cdot \sigma_A - (1-\lambda) \cdot \sigma_B\right| \qquad \text{für } k_{AB} = -1.$$

Im Fall $k_{AB} = 1$ gibt es unter der Voraussetzung $0 \leq \lambda \leq 1$ niemals Wertpapiermischungen, deren Standardabweichung kleiner ist als σ_A. Für Korrelationskoeffizienten kleiner als eins können aber durchaus μ-σ-effiziente Linearkombinationen existieren, die das nur scheinbar dominierte Papier B enthalten. Durch Diversifikation läßt sich u.U. das „Gesamtrisiko" σ *unter* das „Risiko" σ_j des besten einzelnen Wertpapiers j drücken. Bei negativer Korrelation ist sogar ein σ von null erreichbar.

Im allgemeinen Fall stehen m verschiedene Wertpapiere j zur Auswahl, deren Varianzen σ_j^2 und gegenseitige Kovarianzen σ_{jk} aus Vergangenheitsaufzeichnungen bekannt sind und für die Zukunft als repräsentativ angesehen werden können. Der Anteil des Papiers j am betrachteten Portefeuille sei x_j mit $0 \leq x_j \leq 1$. Sofern jedoch *Leerverkäufe* (ungedeckte Terminverkäufe) der Papiere erlaubt sind, dürfen die Variablen x_j auch negative Werte annehmen.[1] Gesucht ist für jeden fest, aber beliebig vorzugebenden Erwartungswert μ das nach dem μ-σ-Prinzip effiziente varianzminimale Portefeuille. Trägt man die zum Wert μ gehörende minimale Standardabweichung im μ-σ-Diagramm ein, ergibt sich durch parametrische Optimierung (systematische Variation von μ bzw. kontinuierliche Sensitivitätsanalyse zweiter Art hinsichtlich μ)[2] die in Abbildung 5-5 ausgewiesene Effizienzkurve.

Zu lösen ist der nachstehende parametrische quadratische Optimierungsansatz:[3]

$$\text{min. } \sigma^2; \; \sigma^2 := \sum_{j=1}^{m} \sigma_j^2 \cdot x_j^2 + \sum_{j=1}^{m} \sum_{\substack{k=1 \\ k \neq j}}^{m} \sigma_{jk} \cdot x_j \cdot x_k$$

$$\sum_{j=1}^{m} \mu_j \cdot x_j \quad = \quad \mu$$

---

[1] Vgl. *KRUSCHWITZ*, Investitionsrechnung (2014), S. 360, *FRANKE/HAX*, Finanzwirtschaft (2009), S. 323.

[2] Vgl. Unterabschnitt 5.3.1.3 und *BEST/GRAUER*, Sensitivity Analysis (1991).

[3] Vgl. *KRUSCHWITZ*, Investitionsrechnung (2014), S. 359 f.

$$\sum_{j=1}^{m} x_j = 1$$

$$x_j \geq 0 \qquad \forall\, j \in \{1, 2, \ldots, m\}$$

Für Leerverkäufe gilt: $x_j \in \mathbb{R} \qquad \forall\, j \in \{1, 2, \ldots, m\}$.

Die erste Restriktion stellt sicher, daß der Erwartungswert der Mischung gleich dem fest vorgegebenen Wert μ ist. Die zweite Gleichung zwingt die Summe aller Anteile auf 100%. Die Zielfunktion wird oftmals anders notiert:

Wegen $\sigma_j^2 = \sigma_{jj}$ und $\sigma_{jk} = \sigma_{kj}$ läßt sich auch

$$\sigma^2 = \sum_{j=1}^{m} \sum_{k=1}^{m} \sigma_{jk} \cdot x_j \cdot x_k \quad \text{oder} \quad \sigma^2 = \sum_{j=1}^{m} \sigma_j^2 \cdot x_j^2 + 2 \cdot \sum_{j=1}^{m} \sum_{k=j+1}^{m} \sigma_{jk} \cdot x_j \cdot x_k$$

schreiben. Die zu minimierende Varianzfunktion besitzt die Struktur einer *quadratischen Form*. Die zugehörige $(m \times m)$-Matrix **A** enthält die Kovarianzen und auf ihrer Hauptdiagonalen die Varianzen der Wertpapiere. Es gilt damit:

$$\sigma^2 = \mathbf{x}^T \mathbf{A}\, \mathbf{x}.$$

Nach Definition der Kovarianz ist die Varianz-Kovarianz-Matrix $\mathbf{A} := (\sigma_{jk})$ symmetrisch. Wegen der per def. gesicherten Nichtnegativität der Varianz folgt $\mathbf{x}^T \mathbf{A}\, \mathbf{x} \geq 0$, d.h., die Matrix **A** ist *positiv semidefinit*. Hieraus folgt die *Konvexität* der Zielfunktion $\sigma^2 = \mathbf{x}^T \mathbf{A}\, \mathbf{x}$.[1] Die Nebenbedingungen sind linear und deshalb erst recht konvex. Damit kann das Instrumentarium der *konvexen Optimierung* herangezogen werden. Ein Vektor **x** ist *dann und nur dann* Optimallösung der vorliegenden Minimierungsaufgabe, wenn für ihn die *KUHN-TUCKER-Bedingungen* erfüllt sind.[2] Mit Hilfe dieses Optimalitätskriteriums läßt sich das varianzminimale Portefeuille durch Anwendung der *quadratischen Optimierung* bestimmen.[3]

1 Den Beweis liefern *COLLATZ/WETTERLING*, Optimierungsaufgaben (1971), S. 84. Ebensogut können die zweiten partiellen Ableitungen herangezogen werden. Die Konvexität folgt dann aus der Tatsache, daß die HESSEsche Matrix positiv semidefinit ist. Vgl. *KALL*, Operations Research (1976), S. 123 f. Im vorliegenden Fall ist 2 **A** die HESSEsche Matrix.

2 Zu den KUHN-TUCKER-Bedingungen im quadratischen Fall vgl. *COLLATZ/WETTERLING*, Optimierungsaufgaben (1971), S. 134.

3 Zu den verschiedenen Algorithmen der quadratischen Optimierung vgl. *DANTZIG*, Lineare Programmierung (1966), S. 555 ff., *COLLATZ/WETTERLING*, Optimierungsaufgaben (1971), S. 142 ff. und ausführlich *KÜNZI/KRELLE/VON RANDOW*, Nichtlineare Programmierung (1979), S. 67 ff.

Wenn Leerverkäufe zulässig sind, im Ansatz also statt $x_j \geq 0$ nur $x_j \in \mathbb{R}$ gefordert wird, gestaltet sich die Lösung erheblich einfacher. In diesem Falle können LAGRANGE-Multiplikatoren eingesetzt werden, da nunmehr alle Nebenbedingungen Gleichungsform besitzen. Die LAGRANGE -Funktion lautet:

$$\text{min. } L; \; L := \sum_{j=1}^{m} \sigma_j^2 \cdot x_j^2 + \sum_{j=1}^{m} \sum_{\substack{k=1 \\ k \neq j}}^{m} \sigma_{jk} \cdot x_j \cdot x_k + \lambda_1 \cdot \left(\mu - \sum_{j=1}^{m} \mu_j \cdot x_j \right) + \lambda_2 \cdot \left(1 - \sum_{j=1}^{m} x_j \right).$$

Durch Ableiten nach den insgesamt m + 2 Variablen x_j, λ_1 und λ_2 resultieren die notwendigen Bedingungen für die Optimallösung als lineares Gleichungssystem.[1] Es empfiehlt sich, auch im Fall ohne Erlaubnis zu Leerverkäufen zunächst einmal den LAGRANGE-Ansatz zu lösen. Erst wenn tatsächlich negative Anteile einzelner Wertpapiere vorkommen, muß auf die aufwendigeren Verfahren der quadratischen Optimierung zurückgegriffen werden.

Die Portefeuilleauswahl beschränkt sich auf die Bestimmung der Effizienzkurve einschließlich der zugehörigen μ-σ-effizienten Wertpapiermischungen. Eine unmittelbare Entscheidungsempfehlung wird nicht erteilt. Hierzu bedarf es strenggenommen wieder einer Nutzenfunktion.[2] In Abbildung 5-5 sind exemplarisch zwei alternative Isonutzenkurven mit ihren Tangentialpunkten an der Effizienzkurve eingetragen, welche die jeweils „optimale" Portefeuilleauswahl markieren. Weil sich Nutzenfunktionen in der Praxis nur selten bestimmen lassen, kann aber auch subjektiv nach anderen Kriterien entschieden werden.

Das Modell der Portefeuilleauswahl überzeugt als theoretische Rechtfertigung des Diversifikationsgedankens: „Lege nicht alle Eier in einen Korb." Seine Eignung zu Entscheidungszwecken ist jedoch eher kritisch einzuschätzen.[3] Neben den bereits in Abschnitt 5.2.1 vorgetragenen Einwänden gegen die Verwendung von Erwartungswerten und des μ-σ-Prinzips in der Investitionsrechnung ist vor allem das Problem der Datenbeschaffung nicht von der Hand zu weisen. Der Varianzminimierungsansatz enthält allein

$$\binom{m}{2} = \frac{m!}{2!\,(m-2)!} = \frac{m \cdot (m-1)}{2}$$

---

[1] Ein Rechenbeispiel findet sich bei *KRUSCHWITZ*, Investitionsrechnung (2014), S. 360 ff.

[2] Vgl. *HAX*, Investitionstheorie (1985), S. 141. *HELLWIG*, Portfolioplanung (1993) schlägt eine Portefeuilleplanung ohne Nutzenfunktion vor.

[3] Vgl. *KRUSCHWITZ*, Investitionsrechnung (2014), S. 363 ff., *FRANKE/HAX*, Finanzwirtschaft (2009), S. 330 f.

zu ermittelnde Kovarianzen. Die große Zahl möglicher Kombinationen stellt nicht einmal die Hauptschwierigkeit dar. Viel gravierender ist das Problem, überhaupt eine Kovarianz zwischen den unsicheren Renditen zweier Sachinvestitionen zu definieren und zu quantifizieren. Wenn die zu vergleichenden Objekte nur einmal durchgeführt werden können, fehlt hierzu jegliche statistische Grundlage. Die Bestimmung von Kovarianzen für Investitionen scheitert aus den gleichen Gründen wie die Schätzung von Betafaktoren im CAPM. Für Wertpapiere existieren dagegen zwar im allgemeinen Zeitreihen aus der *Vergangenheit*; es muß jedoch stets im Einzelfall überprüft werden, ob diese Daten im Hinblick auf eine *zukunftsgerichtete* Planung noch Aussagekraft besitzen. Es besteht andernfalls die Gefahr, dem Markt immer nur „hinterherzulaufen" und strukturelle Änderungen zu „verschlafen".

Die Portefeuilleauswahl scheidet für die dynamische Investitionsrechnung schon allein aufgrund ihres einperiodigen Charakters aus. Sie stellt zudem ein Totalmodell dar und läßt sich nicht zur Schätzung von Steuerungszinsfüßen für dezentrale Entscheidungen nach der Kapitalwertmethode nutzbar machen. Ein begrenzter praktischer Anwendungsbereich ist allenfalls auf dem Gebiete kurzfristiger Börsentransaktionen zu erkennen. Der Portefeuilletheorie gebührt allerdings das Verdienst, den Leitsatz der Diversifikation überzeugend begründet zu haben. Sensitivitäts- und Risikoanalysen (Abschnitt 5.3.1 und 5.3.2) dürfen daher nicht „blind" durchgeführt werden. Nach Möglichkeit ist den stochastischen Abhängigkeiten Rechnung zu tragen, indem Modifikationen der Zahlungsreihen mehrerer Objekte stets aufeinander abgestimmt erfolgen.[1]

5.2.2.2 Stochastische Optimierung

Im Gegensatz zur Portefeuilleauswahl versucht die *stochastische Optimierung*, aus einem mehrperiodigen Simultanmodell einen eindeutigen Entscheidungsvorschlag abzuleiten. Die Koeffizienten der Ansätze aus dem Kapitel 4 werden dabei als Zufallsvariable mit bekannten Wahrscheinlichkeitsverteilungen aufgefaßt.[2]

Die Aufstellung eines deterministischen Ansatzes, in dem die stochastischen Größen lediglich durch ihre Erwartungswerte ersetzt sind, stellt im allgemeinen eine zu starke Vereinfachung des Problems und somit keine sinnvolle Vorgehensweise dar. Die Ergebnisse brauchen nicht mit dem tatsächlichen Erwartungswert der Zielgröße bei Verwirklichung des vermeintlich „optimalen" Programms übereinzustimmen und verletzen mit großer Wahrscheinlichkeit die nur „im Durchschnitt" eingehaltenen

---

1 Die Portefeuilleauswahl ist Gegenstand intensiver Forschung geblieben. Vgl. z.B. *BALZER*, Portfolio-Optimierung (2001).

2 Vgl. *KALL*, Stochastic Linear Programming (1976), S. 11.

Restriktionen.[1] Wenig vernünftig ist auch der Vorschlag, alle Daten nach Art der simplen Korrekturverfahren so pessimistisch zu schätzen, daß kaum noch eine schlechtere als die angesetzte Situation eintreten kann.[2]

Das bekannteste Verfahren der stochastischen Optimierung ist das sog. *Chance-Constrained Programming*. Es ersetzt z.B. die deterministischen Liquiditätsnebenbedingungen des Primalproblems P^{EW} (Abschnitt 4.2.2) durch Wahrscheinlichkeitsrestriktionen:

$$W\left(-\sum_{j=1}^{m} g_{jt} \cdot x_j \;\leq b_t\right) \geq \phi_t .$$

Die Wahrscheinlichkeit, daß im Zeitpunkt t die Zahlungsfähigkeit gesichert ist, muß demnach mindestens ϕ_t betragen. Wenn die unsicheren Zahlungsüberschüsse normalverteilt sind, lassen sich die Wahrscheinlichkeitsrestriktionen auf relativ einfache Weise in deterministische Ersatzbedingungen umformen, die aber im allgemeinen weder linear noch zwingend konvex sind.[3] Simple Spezialfälle mit nur einer einzigen Zufallsvariablen pro Restriktion können dagegen noch in einen LO-Ansatz überführt werden.

Beispiel. Sofern nur der konstante Zahlungsüberschuß b_t unsicher ist, braucht als rechte Seite der Liquiditätsrestriktion lediglich derjenige kritische Wert eingesetzt zu werden, den b_t mit der Wahrscheinlichkeit ϕ_t nicht unterschreitet. Aus einer Tabelle der Standardnormalverteilung F läßt sich der z-Wert ermitteln, für den $F(z) = 1 - \phi_t$ gilt (z.B. $z_t = -2{,}325$ für $\phi_t = 99\%$). Da annahmegemäß b_t normalverteilt ist mit den Parametern μ_t und σ_t, ergibt sich der kritische Wert als $\mu_t + z_t \cdot \sigma_t$. Das *deterministische Äquivalent* der Wahrscheinlichkeitsrestriktion lautet dann:

$$-\sum_{j=1}^{m} g_{jt} \cdot x_j \;\leq \mu_t + z_t \cdot \sigma_t .$$

Wegen $z_t < 0$ für $\phi_t > 50\%$ ist die rechte Seite kleiner als der Erwartungswert μ_t; sie enthält also ein „Sicherheitspolster". Es gilt $W(b_t \geq \mu_t + z_t \cdot \sigma_t) = \phi_t$; daher sorgt das

---

[1] Vgl. die Kritik am μ-Prinzip in Unterabschnitt 5.2.1.1 sowie *KALL*, Stochastic Linear Programming (1976), S. 12, *ADAM*, Planung und Entscheidung (1996), S. 209 ff.

[2] Vgl. Unterabschnitt 5.2.1.3.1, *KRUSCHWITZ*, Investitionsrechnung (1978), S. 280, *JACOB*, Flexibilität (1974), S. 519.

[3] Zu den hier nicht interessierenden Einzelheiten vgl. *CHARNES/COOPER*, Chance-Constrained Programming (1960), *ALBACH*, Investitionsbudget bei Unsicherheit (1967), S. 506, *KALL*, Stochastic Linear Programming (1976), S. 79 ff., *BLOHM/LÜDER*, Investition (1995), S. 324 ff.

deterministische Äquivalent in $\phi_t \cdot 100\%$ der Fälle dafür, daß die linke Seite der Restriktion nicht größer wird als der unsichere Wert b_t.

Im allgemeinen Fall und erst recht für beliebige Verteilungen sind Linearität und Konvexität der deterministischen Äquivalente nicht gesichert. Die numerische Auswertung gestaltet sich dann so schwierig, daß der mathematische Aufwand nicht mehr im rechten Verhältnis zum Genauigkeitsgrad der bestenfalls grob schätzbaren Wahrscheinlichkeitsverteilungen steht. Das allgemeine stochastische Optimierungsproblem ist lösungsdefekt.[1]

Im übrigen stellt sich zusätzlich zu den Problemen der Rechenbarkeit und Datenbeschaffung (Kovarianzen!) für das komplexe Simultanmodell auch noch die Zielsetzungsfrage. Die zur „Optimierung" erforderliche Anwendung eines eindimensionalen Kriteriums (z.B. Erwartungswert des Endwerts) wird dem Unsicherheitsproblem nicht gerecht, weil die Informationen über Eintrittswahrscheinlichkeiten und Nutzenfunktionen (BERNOULLI-Prinzip) zu vage sind. Eine Verdichtung zum eindeutigen „Optimum" erfordert so viele einschränkende Prämissen, daß das Planungsergebnis nur noch wenig über das zugrundeliegende Investitions- und Finanzierungsproblem aussagt. Außerdem bleibt unklar, wie die Sicherheitsniveaus ϕ_t festgelegt werden sollen und was im Falle einer immerhin nicht völlig ausgeschlossenen Verletzung der Restriktionen geschieht. Hohe Werte der ϕ_t führen zu großen Sicherheitspolstern in den Restriktionen, über deren Verwendung im Falle der Nichtinanspruchnahme keine Aussage abgeleitet wird.[2] Die deterministischen Äquivalente ähneln in ihren Auswirkungen den wenig plausiblen einfachen Korrekturverfahren; sie bilden im Grunde einen Kompromiß zwischen den oben erwähnten Extremen einer reinen Erwartungswertrechnung ohne Sicherheitspolster und einer vollkommen pessimistischen Rechnung.

Auch die stochastische Optimierung scheitert an dem Versuch, die Unsicherheit rechnerisch eindeutig zu verdichten. Da sie außerdem zur Partialplanung ungeeignet ist, kommt ihre praktische Anwendung wohl nicht in Betracht.

---

1 Vgl. *KALL*, Stochastic Linear Programming (1976), S. 90.

2 Vgl. *BLOHM/LÜDER*, Investition (1995), S. 327, *HAX*, Investitionstheorie (1985), S. 184, *PERRIDON/STEINER/RATHGEBER*, Finanzwirtschaft (2012), S. 151.

5.2.2.3 Unscharfe (lineare) Optimierung

In der klassischen Logik gilt der „Satz vom ausgeschlossenen Dritten“: Eine Aussage ist entweder wahr oder falsch; *tertium non datur*. Die sich seit Mitte der sechziger Jahre entwickelnde Theorie der *unscharfen Logik* erlaubt dagegen auch Wahrheitswerte *zwischen* null (falsch) und eins (wahr).[1] Eine unscharfe Aussage kann somit durchaus „etwas wahr“ (z.B. Wahrheitswert 0,6) oder „ziemlich falsch“ (z.B. 0,1) sein. Der *Zugehörigkeitsgrad* zu einer unscharfen Menge (z.B. Menge der wahren Aussagen) ist ein Kontinuum zwischen null und eins.

Eine *unscharfe Menge* (*fuzzy set*) $\tilde{U}$ besteht aus einer Menge X und einer *Zugehörigkeitsfunktion* g: $X \to [0; 1]$, die jedem Element $x \in X$ seinen Zugehörigkeitsgrad zur unscharfen Menge $\tilde{U}$ zuweist: $\tilde{U} = \{(x, g(x)) \mid x \in X\}$. Mit $X := \mathbb{R}$ könnte beispielsweise die *unscharfe Zahl* „$\tilde{2}$“ wie folgt definiert werden:

$$g_{\tilde{2}}(x) = \begin{cases} 0 & \text{für } x \leq 1 \\ x-1 & \text{für } 1 < x \leq 2 \\ 3-x & \text{für } 2 < x \leq 3 \\ 0 & \text{für } x > 3 \end{cases}.$$

Der Zugehörigkeitsgrad nimmt, beginnend bei null, für Werte zwischen 1 und 2 linear zu, erreicht sein Maximum von eins an der Stelle x = 2, um im folgenden wieder linear bis auf den Wert null zurückzugehen. Die reellen Zahlen 1,5 und 2,5 gehören beide mit dem Grad 0,5 zur unscharfen Zahl $\tilde{2}$.

Zugehörigkeitsfunktionen unscharfer Zahlen ähneln Wahrscheinlichkeitsdichten von Zufallsvariablen. Daher liegt der Vorschlag nahe, unsichere Größen nicht als *stochastisch*, sondern vielmehr als *unscharf* aufzufassen.[2] In diesem Falle können Ansätze der unscharfen linearen Optimierung angewendet werden.[3]

Beispiel. Der konstante Zahlungsüberschuß b_t der Liquiditätsrestriktion (Primalproblem P^{EW} aus Abschnitt 4.2.2) sei nur vage bekannt. Eine Wahrscheinlichkeitsverteilung läßt sich nicht angeben, aber man hält ausschließlich Werte aus dem Intervall zwischen b_t^{min} und b_t^{max} für möglich. Die unscharfe Liquiditätsrestriktion

1 Vgl. *ZADEH*, Fuzzy Sets (1965), *ZIMMERMANN*, Fuzzy Set Theory (1991).

2 Zum Verhältnis von Wahrscheinlichkeitstheorie und Fuzzy-Theorie vgl. *WOLF*, Fuzzy-Modelle (1988), S. 157 ff., *TILLI*, Fuzzy-Logik (1992), S. 131 ff.

3 Zu unscharfen LO-Ansätzen vgl. z.B. *RÖDDER/ZIMMERMANN*, Optimierung von unscharf formulierten Problemen (1977), S. 12 ff., *BUSCHER/ROLAND*, Fuzzy Sets (1993), *KEUPER*, Fuzzy (1999), S. 246 ff.

$$-\sum_{j=1}^{m} g_{jt} \cdot x_j \leq \lambda \cdot b_t^{min} + (1-\lambda) \cdot b_t^{max} \qquad \text{mit } \lambda \geq 0$$

ist mit dem Zugehörigkeitsgrad $\lambda = 1$ erfüllt, wenn die Lösung die Untergrenze b_t^{min} einhält. Die per Restriktion auf nichtnegative Werte beschränkte „Zufriedenheit" λ sinkt mit zunehmender Inanspruchnahme des für möglich gehaltenen Überschusses $b_t \in [b_t^{min}; b_t^{max}]$ linear ab. Sie beträgt schlechtestenfalls $\lambda = 0$, und zwar dann, wenn die Lösung den maximalen Überschuß b_t^{max} ausschöpft. Für jeden Zeitpunkt t ist eine derartige Restriktion zu formulieren. Das Ziel besteht darin, den einheitlichen Zufriedenheitsgrad λ zu maximieren. Die am schlechtesten erfüllte Restriktion gibt somit den alleinigen Ausschlag für die Güte der Gesamtlösung. Es liegt wie bei der Zielsetzung Einkommensmaximierung eine Engpaß- oder Flaschenhalsoptimierung vor, die den minimalen Zufriedenheitsgrad maximiert (Minimax-Prinzip).[1]

Der Übergang zu einem Zufriedenheits- bzw. Nutzenkonzept läßt keinen Raum mehr für die selbständige Verfolgung der ursprünglich zugrunde gelegten finanziellen Zielsetzung. Beispielsweise muß das Endwertziel in einem unscharfen Ansatz zu einer Restriktion umgewandelt werden: Sofern der Entscheidungsträger mindestens ($\lambda = 0$) den Endwert EW_{min} fordert und ab einem Wert von $EW_{max} > EW_{min}$ vollständig „zufrieden" ist ($\lambda = 1$), lautet diese Restriktion unter der Zielsetzung „max. λ":

$$G_n \geq (1 - \lambda) \cdot EW_{min} + \lambda \cdot EW_{max}.$$

Die unscharfe lineare Optimierung stellt Zielfunktion und Liquiditätsrestriktionen des ursprünglichen Problems auf die gleiche Stufe. Dies eröffnet übrigens die Möglichkeit, eine Optimierung bei mehrfacher Zielsetzung vorzunehmen. Verschiedene gleichzeitig zu verfolgende Ziele erhöhen lediglich die Anzahl der Restriktionen des Problems. Als Preis dieser Vereinfachung ist allerdings z.B. das Minimax-Prinzip zu akzeptieren, welches durch seine Konzentration auf die am schlechtesten erfüllte Nebenbedingung leicht zu unplausiblen Ergebnissen führen kann. Beispielsweise erscheint eine Lösung mit den Zufriedenheitswerten (0,1; 0,1; 0,1; ... ; 0,1) im unscharfen Ansatz vorteilhafter als eine andere Lösung mit den Werten (0,09; 1; 1; 1; ... ; 1), welche lediglich im Hinblick auf die erste Restriktion (bzw. das erste Ziel) leicht unterlegen ist. Das Minimax-Prinzip würdigt in keiner Weise die Vorzüge der zweiten Lösung, weil diese nicht die Engpaßrestriktion 1 betreffen. Als Alternative bietet sich die Maximierung einer subjektiv gewogenen Durchschnitts-Zufriedenheit an. Subtilere Vorgehensweisen führen schnell zu nichtlinearen Ansätzen.[2] Werden

[1] Vgl. Unterabschnitt 4.2.2.2.

[2] Vgl. *GÖTZE*, Investitionsrechnung (2014), S. 455 f.

etwa die einzelnen Zufriedenheitsgrade multiplikativ verknüpft (Produkt-Operator), scheidet die lineare Optimierung als Lösungsinstrument aus.

Durch Definition unscharfer Rechenoperationen[1] und entsprechender Ungleichungsrelationen kann Unschärfe auch hinsichtlich der Koeffizienten auf der linken Seite der Restriktionen (Überschüsse g_{jt}) abgebildet werden.[2] Der durch die „Fuzzy"-Operationen bewirkte Informationsverlust führt allerdings zu einem sehr verschwommenen Ansatz, dessen verdichtete Kompromißlösung nur schwer interpretiert werden kann. Im Vergleich zur stochastischen Optimierung sind zwar keine Wahrscheinlichkeitsverteilungen zu schätzen, dafür aber Zugehörigkeitsfunktionen für sämtliche unsicheren Koeffizienten und Zielwerte. Für ein mit Optimierungsanspruch auftretendes Verfahren ist aber das den subjektiven Zugehörigkeitsschätzungen innewohnende Maß an Willkür nicht mehr tragbar.[3] Als besonders problematisch erweist sich die Anforderung, bereits im voraus die Zielgröße durch Schranken „einzugabeln". Woher soll der Entscheidungsträger *vor* Lösung des in Rede stehenden Investitions- und Finanzierungsproblems wissen, mit welchem Endwert er zu 100% „zufrieden" ($\lambda = 1$ für $G_n = EW_{max}$) sein kann? Entspricht zudem die Verdichtungsregel „Minimax-Prinzip" seinen tatsächlichen Präferenzen? Sind die Zugehörigkeitsfunktionen wirklich linear? Das Zusammenspiel der zahllosen Prämissen bleibt dem Entscheidungsträger verborgen, so daß die Gefahr groß ist, bei vermeintlich hohem Nutzenwert λ nur einen mäßigen Endwert zu erzielen.

Der Mangel der unscharfen Ansätze liegt einmal mehr in dem Verzicht auf die Offenlegung der Unsicherheit. Der algorithmisch abgeleitete eindeutige Entscheidungsvorschlag läßt nicht erkennen, wie die eigentliche Zielgröße (z.B. Endwert) auf bestimmte mögliche Datensituationen reagiert. Um der Unsicherheit bzw. Willkür bei der Quantifizierung von Zugehörigkeitsfunktionen zu begegnen, wird deshalb ein interaktives Vorgehen nach Art der Sensitivitätsanalyse vorgeschlagen, welches eine Variation der verschiedenen Anspruchsniveaus zuläßt.[4] Wenngleich der Versuch verlockend ist, auf diese Weise klare Entscheidungsempfehlungen unter Unsicherheit „herauszudestillieren", lassen sich jedoch zwei gravierende Einwände nicht von der Hand weisen.

1. Die bisher in der Literatur vorgestellten Ansätze sind *Totalmodelle*. Ein theoretisch wünschenswerter interaktiver Entscheidungsprozeß scheitert aber an der Masse der simultan zu bewältigenden Daten. Selbst im Sicherheitsfall ist die Aufstellung eines unternehmensweiten Totalmodells illusorisch – um wieviel aussichtsloser ist

---

1 Vgl. z.B. *STEINRÜCKE*, Unscharfe Mengen (1997), S. 145 ff.

2 Vgl. *WOLF*, Fuzzy-Modelle (1988), *WOLF*, Vage Größen (1988), *BUSCHER/ROLAND*, Fuzzy Sets (1993). Vgl. auch *YANG*, Uncertain Parameter Linear Programming (1991).

3 Vgl. *HOWARD*, Cults (1992), S. 17.

4 Vgl. *WOLF*, Fuzzy-Modelle (1988), S. 46 ff., 146 f.

dann erst das Unterfangen, ein solches Modell *mehrfach* (interaktiv) zu lösen! Leider verspricht auch die Partialisierung durch Lenkpreise keinen Erfolg, da aufgrund der Flaschenhalsoptimierung vielfach keine sinnvollen Dualwerte zu erwarten sind.[1] Sofern eine Liquiditätsrestriktion nicht Engpaß im Sinne des Minimax-Prinzips ist, beträgt ihr Lenkpreis null. Verfügbare Mittel, die den Endwert erhöhen könnten, werden als wertlos eingestuft, weil sie den Nutzen λ nicht zu steigern vermögen.

2. Der Gedanke eines interaktiven Planungsprozesses ist richtig; nur: Warum sollen Sensitivitäts- und Risikoanalysen[2] an einem unscharfen Modell durchgeführt werden, das sich durch den Schleier des Nutzenkonzeptes von den originären Zahlungsgrößen abgehoben hat? Liegt es nicht viel näher, das zugrundeliegende scharfe Modell zu analysieren? Die Liquiditätsrestriktionen sind nicht vage, sondern *scharf* zu erfüllen. Es stellt sich die grundsätzliche Frage, ob das direkte Durchspielen von Zahlungskonsequenzen nicht einfacher, anschaulicher und aussagekräftiger ist als die Variation von Zugehörigkeitsfunktionen, deren Definition und Verknüpfung mehr Fragen aufwerfen als beantworten. Der Preis für die erhöhte Transparenz scharf formulierter Modelle besteht allerdings in dem Verzicht auf die nutzentheoretisch begründete Ableitung einer Kompromißlösung als Entscheidungsvorschlag.

Die unscharfe Logik ist ein interessantes Forschungsgebiet, welches in anderen Bereichen bereits bemerkenswerte Anwendungen hervorgebracht hat (z.B. künstliche Intelligenz, Regeltechnik). Auf dem gegenwärtigen Erkenntnisstand spricht allerdings nichts für eine Ablösung der scharf formulierten Optimierungsmodelle auf Basis der klassischen Logik – die schlecht greifbare, vage, intuitiv abzuwägende Nutzenkomponente gehört ohnehin zur qualitativen Seite der Investitionsentscheidung und sollte nicht ohne Not mit der Investitions*rechnung* vermengt werden.

Als Ergebnis des vorliegenden Abschnitts 5.2.2 ist festzuhalten, daß Simultanansätze bei Unsicherheit (Portefeuilleauswahl, stochastische und unscharfe Optimierung) keine gangbare Alternative zur dezentralen Lenkpreissteuerung darstellen.

---

1 Vgl. Unterabschnitt 4.2.2.2.

2 Vgl. die folgenden Abschnitte 5.3.1 und 5.3.2.

5.3 Unsicherheitsaufdeckende Verfahren

5.3.1 Sensitivitätsanalyse

5.3.1.1 Aufgabe und Ausprägungen der Sensitivitätsanalyse

Eine *Sensitivitätsanalyse*[1] beantwortet die Frage nach der *Empfindlichkeit* der Planungsergebnisse im Hinblick auf Veränderungen der Ausgangsdaten.[2] Sie gehört damit zu denjenigen Verfahren, welche die Auswirkungen der Unsicherheit offenlegen, ohne jedoch in jedem Falle eine Entscheidungsempfehlung geben zu können. Ein Spezialfall der Sensitivitätsanalyse ist bereits im Rahmen der postoptimalen Betrachtungen behandelt worden.[3]

Zugrunde gelegt sei im folgenden ein lineares Optimierungsmodell aus dem Kapitel 4 mit pragmatisch festgelegtem Planungshorizont und ökonomisch sinnvoller Zielsetzung (z.B. Endwertmaximierung mit moderaten Entnahmewünschen). Als Startwerte für die Untersuchung der unsicheren Modellkoeffizienten dienen zweckmäßigerweise die geschätzten Erwartungswerte bzw. die „wahrscheinlichsten" oder „durchschnittlichen" Werte der Daten gemäß subjektiver Einschätzung.[4] Für diese weder betont pessimistische noch übermäßig optimistische Parameterkonstellation ist zunächst die Optimallösung zu berechnen. Alsdann kann die Sensitivitätsanalyse einsetzen. Ihr Ziel ist die Klärung folgender Fragen:[5]

1. Innerhalb welcher Grenzen dürfen die Koeffizienten des LO-Problems schwanken, ohne daß sich die *Struktur* (Menge der Basisvariablen) der optimalen Lösung ändert? (*Sensitivitätsanalyse der ersten Art.*)

2. Wie wirken sich gegebene Änderungen der Koeffizienten aus, d.h., wie lautet die neue optimale Lösung (falls sie noch existiert)? (*Sensitivitätsanalyse der zweiten Art.*)

Beide Fragen sollen unter Ausnutzung des bisherigen optimalen Simplextableaus beantwortet werden, ohne die abgeänderte Aufgabe von Anfang an neu zu lösen.

---

1 Diese Bezeichnung hat sich in der Literatur eingebürgert, wenngleich der Begriff *Sensibilitätsanalyse* treffender ist. Vgl. *MÜLLER-MERBACH*, Operations Research (1973), S. 150.

2 Vgl. *DINKELBACH*, Parametrische Programmierung (1969), S. 25, *DINKELBACH*, Sensitivitätsanalysen (1979), *STEPAN/FISCHER*, Optimierung (2009), S. 155 ff., *GÖTZE*, Investitionsrechnung (2014), S. 388 ff.

3 Vgl. Unterabschnitt 4.2.6.4.2.

4 Diesen naheliegenden Vorschlag macht bereits *DANTZIG*, Uncertainty (1955), S. 206.

5 Vgl. *KERN*, Empfindlichkeit (1963), S. 60 ff., *BLOHM/LÜDER*, Investition (1995), S. 251.

Manche Autoren ordnen der Sensitivitätsanalyse vornehmlich die erste, andere nur die zweite Fragestellung zu.[1] Letztere unterscheidet sich von der *parametrischen Optimierung* dadurch, daß das geänderte Problem, ausgehend vom bisherigen Endtableau, für gegebene numerische Werte der Koeffizienten gelöst wird. Man untersucht also nicht allgemein und systematisch, für welche Parameterwerte welche Basislösung optimal ist.

Die Sensitivitätsanalyse ermöglicht Aussagen über die *Stabilität* und den Streubereich der optimalen Lösung. Mit ihrer Hilfe lassen sich z.B. diejenigen Einflußgrößen identifizieren, welche besonders stark auf die Struktur des Optimums einwirken. Es empfiehlt sich, solche Parameter – wenn möglich – genauer zu schätzen oder gezielt zu beeinflussen.[2] Weiterhin können Lösungen gesucht werden, die für möglichst viele denkbare Datenkonstellationen „gute" Ergebnisse liefern.[3]

Im folgenden soll die Sensitivitätsanalyse des simultanen Optimierungsproblems im Mittelpunkt stehen. Die Übertragung der Vorgehensweise auf wesentlich einfachere Partialbetrachtungen ist ohne weiteres möglich und wird nur anhand von Zahlenbeispielen am klassischen Kapitalwertmodell gestreift.

5.3.1.2 Sensitivitätsanalyse der ersten Art

Die erste Fragestellung der Sensitivitätsanalyse sucht nach den *kritischen Werten* für die unsicheren Koeffizienten des Optimierungsproblems. Im einfachsten Fall wird ermittelt, innerhalb welcher Grenzen ein einzelner Koeffizient (z.B. Zahlungsüberschuß) bei Konstanz aller übrigen Daten schwanken darf, ohne daß sich die Zusammensetzung der bisherigen optimalen Lösung ändert.[4]

Derartige *isolierte Schwankungsbreiten* lassen sich recht einfach berechnen, soweit sie die Zielfunktion, die rechten Seiten der Restriktionen oder die Tableaukoeffizienten von Nichtbasisvariablen betreffen. Basisvariable bereiten dagegen mehr Schwierigkeiten, weil Änderungen sowohl auf die Zulässigkeit als auch auf die Optimalität

---

1 Vgl. z.B. einerseits *DINKELBACH*, Parametrische Programmierung (1969), S. 71 ff., andererseits *GARVIN*, Linear Programming (1960), S. 49 ff. und *HILLIER/LIEBERMAN*, Operations Research (1997), S. 150.

2 Vgl. *DANTZIG*, Lineare Programmierung (1966), S. 306 f., *DINKELBACH*, Sensitivitätsanalysen (1979), S. 246.

3 Vgl. *HILLIER/LIEBERMAN*, Operations Research (1997), S. 82 f.

4 Vgl. *KILGER*, Kritische Werte (1965), *BLOHM/LÜDER*, Investition (1995), S. 251 f.

des bisherigen Tableaus einwirken können und zudem die Invertierbarkeit der Basismatrix nicht gesichert bleibt.[1]

Beispiele. Im Endwertmaximierungsfall der Tabelle 4-3/4-4 kann der konstante Überschuß b_1 (bislang auf dem erwarteten Wert 0) *ceteris paribus* im Intervall $[-1{,}8; \infty[$ variieren, ohne daß sich die Menge der Grenzobjekte ändert. Die *Werte* der Grenzobjekte schwanken natürlich mit b_1. Für $b_1 = -1{,}8$ sinkt F_1 auf den Wert null, so daß bei Verlassen des Schwankungsintervalls ein Basiswechsel erforderlich wird, der die endogenen Grenzzinsfüße beeinflußt.

Sofern nicht das Total-, sondern das dezentrale Partialmodell Gegenstand der Untersuchung ist, muß lediglich berechnet werden, für welche Änderungen des in Frage stehenden unsicheren Parameters der Kapitalwert sein bisheriges Vorzeichen behält.[2] Das bisher durchweg verwendete **Rübezahl**-Beispiel mit $\mathbf{g} = (-1000, 200, 390, 460, 220)$ lieferte bei i = 5% einen Kapitalwert von C = 122,57753. In der Abschlußzahlung von 220 zum Zeitpunkt t = 4 mögen auch Umsatzerlöse enthalten sein. Diese dürfen um nicht mehr als $122{,}57753 \cdot 1{,}05^4 = 148{,}99375$ niedriger als geplant ausfallen, wenn die Investition vorteilhaft bleiben soll. Betrüge die Abschlußzahlung nur 220 – 148,9937571 = 71,00625, wäre der Kapitalwert genau gleich null. Für die Zahlungsreihe (–1000, 200, 390, 460, 71) ergibt sich bereits ein negativer Kapitalwert. Die Unternehmensleitung muß also abwägen, ob Gefahr besteht, daß die Umsatzerlöse im letzten Jahr um mehr als 148 hinter der Prognose zurückbleiben. Sofern auch andere Größen unsicher sind, lassen sich kritische Werte für eine bestimmte Größe nur *ceteris paribus*, d.h. bei gleichbleibenden Werten der anderen Größen angeben. Wenn z.B. auch die Umsatzerlöse des dritten Jahres bereits (sehr) unsicher sind, ergeben sich je nach der Annahme für den Umsatz des dritten Jahres unterschiedliche kritische Werte für den Überschuß des vierten Jahres. Es muß gelten: $C \geq 0 \Leftrightarrow -1000 + 200/1{,}05 + 390/1{,}05^2 + g_3/1{,}05^3 + g_4/1{,}05^4 \geq 0 \Leftrightarrow g_3/1{,}05^3 + g_4/1{,}05^4 \geq 455{,}78 \Leftrightarrow g_4 \geq 554{,}00625 - 1{,}05\ g_3$. Der kritische Wert für den Überschuß des vierten Jahres ist eine linear fallende Funktion des Überschusses im dritten Jahr (und umgekehrt). Bei einer großen Zahl unsicherer Parameter wird die Methode kritischer Werte sehr schnell unübersichtlich und schwerfällig.[3]

Man beachte, daß bei vollkommenem Kapitalmarkt auch der *interne Zins* ein kritischer Wert im Sinne der Sensitivitätsanalyse erster Art ist. Er bezeichnet bekanntlich

---

1 Zur Herleitung isolierter Schwankungsbreiten vgl. *DINKELBACH*, Parametrische Programmierung (1969), S. 71 ff. Die zusätzlichen Probleme im Ausartungsfall behandelt *GAL*, Shadow Prices (1986). Vgl. auch *HAX*, Investitionstheorie (1985), S. 127 ff.

2 Ein kleines Beispiel hierzu ist bereits im Unterabschnitt 4.2.6.4.2 behandelt worden. Weitere einfache Beispiele zur Berechnung kritischer Werte im Zusammenhang mit dem Kapitalwertmodell liefern *ADAM*, Planung und Entscheidung (1996), S. 154 ff. und *LACKES*, Sensitivitätsanalyse (1992).

3 Vgl. *HERING*, Investition und Unternehmensbewertung (2002), S. 51.

die Nullstelle der Kapitalwertfunktion und gibt an (bei durchweg nichtnegativer Kapitalbindung, siehe Satz 18), wie weit der Kalkulationszins i maximal steigen darf, ohne daß die Investition unvorteilhaft wird. Der interne Zins kann mit Fug und Recht als der berühmteste kritische Wert der Investitionstheorie bezeichnet werden (vgl. Abschnitt 3.3.1).

Der Aussagegehalt isolierter Schwankungsbreiten ist aufgrund der Ceteris-paribus-Prämisse relativ gering, wenn mit Schwankungen einer Vielzahl von Koeffizienten gerechnet werden muß. Eine *mehrparametrische* Sensitivitätsanalyse der ersten Art wird aber schon in einfachen Fällen sehr schnell unübersichtlich: Der als Lösungsmenge eines Ungleichungssystems ermittelbare simultane Schwankungsbereich von n unabhängig voneinander variierenden Parametern ist ein n-dimensionaler Raum, der sich schon für n = 3 nur noch schlecht und für n > 3 überhaupt nicht mehr graphisch veranschaulichen läßt. Für die praktische Anwendung ist durch die Formulierung solcher „kritischen Gebiete" wenig gewonnen, da sich die Stabilität der Lösung im allgemeinen Fall nur durch Einsetzen konkreter Parameterwerte in sämtliche Ungleichungen überprüfen läßt.[1]

Die Schwierigkeiten verstärken sich zusehends, wenn mehrere Parameter aus dem Inneren der Koeffizientenmatrix variabel sind. Durch die Pivotoperationen können an jeder Stelle des Simplextableaus Quotienten auftreten, deren Nenner variable Größen enthalten. Zielfunktionskoeffizienten und rechte Seiten hängen somit nichtlinear von unsicheren Parametern ab. „Bis jetzt gibt es in der Literatur praktisch keinen vernünftigen Algorithmus zur Lösung dieser Probleme".[2]

Simultane Schwankungsbereiche sind selbst in den noch lösbaren Fällen unhandlich und außerstande, nichtfunktionale Abhängigkeiten zwischen den Parametern (z.B. vermutete stochastische Korrelationen von Zahlungsüberschüssen) zu berücksichtigen. Weil in Investitionsrechnungen regelmäßig mehr als eine Größe unsicher ist, erweist sich die Sensitivitätsanalyse erster Art für diesen Anwendungsfall als meist unzureichend.[3] Sie vermag i.d.R. nur ergänzende Informationen über kritische Werte zu liefern, die alle unter dem Ceteris-paribus-Vorbehalt stehen.

---

1 Vgl. *DINKELBACH*, Parametrische Programmierung (1969), S. 137, *WENDELL*, Tolerance Approach (1985), S. 568 f.

2 *GAL*, Sensitivitätsanalyse (1973), S. 241. Als Ausweg bietet sich u.U. der „Toleranzansatz der Sensitivitätsanalyse" an, der einen maximal erlaubten Abweichungsprozentsatz für die Gesamtheit der betrachteten unsicheren Größen ermittelt. Vgl. *WENDELL*, Tolerance Approach (1985), *RAVI/ WENDELL*, Tolerance Approach (1989).

3 Vgl. *BLOHM/LÜDER*, Investition (1995), S. 254 f., *DINKELBACH*, Parametrische Programmierung (1969), S. 139.

5.3.1.3 Sensitivitätsanalyse der zweiten Art

5.3.1.3.1 Ein Algorithmus zur Lösung des kanonischen LO-Problems

Die Sensitivitätsanalyse zweiter Art ist auch zur Verarbeitung der gleichzeitigen Variation mehrerer Parameter geeignet. Im allgemeinen wird die neue optimale Lösung für den geänderten Datensatz wesentlich näher am bisherigen Optimum als am Koordinatenursprung des Raums der Strukturvariablen liegen. Es ist daher vorteilhaft, vom vorliegenden Optimaltableau auszugehen und nicht das abgeänderte Problem von Beginn an neu zu lösen.[1]

Hierzu bedarf es als erstes der Kenntnis des Zusammenhangs zwischen Optimaltableau und Ausgangsdaten. Für die Zwecke der Sensitivitätsanalyse sei das LO-Problem in seiner allgemeinsten Form gegeben durch:[2]

$$\begin{aligned} \text{max. } x_0;\ x_0 := \quad & \mathbf{c}^T\mathbf{x} + b_0 \\ & \mathbf{A}\mathbf{x} \leq \mathbf{b} \\ & \mathbf{x} \geq \mathbf{0} \end{aligned}$$

mit $\mathbf{x} := (x_1, \dots, x_n)^T$ als Vektor der *Strukturvariablen*, $\mathbf{b} := (b_1, \dots, b_m)^T$ als Vektor der *rechten Seiten* (RS), $\mathbf{c} := (c_1, \dots, c_n)^T$ als Vektor der *Zielfunktionsbeiträge* und $\mathbf{A} := (a_{ij})$ als *Koeffizientenmatrix* mit $1 \leq i \leq m$, $1 \leq j \leq n$ und m Zeilenvektoren $\mathbf{a}^i := (a_{i1}, \dots, a_{in})$ sowie n Spaltenvektoren $\mathbf{a}_j := (a_{1j}, \dots, a_{mj})^T$. Das Optimierungsproblem besteht darin, einen Vektor $\mathbf{x}$ zu finden, der den *Zielfunktionswert* x_0 unter Einhaltung der m *Restriktionen* $\mathbf{a}^i\mathbf{x} \leq b_i$ sowie der n *Nichtnegativitätsbedingungen* $x_j \geq 0$ maximiert. Definiert man einen Vektor $\mathbf{s}$ der *Schlupfvariablen* durch $\mathbf{s} := (s_1, \dots, s_m)^T := \mathbf{b} - \mathbf{A}\mathbf{x} \geq \mathbf{0}$, so lautet das in Gleichungsform geschriebene LO-Problem mit $\mathbf{E}$ als m-reihiger Einheitsmatrix und $\mathbf{0}$ als Nullvektor (der jeweiligen Dimension):

$$\begin{aligned} \text{max. } x_0;\ x_0 := \quad & \mathbf{c}^T\mathbf{x} + b_0 \\ & \mathbf{A}\mathbf{x} + \mathbf{E}\mathbf{s} = \mathbf{b} \\ & \mathbf{x} \geq \mathbf{0},\ \mathbf{s} \geq \mathbf{0} \end{aligned}$$

In Tabellenform ergibt sich das *Ausgangstableau* der Simplexmethode:

---

[1] Vgl. *HILLIER/LIEBERMAN*, Operations Research (1997), S. 80, *KREKÓ*, Lineare Optimierung (1973), S. 233, *SHETTY*, Analyses (1961), S. 103, *KERN*, Empfindlichkeit (1963), S. 67.

[2] Im Rahmen dieses Unterabschnitts haben die Symbole x, b, d, i usw. eine andere Bedeutung als im übrigen Teil des Buches. Der Vektor **b** enthält z.B. sowohl die fixen Überschüsse b_t als auch die Objektobergrenzen.

BV	x_0	$\mathbf{x}^T$	$\mathbf{s}^T$	RS
x_0	1	$-\mathbf{c}^T$	$\mathbf{0}^T$	b_0
$\mathbf{s}$	$\mathbf{0}$	$\mathbf{A}$	$\mathbf{E}$	$\mathbf{b}$

Es liegt in *kanonischer Form* vor. Diese ist dadurch gekennzeichnet, daß der im Ausgangstableau durch **A** und **E** besetzte Teil der Matrix alle m Einheitsvektoren des $\mathbb{R}^m$ als Spaltenvektoren enthält und die Koeffizienten der x_0-Zeile in den betreffenden Spalten null sind. In der Ausgangslösung ist das System nach den *Basisvariablen* (BV) **s** aufgelöst; es gilt mithin $\mathbf{x} = \mathbf{0}$, $\mathbf{s} = \mathbf{b}$ und $x_0 = b_0$.

Betrachtet sei nunmehr das in kanonischer Form vorliegende Optimaltableau. Ordnet man dessen Einheitsvektoren so um, daß sie die Einheitsmatrix **E** bilden, so lassen sich die zu den Spalten der Matrix **E** gehörenden Variablen *in dieser Reihenfolge* zu einem Vektor **v** der *Basisvariablen* zusammenfassen. Die den Variablen von **v** zugeordneten Spalten der Ausgangsmatrix $(\mathbf{A} \mid \mathbf{E})$ sind demnach linear unabhängig und bilden eine *Basis* des $\mathbb{R}^m$. Sie werden in der durch **v** gegebenen Reihenfolge zur Basismatrix **D** zusammengefügt. Analog bildet man aus den Zielfunktionsbeiträgen $(\mathbf{c}^T \mid \mathbf{0}^T)$ der Basisvariablen einen Vektor **d**. Alle nicht in **v** enthaltenen Variablen heißen *Nichtbasisvariable* (NBV) des betrachteten Tableaus.[1]

Es läßt sich zeigen, daß das *Optimaltableau* in Abhängigkeit von den Ausgangsdaten wie folgt geschrieben werden kann:[2]

BV	x_0	$\mathbf{x}^T$	$\mathbf{s}^T$	RS
x_0	1	$\mathbf{d}^T\mathbf{D}^{-1}\mathbf{A} - \mathbf{c}^T$	$\mathbf{d}^T\mathbf{D}^{-1}$	$\mathbf{d}^T\mathbf{D}^{-1}\mathbf{b} + b_0$
$\mathbf{v}$	$\mathbf{0}$	$\mathbf{D}^{-1}\mathbf{A}$	$\mathbf{D}^{-1}$	$\mathbf{D}^{-1}\mathbf{b}$

Dieses Ergebnis ist zentral für die gesamte Sensitivitätsanalyse, weil es die Struktur eines jeden Simplextableaus freilegt.[3] Die Matrix der Basisinversen $\mathbf{D}^{-1}$ kann im Optimaltableau aus den Spalten der Schlupfvariablen **s** explizit abgelesen werden, und alle anderen Größen (**A**, **b**, **c**, **d**) entsprechen unmittelbar den zu variierenden Ausgangsdaten des Problems.

1 Die Zielvariable x_0 kann dagegen als permanente Basisvariable aufgefaßt werden.

2 Der Rechenweg ist im Anhang 6. dokumentiert. Vgl. auch *KREKÓ*, Lineare Optimierung (1973), S. 225.

3 Zum Beispiel gilt speziell für das Ausgangstableau: $\mathbf{v} = \mathbf{s}$, $\mathbf{d} = \mathbf{0}$, $\mathbf{D} = \mathbf{D}^{-1} = \mathbf{E}$.

Das bisherige Optimaltableau ist per def. *zulässig* und *optimal*, d.h., für seine rechte Seite gilt $\mathbf{D}^{-1}\mathbf{b} \geq \mathbf{0}$ und für die Zielfunktionszeile $(\mathbf{d}^T\mathbf{D}^{-1}\mathbf{A} - \mathbf{c}^T \mid \mathbf{d}^T\mathbf{D}^{-1}) \geq \mathbf{0}^T$. Beide Bedingungen können durch Modifikationen der Modellparameter verletzt werden, u.U. sogar gleichzeitig. Die Sensitivitätsanalyse zweiter Art benötigt also einen Lösungsalgorithmus der linearen Optimierung, welcher lediglich die kanonische Form voraussetzt und ohne die Einführung von künstlichen Variablen auskommt.[1] Abbildung 5-6 zeigt das „Struktogramm“ einer diesen Anforderungen genügenden Berechnungsprozedur.

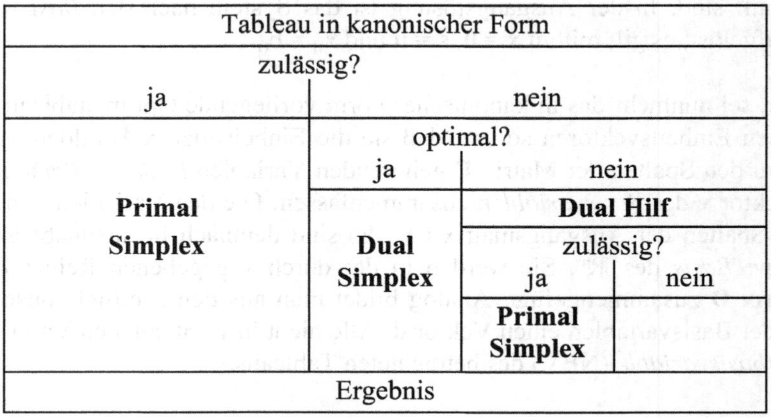

Abbildung 5-6: Ein auf die Sensitivitätsanalyse abgestimmter LO-Algorithmus

Nach jeder Datenänderung wird zunächst die kanonische Form wiederhergestellt. Ist das resultierende Tableau zulässig, kann unmittelbar der *primale Simplexalgorithmus* eingesetzt werden. Er findet nach einigen Iterationen die neue optimale Lösung (sofern sie noch existiert).[2] Ein unzulässiges, aber optimales Tableau wird dem *dualen Simplexalgorithmus* überlassen, welcher entweder ein Optimum oder die Unlösbarkeit der geänderten Aufgabe feststellt.[3]

Falls das neue Tableau weder zulässig noch optimal ist, kann vorübergehend eine das Optimalitätskriterium erfüllende *Hilfszielfunktion* verwendet werden, die sich aus der

[1] Üblicherweise wird auf Tableaus, die weder zulässig noch optimal sind, die Zweiphasenmethode mit künstlichen Variablen angewendet. Vgl. *DANTZIG*, Lineare Programmierung (1966), S. 118 ff., *HU*, Ganzzahlige Programmierung (1972), S. 59 f., *WITTE/DEPPE/BORN*, LP (1975), S. 80 ff.

[2] Die Datenänderung kann auch dazu führen, daß die Zielfunktion nicht mehr nach oben beschränkt ist (unsinnige Problemformulierung bzw. unrealistische Daten).

[3] Zur Theorie und Rechentechnik der linearen Optimierung vgl. die im Abschnitt 4.2.2 angegebene Standardliteratur.

weiterhin mitzuführenden x_0-Zeile z.B. in der folgenden Weise ableitet: Man vergrößert die Zielfunktionskoeffizienten aller Nichtbasisvariablen um denselben Wert, so daß sie sämtlich positiv werden. Die Basisvariablen behalten natürlich ihren Dualwert null. Das so konstruierte Hilfsproblem wird dem dualen Simplexalgorithmus überantwortet. Mit dem Erreichen einer zulässigen Lösung entfällt die Hilfszielfunktionszeile, und der primale Simplexalgorithmus setzt die Rechnung unter Verwendung der tatsächlichen Zielfunktion x_0 fort.

Nach diesen theoretischen Vorarbeiten steht nun das notwendige Rüstzeug zur Durchführung einer Sensitivitätsanalyse der zweiten Art bereit. Die simultane Änderung von Koeffizienten kann prinzipiell entweder zeilen- oder spaltenweise erfolgen. Im Investitions- und Finanzierungsproblem des Kapitels 4 sind also entweder die Zahlungsüberschüsse eines Zeitpunkts (Zeile) oder eines Objekts (Spalte) gleichzeitig modifizierbar. Durch geschickte Kombination beider Analysetechniken läßt sich jede beliebige für möglich gehaltene Situation in ihren Konsequenzen für das Optimalverhalten „durchspielen".

5.3.1.3.2 Simultane Änderung der Daten eines Zeitpunkts

Häufig stellt sich das Problem, die Empfindlichkeit der Optimallösung im Hinblick auf die Bemessung des Restwerts von Investitionsobjekten am Planungshorizont $t = n$ zu untersuchen. Sofern außerdem deterministische oder stochastische Abhängigkeiten zwischen den Zahlungsüberschüssen bestimmter Objekte bestehen, wirken sich angenommene Datenänderungen in jeder Periode auf mehrere Projekte j aus.[1] Beide angesprochenen Aspekte erfordern einen Algorithmus, der es erlaubt, alle Überschüsse g_{jt} eines Zeitpunkts t und damit die Ausgangsdaten einer Tableau*zeile* gleichzeitig zu verändern.[2]

Als einfacher Spezialfall sei zunächst eine Variation der Zielfunktionsbeiträge $\mathbf{c}$ betrachtet. Die Änderung des Vektors $\mathbf{c}$ erfordert ebenfalls eine *zeilen*bezogene Analyse des Simplextableaus. Im Prinzip hat man nur die Zeile $(\mathbf{d}^T\mathbf{D}^{-1}\mathbf{A} - \mathbf{c}^T \mid \mathbf{d}^T\mathbf{D}^{-1})$ des Optimaltableaus mit den geänderten Werten von $\mathbf{c}$ und $\mathbf{d}$ neu zu berechnen, denn die Basisinverse $\mathbf{D}^{-1}$ bleibt unberührt. Das bisherige Optimaltableau ist nach wie vor zulässig, aber nicht mehr unbedingt optimal. Der primale Simplexalgorithmus liefert ggf. nach einigen Iterationen das Ergebnis der abgeänderten Aufgabe.

Um das zur alten optimalen Basis gehörende Tableau der neuen Aufgabe zu erhalten, kann aber noch einfacher wie folgt vorgegangen werden: Die bisherige x_0-Zeile wird gestrichen und durch die neue Zielfunktion in der Schreibweise des Ausgangstableaus $(-\mathbf{c}^T \mid \mathbf{0}^T)$ überschrieben. Dies führt natürlich zur Zerstörung der kanoni-

---

1 Vgl. auch Unterabschnitt 5.2.2.1 und *BLOHM/LÜDER*, Investition (1995), S. 255.

2 Im folgenden wird wieder die allgemeinere Notation des LO-Problems verwendet, da die Sensitivitätsanalyse nicht die spezielle Struktur eines Kapitalbudgetierungsproblems voraussetzt.

schen Form, wenn danach die Zielfunktionskoeffizienten der Basisvariablen nicht mehr alle gleich null sind. Da aber das zur gegebenen Basis gehörende kanonische Tableau *eindeutig* ist,[1] genügt es, mit Hilfe elementarer Zeilentransformationen die kanonische Form wiederherzustellen. Durch Addition geeigneter Vielfacher der übrigen Zeilen zur Zielfunktionszeile erhält man das gesuchte Tableau. Ist es optimal, so maximiert die bisherige Basislösung auch die neue Zielfunktion. Anderenfalls wird der primale Simplexalgorithmus eingesetzt.

Dieselbe Vorgehensweise läßt sich unmittelbar anwenden, wenn die Schlupfvariable s_r der zu ändernden Restriktionszeile $\mathbf{a}^r\mathbf{x} \leq b_r \Leftrightarrow \mathbf{a}^r\mathbf{x} + s_r = b_r$ Basisvariable des bisherigen Optimaltableaus ist. Die zugehörige Zeile wird einfach mit den neuen Koeffizienten überschrieben. Nach Wiederherstellung der kanonischen Form ist u.U. die neue Restriktion verletzt, d.h., es kann $s_r < 0$ gelten. In diesem Falle sind einige Iterationen des dualen Simplexalgorithmus auszuführen.

Sofern jedoch die betrachtete Restriktion im Optimum greift, muß zunächst der Eintritt ihrer Schlupfvariablen s_r in die Basis erzwungen werden. Hierzu ist ein von null verschiedenes Pivotelement in der s_r-Spalte zu wählen. Die Existenz eines solchen Elements folgt aus der Invertierbarkeit der Matrix $\mathbf{D}^{-1}$; eine nichtsinguläre Matrix kann nicht in der s_r-Spalte den Nullvektor enthalten. Der erzwungene Basistausch, das Überschreiben der Restriktion mit den neuen Daten und die sich anschließende Wiederherstellung der kanonischen Form können durchaus zu einem Tableau führen, das weder zulässig noch optimal ist. Die Lösung der geänderten Aufgabe erfordert daher im allgemeinen den Einsatz des Algorithmus aus Abbildung 5-6.

<table>
<tr><td colspan="2">Ist s_r Basisvariable?</td></tr>
<tr><td>ja</td><td>nein</td></tr>
<tr><td></td><td>Eintritt von s_r
in die Basis</td></tr>
<tr><td colspan="2">Überschreiben der alten Koeffizienten der Zeile
durch
$\mathbf{a}^r_{neu}\mathbf{x} + s_r = b^{neu}_r$</td></tr>
<tr><td colspan="2">Wiederherstellung der kanonischen Form</td></tr>
<tr><td colspan="2">**Berechnung** (Abbildung 5-6)</td></tr>
</table>

Abbildung 5-7: Simultane Änderung einer Koeffizientenzeile

Die zeilenweise Sensitivitätsanalyse ist in der Abbildung 5-7 zusammengefaßt.

[1] Vgl. *DANTZIG*, Lineare Programmierung (1966), S. 94.

Wenn gewünscht, kann die rechte Seite b_r gleich mit geändert werden. Für die Zielfunktionszeile gilt der beschriebene Algorithmus analog; es ist lediglich $\mathbf{a}^r$ durch $-\mathbf{c}^T$ sowie s_r durch die „Basisvariable" x_0 zu ersetzen. Auch die Einführung zusätzlicher und das Streichen bestehender Restriktionen lassen sich in der beschriebenen Weise handhaben.

5.3.1.3.3 Simultane Änderung der Daten eines Objekts

Sofern ein unsicherer Zahlungsstrom nicht (oder vernachlässigbar schwach) mit den Zahlungsreihen anderer Objekte korreliert ist, bietet sich die spaltenweise Sensitivitätsanalyse an. Sie erlaubt es, alle Überschüsse g_{jt} eines ausgewählten Objekts j gleichzeitig zu variieren.

Zuerst sei angenommen, daß die Strukturvariable x_s, deren Koeffizienten $\mathbf{a}_s$ geändert werden sollen, im bisherigen Optimaltableau Nichtbasisvariable ist und daher den Wert null hat. Dann kann eine Änderung des Spaltenvektors $\mathbf{a}_s$ sowie ggf. auch des zugehörigen Zielfunktionsbeitrags c_s nur die Optimalität, nicht aber die Zulässigkeit des Tableaus beeinflussen. Es müssen lediglich die Spalte $\mathbf{D}^{-1}\mathbf{a}_s$ und der Zielfunktionskoeffizient $\mathbf{d}^T\mathbf{D}^{-1}\mathbf{a}_s - c_s$ neu berechnet werden. Die Basisinverse $\mathbf{D}^{-1}$ und der Vektor $\mathbf{d}$ liegen unverändert vor, da x_s annahmegemäß nicht zur Basis gehört. Der primale Simplexalgorithmus ermittelt alsdann das Ergebnis der abgeänderten Aufgabe.

Wenn x_s im bisherigen Optimaltableau Basisvariable ist, werden analog zunächst die zugehörige Spalte $\mathbf{D}^{-1}\mathbf{a}_s$ und der Zielfunktionskoeffizient $\mathbf{d}^T\mathbf{D}^{-1}\mathbf{a}_s - c_s$ erneut berechnet, und zwar unter Verwendung der *alten* Werte von $\mathbf{D}^{-1}$ und $\mathbf{d}$ sowie der *neuen* Werte von $\mathbf{a}_s$ und c_s. Diese Operation erzeugt ein dem abgeänderten Ausgangstableau äquivalentes Gleichungssystem, zerstört aber andererseits die kanonische Form des zur bisherigen optimalen Lösung gehörenden Simplextableaus: $\mathbf{D}^{-1}\mathbf{a}_s$ ist nach der Modifikation von $\mathbf{a}_s$ kein Einheitsvekor mehr, und im allgemeinen braucht auch der Koeffizient $\mathbf{d}^T\mathbf{D}^{-1}\mathbf{a}_s - c_s$ nicht mehr gleich null zu sein. Man hat nun durch elementare Zeilentransformationen den ursprünglich in der x_s-Spalte des Optimaltableaus stehenden Einheitsvektor zu rekonstruieren. Die x_s-Spalte ist dabei Pivotspalte, und die ursprünglich den Koeffizienten 1 des Einheitsvektors enthaltende Zeile wird zur Pivotzeile. Wie bei einem Simplexschritt stellt man die kanonische Form wieder her.[1] Auf das nach Abschluß der Umformung vorliegende Tableau, das u.U. weder zulässig noch optimal ist,[2] wird der Algorithmus aus Abbildung 5-6 angewendet. Nach einigen Iterationen resultiert das Ergebnis des abgeänderten Problems.

Die Wiederherstellung des Einheitsvektors in der x_s-Spalte setzt voraus, daß das zur Umformung erforderliche Pivotelement nicht null ist. Die Spalten der Basismatrix **D**

---

1 Es erfolgt gewissermaßen ein „Basistausch" von x_s gegen x_s.

2 Vgl. *HILLIER/LIEBERMAN*, Operations Research (1997), S. 149 f., 153 ff.

dürfen durch die Änderung des Vektors $\mathbf{a}_s$ nicht linear abhängig werden, wenn sie weiterhin eine *Basis* des $\mathbb{R}^m$ bilden sollen.[1] Diese Komplikation läßt sich wie folgt beheben: Falls die geänderte Matrix **D** singulär ist und deshalb das benötigte Pivotelement nicht existiert, muß der zur kanonischen Form fehlende Einheitsvektor in einer anderen Spalte des Tableaus rekonstruiert werden. Diese Rechenoperation ist gleichbedeutend mit dem Basisaustritt der Variablen x_s. Hierzu bedarf es eines von null verschiedenen Koeffizienten in der Pivotzeile. Die Existenz eines solchen Pivotelements außerhalb der x_s-Spalte kann stets vorausgesetzt werden: Aufgrund der kanonischen Form sind die Zeilenvektoren des Ausgangstableaus ersichtlich linear unabhängig (Einheitsmatrix!) und können somit nicht durch Simplexschritte in ein Vektorsystem überführt werden, welches als Zeile den Nullvektor enthält.[2] Der erzwungene Basistausch kann Zulässigkeit und Optimalität des Tableaus beeinflussen.

Die nachstehende Abbildung 5-8 enthält den kompletten Algorithmus zur spaltenweisen Sensitivitätsanalyse.

<table>
<tr><td colspan="3">Neuberechnung der x_s-Spalte:
$\mathbf{D}^{-1}\,\mathbf{a}_s^{neu}$, $\mathbf{d}^T\mathbf{D}^{-1}\,\mathbf{a}_s^{neu} - c_s^{neu}$</td></tr>
<tr><td colspan="3">Ist x_s Basisvariable?</td></tr>
<tr><td colspan="2">ja</td><td>nein</td></tr>
<tr><td colspan="2">Ist das Pivotelement null?</td><td rowspan="3"></td></tr>
<tr><td>ja</td><td>nein</td></tr>
<tr><td>Entfernung der Variablen x_s aus der Basis</td><td>Wiederherstellung der kanonischen Form</td></tr>
<tr><td colspan="3">Berechnung (Abbildung 5-6)</td></tr>
</table>

Abbildung 5-8: Simultane Änderung einer Koeffizientenspalte

[1] Vgl. *HADLEY*, Linear Programming (1962), S. 423, *HILLIER/LIEBERMAN*, Operations Research (1997), S. 154, Fußnote 5. Die von HILLIER/LIEBERMAN angesprochenen „umfangreichere(n) Berechnungen mit dem Simplexverfahren" lassen sich durch die im folgenden herzuleitende Vorgehensweise (Algorithmus der Abbildung 5-8) vermeiden.

[2] Der *Rang* einer Matrix wird durch elementare Zeilentransformationen nicht verändert; vgl. *FISCHER*, Lineare Algebra (1986), S. 52 f.

Analog lassen sich auch die Einführung zusätzlicher Variabler sowie das Streichen von Variablen behandeln. Abschließend sei noch ein eng verwandter Fall dargestellt, der ebenfalls eine spaltenweise Analyse des Simplextableaus bedingt: Wird ein modifizierter Vektor **b** vorgegeben, ist lediglich die rechte Seite des Optimaltableaus mit $\mathbf{D}^{-1}\mathbf{b}$ und $\mathbf{d}^T\mathbf{D}^{-1}\mathbf{b} + b_0$ neu zu berechnen. $\mathbf{D}^{-1}$ und **d** liegen unverändert vor. Sofern das resultierende Tableau unzulässig ist, muß es noch dem dualen Simplexalgorithmus unterworfen werden.

5.3.1.4 Beurteilung der Sensitivitätsanalyse

Sensitivitätsanalysen legen die Auswirkungen alternativer Datenkonstellationen auf das Optimalverhalten offen. Sie erlauben das Experimentieren mit der Modellstruktur und den unsicheren Parametern. Besonders die Sensitivitätsanalyse der zweiten Art ist geeignet, die Starrheit des deterministischen LO-Modells zu überwinden: Protokolliert man für jeden berechneten Datensatz die optimale Lösung und ihre Dualwerte, lassen sich die verschiedenen Optimierungsergebnisse statistisch auswerten. Auf diese Weise ergibt sich z.B. eine angenäherte „Häufigkeitsverteilung“ oder zumindest die mögliche Bandbreite (Spannweite ohne vereinzelte extreme „Ausreißer“) der Steuerungszinsfüße sowie der optimalen Variablenwerte.

Durch die Algorithmen der Abbildungen 5-7 und 5-8 läßt sich viel Rechenzeit einsparen, die zu einer Erhöhung der Anzahl „durchgespielter“ Datensituationen ausgenutzt werden kann.[1] Die mit Hilfe der Berechnungsexperimente gewonnenen Informationen über die *Variabilität der endogenen Steuerungszinsfüße* sowie die *Umstände des Auftretens bestimmter Objekte in der optimalen Basis* stellen eine wertvolle quantitative Grundlage für Investitions- und Finanzierungsentscheidungen unter Unsicherheit dar. Sie lassen sich sehr anschaulich graphisch aufbereiten, z.B. in Form von Kapitalwert- und Zinsprofilen (approximativen empirischen Wahrscheinlichkeitsverteilungen bzw. -dichten), Sensitivitäts-, Tornado- und Spinnendiagrammen.[2]

Das Herbeiführen von Transparenz hinsichtlich der Auswirkungen der Unsicherheit hilft bei der *Suche nach Strategien*,[3] welche in der überwiegenden Mehrzahl der zu

---

[1] Der Verfasser hat alle beschriebenen Algorithmen in der Sprache TURBO-Pascal programmiert. Im Programm LINSEN (Lineare Optimierung und Sensibilitätsanalyse) kann zusätzlich auf Knopfdruck eine Neuberechnung der vorliegenden Aufgabe von Beginn an erfolgen. Die Erfahrung hat nämlich gelehrt, daß nach zahlreichen Matrizenmultiplikationen und Änderungen der Basisinversen numerische Probleme infolge kumulierter Rundungsfehler auftreten. Die Sensitivitätsanalyse geht also grundsätzlich nach den Abbildungen 5-7 und 5-8 vor und wird von Zeit zu Zeit zur Rundungsfehlerelimination unterbrochen.

[2] Anschauungsbeispiele finden sich im folgenden Abschnitt 5.3.2. Zu Tornadodiagrammen und „Spiderplots“ vgl. *ESCHENBACH*, Sensitivity Analysis (1992).

[3] Vgl. auch *BREALEY/MYERS*, Corporate Finance (1991), S. 712.

erwartenden Umweltzustände „gute" Ergebnisse versprechen. Zu präferieren sind z.B. Objekte, die erstens in sehr vielen der durchgerechneten Datensituationen zur Optimallösung gehören (Gewinnziel) und zweitens bei ungünstiger Entwicklung nicht zu schwere Verluste erwarten lassen (Sicherheitsziel bzw. Flexibilitätsaspekt).

Sensitivitätsanalysen nehmen dem Unternehmer die letzte Entscheidung nicht ab, und sie können auch nur die Konsequenzen der *subjektiv für möglich gehaltenen* Situationen aufzeigen. Außerdem sind die erzeugten alternativen Optimallösungen *starre* Pläne, welche keine bedingten Entscheidungsempfehlungen mit Rücksicht auf die zukünftige Verbesserung des Informationsstandes geben können.[1]

Die entscheidenden Vorzüge der Sensitivitätsanalyse liegen in der *Anspruchslosigkeit ihrer Voraussetzungen* sowie der *Anschaulichkeit* und *leichten Interpretierbarkeit* ihrer Ergebnisse. Der Verzicht auf eine algorithmisierte Entscheidungsempfehlung ist angesichts der Strukturdefekte des Planungsproblems unter Unsicherheit nicht als Nachteil, sondern sogar eher als Vorteil zu werten. Informationen über die Streuung der Zielgrößen unter genau definierten, nachvollziehbaren Annahmen sind durchaus aussagekräftiger als ein verdichteter Zielwert, dessen Berechnung zwangsläufig mit einem Informationsverlust einhergeht.

5.3.2 Risikoanalyse

5.3.2.1 Verfahrensschritte

Die *Risikoanalyse* versucht, aus gegebenen Verteilungen der Eingangsgrößen (z.B. Zahlungsreihen, Zinssätze) auf analytischem oder simulativem Wege die statistische Verteilung der Zielgröße (z.B. Kapitalwert, Endwert) zu erzeugen bzw. zu approximieren. Eine exakte Ableitung der Zielwertverteilung ist nur in sehr einfachen Spezialfällen möglich.[2] Im folgenden soll daher nur die allgemein einsetzbare *simulative Risikoanalyse* behandelt werden.[3] Sie erfordert im ersten Schritt *Expertenschätzungen* der Wahrscheinlichkeitsverteilungen für alle unsicheren Größen.[4] Mangels besserer

---

1 Vgl. *HAX*, Investitionstheorie (1985), S. 132 f. und Abschnitt 5.1.1. Natürlich läßt sich die Sensitivitätsanalyse auch heuristisch mit linearen Ansätzen flexibler Planung (ZPM, Abschnitt 5.1.3) kombinieren.

2 Vgl. *JÖCKEL/PFLAUMER*, Risikoanalyse (1981), *ADAM*, Investitionscontrolling (2000), S. 363 ff.

3 Vgl. hierzu *HERTZ*, Risk Analysis (1964), *DIRUF*, Risikoanalyse (1972), *KRUSCHWITZ*, Risikoanalyse (1980), *BLOHM/LÜDER*, Investition (1995), S. 256 ff., 263 ff., *GÖTZE*, Investitionsrechnung (2014), S. 400 ff.

4 Zum Schätzen von Wahrscheinlichkeiten vgl. z.B. *HERTZ*, Risk Analysis (1964), S. 100 f., *COLE*, Probability Estimates (1970), *DIRUF*, Risikoanalyse (1972), S. 826 ff., *KAHNEMAN/LOVALLO*, Risk Taking (1993).

Informationen müssen im allgemeinen Standardverläufe wie z.B. die Normalverteilung, Dreiecks- oder Gleichverteilung unterstellt werden. Der Aufwand reduziert sich somit auf die Schätzung der (wenigen) Parameter dieser Verteilungen. Sofern sich die befragten Experten nicht einig werden, besteht auch die Möglichkeit, mehrere verschiedene Verteilungsannahmen durchzusimulieren. Im Ergebnis erwächst dann kein eindeutiges Profil, sondern eine ganze *Bandbreite* der möglichen Zielwertverteilungen.[1] Stochastische Abhängigkeiten lassen sich in der Simulation z.B. über bedingte Verteilungen berücksichtigen. Außerdem kann die Risikoanalyse insgesamt natürlich auch noch einer Sensitivitätsanalyse (Abschnitt 5.3.1) unterzogen werden (*sensitive Risikoanalyse*).[2]

Der zweite Schritt der Risikoanalyse umfaßt das iterative, computergestützte Ziehen von Zufallszahlen für alle unsicheren Größen auf der Basis der definierten Verteilungen („Monte-Carlo-Simulation").[3] Zu jeder Realisation des Zufallsprozesses wird der zugehörige Zielwert berechnet und abgespeichert. Nach hinreichend vielen Wiederholungen dieses Vorgangs kristallisiert sich eine Häufigkeitsverteilung der Zielgröße heraus. Die simulative Risikoanalyse kann auch als automatisierte Sensitivitätsanalyse der zweiten Art charakterisiert werden, weil für jede zufällig ausgewählte Datenkonstellation die neue optimale Lösung und der neue Zielwert berechnet werden müssen. Ihre Anwendung setzt jedoch im Unterschied zur Sensitivitätsanalyse *zwingend* voraus, daß sich für die unsicheren Parameter Wahrscheinlichkeitsverteilungen zumindest grob schätzen lassen.

Im dritten Schritt erfolgt die statistische Auswertung der Simulation. Neben der Berechnung von Mittelwert, Median, Varianz usw. bietet sich vor allem die graphische Aufbereitung der Ergebnisse in Form der angenäherten Wahrscheinlichkeitsfunktion (Häufigkeitsdiagramm bzw. Dichtefunktion), der Verteilung bzw. des Risikoprofils an. Zusätzlich kann die Korrelation der einzelnen unsicheren Größen mit dem Zielwert dargestellt werden (Sensitivitätsdiagramm).

Die gewonnenen Daten stellen eine anschauliche Entscheidungsgrundlage dar, welche die gesamte Bandbreite möglicher finanzieller Konsequenzen aufzeigt. Die aus den Annahmen abgeleitete Verteilung des Kapitalwerts wird nicht auf eine einzige Kennzahl verdichtet, sondern unverfälscht dem Entscheidungsträger vorgelegt. Gemäß individueller Risikobereitschaft kann abgewogen werden, ob die Erfolgschancen eines Objekts die mit ihm evtl. verbundene Verlustgefahr rechtfertigen.[4] Da

---

1 Vgl. *KEPPE/WEBER*, Risikoanalyse (1993).

2 Vgl. *GÖTZE/BLOECH*, Investitionsrechnung (2004), S. 421 ff.

3 Zur Simulationstechnik vgl. z.B. *DOMSCHKE/DREXL*, Operations Research (2011), S. 225 ff.

4 Natürlich ist niemand daran gehindert, diese letzte Abwägung wiederum modellgestützt vorzunehmen, wenn er mit den Prämissen der jeweiligen Modelle „leben" kann und z.B. klassische Verdichtungsverfahren der Entscheidungstheorie anwendet (z.B. Erwartungswert oder BERNOUL-

die Risikoanalyse technisch einer Sensitivitätsanalyse zweiter Art gleichkommt, sei für ihre abschließende Beurteilung auf die Ausführungen des Unterabschnitts 5.3.1.4 verwiesen.[1]

5.3.2.2 Zahlenbeispiel bei vollkommenem Kapitalmarkt

Die Risikoanalyse eines LO-Problems erfordert einen vergleichsweise hohen Rechenaufwand, der sich durch den Einsatz der Algorithmen aus den Abbildungen 5-7 und 5-8 zwar mindern, aber nicht grundlegend beseitigen läßt. Für ein einfaches *Zahlenbeispiel*[2] sei daher zur Komplexitätsreduktion zunächst das Partialmodell „Kapitalwert“ auf einem vollkommenen Markt (Kapitel 3) herangezogen.

Die Überschüsse der zu untersuchenden Zahlungsreihe **g** mögen voneinander stochastisch unabhängig normalverteilt sein mit den Erwartungswerten der **Rübezahl**-Zahlungsreihe (–1000, 200, 390, 460, 220) und den Standardabweichungen (10, 10, 20, 20, 10). Die Unternehmenszentrale teilt mit, daß die endogenen Steuerungszinsfüße der nächsten vier Perioden voraussichtlich gleichverteilt auf dem Intervall [5%; 10%] sind. Nach eintausend Berechnungsexperimenten ergibt sich die in Abbildung 5-9 gezeigte Häufigkeitsfunktion (das Histogramm) des Kapitalwerts.[3]

Der Mittelwert beträgt 57,9. Sofern das Histogramm der Simulation als geschätzte Wahrscheinlichkeitsfunktion f aufgefaßt wird, ergibt sich mit der Wahrscheinlichkeit 95,5% ein nichtnegativer Kapitalwert. Die Risikoanalyse führt also zu einer durchaus positiven Beurteilung der vorliegenden Investition.

Eine äquivalente Darstellung liefert die in Abbildung 5-10 wiedergegebene Summenhäufigkeitsfunktion F. Sie drückt aus, mit welcher Wahrscheinlichkeit der Kapitalwert nicht größer als der Abszissenwert ist. Für die gegebene Fragestellung anschaulicher ist die umgekehrte Version: Das *Risikoprofil* 1 – F zeigt die Wahrscheinlichkeit an, mit welcher der Kapitalwert den Abszissenwert überschreitet (Abbildung 5-11).

LI-Nutzen als subjektiv akzeptiertes *Sicherheitsäquivalent* der durch die Simulation entstandenen Dichtefunktion; vgl. Unterabschnitt 5.2.1.1 und *BITZ*, Entscheidungstheorie (1981), S. 88, 428).

1 Vgl. auch *HAX*, Investitionstheorie (1985), S. 144 f., *ADAM*, Investitionscontrolling (2000), S. 368.

2 Einen anschaulichen Vorschlag für die strategische Planung (Ölsuche) unterbreitet *HIGGINS*, Risk and Uncertainty (1993).

3 Zwei vereinzelte „Ausreißer“ (167 und 201) wurden nicht ausgewiesen. Ein anderer Simulationslauf desselben Beispiels findet sich in *MATSCHKE/HERING/KLINGELHÖFER*, Finanzplanung (2002), S. 223 ff. Bei ebenfalls 1000 Berechnungsexperimenten ist der Kapitalwert zu 95,6% nichtnegativ.

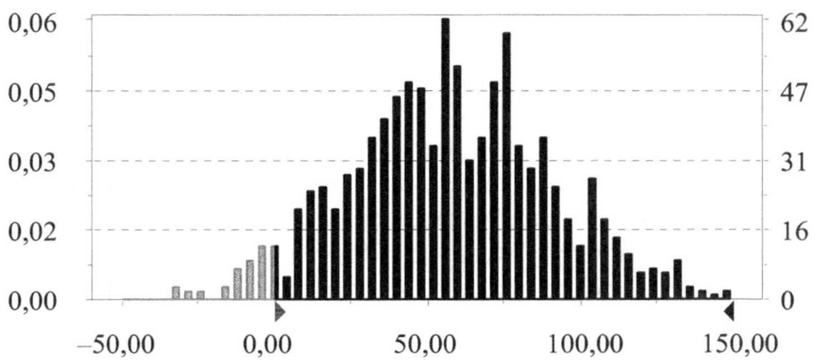

Abbildung 5-9: Geschätzte Wahrscheinlichkeitsfunktion des Kapitalwerts

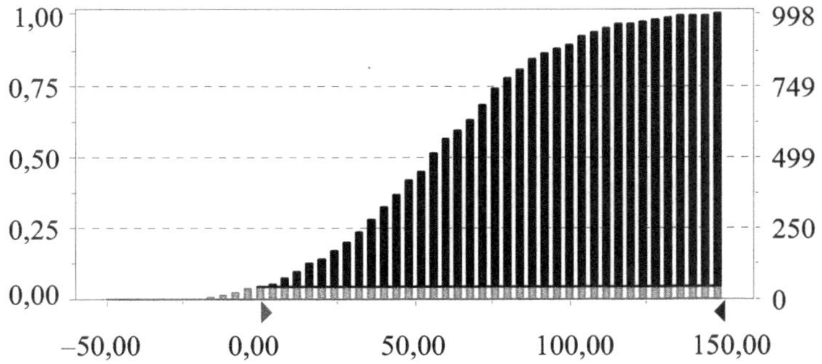

Abbildung 5-10: Geschätzte Wahrscheinlichkeitsverteilung des Kapitalwerts

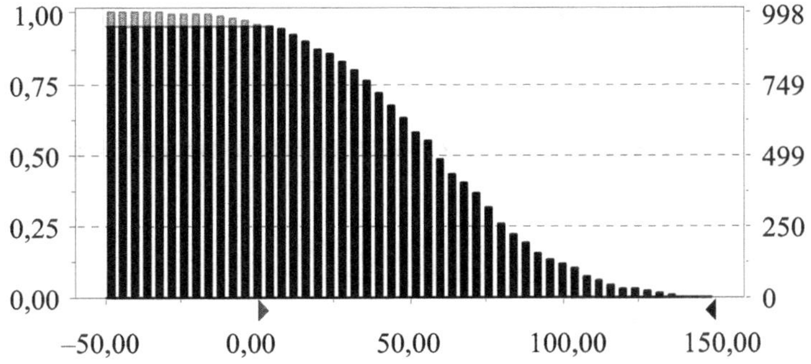

Abbildung 5-11: Geschätztes Risikoprofil des Kapitalwerts

Ein *Sensitivitätsdiagramm* enthält die Rangkorrelationskoeffizienten[1] zwischen den einzelnen unsicheren Größen (Zahlungsüberschüsse g_t, endogene Grenzzinsfüße i_t) und der unsicheren Zielgröße Kapitalwert. Die unmittelbare Berechnung der Korrelation zwischen den einzelnen Datenfolgen und der zugehörigen Folge der Kapitalwerte wäre nicht sinnvoll, da angesichts der unterschiedlichen statistischen Verteilungen ein *linearer* Zusammenhang nicht zu erwarten ist. Daher werden die Einzelwerte (z.B. die errechneten Kapitalwerte oder Überschüsse g_t) durch ihre Rangposition ersetzt (der kleinste Kapitalwert erhält den Rang eins, der zweitkleinste den Rang zwei usw.), so daß die lineare Korrelation zwischen den nunmehr *ordinalskalierten* Datenfolgen der realisierten Zufallsvariablen (Kapitalwert, Überschüsse, Steuerungszinsfüße) ausgerechnet werden kann (*Rangkorrelation*).[2] Das Sensitivitätsdiagramm gibt Hinweise darauf, welche Parameter den Kapitalwert besonders stark beeinflussen. Eine maximale Rangkorrelation von +1 zwischen C und g_1 würde z.B. anzeigen, daß in der Simulation ein höherer Überschuß zu t = 1 *immer* mit einem höheren Kapitalwert verbunden war. Der Rangkorrelationskoeffizient −1 bezeugt dagegen eine vollständig negative Korrelation (z.B. wenn ohne Ausnahme galt: je größer der Zins i_1, desto kleiner C).

Die nachfolgende Abbildung zeigt für das gegebene Zahlenbeispiel die Rangkorrelationskoeffizienten zwischen den stochastischen Eingangsgrößen g_t und i_t und der Zielgröße C.

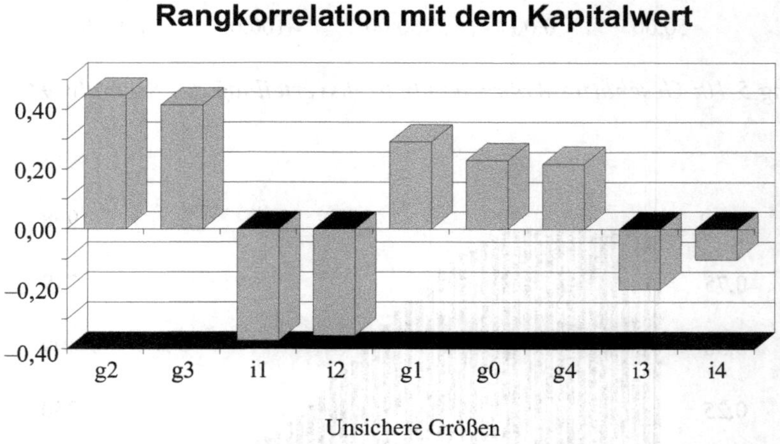

Abbildung 5-12: Sensitivitätsdiagramm

[1] Vgl. z.B. *SIEGEL*, Nonparametric Statistics (1956), S. 202 ff.

[2] Vgl. *SACHS*, Statistik (1974), S. 308 f.

Alle Zahlungsüberschüsse sind positiv mit dem Kapitalwert korreliert; den größten Einfluß haben die stark streuenden Größen g_2 und g_3. Die Anschaffungszahlung g_0 trägt vergleichsweise wenig zur Varianz des Kapitalwerts bei, weil sie nur geringfügig schwankt und auch keinem unsicheren Abzinsungseinfluß unterliegt. Alle Steuerungszinsfüße weisen erwartungsgemäß negative Rangkorrelationen mit dem Kapitalwert auf, da eine Normalinvestition mit nur einem negativen Zahlungsüberschuß vorliegt.[1] Daher gehen steigende Zinssätze in der Simulation tendenziell mit einem fallenden Kapitalwert einher. Der Einfluß des Zinssatzes i_t ist um so größer, je kleiner t ist: Desto mehr unsichere Überschüsse sind der Abzinsung mit i_t unterworfen. Das Sensitivitätsdiagramm legt insgesamt die Empfehlung nahe, besonders die Größen g_2, g_3, i_1 und i_2 genauer zu schätzen.

Mit Hilfe eines geeigneten Tabellenkalkulationsprogramms lassen sich leicht detailliertere Abhängigkeiten berücksichtigen. Beispielsweise können die in den Überschüssen g_t enthaltenen Umsatzerlöse in je zwei Zufallsvariable „Preis“ und „Menge“ zerlegt werden, und die Variable „Menge“ der Periode t mag negativ mit dem „Preis“ der Periode t oder t – 1 korreliert sein (z.B. bedingte Verteilung der Menge in Abhängigkeit vom eingetretenen Preis).

Das dargestellte Instrumentarium kann grundsätzlich auch zur Bewertung flexibler Investitions- und Finanzpläne herangezogen werden. Die Risikoanalyse erlaubt z.B. die Simulation beliebiger – also auch bedingter – Strategien.[2] Eine Ableitung „optimaler“ Entscheidungen mißlingt aber aus denselben Gründen wie im Fall starrer Planung, weil das zu lösende Problem durch die Eventualpläne nur noch komplexer wird.

Aus der Perspektive heuristischer Planung erweist sich die Risikoanalyse trotz aller Einschränkungen insgesamt als ein sehr anpassungsfähiges, anschauliches und nützliches Entscheidungsvorbereitungsinstrument.

5.3.2.3 Zahlenbeispiel bei unvollkommenem Kapitalmarkt[3]

Nachdem die grundsätzliche Vorgehensweise der Risikoanalyse am Spezialfall des vollkommenen Kapitalmarkts (Partialmodell Kapitalwert aus Kapitel 3) veranschaulicht worden ist, soll im folgenden auch noch ein Totalmodell (Kapitel 4) der Risiko-

---

1 Vgl. Anhang 4. Wegen $\tau = 1$ (Zeitpunkt des Vorzeichenwechsels der Normalinvestition) fällt C streng monoton mit steigenden Zinssätzen i_k.

2 Vgl. *Born*, Investitionsplanung (1976), S. 134 ff., *Inderfurth*, Flexible Investitionsplanung (1982), S. 227, *Kehrel/Schmitting*, Integration (2008).

3 Vgl. *Hering/Schneider/Toll*, Simulation (2011), S. 412 ff. Ein weiteres Beispiel findet sich in *Hering/Schneider/Toll*, Investitionsrechnung unter Unsicherheit (2011). Vgl. nicht zuletzt auch die entsprechende Darstellung in *Hering*, Unternehmensbewertung (2014), S. 187 ff.

analyse unterworfen werden. Derartige Zahlenbeispiele sind durch den Fortschritt der EDV gut rechenbar geworden.

Gegeben sei ein dreijähriger Planungszeitraum unter der Zielsetzung Endwertmaximierung. Gemäß dem von der Unternehmensführung verfolgten strategischen Leitgedanken sollen nur Objekte durchgeführt werden, die zumindest in 80% der simulierten Datensituationen einen nichtnegativen Kapitalwert aufweisen. Der Unternehmer möchte darüber hinaus jeweils am Jahresende einen Betrag von 10 entnehmen. Die Investitionsprojekte I_1 und I_2 erfordern im Planungszeitpunkt (t = 0) sichere Auszahlungsbeträge in Höhe von 100 bzw. 200. Für die zu den zukünftigen Zeitpunkten $t \in \{1, 2, 3\}$ anfallenden unsicheren Zahlungsüberschüsse dieser Investitionsobjekte prognostizieren Fachleute im ersten Schritt der Risikoanalyse die Erwartungswerte (50, 50, 50) bzw. (75, 75, 75) sowie die Standardabweichungen (7, 8, 9) bzw. (10, 11, 12). I_1 kann höchstens zweimal und I_2 höchstens einmal durchgeführt werden. Während aus dem laufenden Geschäftsbetrieb zu t = 0 Finanzmittel in Höhe von 20 verfügbar sind, schätzt die Betriebsleitung, daß in den künftigen Zeitpunkten Zahlungsüberschüsse mit den Mittelwerten (20, 10, 0) und den Standardabweichungen (2, 1, 1) eingehen. Alle unsicheren Zahlungen mögen stochastisch unabhängig voneinander und normalverteilt sein. Zur Finanzierung wäre es möglich, sofort eine endfällige Anleihe A mit dem Nominalzins 6% p.a. im Nennbetrag von 100 auszugeben. Einjährige 10%-Kontokorrentkredite (K_0, K_1, K_2) stehen in jedem Jahr bis zu einer Höhe von 150 zur Verfügung, und einjährige Finanzanlagen (F_0, F_1, F_2) sind zu 5% p.a. unbegrenzt abschließbar. Zur Vereinfachung sei für alle Objekte beliebige Teilbarkeit angenommen. Für die Risikoanalyse werden ζ = 10.000 Simulationsschritte angesetzt.

Im zweiten Schritt der Risikoanalyse sind für jeden einzelnen unsicheren Zahlungsüberschuß des Modells 10.000 stochastisch unabhängige Zufallszahlen zu generieren, die gleichmäßig zwischen 0 und 1 verteilt sind und anschließend unter Einsatz der Verteilungsfunktion (mit den entsprechenden Parametern) in die jeweiligen Ausprägungen der unsicheren Zahlungsüberschüsse überführt werden. Für die Anleihe, die Finanzanlagen und die Kreditaufnahmen entfällt die Simulation, da die betreffenden Zahlungen vereinfachend als sicher bekannt vorausgesetzt worden sind. Tabelle 5-2 zeigt eine Teilmenge der in dieser „Lotterie" gezogenen Zufallszahlen und Tabelle 5-3 die dazugehörigen Ausprägungen der Zahlungsüberschüsse.

Lesebeispiel. Laut Tabelle 5-2 beträgt die erste generierte Zufallszahl für den nicht mehr disponiblen Zahlungsüberschuß b_1 (am Ende des ersten Jahres) 0,2808, was gemäß angenommener Normalverteilung zu einer Zahlungsüberschußausprägung von vorerst 18,8360 führt, wovon wiederum voraussetzungsgemäß noch eine vorgegebene gewünschte Entnahme des Unternehmers in Höhe von 10 abzuziehen ist. Schließlich verbleibt der in Tabelle 5-3 eingetragene Wert von 8,8360 für den Modellparameter b_1 im Simulationsschritt $\iota = 1$.

Simulationsschritt	Investition I_1			Investition I_2			Nicht mehr disponible Zahlungsüberschüsse		
ι	$z^{\iota}_{I1,1}$	$z^{\iota}_{I1,2}$	$z^{\iota}_{I1,3}$	$z^{\iota}_{I2,1}$	$z^{\iota}_{I2,2}$	$z^{\iota}_{I2,3}$	$z^{\iota}_{b,1}$	$z^{\iota}_{b,2}$	$z^{\iota}_{b,3}$
1	0,46537	0,61505	0,77646	0,52415	0,80992	0,59187	0,28028	0,91243	0,06700
2	0,41375	0,08605	0,24612	0,75883	0,64958	0,83301	0,99410	0,84960	0,73457
3	0,25389	0,66301	0,87321	0,81638	0,25126	0,74274	0,26761	0,38007	0,45993
⋮	⋮	⋮	⋮	⋮	⋮	⋮	⋮	⋮	⋮
9.998	0,62308	0,71241	0,34913	0,52637	0,07173	0,71010	0,56137	0,08709	0,07186
9.999	0,48144	0,69911	0,40024	0,11305	0,37859	0,49482	0,38047	0,91114	0,79563
10.000	0,53234	0,19687	0,09802	0,68657	0,45376	0,48360	0,70511	0,79232	0,60784

Tabelle 5-2: Gezogene Zufallszahlen

Simulationsschritt	Investition I_1			Investition I_2			Nicht mehr disponible Zahlungsüberschüsse		
ι	$g^{\iota}_{I1,1}$	$g^{\iota}_{I1,2}$	$g^{\iota}_{I1,3}$	$g^{\iota}_{I2,1}$	$g^{\iota}_{I2,2}$	$g^{\iota}_{I2,3}$	b^{ι}_1	b^{ι}_2	b^{ι}_3
1	49,1309	53,5101	60,6443	75,7268	87,2862	78,7177	8,8360	1,3559	–11,4985
2	47,8208	33,6141	40,3853	83,4305	80,3785	90,4579	15,0363	1,0347	–9,3733
3	43,3770	55,0484	65,9839	85,8198	65,6126	85,4293	8,7599	–0,3053	–10,1006
⋮	⋮	⋮	⋮	⋮	⋮	⋮	⋮	⋮	⋮
9.998	53,1358	56,7251	44,5727	75,7939	54,5178	83,8588	10,3089	–1,3589	–11,4621
9.999	49,5347	56,2620	46,4620	60,4746	70,6714	74,7924	9,3915	1,3478	–9,1739
10.000	50,8116	39,7657	31,8990	80,8338	73,3737	74,3421	11,0783	0,8145	–9,7263

Tabelle 5-3: Simulierte Ausprägungen der Zahlungsüberschüsse

Für jede der 10.000 simulierten Datenkonstellationen ist ein linearer Optimierungsansatz zu lösen. Hierbei gilt es jeweils die Ausprägungen der unsicheren Zahlungsüberschüsse eines Simulationsschritts ι und die sicheren Zahlungsüberschüsse aus der Anleihe, den Finanzanlagen und den Krediten zu berücksichtigen. Der lineare Endwertmaximierungsansatz weist für jeden Simulationsschritt $\iota \in \{1, 2, \dots, 10.000\}$ des Beispiels die nachstehende Form auf (die Indexmenge sei $J := \{I_1, I_2, A, K_0, K_1, K_2, F_0, F_1, F_2\}$):[1]

[1] Vgl. zur Struktur dieses LO-Ansatzes oben, Unterabschnitte 4.2.2.1.3 und 4.2.3.2. Zur risikoanalytischen Simulation eines linearen Optimierungsansatzes vgl. bereits grundlegend *SALAZAR/SEN*, Simulation Model (1968).

$$\max.\ EW^{\iota};\ EW^{\iota} := G_3^{\iota}$$

$$-\sum_{j \in J} g_{jt}^{\iota} \cdot x_j^{\iota} \leq b_t^{\iota} \qquad \forall\, t \in \{0, 1, 2\}$$

$$-\sum_{j \in J} g_{j3}^{\iota} \cdot x_j^{\iota} + G_3^{\iota} \leq b_3^{\iota}$$

$$x_j^{\iota} \leq x_j^{max} \qquad \forall\, j \in J$$

$$x_j^{\iota} \geq 0 \qquad \forall\, j \in J$$

$$G_3^{\iota} \geq 0$$

Nach der Anwendung des Simplexalgorithmus der linearen Optimierung resultieren 10.000 optimale Lösungen, welche für jede simulierte Datenkonstellation jeweils den zugehörigen maximalen Endwert offenbaren (vgl. Tabelle 5-4):

ι	I_1^{ι}	I_2^{ι}	A^{ι}	K_0^{ι}	K_1^{ι}	K_2^{ι}	F_0^{ι}	F_1^{ι}	F_2^{ι}	G_3^{ι}
1	2	0,35	1	150	37,3978	0	0	0	91,7887	127,7194
2	0,7	1	1	150	39,0586	0	0	0	55,9786	62,1318
3	2	0,0113	1	82,2565	0	0	0	0	104,5318	126,5894
⋮	⋮	⋮	⋮	⋮	⋮	⋮	⋮	⋮	⋮	⋮
9.998	2	0	1	80	0	0	0	22,5805	129,8008	107,9741
9.999	2	0	1	80	0	0	0	14,4609	123,0557	106,9586
10.000	2	0	1	80	0	0	0	18,7015	93,9825	46,7533

Tabelle 5-4: Simulierte Optimallösungen des Endwertmaximierungsansatzes

Eine Auswahl der zu jeder berechneten Optimallösung gehörenden endogenen Grenzzinsfüße i_1^{ι}, i_2^{ι} sowie i_3^{ι} präsentiert Tabelle 5-5.

ι	i_1^{ι}	i_2^{ι}	i_3^{ι}
1	0,116159	0,1	0,05
2	0,133447	0,1	0,05
3	0,1	0,095347	0,05
⋮	⋮	⋮	⋮
9.998	0,1	0,05	0,05
9.999	0,1	0,05	0,05
10.000	0,1	0,05	0,05

Tabelle 5-5: Simulierte endogene Grenzzinsfüße

Die zugehörigen Kapitalwerte der Investitionen und der Anleihe ergeben sich ausschnittsweise aus Tabelle 5-6.

t	C_{I1}^{t}	C_{I2}^{t}	C_{A}^{t}
1	34,642406	0	7,513681
2	0	7,173685	8,924337
3	37,277441	0	5,779577
⋮	⋮	⋮	⋮
9.998	34,171325	–14,747256	1,945991
9.999	32,054510	–22,163994	1,945991
10.000	6,924571	–1,687281	1,945991

Tabelle 5-6: Simulierte Kapitalwerte ausgewählter Objekte

Als dritter und letzter Schritt der Risikoanalyse schließt sich die statistische und graphische Analyse der Ergebnisse an, welche die eigentliche unternehmerische Investitionsentscheidung unter Unsicherheit theoretisch fundiert und damit durch das Bereitstellen rechnerischer Entscheidungsgrundlagen vorbereitet. Für die Zielgröße des Endwerts sind die relativen und kumulierten Häufigkeiten aus der Simulation in der Abbildung 5-13 zusammengefaßt.

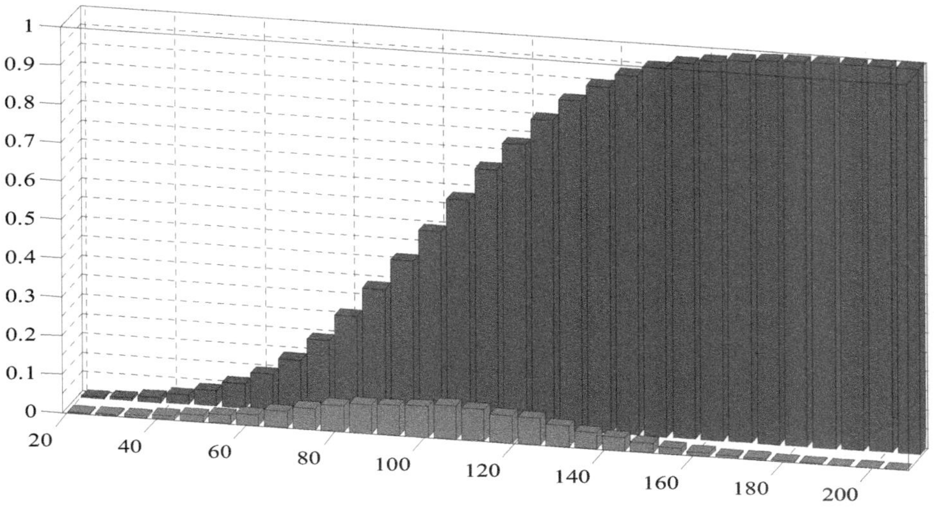

Abbildung 5-13: Relative und kumulierte Häufigkeiten des Endwerts

Der geringste ermittelte Endwert beträgt 19,46, der höchste 208,21. Arithmetisches Mittel und Standardabweichung belaufen sich auf 101,79 bzw. 29,08. Für das 20%- und das 80%-Quantil ergeben sich Werte von 76,88 bzw. 126,37. Das heißt, in 60%

der berechneten Optimierungsansätze resultiert ein zwischen diesen beiden Eckpunkten liegender Endwert, und mit einer Wahrscheinlichkeit von jeweils 80% wird der Endwert von 76,88 nicht unterschritten sowie der Endwert von 126,37 nicht überschritten.

Während die Anleihe A in fast jedem kalkulierten simultanen Optimierungsansatz eine vorteilhafte Finanzierung darstellt, stößt die Investition I_1 in ca. 97% der Berechnungen an ihre Obergrenze. In etwa 2,5% der gelösten Ansätze mutiert die Investition I_1 hingegen zum Grenzobjekt, und in etwa 0,5% ist sie sogar unvorteilhaft. Das heißt, sowohl die Anleihe A als auch Investition I_1 weisen in über 80% der Berechnungen einen positiven Kapitalwert auf und empfehlen sich somit – gemäß dem strategischen Leitgedanken der subjektiv festgesetzten 80%-Schwelle – für eine vollständige Ausführung. Für Investition I_2 ergibt sich folgende Situation: vorteilhaft in etwa 2% und unvorteilhaft in ungefähr 65% der gerechneten Fälle. Eine Teilausführung der Investition 2 erfolgt indessen in etwa 33% der Berechnungen. Sie erweist sich dann als Grenzobjekt. Kurzum: Eine vollständige Durchführung von I_2 erfolgt nur, sofern die Rückflüsse so hoch ausfallen, daß sie die prinzipiell vorteilhaftere Investition I_1 im Ringen um die knappe Ressource „Kapital" verdrängt. Im Vorgriff auf die später zu beschreibende Kreditaufnahme gilt es festzuhalten, daß eine anteilige Nutzung zum Ausführungsgrad von 35% (70/200) nur ansteht, wenn die Rückflüsse eine Initialverzinsung ermöglichen, welche den internen Zinsfuß der Kreditaufnahme K_0 übersteigt. Die Kreditlinie zu t = 0 wird dann – im Gegensatz zur alleinigen Durchführung von I_1 – voll ausgereizt. Abbildung 5-14 präsentiert die relativen Häufigkeiten der Durchführungen der drei Objekte.

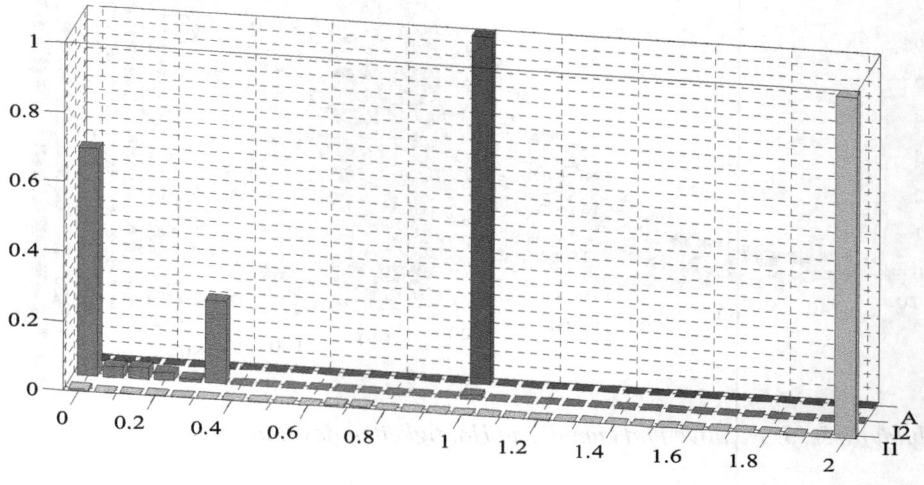

Abbildung 5-14: Relative Häufigkeiten von I_1, I_2 und A

Die anschließende Betrachtung von Kapitalwert-Schmetterlingsprofilen der drei Objekte gelangt zum gleichen Ergebnis: Die Investition I_1 und die Anleihe A weisen in der überwiegenden Anzahl der gelösten Optimierungsansätze einen nichtnegativen Kapitalwert auf und sind vorteilhaft. Investition I_2 wird hingegen meistens nicht oder nur in geringem Umfang durchgeführt, da sie in einem Großteil der Berechnungen einen Kapitalwert besitzt, der entweder null beträgt oder darunter liegt. Die folgenden Abbildungen zeigen jeweils die relativen und kumulierten Häufigkeiten sowie das Risikoprofil der Kapitalwerte.

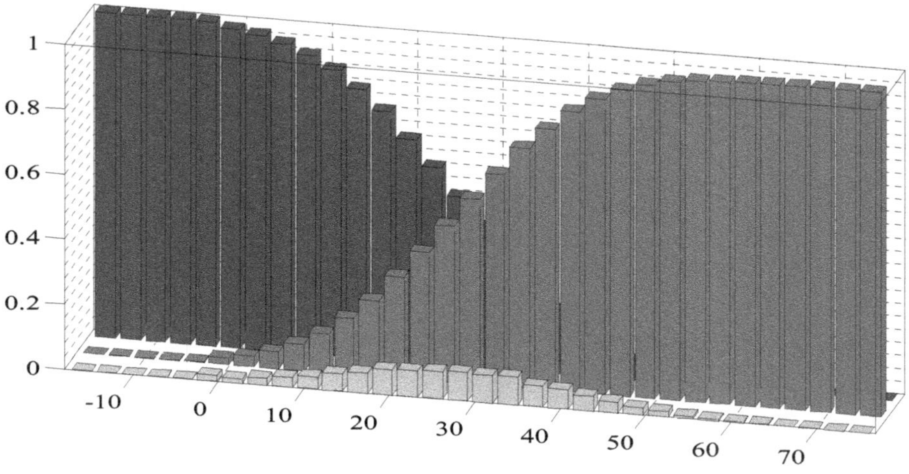

Abbildung 5-15: Kapitalwertsimulation von I_1

Abbildung 5-15 veranschaulicht die Zusammenhänge für die Investition I_1. Das arithmetische Mittel des Kapitalwerts beläuft sich auf 27,12 und die Standardabweichung auf 12,70. Während der höchste berechnete Kapitalwert bei 74,67 liegt, beträgt der geringste nur –15,35.

Abbildung 5-16 stellt das Schmetterlingsprofil der Kapitalwertausprägungen von Investition I_2 dar. Das arithmetische Mittel beläuft sich auf –9,60, und der Median beträgt –5,87. Die Standardabweichung weist eine Höhe von 11,77 auf, das Minimum liegt bei –65,32 und das Maximum bei 46,27.

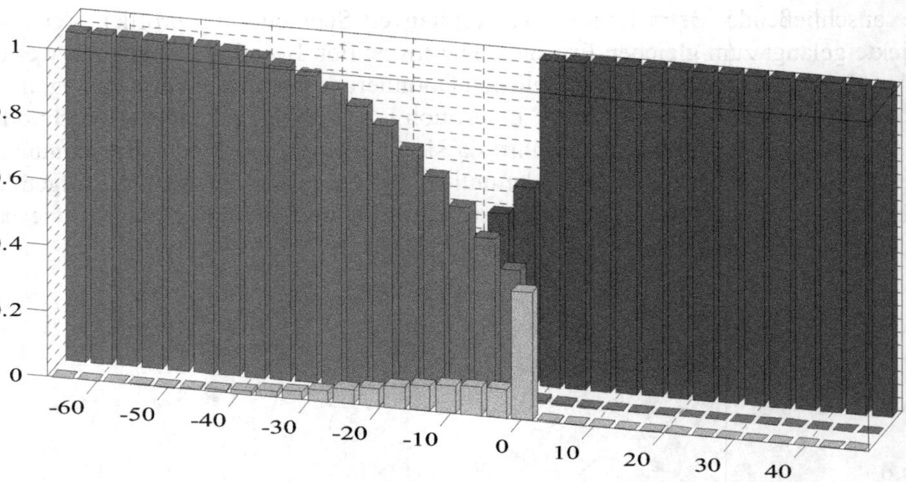

Abbildung 5-16: Kapitalwertsimulation von I_2

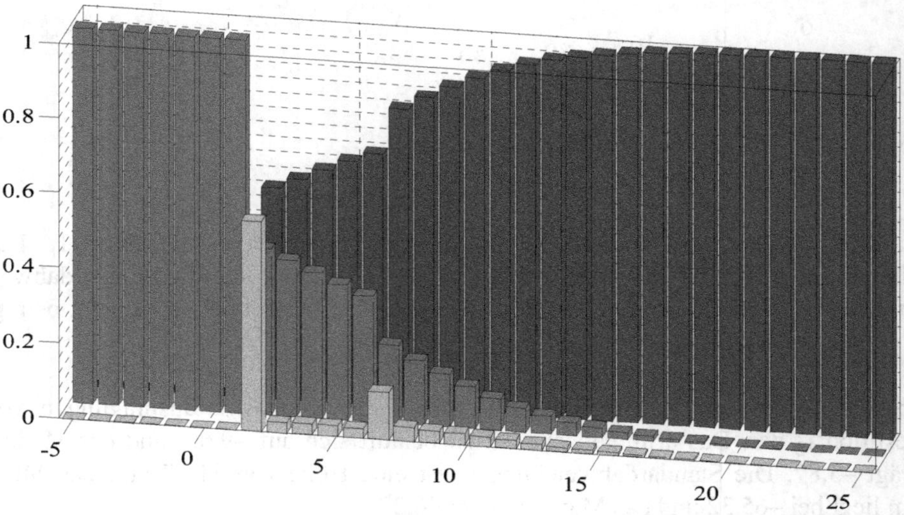

Abbildung 5-17: Kapitalwertsimulation von A

Die relativen und kumulierten Häufigkeiten sowie das Risikoprofil der Kapitalwertausprägungen der Anleihe A präsentiert Abbildung 5-17. Der Mittelwert liegt bei 4,58 und der Median bei 1,95. Ferner beträgt der kleinste berechnete Kapitalwert

–2,72 und der höchste 24,93. Die Standardabweichung beläuft sich auf 3,85. Weiter gilt, daß der Kapitalwert der Anleihe A in über 55% der gelösten Optimierungsansätze gleich 1,9460 ist. Dieses Resultat stellt sich stets dann ein, wenn die endogenen Grenzzinsfüße $i_1 = 10\%$, $i_2 = 5\%$ und $i_3 = 5\%$ betragen. Das heißt, das Grenzobjekt ist in der ersten Periode eine 10%-Kreditaufnahme und in den folgenden Perioden eine 5%-Finanzanlage:

$$C_A = 100 - \frac{6}{1{,}1} - \frac{6}{1{,}1 \cdot 1{,}05} - \frac{106}{1{,}1 \cdot 1{,}05 \cdot 1{,}05} = 1{,}9460.$$

Die im Vergleich zu den umliegenden Werten hervortretende Spitze des Kapitalwerts der Anleihe A bei 6,1551 resultiert hingegen, wenn die endogenen Grenzzinsfüße die Werte $i_1 = 10\%$, $i_2 = 10\%$ und $i_3 = 5\%$ annehmen:

$$C_A = 100 - \frac{6}{1{,}1} - \frac{6}{1{,}1 \cdot 1{,}1} - \frac{106}{1{,}1 \cdot 1{,}1 \cdot 1{,}05} = 6{,}1551.$$

Während einperiodige Kreditaufnahmen zu t = 0 beinahe in jedem simultanen Lösungsansatz erfolgen und in etwa 24% der Rechnungen die Kreditlinie ausgereizt wird, sind Kredite zu den Zeitpunkten t = 1 und t = 2 meist unvorteilhaft. In t = 1 ist der Kontokorrentkredit noch teilweise ein Grenzobjekt, wie Abbildung 5-18 veranschaulicht.

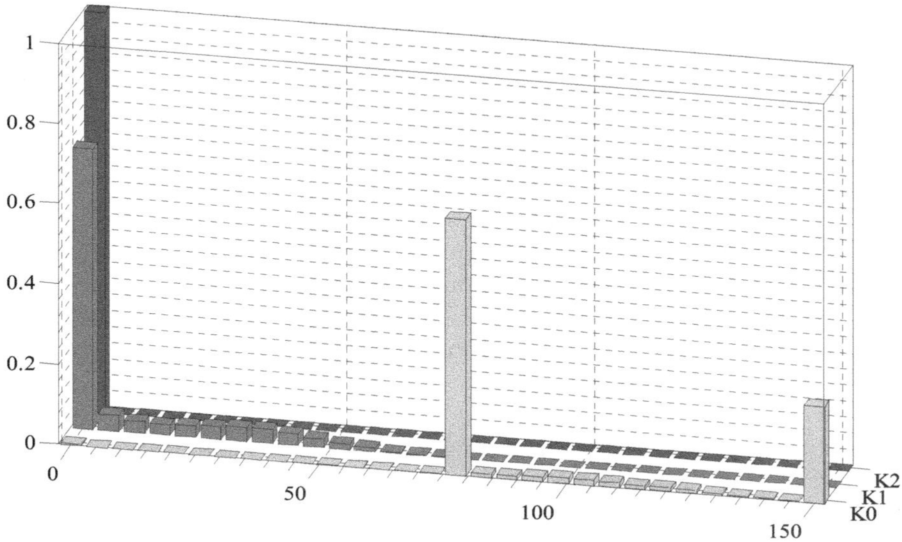

Abbildung 5-18: Relative Häufigkeiten von K_0, K_1 und K_2

Finanzanlagen in t = 0 sind zu 99,9% kein Bestandteil einer optimalen Lösung. Relevanz besitzen die 5%-Geldanlagen erst in den sich anschließenden Perioden: Finanzanlagen zu t = 1 bilden schon in über 55% der gelösten linearen Optimierungsansätze das Grenzobjekt. In der dritten Periode beschreiben sie dann in 100% der Berechnungen die Grenzverwendung des Faktors Kapital. Abbildung 5-19 zeigt den Sachverhalt.

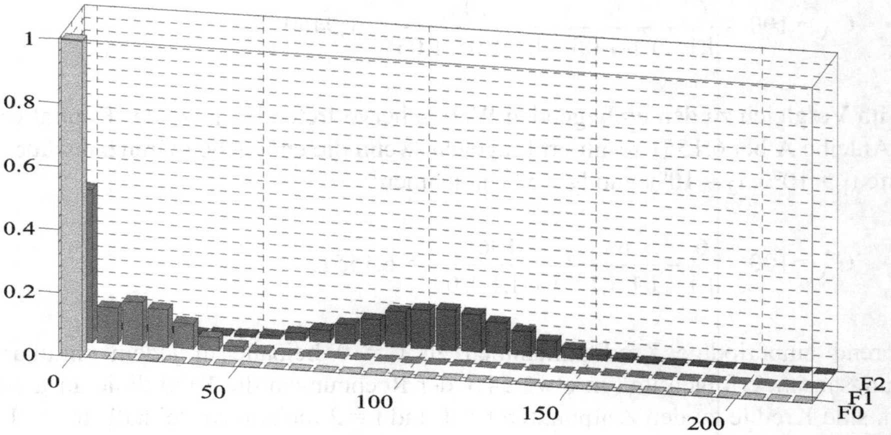

Abbildung 5-19: Relative Häufigkeiten von F_0, F_1 und F_2

Bei Betrachtung der einperiodigen Objekte zeigt sich, daß die Kreditaufnahme K_0 (zu etwa 76%) und die Finanzanlage F_2 (zu 100%) Grenzobjekte sind, deren interne Zinsfüße dann die endogenen Grenzzinsfüße der Perioden definieren: $i_1 = 10\%$ und $i_3 = 5\%$. Ergibt sich in der ersten Periode ein Grenzzinssatz, der oberhalb von 10% liegt, bedeutet dies, daß die Kreditlinie K_0 ausgereizt wird und der endogene Grenzzinsfuß zumeist aus der Initialverzinsung der Investition I_2 resultiert. Für die zweite Periode kann hingegen nur eine sehr eingeschränkte Wahrscheinlichkeitsaussage bezüglich der Grenzverwendung des Geldes erfolgen, da sowohl K_1 (zu etwa 30%) als auch F_1 (zu ungefähr 55%) häufig das Grenzobjekt darstellen. Die Abbildung 5-20 faßt die sich tatsächlich ergebenden relativen Häufigkeiten der endogenen Grenzzinsfüße i_1, i_2 und i_3 zusammen.

Das Investitions- und Finanzierungsprogramm sollte nach Interpretation der bestehenden Datenlage – basierend auf dem vorausgesetzten strategischen Leitgedanken – nachstehende Komponenten beinhalten, sofern keine qualitativen Erwägungen dagegen sprechen: Investition I_1 und Anleihe A sind in einem Großteil der berechneten Investitions- und Finanzierungsprogramme vorteilhaft, d.h., sie werden bis zur Obergrenze ausgeführt und empfehlen sich somit für die anstehende Entscheidung zu t = 0. Die Investition I_2 ist zumeist unvorteilhaft oder ein Grenzobjekt, was bei der

Auswahl gegen sie spricht. Die Liquiditätssituation stellt sich dementsprechend folgendermaßen dar: Während die zweimalige Durchführung der Investition I_1 eine Anfangsauszahlung von 200 erfordert, ergibt sich durch die Anleihe eine Einzahlung von 100. Um das finanzielle Gleichgewicht in t = 0 sicherzustellen, ist demnach eine Kreditaufnahme K_0 zu tätigen, die abzüglich der zu Beginn des Planungszeitraums verfügbaren fixen Zahlungsüberschüsse von 20 einen Umfang von 80 aufweist.

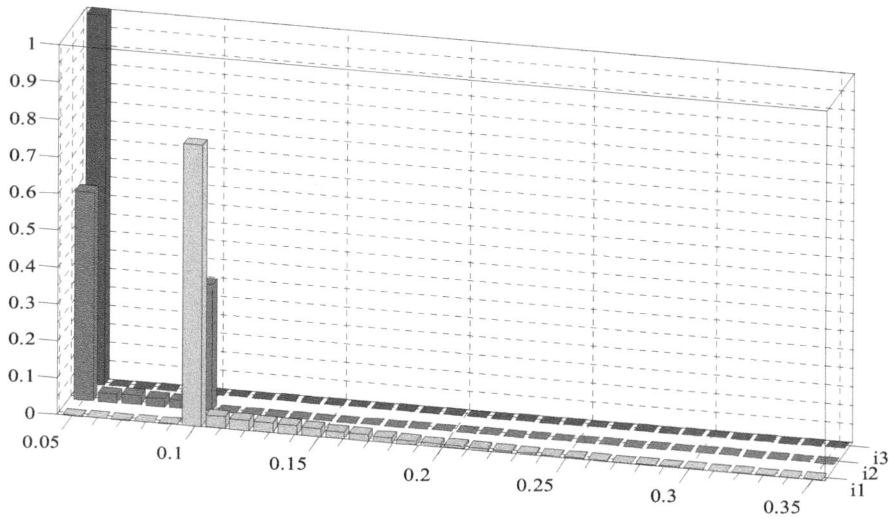

Abbildung 5-20: Relative Häufigkeiten der endogenen Grenzzinsfüße

Selbstverständlich beschreibt die vorgeschlagene heuristische Auswahl nur eine Ausgestaltungsmöglichkeit, welche aber den vorgegebenen strategischen Leitgedanken erfüllt und gemäß Korrelationsanalyse in 63,52% der Berechnungen optimal ist. Sprechen bspw. bisher vernachlässigte qualitative Faktoren für eine zusätzliche Durchführung der Investition I_2, könnte die Unternehmensführung die noch verbleibende restliche Kreditlinie K_0 von 70 (= 150 – 80) in Objekt I_2 investieren. I_2 weist dann einen Durchführungsgrad von 35% auf und wird somit zum Grenzobjekt der ersten Periode. Obwohl diese Variante einen „starken Glauben" an hohe künftige Rückflüsse aus der Investition I_2 voraussetzt, zeigen die Simulationsergebnisse, daß dieses Resultat gemäß Korrelationsanalyse in 23,58% der Berechnungen eintrat. Es sei jedoch darauf hingewiesen, daß – obwohl teilweise mit bloßem Auge kaum in den Abbildungen erkennbar – eine Vielzahl weiterer Varianten existiert. Da mit den beiden behandelten Gestaltungsvarianten jedoch 87,1% der 10.000 berechneten optimalen Investitions- und Finanzierungsprogramme abgedeckt sind und so die weiteren Handhabungen jeweils nur eine geringe Optimalitätswahrscheinlichkeit aufweisen, erscheint es pragmatisch gerechtfertigt, im folgenden nur noch diese zwei Handlungsalternativen durch eine Zusatzsimulation weiter zu erforschen und ihre Konsequenzen rechnerisch abzuschätzen sowie wiederum graphisch zu veranschaulichen.

Während Variante 1 (V1) I_1 zweimal und I_2 keinmal enthält, weist Variante 2 (V2) I_1 zweimal und I_2 zu 35% auf. Diese Investitionsvariablen sind für den neu zu simulierenden Optimierungsansatz also nicht mehr disponibel und müssen als (natürlich nach wie vor unsichere) Konstanten (in den rechten Seiten der Optimierungsansätze) berücksichtigt werden, so daß die Endwertprofile der Gestaltungsvarianten erstens mit dem ursprünglichen Endwertprofil (U) und zweitens miteinander verglichen werden können. Zunächst sei die erste Handlungsvariante (V1) in Abbildung 5-21 betrachtet.

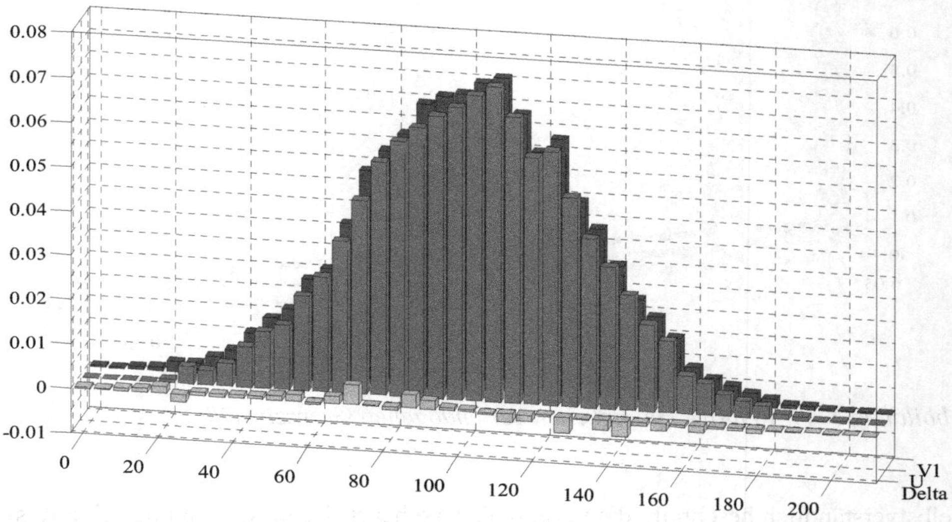

Abbildung 5-21: Vergleich des ursprünglichen Endwertprofils (U) mit dem von V1

Wie der Abbildung zu entnehmen ist, unterscheiden sich die beiden Endwertprofile nur geringfügig, was auch die Kennzahlen der beiden Verteilungen bestätigen: Der Mittelwert der Variante V1 beträgt 100,31 (bei U, vgl. Abbildung 5-13: 101,79) und die Standardabweichung 29,14 (U: 29,08). Ferner beläuft sich das Maximum praktisch übereinstimmend auf 208,21 und das Minimum auf 0 (bei U: 19,46). Während der linke Flügel der Differenzverteilung (Delta := V1 – U) zu erkennen gibt, daß dort die Ausprägungen teilweise mit einer höheren Wahrscheinlichkeit auftreten, fallen auf dem rechten Flügel die Ausprägungen der Variante V1 mit einer geringeren Häufigkeit an. Durch die feste Wahl der Gestaltungsalternative V1 kann somit die ursprüngliche Endwertverteilung immerhin fast reproduziert werden, wobei nun auch

Fälle auftreten, in welchen die Endwertausprägungen den Wert null annehmen. Diese beruhen auf der Illiquidität in einem Zeitpunkt; der Ansatz besitzt dann keine zulässige Lösung, was für den hiesigen graphischen Analysezweck vergröbernd dem Fall eines Endwerts von null subsumiert wurde. Da die Variante V1 mit der fixierten vollen Verwirklichung der Investition I_1 auch bei sehr geringen Zahlungsüberschüssen verbunden ist, die bei vorheriger Kenntnis und Handlungsfreiheit zum Verwerfen der Investition I_1 geführt hätten, ist das Endwertprofil V1 zwangsläufig „schlechter" als das Ursprungsprofil U, welches die ex post *optimalen* Handlungsprogramme für die jeweils realisierten Zufallsvariablenausprägungen widerspiegelt. Trotz ihrer überwiegenden Vorteilhaftigkeit in der ursprünglichen Optimierung wurde Investition I_1 immerhin in ca. 3% der Berechnungen nicht vollumfänglich durchgeführt (vgl. hierzu Abbildung 5-14). Entscheidet man sich also definitiv im Zeitpunkt t = 0 für die volle Durchführung von I_1, ist die abgebildete Verschlechterung des Endwertprofils die natürliche Folge des durch diese Festlegung eingeschränkten Entscheidungsfelds. Analog sei nun die Variante V2 in Abbildung 5-22 näher analysiert.

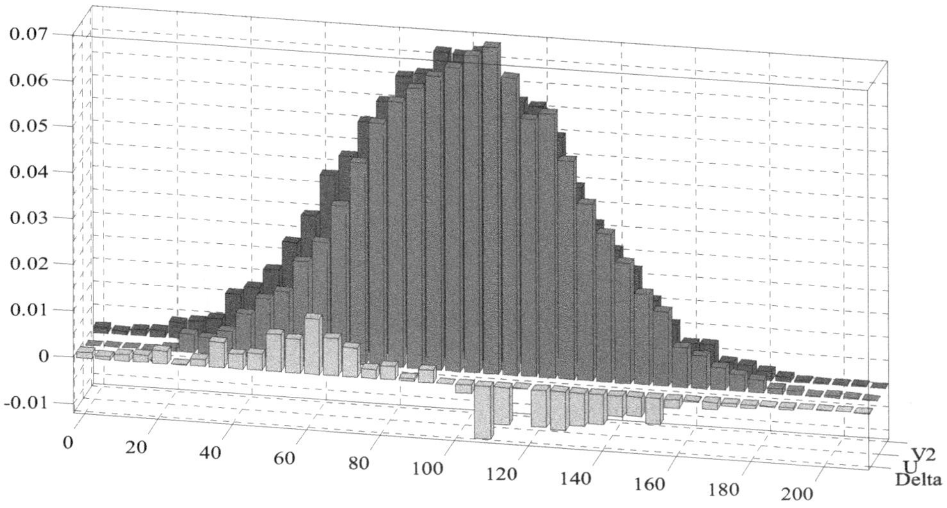

Abbildung 5-22: Vergleich des ursprünglichen Endwertprofils (U) mit dem von V2

Minimum und Maximum des Endwerts der Gestaltungsvariante V2 betragen 0 (wie bei V1 ist der Unlösbarkeitsfall hier mit enthalten) und 205,16, der Mittelwert 96,33 und die Standardabweichung 30,27. Wie zuvor veranschaulicht die Differenzverteilung (Delta := V2 – U), daß auf dem linken Flügel die Ausprägungen der Variante V2 mit einer höheren Wahrscheinlichkeit eintreten als bei der ursprünglichen Optimierung U. Auf dem rechten Flügel übertreffen die Eintrittswahrscheinlichkeiten der gebildeten Klassen der ursprünglichen Rechnung U im allgemeinen deutlich die der

Variante V2. Lediglich in Klassen am äußersten rechten Rand der Verteilung ist erkennbar, daß die Wahrscheinlichkeit, höhere Ausprägungen zu erzielen, etwas größer ist. Da allerdings U einen real nicht erreichbaren Idealfall der Ex-post-Optimalität für alternativ mögliche Datenkonstellationen abbildet und die definitive Investitionsentscheidung aber schon ex ante in t = 0 zwischen den Varianten V1 und V2 fallen muß, ist abschließend eine direkte Gegenüberstellung der beiden konkretisierten Endwertverteilungen nützlich; vgl. Abbildung 5-23.

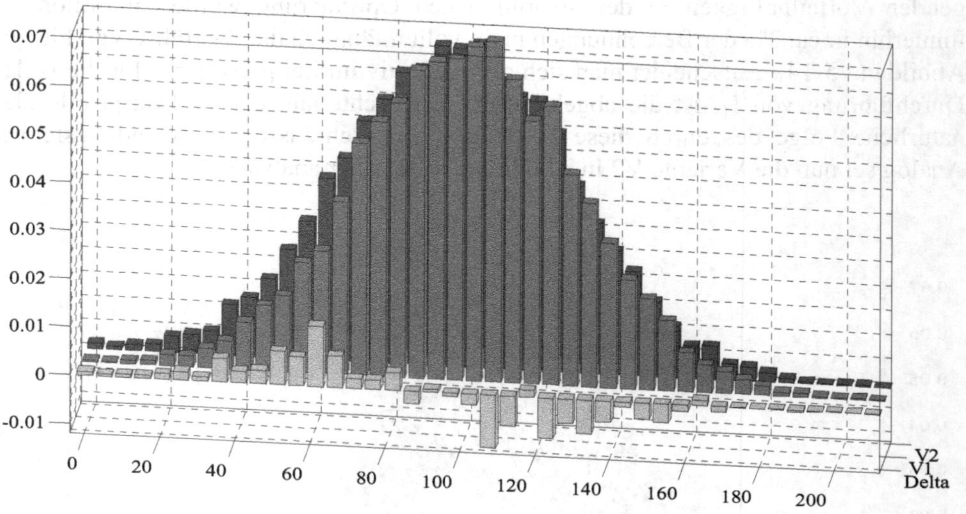

Abbildung 5-23: Vergleich der Endwertprofile der Varianten V1 und V2

Der Vergleich der Endwertprofile und die Betrachtung der Differenzverteilung (Delta := V2 – V1) verdeutlicht die aufgrund der überwiegenden Unvorteilhaftigkeit von I_2 erwartbare relative Vorteilhaftigkeit der Variante V1 gegenüber der Variante V2: Die Spannweite des Endwerts beider Gestaltungsoptionen (V1: 0 bis 208,21, V2: 0 bis 205,16) weicht nur unwesentlich voneinander ab. Allerdings wird durch die Differenzverteilung auch sichtbar, daß die einzelnen Endwertausprägungen der zweiten Variante unter einem Wert von ungefähr 100 mit einer teils deutlich höheren Wahrscheinlichkeit eintreten. Ab einem Wert von ca. 100 weisen dann die Endwertausprägungen der ersten Variante fast durchweg höhere Eintrittswahrscheinlichkeiten auf. Das heißt, bei gleicher Spannweite besitzt die Variante V1 einen weiter rechts liegenden Schwerpunkt, der somit in einer Gesamtgewichtung höhere Endwertausprägungen erwarten läßt. Ferner spricht für die Variante V1, daß seltener ein Endwert in Höhe von null resultiert, was angesichts des hier rechnerisch eingeschlossenen Insolvenzfalls auf eine größere Sicherheit hindeutet. Obgleich die quantitativen Faktoren recht klar für die Gestaltungsvariante V1 sprechen, liegt die *unternehmerische Letztentscheidung* bei der verantwortlichen Geschäftsführung und beruht stets auf der Summe aller subjektiv gewichteten quantitativen und qualitativen Argumente.

5.3.3 Heuristische Investitionsrechnung auf einem unvollkommenen Kapitalmarkt bei Unsicherheit

5.3.3.1 Grundidee der Heuristik

Die bisherige Untersuchung hat zweierlei gezeigt: Simultanmodelle zur Lösung des Unsicherheitsproblems sind nicht praktikabel und unsicherheitsverdichtende Partialmodelle nicht sachgerecht. Damit verbleibt für ein sinnvolles heuristisches Vorgehen nur noch die Möglichkeit, *Partialmodelle* zur *Offenlegung* der Unsicherheit einzusetzen. Aus der Vielzahl der diskutierten Planungsverfahren ist im folgenden eine geeignete Auswahl zu treffen und zu einem Ganzen zusammenzufügen.

Als universal einsetzbares *Partialmodell* bietet sich die Kapitalwertmethode an, deren theoretische Basis in den Kapiteln 3 und 4 umfassend untersucht und abgesichert worden ist. Das Dilemma der Lenkpreistheorie des unvollkommenen Kapitalmarkts erfordert im allgemeinen Fall die heuristische Abschätzung der für die Kapitalwertmethode benötigten endogenen Steuerungszinsfüße. Zu diesem Zweck steht das im Unterabschnitt 4.2.6.3 entwickelte Verfahren der *approximativen Dekomposition* bereit.

Die Übertragung des deterministischen Dekompositionsverfahrens auf den Unsicherheitsfall verfolgt nicht das Ziel, einen eindeutigen Entscheidungsvorschlag zu generieren. Vielmehr soll die Bandbreite oder Verteilung der möglichen Kapitalwerte aufgedeckt werden, um *Transparenz* hinsichtlich der Chancen und Risiken jedes einzelnen Objekts zu schaffen. Die dezentralen Einheiten[1] (Divisionen) bedienen sich dabei des Instruments der *Risikoanalyse*, während die Unternehmenszentrale zur Abschätzung von Intervallen für die Steuerungszinsfüße auf die *Sensitivitätsanalyse zweiter Art* zurückgreift. Mit Rücksicht auf den Leitgedanken der Flexibilität ist ein *rollierender Planungsmodus* zugrunde zu legen.

Faßt man eine *Heuristik* als *Strukturierungsregel*[2] eines komplexen Entscheidungsproblems auf, so besteht das beschriebene Vorgehen aus drei wesentlichen *strukturgebenden Elementen*:

1. Dezentrale Lenkpreissteuerung mit Rückkopplung (approximative Dekomposition, Unterabschnitt 4.2.6.3).
2. Berechnungsexperimente (Sensitivitäts- und Risikoanalyse, Abschnitte 5.3.1 und 5.3.2).

---

[1] Das Verfahren zielt also nicht so sehr auf kleinere und mittlere Unternehmen ab, in denen eine Dekomposition unnötig ist. Vgl. *DECHANT*, Controlling (1998), S. 146 ff.

[2] Zu diesem Begriff vgl. *ADAM*, Heuristische Planung (1989), Sp. 1415 ff.

3. Rollierende Planung (Flexibilität, Abschnitt 5.1.1).

Alle drei Grundelemente der Heuristik sind bereits oben – jedes für sich – ausführlich beschrieben worden. Im folgenden soll daher ihr *Zusammenwirken* im Mittelpunkt der Betrachtung stehen.

5.3.3.2 Algorithmus der Heuristik

5.3.3.2.1 Verfahrensschritte

Die heuristische Investitions- und Finanzierungsplanung bei Unsicherheit vollzieht sich in sechs Schritten, die bereits vorab in der Abbildung 5-24 zusammengefaßt sind. Graue Unterlegung markiert iterativ zu durchlaufende Phasen. Das Konzept ist bewußt einfach und überschaubar gehalten, um eine praktische Anwendung nicht von vornherein auszuschließen.

1. Festlegung der Rahmenvariablen
2. Hierarchisierung
3. Zentrale Ermittlung der Zinssatz-Bandbreiten
4. Dezentrale Investitionsrechnung mit Kapitalwerten
5. Rückkopplung oder Abbruch
6. Investitionsentscheidung der Zentrale

Abbildung 5-24: Heuristische Investitions- und Finanzierungsplanung

Die einzelnen Schritte seien im folgenden näher erläutert. Im Interesse einer möglichst geschlossenen Darstellung wird bewußt darauf verzichtet, fortwährend auf die Abschnitte 4.2.6.3, 5.3.1 und 5.3.2 zurückzuverweisen, in denen sich ausführlichere Erörterungen zu den Planungsmodulen approximative Dekomposition, Sensitivitätsanalyse und Risikoanalyse finden.

Schritt 1: **Festlegung der Rahmenvariablen**

Zunächst ist der *Rhythmus der rollierenden Planung* festzusetzen. Wegen des Zeitbedarfs der Koordinations- und Analyseschritte ist es vermutlich nicht zweckmäßig, die strategische Investitionsplanung häufiger als halbjährlich neu aufzuwerfen. Aus Flexibilitätsgründen sollte andererseits mindestens ein Planungsdurchlauf pro Planungsperiode (z.B. Jahr) erfolgen. Das offene Entscheidungsfeld bedarf alsdann der heuristischen Abgrenzung durch die pragmatische Festlegung eines *Planungshorizonts*. Aufgrund der eingeschränkten Prognosereichweite sind nur Zeiträume zwischen fünf und zehn Jahren als realistisch anzusehen. Für die Zeit danach gelten Pauschalannahmen.[1] Eine einzelne Planungsperiode entspricht auf der strategischen Ebene z.B. einem Jahr oder Halbjahr.

Als nächstes sind die entscheidungsunabhängigen Parameter des gegebenen Planungslaufs festzulegen. Die Divisionen melden hierzu der Zentrale die nicht mehr disponiblen fixen Zahlungsüberschüsse, ggf. unter Einschluß einer prozentualen Abweichungstoleranz. Die Unternehmensleitung muß sich sodann für eine bestimmte Politik hinsichtlich der geplanten Gewinnausschüttungen und Eigenkapitalaufnahmen entscheiden.[2]

Nach Festlegung dieser aus Sicht des Investitionsproblems *fixen Geldbewegungen* ist eine geeignete *Zielsetzung* zu wählen. Aus betriebswirtschaftlichen (Unternehmenserhaltung!) und lenkpreistheoretischen (Existenz der Steuerungszinsfüße!) Gründen spricht manches für das Ziel Endwertmaximierung.[3]

Schritt 2: **Hierarchisierung**

Die *approximative Dekomposition* unterscheidet zwei Planungsebenen: Die *Zentrale* arbeitet mit einem kleinen, gut auf jedem Arbeitsplatzrechner beherrschbaren Totalmodell, welches die vermuteten potentiellen Grenzobjekte enthält und die zur Partialsteuerung erforderlichen Grenzzinsfüße auswirft. Die *Divisionen* entscheiden selbständig nach der Kapitalwertmethode über die große Masse der nicht von der Zentrale kontrollierten Objekte.[4] Sie sind verpflichtet, Großprojekte, die aufgrund ihres Umfangs zu Grenzobjekten des Konzerns werden könnten, der Zentrale anzuzeigen. Letztere entscheidet darüber, welche der gemeldeten Objekte im Totalmodell als Variable angesetzt werden. Aus Sicht der Zentrale zu unbedeutende Objekte fallen wieder dem Kompetenzbereich der Divisionen zu.

Alle von der Zentrale und den Divisionen zu fällenden Investitions- und Finanzierungsentscheidungen sind Bestandteil ein und desselben Problems und insofern logisch gleichgeordnet. Dennoch besteht ein *hierarchisches* Unterordnungsverhältnis,[5] weil die Zentrale im Zweifelsfall weisungsbefugt ist und über die wichtigsten

1 Vgl. Abschnitt 2.1.2.

2 Vgl. Unterabschnitt 4.2.2.1.1.

3 Vgl. Abschnitt 2.2.3 und Unterabschnitt 4.2.2.1.3.

4 Vgl. Unterabschnitt 4.2.6.3 mit Abbildung 4-8.

5 Zur Definition eines hierarchischen Systems vgl. *RIEPER*, Hierarchische Systeme (1979), S. 121.

und größten strategischen Investitionsobjekte zu befinden hat. Sie ist außerdem befugt, den Divisionen Entscheidungskompetenzen zu entziehen oder zuzuteilen, insoweit sie die potentiellen Grenzobjekte betreffen.

Die hierarchische Planung mit Rückkopplung beinhaltet einen Kompromiß zwischen zentraler und dezentraler Planung. Sie erscheint als einzig gangbarer Weg aus dem Dilemma der wertmäßigen Kosten.[1] Eine dem Totalmodell äquivalente *exakte* Dekomposition ist schon bei sicheren Daten wegen des zu hohen Planungsaufwands undurchführbar. Im Unsicherheitsfall besitzen *alle* Planungsverfahren aufgrund des Zielsetzungsdefekts der Entscheidungssituation bestenfalls die Qualität von Heuristiken; ein optimierender Algorithmus ist nicht mehr definiert. Die Hierarchisierung *kann* daher nur anhand einfacher, plausibler, im Einzelfall zu präzisierender Kriterien wie „Projektumfang“ und „strategische Bedeutung“ erfolgen.

Schritt 3: **Zentrale Ermittlung der Zinssatz-Bandbreiten**

Mit dem ihr vorliegenden linearen Modell führt die Unternehmenszentrale eine umfassende *Sensitivitätsanalyse der zweiten Art* durch.[2] In Form von Berechnungsexperimenten[3] wird für eine Vielzahl von möglichen Datenkonstellationen die zugehörige Optimallösung ermittelt.[4] Besondere Sorgfalt ist darauf zu verwenden, bei der Auswahl der zu testenden Datensätze auf vorhandene *Abhängigkeiten* zwischen den Objekten Rücksicht zu nehmen. Nur so lassen sich Diversifikationspotentiale erkennen, die zu einem Risikoausgleich beitragen können.[5] Beispielsweise wäre es nicht einleuchtend, die erwarteten Umsatzerlöse aus dem Verkauf von Badehosen und Regenschirmen unabhängig voneinander festzulegen, weil für jede gegebene Umweltsituation (Wetterlage) eine negative Korrelation plausibel erscheint.

Die Dokumentation der Rechenergebnisse besteht in der automatischen Erzeugung eines fortlaufenden Protokolls der einzelnen Optimallösungen. Es erscheint sinnvoll, nachstehende Daten festzuhalten:

---

1 Vgl. *ADAM*, Kostenbewertung (1970), S. 194 f., *KOCH*, Integrierte Unternehmensplanung (1982), S. 32 ff., 59 ff., *KÜPPER*, Kapazität (1992), S. 129 f., *ADAM*, Planung und Entscheidung (1996), S. 355 ff., 374 ff.

2 Vgl. Abschnitt 5.3.1 mit Abbildung 5-7 und 5-8.

3 Das Berechnungsexperiment ist ein weit verbreitetes heuristisches Prinzip unter Unsicherheit; vgl. z.B. *JANSSON/RUMP*, Uncertain Data (1991), S. 109, *VAN DE PANNE*, Decentralization (1991), S. 790, *BLOHM/LÜDER*, Investition (1995), S. 321 ff.

4 SALAZAR/SEN schlagen die Risikoanalyse eines Totalmodells vor. Ihr Ansatz enthält jedoch keine Dekomposition und löst nach jeder Datenänderung das ganze Simultanmodell neu. Abhängigkeiten zwischen Objekten bleiben unberücksichtigt. Vgl. *SALAZAR/SEN*, Simulation Model (1968), S. B-169, B-171 ff.

5 Vgl. Unterabschnitt 5.2.2.1.

- augenblicklicher Wert der Zielfunktion;
- *endogene Grenzzinsfüße* $i_t = \frac{d_{t-1}}{d_t} - 1 \qquad \forall\, t \in \{1, 2, \ldots, n\};$
- *Vorteilhaftigkeitsindex* sgn C_j der einzelnen Objekte j. Das Vorzeichen (Signum, sgn) des (ggf. korrigierten) Kapitalwerts beträgt i.d.R. +1 für ein in der vorliegenden Lösung voll realisiertes Objekt, 0 für ein Grenzobjekt und −1 für ein unvorteilhaftes Objekt. Nur im Ausartungsfall kann auch ein voll oder gar nicht realisiertes Objekt den Index null erhalten.[1]
- *Sicherheitsindex.* Um das Unternehmen vor existenzbedrohenden Fehlentscheidungen zu schützen, wird für jedes Objekt j eine Strichliste geführt, in die ein Eintrag erfolgt, sobald der Kapitalwert C_j eine zu Beginn festgelegte Schwelle (z.B. −10.000.000 DM) unterschreitet.

Das „Spielen" mit den unsicheren Ausgangsdaten des Modells erfolgt zweckmäßigerweise im wesentlichen „von Hand" unter Verwendung eines interaktiven Rechenwerkzeugs, weil nur realistische Datenkombinationen in die Wertung eingehen dürfen. Eine ohne Eingriffsmöglichkeiten des Planers ablaufende Risikoanalyse mit korrelierten Zufallsvariablen würde eine nicht erreichbare Genauigkeit vorspiegeln; die Plausibilität der einzelnen automatisch erzeugten Datensätze ließe sich höchstens durch Stichproben überprüfen. Im Gegensatz zum dezentralen Partialmodell ist es aus kombinatorischen Gründen aussichtslos, für jeden unsicheren Koeffizienten des Simultanmodells verschiedene Verteilungs- und Korrelationsannahmen auszuprobieren.

Damit das zentrale Simultanmodell über die Bestimmung grober *Bandbreiten* (z.B. Spannweite der auftretenden Steuerungszinsfüße im ersten Jahr) hinausgehende Informationen (z.B. angenäherte Verteilungen der Steuerungszinsfüße) liefern kann, ist dafür Sorge zu tragen, daß nicht willkürlich irgendwelche denkbaren Datensituationen getestet werden. Der interaktiv Planende muß der Versuchung widerstehen, aus Spaß am Experimentieren zu viele „exotische" bzw. extreme Datensituationen in das Protokoll einfließen zu lassen. Ein gewisses Gespür für die Wahrscheinlichkeit von Datenkonstellationen ist unabdingbar. Sofern für die unsicheren Koeffizienten keine qualifizierteren Verteilungsschätzungen vorliegen und nur die Ober- und Untergrenzen näherungsweise bekannt sind, ist es besser, in etwa eine Gleich- oder Normalverteilung zu unterstellen und die gesamte Breite des Intervalls auszuschöpfen, anstatt vornehmlich abwechselnd die Intervallgrenzen oder den Mittelwert einzusetzen. Die Sensitivitätsanalyse sollte somit als „Risikoanalyse zu Fuß" verstanden werden. Nur dann lassen sich aus ihr auch verwertbare Informationen über die vermutete *Verteilung* der protokollierten Größen ableiten.

---

[1] Vgl. Satz 25/26 und Unterabschnitt 4.2.5.1.

Um den Streubereich der Ergebnisse stärker einzugrenzen, ist es wünschenswert, mehrere sich gegenseitig ausschließende Grundsituationen (*Szenarien*) getrennt voneinander zu analysieren.[1] Zum Beispiel mag die beschriebene Sensitivitätsanalyse insgesamt dreimal durchgeführt werden, und zwar einmal mit optimistischen, dann mit pessimistischen und schließlich mit (möglichst) neutralen Schätzungen der unsicheren Größen.[2]

Die Zahl der Szenarien darf eine Handvoll nicht überschreiten. Sofern z.B. für drei voneinander unabhängige Teilmärkte lediglich drei Situationen untersucht werden, ergeben sich bereits neun verschiedene Gesamtszenarien. Aus diesen ist auf letztlich subjektivem Wege eine *plausible* Auswahl zu treffen. Kunstvoll aufgefächerte Zustandsbäume, die Entwicklungen mehrerer makroökonomischer Größen (Kapitalmarktzins, Wirtschaftswachstum, Inflation, Arbeitslosigkeit) mit alternativen betriebswirtschaftlichen Rahmenbedingungen (Produkterfolg oder „Flop", Konkurrenzreaktionen usw.) koppeln, sind zwar vom Standpunkt der flexiblen Planung her zu begrüßen. Der Planungsaufwand übermäßig detaillierter Eventualrechnungen ufert aber so schnell aus (Datengewinnung und sorgfältige Sensitivitätsanalyse für jedes einzelne Szenarium!), daß der praktische Nutzen zu bezweifeln ist. Die vorliegende Heuristik beschränkt sich deshalb auf wenige *globale* Szenarien (z.B. gut/mittel/schlecht), deren Daten aber jeweils gründlich erhoben und analysiert werden. Das Ausnutzen des Problemwissens menschlicher Planungsexperten in einem interaktiven, EDV-unterstützten Prozeß erscheint zweckmäßiger als eine vollautomatisierte Erzeugung von Ergebnisprofilen, welche durch die Festlegung auf jeweils genau eine, nicht überprüfbare statistische Verteilungsannahme erkauft werden muß.[3]

Das Ergebnisprotokoll liefert – nach Szenarien gegliedert – qualifizierte Informationen über die Wertebereiche der Zielfunktion, der periodenspezifischen Steuerungszinsfüße und der Variablen (Objekte) des Zentralproblems im Optimum. Die Intervalle (Bandbreiten), in denen sich die endogenen Grenzzinsfüße bewegen, sind zur dezentralen Lenkpreissteuerung an die Divisionen weiterzuleiten. Dies gilt auch für evtl. erkennbare Anhaltspunkte über die Verteilung der Steuerungszinsfüße (z.B. gleichverteilt, glockenförmig, rechtsschief usw.).

---

1 Zur Szenariotechnik vgl. z.B. *SCHERM*, Szenario-Technik (1992), *REICHMANN/HAIBER/FRÖHLING*, Simulation (1992), *GÖTZE*, Szenario-Technik (1993).

2 *Beispiel.* Der zugrunde zu legende Schwankungsbereich der Umsatzerlöse eines Produkts beträgt im optimistischen Szenario 120.000 DM bis 160.000 DM, während die Werte im pessimistischen Szenario nur aus dem Intervall von 80.000 DM bis 140.000 DM entnommen werden dürfen.

3 Bei Vorliegen entsprechender EDV-Voraussetzungen können theoretisch auch detailliertere Szenarien untersucht werden, die Sensitivitäts- oder Risikoanalysen mit Entscheidungsbäumen verbinden. Vgl. *HESPOS/STRASSMANN*, Stochastic Decision Trees (1965), *KRAG*, Ungewißheit (1978), S. 445, *PUKE*, Investitionsplanung (1996), S. 216-229.

Schritt 4: **Dezentrale Investitionsrechnung mit Kapitalwerten**

Die in der Zentrale gewonnenen Informationen über die Lenkpreisobergrenzen und -untergrenzen sowie die ungefähre Verteilung der Steuerungszinsfüße innerhalb dieser Bandbreiten ermöglichen den Divisionen Investitionsentscheidungen nach dem Kapitalwertkriterium.[1] Aufgrund der Unsicherheitssituation gibt es nicht mehr „den" Kapitalwert, so daß eines der verfügbaren Verfahren zur Aufdeckung der Kapitalwertverteilung bzw. zur Bestimmung kritischer Werte herangezogen werden muß. Wegen der einfachen Struktur des Partialmodells ist für diesen Zweck die *Risikoanalyse* prädestiniert. In bestimmten Fällen mag auch eine Sensitivitätsanalyse erster oder zweiter Art ausreichen.[2] Insbesondere ergibt sich die Möglichkeit, die Sätze 35 bis 37 zur *Komplexitätsreduktion* anzuwenden (Abbildung 4-7). Im Unterabschnitt 5.3.2.2 ist ein Beispiel zur Risikoanalyse bei bekannten Verteilungen der Steuerungszinsfüße und Zahlungsüberschüsse ausführlich dokumentiert.

Es bleibt den Divisionen selbst überlassen, ob sie die differenzierten Szenario-Informationen zur Erzeugung optimistischer, neutraler und pessimistischer Kapitalwertprofile nutzen oder lediglich eine einzige Risikoanalyse (mit entsprechend größerer Streuung der Grenzzinsfüße) durchführen.

Die Investitionsrechnung leistet zunächst den wichtigen Beitrag, diejenigen Objekte herauszufiltern, welche in jeder erwarteten Situation des heuristisch strukturierten Entscheidungsfelds rechnerisch vorteilhaft bzw. unvorteilhaft sind. Sofern allerdings der Kapitalwert nicht immer positiv oder immer negativ ist, bedarf es einer *unternehmerischen Entscheidung* nach Maßgabe der Risikobereitschaft der Division. Hierzu sind neben den vorliegenden *quantitativen* Informationen der Investitionsrechnung (Kapitalwertprofil(e) als Ausdruck der finanziellen Chancen und Risiken) auch *qualitative* Faktoren (strategische Erwägungen, Sicherheitsziele wie Flexibilität, Diversifikation, Verhinderung existenzgefährdender Risiken) mit in die Betrachtung einzubeziehen.[3] Auf das „Wegrechnen" der Unsicherheit durch eine Algorithmisierung der Investitionsentscheidung wird mangels geeigneter Optimalitätskriterien bewußt verzichtet.[4]

Nach der Logik der approximativen Dekomposition müssen die Divisionen *klare Entscheidungen* für oder gegen ein Objekt treffen.[5] Im Unsicherheitsfall kann gar nicht

---

1 Vgl. Satz 25 bis 27.

2 Vgl. *HAX*, Bewertungsprobleme (1967), S. 756.

3 Vgl. Unterkapitel 2.1.

4 Zum Verzicht auf mechanische Entscheidungsregeln vgl. Abschnitt 5.1.2, 5.3.1 und 5.3.2. Vgl. auch *JACOB*, Unsicherheit (1967), S. 173 und *SCHEFFLER*, Betriebliche Entscheidungen (1992), S. 246.

5 Zum Folgenden vgl. Unterabschnitt 4.2.6.3.

anders vorgegangen werden: Anhand eines Kapitalwertprofils läßt sich nur unbegründet mutmaßen, ob ein Grenzobjekt vorliegt oder ob nur ein zwar betragsmäßig kleiner, aber von null verschiedener Kapitalwert zu erwarten ist. Potentielle Grenzobjekte sind in der Hierarchisierungsphase (Schritt 2 in Abbildung 5-24) der Zentrale zu melden, die sie entweder in ihr Simultanmodell aufnimmt oder als zu unbedeutend an die Division zurückverweist.

Abbildung 5-25 verdeutlicht den hierarchischen Aufbau der approximativen Dekomposition.

Schritt 5: **Rückkopplung oder Abbruch**

Die Divisionen kalkulieren den sich aus ihren Investitions- und Finanzierungsentscheidungen ergebenden saldierten Zahlungsüberschuß für jede Periode des Planungszeitraums. Hierbei sind neutrale Punkt- oder Intervallschätzungen zugrunde zu legen, z.B. der subjektive Erwartungswert oder Median. Der summierte Zahlungsüberschuß ist in der Form „Erwartungswert ± prozentuale Abweichungstoleranz" an die Zentrale weiterzuleiten (*Rückkopplung*). Dort werden durch Addition der eingegangenen Meldungen die neuen rechten Seiten des Simultanproblems berechnet (Vektor **b**). Hierdurch heben sich im Idealfall zu pessimistische oder zu optimistische Schätzungen einzelner Divisionen gegenseitig (zumindest z.T.) auf. Aus den absoluten Abweichungstoleranzen der Divisionen ergeben sich die für möglich gehaltenen Schwankungsbreiten der rechten Seiten zur Verwendung in der Sensitivitätsanalyse (Schritt 3).

Beispiel. Die erste Division meldet für t = 2 einen Nettofinanzierungsbedarf in Höhe von 100 ± 10%, die zweite Division dagegen einen erwarteten Überschuß von 50 ± 40%. Die Bandbreite der Zahlungen beträgt demnach [–110; –90] bzw. [30; 70] und in der Summe [–80; –20]. Die Zentrale setzt also (sofern für t = 2 nicht noch weitere Meldungen eingehen) die Konstante b_2 auf den Wert –50 (= 50 – 100 = (–80 – 20)/2) und unterstellt für die Sensitivitätsanalyse z.B. eine Dreiecksverteilung in den Grenzen von –80 bis –20.

Sofern sich derselbe Vektor **b** wie im letzten Rückkopplungsschritt ergibt, weil die Divisionen ihre sorgsam abgewogenen Entscheidungen nicht mehr geändert haben, bricht das Iterationsverfahren ab, und es folgt Schritt 6. Anderenfalls ist zu Schritt 3 zurückzuspringen. Die Zentrale ermittelt erneut per Sensitivitätsanalyse Zinssatz-Bandbreiten. Falls sich die Intervalle nicht sehr vom letzten Durchgang unterscheiden, beendet die Zentrale das Verfahren mit Schritt 6. Sonst werden erneut die Schritte 4 und 5 durchlaufen, bis es zum *Abbruch* kommt; vgl. Abbildung 5-26.

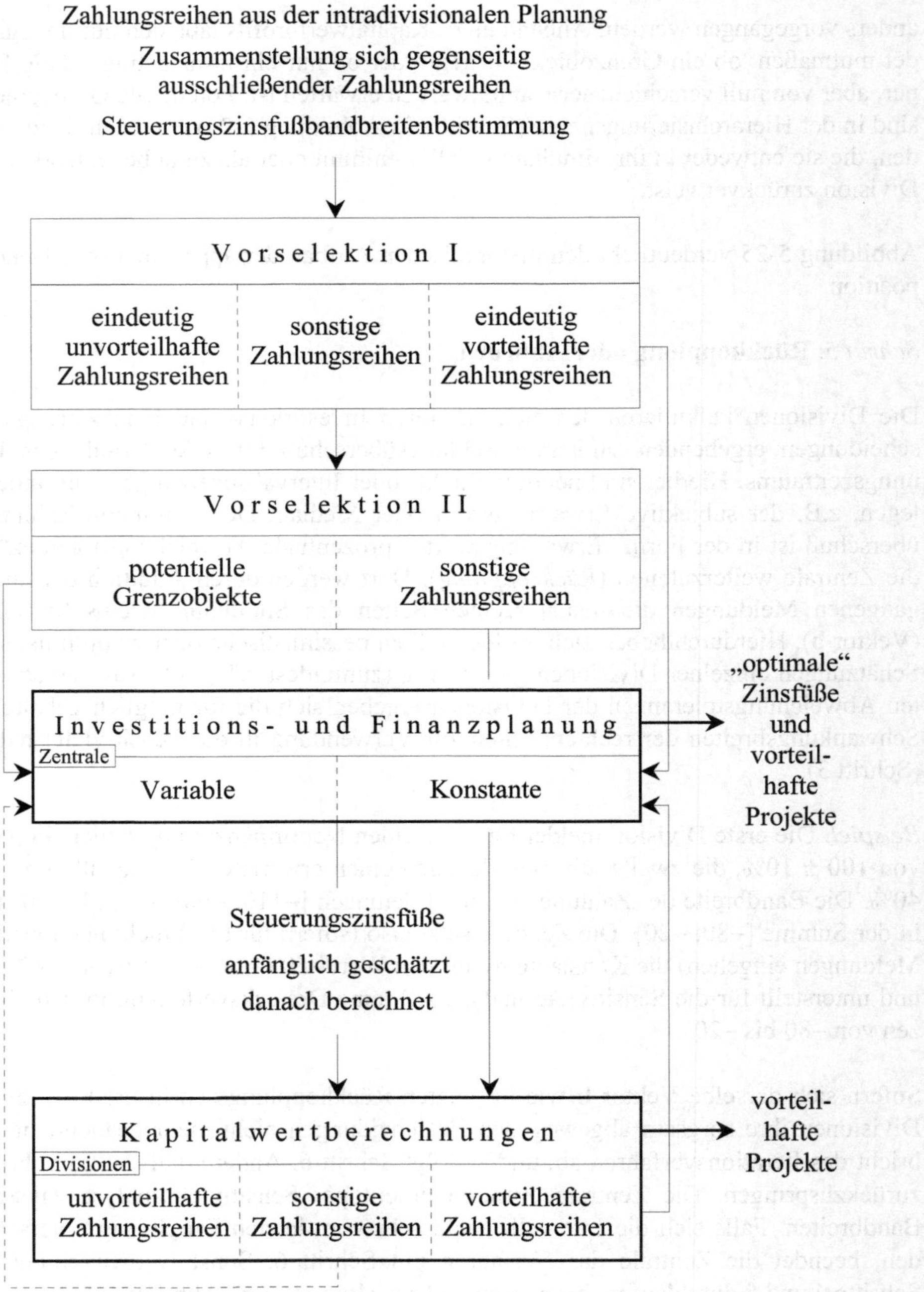

Abbildung 5-25: Hierarchie der approximativen Dekomposition[1]

1 Entnommen aus: *ROLLBERG*, Integrierte Unternehmensplanung (2001), S. 181.

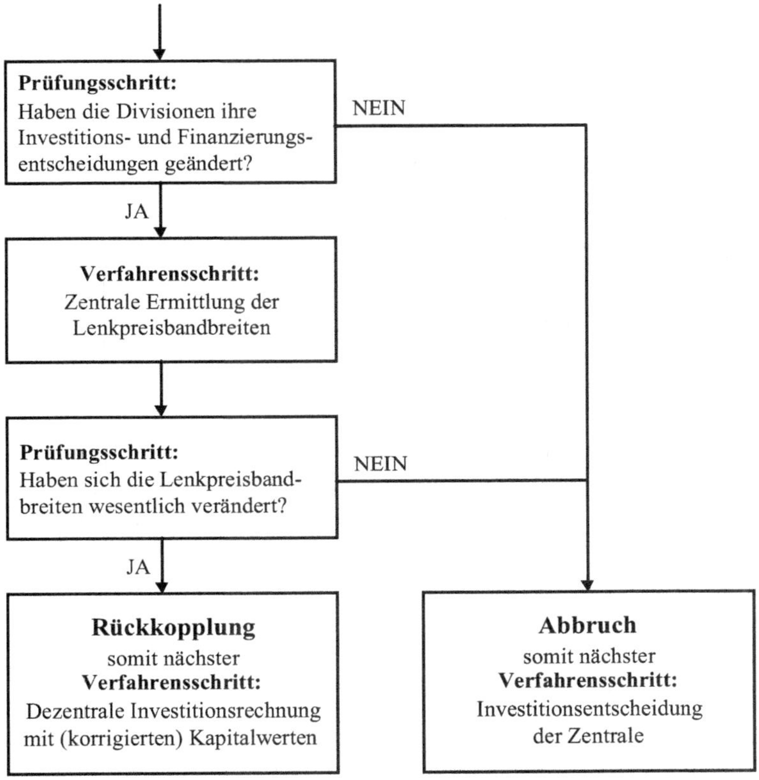

Abbildung 5-26: Entscheidung über Rückkopplung oder Abbruch[1]

Die *Endlichkeit des Verfahrens* ist als gesichert anzusehen, weil die Zentrale über ein unscharf formuliertes Abbruchkriterium verfügt („keine wesentliche Änderung der Zinssatz-Intervalle") und deshalb die Entscheidung selbst in der Hand hat, wie genau die Bandbreiten der endogenen Zinsfüße eingegrenzt werden sollen und ob sich hierfür weitere Koordinationsschritte lohnen. Zweitens hängen die dezentralen Entscheidungen nicht allein von den Steuerungszinsfüßen, sondern auch von qualitativen Faktoren sowie der Risikobereitschaft der Divisionen ab. Es ist daher zu erwarten, daß die Führungsinstanzen der Divisionen nach spätestens zwei bis drei Rückkopplungsschritten an ihren durch Abwägen aller Vor- und Nachteile sorgsam getroffenen Entscheidungen festhalten werden, ohne sich von einer fortwährenden Revision der Zinsintervalle beeindrucken zu lassen. Dem Koordinationserfordernis ist im Unsi-

1 Entnommen (mit geringen Änderungen) aus: *BRÖSEL*, Medienrechtsbewertung (2002), S. 189.

cherheitsfall bereits hinreichend Genüge getan, wenn überhaupt Rückkopplungsschritte erfolgen.

Schritt 6: **Investitionsentscheidung der Zentrale**

Die Zentrale selbst kann nicht auf der Basis von Kapitalwertprofilen entscheiden, weil die Anzahl der berechneten Optimallösungen des Simultanmodells vermutlich nicht ausreicht, um eine klare „Verteilung" herauszukristallisieren. Sie zieht statt dessen das Protokoll des zuletzt berechneten Schritts 3 heran. Die aufgezeichnete Folge der *Vorteilhaftigkeitsindexe* sgn C_j (vgl. oben, Schritt 3) gibt darüber Auskunft, wie oft ein Objekt j im Verlaufe der Sensitivitätsanalyse vorteilhaft, unvorteilhaft oder Grenzprojekt gewesen ist. Addiert man all diese Werte zum Summen- oder *Gesamtindex* eines jeden Objekts j, so gilt:

- Ein Objekt mit deutlich positivem Gesamtindex ist in den meisten Situationen vorteilhaft. Der *Vorteilhaftigkeitsgrad* ergibt sich als Quotient aus dem Gesamtindex und der Anzahl der Datensätze im Protokoll (Anzahl der berechneten Optimallösungen). Er beträgt höchstens 100% (wenn das Objekt immer einen positiven Kapitalwert hatte).
- Ein Objekt mit deutlich negativem Gesamtindex ist in den meisten Situationen unvorteilhaft. Der Grad der Vorteilhaftigkeit beträgt im ungünstigsten Fall –100% (wenn das Objekt nie einen positiven Kapitalwert hatte).
- Objekte mit einem niedrigen absoluten Vorteilhaftigkeitsgrad sind entweder oftmals Grenzobjekte oder annähernd gleich häufig vorteilhaft bzw. unvorteilhaft.

Der *Sicherheitsindex* (vgl. Schritt 3) wird ins Verhältnis zur Anzahl der Datensätze im Protokoll gesetzt. Ein Objekt darf nur dann akzeptiert werden, wenn es in 100% oder auch z.B. nur 99% der berechneten Fälle den vorgegebenen Mindestkapitalwert nicht unterschritten hat.[1]

Die Zentrale braucht nur über die in t = 0 startenden Zahlungsströme definitiv zu entscheiden. Alle übrigen sind im nächsten Durchlauf der *rollierenden Planung* ohnehin wieder disponibel, auch wenn sie in t = 0 vorläufig angenommen oder abgelehnt werden sollten.[2] Die Entscheidung ergibt sich wie in den Divisionen durch Abwägung quantitativer und qualitativer Faktoren. Letzteren kommt im Falle der wichtigen strategischen Investitionsobjekte oder der langfristigen Finanzierungen vermutlich eine größere Bedeutung zu als im Schritt 4. Die quantitativen Argumente für oder gegen

---

1 Die Bankbetriebslehre hat auch dieses naheliegende betriebswirtschaftliche Vorgehen inzwischen aufgegriffen und mit dem neumodischen Schlagwort „Value at Risk" belegt. Vgl. SCHIERENBECK, Grundzüge (2003), S. 391, SCHIERENBECK/LISTER, Value (2002), S. 339 ff.

2 Vgl. Abschnitt 5.1.1.

ein Objekt leiten sich aus den Vorteilhaftigkeitsindexen bzw. dem Vorteilhaftigkeitsgrad ab.[1] Ergänzend tritt der Sicherheitsindex hinzu.

Zur *Herstellung des Zahlungsgleichgewichts* im Zeitpunkt t = 0 genügt es im allgemeinen nicht, nur auf Objekte mit hohem oder zumindest positivem Vorteilhaftigkeitsgrad zurückzugreifen. Eine Möglichkeit, passende „Grenzobjekte" zu bestimmen, besteht darin, aus dem Protokoll Korrelationskoeffizienten zwischen den Vorteilhaftigkeitsindexen zu berechnen. Als geeignete „Partner" geben sich dadurch diejenigen Objekte zu erkennen, die mit den auf jeden Fall durchzuführenden Projekten stark korreliert sind. Dies bedeutet nämlich, daß sie in den verschiedenen berechneten Optimallösungen häufig gemeinsam auftreten. Als einfache Alternative zum Korrelationskoeffizienten zweier Objekte kommt auch die Summe der absoluten (oder quadrierten) Differenzen der jeweiligen Vorteilhaftigkeitsindexe in Frage. Je kleiner sie ist, desto häufiger haben beide Objekte in den Optimallösungen das gleiche Kapitalwertvorzeichen.

Wenn die ermittelte Lösung für t = 0 Ganzzahligkeitsbedingungen verletzt, kann theoretisch ein Algorithmus der gemischt-ganzzahligen Optimierung auf der Basis von Durchschnittswerten eingesetzt werden. Aufgrund der geringen Problemgröße ergeben sich wohl kaum numerische Schwierigkeiten. Wegen der Datenunsicherheit ist es jedoch wahrscheinlich zweckmäßiger, in diesem Falle eine zulässige Lösung durch Runden herbeizuführen oder aber eine andere Wahl bezüglich der Grenzobjekte zu treffen (z.B. Rückgriff auf beliebig teilbare kurzfristige Kredite oder Geldanlagen).

Stehen die Variablen des Zentralproblems für t = 0 fest, werden sie aus dem Ansatz eliminiert. Die zugehörigen Zahlungen sind, wie im Schritt 5 auch für die Objekte der Divisionen geschehen, als Konstante in die rechte Seite **b** des Problems einzustellen. Die Zentrale kann – wenn sie möchte – noch durch eine erneute Sensitivitätsanalyse (Schritt 3) überprüfen, ob die Fixierung der Variablen in t = 0 starken Einfluß auf die zuletzt ermittelten Zinssatz-Bandbreiten ausübt. Ein nochmaliger Rücksprung zu Schritt 4 mit erneuter Freigabe der Variablen in t = 0 sollte jedoch nur bei außerordentlichen Verschiebungen in Erwägung gezogen werden, weil der Nutzen weiterer Koordinationsrunden bezweifelt werden muß. Die Konvergenz des Algorithmus ist bei einer Rücksprungmöglichkeit aus Schritt 6 durch nichts gesichert. Überdies würde die Mitwirkungsbereitschaft der Divisionen in einem „endlosen" Verfahren sicherlich überstrapaziert werden. Eine wesentliche Veränderung der Lenkpreis-Bandbreiten durch Fixierung der Anfangsvariablen ist jedoch als unwahrscheinlich anzusehen, weil lediglich die erste Periode des Planungszeitraums Handlungsspiel-

---

[1] SALAZAR/SEN schlagen ein einfacheres Kriterium vor: die Häufigkeit, mit der ein Objekt in der optimalen Lösung auftaucht. Gemäß der so ermittelten Reihenfolge werden heuristische Portefeuilles gebildet (ohne Rücksicht auf die Zulässigkeit der Lösung). Vgl. *SALAZAR/SEN*, Simulation Model (1968), S. B-172 f.

raum verliert und die Anpassungen an Datenänderungen in den restlichen Perioden wie zuvor ablaufen können (rollierende Planung).

Nachdem die Zentrale das Zahlungsgleichgewicht des Konzerns für t = 0 sichergestellt hat, setzt sie ihre Divisionen vom *Ende des Abstimmungsprozesses* in Kenntnis. Damit können die im letzten Durchgang als vorteilhaft beurteilten dezentralen Vorhaben in die Tat umgesetzt werden (soweit sie zu t = 0 beginnen). Gleichzeitig bestätigt die Zentrale die Festsetzung der zuletzt verwendeten Zinssatz-Bandbreiten als *Kalkulationszinsfuß-Intervalle* für den gesamten Konzern. Sie bleiben so lange für sämtliche internen, zahlungsorientierten Planungsrechnungen gültig, bis der nächste Durchgang der rollierenden Planung abgeschlossen ist.

Abbildung 5-27 vermittelt einen abschließenden Gesamtüberblick und faßt die approximative Dekomposition unter Unsicherheit auf einer Seite zusammen.

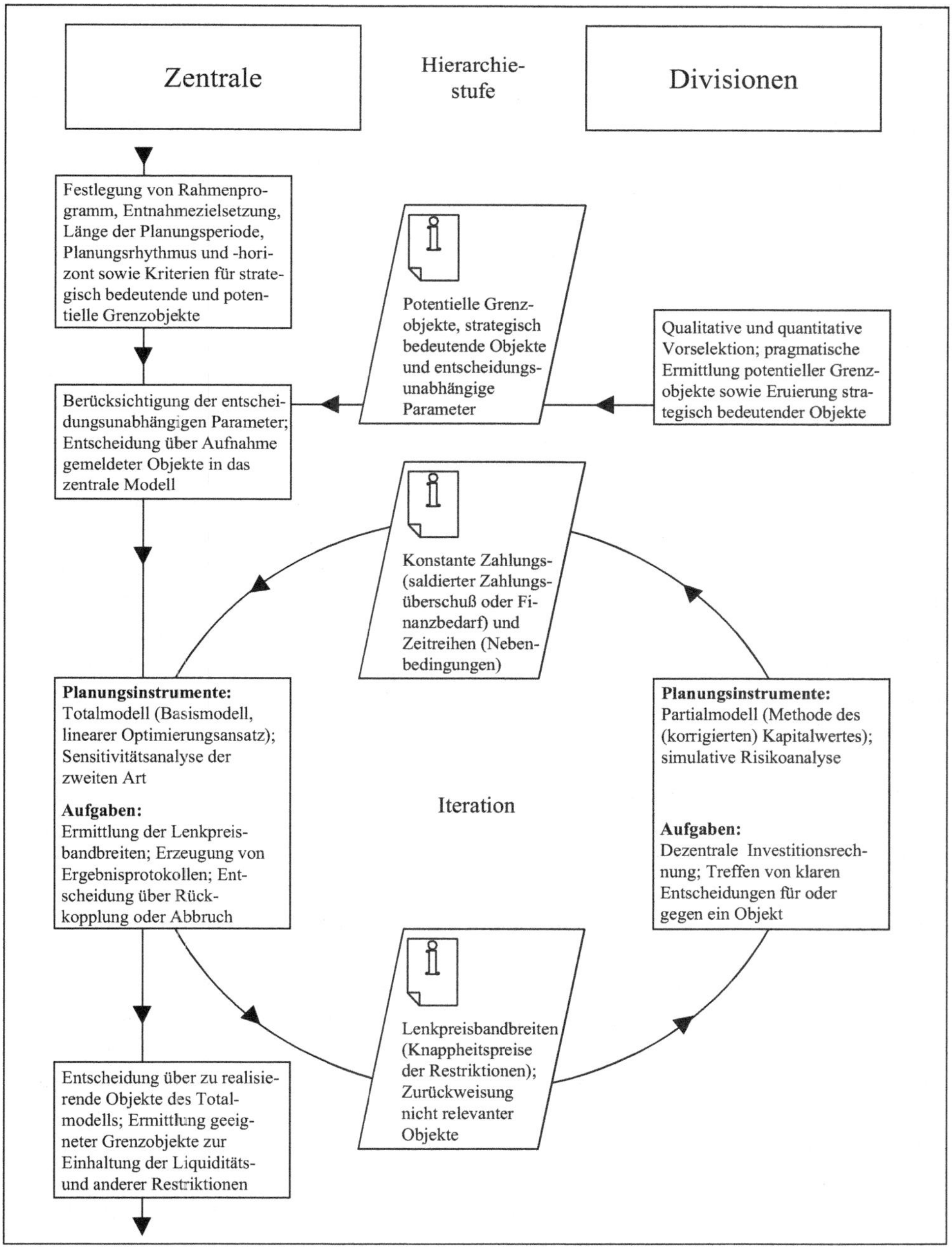

Abbildung 5-27: Approximative Dekomposition unter Unsicherheit[1]

[1] Entnommen mit geringen Änderungen aus: *BRÖSEL*, Medienrechtsbewertung (2002), S. 192.

5.3.3.2.2 Zahlenbeispiel[1]

Im folgenden soll die vorgeschlagene heuristische Investitionsrechnung divisionalisierter Unternehmen auf einem unvollkommenen Kapitalmarkt unter Unsicherheit noch an einem Zahlenbeispiel veranschaulicht werden. Die Gliederung des Beispiels entspricht exakt den bislang theoretisch vorgestellten sechs Verfahrensschritten des Algorithmus (vgl. zum Gesamtüberblick erneut oben, Abbildung 5-24).

Schritt 1: **Festlegung der Rahmenvariablen**

Betrachtet sei die Germania AG, die ihre Zentrale in Berlin unterhält und drei operierende Dependancen in der Schweiz, in Österreich und in Liechtenstein besitzt. Da die Unternehmensführung bisher noch in den Händen der altehrwürdigen Eignerfamilie liegt, der am langfristigen Fortbestand des Unternehmens bei Erhalt einer angemessenen Verzinsung gelegen ist, besteht hinsichtlich der Ausprägung der Totalgewinnmaximierung Einstimmigkeit: Angestrebt wird die *Endwertmaximierung* als bester Ausdruck dynastischen Denkens. Das heißt, das für die Finanzplanung zuständige Familienmitglied soll eine möglichst hohe Entnahme EW = G_n zum Planungshorizont n anstreben. Ferner bestimmt der Familienpatriarch einen dreijährigen *Planungszeitraum* (n = 3), wobei der *Rhythmus der rollierenden Planung* ein Jahr umfaßt. Das anzuwendende Verfahren zur Bestimmung des optimalen Investitions- und Finanzierungsprogramms auf Ebene der Zentrale stellt die simultane Investitions- und Finanzplanungssimulation dar.[2] Auf Divisionsebene soll hingegen die Kapitalwertmethode in Verbindung mit der Risikoanalyse zur Anwendung gelangen, wobei die Zentrale den Geschäftsbereichen gegenüber stets weisungsbefugt ist. Ferner gilt der seit dem Gründerkrach[3] vorherrschende *strategische Leitgedanke*, daß nur Investitionsobjekte durchzuführen sind, welche in mindestens 80% der Berechnungen einen *nichtnegativen Kapitalwert* aufweisen. Das Familienoberhaupt nennt es das konservative Standardprogramm. Für die Dependancen gelten im Planungszeitpunkt t = 0 bei momentanem Kenntnisstand die nachfolgend beschriebenen Ausgangssituationen.

Das Entscheidungsfeld der in Bern ansässigen *ersten Division*, der Konstantinopel-Bagdad GmbH, weist nachstehende Handlungsalternativen auf: Investition I_1 erfordert zu t = 0 die sichere Anfangsauszahlung von 150; die subjektiven Erwartungswerte der zu den künftigen Zeitpunkten $t \in \{1, 2, 3\}$ anfallenden unsicheren Zahlungsüberschüsse betragen (70, 70, 70) und die Standardabweichungen (10, 12, 14). Investition I_2 benötigt im Planungszeitpunkt einen sicheren Auszahlungsbetrag in Höhe von 500, und die künftigen unsicheren Zahlungsüberschüsse lassen die Erwartungswerte (300, 300, 300) und Standardabweichungen (20, 22, 24) vermuten. Beide

[1] Vgl. *HERING/SCHNEIDER/OSTMEYER*, Approximative Dekomposition (2010).

[2] Vgl. schon das Zahlenbeispiel oben, Unterabschnitt 5.3.2.3.

[3] Vgl. *BLUME*, Gründungszeit (1914), S. 14 ff.

Objekte können höchstens einmal durchgeführt werden. Während sich aus dem laufenden Geschäftsbetrieb in t = 0 nicht mehr zur Disposition stehende Mittel in Höhe von $b_{1,0} = 20$ ergeben, schätzt der Geschäftsführer, daß die unsicheren Ausprägungen $b_{1,t}$ zu den Zeitpunkten $t \in \{1, 2, 3\}$ durch die Mittelwerte (20, 20, 20) und die Standardabweichungen (2, 4, 6) beschrieben werden können. Darüber hinaus existiert die Möglichkeit, am Börsen- und Bankplatz Zürich eine endfällige Anleihe A_1 über den Planungszeitraum zu plazieren. Sie weist einen Nennbetrag von 300 auf, und der fest vereinbarte Nominalzins beträgt 6% p.a.

Für die in Wien tätige *zweite Division*, die Kakania AG, besteht folgende Ausgangssituation: Erstens besitzt sie die Möglichkeit, die einmal durchführbare Investition I_3 zu tätigen. Das Objekt erfordert eine Anfangsauszahlung in Höhe von 200 und läßt in den künftigen Planungszeitpunkten unsichere Zahlungsüberschüsse entstehen, deren Erwartungswerte bzw. Standardabweichungen österreichische und ungarische Experten auf (80, 80, 80) bzw. auf (15, 18, 20) schätzen. Weiters könnte für die Division auch Investitionsobjekt I_4 lohnend sein. Es bedarf hierfür einer Anfangsauszahlung in Höhe von 400. Die künftigen unsicheren Zahlungsüberschüsse sind durch die Mittelwerte (150, 150, 150) und die Standardabweichungen (20, 25, 30) charakterisierbar. I_4 kann genau wie I_3 höchstens einmal durchgeführt werden. Zur Finanzierung bietet die ortsansässige Sparkasse ein endfälliges Darlehen D an. Der maximale Auszahlungsbetrag beträgt im Planungszeitpunkt 300, wobei das Kreditinstitut einen fest vereinbarten Nominalzins von 7% p.a. verlangt. Aus dem laufenden Geschäftsbetrieb resultiert im Planungszeitpunkt ein nicht mehr zur Disposition stehender Zahlungsüberschuß $b_{2,0}$ in Höhe von 30. Zu den künftigen Zeitpunkten $t \in \{1, 2, 3\}$ erwartet der Vorstand autonome unsichere Zahlungen $b_{2,t}$ mit den Erwartungswerten (30, 30, 30) und den Standardabweichungen (3, 3, 3).

Das Entscheidungsfeld der in Vaduz niedergelassenen *dritten Division*, der Bulgaria AG, weist folgende Gegebenheiten auf: Die Investition I_5 basiert auf einer Anfangsauszahlung von 500 und läßt in den folgenden Zeitpunkten unsichere Zahlungsüberschüsse mit den Mittelwerten (250, 250, 250) und den Standardabweichungen (25, 30, 35) erwarten. Sie ist maximal einmal durchführbar. Des weiteren könnte die Division auch in Objekt I_6 investieren. Dies erfordert eine Anfangsauszahlung in Höhe von 100 und verheißt in den kommenden Perioden unsichere Rückflüsse mit den Erwartungswerten (50, 50, 50) und den Standardabweichungen (5, 10, 15). Der Geschäftsbereich geht von der höchstens einmaligen Durchführbarkeit von I_6 aus. Zur Deckung des Finanzbedarfs böte sich die Emission einer endfälligen Anleihe A_2 an, die einen Nennbetrag von 400 besitzt und den Anlegern einen festen Nominalzins von 9% p.a. bietet. Auch der Bulgaria AG fließen nicht mehr disponible Zahlungsüberschüsse zu: Im Planungszeitpunkt sind dies sichere $b_{3,0} = 20$. Für die künftigen Zeitpunkte $t \in \{1, 2, 3\}$ prognostizieren Liechtensteiner Branchen- und Balkanfachleute unsichere Zahlungen $b_{3,t}$ mit den Mittelwerten (15, 20, 25) und den Standardabweichungen (1, 2, 3).

Darüber hinaus können alle Divisionen einjährige Finanzanlagen (F_0, F_1 und F_2) zu einem Zinssatz in Höhe von 5% p.a. in beliebiger Höhe tätigen. Zugleich steht jedem Geschäftsbereich eine Kontokorrentlinie (K_0, K_1 und K_2) für jede Periode in Höhe von 150 (also insgesamt 450) zur Verfügung. Der Zinssatz beträgt für das gesamte Unternehmen 8% p.a. Ferner gelte, daß alle unsicheren Zahlungsüberschüsse stochastisch unabhängig sind und der Normalverteilung $N(\mu;\sigma^2)$ folgen. Zur Beschreibung genügen somit bereits die geschätzten Kenngrößen Erwartungswert μ und Standardabweichung σ (bzw. Varianz σ^2). Alle Objekte seien beliebig teilbar, und berechnet werden sollen $\zeta = 10.000$ Simulationsschritte.

Schritt 2: **Hierarchisierung**

Damit die finanzwirtschaftlichen Engpässe, an deren Opportunitätskosten sich die Vorteilhaftigkeit der Investitions- und Finanzierungsobjekte bemißt, konzernübergreifend identifiziert werden können, ist die Berliner Zentrale gegenüber allen Divisionen weisungsbefugt, auch wenn die Entscheidungen Bestandteile eines logisch gleichgeordneten Problems darstellen. Um auf Ebene der Zentrale die simultane Investitions- und Finanzierungsplanungssimulation durchzuführen, haben die Geschäftsbereiche erstens Großprojekte, die sich aufgrund ihres Umfangs als Grenzobjekte erweisen könnten, und zweitens die nicht mehr disponiblen Zahlungsüberschüsse an die Zentrale in Berlin zu melden. Während die autonomen Zahlungsströme zu den einzelnen Zeitpunkten, d.h. deren subjektiv erwartete Ausprägungen μ zuzüglich ihrer Abweichungstoleranzen σ, direkt feststehen, umfasse der Begriff Großprojekt im Beispiel alle Objekte ab einer Anfangseinzahlung oder Anfangsauszahlung in Höhe von 300. Aus den verschiedenen Dependancen resultieren nachstehende Rückmeldungen:

Bern meldet die Investition I_2 und die Anleihe A_1,
Wien meldet die Investition I_4 sowie das endfällige Darlehen D,
Vaduz meldet die Investition I_5 und die Anleihe A_2.

Die zu berücksichtigenden Komponenten für die im nächsten Schritt durchzuführende Ermittlung der Zins-Bandbreiten in der Berliner Geschäftszentrale der Germania AG zeigt Tabelle 5-7.

	Investitionen			Finanzierungen			Fixe Zahlungsüberschüsse		
t	I_2	I_4	I_5	A_1	D	A_2	$b_{1,t}$	$b_{2,t}$	$b_{3,t}$
0	−500	−400	−500	300	300	400	20	30	20
1	$N(300;20^2)$	$N(150;20^2)$	$N(250;25^2)$	−18	−21	−36	$N(20;2^2)$	$N(30;3^2)$	$N(15;1^2)$
2	$N(300;22^2)$	$N(150;25^2)$	$N(250;30^2)$	−18	−21	−36	$N(20;4^2)$	$N(30;3^2)$	$N(20;2^2)$
3	$N(300;24^2)$	$N(150;30^2)$	$N(250;35^2)$	−318	−321	−436	$N(20;6^2)$	$N(30;3^2)$	$N(25;3^2)$
Grenze	1	1	1	1	1	1	1	1	1

Tabelle 5-7: Komponenten des Entscheidungsfelds auf Ebene der Zentrale

Zusätzlich verwaltet die Zentrale die einperiodigen Finanzanlagen und Kontokorrentkredite, die sie jeweils als aggregierte Variable für das Gesamtunternehmen führt. In den drei Divisionen verbleiben somit nur noch die Investitionsobjekte I_1, I_3 und I_6, die in Tabelle 5-8 sowohl mit ihren sicheren Zahlungskonsequenzen zum Zeitpunkt t = 0 als auch mit ihren unsicheren Zahlungskonsequenzen, d.h. der Normalverteilung $N(\mu;\sigma^2)$ mit dem entsprechenden Lage- und Streuungsparameter, zu den Zeitpunkten $t \in \{1, 2, 3\}$ abgebildet werden.

	Investitionen		
t	I_1	I_3	I_6
0	–150	–200	–100
1	$N(70;10^2)$	$N(80;15^2)$	$N(50;5^2)$
2	$N(70;12^2)$	$N(80;18^2)$	$N(50;10^2)$
3	$N(70;14^2)$	$N(80;20^2)$	$N(50;15^2)$
Obergrenze	1	1	1

Tabelle 5-8: Auf dezentraler Ebene verbleibende Investitionsobjekte

Schritt 3: **Zentrale Ermittlung der Zinssatz-Bandbreiten**

Im ersten Schritt der simultanen Investitions- und Finanzplanungssimulation auf zentraler Ebene bedarf es zunächst der Simulation sowohl der Ausprägungen aller unsicheren Zahlungsüberschüsse der auf zentraler Ebene befindlichen Investitions- und Finanzierungsobjekte $j \in J := \{I_2, I_4, I_5, A_1, D, A_2, K_0, K_1, K_2, F_0, F_1, F_2\}$ als auch der Ausprägungen aller nicht mehr disponiblen Zahlungsüberschüsse aus den drei Divisionen $\kappa \in \{1, 2, 3\}$ zu den künftigen Zeitpunkten $t \in \{1, 2, 3\}$. Unsicher sind jedoch in den künftigen Zeitpunkten nur die Zahlungsüberschüsse der Investitionsobjekte und die autonomen Zahlungsströme. Für die beiden Anleihen, das Darlehen, die Finanzanlagen und die Kreditaufnahmen entfällt die Simulation, da die Ausprägungen ihrer Höhe nach feststehen.[1] Zur Simulation der unsicheren Ausprägungen müssen zunächst für jeden unsicheren Zahlungsüberschuß $\zeta = 10.000$ stochastisch unabhängige Zufallszahlen, die gleichmäßig zwischen 0 und 1 verteilt sind, generiert werden. Das heißt, es ergibt sich in jedem Simulationsschritt für jeden unsicheren Zahlungsüberschuß eine eigene Zufallszahl. Bestehen stochastische Abhängigkeiten zwischen den unsicheren Zahlungsüberschüssen, muß die Tatsache bei der Gewinnung der Zufallszahlen berücksichtigt werden. Tabelle 5-9 stellt eine Auswahl der ermittelten Zufallszahlen der unsicheren Zahlungsüberschüsse von Investition I_2, I_4 und I_5 sowie der nicht mehr disponiblen Zahlungsströme der einzelnen Dependancen zu den Zeitpunkten $t \in \{1, 2, 3\}$ dar.

[1] Die Berücksichtigung unsicherer Zahlungen aus Finanzgeschäften wäre ebensogut möglich, doch sieht das Beispiel aus Gründen der Komplexitätsreduktion davon ab.

Simulationsschritt	Investition I_2			Investition I_4			Investition I_5		
ι	$Z^{\iota}_{I2,1}$	$Z^{\iota}_{I2,2}$	$Z^{\iota}_{I2,3}$	$Z^{\iota}_{I4,1}$	$Z^{\iota}_{I4,2}$	$Z^{\iota}_{I4,3}$	$Z^{\iota}_{I5,1}$	$Z^{\iota}_{I5,2}$	$Z^{\iota}_{I5,3}$
1	0,6243	0,1054	0,6336	0,3612	0,0536	0,3437	0,9140	0,2220	0,2137
2	0,4622	0,4683	0,0708	0,1267	0,4692	0,9753	0,9829	0,8653	0,6412
3	0,8445	0,5591	0,2451	0,3993	0,0254	0,9279	0,0041	0,1825	0,7484
⋮	⋮	⋮	⋮	⋮	⋮	⋮	⋮	⋮	⋮
9.998	0,6778	0,4984	0,9101	0,3486	0,1379	0,2362	0,6097	0,2673	0,4426
9.999	0,2219	0,4238	0,1112	0,5290	0,3942	0,9835	0,9279	0,5662	0,4065
10.000	0,8006	0,2133	0,8084	0,3159	0,2709	0,0284	0,8266	0,4368	0,5532
Simulationsschritt	$b_{1,t}$			$b_{2,t}$			$b_{3,t}$		
ι	$Z^{\iota}_{b1,1}$	$Z^{\iota}_{b1,2}$	$Z^{\iota}_{b1,3}$	$Z^{\iota}_{b2,1}$	$Z^{\iota}_{b2,2}$	$Z^{\iota}_{b2,3}$	$Z^{\iota}_{b3,1}$	$Z^{\iota}_{b3,2}$	$Z^{\iota}_{b3,3}$
1	0,2056	0,3144	0,0407	0,5663	0,2197	0,7450	0,8652	0,5097	0,9586
2	0,1879	0,4107	0,9703	0,9478	0,1483	0,0519	0,3529	0,2073	0,0438
3	0,1272	0,9061	0,7133	0,5747	0,3174	0,0001	0,4489	0,5222	0,3982
⋮	⋮	⋮	⋮	⋮	⋮	⋮	⋮	⋮	⋮
9.998	0,6279	0,3891	0,7346	0,0621	0,0723	0,4857	0,6812	0,6093	0,4100
9.999	0,2667	0,6333	0,2779	0,2391	0,8330	0,2575	0,1563	0,3607	0,0238
10.000	0,2400	0,0905	0,3182	0,6501	0,7287	0,8002	0,3343	0,2508	0,1156

Tabelle 5-9: Auswahl der generierten Zufallszahlen

Unter Verwendung der jeweils entsprechenden Verteilungsfunktion (Summenfunktion der subjektiv vermuteten Dichtefunktion) müssen die simulierten Zufallszahlen alsdann in die zugehörigen Ausprägungen der unsicheren Zahlungsüberschüsse überführt werden.[1] Eine geschlossene Funktion für die Herleitung der Zahlungsüberschüsse gibt es hierbei nicht, doch stehen Rechenblattfunktionen (wie z.B. in den bekannten handelsüblichen Tabellenkalkulationsprogrammen) zur Verfügung, welche die entsprechenden Quantile der Dichtefunktion bereitstellen. Während für jeden unsicheren künftigen autonomen Zahlungsüberschuß $b_{\kappa t}$ ein Vektor $\mathbf{b}_{\kappa t} := (b^1_{\kappa t}, \ldots, b^{\iota}_{\kappa t}, \ldots, b^{\zeta}_{\kappa t})$ resultiert, welcher die simulierten Ausprägungen einer jeden Division $\kappa \in \{1, 2, 3\}$ zu jedem künftigen Zeitpunkt $t \in \{1, 2, 3\}$ abbildet, entsteht für jeden unsicheren Zahlungsüberschuß g_{jt} ein Vektor $\mathbf{g}_{jt} := (g^1_{jt}, \ldots, g^{\iota}_{jt}, \ldots, g^{\zeta}_{jt})$, welcher die zufällig gezogenen ζ Ausprägungen des künftigen Zahlungsüberschusses von Objekt $j \in J$ im Zeitpunkt $t \in \{1, 2, 3\}$ beschreibt. Tabelle 5-10 veranschaulicht eine Auswahl der Werte.

[1] Vgl. auch z.B. MATSCHKE/HERING/KLINGELHÖFER, Finanzplanung (2002), S. 224.

Simulationsschritt	Investition I_2			Investition I_4			Investition I_5		
ι	$g^{\iota}_{I2,1}$	$g^{\iota}_{I2,2}$	$g^{\iota}_{I2,3}$	$g^{\iota}_{I4,1}$	$g^{\iota}_{I4,2}$	$g^{\iota}_{I4,3}$	$g^{\iota}_{I5,1}$	$g^{\iota}_{I5,2}$	$g^{\iota}_{I5,3}$
1	306,3368	272,4700	308,1935	142,8952	109,7337	137,9317	284,1462	227,0412	222,2266
2	298,1040	298,2505	264,7182	127,1539	148,0674	208,9438	302,9396	283,1359	262,6607
3	320,2591	303,2702	283,4365	144,8962	101,1825	193,7991	183,8632	222,8268	273,4293
⋮	⋮	⋮	⋮	⋮	⋮	⋮	⋮	⋮	⋮
9.998	309,2332	299,9104	332,1996	142,2180	122,7497	128,4442	256,9645	231,3682	244,9452
9.999	284,6875	295,7701	270,7151	151,4532	143,2932	213,9967	286,5079	255,0036	241,7191
10.000	316,8723	282,5110	320,9242	140,4139	134,7449	92,8650	273,5198	245,2309	254,6837
Simulationsschritt	$b_{1,t}$			$b_{2,t}$			$b_{3,t}$		
ι	$b^{\iota}_{1,1}$	$b^{\iota}_{1,2}$	$b^{\iota}_{1,3}$	$b^{\iota}_{2,1}$	$b^{\iota}_{2,2}$	$b^{\iota}_{2,3}$	$b^{\iota}_{3,1}$	$b^{\iota}_{3,2}$	$b^{\iota}_{3,3}$
1	18,3566	18,0667	9,5476	30,5006	27,6802	31,9763	16,1038	20,0486	30,2033
2	18,2286	19,0971	31,3072	34,8713	26,8693	25,1212	14,6226	18,3683	19,8744
3	17,7201	25,2680	23,3779	30,5651	28,5751	19,0493	14,8715	20,1112	24,2263
⋮	⋮	⋮	⋮	⋮	⋮	⋮	⋮	⋮	⋮
9.998	20,6524	18,8731	23,7603	25,3882	25,6236	29,8925	15,4711	20,5548	24,3174
9.999	18,7541	21,3627	16,4662	27,8722	32,8977	28,0464	13,9904	19,2868	19,0561
10.000	18,5877	14,6498	17,1630	31,1570	31,8267	32,5274	14,5720	18,6559	21,4085

Tabelle 5-10: Generierte Ausprägungen der unsicheren Zahlungsüberschüsse

Im zweiten Schritt sind 10.000 lineare Optimierungsansätze zu lösen. Hierbei müssen jeweils die Ausprägungen der unsicheren Zahlungsüberschüsse eines Simulationsschritts ι und die sicheren Zahlungsüberschüsse aus den Anleihen, dem Darlehen, den Finanzanlagen und den Krediten berücksichtigt werden. Wie häufig ein Objekt j bei Gültigkeit der Ausprägungen der Zahlungsüberschüsse im Simulationsschritt ι realisierbar ist, zeigt die jeweils durch eine endliche Konstante x_j^{max} nach oben beschränkbare Entscheidungsvariable x^{ι}_j mit $j \in J := \{I_2, I_4, I_5, A_1, D, A_2, K_0, K_1, K_2, F_0, F_1, F_2\}$ an. Für alle x^{ι}_j mit $x_j^{max} = \infty$ entfällt die entsprechende Obergrenzenrestriktion. Im Beispiel beschreibt G^{ι}_3 die Entnahme zum Planungshorizont t = 3 bei Nutzung der Ausprägung der unsicheren Zahlungsüberschüsse im Simulationsschritt ι. Zudem dürfen die Entscheidungsvariablen x^{ι}_j und die Zielgrößen G^{ι}_3 nur nichtnegative Werte annehmen.[1] Künftige sichere Zahlungsüberschüsse, z.B. aus den beiden Anleihen oder dem Darlehen, sind hingegen in jeden Simulationsschritt ι mit dem gleichen Wert anzusetzen. Der lineare Optimierungsansatz bei Endwertmaximierung für die gegebenen Daten weist dann nachstehende Form auf und ist für jeden Simulationsschritt $\iota \in \{1, 2, ... 10.000\}$ einzeln zu lösen:

[1] Vgl. bereits das Beispiel oben, Unterabschnitt 5.3.2.3.

$$
\begin{aligned}
&\max.\ EW^{\iota};\ EW^{\iota} && := G_3^{\iota} && \\
&-\sum_{j\in J} g_{jt}^{\iota}\cdot x_j^{\iota} && \leq \sum_{\kappa=1}^{3} b_{\kappa,t}^{\iota} && \forall\, t\in\{0,1,2\} \\
&-\sum_{j\in J} g_{j3}^{\iota}\cdot x_j^{\iota} + G_3^{\iota} && \leq \sum_{\kappa=1}^{3} b_{\kappa,3}^{\iota} && \\
& x_j^{\iota} && \leq x_j^{max} && \forall\, j\in J \\
& x_j^{\iota} && \geq 0 && \forall\, j\in J \\
& G_3^{\iota} && \geq 0 &&
\end{aligned}
$$

Unter Anwendung des Simplexalgorithmus der linearen Optimierung resultieren die 10.000 optimalen Lösungsprogramme mit dem jeweils dazugehörigen Endwert, d.h. der zu maximierenden Zielgröße, in Abhängigkeit von der simulierten Datenkonstellation. Für jede Entscheidungsvariable und die Zielgröße entsteht somit – wie in Tabelle 5-11 dargestellt – ein Ergebnisvektor mit den jeweiligen Ausprägungen.

Simulationsschritt ι	I_2^{ι}	I_4^{ι}	I_5^{ι}	A_1^{ι}	A_2^{ι}	D^{ι}	K_0^{ι}
1	1	0	1	1	0	0,6	450
2	1	0,3	1	1	0	1	450
3	1	0	1	1	0	0,6	450
⋮	⋮	⋮	⋮	⋮	⋮	⋮	⋮
9.998	1	0	1	1	0	0,6	450
9.999	1	1	1	1	0,7	1	450
10.000	1	0	1	1	0	0,6	450

Simulationsschritt ι	K_1^{ι}	K_2^{ι}	F_0^{ι}	F_1^{ι}	F_2^{ι}	G_3^{ι}	EW^{ι}
1	0	0	0	138,8439	680,4928	806,0646	806,0646
2	0	0	0	181,9123	842,1492	911,6215	911,6215
3	0	0	0	50,6791	622,6643	766,7168	766,7168
⋮	⋮	⋮	⋮	⋮	⋮	⋮	⋮
9.998	0	0	0	111,1093	682,3949	861,0296	861,0296
9.999	0	0	0	233,0653	948,1327	841,3389	841,3389
10.000	0	0	0	138,1088	707,2885	878,7598	878,7598

Tabelle 5-11: Ausprägungen der Entscheidungsvariablen und der Zielgröße

Ferner ergeben sich die endogenen Grenzzinsfüße unter Zuhilfenahme der Zielfunktionskoeffizienten d_t^{ι} der zu den Liquiditätsbedingungen gehörenden Schlupfvariablen y_t^{ι} gemäß nachstehender Formel für die Daten eines jeden Simulationsschritts ι:[1]

[1] Vgl. oben, Unterabschnitt 4.2.2.1.1.

$$i_t^\iota = \frac{d_{t-1}^\iota}{d_t^\iota} - 1 \qquad \forall\, t \in \{1, 2, 3\}.$$

Eine Auswahl der zu jeder berechneten Optimallösung gehörenden endogenen Grenzzinsfüße i_1^ι, i_2^ι sowie i_3^ι zeigt Tabelle 5-12.

Simulations-schritt ι	i_1^ι	i_2^ι	i_3^ι
1	0,10718821	0,05	0,05
2	0,14422132	0,05	0,05
3	0,10718821	0,05	0,05
⋮	⋮	⋮	⋮
9.998	0,10718821	0,05	0,05
9.999	0,16437642	0,05	0,05
10.000	0,10718821	0,05	0,05

Tabelle 5-12: Ausprägungen der endogenen Grenzzinsfüße

Zur Auswertung der 10.000 gerechneten linearen Optimierungsansätze sind alsdann in einem dritten Schritt die Ergebnisse durch die Generierung von Häufigkeitsverteilungen zusammenzufassen und in ihrer Gesamtheit zu beurteilen. Bei der Analyse sollte im Schwerpunkt eine Betrachtung der nach den Präferenzen des Entscheidungssubjekts zu erstellenden Abbildungen erfolgen; auf diese nicht algorithmisch formalisierte Weise kann das Entscheidungssubjekt seine Erfahrung, Risikobereitschaft und Intuition auf die angenommene Datenlage und die daraus simulierte Ergebnislage anwenden. Statistische Kennzahlen vermögen als die Abbildungen umrahmende Informationsquelle einige zusätzliche Erkenntnisse zu vermitteln, doch sollte man sich vor einer Überinterpretation im Sinne unsicherheitsverdichtender Verfahren hüten: Die ganze Simulation bringt lediglich als Ergebnis wieder das hervor, was an subjektiven Verteilungsannahmen hineingesteckt wurde. Sie ist als „Was wäre wenn?"-Analyse unterschiedlicher möglicher Datenszenarien nur eine Art „Sandkastenspiel", mit dem sich ein besseres Gespür für die Unsicherheit der zu lösenden Entscheidungssituation gewinnen läßt.

Für den Endwert, d.h. die zu maximierende Zielgröße, resultieren folgende Lage- und Streuungsparameter: Während der kleinste berechnete Endwert bei 582,21 liegt, beträgt die höchste Zielgrößenausprägung 1.148,20. Das arithmetische Mittel beläuft sich auf 848,12 und die Standardabweichung auf 70,20. Des weiteren weisen das 20%- und das 80%-Quantil Werte in Höhe von 789,41 sowie 907,90 auf. Das heißt, in 60% der berechneten Optimierungsansätze ergibt sich ein zwischen diesen beiden Eckpunkten liegender Endwert. Ferner wird mit einer Wahrscheinlichkeit von jeweils 80% ein Endwert von 789,41 nicht unterschritten und ein Endwert von 907,90 nicht überschritten. Abbildung 5-28 veranschaulicht die relativen und kumulierten Häufigkeiten des simulierten Endwerts in 30 Klassen.

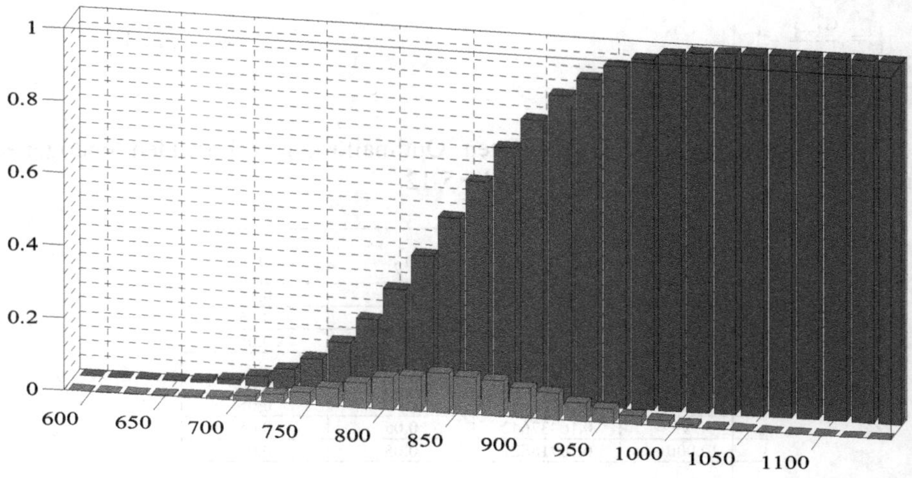

Abbildung 5-28: Relative und kumulierte Häufigkeiten des Endwerts

Während das Investitionsobjekt I_2 in 100% der berechneten Optimierungsansätze bis zur Obergrenze durchgeführt wird, ist die Investition I_5 nur in beinahe 100% der Ansätze vorteilhaft. In ungefähr einem Prozent der Fälle beschreibt sie ein Grenzobjekt, das einen Auslastungsgrad von 44% aufweist. Beide Investitionen stellen somit zu einem Großteil vorteilhafte Objekte dar. Die Investition I_4 ist hingegen in etwa 64% der gelösten Optimierungsansätze unvorteilhaft. Zum nur anteilig realisierten Grenzobjekt mutiert sie in knapp 17% der gerechneten Fälle. Vorteilhaft ist sie demnach nur in etwa 19% der kalkulierten linearen Optimierungsansätze. Abbildung 5-29 präsentiert die relativen Häufigkeiten der Durchführungen der Investitionsobjekte auf zentraler Ebene.

Für die im linearen Optimierungsansatz auf zentraler Ebene vertretenen Finanzierungsobjekte, d.h. die Anleihen A_1 und A_2 sowie das endfällige Darlehen D, stellt sich die Situation wie folgt dar: Die am Bank- und Börsenplatz Zürich emittierbare Anleihe A_1 wird in allen berechneten linearen Optimierungsansätzen bis zur maximalen Obergrenze ausgeführt. Während die Anleihe A_2 nie vollständig genutzt wird, erreicht das endfällige Darlehen der österreichischen Sparkasse noch in etwa 37% einen maximalen Ausführungsgrad. In den restlichen ca. 63% beschreibt es hingegen ein Grenzobjekt. Die Anleihe A_2 wird nur in knapp 19% der gelösten Optimierungsansätze als Grenzobjekt gebraucht. In den restlichen etwa 81% ist sie unvorteilhaft. Die relativen Häufigkeiten der Durchführungen der drei Finanzierungsobjekte zeigt Abbildung 5-30.

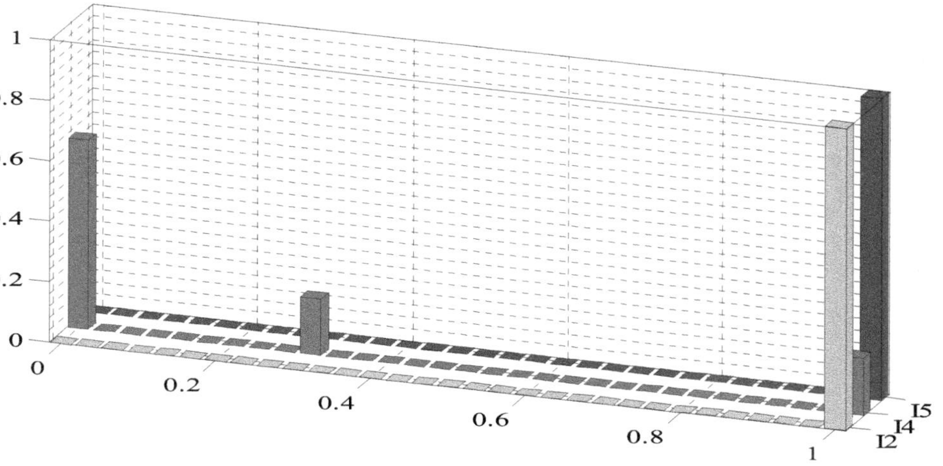

Abbildung 5-29: Relative Häufigkeiten der Investitionsobjekte auf Zentralebene

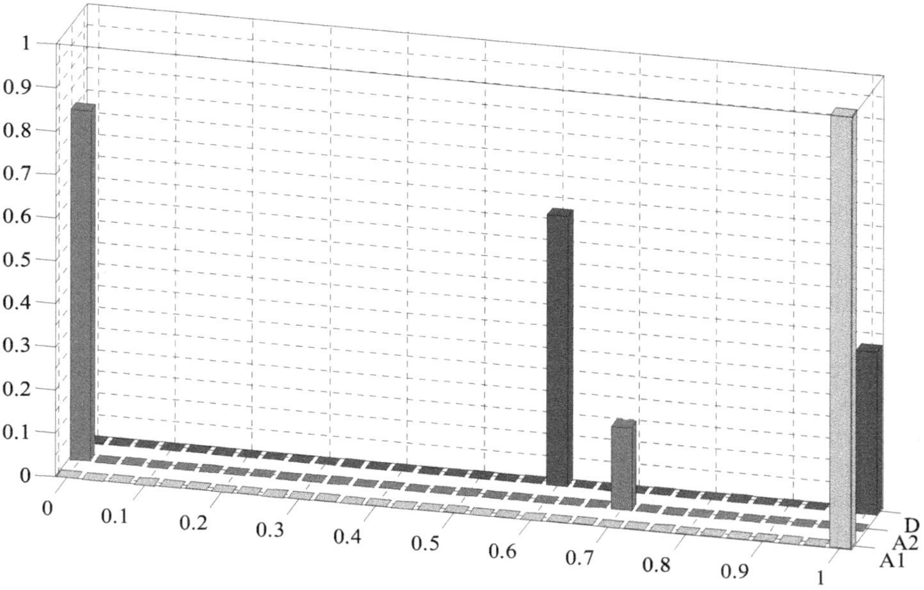

Abbildung 5-30: Relative Häufigkeiten der Finanzierungsobjekte auf Zentralebene

Die Kreditaufnahme zu t = 0 stößt beinahe in jedem simultanen Lösungsansatz an die maximale Obergrenze. Zu den Zeitpunkten t = 1 und t = 2 erfolgen keine Kreditaufnahmen, wie Abbildung 5-31 veranschaulicht.

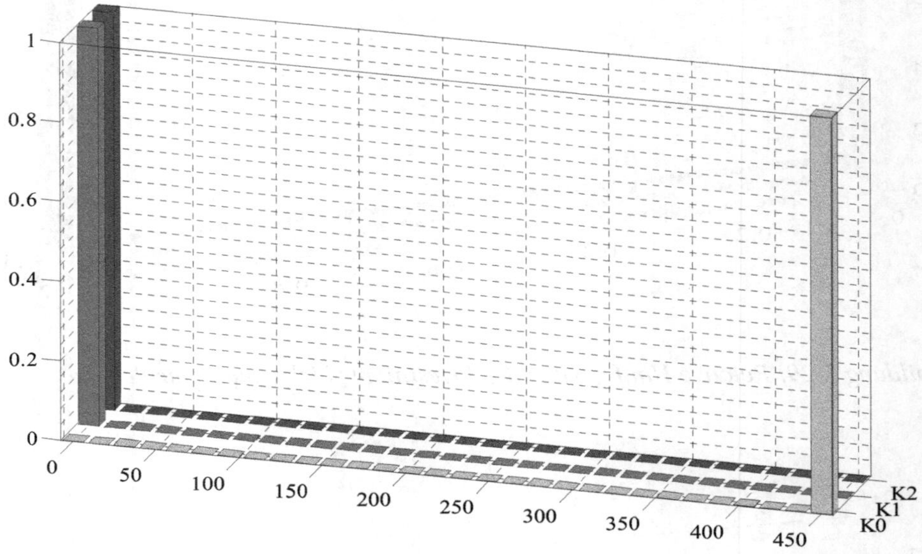

Abbildung 5-31: Relative Häufigkeiten der Kreditaufnahmen auf Zentralebene

Entgegengesetzt zu den Kreditaufnahmen stellt sich die Situation der Finanzanlagen dar. Zu t = 0 sind sie niemals Bestandteil eines optimalen Investitions- und Finanzierungsprogramms. In der zweiten und dritten Periode beschreiben sie jedoch zumeist durchzuführende Objekte, wie Abbildung 5-32 zeigt.

Bei Betrachtung der einperiodigen Objekte ist festzuhalten, daß die Finanzanlagen in t = 1 und t = 2 wohl zu 100% die Grenzobjekte der zweiten und dritten Periode bilden, deren interne Zinsfüße dann die endogenen Grenzzinsfüße festlegen: $i_2 = i_3 =$ 5%. Für die erste Periode ist hingegen keine eindeutige Aussage bezüglich der Grenzverwendung des Geldes möglich. Der endogene Grenzzinsfuß resultiert je nach simulierter Datenkonstellation aus der Initialverzinsung eines nur teilweise durchgeführten mehrperiodigen Investitions- oder Finanzierungsobjekts: Als Grenzobjekte kommt die Investition I_4 in ca. 17%, die Investition I_5 in knapp 1%, die Anleihe A_2 in etwa 19% und das endfällige Darlehen D in ungefähr 63% der berechneten Optimallösungen zum Einsatz.

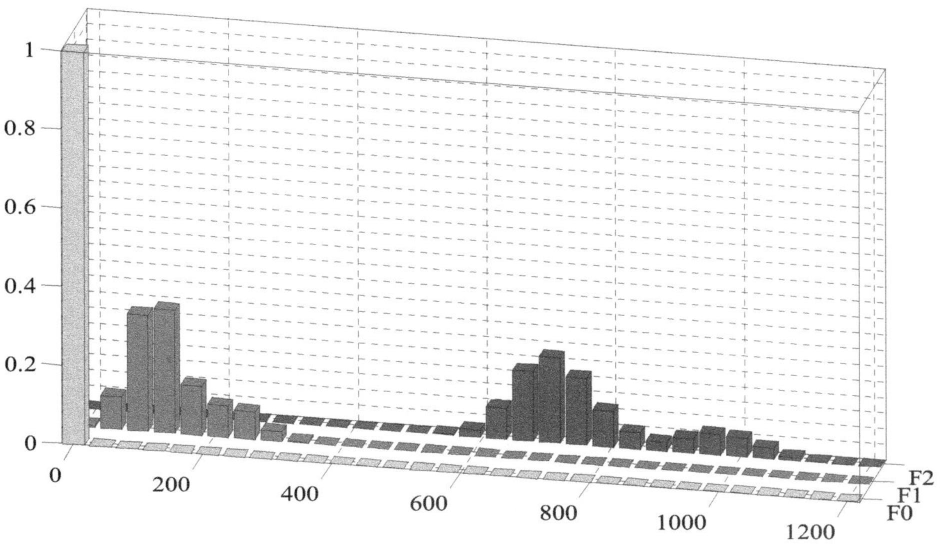

Abbildung 5-32: Relative Häufigkeiten der Finanzanlagen auf Zentralebene

Aufgrund der Prämisse, daß im Beispiel die künftigen Zahlungsüberschüsse der Anleihe A_2 und des Darlehens D feststehen sowie die endogenen Grenzzinsfüße der zweiten und dritten Periode wohl stets 5% p.a. betragen, ergeben sich für die Initialverzinsung der Anleihe A_2 und des Darlehens D jeweils Werte in folgender Höhe:[1]

$$V_{A2} = \frac{36 + \frac{36}{1{,}05} + \frac{436}{1{,}05 \cdot 1{,}05}}{400} - 1 = 16{,}4376\%,$$

$$V_D = \frac{21 + \frac{21}{1{,}05} + \frac{321}{1{,}05 \cdot 1{,}05}}{300} - 1 = 10{,}7188\%.$$

Beschreibt die Anleihe A_2 das Grenzobjekt, beträgt der endogene Grenzzinsfuß des ersten Jahres 16,4376%; diese Konstellation ergibt sich in mindestens 19% der Fälle. Wird hingegen das Darlehen zum Grenzobjekt, weist der Lenkpreis i_1 eine Höhe von 10,7188% auf; das Szenario tritt in der Simulation zu 63% ein. Für den Fall, daß der Grenzzinssatz entweder – wie in ca. 17% der ermittelten Fälle – aus der Initialverzinsung der Investition I_4 oder – wie in knapp 1% der Berechnungen – aus der Initialverzinsung der Investition I_5 resultiert, sei aufgrund der unsicheren Zahlungsüberschüsse

[1] Vgl. zur Initialverzinsung oben, Unterabschnitt 3.3.2.1 und Satz 31.

der beiden Investitionsobjekte auf die relativen Häufigkeiten der endogenen Grenzzinsfüße in Abbildung 5-33 verwiesen, die auch die kumulierte Häufigkeitsverteilung des endogenen Grenzzinsfußes der ersten Periode (i_1) abbildet.

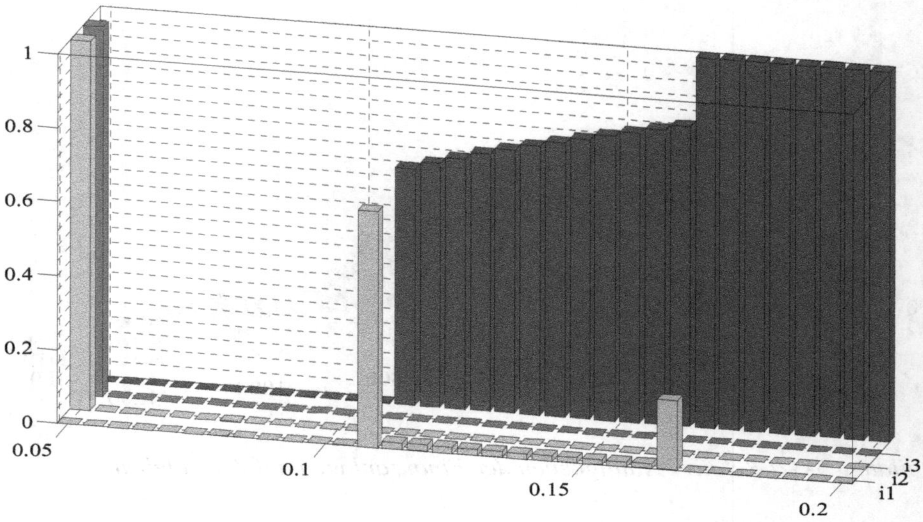

Abbildung 5-33: (Relative) Häufigkeiten der endogenen Grenzzinsfüße

Das Investitions- und Finanzierungsprogramm müßte nach Interpretation der bestehenden Ergebnislage auf zentraler Ebene, insoweit die Finanzplaner in Berlin den strategischen Leitgedanken des Patriarchen berücksichtigen, folgende Komponenten umfassen: Die Investitionen I_2 und I_5, die Finanzierung A_1 sowie die Kreditaufnahme zu $t = 0$ waren in über 80% der kalkulierten Ansätze vorteilhaft und sollten demnach bis zur Obergrenze ausgeführt werden. Im Planungszeitraum resultiert somit folgende Liquiditätssituation: Aufgrund der beiden voll in Anspruch zu nehmenden Investitionen entsteht ein sofortiger Liquiditätsbedarf in Höhe von 1.000. Zur Finanzierung stehen zunächst 450 aus der Kreditlinie K_0, 300 aus der Anleihe A_1 und ein positiver autonomer Zahlungsüberschuß in Höhe von 70 zur Verfügung, so daß zu $t = 0$ insgesamt Mittel in Höhe von 820 vorliegen. Es verbleibt eine Lücke von 180. Zur Dekkung des Engpasses dient das Darlehen D, welches einen Ausführungsgrad von 60% (180/300) aufweisen muß. Die beschriebene Konstellation ergibt sich in 63% der gerechneten Fälle. Das finanzielle Gleichgewicht wäre auf diese Weise für das *konservative Standardprogramm* in der kommenden Periode sichergestellt. Damit die Divisionen Vorteilhaftigkeitsentscheidungen für die bei ihnen verbliebenen Investitions- und Finanzierungsobjekte treffen können, sind ihnen die Verteilungen der endogenen Grenzzinsfüße durch die Zentrale in Berlin mitzuteilen.

Die Abbildungen 5-29 bis 5-33 beinhalten außer dem „konservativen Standardprogramm" noch weitere mögliche Ausgestaltungsformen des optimalen Investitions- und Finanzierungsprogramms, die in den verbleibenden 37% der kalkulierten Optimierungsansätze auftreten. Darunter können auch mit bloßem Auge nicht erkennbare, nur in sehr seltenen Fällen optimale Handhabungsvarianten existieren. Es entspricht einem pragmatischen heuristischen Standpunkt unter Unsicherheit, derlei sonderbare Investitions- und Finanzierungskombinationen aus der weiteren Betrachtung auszuschließen und nur noch auf drei Varianten weiter einzugehen.

Variante 1. In 17% der Berechnungen ergibt sich die Konstellation, daß das Darlehen vollständig in Anspruch genommen wird. Im konservativen Standardprogramm nur zu 60% ausgeschöpft (180/300), stehen bei voller Durchführung von D zusätzlich Mittel in Höhe von 120 zur Verfügung, die in die Finanzierung eines Anteils der Investition I_4 (120/400) fließen. Dieser Fall stellt sich stets ein, wenn die künftigen Zahlungsüberschüsse der Investition I_4 sehr hohe Ausprägungen aufweisen. Das heißt, die unsicheren Zahlungsüberschüsse müssen in ihrer Gesamtheit eine Initialverzinsung generieren, welche 10,7188% (Initialverzinsung des Darlehens) übersteigt. Erscheint das Objekt I_4 womöglich auch aus zuvor nicht berücksichtigten anderen Argumenten zumindest teilweise attraktiv, kann eine Ergänzung des konservativen Standardprogramms um die entsprechenden Komponenten von I_4 und D in Betracht gezogen werden.

Variante 2. Eine weitere Ausgestaltungsform, die aus 19% der gerechneten Optimierungsansätze resultiert, umfaßt neben dem konservativen Standardprogramm sowohl die vollständige Durchführung des Darlehens D sowie der Investition I_4 als auch die anteilige Nutzung (0,7/1) der Anleihe A_2. Der zusätzliche Kapitalbedarf aufgrund der vollständigen Ausführung der Investition I_4 in Höhe von 400 wird durch Teile des Darlehens (120/400) und die Teilemission der Anleihe A_2 (280/400) vollzogen. Die Anleihe A_2 bildet somit das Grenzobjekt. In diesem Fall liegt ein endogener Grenzzinsfuß in der ersten Periode in Höhe von 16,4376% (Initialverzinsung der Anleihe) vor. Die künftigen unsicheren Zahlungsüberschüsse der Investition I_4 müssen demnach so hoch ausfallen, daß ihre Initialverzinsung den endogenen Grenzzinsfuß der ersten Periode überschreitet. Die Wahl der Variante 2 setzt somit einen noch „stärkeren Glauben" an den Eintritt sehr hoher Zahlungsüberschüsse aus der Investition I_4 voraus, könnte aber, falls genügend zusätzliche, auch qualitative Argumente für sie sprechen, optimal sein.

Variante 3. Eine letzte in den Abbildungen erkennbare Ausgestaltungsform, die allerdings nur in 1% der gelösten Optimierungsansätze zur Durchführung gelangt, ergibt sich abweichend von der Variante 2, indem die bisher voll ausgeführte Investition I_5 nur noch teilweise, nämlich zu 44% (220/500), genutzt wird. Zur vollständigen Finanzierung der Investition I_4 bedarf es somit nicht mehr der Anleihe A_2, da die zuvor benötigten Mittel in Höhe von 280 nun durch die Reduzierung der Investition

I_5 bereitstehen. Der Fall tritt stets dann ein, wenn die Initialverzinsung der Investition I_4 erstens oberhalb der Initialverzinsung des Darlehens (10,7188%) liegt und zweitens die Initialverzinsung der Investition I_5 aufgrund geringer simulierter zukünftiger Zahlungsüberschüsse einen niedrigeren Wert als die der Investition I_4 aufweist.

Schritt 4: **Dezentrale Investitionsrechnung mit Kapitalwerten**

Mit Hilfe der Kapitalwertmethode kann nun auf Basis der übermittelten Zins-Bandbreiten die Vorteilhaftigkeit der auf Divisionsebene verbliebenen drei Investitionsobjekte $h \in H := \{I_1, I_3, I_6\}$ überprüft werden. Hierzu bedarf es zunächst der Simulation der künftigen unsicheren Zahlungsüberschüsse. Zu beachten ist jedoch, daß ggf. bestehende stochastische Abhängigkeiten zwischen den Objekten (auch zu denen auf zentraler Ebene) zu berücksichtigen sind, um ein aussagekräftiges Resultat zu erhalten. Tabelle 5-13 stellt eine Auswahl der ermittelten Zahlungsüberschüsse der Investitionen I_1, I_3 und I_6 zu den Zeitpunkten $t \in \{1, 2, 3\}$ dar.

Simulationsschritt	Investition I_1			Investition I_3			Investition I_6		
ι	$g^{\iota}_{I1,1}$	$g^{\iota}_{I1,2}$	$g^{\iota}_{I1,3}$	$g^{\iota}_{I3,1}$	$g^{\iota}_{I3,2}$	$g^{\iota}_{I3,3}$	$g^{\iota}_{I6,1}$	$g^{\iota}_{I6,2}$	$g^{\iota}_{I6,3}$
1	82,9148	54,0469	48,1056	92,8479	100,9979	70,7138	47,1232	57,7237	65,7426
2	53,8532	56,1474	80,6408	78,0051	73,7330	101,8496	44,8630	47,7849	57,1851
3	52,4638	76,4877	49,9474	75,9752	67,3033	25,7594	42,5272	42,9717	36,5903
⋮	⋮	⋮	⋮	⋮	⋮	⋮	⋮	⋮	⋮
9.998	76,2304	60,2275	56,3220	83,9457	86,2709	67,3330	55,5009	40,3095	54,3068
9.999	82,1902	52,3110	72,7958	79,8672	79,8479	79,1890	48,2875	45,0193	44,5078
10.000	96,0048	67,0029	77,9809	72,2247	80,2416	69,9966	52,5094	50,8556	70,4266

Tabelle 5-13: Generierte Ausprägungen der unsicheren Zahlungsüberschüsse

Unter Nutzung der generierten Zahlungsstromausprägungen sowie der zugehörigen, hier schon auf zentraler Ebene ermittelten[1] endogenen Grenzzinsfüße eines Simulationsschritts ι berechnen sich die verschiedenen Kapitalwertausprägungen. Für die Ergebnisse eines Simulationsschritt $\iota \in \{1, 2, ..., 10.000\}$ gilt allgemein:

$$C^{\iota}_{h} := \sum_{t=0}^{3} g^{\iota}_{ht} \cdot \prod_{\tau=1}^{t} (1 + i^{\iota}_{\tau})^{-1} \qquad \forall\, h \in H.$$

[1] In diesem Zahlenbeispiel werden der Einfachheit halber die zentral ermittelten Werte übernommen. Wollte man das Verfahren in der Praxis anwenden, wäre es erforderlich, die endogenen Grenzzinsfüße jeweils dezentral neu zu generieren, und zwar als Zufallszahlen unter Berücksichtigung der zentral ermittelten Vorgaben hinsichtlich ihrer jeweiligen Bandbreite und grob erkennbaren Verteilung.

Bei Verwendung der Resultate des ersten Simulationsschritts (Tabelle 5-12) ergeben sich folgende Kapitalwerte:

$$C_{I1}^{1} = -150 + \frac{82,9148}{1,1072} + \frac{54,0469}{1,1072 \cdot 1,05} + \frac{48,1056}{1,1072 \cdot 1,05 \cdot 1,05} = 10,79,$$

$$C_{I3}^{1} = -200 + \frac{92,8479}{1,1072} + \frac{100,9979}{1,1072 \cdot 1,05} + \frac{70,7138}{1,1072 \cdot 1,05 \cdot 1,05} = 28,67,$$

$$C_{I6}^{1} = -100 + \frac{47,1232}{1,1072} + \frac{57,7237}{1,1072 \cdot 1,05} + \frac{65,7426}{1,1072 \cdot 1,05 \cdot 1,05} = 46,07.$$

Um zu einer abschließenden Betrachtung auf Divisionsebene zu gelangen, können jeweils alle für eine Investition berechneten Kapitalwertausprägungen in einer Verteilung zusammengefaßt und die entsprechenden subjektiv gewünschten Verteilungsparameter generiert werden. Die relativen und kumulierten Häufigkeiten sowie das Risikoprofil der Kapitalwertausprägungen der Investition I_1 präsentiert Abbildung 5-34.

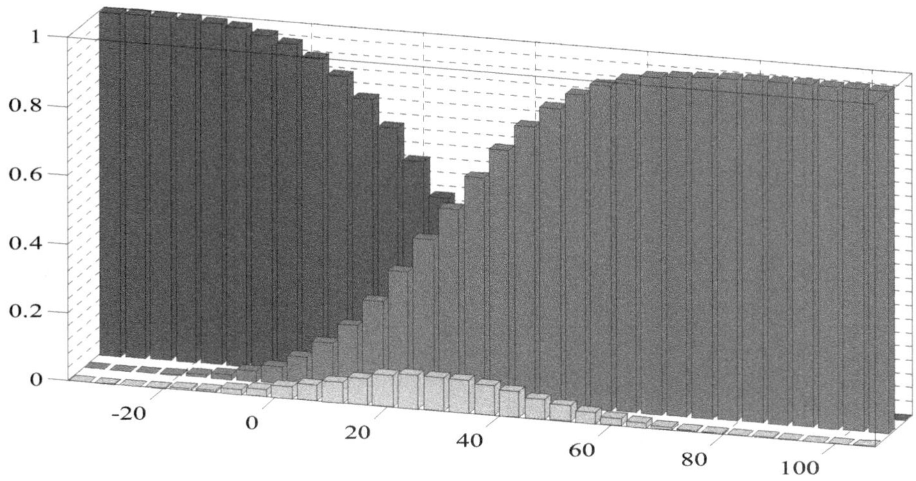

Abbildung 5-34: Kapitalwertsimulation von I_1

Das arithmetische Mittel beträgt 28,21 und die Standardabweichung 17,98. Während das Maximum bei 102,64 liegt, beträgt das simulierte Kapitalwertminimum –35,19. Die 10%-, 20%-, 40%-, 60%-, 80%- und 90%-Quantile nehmen Werte in Höhe von 5,19, 13,10, 23,44, 32,68, 43,39 und 51,48 an. Aufgrund der Daten bleibt somit festzuhalten, daß die Investition in über 90% der durchgeführten Berechnungen einen positiven Kapitalwert besitzt. Die Investition sollte somit – natürlich nur, sofern keine qualitativen Überlegungen dagegen sprechen – ausgeführt werden. Die Konstantinopel-Bagdad GmbH hat demnach die sicheren und simulierten Zahlungsüberschüsse der Investition $g^{\iota}_{I1,t}$ zu den Zeitpunkten $t \in \{0, 1, 2, 3\}$ ihren bisherigen nicht mehr disponiblen Zahlungen $b^{\iota}_{1,t}$ in den entsprechenden Zeitpunkten zuzuschlagen. Das Resultat ist ein Vektor $\mathbf{b}^{mod}_{1,t} := (b^{mod\,1}_{1,t}, \ldots, b^{mod\,\iota}_{1,t}, \ldots, b^{mod\,\zeta}_{1,t})^T$, der die verschiedenen Ausprägungen der modifizierten autonomen Zahlungsüberschüsse zu den Zeitpunkten $t \in \{0, 1, 2, 3\}$ beschreibt:

$$\mathbf{b}^{mod}_{1,t} = \begin{pmatrix} b^{mod\,1}_{1,t} \\ \vdots \\ b^{mod\,\zeta}_{1,t} \end{pmatrix} = \begin{pmatrix} b^{1}_{1,t} \\ \vdots \\ b^{\zeta}_{1,t} \end{pmatrix} + \begin{pmatrix} g^{1}_{I1,t} \\ \vdots \\ g^{\zeta}_{I1,t} \end{pmatrix} \qquad \forall\, t \in \{0, 1, 2, 3\}.$$

Beispielhaft sei folgend die Ermittlung einer Auswahl von simulierten Ausprägungen der modifizierten nicht mehr disponiblen Zahlungsüberschüsse der ersten Division zu den Zeitpunkten $t \in \{1, 2, 3\}$ aufgezeigt. Der sichere Zahlungsüberschuß beträgt hingegen: $b^{mod}_{1,0} = b_{1,0} + g_{I1,0} = 20 - 150 = -130$.

Simulationsschritt	t = 1			t = 2			t = 3		
ι	$g^{\iota}_{I1,1}$ +	$b^{\iota}_{1,1}$ =	$b^{mod\,\iota}_{1,1}$	$g^{\iota}_{I1,2}$ +	$b^{\iota}_{1,2}$ =	$b^{mod\,\iota}_{1,2}$	$g^{\iota}_{I1,3}$ +	$b^{\iota}_{1,3}$ =	$b^{mod\,\iota}_{1,3}$
1	82,9148	18,3566	101,271	54,0469	18,0667	72,1136	48,1056	9,5476	57,6532
2	53,8532	18,2286	72,0818	56,1474	19,0971	75,2445	80,6408	31,3072	111,948
3	52,4638	17,7201	70,1839	76,4877	25,2680	101,756	49,9474	23,3779	73,3253
⋮	⋮	⋮	⋮	⋮	⋮	⋮	⋮	⋮	⋮
9.998	76,2304	20,6524	96,8828	60,2275	18,8731	79,1006	56,3220	23,7603	80,0823
9.999	82,1902	18,7541	100,944	52,3110	21,3627	73,6737	72,7958	16,4662	89,262
10.000	96,0048	18,5877	114,593	67,0029	14,6498	81,6527	77,9809	17,1630	95,1439

Tabelle 5-14: Unsichere autonome Zahlungsüberschüsse der ersten Division

Die ζ modifizierten autonomen Zahlungsüberschüsse $b^{mod\,\iota}_{1,t}$ (oder alternativ einfach nur aggregierte Angaben zu ihrer Bandbreite und ungefähren Verteilung) zu den Zeitpunkten $t \in \{0, 1, 2, 3\}$ können anschließend für die erneute Berechnung des Totalmodells an die Zentrale in Berlin versendet werden, die auf Basis der Erweiterungen ihren bestehenden linearen Optimierungsansatz anpassen muß.

Abbildung 5-35 veranschaulicht analog das Schmetterlingsprofil der Kapitalwertausprägungen für die Wiener Investition I_3: Während sich der Mittelwert auf 4,12 beläuft, beträgt die Standardabweichung 26,09. Der kleinste Wert liegt bei –90,56 und der höchste bei 109,89. Aufgrund des strategischen Leitgedankens entscheidet sich die Kakania AG gegen die Durchführung der Investition, da sie in mehr als 43% der simulierten Fälle nachteilig ist.

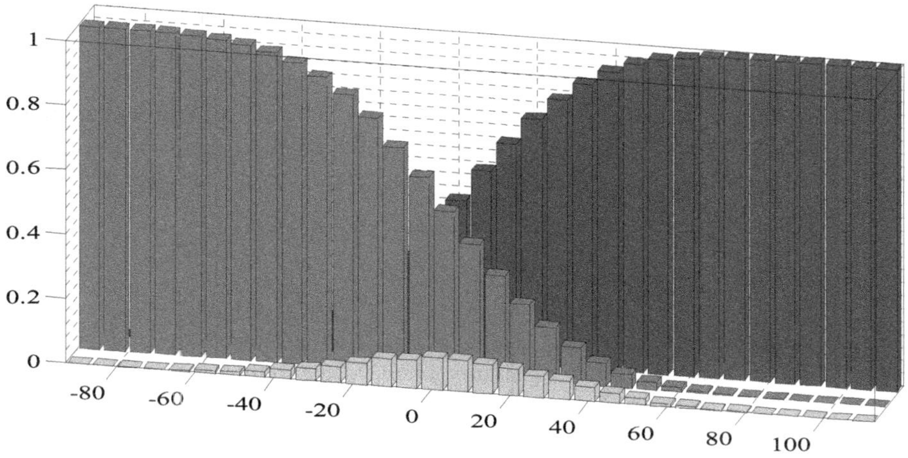

Abbildung 5-35: Kapitalwertsimulation von I_3

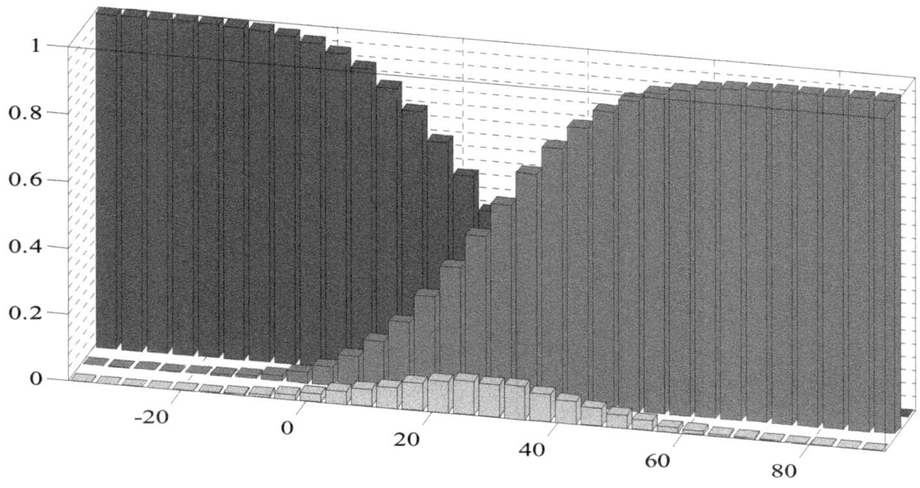

Abbildung 5-36: Kapitalwertsimulation von I_6

In Vaduz ergibt sich, wie Abbildung 5-36 veranschaulicht, für die berechneten Kapitalwerte der Investition I_6 folgende Lage: Der Mittelwert liegt bei 27,51 und der Median bei 27,44. Das Minimum beträgt –36,95, das Maximum 89,05. Die Standardabweichung beläuft sich auf 15,88, und die 10%-, 20%-, 40%-, 60%-, 80%- sowie 90%-Quantile nehmen Werte in Höhe von 7,11, 14,24, 23,37, 31,46, 40,76 und 47,99 an.

Ebenso wie Investition I_1 besitzt Investition I_6 in über 90% der Berechnungen einen positiven Kapitalwert; die Bulgaria AG meldet folglich ihre um die Zahlungskonsequenzen von Investition I_6 erweiterten nicht mehr disponiblen Zahlungsüberschußschätzungen nach Berlin.

Schritt 5: **Rückkopplung oder Abbruch**

Die Berliner Zentrale der Germania AG hat nun zunächst die von den drei Divisionen modifizierten nicht mehr disponiblen Zahlungsüberschüsse in ihren linearen Optimierungsansatz zu integrieren. Aufgrund der dezentral vorteilhaft beurteilten Investitionsobjekte I_1 und I_6 ergeben sich nun veränderte rechte Seiten: Bestand bspw. vor der Rückmeldung der Divisionen in t = 0 insgesamt ein autonomer Zahlungsüberschuß in Höhe von 20 + 30 + 20 = 70, weist er nun abzüglich der Anfangsauszahlungen der beiden Investitionen I_1 und I_6 eine Höhe von –180 auf. Die unsicheren zukünftigen Zahlungen sind ebenfalls entsprechend verändert.

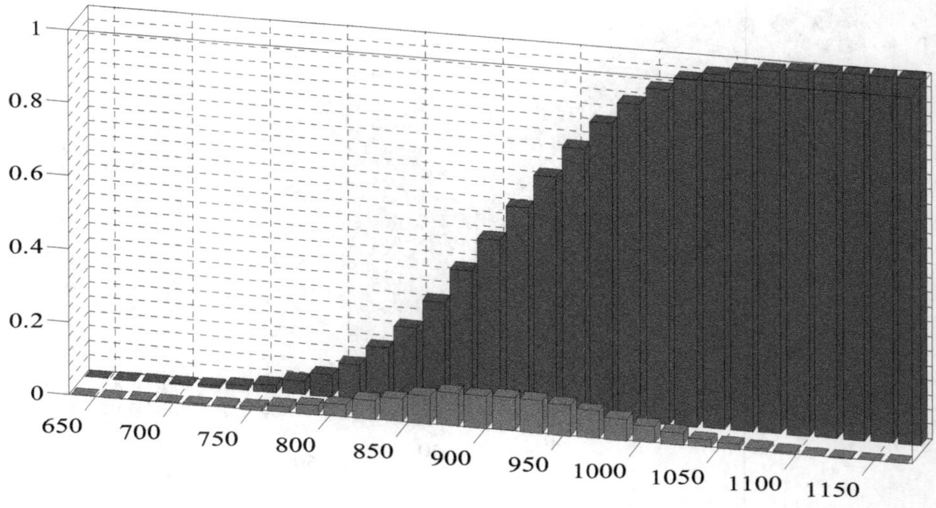

Abbildung 5-37: Relative und kumulierte Häufigkeiten des Endwerts in Iteration 2

Es bedarf also der erneuten Lösung der durch die Rückkopplung in den rechten Seiten aktualisierten 10.000 linearen Optimierungsansätze, deren Ergebnisse wiederum wie in Schritt 3 mit Hilfe von Häufigkeitsverteilungen sowie statistischen Lage- und Streuungsmaßen zu interpretieren sind. Zunächst seien die Ergebnisse dieses zweiten Iterationsschritts auf Ebene der Berliner Zentrale betrachtet: Die resultierenden relativen und kumulierten Häufigkeiten für die zu maximierende Zielgröße „Endwert" präsentiert Abbildung 5-37.

Im Vergleich zum ersten Iterationsschritt (Abbildung 5-28) „verschiebt" sich die gesamte Verteilung um einen Betrag von etwa 50 nach rechts. Das heißt, durch die Berücksichtigung der beiden meistens vorteilhaften dezentral beurteilten Investitionsobjekte erfolgt tendenziell eine Steigerung des Endwerts. Tabelle 5-15 stellt die simulativ begründeten Verteilungsparameter des Endwerts beider Iterationen (Abbildungen 5-28 und 5-37) einander gegenüber.

Verteilungsparameter des Endwerts	Iteration 1	Iteration 2
Mittelwert	848,12	909,49
Standardabweichung	70,20	74,33
Minimum	582,21	632,46
Maximum	1.148,20	1.1735,00
20%-Quantil	789,41	847,21
80%-Quantil	907,90	972,59

Tabelle 5-15: Gegenüberstellung der Verteilungsparameter des Endwerts

Für die auf zentraler Ebene zu beurteilenden Investitionsobjekte resultiert folgende Datensituation: Während sich für die Investition I_2 keinerlei Veränderung im Vergleich zum ersten Iterationsschritt ergibt, d.h., das Objekt ist wiederum in 100% der gelösten linearen Optimierungsansätze vorteilhaft, resultiert für die Investition I_4 ein Wandel. War sie zuvor in etwa 64% der optimalen Lösungen unvorteilhaft und in etwa zu gleichen Teilen der verbleibenden ca. 36% entweder ein Grenzobjekt oder vorteilhaft (vgl. oben, Abbildung 5-29), erweist sie sich nun in ca. 82% der gelösten Optimierungsansätze als unvorteilhaft. Zu ca. 17% ist sie ein Grenzobjekt, und nur noch in etwa 1% der gelösten LO-Ansätze bleibt sie vorteilhaft. Investition I_5 wird hingegen fast wie zuvor in nunmehr 98% der Berechnungen bis zur maximalen Obergrenze ausgeführt. Nur in einem sehr geringen Anteil der Simulationen (ca. 2%) stellt sie lediglich ein Grenzobjekt dar. Die relativen Häufigkeiten der Durchführungen der Investitionsobjekte im zweiten Iterationsschritt veranschaulicht Abbildung 5-38.

Betrachtet seien als nächstes die Finanzierungsobjekte, die in Berlin zur Disposition stehen: Die Anleihe A_1 ist wiederum stets vorteilhaft. Während das endfällige Darlehen D zuvor nur in etwa 37% der linearen Optimierungsansätze voll ausgeschöpft wurde und zu den verbleibenden ca. 63% ein Grenzobjekt war (vgl. oben, Abbildung 5-30), ist es nun durchweg vorteilhaft. Die Anleihe A_2 gibt hingegen durch die modifizierten autonomen Zahlungsüberschüsse ihre Stellung als meistens unvorteilhaftes Objekt auf. Während sie nur noch in ca. 1% der getätigten Berechnungen unvorteilhaft ist, stellt sie nun in etwa 81% der Simulationen das Grenzobjekt dar. Vollständig ausgeführt wird sie nun immerhin in 18% der gerechneten Fälle. Abbildung 5-39 zeigt die zugehörige Auswertungsgraphik.

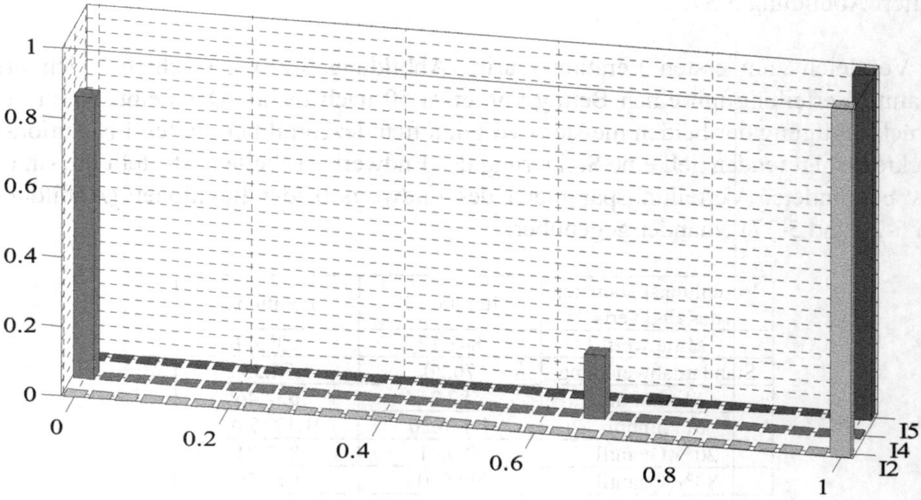

Abbildung 5-38: Relative Häufigkeiten der zentralen Investitionsobjekte in Iteration 2

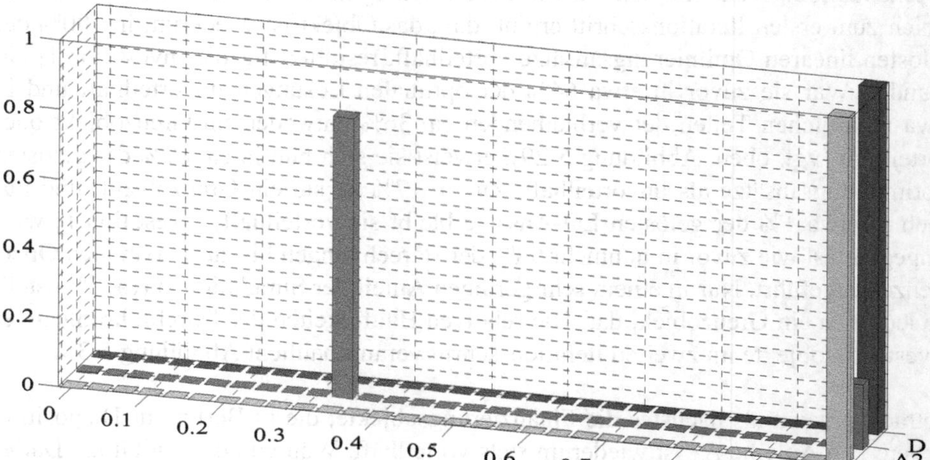

Abbildung 5-39: Relative Häufigkeiten der zentralen Finanzobjekte in Iteration 2

Keinerlei Veränderung im Vergleich zum ersten Iterationsschritt zeigen die in Abbildung 5-40 dargestellten relativen Häufigkeiten der Durchführungen der kurzfristigen Kreditaufnahmen zu den Zeitpunkten t = 0, 1 und 2 auf. Abbildung 5-31 wird einfach reproduziert.

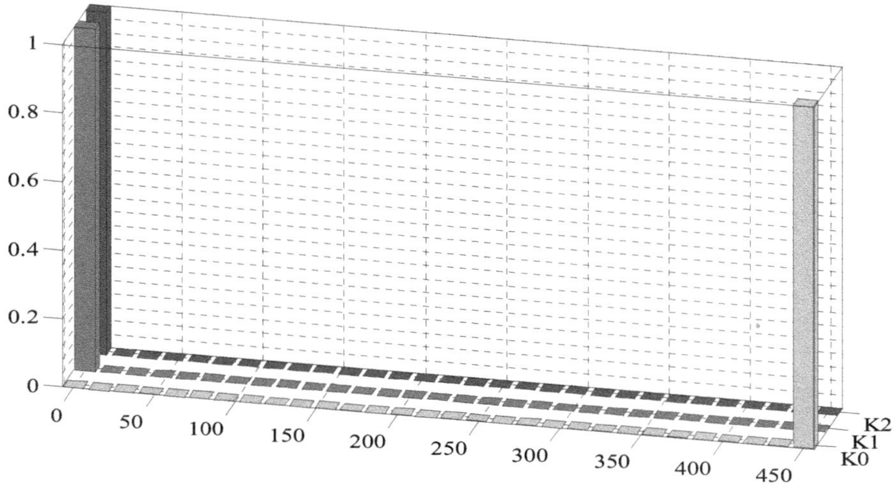

Abbildung 5-40: Relative Häufigkeiten der zentralen Kreditaufnahmen in Iteration 2

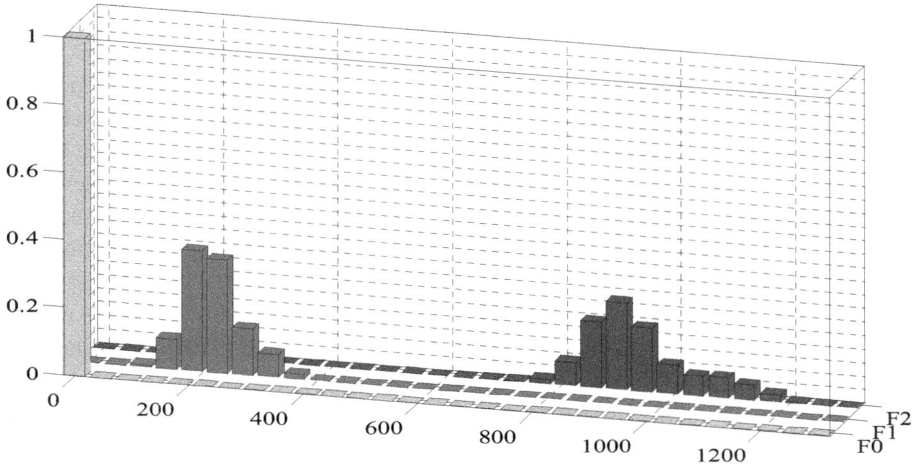

Abbildung 5-41: Relative Häufigkeiten der zentralen Finanzanlagen in Iteration 2

Für die kurzfristigen Finanzanlagen zu t = 0, 1 und 2 ergibt sich hingegen eine Abweichung vom ersten Iterationsschritt: Während sich die Finanzanlage zu t = 1 noch zuvor rings um einen Betrag von 100 konzentrierte (vgl. oben, Abbildung 5-32), besteht nun eine Zusammenballung der Ausprägungen um einen Wert von ca. 200. Die Konzentration der Finanzanlagen zu t = 2 verschiebt sich sogar um einen Betrag von etwa 200 nach rechts. Die beiden Veränderungen veranschaulicht ein Vergleich von Abbildung 5-41 mit Abbildung 5-32.

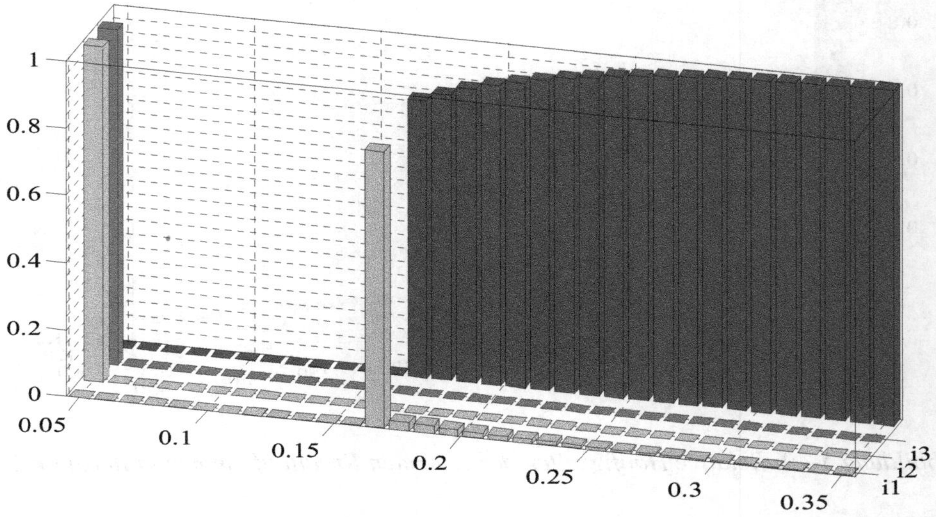

Abbildung 5-42: (Relative) Häufigkeiten der endogenen Grenzzinsfüße in Iteration 2

Wie die vorherige Betrachtung der einperiodigen Finanzanlagen zu t = 1 und t = 2 bereits vermuten läßt, beschreiben sie in 100% der gelösten Optimierungsansätze die Grenzobjekte der entsprechenden Periode: i_2 = 5% und i_3 = 5%. Es tritt somit keinerlei Änderung im Vergleich zum vorherigen Iterationsschritt 1 ein. Auch für den endogenen Grenzzinsfuß der ersten Periode gilt wiederum, daß er sich aus der Initialverzinsung eines der anteilig durchgeführten mehrperiodigen Grenzobjekte ergibt: Hierfür stehen das Investitionsobjekt I_5 in ca. 2%, die Investition I_4 in etwa 17% und die Anleihe A_2 in ca. 81% der berechneten linearen Optimierungsansätze zur Auswahl. Da die künftigen Zahlungsüberschüsse der Anleihe A_2 annahmegemäß sicher sind und die endogenen Grenzzinsfüße der zweiten und dritten Periode im Simulationsergebnis stets 5% p.a. betragen, ergibt sich für die Initialverzinsung der Anleihe der schon oben errechnete Wert von 16,4376%, welcher somit in ca. 81% der kalkulierten Ansätze den endogenen Grenzzinsfuß der ersten Periode darstellt. Für den Fall, daß die beiden anderen Objekte den Grenzzins determinieren, kann aufgrund der unsicheren künftigen Zahlungsüberschüsse der beiden Investitionen analog zu Abbildung 5-33 nur auf Abbildung 5-42 verwiesen werden, die zusätzlich zu den relativen Häufigkeiten aller endogenen Grenzzinsfüße noch die kumulierten Häufigkeiten des ersten endogenen Grenzzinses wiedergibt.

Im Vergleich zu den Simulationsergebnissen der ersten Iteration (Abbildung 5-33) ist ein deutlicher Anstieg des endogenen Grenzzinsfußes der ersten Periode festzustellen; im zweiten Iterationsschritt liegt i_1 zu über vier Fünfteln bei 16,4376% oder noch darüber. Diese Änderung der Kalkulationsgrundlagen für die heuristische dezentrale Lenkpreissteuerung im Konzern muß sodann als hierarchische Rückkopplung an die Divisionen übermittelt werden, damit deren Hauptquartiere in Bern, Wien und Vaduz ihre zuvor erst bedingt getroffenen Investitionsentscheidungen auf Basis der neuen zentralen Zinsinformationen revidieren, also entweder bestätigen oder wieder verwerfen können.

Verteilungsparameter des Kapitalwerts I_1	Iteration 1	Iteration 2
Mittelwert	28,21	20,37
Standardabweichung	17,98	17,33
Minimum	–35,19	–43,15
Maximum	102,64	90,24
20%-Quantil	13,10	5,55
80%-Quantil	43,39	34,93

Tabelle 5-16: Gegenüberstellung von Kapitalwertparametern für I_1

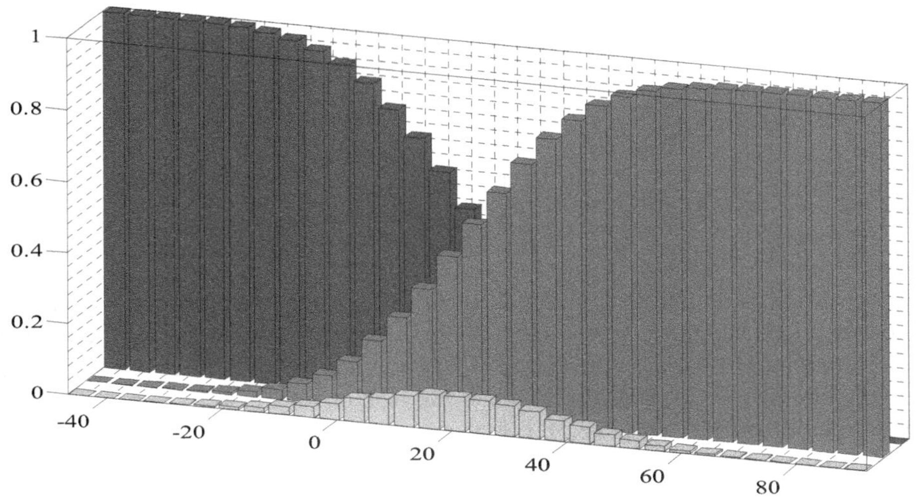

Abbildung 5-43: Kapitalwertsimulation von I_1 in Iteration 2

Die Konstantinopel-Bagdad GmbH in Bern hält an der getroffenen Entscheidung fest: Der Kapitalwert ihres Investitionsobjekts I_1 verschlechtert sich zwar durch die der wiederholten Berechnung zugrundeliegende neue Zins-Bandbreite, doch ergibt sich noch in ca. 88% der Kapitalwertberechnungen ein nichtnegativer Wert. Qualitative Gegenargumente mögen der positiven dezentralen Berner Entscheidung weiterhin nicht im Wege stehen. Ausgewählte Verteilungsparameter des ersten und des zweiten Iterationsschritts für das Investitionsobjekt I_1 vergleicht Tabelle 5-16, während Abbildung 5-43 wie gewohnt (vgl. zur Iteration 1 oben, Abbildung 5-34) die zugehörigen relativen und kumulierten Häufigkeiten sowie das Risikoprofil des I_1-Kapitalwerts graphisch veranschaulicht.

Für die in Wien tätige Kakania AG ändert sich an ihrer Entscheidung gegen das Investitionsobjekt I_3 gleichfalls nichts, weil I_3 nunmehr sogar in über 57% der Berechnungen einen negativen Kapitalwert aufweist (man betrachte Abbildung 5-44 im Vergleich zu Abbildung 5-35).

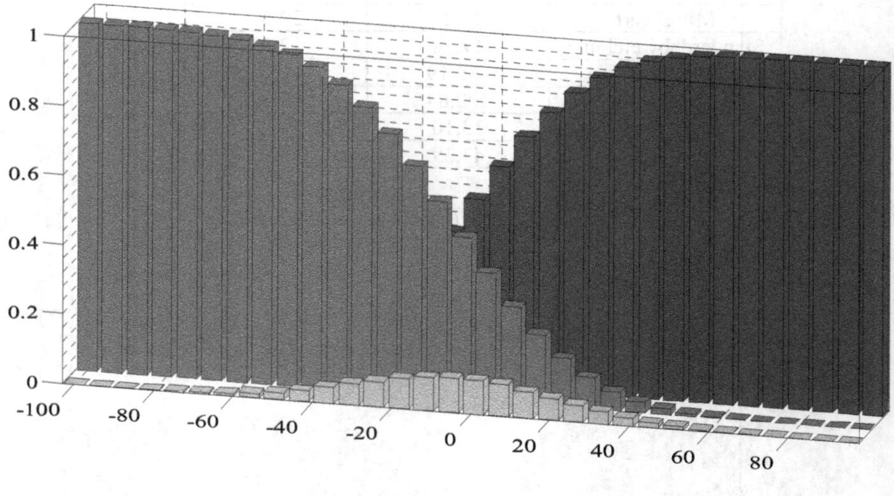

Abbildung 5-44: Kapitalwertsimulation von I_3 in Iteration 2

Die relativen und kumulierten Häufigkeiten der Kapitalwertausprägungen sowie das Risikoprofil der Investition I_6 veranschaulicht Abbildung 5-45 (vgl. zur Iteration 1 oben, Abbildung 5-36). Auch die Bulgaria AG in Vaduz hält an ihrer positiven Entscheidung über das Investitionsobjekt weiterhin fest, obwohl sich seine neu simulierten Kapitalwerte aufgrund der im Durchschnitt gestiegenen Ausprägungen des endogenen Grenzzinsfußes i_1 tendenziell verringert haben.

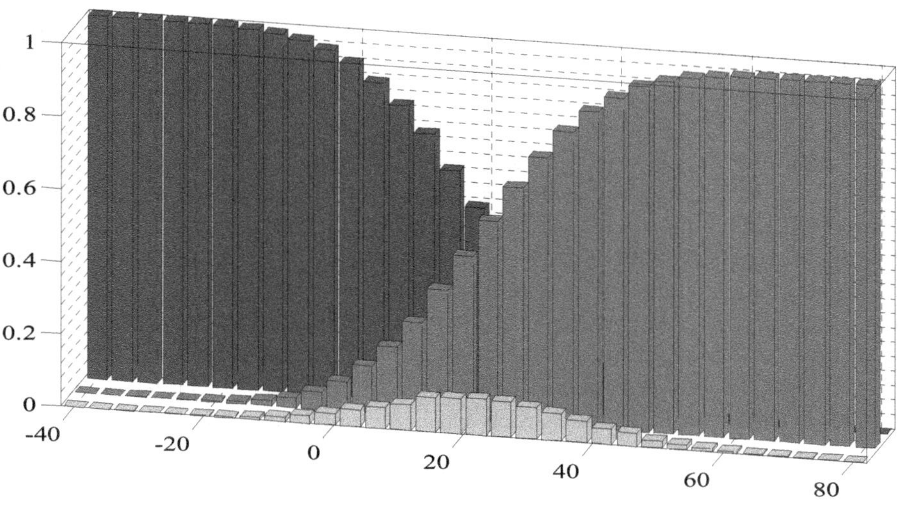

Abbildung 5-45: Kapitalwertsimulation von I_6 in Iteration 2

Das Iterationsverfahren *endet* an dieser Stelle, weil sämtliche Divisionen der Zentrale dieselben Rückkopplungsinformationen wie im vorangegangenen Schritt melden und somit keine Anpassung des zentralen Modells mehr erfolgen muß.

Schritt 6: **Investitionsentscheidung der Zentrale**

Nachdem auf der Ebene der drei Divisionen alle dorthin delegierten Entscheidungen getroffen sind, muß die Zentrale abschließend über die ihr zugeordneten Investitions- und Finanzierungsobjekte befinden, wobei jedoch definitive Entscheidungen im Planungszeitpunkt t = 0 nur für die sofort zu beginnenden Objekte erforderlich sind. Die übrigen stehen im nächsten Durchlauf der rollierenden Planung ohnehin wieder zur Disposition, auch wenn sie in t = 0 nach dem augenblicklichen Informations- und Planungsstand (vorläufig) angenommen oder abgelehnt werden.

Das von der Unternehmensleitung bevorzugte konservative Standardprogramm sollte nach heuristischer Interpretation der simulierten Datenlage des letzten Iterationsschritts auf zentraler Ebene folgende Komponenten umfassen, sofern keine qualitativen Erwägungen dagegen sprechen: Die Kreditaufnahme zu t = 0, das Investitionsobjekt I_2, die Anleihe A_1 sowie das endfällige Darlehen D sind in 100% der berechneten optimalen Lösungen vorteilhaft; sie empfehlen sich demnach für eine maximale Ausführung. Zu dieser Gruppe der stets vorteilhaften Objekte gesellt sich ferner noch das Investitionsobjekt I_5, das in 98% der Berechnungen vorteilhaft ist. Die Investition I_4 erweist sich hingegen in ca. 81% der gelösten Optimierungsansätze als unvorteilhaft und bleibt somit (zunächst) unberücksichtigt. Zu t = 0 ergibt sich somit folgende

Liquiditätssituation: Aufgrund der beiden voll in Anspruch zu nehmenden Investitionen (I_2 und I_5) entsteht ein Liquiditätsbedarf in Höhe von 1.000. Ferner besteht ein autonomer Zahlungsüberschuß von –180, so daß zu t = 0 insgesamt ein Liquiditätsbedarf in Höhe von 1.180 resultiert. Zur Finanzierung stehen zunächst Beträge von 450 aus der Kreditlinie K_0, 300 aus der Anleihe A_1 und weitere 300 aus dem endfälligen Darlehen D zur Verfügung, die in der Summe auf 1.050 kommen. Zur Sicherstellung des finanziellen Gleichgewichts fehlen demnach noch Restmittel in Höhe von 130, welche durch die partielle Realisierung der Anleihe A_2 im Umfang von 130/400 = 32,5% zu generieren sind. Das finanzielle Gleichgewicht ist somit für die kommende Periode gesichert. Wie Abbildung 5-39 veranschaulicht, stellt die Anleihe A_2 in ca. 81% der gelösten Optimierungsansätze das Grenzobjekt mit einer Realisierungsgrad von 32,5% dar. Die beschriebenen Komponenten bilden das konservative Standardprogramm im Sinne der Definition durch den Familienpatriarchen.

Darüber hinaus können den Abbildungen 5-37 bis 5-45 weitere drei mögliche Ausgestaltungsformen des optimalen Investitions- und Finanzierungsprogramms, die in den verbleibenden ca. 19% der gerechneten Optimierungsansätze auftraten, zugeordnet werden. Es sei jedoch ein weiteres Mal darauf hingewiesen, daß – wiewohl in den Abbildungen nur schwer oder überhaupt nicht erkennbar – zusätzliche potentiell optimale Handhabungsvarianten existieren können. Aufgrund des Umstands, daß diese aber dann stets eine im Rahmen der Simulation sehr geringe Optimalitätswahrscheinlichkeit aufweisen, erscheint ihre Vernachlässigung heuristisch tragbar. Diskutiert seien daher im folgenden nur noch die drei neben dem konservativen Standardprogramm bestehenden Hauptvarianten.

Variante 1. In ca. 17% der Berechnungen ergibt sich die Konstellation, daß die Anleihe A_2 neben dem konservativen Standardprogramm vollständig zur Ausführung gelangt. Im konservativem Standardprogramm nur zu 32,5% genutzt (130/400), stellt Anleihe 2 dann also zusätzliche Mittel in Höhe von 270 zur Verfügung, die in die Finanzierung eines Teils der Investition I_4 (270/400 = 67,5%) abfließen. Dieser Fall tritt stets ein, wenn die simulierten künftigen Zahlungsüberschüsse der Investition I_4 vergleichsweise hohe Ausprägungen aufweisen. Das heißt, die Investitionsrückflüsse müssen in ihrer Gesamtheit jeweils eine Initialverzinsung generieren, welche diejenige der Anleihe A_2 (16,4376%) übersteigt. Sprechen bspw. zuvor nicht berücksichtigte qualitative Faktoren ebenfalls dafür, kann das konservative Standardprogramm um diese Komponenten ergänzt werden, obwohl die Zusammensetzung dann riskanter ist, weil doch auf den Erfolg der zunächst als zu unsicher eingeschätzten Investition 4 vertraut wird.

Variante 2. Eine zweite mögliche Ausgestaltungsform, die in ca. 1% der gerechneten Optimierungsansätze resultiert, umfaßt neben dem konservativen Standardprogramm die vollständige Durchführung der Anleihe A_2 und der Investition I_4 bei anteiligem Verzicht auf die sonst stets vorteilhafte Investition I_5. Der zusätzliche Kapitalbedarf aufgrund der vollständigen Ausführung von Investition I_4 in Höhe von 400 wird wie zuvor durch Teile der Anleihe A_2 (270/400) und jetzt durch das „Zurückfahren" des Umfangs der Investition I_5, die dann nur noch einen Ausführungsgrad von 370/500 = 74% erreicht, gedeckt. Die Investition I_5 bildet somit das Grenzobjekt. Damit dieser Fall eintritt, müssen die künftigen Zahlungsüberschüsse der Investition I_4 relativ hoch ausfallen und dadurch nicht nur wie in Variante 1 den vollen Einsatz der Anleihe A_2 rechtfertigen, sondern zugleich auch Investition I_5 „übertrumpfen".

Variante 3. Während die bisherigen zwei Varianten das Risiko (im Sinne der Gefahr des Verfehlens der für die tatsächlich eintretende Datenkonstellation gültigen optimalen Lösung) stets erhöhen, indem auch die nur in weniger Fällen vorteilhaften Objekte zur Durchführung gelangen, reduziert die dritte potentielle Handhabungsvariante das Investitionsrisiko (im Sinne der Verlustgefahr aus der Investitionstätigkeit) im Vergleich zum konservativen Standardprogramm. Sie ist genau wie Variante 2 allerdings nur in etwa 1% der simulierten Fälle optimal und besteht darin, auf die Anleihe A_2 ganz zu verzichten und die dadurch wegfallenden Finanzmittel von 130 bei der Investition I_5 einzusparen, die damit auf einen nur noch anteiligen Ausführungsgrad von 74% (370/500) zurückgeführt wird.

Da der obersten Unternehmensleitung in Berlin die dargestellten Szenarien für die drei Varianten als wenig(er) wahrscheinlich erscheinen, fällt der Entschluß, das konservative Standardprogramm durchzuführen. Das Ende des Abstimmungsprozesses wird den Divisionen abschließend mitgeteilt. Bis zum nächsten Schritt der rollierenden Planung (z.B. ein Jahr später) stehen somit auch die Bandbreiten der endogenen Grenzzinsfüße fest und können für zwischenzeitlich ggf. zusätzlich anfallende kleinere dezentrale Investitionsentscheidungen der Divisionen weiterhin herangezogen werden. Das Hinzutreten neuer Großprojekte bedingte hingegen einen sofortigen Neuaufwurf des gesamten hierarchisch-rückgekoppelten Planungsprozesses.

5.3.3.3 Beurteilung der Heuristik

Das Abschätzen der Qualität von Heuristiken für ein offenes Entscheidungsfeld ist selbst ein strukturdefektes Problem, denn eine als Bezugsmaßstab heranzuziehende Optimallösung existiert nicht.[1] Die vorliegende Heuristik enthält zudem simulative Komponenten, so daß das Studium ihres Verhaltens auf eine „Simulation der Simulation" hinauslaufen würde. Ein derartig aufwendiges Vorgehen wäre aber weder praktikabel, noch könnte es allgemeingültige Ergebnisse liefern. Die Beurteilung muß sich daher auf einige *Plausibilitätsüberlegungen* beschränken, welche den *theoretischen Gehalt* und die *praktische Durchführbarkeit* betreffen.

---

1 Vgl. Abschnitt 2.1.2 und *BÄUERLE*, Planung (1987), S. 338 ff., *BERENS*, Heuristiken (1992), S. 24 ff.

Plausibilitätsgesichtspunkte der einzelnen Verfahrensschritte (Abbildung 5-24) sind bereits im Rahmen der Darstellung des Algorithmus ausführlich erörtert worden. Der im Vergleich zu einfachen dezentralen Heuristiken (z.B. Unterstellung des vollkommenen Kapitalmarkts) größere Planungsaufwand steht außer Frage, darf aber andererseits auch nicht überschätzt werden. Viele Unternehmen sind divisional gegliedert und verfügen bereits über ein ausgefeiltes Planungs-, Steuerungs- und Berichtswesen und somit über die erforderlichen Informationskanäle. Der Gedanke, die Entscheidung über besonders umfangreiche und strategisch bedeutsame Vorhaben der obersten Hierarchieebene zu übertragen, ist ebenfalls allgemein verbreitet. Es bedarf also nur einer Neuorientierung der Informationssysteme von der vergangenheitsorientierten Berichts- und Kontrollfunktion hin zur entscheidungsunterstützenden Koordination künftiger Aktivitäten.[1]

Die Verwendung der vorgeschlagenen Heuristik bietet für diesen Zweck eine Reihe von Vorzügen:[2]

1. Das zentral zu lösende Simultanproblem besitzt einen *überschaubaren Umfang*, der im Verlauf des Koordinationsprozesses *nicht zunimmt.* Es kann auf einem *Arbeitsplatzrechner* gelöst und mit Hilfe der vorgestellten Algorithmen *interaktiv* bearbeitet werden.
2. Die dezentral zu fällenden Entscheidungen beruhen auf der *Kapitalwertmethode*, einem *einfachen Partialmodell.* Zur *Offenlegung der Unsicherheit* stehen leistungsfähige und *anschauliche* computergestützte Verfahren bereit.
3. Die üblicherweise mit lenkpreisbasierten Verfahren verbundenen *Probleme treten nicht auf.* Es gibt weder Lücken in der pretialen Lenkung noch Schwierigkeiten aufgrund von Ganzzahligkeitsforderungen. Jeder Koordinationsschritt kann mit einer zulässigen Lösung des Gesamtproblems beendet werden.
4. Das Verfahren stellt verhältnismäßig *geringe Anforderungen an die Prognosequalität* und funktioniert bereits dann, wenn lediglich Ober- und Untergrenzen der unsicheren Koeffizienten ungefähr bekannt sind. Die Daten brauchen nicht normalverteilt zu sein oder überhaupt einer bestimmten statistischen Verteilung zu gehorchen. Kenntnis von Kovarianzen wird nicht vorausgesetzt. Die Heuristik *paßt sich dem Informationsstand an.*
5. Der Algorithmus basiert auf dem *soliden Fundament der Lenkpreistheorie.* Er approximiert eine *pretiale Lenkung bei Unsicherheit* in einem *offenen Entschei-*

[1] Damit ist der Bereich angesprochen, welcher mit dem immer noch schillernden, sehr uneinheitlich gefaßten Begriff „Controlling" bezeichnet wird. Vgl. *HERING*, Begriff (2001), *HERING/VINCENTI*, Wertorientiertes Controlling (2004), *LITTKEMANN*, Controlling (2006), *HERING*, Wertorientiertes Controlling (2008).

[2] Vgl. auch Unterabschnitt 4.2.6.3.

dungsfeld unter realistischer Berücksichtigung der *Unvollkommenheit des Kapitalmarkts*.

Das Verfahren setzt allerdings eine intelligent steuernde Zentrale voraus. Diese wird z.B. durch einen Planungsstab unterstützt, der die notwendigen Informationen beschafft und verarbeitet. Neben methodischen Fachkenntnissen ist insbesondere ein auf Erfahrung gegründetes Gefühl für die Marktgegebenheiten unerläßlich, um die Zahlungsreihen abschätzen zu können und damit die Steuerungszinsfüße realistisch einzugrenzen. Ohne Marktkenntnis lassen sich aber generell keine Unternehmensplanungen durchführen. Es reicht nicht, daß eine theoretische Methodik zur Verfügung steht, sondern sie muß auch von Führungskräften, die Marktgespür, Realitätssinn und Erfahrung besitzen, mit Leben gefüllt werden.

Simulationsergebnisse deuten im Sicherheitsfall auf ein „überragendes Abschneiden“ von Heuristiken auf der Basis endogener Grenzzinsfüße hin.[1] Es spricht demnach vieles dafür, sich auch im Unsicherheitsfall von der Lenkpreistheorie leiten zu lassen.

---

1 Vgl. *FISCHER*, Heuristische Investitionsplanung (1981), S. 594, 572 ff., 585-587.

5.4 Ausblick

Gegenstand der Investitionstheorie ist das betriebswirtschaftliche Problem, (zentrale und dezentrale) Investitions- und Finanzierungsentscheidungen (unter Unsicherheit) im Hinblick auf das Unternehmensziel zu *koordinieren*. Diese Thematik greift über das klassische Anwendungsfeld der Investitionsrechnung weit hinaus und umfaßt vielmehr sämtliche Entscheidungen im Unternehmen, die eine quantitative *Beurteilung der Vorteilhaftigkeit von Zahlungsströmen* erfordern.

Ausgehend von der bekannten Einsicht, daß eine Simultanplanung interdependenter Entscheidungsbereiche zwar theoretisch geboten, aber praktisch undurchführbar ist, ergibt sich die Notwendigkeit, geeignete Modelle zur *Partialplanung* zu konstruieren. Die Abstimmung der unabhängig voneinander zu treffenden Einzelentscheidungen erfordert einen subtilen Mechanismus: die *pretiale Lenkung* durch den *Zins*. Wegen des *Dilemmas der Lenkpreistheorie* erweist es sich jedoch als äußerst schwierig, dieses theoretisch bestechende Konzept in die Tat umzusetzen. Die exakte Bestimmung der Lenkpreise ist der Lösung des Simultanproblems äquivalent, und unter nachteiligen Ganzzahligkeitsbedingungen kann sogar gezeigt werden, daß das Simultanproblem nicht partialisierbar ist.

In der Realität sieht sich die Unternehmensplanung noch einer weiteren Komplikation gegenüber: Wegen des *offenen Entscheidungsfeldes* ist ein Optimalverhalten strenggenommen im voraus gar nicht definiert. Fast jede Entscheidung kann sich nachträglich als falsch erweisen, wenn der Zeitablauf neue Fakten zutage gefördert hat. Die Investitionsrechnung vermag bestenfalls dazu beizutragen, die Zahl der Fehlentscheidungen zu verkleinern; eine Forderung nach Irrtumsfreiheit übersteigt jedoch das menschliche Vermögen. Zudem stellt die in diesem Buch behandelte rechnerische Vorteilhaftigkeitsbeurteilung von Zahlungsströmen nur eine – wenn auch die wichtigere – Seite der Entscheidung dar. Qualitative, nicht exakt bewertbare Faktoren spielen ebenfalls eine bedeutsame Rolle; hierzu zählen strategische Erwägungen und operative Synergieeffekte.

Die offenkundig hohe Komplexität der Aufgabe, eine zielsetzungsgerechte Investitionsrechnung zu gestalten, darf nicht zu der Reaktion verleiten, sich auf rein intuitive Beurteilungen zu verlassen.[1] Angesichts der hohen auf dem Spiel stehenden Vermögenswerte handelte eine Unternehmensleitung geradezu verantwortungslos, wenn sie auf die rechnerische Abschätzung der finanziellen Konsequenzen langfristig bindender Entscheidungen verzichten wollte.

Zur Strukturierung des Planungsproblems gehört neben der Festlegung eines noch überschaubaren Betrachtungszeitraums die Wahl einer geeigneten, auf originären

1 Vgl. *SCHNEIDER*, Wirtschaftlichkeitsrechnung (1973), S. 143.

Zahlungsgrößen basierenden *Zielsetzung* für die Rechnung. Einiges begünstigt die Wahl der Endwertmaximierung, aber je nach Konsumpräferenz können auch andere Ziele sinnvoll sein. Unter sehr allgemeinen Bedingungen läßt sich zeigen, daß unabhängig von der zugrunde gelegten Zielsetzung die *Kapitalwertmethode* ein universal anwendbares Partialmodell darstellt.[1] Ihr Lenkpreis ist der *Steuerungszins*. Er stellt allgemein eine *endogene* Größe des Entscheidungsmodells dar und ist nur im Spezialfall des vollkommenen Kapitalmarkts exogen vorgegeben.

Von allen konkurrierenden Partialmodellen liefert nur der vielfach mißverstandene *interne Zinsfuß* eine nicht bereits im Kapitalwert enthaltene Zusatzinformation. Er ist für eine wichtige Klasse von Zahlungsströmen zugleich Effektivzins und kritischer Zins der Kapitalwertmethode. In bestimmten Fällen ermöglicht er sogar die Ermittlung des entscheidenden Kapitalwertvorzeichens bei nicht genau bekannten Steuerungszinsfüßen.

Das Kapitalwertkriterium bleibt auch unter zusätzlichen linearen Nebenbedingungen gültig und erlaubt damit die Lösung von *Wahlproblemen* im allgemeinsten Fall. Hierzu zählen als wichtige Varianten auch *Nutzungsdauer-* und *Ersatzprobleme*. Bei nachteiliger Ganzzahligkeit gelingt jedoch die Partialisierung des Wahlproblems nur in Ausnahmefällen.

Die Steuerungszinsfüße der Kapitalwertmethode werden durch die nur teilweise realisierten *Grenzobjekte* festgelegt. Diese Erkenntnis weist den Weg aus dem Dilemma der Lenkpreistheorie, welcher über *Kapitalwertabschätzungen* bis hin zum heuristischen Verfahren der *approximativen Dekomposition* führt. Auch das Problem nachteiliger Ganzzahligkeit läßt sich relativieren.

Zwar gelingt unter gedanklichen Idealbedingungen die Übertragung der Lenkpreistheorie des unvollkommenen Kapitalmarkts auf den Unsicherheitsfall, doch bleibt der jedes Planungsvermögen übersteigende große Raum künftig möglicher Umweltzustände unbeherrschbar. Im Falle unsicherer Daten kann nur noch heuristisch vorgegangen werden. Simultanmodelle mit Optimierungsanspruch scheitern an der Komplexität der Planungssituation. Unsicherheitsverdichtende Partialmodelle erweisen sich schon aus grundsätzlichen Erwägungen als wenig sachgerecht:

Die eigentliche Entscheidung unter Unsicherheit ist eine ureigen unternehmerische und als solche nicht formalisierbar. Das Ziel der Investitionsrechnung besteht darin,

[1] Auch produktionswirtschaftliche Arbeiten beweisen, daß die Anwendung des finanzwirtschaftlichen Kapitalwertkriteriums als allgemeines Vorteilhaftigkeitsprinzip in der Betriebswirtschaftslehre zunimmt; vgl. z.B. *KLINGELHÖFER*, Entsorgung (2000), S. 458 ff. Die theoretische Überlegenheit der Kapitalwertmethode gegenüber anderen Kriterien wird auch in der angelsächsischen Literatur gesehen; vgl. etwa *MYERS*, Financial Strategy (1984), S. 133, *BREALEY/MYERS*, Corporate Finance (1991), S. 73 ff.

quantitative Entscheidungsgrundlagen zu liefern. Die Letztentscheidung über Annahme oder Ablehnung eines Projektes wird durch Wirtschaftlichkeitsrechnungen nicht vorweggenommen, sondern verbleibt bei der verantwortlichen Führungskraft, die neben den rein quantitativen Daten der Investitionsrechnung auch qualitatives Wissen (z.B. strategische Aspekte, Markterfahrung, Fingerspitzengefühl, Stärken und Schwächen des eigenen Personals usw.) berücksichtigen kann. Für eine solche kombinierte Auswertung quantitativer und qualitativer Daten läßt sich allerdings kein exakter Algorithmus der Informationsverarbeitung angeben.[1]

Der Unsicherheitssituation angemessen sind demnach Verfahren wie die *Sensitivitäts-* oder *Risikoanalyse*, weil sie die finanziellen Chancen und Risiken *offenlegen*, anstatt sie zu einem nicht mehr aussagekräftigen Wert zu verdichten. Derartige Berechnungsexperimente bzw. Simulationen liefern anschauliche quantitative Grundlagen für die Investitionsentscheidung, welche letztlich von der Risikobereitschaft der Unternehmensleitung abhängt und nicht schematisiert werden kann. Der Grundgedanke flexibler Planung läßt sich nur in der sehr viel bescheideneren Form der *rollierenden Planung* verwirklichen.

Auf der Kombination der als sinnvoll erachteten Instrumente fußt ein heuristischer Algorithmus zur Ermittlung von *Steuerungszinsfüßen bei Unsicherheit*, welcher die Nachteile der Simultanplanung auf ein notwendiges Minimum reduziert und mit Hilfe von dezentralen Kapitalwertrechnungen SCHMALENBACHS Idee der pretialen Lenkung nahekommt, ohne auf willkürliche Separationshypothesen zurückzugreifen. Die Heuristik basiert im Kern auf der approximativen Dekomposition und ist damit fest in der allgemeinen *Lenkpreistheorie des unvollkommenen Kapitalmarkts* verankert. Sie verzichtet auf unnötigen, nicht praktikablen Ballast und verlangt vom Anwender in der reinen Ausführung nur geringe Kenntnisse ihres optimierungstheoretischen Hintergrunds. Das Verfahren könnte in der vorgeschlagenen Form besonders für dezentral organisierte größere Konzerne mit selbständig investierenden Divisionen interessant sein, weil in diesem Falle die beschriebene Organisation der Investitionsrechnung weitgehend mit der bestehenden Aufbauorganisation des Unternehmens zusammenpaßt.

Die Verwendung entscheidungsorientierter Kalkulationszinsfüße ist übrigens auch volkswirtschaftlich von Vorteil, trägt sie doch zu einem erwünschten antizyklischen Verhalten bei: In Rezessionszeiten regen niedrige erwartete endogene Grenzzinssätze die Investitionstätigkeit an, während in der Hochkonjunktur hohe Opportunitätszinsen unrentable Sachinvestitionen verhindern und die verfügbaren Mittel zum Teil in hochverzinsliche Geldanlagen (oder Ausschüttungen) lenken, die in der folgenden Abschwungphase für das Unternehmen (oder seine Eigner) eine wertvolle Liquiditätsreserve darstellen. Durch die Europäisierung oder Globalisierung vieler Märkte

[1] Vgl. *HERING*, Investition und Finanzierung (2008), S. 660.

gewinnen dezentrale Organisationsstrukturen noch an Bedeutung, so daß verbesserte Koordinationsmechanismen der Lenkpreissteuerung Wettbewerbsvorteile schaffen können.[1]

Im vorliegenden Buch werden Organisationsaspekte wie z.B. Anreiz- und Kontrollmechanismen[2] oder Fragen der Erfolgszurechnung nicht behandelt. Es liegt aber auf der Hand, daß ein Lenkpreissystem wie das beschriebene nur funktionieren kann, wenn es von allen Beteiligten im Prinzip verstanden, akzeptiert und durch sinnvolle Planungsaktivitäten unterstützt wird.[3] Dabei muß man zwar realistischerweise auch eigennütziges Verhalten der Akteure in Rechnung stellen und dagegen organisatorische Vorkehrungen treffen, aber nicht gleich das Kind mit dem Bade ausschütten und so weit gehen, das ganze Problem der (heuristischen) Investitionsrechnung primär durch die Brille der Agenturtheorie (Anreiz-Beitrags-, Auftraggeber-Auftragnehmer-, Prinzipal-Agenten-Theorie) statt der Investitionstheorie zu betrachten.[4]

Die der „Neuen Institutionenökonomik" zu subsumierende Agenturtheorie wendet gegen die auf Optimierung abzielende investitionstheoretische Steuerung ein, diese suche die „beste" Problemlösung, während doch aufgrund des allseitigen „Opportunismus" der beauftragten Entscheidungsträger vielmehr nur eine „zweitbeste" Lösung anzustreben sei.[5] Der Einwand möglicher eigennütziger Manipulationen eines Unternehmenssteuerungssystems durch unbeobachtete Handlungen der angestellten Unternehmensleitung sowie tieferer Hierarchiestufen ist sicherlich gewichtig und rechtfertigt umfangreiche Forschungsbemühungen zur Verbesserung der Unternehmensverfassung und zur optimalen Gestaltung von Führungs-, Anreiz- und Entlohnungssystemen. Dennoch darf darüber der eigentliche Auftrag der Investitionsrechnung nicht aufgegeben werden, das bei moralisch gebotenem, also ehrlichem und loyalem Verhalten der Mitarbeiter erzielbare Optimum anzusteuern.[6] Die ungebrochene Konjunktur agenturtheoretischer Modelle erweist sich in diesem Lichte eher als ein Symptom für die beobachtbare zunehmende Aufgabe traditioneller Wertvorstellungen (auch

---

1 Vgl. *KÜPPER*, Controlling (1991), S. 263 f.

2 Vgl. zum Aufkommen dieser Thematik in der Investitions- und Finanzplanung auch *BROCKHOFF*, Geschichte (2014), S. 203.

3 Vgl. hierzu z.B. *MYERS*, Financial Strategy (1984), S. 132 f., *BREALEY/MYERS*, Corporate Finance (1991), S. 261 ff. Bewertungs- und Kulturfragen verknüpft *OLBRICH*, Unternehmungswert (1999).

4 Vgl., auch im folgenden, *HERING*, Wertorientiertes Controlling (2008), S. 42 sowie zustimmend hierzu *BRÖSEL u.a.*, Prüfungswesen (2015), S. 19.

5 Vgl. z.B. *GÜNTHER*, Controlling (2004), S. 330, 332.

6 „Eine Betriebswirtschaftslehre, die Täuschung und Betrug in den Mittelpunkt sämtlicher Modellierungsansätze stellte, wäre sicherlich entartet, indem sie den unerwünschten, unlauteren oder kriminellen Abweichungsfall zum Normalfall erklärte. Zu einem realistischen Menschenbild gehören aber neben einzelnen eigensüchtigen Regelverletzern immer noch in großer Zahl auch der ehrbare Kaufmann und der pflichtbewußte Angestellte". *HERING*, Wertorientiertes Controlling (2008), S. 42.

unter wirtschaftlichen Entscheidungsträgern) denn als eine wirksame Medizin zur Behebung der dem Investitionsplanungsproblem innewohnenden Grundschwierigkeiten.

Bisher sind unsichere Zahlungsströme vornehmlich als stochastisch, unscharf oder ungewiß charakterisiert worden. Ein Unternehmen darf die Entwicklungen aber nicht als gegebene Zufallsprozesse hinnehmen, ihnen passiv gegenüberstehen und bloß abwarten, welche Ergebnisse sich einstellen werden. In vielen Fällen können unsichere Investitionszahlungsreihen günstig beeinflußt werden.[1] Durch eine straffe Projektplanung lassen sich Auszahlungen einsparen oder infolge eines früheren, der Konkurrenz zuvorkommenden Markteintritts erhöhte Umsatzerlöse erzielen. Rationalisierungseffekte ergeben sich auch aus einer besseren Abstimmung der Investitions- und Finanzierungsplanung mit dem übrigen betrieblichen Leistungsbereich. Investition und Finanzierung stehen in engen Wechselbeziehungen zu den bislang durch Pauschalannahmen „ausgeblendeten" Funktionsbereichen Beschaffung, Produktion und Absatz. Die Suche nach geeigneten heuristischen Steuerungsmechanismen zur Koordination der interdependenten Teilplanungen bietet der betriebswirtschaftlichen Forschung noch ein weites Betätigungsfeld.[2]

1 Vgl. *ADAM*, Investitionscontrolling (2000), S. 372 f.

2 Zu Erweiterungen der Heuristik um die leistungswirtschaftlichen Bereiche Beschaffung, Produktion und Absatz vgl. *ROLLBERG*, Integrierte Unternehmensplanung (2001), *ROLLBERG*, Controlling (2012), S. 192 ff., 234 ff., *ROLLBERG/WITTMANN*, Heuristisch integrierte Planung (2013).

Anhang

Anhang

1. Beweis der geschlossenen Formel für die Abzinsungsfaktoren

Als zentrales Theorem zur nicht-flachen Zinsstruktur ergab sich der

Satz 6 **(Abzinsungsfaktoren und ihre Nominaltranchen)**:

$$\rho_t = \frac{p_t - r_t \cdot \sum_{\tau=1}^{t-1} p_\tau \cdot \prod_{k=\tau}^{t-1} (1+r_k)^{-1}}{1+r_t} \qquad \forall\, t \in \{0, 1, 2, \dots, n\}$$

$$\text{mit} \quad TR_t^t = \frac{1}{1+r_t}$$

$$\text{und} \quad TR_\tau^t = -\frac{r_t}{\prod_{k=\tau}^{t} (1+r_k)} \qquad \forall\, \tau \in \{1, 2, \dots, t-1\}.$$

Beweis. Zu zeigen ist, daß sich für alle Zeitpunkte h mit $1 \leq h \leq t-1$ die Summe der Zins- und Tilgungszahlungen aus den Tranchen zu null aufaddiert. Für $h = t$ muß sich dagegen der Wert -1 ergeben. Dann bilden die mit den Börsenkursen p_τ bewerteten Tranchen in der Summe einen synthetischen Zinssammler, welcher eine DM im Zeitpunkt t in den Betrag

$$\rho_t = \sum_{\tau=1}^{t} p_\tau \cdot TR_\tau^t = \frac{1}{1+r_t} \cdot \left(p_t + \sum_{\tau=1}^{t-1} - \frac{p_\tau \cdot r_t}{\prod_{k=\tau}^{t-1} (1+r_k)} \right) = \frac{p_t - r_t \cdot \sum_{\tau=1}^{t-1} p_\tau \cdot \prod_{k=\tau}^{t-1} (1+r_k)^{-1}}{1+r_t}$$

zum Zeitpunkt 0 transformiert.

Zu $h = t$ wird die Tranche TR_t^t getilgt, die einen Zahlungssaldo von

$$-(1+r_t)\cdot TR_t^t = -(1+r_t)\cdot\frac{1}{1+r_t} = -1$$

liefert, w.z.z.w. Der Nachweis für die übrigen Zeitpunkte wird allgemein anhand des Punkts h mit $1 \leq h \leq t-1$ geführt. Dort treten die folgenden Zahlungen auf:

a) Die Tranche TR_h^t wird getilgt.

$$-(1+r_h)\cdot TR_h^t = \frac{(1+r_h)\cdot r_t}{\prod_{k=h}^{t}(1+r_k)} = \frac{r_t}{\prod_{k=h+1}^{t}(1+r_k)}.$$

b) Es fallen Zinszahlungen für alle Tranchen TR_τ^t mit $h+1 \leq \tau \leq t-1$ an.

$$\sum_{\tau=h+1}^{t-1} -r_\tau\cdot TR_\tau^t = \sum_{\tau=h+1}^{t-1}\frac{r_\tau\cdot r_t}{\prod_{k=\tau}^{t}(1+r_k)}.$$

Hinweis: Punkt b) entfällt für $h = t-1$.

c) Auch die Tranche TR_t^t wird verzinst.

$$-r_t\cdot TR_t^t = \frac{-r_t}{1+r_t}.$$

Es muß gezeigt werden, daß die Summe der Zahlungen a), b), c) im Zeitpunkt h null beträgt. Hierzu wird der Summenterm c) + b) + a) durch sukzessives Abspalten des ersten Summanden von b), Ausklammern und Kürzen rückwärts „aufgerollt".

$$\frac{-r_t}{1+r_t} + \sum_{\tau=h+1}^{t-1}\frac{r_\tau\cdot r_t}{\prod_{k=\tau}^{t}(1+r_k)} + \frac{r_t}{\prod_{k=h+1}^{t}(1+r_k)}$$

$$= \frac{-r_t}{1+r_t} + \sum_{\tau=h+2}^{t-1}\frac{r_\tau\cdot r_t}{\prod_{k=\tau}^{t}(1+r_k)} + \frac{r_{h+1}\cdot r_t}{\prod_{k=h+1}^{t}(1+r_k)} + \frac{r_t}{\prod_{k=h+1}^{t}(1+r_k)}$$

$$= \frac{-r_t}{1+r_t} + \sum_{\tau=h+2}^{t-1} \frac{r_\tau \cdot r_t}{\prod_{k=\tau}^{t}(1+r_k)} + \frac{(1+r_{h+1}) \cdot r_t}{\prod_{k=h+2}^{t}(1+r_k) \cdot (1+r_{h+1})}$$

$$= \frac{-r_t}{1+r_t} + \sum_{\tau=h+2}^{t-1} \frac{r_\tau \cdot r_t}{\prod_{k=\tau}^{t}(1+r_k)} + \frac{r_t}{\prod_{k=h+2}^{t}(1+r_k)}.$$

Dieser letzte Ausdruck unterscheidet sich von dem drei Schritte vorhergegangenen nur dadurch, daß die Untergrenzen der Summe Σ und des zweiten Produkts Π durch das Kürzen des Faktors $(1 + r_{h+1})$ um eins von $h + 1$ auf $h + 2$ erhöht worden sind. Daher läßt sich das Abspalten des ersten Terms der Summe $\sum$ wiederholen, d.h., nunmehr wird der zu $\tau = h + 2$ gehörende Summand mit dem letzten Bruch des Gesamtausdrucks zusammengefaßt und um den Faktor $(1 + r_{h+2})$ gekürzt. Die Untergrenzen haben sich dann auf $h + 3$ erhöht. Dieses Vorgehen wird fortgesetzt, bis beide Untergrenzen auf dem Wert t stehen.[1] Die folgende Rechnung setzt jedoch bereits einen Schritt früher wieder an, um noch einmal das Vereinfachungsprinzip zu verdeutlichen.

$$\frac{-r_t}{1+r_t} + \sum_{\tau=h+2}^{t-1} \frac{r_\tau \cdot r_t}{\prod_{k=\tau}^{t}(1+r_k)} + \frac{r_t}{\prod_{k=h+2}^{t}(1+r_k)}$$

$$= \frac{-r_t}{1+r_t} + \sum_{\tau=t-1}^{t-1} \frac{r_\tau \cdot r_t}{\prod_{k=\tau}^{t}(1+r_k)} + \frac{r_t}{\prod_{k=t-1}^{t}(1+r_k)}$$

$$= \frac{-r_t}{1+r_t} + \frac{r_{t-1} \cdot r_t + r_t}{(1+r_{t-1}) \cdot (1+r_t)}$$

$$= 0.$$

Q.e.d.

---

[1] Die Gesamtheit der Rechenschritte läßt sich formal durch einen Induktionsschluß von l auf l + 1 erfassen. Es soll jedoch davon abgesehen werden, neben t, τ, h und k noch einen fünften Zeitindex l einzuführen. Die Gültigkeit des Induktionsschlusses ist evident; man ersetze einfach in der Umformung der Untergrenzen von h + 1 nach h + 2 den Index h durch l – 1.

2. Induktiver Beweis der Zinsstruktur-Summenformel

Gezeigt werden soll die Behauptung

$$\sum_{\tau=1}^{t-1} \rho_\tau = \sum_{\tau=1}^{t-1} p_\tau \cdot \prod_{k=\tau}^{t-1} (1+r_k)^{-1} \qquad \forall\, t \geq 0$$

unter der alleinigen Voraussetzung von Satz 12, aus dem direkt folgt:

$$\sum_{\tau=1}^{t-1} r_t \cdot \rho_\tau + (1+r_t) \cdot \rho_t = p_t.$$

Beweis durch vollständige Induktion.

Induktionsverankerung. Die Behauptung ist für $t \leq 1$ trivial und für $t = 2$ wegen

$$\rho_1 = \frac{p_1}{1+r_1} \qquad \text{(nach Satz 12)}$$

erfüllt.

Induktionsvoraussetzung. Für ein festes, aber beliebiges $t \geq 0$ gelte die Behauptung.

Induktionsschluß von t auf t + 1.

$$\sum_{\tau=1}^{t} \rho_\tau$$

$$= \sum_{\tau=1}^{t-1} \rho_\tau + \rho_t$$

$$= \frac{(1+r_t) \cdot \sum_{\tau=1}^{t-1} \rho_\tau + (1+r_t) \cdot \rho_t}{1+r_t}$$

$$= \frac{\sum_{\tau=1}^{t-1} \rho_\tau}{1+r_t} + \frac{r_t \cdot \sum_{\tau=1}^{t-1} \rho_\tau + (1+r_t) \cdot \rho_t}{1+r_t}$$

$$= \frac{\sum_{\tau=1}^{t-1} \rho_\tau}{1+r_t} + \frac{p_t}{1+r_t} \qquad \text{(nach Satz 12)}$$

$$= \frac{\sum_{\tau=1}^{t-1} p_\tau \cdot \prod_{k=\tau}^{t-1} (1+r_k)^{-1}}{1+r_t} + \frac{p_t}{1+r_t} \qquad \text{(nach Induktionsvoraussetzung)}$$

$$= \sum_{\tau=1}^{t-1} p_\tau \cdot \prod_{k=\tau}^{t} (1+r_k)^{-1} + p_t \cdot \prod_{k=t}^{t} (1+r_k)^{-1}$$

$$= \sum_{\tau=1}^{t} p_\tau \cdot \prod_{k=\tau}^{t} (1+r_k)^{-1}.$$

Q.e.d.

3. Beweis der Wahlregeln bei unvollkommenem Kapitalmarkt

Im Unterabschnitt 4.2.4.2 sind drei Aussagen 1. bis 3. abgeleitet worden, deren Umkehrung den Satz 2 auf den unvollkommenen Kapitalmarkt überträgt.

Satz 27 **(Wahlregeln bei unvollkommenem Kapitalmarkt)**:

I. Ist der maximale vorkommende Kapitalwert C_{j*} positiv und j* eindeutig bestimmt, so wird das Objekt j* als einziges durchgeführt, und zwar in vollem Umfang.

II. Ist der maximale vorkommende Kapitalwert negativ, so wird keines der Objekte durchgeführt.

III. Ist der maximale vorkommende Kapitalwert C_{j*} null und j* eindeutig bestimmt, so wird keines der Objekte j mit $j \neq j*$ durchgeführt, und über Objekt j* selbst kann nicht dezentral entschieden werden.

IV. Ist der maximale vorkommende Kapitalwert weder negativ noch eindeutig bestimmt, so kann die Wahlentscheidung nicht dezentral getroffen werden, und es besteht die Möglichkeit, daß das *diskrete* Optimierungsproblem nicht mit einem relaxierten Ansatz lösbar ist (nachteilige Ganzzahligkeit).

Beweis.

I. Wegen $C_{j*} > 0$ kann nicht 1. und aufgrund der Eindeutigkeit nicht 3. gegeben sein. Also muß Fall 2. vorliegen: Nur Objekt j* wird durchgeführt. Aus $C_{j*} = \delta/d_0 > 0$ folgt sofort $\delta > 0$ und hieraus die restlose Ausschöpfung der Ausschlußbedingung (Komplementarität). Weil aber nur x_{j*} positiv ist, muß Objekt j* im vollen Umfang von 1 realisiert werden:

$$\left.\begin{array}{l} \sum_{j \in \mathfrak{J}} x_j = 1 \qquad \text{und} \\ x_j = 0 \ \forall \ j \in \mathfrak{J} \text{ mit } j \neq j* \end{array}\right\} \Rightarrow x_{j*} = 1.$$

II. In den Fällen 2. und 3. gibt es immer Objekte j mit $C_j \geq 0$. Es kann also nur 1. vorliegen, d.h., alle Objekte sind unvorteilhaft.

III. Aufgrund der Eindeutigkeit ist 3. ausgeschlossen. Entweder wird kein Objekt verwirklicht (1.) oder nur j* (2.). Die Wahlentscheidung gegen die Realisation aller anderen Objekte j mit $j \neq j*$ kann somit noch dezentral getroffen werden. Der

„Sieger" des Wahlvergleichs, Objekt j*, hat einen Kapitalwert von null und wird in üblicher Weise der Zentrale als potentielles Grenzobjekt gemeldet. Diese ermittelt seinen Umfang aus dem Intervall [0; 1], wie im Anschluß an Satz 25 beschrieben (Ungleichungssystem).

IV. In dieser Situation können die Fälle 2. und 3. und bei einem Kapitalwertmaximum von null auch noch der (problemlose) Fall 1. gegeben sein. Ein in der optimalen (relaxierten) Lösung befindliches Objekt besitzt zwingend den mehrfach vorkommenden maximalen Kapitalwert δ/d_0; vgl. 2. und 3. Dezentral verworfen werden können also nur diejenigen Objekte j mit $C_j < \delta/d_0$. Die übrigen sind an die Zentrale weiterzugeben, welche in ihrem Ungleichungssystem für die gemeldeten Objekte nun zusätzlich noch die Ausschlußbedingung $\Sigma\ x_j \leq 1$ zu berücksichtigen hat. Ist der mehrfach vorkommende Maximalkapitalwert δ/d_0 positiv, so folgt wegen $\delta > 0$ die volle Ausschöpfung der Ausschlußbedingung (Komplementarität). Diese ist dann der Zentrale als *Gleichungs*restriktion $\Sigma\ x_j = 1$ zu melden, wodurch *wenigstens* eines der mit dem gleichen positiven Kapitalwert gemeldeten Objekte in der optimalen Lösung enthalten sein muß (ist *genau* eines enthalten, dann also in vollem Umfang von 1). Auf jeden Fall löst die *Zentrale* das noch immer bestehende Wahlproblem! Dabei kann es vorkommen, daß keine Lösung existiert, in der *höchstens* eines der sich gegenseitig ausschließenden Objekte auftritt. Dann verursacht das Wahlproblem nachteilige Ganzzahligkeitsbedingungen. Die zu beweisenden Aussagen I. bis IV. gelten aber nur für die relaxierte Version des Wahlproblems. Unter nachteiligen Ganzzahligkeitsbedingungen gelingt eine Partialisierung der Wahlentscheidung im allgemeinen nicht. Vgl. dazu ausführlich Satz 28 und 29.

Satz 27 gilt unverändert auch dann, wenn die redundanten Obergrenzenrestriktionen $x_j \leq 1\ \forall\ j \in \mathfrak{J}_k$ nicht gestrichen werden und somit von $C_j = (\delta - \mu_j + u_j)/d_0$ auszugehen ist. Der Beweis läßt sich ganz analog führen, wobei nur zusätzlich die Komplementaritätsbeziehungen $s_j \cdot u_j = 0\ \forall\ j$ mit ihren Implikationen $x_j < x_j^{max} \Rightarrow u_j = 0$ und $u_j > 0 \Rightarrow x_j = x_j^{max}$ ausgenutzt werden müssen. Es kommt also für die Partialsteuerung mit Kapitalwerten nicht darauf an, ob das Simultanmodell die überflüssigen Obergrenzen enthält oder nicht.

4. Kapitalwertabschätzung für Normalzahlungsreihen

Zu zeigen ist der für die Relativierung des Dilemmas der wertmäßigen Kosten bedeutsame

Satz 36 **(Kapitalwertabschätzung für Normalzahlungsreihen)**:

Unter der Voraussetzung $i_{Ht} \leq i_t \leq i_{St} \ \forall \ t \in \{1, 2, ..., n\}$ treffen folgende Aussagen zu:

Eine Normalinvestition ist vorteilhaft, wenn ihr Kapitalwert auf Basis der Sollzinsfüße i_{St} positiv ist. Sie ist unvorteilhaft, wenn ihr Kapitalwert unter Verwendung der Habenzinsfüße i_{Ht} negativ ist. Eine Normalfinanzierung ist vorteilhaft, wenn ihr Kapitalwert auf Basis der Habenzinsfüße i_{Ht} positiv ist. Sie ist unvorteilhaft, wenn ihr Kapitalwert unter Verwendung der Sollzinsfüße i_{St} negativ ist.

Beweis. Nach Definition der Normalzahlungsreihe ist τ der Zeitpunkt des „Vorzeichenwechsels". Es gilt nach Voraussetzung (vgl. 4.2.6.2.2) $1 + i_t > 0$ und $\rho_t > 0 \ \forall \ t$. Betrachtet wird die Kapitalwertfunktion $C = f(i_1, i_2, ..., i_n)$.

$$C = \sum_{t=0}^{n} g_t \cdot \rho_t$$

$$= \sum_{t=0}^{k-1} g_t \cdot \rho_t + \sum_{t=k}^{n} g_t \cdot \frac{\rho_t}{\rho_k} \cdot \rho_k$$

$$= \sum_{t=0}^{k-1} g_t \cdot \rho_t + \sum_{t=k}^{n} g_t \cdot \frac{\rho_t}{\rho_k} \cdot \frac{\rho_{k-1}}{1+i_k}$$

$$= \underbrace{\sum_{t=0}^{k-1} g_t \cdot \rho_t}_{a} + \underbrace{\sum_{t=k}^{n} g_t \cdot \prod_{h=k+1}^{t} \frac{\rho_{k-1}}{1+i_h}}_{b} \cdot \frac{1}{1+i_k}$$

$$\Leftrightarrow \quad C = a + \frac{b}{1+i_k}.$$

Die Terme a und b hängen nicht vom Zinssatz i_k ab. Mithin gilt für die partielle Ableitung:[1]

$$\frac{\partial C}{\partial i_k} = -\frac{b}{(1+i_k)^2}.$$

A. Normalinvestition.

a) Für $n \geq k \geq \tau$ ist $b > 0$ wegen $g_t \geq 0 \; \forall \; t \geq \tau$ und $g_n > 0$. Die partielle Ableitung ist negativ, d.h., C fällt mit steigendem i_k streng monoton.

b) Für $1 \leq k < \tau$ enthält die Summe b auch nichtpositive g_t, und es sind zwei Fälle zu unterscheiden:

Fall 1. $C \geq 0$. Wegen $g_t \leq 0 \; \forall \; t < \tau$ und $g_0 < 0$ gilt $a < 0$. Nach Annahme ist C nichtnegativ, und deshalb muß $b > 0$ sein. Dann ist die partielle Ableitung negativ, d.h., C fällt mit steigendem i_k streng monoton.

Fall 2. $C < 0$. Keine Aussage über das Vorzeichen von b und die Monotonie von C (vgl. Beispiel 2 zu Satz 36).

c) Berechnung des Kapitalwerts mit den größtmöglichen Steuerungszinsfüßen, d.h. den Sollzinsfüßen i_{St}. Ist der errechnete Wert *positiv*, so gilt in seiner Umgebung $C > 0$, woraus folgt, daß die Kapitalwertfunktion bei Senkung der Zinssätze streng monoton steigt (a) und b), Fall 1) und C in der Umgebung des Ausgangspunkts erst recht positiv ist. Jede Senkung der i_t erhöht deshalb auch hier stets den Kapitalwert, und jede Erhöhung in Richtung auf den Ausgangspunkt senkt C. Also markiert der Ausgangspunkt das absolute Minimum der Kapitalwertfunktion, welches demnach *ebenfalls positiv* ist. Falls umgekehrt der minimale Kapitalwert *positiv* ist, so kann natürlich auch der errechnete Wert nur *positiv* sein und stimmt, wie gezeigt, mit dem Kapitalwertminimum überein.

Insgesamt ist gezeigt:	{minimaler C ist > 0}	$\Leftrightarrow$	{C auf Basis der i_{St} ist > 0}.
$\Rightarrow$ Umkehrung:	{minimaler C ist $\leq$ 0}	$\Leftrightarrow$	{C auf Basis der i_{St} ist $\leq$ 0}.

d) Berechnung des Kapitalwerts mit den kleinstmöglichen Steuerungszinsfüßen, d.h. den Habenzinsfüßen i_{Ht}. Ist der maximale Kapitalwert *nichtnegativ*, so gilt in sei-

[1] Die Betrachtung der *einzelnen* partiellen Ableitungen reicht aus. Sind alle Elemente des Gradienten negativ, so sind auch alle Richtungsableitungen kleiner als null, die eine *gleichzeitige Erhöhung* mehrerer Zinsfüße i_k vorsehen. Die Richtungsableitung ist das Skalarprodukt aus normierter Änderungsrichtung (Vektor mit positiven Komponenten) und Gradient (Vektor der negativen partiellen Ableitungen). Vgl. *FORSTER*, Analysis 2 (1984), S. 50 f. Ergebnis: Eine Erhöhung der Zinsfüße i_k senkt den Kapitalwert, wenn alle partiellen Ableitungen negativ sind.

ner Umgebung (mindestens aber an der Stelle selbst) C ≥ 0, woraus folgt, daß die Kapitalwertfunktion bei steigenden Zinssätzen i_t streng monoton fällt (a) und b), Fall 1). Der mit den kleinsten Zinsfüßen i_{Ht} errechnete Wert stimmt deshalb mit dem Kapitalwertmaximum überein und ist folglich *ebenfalls nichtnegativ*. Wenn umgekehrt der errechnete Wert *nichtnegativ* ist, muß auch der maximale Kapitalwert *nichtnegativ* sein und, wie gezeigt, mit dem errechneten Wert übereinstimmen.

Damit gilt: {maximaler C ist ≥ 0} ⇔ {C auf Basis der i_{Ht} ist ≥ 0}.
{maximaler C ist < 0} ⇔ {C auf Basis der i_{Ht} ist < 0}.

Das Kriterium für einen mit Sicherheit positiven (bzw. negativen) Kapitalwert ist also *notwendig und hinreichend*. Die beiden entscheidenden Implikationen seien nochmals herausgegriffen:

C mit i_{St} ist > 0 ⇒ minimaler C ist > 0 ⇒ C > 0 Normalinvestition ist vorteilhaft!
C mit i_{Ht} ist < 0 ⇒ maximaler C ist < 0 ⇒ C < 0 Normalinvestition ist unvorteilhaft!

B. Normalfinanzierung.

Der Beweis läßt sich analog führen. Kürzer ist jedoch das folgende Vorgehen: Durch Multiplikation mit −1 resultiert die Zahlungsreihe einer Normalinvestition, deren Kapitalwert dem negativen Kapitalwert der Normalfinanzierung entspricht. Ist der Kapitalwert der Normalinvestition immer positiv (negativ), so ist derjenige der Normalfinanzierung immer negativ (positiv). Die zuletzt notierten Implikationen müssen daher lediglich uminterpretiert werden. Sei C der Kapitalwert der Normalfinanzierung, dann ist −C der Kapitalwert der zugehörigen Normalinvestition.

−C mit i_{St} ist > 0 ⇒ −C > 0 Normalinvestition ist vorteilhaft!
−C mit i_{Ht} ist < 0 ⇒ −C < 0 Normalinvestition ist unvorteilhaft!

Durch Multiplikation der Ungleichungen mit −1 resultieren sofort die Abschätzungen für die Normalfinanzierungen:

C mit i_{St} ist < 0 ⇒ C < 0 Normalfinanzierung ist unvorteilhaft!
C mit i_{Ht} ist > 0 ⇒ C > 0 Normalfinanzierung ist vorteilhaft!

Q.e.d.

5. Kapitalwertextrema

Zu zeigen ist der für die Relativierung des Dilemmas der wertmäßigen Kosten bedeutsame

Satz 37 **(Kapitalwertextrema)**:

Unter der Voraussetzung $i_{Ht} \leq i_t \leq i_{St}$ $\forall$ $t \in \{1, 2, \ldots, n\}$ läßt sich das Kapitalwertmaximum (bzw. Kapitalwertminimum) rekursiv ermitteln, indem zeitlich von hinten nach vorn periodensukzessiv abgezinst und addiert wird, wobei positive Zwischensummen mit i_{Ht} (bzw. i_{St}) und negative mit i_{St} (bzw. i_{Ht}) zu diskontieren sind.

Beweis durch vollständige Induktion.

Induktionsverankerung. Die Behauptung gilt für die Berücksichtigung des Überschusses g_n, denn jeder Kapitalwert wird *ceteris paribus* maximal (bzw. minimal), wenn ein positives g_n mit i_{Hn} (bzw. i_{Sn}) und ein negatives g_n mit i_{Sn} (bzw. i_{Hn}) auf $t = n - 1$ abgezinst wird.

Induktionsvoraussetzung. Für ein festes, aber beliebiges $k + 1$ gelte die Behauptung, d.h., die Diskontierungsregel von Satz 37 führt zum maximalen (bzw. minimalen) Kapitalwertbeitrag der Zahlungen zwischen $t = k + 1$ und $t = n$.

Induktionsschluß von $k + 1$ auf k. Nach Induktionsvoraussetzung sind die kapitalwertoptimierenden Steuerungszinssätze i_t für die Perioden $k + 1$ bis n gemäß Satz 37 zu bestimmen. Kommt nun der Überschuß g_k hinzu, ergibt sich der maximale (bzw. minimale) Kapitalwertbeitrag der Zahlungen zwischen $t = k$ und $t = n$ dadurch, daß der schon berechnete maximale (bzw. minimale) Ertragswert zum Zeitpunkt k um die Zahlung g_k vermehrt und wie folgt weiter abgezinst wird: Ist die resultierende Summe positiv, so wird der Kapitalwert *ceteris paribus* (d.h. ohne Rücksicht auf die Höhe von i_1 bis i_{k-1}) maximal (bzw. minimal), wenn die Summe in der Periode k mit $i_k = i_{Hk}$ (bzw. i_{Sk}) auf $t = k - 1$ abgezinst wird. Ist die resultierende Summe hingegen negativ, so wird der Kapitalwert *ceteris paribus* maximal (bzw. minimal), wenn die Summe in der Periode k mit $i_k = i_{Sk}$ (bzw. i_{Hk}) auf $t = k - 1$ abgezinst wird.

Sobald der Induktionsschluß $k = 1$ erreicht hat, sind mit dieser Argumentation alle der Abzinsung unterliegenden Zahlungen $g_n, g_{n-1}, \ldots, g_t, \ldots, g_1$ erfaßt worden, und zwar nacheinander jeweils in der Weise, daß der bisherige Kapitalwertbeitrag durch Abzinsung mit dem jeweils günstigsten i_t der Periode t optimiert wurde. Insgesamt ist also am Ende der Induktionskette der Gesamtkapitalwert über alle n Perioden von n bis 1 optimiert.

6. Herleitung des allgemeinen Simplextableaus

Das im Unterabschnitt 5.3.1.3.1 aufgestellte Ausgangstableau der Simplexmethode lautet:

BV	x_0	$\mathbf{x}^T$	$\mathbf{s}^T$	RS
x_0	1	$-\mathbf{c}^T$	$\mathbf{0}^T$	b_0
$\mathbf{s}$	$\mathbf{0}$	$\mathbf{A}$	$\mathbf{E}$	$\mathbf{b}$

Die Nichtbasisvariablen des Optimaltableaus seien in irgendeiner Reihenfolge zu einem Vektor **u** zusammengefaßt, die zugehörigen Spalten des Ausgangstableaus zur Matrix **F** und ihre Zielfunktionsbeiträge zum Vektor **f**. Sortiert man also die Spalten des *Ausgangstableaus* nach den BV bzw. NBV des *Optimaltableaus*, ergibt sich das folgende *äquivalente* Ausgangstableau:

BV	x_0	$\mathbf{v}^T$	$\mathbf{u}^T$	RS
x_0	1	$-\mathbf{d}^T$	$-\mathbf{f}^T$	b_0
$\mathbf{s}$	$\mathbf{0}$	$\mathbf{D}$	$\mathbf{F}$	$\mathbf{b}$

Das Optimaltableau besitzt ebenfalls kanonische Form und ist annahmegemäß nicht mehr nach den Variablen **s**, sondern nach **v** aufgelöst. Hierzu muß das vorstehende Ausgangstableau von links mit der Matrix

$$\begin{pmatrix} 1 & \mathbf{d}^T\mathbf{D}^{-1} \\ \mathbf{0} & \mathbf{D}^{-1} \end{pmatrix}$$

multipliziert werden.[1] Es resultiert das Optimaltableau:

BV	x_0	$\mathbf{v}^T$	$\mathbf{u}^T$	RS
x_0	$1 + \mathbf{d}^T\mathbf{D}^{-1}\mathbf{0}$	$-\mathbf{d}^T + \mathbf{d}^T\mathbf{D}^{-1}\mathbf{D}$	$-\mathbf{f}^T + \mathbf{d}^T\mathbf{D}^{-1}\mathbf{F}$	$b_0 + \mathbf{d}^T\mathbf{D}^{-1}\mathbf{b}$
$\mathbf{v}$	$\mathbf{D}^{-1}\mathbf{0}$	$\mathbf{D}^{-1}\mathbf{D}$	$\mathbf{D}^{-1}\mathbf{F}$	$\mathbf{D}^{-1}\mathbf{b}$

[1] Die Multiplikation mit einer invertierbaren Matrix entspricht den üblichen *elementaren Zeilentransformationen* durch Simplexschritte. Vgl. *FISCHER*, Lineare Algebra (1986), S. 94 f.

Voll ausgerechnet ergibt sich:

BV	x_0	$\mathbf{v}^T$	$\mathbf{u}^T$	RS
x_0	1	$\mathbf{0}^T$	$\mathbf{d}^T\mathbf{D}^{-1}\mathbf{F} - \mathbf{f}^T$	$\mathbf{d}^T\mathbf{D}^{-1}\mathbf{b} + b_0$
$\mathbf{v}$	$\mathbf{0}$	$\mathbf{E}$	$\mathbf{D}^{-1}\mathbf{F}$	$\mathbf{D}^{-1}\mathbf{b}$

Das System ist – wie erwartet – nach den Basisvariablen $\mathbf{v}$ aufgelöst und in kanonischer Form. Mit $\mathbf{u} = \mathbf{0}$ resultiert $\mathbf{v} = \mathbf{D}^{-1}\mathbf{b}$ und $x_0 = \mathbf{d}^T\mathbf{D}^{-1}\mathbf{b} + b_0$. Stellt man durch Umsortieren im vorletzten Tableau wieder die ursprüngliche Reihenfolge der Spalten her, lautet das Optimaltableau:

BV	x_0	$\mathbf{x}^T$	$\mathbf{s}^T$	RS
x_0	1	$-\mathbf{c}^T + \mathbf{d}^T\mathbf{D}^{-1}\mathbf{A}$	$\mathbf{0}^T + \mathbf{d}^T\mathbf{D}^{-1}\mathbf{E}$	$b_0 + \mathbf{d}^T\mathbf{D}^{-1}\mathbf{b}$
$\mathbf{v}$	$\mathbf{0}$	$\mathbf{D}^{-1}\mathbf{A}$	$\mathbf{D}^{-1}\mathbf{E}$	$\mathbf{D}^{-1}\mathbf{b}$

Dies ist gleichwertig mit:

BV	x_0	$\mathbf{x}^T$	$\mathbf{s}^T$	RS
x_0	1	$\mathbf{d}^T\mathbf{D}^{-1}\mathbf{A} - \mathbf{c}^T$	$\mathbf{d}^T\mathbf{D}^{-1}$	$\mathbf{d}^T\mathbf{D}^{-1}\mathbf{b} + b_0$
$\mathbf{v}$	$\mathbf{0}$	$\mathbf{D}^{-1}\mathbf{A}$	$\mathbf{D}^{-1}$	$\mathbf{D}^{-1}\mathbf{b}$

Q.e.d.

7. Wertmäßige Deckungsspanne als Kapitalwertentsprechung

In diesem abschließenden Exkurs soll die investitionstheoretische Lenkpreissteuerung nach dem Kapitalwertkriterium noch kurz in einen größeren betriebswirtschaftlichen Zusammenhang eingeordnet werden. Genau so, wie sich durch Anwendung der Differentialrechnung viele verschiedene theoretische Entscheidungsprobleme von der Beschaffungs- und Produktionsplanung (z.B. Grundmodell der optimalen Bestellmenge bzw. optimalen Losgröße) bis hin zur Absatzwirtschaft (z.B. Grundmodell der Preispolitik im Monopol) lösen lassen,[1] hat auch die im Kapitel 4 herangezogene Dualitätstheorie der linearen Optimierung mannigfaltige weitere Anwendungsfelder. Das Optimalitätsprinzip der Komplementaritätsbeziehungen, die lenkpreisbasierten dezentralen Entscheidungsregeln und leider auch das Dilemma der Lenkpreistheorie tauchen ebenfalls in vielen anderen betrieblichen Zusammenhängen abseits der Investitionstheorie auf.

Die breite betriebswirtschaftliche Anwendbarkeit der in diesem Werk vorgeführten methodischen Zusammenhänge sei im folgenden am Beispiel der operativen Produktionsprogrammplanung demonstriert. Es zeigt sich, daß dieses aus der Produktionswirtschaft wohlbekannte Grundmodell dem oben im Abschnitt 4.2.2 analysierten, ursprünglich auf HAX und WEINGARTNER zurückgehenden Modell der simultanen Investitions- und Finanzplanung im wesentlichen strukturgleich ist. Die Rolle der endogenen Grenzzinsfüße als entscheidungsorientierte *Lenkpreise* des knappen Kapitals übernehmen dabei die Grenzgewinne der knappen Produktionsfaktoren, und dem Entscheidungskriterium *Kapitalwert* eines Objekts entspricht die *wertmäßige Deckungsspanne* eines Produkts.[2]

Zugrunde gelegt sei das (auch aus der Unternehmensforschung bekannte) Modell der operativen Produktionsprogrammplanung mit mehreren Produkten, ihren zugeordneten Absatzhöchstgrenzen sowie mehreren potentiellen Kapazitätsengpässen verschiedener Produktionsfaktoren.[3] Als knappe Produktionsfaktoren oder Hilfsquellen (Ressourcen) kommen z.B. verfügbare Arbeitsstunden an Maschinen oder Lagerbestände von Roh-, Hilfs- und Betriebsstoffen in Frage.[4] Durch abschnittsweises Linearisieren

---

[1] Vgl. rein exemplarisch die vielen Erstsemester-Aufgabentypen in *HERING/TOLL*, BWL-Klausuren (2015), welche mit Hilfe der aus der gymnasialen Oberstufe bekannten Differentialrechnung einer Variablen durch Nullsetzen der ersten Ableitung lösbar sind.

[2] Vgl., im folgenden sehr eng angelehnt, *HERING*, Produktionsfaktoren (2002), S. 60-64.

[3] Zum Grundmodell der operativen Produktionsprogrammplanung vgl. z.B. *DANTZIG*, Lineare Programmierung (1966), S. 58 ff., *ADAM*, Planung und Entscheidung (1996), S. 460 ff., *ROLLBERG*, Controlling (2012), S. 74 ff.

[4] Potentialfaktoren (z.B. Maschinen, Anlagen) werden im (statischen) Grundmodell nicht berücksichtigt, da für sie bereits der Zeitablauf mit abzubilden wäre und somit sofort ein kombiniertes Investitions-, Finanzierungs- und Produktionsprogrammplanungsmodell entstünde.

lassen sich mit dieser Modellierung auch Preisabsatzfunktionen angenähert abbilden.[1] Das Rahmenprogramm des nach Gewinnmaximierung strebenden Betriebes umfasse m Produkte, deren optimale Fertigungsmengen x_j für den Planungszeitraum unter K potentiellen Kapazitätsengpässen (Faktorbestände b_k) zu ermitteln sind. Das Produkt j besitzt die Deckungsspanne (Deckungsbeitrag pro Stück) DS_j und den kapazitätsbezogenen Produktionskoeffizienten PK_{jk} im Hinblick auf den potentiellen Engpaßfaktor k. Für jedes Produkt kann eine Absatzhöchstgrenze x_j^{max} gegeben sein. Dann lautet der lineare Ansatz zur Ermittlung des maximalen Deckungsbeitrags DB:

$$\text{max. DB; DB} := \sum_{j=1}^{m} DS_j \cdot x_j$$

$$\sum_{j=1}^{m} PK_{jk} \cdot x_j \leq b_k \qquad \forall\ k \in \{1, 2, \ldots, K\}$$

$$x_j \leq x_j^{max} \qquad \forall\ j \in \{1, 2, \ldots, m\}$$

$$x_j \geq 0 \qquad \forall\ j \in \{1, 2, \ldots, m\}$$

Schlupfvariable y_k für die Kapazitäten und s_j für die Absatzschranken seien wie folgt definiert:

$$\sum_{j=1}^{m} PK_{jk} \cdot x_j + y_k = b_k \qquad \forall\ k \in \{1, 2, \ldots, K\}$$

$$x_j + s_j = x_j^{max} \qquad \forall\ j \in \{1, 2, \ldots, m\}$$

Das Dualproblem zum linearen Optimierungsansatz „max. DB“ minimiert den Wert des Faktoreinsatzes (Faktorwert, FW) und impliziert eine pretiale Lenkung durch wertmäßige Deckungsspannen auf der Grundlage von Faktoropportunitätskosten (Schattenpreisen, Grenzgewinnen). Es liest sich wie folgt:

---

1 Vgl. z.B. *JACOB*, Produktions- und Absatzprogrammplanung (1990), S. 571 f.

$$\min.\ FW;\ FW := \sum_{k=1}^{K} b_k \cdot g'_k + \sum_{j=1}^{m} x_j^{max} \cdot u_j$$

$$\sum_{k=1}^{K} PK_{jk} \cdot g'_k + u_j \geq DS_j \qquad \forall\ j \in \{1, 2, \ldots, m\}$$

$$g'_k \geq 0 \qquad \forall\ k \in \{1, 2, \ldots, K\}$$

$$u_j \geq 0 \qquad \forall\ j \in \{1, 2, \ldots, m\}$$

Nach Einführung von dualen Schlupfvariablen μ_j lesen sich die produktbezogenen Restriktionen als:

$$\sum_{k=1}^{K} PK_{jk} \cdot g'_k + u_j - \mu_j = DS_j \qquad \forall\ j \in \{1, 2, \ldots, m\}$$

$\Leftrightarrow$

$$u_j = \underbrace{DS_j - \sum_{k=1}^{K} PK_{jk} \cdot g'_k}_{\substack{\text{Wertmäßige Deckungsspanne} \\ \text{des Produkts j} \\ WDS_j}} + \mu_j \qquad \forall\ j \in \{1, 2, \ldots, m\}$$

Die Dualvariablen g'_k entsprechen den Grenzgewinnen (Schattenpreisen) der Produktionsfaktoren k, so daß der Ausdruck

$$WDS_j := DS_j - \sum_{k=1}^{K} PK_{jk} \cdot g'_k$$

als *wertmäßige Deckungsspanne* (WDS_j) des Produkts j interpretierbar ist. Von der *pagatorischen Deckungsspanne* DS_j werden noch die Opportunitätskosten (Grenzgewinne) der durch das Produkt j in Anspruch genommenen Ressourcen abgezogen, um zur WDS_j zu gelangen. Die Grenzgewinne der knappen Faktoren erfüllen als Schattenpreise die Lenkungsfunktion, sind also optimale Geltungszahlen im Sinne der pretialen Lenkung[1] nach SCHMALENBACH. Dies ergibt sich unmittelbar aus dem dualitätstheoretischen Satz vom komplementären Schlupf, dem zufolge die nachstehenden *Komplementaritätsbeziehungen* notwendig und hinreichend für die Optimalität zuläs-

[1] Vgl. oben, Kapitel 1.

siger Lösungen des primalen Ansatzes „max. DB“ und des dualen Ansatzes „min. FW“ sind:[1]

$$x_j \cdot \mu_j = 0 \qquad \forall \ j \in \{1, 2, \ldots, m\}$$

und

$$s_j \cdot u_j = 0 \qquad \forall \ j \in \{1, 2, \ldots, m\}$$

und

$$y_k \cdot g'_k = 0 \qquad \forall \ k \in \{1, 2, \ldots, K\}.$$

Aus der Gültigkeit der Komplementaritätsbeziehungen im Optimum ergibt sich die nachstehende *Lenkpreissteuerung*:[2]

I. Voll vorteilhafte Produkte haben eine nichtnegative wertmäßige Deckungsspanne.

Wenn ein Produkt im Umfang der Absatzhöchstgrenze zu fertigen ist, muß seine wertmäßige Deckungsspanne größer oder gleich null sein. Es gilt nämlich wegen $x_j = x_j^{max} > 0$ aufgrund der Komplementarität $x_j \cdot \mu_j = 0$ zwangsläufig $\mu_j = 0$ und darum weiter wegen $u_j \geq 0$

$$u_j = DS_j - \sum_{k=1}^{K} PK_{jk} \cdot g'_k = WDS_j \geq 0.$$

II. Grenzprodukte haben eine wertmäßige Deckungsspanne von null.

Wenn ein Produkt zwar gefertigt wird, aber seine Absatzgrenze nicht ausschöpft, folgt aus $x_j > 0$ und $s_j > 0$ aus Komplementaritätsgründen sofort $\mu_j = 0$ und $u_j = 0$, mithin

$$DS_j - \sum_{k=1}^{K} PK_{jk} \cdot g'_k = WDS_j = 0.$$

III. Nachteilige Produkte haben eine nichtpositive wertmäßige Deckungsspanne.

Wenn ein Produkt im optimalen Produktionsprogramm nicht zu fertigen ist, muß seine wertmäßige Deckungsspanne kleiner oder gleich null sein. Es gilt nämlich

---

1 Vgl. die formale Analogie zur Investitionstheorie, hier Satz 24.

2 Vgl. erneut die formale Analogie zur Investitionstheorie, hier die Herleitung und ökonomische Deutung von Satz 25.

wegen $x_j = 0$ auch $s_j = x_j^{max} > 0$ und aufgrund der Komplementarität $s_j \cdot u_j = 0$ zwingend $u_j = 0$ und darum weiter wegen $\mu_j \geq 0$

$$-\mu_j = DS_j - \sum_{k=1}^{K} PK_{jk} \cdot g'_k = WDS_j \leq 0.$$

Aus der Umkehrung der Aussagen I., II. und III. resultiert, daß eine positive wertmäßige Deckungsspanne den Schluß auf volle Vorteilhaftigkeit und eine negative wertmäßige Deckungsspanne den auf Nachteiligkeit des Produkts erlaubt. Eine wertmäßige Deckungsspanne von null läßt im reinen Partialmodell, d.h. ohne Betrachtung der anderen Produkte und der verfügbaren Faktorkapazitäten, keinen Schluß auf den optimalen Produktionsumfang zu.

IV. Überschußfaktoren haben einen Grenzgewinn von null.

Ist ein Faktor in der optimalen Lösung im Überfluß vorhanden, gilt also $y_k > 0$, so liefert die Komplementaritätsbedingung $y_k \cdot g'_k = 0$ sofort das Resultat $g'_k = 0$.

V. Ein positiver Grenzgewinn deutet auf einen wirksamen Engpaß hin.

Aus $y_k \cdot g'_k = 0$ ergibt sich bei $g'_k > 0$ die Behauptung $y_k = 0$ (kein Schlupf).

Gemäß der Dualitätstheorie stimmen die optimalen Zielfunktionswerte von Primal- und Dualproblem überein. Es gilt also in der optimalen Lösung DB = FW und damit folgende alternative Kalkulationsformel für den maximalen Gesamtdeckungsbeitrag:

$$DB = \sum_{j=1}^{m} DS_j \cdot x_j = \sum_{k=1}^{K} b_k \cdot g'_k + \sum_{j=1}^{m} x_j^{max} \cdot u_j = \sum_{k=1}^{K} b_k \cdot g'_k + \sum_{WDS_j > 0} x_j^{max} \cdot WDS_j.$$

Der Deckungsbeitrag setzt sich also zusammen aus den wertmäßigen Deckungsbeiträgen der vollständig vorteilhaften Produkte (vgl. Lenkpreissteuerung, Fall I.) und den Grenzgewinnen der gesamten Faktorbestände (duale Kalkulation).

Beispiel. Es sei von der in Tabelle A-1 gezeigten Datensituation mit vier Produkten und drei potentiellen Engpässen ausgegangen (ZE = Zeiteinheiten, ME = Mengeneinheiten, FE = Faktoreinheiten):[1]

---

1 Das Beispiel ist bereits abgedruckt in *ADAM*, Planung und Entscheidung (1996), S. 460 ff., *HERING*, Kalkulation von Preisgrenzen (2010).

Produkte $j \in \{1, 2, 3, 4\}$ Faktoren $k \in \{A, B, R\}$	1	2	3	4	maximale Kapazität b_k
PK_{jA} (Maschine A) [ZE/ME]	2	4	–	–	160 [ZE]
PK_{jB} (Maschine B) [ZE/ME]	–	–	3	5	160 [ZE]
PK_{jR} (Rohstoff R) [FE/ME]	1	2	2	3	180 [FE]
Deckungsspanne DS_j [DM/ME]	5	4	3	2	
Absatzgrenze x_j^{max} [ME]	40	∞	60	∞	

Tabelle A-1: Daten des Beispiels zur Produktionsprogrammplanung

Zu maximieren ist der Deckungsbeitrag DB unter den Nebenbedingungen, die verfügbaren Kapazitäten A, B und R sowie die Absatzobergrenzen einzuhalten.

$$\max.\ DB;\ DB := 5\,x_1 + 4\,x_2 + 3\,x_3 + 2\,x_4$$

$$2\,x_1 + 4\,x_2 \leq 160 \quad (y_A)$$

$$3\,x_3 + 5\,x_4 \leq 160 \quad (y_B)$$

$$x_1 + 2\,x_2 + 2\,x_3 + 3\,x_4 \leq 180 \quad (y_R)$$

$$x_1 \leq 40 \quad (s_1)$$

$$x_3 \leq 60 \quad (s_3)$$

$$x_1, x_2, x_3, x_4 \geq 0$$

Hinter den Nebenbedingungen stehen in Klammern die Bezeichnungen der zugehörigen Schlupfvariablen, welche die Ungleichungen durch Addition zur jeweiligen linken Seite in Gleichungen überführen. Nach drei Simplexschritten ergibt sich das Optimaltableau der Tabelle A-2.

BV	x_4	y_A	y_R	s_1	RS
DB	5/2	1/4	3/2	3	430
x_2		1/4		–1/2	20
y_B	1/2	3/4	–3/2		10
x_3	3/2	–1/4	1/2		50
x_1				1	40
s_3	–3/2	1/4	–1/2		10

Tabelle A-2: Optimaltableau des Beispiels zur Produktionsprogrammplanung

Es gilt also im (primalen) Optimum:

DB = 430 mit $x_1 = 40$, $x_2 = 20$, $x_3 = 50$, $x_4 = 0$, $y_A = 0$, $y_B = 10$, $y_R = 0$, $s_1 = 0$, $s_3 = 10$.

Aus den optimalen Dualwerten ist ablesbar:

$g'_A = 1/4,\ g'_B = 0,\ g'_R = 3/2,$

$WDS_1 = u_1 = 3,\ WDS_2 = 0,\ WDS_3 = 0,\ WDS_4 = -\mu_4 = -5/2.$

Für den Deckungsbeitrag besteht alternativ zur *primalen* Zielfunktions-Formel

$$DB = \sum_{j=1}^{m} DS_j \cdot x_j = 5 \cdot 40 + 4 \cdot 20 + 3 \cdot 50 + 2 \cdot 0 = 430$$

die *duale* Kalkulationsmöglichkeit (aus der dualen Zielfunktion)

$$DB = \sum_{k=1}^{K} b_k \cdot g'_k + \sum_{WDS_j > 0} x_j^{max} \cdot WDS_j$$

$$= 160 \cdot 1/4 + 160 \cdot 0 + 180 \cdot 3/2 + 40 \cdot 3 = 430.$$

Die wichtigsten strukturellen Parallelen zwischen der simultanen Investitions- und Finanzplanung sowie der operativen Produktionsprogrammplanung faßt Tabelle A-3 abschließend zusammen.

Strukturvergleich	**Simultane Investitions- und Finanzplanung** (Unterkapitel 4.2)	**Operative Produktions-programmplanung** (Anhang 7.)
Zielfunktion	max. Vermögen oder Einkommen	max. Deckungs-beitrag
Hauptrestriktionen	Liquidität	Faktorengpässe
Variable	Objekte	Produkte
Lenkpreise	endogene Grenz-zinsfüße	Grenzgewinne der Faktoren
Entscheidungskriterium für die Partialsteuerung	Kapitalwert	wertmäßige Deckungsspanne
Zeitbezug	dynamisch	statisch

Tabelle A-3: Vergleich zweier im wesentlichen strukturgleicher Modelle

Literaturverzeichnis

Literaturverzeichnis

ADAM, D. (Restwerte): Die Bedeutung der Restwerte von Investitionsobjekten für die Investitionsplanung in Teilperioden, in: ZfB, 38. Jg. (1968), S. 391-408.

ADAM, D. (Kostenbewertung): Entscheidungsorientierte Kostenbewertung, Wiesbaden 1970.

ADAM, D. (Zielfunktionen): Äquivalente Zielfunktionen in Modellen zur simultanen Investitions- und Finanzplanung, in: WISU, 8. Jg. (1979), S. 179-183, 233-237 und 285-287.

ADAM, D. (Heuristische Vorgehensweisen): Planung in schlechtstrukturierten Entscheidungssituationen mit Hilfe heuristischer Vorgehensweisen, in: BFuP, 35. Jg. (1983), S. 484-494.

ADAM, D. (Heuristische Planung): Planung, heuristische, in: *SZYPERSKI, N.* (Hrsg.), Handwörterbuch der Planung, Stuttgart 1989, Sp. 1414-1419.

ADAM, D. (Planung und Entscheidung): Planung und Entscheidung, 4. Aufl., Wiesbaden 1996.

ADAM, D. (Produktion): Produktions-Management, 9. Aufl., Wiesbaden 1998.

ADAM, D. (Investitionscontrolling): Investitionscontrolling, 3. Aufl., München/Wien 2000.

ADAM, D., BRAUCKSCHULZE, U. (Kapitalbudgetierung): Probleme der Kapitalbudgetierung mit Hilfe der Schnittpunktlösung nach Dean, Veröffentlichungen des Instituts für industrielle Unternehmensforschung der Universität Münster, Hrsg. *D. ADAM*, Nr. 7, Münster 1984.

ADAM, D., HERING, TH., JOHANNWILLE, U. (Prognosequalität): Analyse der Prognosequalität impliziter Terminzinssätze, in: ZfB, 65. Jg. (1995), S. 1405-1422.

ADAM, D., HERING, TH., SCHLÜCHTERMANN, J. (Lenkpreistheorie): Marktzinsmethode, Lenkpreistheorie und klassische Investitionsrechnung, in: ZfbF, 45. Jg. (1993), S. 786-790.

ADAM, D., HERING, TH., SCHLÜCHTERMANN, J. (Partialmodell): Die Eignung der Marktzinsmethode als Partialmodell zur Beurteilung der Vorteilhaftigkeit von Investitionen, in: DBW, 54. Jg. (1994), S. 775-786.

ADAM, D., SCHLÜCHTERMANN, J., HERING, TH. (Marktorientierte Kalkulationszinsfüße): Zur Verwendung marktorientierter Kalkulationszinsfüße in der Investitionsrechnung, in: ZfB, 64. Jg. (1994), S. 115-119.

ADAM, D., SCHLÜCHTERMANN, J., HERING, TH. (Letzter Versuch): Marktzinsmethode: Ein letzter Versuch, in: ZfB, 64. Jg. (1994), S. 787-790.

ADAM, D., SCHLÜCHTERMANN, J., UTZEL, C. (Marktzinsmethode): Zur Eignung der Marktzinsmethode für Investitionsentscheidungen, in: ZfbF, 45. Jg. (1993), S. 3-18.

ALBACH, H. (Investition und Liquidität): Investition und Liquidität, Wiesbaden 1962.

ALBACH, H. (Investitionsbudget bei Unsicherheit): Das optimale Investitionsbudget bei Unsicherheit, in: ZfB, 37. Jg. (1967), S. 503-518.

ALBACH, H. (Investitionsrechnungen bei Unsicherheit): Investitionsrechnungen bei Unsicherheit, in: *BÜSCHGEN, H.E.* (Hrsg.), Handwörterbuch der Finanzwirtschaft, Stuttgart 1976, Sp. 893-908.

ALTROGGE, G. (Rentabilitätskennziffern): Zur Beurteilung einzelner Investitionen durch Rentabilitätskennziffern und Volumenangaben, in: ZfB, 43. Jg. (1973), S. 663-680.

ALTROGGE, G. (Interner Zinsfuß): Investitionen und interner Zinsfuß, in: WISU, 6. Jg. (1977), S. 401-406.

ALTROGGE, G. (Dynamische Rentabilitätsmaße): Zur Diskussion dynamischer Rentabilitätsmaße als investitionsrechnerische Vorteilskriterien, in: ZfB, 62. Jg. (1992), S. 101-105.

ALTROGGE, G. (Nutzungsdauer): Kriterien der Nutzungsdauer von Investitionsprojekten, in: WISU, 21. Jg. (1992), S. 639-647.

ALTROGGE, G. (Investition): Investition, 4. Aufl., München/Wien 1996.

ALTROGGE, G. (Finanzmathematik): Finanzmathematik, München/Wien 1999.

ATKINS, D.R., ASHTON, D.J. (Discount Rates): Discount Rates in Capital Budgeting: A Re-Examination of the Baumol and Quandt Paradox, in: The Engineering Economist, 21. Jg. (1976), S. 159-171.

BÄHREN, H.-D. (Rentabilität): Dynamische Investitionsrechnung – Die Rentabilität eines Projektes, in: ZfbF, 33. Jg. (1981), S. 402-409.

BALDWIN, R.H. (Investment Proposals): How to Assess Investment Proposals, in: Harvard Business Review, 37. Jg. (1959), Heft 3, S. 98-104.

BALZER, TH. (Portfolio-Optimierung): Zeitorientierte Portfolio-Optimierung, Norderstedt 2001.

BAMBERG, G. (Unsicherheitstheorie): Unsicherheitstheorie, in: *KÜPPER, H.-U., WAGENHOFER, A.* (Hrsg.), Handwörterbuch Unternehmensrechnung und Controlling, Stuttgart 2002, Sp. 1997-2007.

BAMBERG, G., COENENBERG, A.G., KRAPP, M. (Entscheidungslehre): Betriebswirtschaftliche Entscheidungslehre, 15. Aufl., München 2012.

BAMBERG, G., DORFLEITNER, G. (Schwere Ränder): Is Traditional Capital Market Theory Consistent with Fat-Tailed Log Returns?, in: ZfB, 72. Jg. (2002), S. 865-877.

BÄUERLE, P. (Planung): Finanzielle Planung mit Hilfe heuristischer Kalküle, Frankfurt am Main/Bern/New York 1987.

BAUMOL, W.J., QUANDT, R.E. (Capital Rationing): Investment and Discount Rates under Capital Rationing – A Programming Approach, in: The Economic Journal, 75. Jg. (1965), S. 317-329.

BERENS, W. (Heuristiken): Beurteilung von Heuristiken, Wiesbaden 1992.

BERNOULLI, D. (Specimen theoriae novae): Specimen theoriae novae de mensura sortis, in: Commentarii Academiae Scientiarum Imperialis Petropolitanae (1738), S. 175-192; dt. Übersetzung von *L.* und *P. KRUSCHWITZ* in: DBW, 56. Jg. (1996), S. 733-742.

BEST, M.J., GRAUER, R.R. (Sensitivity Analysis): Sensitivity Analysis for Mean-Variance Portfolio Problems, in: MS, Bd. 37 (1991), S. 980-989.

BETGE, P. (Investitionsplanung): Investitionsplanung, 4. Aufl., München 2000.

BIEG, H., KUßMAUL, H. (Investition): Investition, 2. Aufl., München 2009.

BITZ, M. (Zielkonzepte): Äquivalente Zielkonzepte für Modelle zur simultanen Investitions- und Finanzplanung, in: ZfbF, 28. Jg. (1976), S. 485-501.

BITZ, M. (Interner Zinsfuß): Der interne Zinsfuß in Modellen zur simultanen Investitions- und Finanzplanung, in: ZfbF, 29. Jg. (1977), S. 146-162.

BITZ, M. (Entscheidungstheorie): Entscheidungstheorie, München 1981.

BITZ, M. (Investition): Investition, in: *BITZ, M. u.a.* (Hrsg.), Vahlens Kompendium der Betriebswirtschaftslehre, Bd. 1, 5. Aufl., München 2005, S. 105-171.

BITZ, M., EWERT, J., TERSTEGE, U. (Investition): Investition, 2. Aufl., Wiesbaden 2012.

BLOHM, H., LÜDER, K. (Investition): Investition, 8. Aufl., München 1995.

BLUME, H. (Gründungszeit): Gründungszeit und Gründungskrach mit Beziehung auf das deutsche Bankwesen, Danzig 1914.

BLUMENTRATH, U. (Endwertmaximierung): Investitions- und Finanzplanung mit dem Ziel der Endwertmaximierung, Wiesbaden 1969.

BOGUE, M.C., ROLL, R. (Capital Budgeting): Capital Budgeting of Risky Projects with "Imperfect" Markets for Physical Capital, in: JoF, 29. Jg. (1974), S. 601-616.

VON BÖHM-BAWERK, E. (Kapital und Kapitalzins): Kapital und Kapitalzins, Innsbruck 1884 (4. Aufl. Jena 1921).

BORN, A. (Investitionsplanung): Entscheidungsmodelle zur Investitionsplanung, Wiesbaden 1976.

BOSSE, CH. (Investitionsmanagement): Investitionsmanagement in divisionalen Unternehmen, Chemnitz 2000.

BREALEY, R.A., MYERS, S.C. (Corporate Finance): Principles of Corporate Finance, 4. Aufl., New York u.a. 1991.

BREUER, W. (Investition II): Investition II, Wiesbaden 2001.

BREUER, W. (Investition I): Investition I, 4. Aufl., Wiesbaden 2012.

BROCKHOFF, K. (Geschichte): Betriebswirtschaftslehre in Wissenschaft und Geschichte, 4. Aufl., Wiesbaden 2014.

BRÖHL, K. (Kalkulationszinsfuß): Der Kalkulationszinsfuß, Diss. Köln 1966.

BRÖSEL, G. (Programmplanung): Die Programmplanung öffentlich-rechtlicher Fernsehanbieter, in: BFuP, 53. Jg. (2001), S. 375-391.

BRÖSEL, G. (Medienrechtsbewertung): Medienrechtsbewertung, Wiesbaden 2002.

BRÖSEL, G., FREICHEL, CH., TOLL, M., BUCHNER, R. (Prüfungswesen): Wirtschaftliches Prüfungswesen, 3. Aufl., München 2015.

BUCHNER, R. (Investitionsentscheidungen): Die Problematik kapitalwertorientierter Investitionsentscheidungen in kapitaltheoretischen dynamischen Planungsmodellen, in: ZfB, 40. Jg. (1970), S. 283-312.

BURKARD, R.E. (Ganzzahlige Optimierung): Methoden der ganzzahligen Optimierung, Wien/New York 1972.

BUSCHER, U., ROLAND, F. (Fuzzy Sets): Fuzzy Sets in der Linearen Optimierung, in: WiSt, 22. Jg. (1993), S. 313-317.

BUSSE VON COLBE, W., LAßMANN, G. (Investitionstheorie): Betriebswirtschaftstheorie, Bd. 3: Investitionstheorie, 3. Aufl., Berlin u.a. 1990.

CARLETON, W.T., KENDALL, G., TANDON, S. (Decomposition Principle): Application of the Decomposition Principle to the Capital Budgeting Problem in a Decentralized Firm, in: JoF, 29. Jg. (1974), S. 815-827.

CARRAWAY, R.L., SCHMIDT, R.L. (Allocating Resources): An Improved Discrete Dynamic Programming Algorithm for Allocating Resources among Interdependent Projects, in: MS, Bd. 37 (1991), S. 1195-1200.

COENENBERG, A.G. (Verrechnungspreise): Verrechnungspreise zur Steuerung divisionalisierter Unternehmen, in: WiSt, 2. Jg. (1973), S. 373-382.

CHARNES, A., COOPER, W.W. (Chance-Constrained Programming): Chance-Constrained Programming, in: MS, Bd. 6 (1960), S. 73-79.

COLE, T.D. (Probability Estimates): How to Obtain Probability Estimates in Capital Expenditure Evaluations: A Practical Approach, in: Management Accounting, 52. Jg. (1970), S. 61-64.

COLLATZ, L., WETTERLING, W. (Optimierungsaufgaben): Optimierungsaufgaben, 2. Aufl., Berlin/Heidelberg/New York 1971.

COPELAND, TH. E., WESTON, J.F. (Financial Theory): Financial Theory and Corporate Policy, 3. Aufl., Reading u.a. 1988.

DANTZIG, G.B. (Uncertainty): Linear Programming under Uncertainty, in: MS, Bd. 1 (1955), S. 197-206.

DANTZIG, G.B. (Lineare Programmierung): Lineare Programmierung und Erweiterungen, Berlin/Heidelberg/New York 1966.

DANTZIG, G.B., WOLFE, P. (Decomposition Principle): Decomposition Principle for Linear Programs, in: OR, 8. Jg. (1960), S. 101-111.

DÄUMLER, K.-D., GRABE, J. (Grundlagen): Grundlagen der Investitions- und Wirtschaftlichkeitsrechnung, 12. Aufl., Herne/Berlin 2007.

DEAN, J. (Capital Budgeting): Capital Budgeting, New York 1951 (9. Aufl. 1978).

DECHANT, H. (Controlling): Investitions-Controlling für mittelständische Unternehmen, Aachen 1998.

DEPPE, H.-D., LOHMANN, K. (Finanzplanung): Grundriß analytischer Finanzplanung, 2. Aufl., Göttingen 1989.

DINKELBACH, W. (Parametrische Programmierung): Sensitivitätsanalysen und parametrische Programmierung, Berlin/Heidelberg/New York 1969.

DINKELBACH, W. (Sensitivitätsanalysen): Sensitivitätsanalysen, in: *BECKMANN, J., MENGES, G., SELTEN, R.* (Hrsg.), Handwörterbuch der mathematischen Wirtschaftswissenschaften, Bd. 3, Wiesbaden 1979, S. 243-247.

DIRUF, G. (Risikoanalyse): Die quantitative Risikoanalyse, in: ZfB, 42. Jg. (1972), S. 821-832.

DIXIT, A.K., PINDYCK, R.S. (Investment): Investment under Uncertainty, Princeton 1994.

DJEBBAR, J.-F. (Marktzinsmethode): Zur Marktzinsmethode in der Investitionsrechnung, in: ZfB, 66. Jg. (1996), S. 353-370.

DOMSCHKE, W., DREXL, A. (Operations Research): Einführung in Operations Research, 8. Aufl., Berlin/Heidelberg 2011.

DRUKARCZYK, J. (Konsumpräferenz): Investitionstheorie und Konsumpräferenz, Berlin 1970.

EISENFÜHR, F. (Soll- und Habenzins): Beurteilung einzelner Investitionsprojekte bei unterschiedlichem Soll- und Habenzins, in: OR Spektrum, 1. Jg. (1979), S. 89-102.

VON EISENHART-ROTHE, E. (Ober-Ost): Hindenburg und Ludendorff, – Persönliches – und die Verwaltung Ober-Ost, in: *LINDENBERG, P.* (Hrsg.), Hindenburg-Denkmal für das deutsche Volk, 3. Aufl., Berlin 1925, S. 239-268.

ELLINGER, TH., BEUERMANN, G., LEISTEN, R. (OR): Operations Research, 6. Aufl., Berlin/Heidelberg/New York 2003.

ESCHENBACH, T.G. (Sensitivity Analysis): Spiderplots versus Tornado Diagrams for Sensitivity Analysis, in: Interfaces, 22. Jg. (1992), S. 40-46.

FAMA, E.F. (Risk-Adjusted Discount Rates): Risk-Adjusted Discount Rates and Capital Budgeting under Uncertainty, in: Journal of Financial Economics, 5. Jg. (1977), S. 3-24.

FAMA, E.F., FRENCH, K.R. (Cross-Section): The Cross-Section of Expected Stock Returns, in: JoF, 47. Jg. (1992), S. 427-465.

FAMA, E.F., FRENCH, K.R. (Dead or Alive): The CAPM is Wanted, Dead or Alive, in: JoF, 51. Jg. (1996), S. 1947-1958.

FEICHTINGER, G., KOPEL, M. (Chaos): Nichtlineare dynamische Systeme und Chaos: Neue Impulse für die Betriebswirtschaftslehre?, in: ZfB, 64. Jg. (1994), S. 7-34.

FELZMANN, H. (Unternehmensplanung): Quantitative Unterstützung der strategischen Unternehmensplanung, in: ZfB, 52. Jg. (1982), S. 834-845.

FISCHER, G. (Lineare Algebra): Lineare Algebra, 9. Aufl., Braunschweig 1986.

FISCHER, J. (Heuristische Investitionsplanung): Heuristische Investitionsplanung, Berlin 1981.

FISHER, I. (Theory of Interest): The Theory of Interest, New York 1930.

FORSTER, O. (Analysis 1): Analysis 1, 4. Aufl., Braunschweig 1983.

FORSTER, O. (Analysis 2): Analysis 2, 5. Aufl., Braunschweig 1984.

FRANKE, G. (Ganzzahligkeitseigenschaften): Ganzzahligkeitseigenschaften linearer Investitionsprogramme, in: ZfbF, 26. Jg. (1974), S. 409-422.

FRANKE, G. (Investitionstheorie): Betriebliche Investitionstheorie bei Risiko, in: OR Spektrum, 11. Jg. (1989), S. 67-82.

FRANKE, G., HAX, H. (Finanzwirtschaft): Finanzwirtschaft des Unternehmens und Kapitalmarkt, 5. Aufl., Berlin/Heidelberg/New York 2004.

FRANKE, G., HAX, H. (Finanzwirtschaft): Finanzwirtschaft des Unternehmens und Kapitalmarkt, 6. Aufl., Berlin/Heidelberg 2009.

FRANKE, G., LAUX, H. (Kalkulationszinsfüße): Die Ermittlung der Kalkulationszinsfüße für investitionstheoretische Partialmodelle, in: ZfbF, 20. Jg. (1968), S. 740-759.

FRESE, E. (Geschäftssegmentierung): Geschäftssegmentierung als organisatorisches Konzept, in: ZfbF, 45. Jg. (1993), S. 999-1024.

GAL, T. (Sensitivitätsanalyse): Betriebliche Entscheidungsprobleme, Sensitivitätsanalyse und Parametrische Programmierung, Berlin/New York 1973.

GAL, T. (Shadow Prices): Shadow Prices and Sensitivity Analysis in Linear Programming under Degeneracy, in: OR Spektrum, 8. Jg. (1986), S. 59-71.

GARVIN, W.W. (Linear Programming): Introduction to Linear Programming, New York/Toronto/London 1960.

GAU, TH. (Rentabilitätsmaße): Zur Diskussion dynamischer Rentabilitätsmaße als investitionsrechnerische Vorteilskriterien, in: ZfB, 63. Jg. (1993), S. 393-397.

GELDERMANN, J. (Anlagenwirtschaft): Anlagen- und Energiewirtschaft, München 2014.

GILLES, CH., LEROY, S.F. (Arbitrage Pricing Theory): On the Arbitrage Pricing Theory, in: Economic Theory, 1. Jg. (1991), S. 213-229.

GISCHER, H. (Terminzinsen): Der Erklärungsgehalt impliziter Terminzinsen – Ergänzungen zu Adam, Hering und Johannwille, in: ZfB, 68. Jg. (1998), S. 71-82.

GÖPPL, H., HELLWIG, K. (Vermögensrentabilität): „Vermögensrentabilität – ein einfaches dynamisches Investitionskalkül", in: ZfB, 43. Jg. (1973), S. 747-752.

GOSSEN, H.H. (Gesetze): Entwickelung der Gesetze des menschlichen Verkehrs, und der daraus fließenden Regeln für menschliches Handeln, Braunschweig 1854.

GÖTZE, U. (Szenario-Technik): Szenario-Technik in der strategischen Unternehmensplanung, 2. Aufl., Wiesbaden 1993.

GÖTZE, U. (Investitionsrechnung): Investitionsrechnung, 7. Aufl., Berlin/Heidelberg 2014.

GÖTZE, U., BLOECH, J. (Investitionsrechnung): Investitionsrechnung, 4. Aufl., Berlin u.a. 2004.

GROB, H.L. (Mischzinsfüße): Periodenspezifische Mischzinsfüße als theoretisch richtige Kalkulationszinsfüße, in: ZfB, 52. Jg. (1982), S. 381-395.

GROB, H.L. (Übungsfälle): Übungsfälle zur Betriebswirtschaftslehre, München 1982.

GROB, H.L. (VOFI): Investitionsrechnung mit vollständigen Finanzplänen, München 1989.

GROB, H.L. (VOFI-Rentabilitätskennzahlen): Das System der VOFI-Rentabilitätskennzahlen bei Investitionsentscheidungen, in: ZfB, 60. Jg. (1990), S. 179-192.

GROB, H.L. (Investition und Finanzierung): Investition und Finanzierung, in: *CORSTEN, H., REIß, M.* (Hrsg.), Betriebswirtschaftslehre, München/Wien 1994, S. 933-1066.

GRÜNDL, H. (Marktzinsmethode): Marktzinsmethode und das Konzept effizienter Konsumpläne, in: ZfB, 65. Jg. (1995), S. 905-917.

GÜNTHER, TH. (Controlling): Theorien von Shareholder Value-Ansätzen und unternehmenswertorientiertem Controlling, in: *SCHERM, E., PIETSCH, G.* (Hrsg.), Controlling, München 2004, S. 315-340.

GUTENBERG, E. (Die Finanzen): Grundlagen der Betriebswirtschaftslehre, Dritter Band: Die Finanzen, 8. Aufl., Berlin/Heidelberg/New York 1980.

GUTENBERG, E. (Die Produktion): Grundlagen der Betriebswirtschaftslehre, Erster Band: Die Produktion, 24. Aufl., Berlin/Heidelberg/New York 1983.

HABERSTOCK, L. (Kalkulationszinsfuß vor und nach Steuern): Zum Ansatz des Kalkulationszinsfußes vor und nach Steuern in investitionstheoretischen Partialmodellen, in: ZfbF, 22. Jg. (1970), S. 510-516.

HABERSTOCK, L. (Ertragsbesteuerung): Zur Integrierung der Ertragsbesteuerung in die simultane Produktions-, Investitions- und Finanzierungsplanung mit Hilfe der linearen Programmierung, Köln u.a. 1971.

HABERSTOCK, L. (Kapitalwert-Methode): „Einige kritische Bemerkungen zur Kapitalwert-Methode“, in: ZfB, 41. Jg. (1971), S. 285-288.

HABERSTOCK, L. (Interner Zinsfuß): Kapitalwert oder Interner Zinsfuß?, in: ZfB, 42. Jg. (1972), S. 216-218.

HADLEY, G. (Linear Programming): Linear Programming, Reading/London 1962.

HAEGERT, L. (Kalkulationszinsfüße): Eine Analyse der Kuhn-Tucker-Bedingungen stochastischer Programme unter dem Gesichtspunkt der Schätzung von Kalkulationszinsfüßen und Risikoabschlägen, in: *ULRICH, H.* (Hrsg.), Unternehmensplanung, Wiesbaden 1975, S. 241-258.

HAHNENSTEIN, L., LOCKERT, G. (Bewertung): Reale Faktorenstruktur und Bewertung originärer Beteiligungstitel, in: BFuP, 53. Jg. (2001), S. 593-613.

HARTMANN-WENDELS, TH., GUMM-HEUßEN, M. (Viel Lärm): Zur Diskussion um die Marktzinsmethode: Viel Lärm um nichts?, in: ZfB, 64. Jg. (1994), S. 1285-1301.

HAX, H. (Rentabilitätsmaximierung): Rentabilitätsmaximierung als unternehmerische Zielsetzung, in: ZfbF, 15. Jg. (1963), S. 337-344.

HAX, H. (Unsichere Erwartungen): Der Kalkulationszinsfuß in der Investitionsrechnung bei unsicheren Erwartungen, in: ZfbF, 16. Jg. (1964), S. 187-194.

HAX, H. (Investitions- und Finanzplanung): Investitions- und Finanzplanung mit Hilfe der linearen Programmierung, in: ZfbF, 16. Jg. (1964), S. 430-446.

HAX, H. (Kostenbewertung): Kostenbewertung mit Hilfe der mathematischen Programmierung, in: ZfB, 35. Jg. (1965), S. 197-210.

HAX, H. (Koordination): Die Koordination von Entscheidungen, Köln u.a. 1965.

HAX, H. (Bewertungsprobleme): Bewertungsprobleme bei der Formulierung von Zielfunktionen für Entscheidungsmodelle, in: ZfbF, 19. Jg. (1967), S. 749-761.

HAX, H. (Investitionstheorie): Investitionstheorie, 5. Aufl., Würzburg/Wien 1985.

HAX, H., LAUX, H. (Investitionstheorie): Investitionstheorie, in: *MENGES, G.* (Hrsg.), Beiträge zur Unternehmensforschung, Würzburg/Wien 1969, S. 227-284.

HEISTER, M. (Rentabilitätsanalyse): Rentabilitätsanalyse von Investitionen, Köln/ Opladen 1962.

HELLWIG, K. (Partialmodelle): Die Lösung ganzzahliger investitionstheoretischer Totalmodelle durch Partialmodelle, Mathematical Systems in Economics, Hrsg. *G. BAMBERG u.a.*, Heft 4, Meisenheim am Glan 1973.

HELLWIG, K. (Kapitalwertmethode): Die approximative Bestimmung optimaler Investitionsprogramme mit Hilfe der Kapitalwertmethode, in: ZfbF, 28. Jg. (1976), S. 166-171.

HELLWIG, K. (Portfolioplanung): Renditeorientierte Portfolioplanung, in: ZfB, 63. Jg. (1993), S. 89-98.

HENKE, M. (Vermögensrentabilität 1): Vermögensrentabilität – ein einfaches dynamisches Investitionskalkül, in: ZfB, 43. Jg. (1973), S. 177-198.

HENKE, M. (Vermögensrentabilität 2): Vermögensrentabilität – ein einfaches dynamisches Investitionskalkül, in: ZfB, 44. Jg. (1974), S. 593-602.

HERING, TH. (Endogene Grenzzinsfüße): Zur Berechnung und Interpretation endogener Grenzzinsfüße bei Endwert- und Entnahmemaximierung, Veröffentlichungen des Instituts für Industrie- und Krankenhausbetriebslehre der Westfälischen Wilhelms-Universität Münster, Hrsg. *D. ADAM*, Nr. 33, Münster 1992.

HERING, TH. (Investitionstheorie): Investitionstheorie aus der Sicht des Zinses, Wiesbaden 1995 (Erstauflage dieses Buches).

HERING, TH. (Formeln): Rekursive und nicht-rekursive Formeln für einen Spezialfall arbitragefreier Bewertung, in: *RIEPER, B., WITTE, TH., BERENS, W.* (Hrsg.), Betriebswirtschaftliches Controlling, Festschrift für D. Adam, Wiesbaden 1996, S. 97-113.

HERING, TH. (Zinsfreibetrag): Steuerlicher Zinsfreibetrag und Finanzierungsentscheidungen – Eine Anwendung der Lenkpreistheorie, in: WiSt, 27. Jg. (1998), S. 111-115.

HERING, TH. (Arbitragefreiheit): Arbitragefreiheit und Investitionstheorie, in: DBW, 58. Jg. (1998), S. 166-175.

HERING, TH. (Interner Zins): Kapitalwert und interner Zins, in: WISU, 27. Jg. (1998), S. 899-904 und 975.

HERING, TH. (Dynamische Investitionsrechenverfahren): Dynamische Investitionsrechenverfahren, in: *BURCHERT, H., HERING, TH.* (Hrsg.), Betriebliche Finanzwirtschaft, München/Wien 1999, S. 12-15.

HERING, TH. (Unternehmensbewertung): Finanzwirtschaftliche Unternehmensbewertung, Wiesbaden 1999.

HERING, TH. (Investition): Investition, in: *ARENS-FISCHER, W., STEINKAMP, TH.* (Hrsg.), Betriebswirtschaftslehre, München/Wien 2000, S. 439-491.

HERING, TH. (ZGPM): Das allgemeine Zustands-Grenzpreismodell zur Bewertung von Unternehmen und anderen unsicheren Zahlungsströmen, in: DBW, 60. Jg. (2000), S. 362-378.

HERING, TH. (Begriff): Zum Begriff „Controlling", in: *BURCHERT, H., HERING, TH., KEUPER, F.* (Hrsg.), Controlling, München/Wien 2001, S. 3-4.

HERING, TH. (Produktionsfaktoren): Bewertung von Produktionsfaktoren, in: *KEUPER, F.* (Hrsg.), Produktion und Controlling, Festschrift für M. Layer, Wiesbaden 2002, S. 57-81.

HERING, TH. (Wahlproblem): Zur Partialisierbarkeit des Wahlproblems in der Investitionsrechnung, in: BFuP, 54. Jg. (2002), S. 21-34.

HERING, TH. (Investition und Unternehmensbewertung): Investition und Unternehmensbewertung, in: *KRAG, J.* (Hrsg.), Betriebswirtschaft, Wirtschaftsprüfer-Kompendium, Bd. 2, Bielefeld 2002, Kennzahlen 2500 (S. 1-81) und 2950 (S. 1-2).

HERING, TH. (Quo vadis?): *Quo vadis* Bewertungstheorie?, in: *BURKHARDT, TH., KÖRNERT, J., WALTHER, U.* (Hrsg.), Banken, Finanzierung und Unternehmensführung, Festschrift für K. Lohmann, Berlin 2004, S. 105-122.

HERING, TH. (Investition und Finanzierung): Investition und Finanzierung, in: *CORSTEN, H., REIß, M.* (Hrsg.), Betriebswirtschaftslehre, Band 1, 4. Aufl., München/Wien 2008, S. 617-690.

HERING, TH. (Wertorientiertes Controlling): Wertorientiertes Controlling aus Sicht der Investitionstheorie, in: *FREIDANK, C.-CH., MÜLLER, S., WULF, I.* (Hrsg.), Controlling und Rechnungslegung, Festschrift für L. Lachnit, Wiesbaden 2008, S. 37-51.

HERING, TH. (Nutzungsdauerbestimmung): Nutzungsdauerbestimmung, Hauptstichwort in: *CORSTEN, H., GÖSSINGER, R.* (Hrsg.), Lexikon der Betriebswirtschaftslehre, 5. Aufl., München 2008, S. 567-568.

HERING, TH. (Statische Investitionsrechnung): Statische Investitionsrechnung, Hauptstichwort in: *CORSTEN, H., GÖSSINGER, R.* (Hrsg.), Lexikon der Betriebswirtschaftslehre, 5. Aufl., München 2008, S. 772-774.

HERING, TH. (Wertmäßige Kosten): Produktionsprogrammplanung bei eindeutigem Engpaß und Dilemma der wertmäßigen Kosten, in: *ROLLBERG, R., HERING, TH., BURCHERT, H.* (Hrsg.), Produktionswirtschaft, 2. Aufl., München 2010, S. 18-26.

HERING, TH. (Kalkulation von Preisgrenzen): Produktionsprogrammplanung bei mehreren Engpässen und Kalkulation von Preisgrenzen, in: *ROLLBERG, R., HERING, TH., BURCHERT, H.* (Hrsg.), Produktionswirtschaft, 2. Aufl., München 2010, S. 41-48.

HERING, TH. (Unternehmensbewertung): Unternehmensbewertung, 3. Aufl., München 2014.

HERING, TH. (Universitätsklinikum): Finanzierung von Baumaßnahmen eines Universitätsklinikums, in: *BURCHERT, H., HERING, TH.* (Hrsg.), Gesundheitswirtschaft, 2. Aufl., Konstanz/München 2014, S. 163-167.

HERING, TH., KLINGELHÖFER, H.E. (Zinsfreibetrag): Steuerlicher Zinsfreibetrag im Total- und Partialmodell, in: WiSt, 27. Jg. (1998), S. 167-168.

HERING, TH., OLBRICH, M. (Mehrstimmrechte): Zur Bewertung von Mehrstimmrechten, in: ZfbF, 53. Jg. (2001), S. 20-38.

HERING, TH., SCHNEIDER, J., OSTMEYER, J. (Approximative Dekomposition): Die approximative Dekomposition als heuristische Vorgehensweise zur Investitionsrechnung divisionalisierter Unternehmen auf dem unvollkommenen Kapitalmarkt unter Unsicherheit – Eine beispielhafte Darstellung, Veröffentlichungen des Lehrstuhls für Betriebswirtschaftslehre, insbesondere Unternehmensgründung und Unternehmensnachfolge, Fern-Universität Hagen, Hrsg. *TH. HERING*, Nr. 8, Hagen (Westf.) 2010.

HERING, TH., SCHNEIDER, J., TOLL, CH. (Investitionsrechnung auf vollkommenem Markt): Investitionsrechnung auf dem vollkommenen Kapitalmarkt unter Sicherheit, in: WISU, 38. Jg. (2009), S. 1111-1116.

HERING, TH., SCHNEIDER, J., TOLL, CH. (Investitionsrechnung auf unvollkommenem Markt): Investitionsrechnung auf dem unvollkommenen Kapitalmarkt unter Sicherheit, in: WISU, 39. Jg. (2010), S. 806-813.

HERING, TH., SCHNEIDER, J., TOLL, CH. (Simulation): Die simultane Investitions- und Finanzierungsplanungssimulation (SIPS) als heuristische Vorgehensweise auf dem unvollkommenen Kapitalmarkt unter Unsicherheit, in: ZP, 21. Jg. (2011), S. 405-426.

HERING, TH., SCHNEIDER, J., TOLL, CH. (Investitionsrechnung unter Unsicherheit): Investitionsrechnung auf dem unvollkommenen Kapitalmarkt unter Unsicherheit, in: WISU, 40. Jg. (2011), S. 1349-1355.

HERING, TH., TOLL, CH. (BWL-Klausuren): BWL-Klausuren, 4. Aufl., Berlin/Boston 2015.

HERING, TH., VINCENTI, A.J.F. (Wertorientiertes Controlling): Investitions- und finanzierungstheoretische Grundlagen des wertorientierten Controllings, in: *SCHERM, E., PIETSCH, G.* (Hrsg.), Controlling, München 2004, S. 341-363.

HERING, TH., VINCENTI, A.J.F. (Unternehmensgründung): Unternehmensgründung, München/Wien 2005.

HERTER, R.N. (Optionen): Berücksichtigung von Optionen bei der Bewertung strategischer Investitionen, in: Controlling, 4. Jg. (1992), S. 320-327.

HERTZ, D.B. (Risk Analysis): Risk Analysis in Capital Investment, in: Harvard Business Review, 42. Jg. (1964), Heft 1, S. 95-106.

HESPOS, R.F., STRASSMANN, P.A. (Stochastic Decision Trees): Stochastic Decision Trees for the Analysis of Investment Decisions, in: MS, Bd. 11 (1965), S. B-244 bis B-259.

HEUSER, H. (Analysis): Lehrbuch der Analysis, Teil 1, Stuttgart 1980.

HIGGINS, J.G. (Risk and Uncertainty): Planning for Risk and Uncertainty in Oil Exploration, in: Long Range Planning, 26. Jg. (1993), S. 111-122.

HIGSON, C.J. (Finance): Business Finance, London 1986.

HILLIER, F.S., LIEBERMAN, G.J. (Operations Research): Operations Research, 5. Aufl., München/Wien 1997.

HIRSHLEIFER, J. (Optimal Investment Decision): On the Theory of Optimal Investment Decision, in: Journal of Political Economy, 66. Jg. (1958), S. 329-352.

HIRTH, H. (Finanzierung und Investition): Grundzüge der Finanzierung und Investition, 3. Aufl., München 2012.

HIRTH, H., WALTER, A. (Imitation): Investition, Imitation und Reputation, in: BFuP, 54. Jg. (2002), S. 35-47.

HOBERG, P. (Investitionsentscheidungen): Entwicklung eines allgemein gültigen Ansatzes für partielle Investitionsentscheidungen, in: ZfB, 54. Jg. (1984), S. 1048-1064.

HOFFMANN, F. (Konzernorganisationsformen): Konzernorganisationsformen, in: WiSt, 21. Jg. (1992), S. 552-556.

HOSTERBACH, E. (Kapitalwert-Methode): Einige kritische Bemerkungen zur Kapitalwert-Methode, in: ZfB, 40. Jg. (1970), S. 613-620.

HOSTERBACH, E. (Interner Zinsfuß): Kapitalwert oder Interner Zinsfuß?, in: ZfB, 42. Jg. (1972), S. 201-216.

HOSTERBACH, E. (Noch einmal): Noch einmal: „Kapitalwert oder Interner Zinsfuß?“, in: ZfB, 42. Jg. (1972), S. 376 f.

HOWARD, R.A. (Cults): Heathens, Heretics, and Cults: The Religious Spectrum of Decision Aiding, in: Interfaces, 22. Jg. (1992), S. 15-24.

HU, T.C. (Ganzzahlige Programmierung): Ganzzahlige Programmierung und Netzwerkflüsse, München/Wien 1972.

INDERFURTH, K. (Flexible Investitionsplanung): Starre und flexible Investitionsplanung, Wiesbaden 1982.

JÄÄSKELÄINEN, V. (Optimal Financing): Optimal Financing and Tax Policy of the Corporation, Helsinki 1966.

JACOB, H. (Neuere Entwicklungen): Neuere Entwicklungen in der Investitionsrechnung, in: ZfB, 34. Jg. (1964), S. 487-507 und 551-594.

JACOB, H. (Flexibilitätsüberlegungen): Flexibilitätsüberlegungen in der Investitionsrechnung, in: ZfB, 37. Jg. (1967), S. 1-34.

JACOB, H. (Unsicherheit): Zum Problem der Unsicherheit bei Investitionsentscheidungen, in: ZfB, 37. Jg. (1967), S. 153-187.

JACOB, H. (Flexibilität): Unsicherheit und Flexibilität, in: ZfB, 44. Jg. (1974), S. 299-326, 403-448 und 505-526.

JACOB, H. (Betriebspolitik): Flexibilität und ihre Bedeutung für die Betriebspolitik, in: *ADAM, D. u.a.* (Hrsg.), Integration und Flexibilität, Wiesbaden 1989, S. 15-60.

JACOB, H. (Produktions- und Absatzprogrammplanung): Die Planung des Produktions- und Absatzprogramms, in: *JACOB, H.* (Hrsg.), Industriebetriebslehre, 4. Aufl., Wiesbaden 1990, S. 401-590.

JANSSON, C., RUMP, S.M. (Uncertain Data): Rigorous Solution of Linear Programming Problems with Uncertain Data, in: ZOR, 35. Jg. (1991), S. 87-111.

JÖCKEL, K.-H., PFLAUMER, P. (Risikoanalyse): Stochastische Investitionsrechnung: Ein analytisches Verfahren zur Risikoanalyse, in: ZOR, 25. Jg. (1981), S. B39-B47.

JOHANNWILLE, U. (Arbitragefreie Bewertung): Arbitragefreie Bewertung unternehmerischer Investitionsprojekte, Lohmar/Köln 2000.

JONAS, H.H. (Rentabilitätsrechnung): Zur Methode der Rentabilitätsrechnung beim Investitionsvergleich, in: ZfB, 31. Jg. (1961), S. 1-11.

JONAS, H.H. (Investitionsrechnung): Investitionsrechnung, Berlin 1964.

KAHNEMAN, D., LOVALLO, D. (Risk Taking): Timid Choices and Bold Forecasts: A Cognitive Perspective on Risk Taking, in: MS, Bd. 39 (1993), S. 17-31.

KALL, P. (Stochastic Linear Programming): Stochastic Linear Programming, Berlin/Heidelberg/New York 1976.

KALL, P. (Operations Research): Mathematische Methoden des Operations Research, Stuttgart 1976.

KAMINSKI, B., STRUNK, G. (Besteuerung): Besteuerung unternehmerischer Tätigkeit, 2. Aufl., Wiesbaden 2007.

KAUFMANN, A.E. (Zinsempfindlichkeit): Die Zinsempfindlichkeit der Investitionen, Diss. Zürich 1967.

KEHREL, U., SCHMITTING, W. (Integration): Jenseits der Grenzen der klassischen Investitionsrechnung: Integration von Vollständigen Finanzplänen, flexibler Planung und Simulation, in: ZP, 19. Jg. (2008), S. 59-83.

KEIFER, R. (Kalkulationszinsfuß): Der Kalkulationszinsfuß und investitionstheoretische Entscheidungsmodelle, Diss. Mannheim 1970.

KEPPE, H.-J., WEBER, M. (Risikoanalyse): Risikoanalyse bei partieller Wahrscheinlichkeitsinformation, in: DBW, 53. Jg. (1993), S. 49-56.

KERN, W. (Empfindlichkeit): Die Empfindlichkeit linear geplanter Programme, in: *ANGERMANN, A.* (Hrsg.), Betriebsführung und Operations Research, Frankfurt am Main 1963, S. 49-79.

KERN, W. (Investitionsrechnung): Investitionsrechnung, Stuttgart 1974.

KEUPER, F. (Fuzzy): Fuzzy-PPS-Systeme, Wiesbaden 1999.

KILGER, W. (Kritische Werte): Kritische Werte in der Investitions- und Wirtschaftlichkeitsrechnung, in: ZfB, 35. Jg. (1965), S. 338-353.

KILGER, W. (Interner Zinsfuß): Zur Kritik am internen Zinsfuß, in: ZfB, 35. Jg. (1965), S. 765-798.

KIRKWOOD, C.W. (Decision Analysis): An Overview of Methods for Applied Decision Analysis, in: Interfaces, 22. Jg. (1992), S. 28-39.

KISCHKA, P., PUPPE, C. (Risk and Uncertainty): Decisions under Risk and Uncertainty: A Survey of Recent Developments, in: ZOR, 36. Jg. (1992), S. 125-147.

KISTNER, K.-P. (Koordinationsmechanismen): Koordinationsmechanismen in der hierarchischen Planung, in: ZfB, 62. Jg. (1992), S. 1125-1146.

KISTNER, K.-P. (Optimierungsmethoden): Optimierungsmethoden, 3. Aufl., Heidelberg 2003.

KISTNER, K.-P., SWITALSKI, M. (Hierarchische Produktionsplanung): Hierarchische Produktionsplanung, in: ZfB, 59. Jg. (1989), S. 477-503.

KLINGELHÖFER, H.E. (Hirshleifer-Modell): Fisher-Hirshleifer-Modell, in: *BURCHERT, H., HERING, TH.* (Hrsg.), Betriebliche Finanzwirtschaft, München/Wien 1999, S. 21-27.

KLINGELHÖFER, H.E. (Entsorgung): Betriebliche Entsorgung und Produktion, Wiesbaden 2000.

KLINGELHÖFER, H.E. (Investitionsbewertung): Investitionsbewertung auf unvollkommenen Kapitalmärkten unter Unsicherheit, in: BFuP, 55. Jg. (2003), S. 279-305.

KLINGELHÖFER, H.E. (Umweltschutzinvestitionen): Finanzwirtschaftliche Bewertung von Umweltschutzinvestitionen, Wiesbaden 2006.

KOBELT, H., SCHULTE, P. (Finanzmathematik): Finanzmathematik, 8. Aufl., Herne/Berlin 2006.

KOCH, H. (Theorie des Gewinn-Vorbehalts): Die Theorie des Gewinn-Vorbehalts als ungewißheitstheoretischer Ansatz, in: ZfbF, 30. Jg. (1978), S. 19-38.

KOCH, H. (Integrierte Unternehmensplanung): Integrierte Unternehmensplanung, Wiesbaden 1982.

KOLB, G. (Grenznutzenlehre): Die Grenznutzenlehre, in: WISU, 30. Jg. (2001), S. 1103-1106.

KOLBERG, F. (Optimierungstheorie): Hilfsblatt 4 zur Optimierungstheorie, Münster 1992.

KRAG, J. (Ungewißheit): Die Berücksichtigung der Ungewißheit in der Unternehmungsbewertung mit Hilfe eines modifizierten Ertragswertkalküls, in: ZfB, 48. Jg. (1978), S. 439-451.

KRAMER, D. (Abfolge): Zur optimalen Abfolge von Investitionsprojekten, in: ZP, 20. Jg. (2009), S. 89-103.

KREKÓ, B. (Lineare Optimierung): Lehrbuch der linearen Optimierung, 6. Aufl., Berlin 1973.

KRUSCHWITZ, L. (Endwert- und Zinsfußmodelle): Finanzmathematische Endwert- und Zinsfußmodelle, in: ZfB, 46. Jg. (1976), S. 245-262.

KRUSCHWITZ, L. (Heuristische Planung): Zur heuristischen Planung des Investitionsprogramms, in: ZfB, 47. Jg. (1977), S. 209-224.

KRUSCHWITZ, L. (Endwert- und Entnahmemaximierung): Endwert- und Entnahmemaximierung bei alternativen Investitionsprojekten, in: DB, 31. Jg. (1978), S. 549-554 und 597-600.

KRUSCHWITZ, L. (Investitionsrechnung): Investitionsrechnung, 1. Aufl., Berlin/New York 1978.

KRUSCHWITZ, L. (Risikoanalyse): Bemerkungen zur Risikoanalyse aus theoretischer Sicht, in: ZfB, 50. Jg. (1980), S. 800-808.

KRUSCHWITZ, L. (Programmentwicklung): Programmentwicklung, in: WiSt, 16. Jg. (1987), S. 192-194.

KRUSCHWITZ, L. (Finanzmathematik): Finanzmathematik, 4. Aufl., München 2006.

KRUSCHWITZ, L. (Finanzierung): Finanzierung und Investition, 5. Aufl., München/ Wien 2007.

KRUSCHWITZ, L. (Investitionsrechnung): Investitionsrechnung, 14. Aufl., München 2014.

KRUSCHWITZ, L., FISCHER, J. (Endwert- und Entnahmemaximierung): Konflikte zwischen Endwert- und Entnahmemaximierung, in: ZfbF, 30. Jg. (1978), S. 752-782.

KRUSCHWITZ, L., FISCHER, J. (Heuristische Methoden): Simultane Investitions- und Finanzplanung mit heuristischen Methoden, in: *GAEDE, K.W.* (Hrsg.), Proceedings in Operations Research 8, Würzburg 1979, S. 472 f.

KRUSCHWITZ, L., LÖFFLER, A. (APT): Ross' APT ist gescheitert. Was nun?, in: ZfbF, 49. Jg. (1997), S. 644-651.

KRUSCHWITZ, L., RÖHRS, M. (Marktzinsorientierte Investitionsrechnung): Debreu, Arrow und die marktzinsorientierte Investitionsrechnung, in: ZfB, 64. Jg. (1994), S. 655-665.

KRUSCHWITZ, L., SCHÖBEL, R. (CAPM): Die Beurteilung riskanter Investitionen und das Capital Asset Pricing Model (CAPM), in: WiSt, 16. Jg. (1987), S. 67-72.

KUHN, H. (Heuristische Suchverfahren): Heuristische Suchverfahren mit simulierter Abkühlung, in: WiSt, 21. Jg. (1992), S. 387-391.

KÜNZI, H.P., KRELLE, W., VON RANDOW, R. (Nichtlineare Programmierung): Nichtlineare Programmierung, 2. Aufl., Berlin/Heidelberg/New York 1979.

KÜPPER, H.-U. (Kostenrechnung): Investitionstheoretische Fundierung der Kostenrechnung, in: ZfbF, 37. Jg. (1985), S. 26-46.

KÜPPER, H.-U. (Controlling): Übersicht und Entwicklungstendenzen im Controlling, in: *SCHEER, A.-W.* (Hrsg.), Rechnungswesen und EDV, Heidelberg 1991, S. 243-270.

KÜPPER, H.-U. (Kapazität): Kapazität und Investition als Gegenstand des Investitions-Controlling, in: *CORSTEN, H. u.a.* (Hrsg.), Kapazitätsmessung, Kapazitätsgestaltung, Kapazitätsoptimierung – eine betriebswirtschaftliche Kernfrage, Stuttgart 1992, S. 115-132.

KUßMAUL, H., RICHTER, L. (Baldwin-Methode): Die Baldwin-Methode, in: FB, 2. Jg. (2000), S. 683-692.

LACKES, R. (Sensitivitätsanalyse): Sensitivitätsanalyse in der Investitionsrechnung durch kritische Werte, in: WISU, 21. Jg. (1992), S. 259-264.

LANDAU, H.J. (Comparison of Cash Flow Streams): On Comparison of Cash Flow Streams, in: MS, Bd. 26 (1980), S. 1218-1226.

LAUX, CH. (Handlungsspielräume): Handlungsspielräume im Leistungsbereich des Unternehmens: Eine Anwendung der Optionspreistheorie, in: ZfbF, 45. Jg. (1993), S. 933-958.

LAUX, H. (Flexible Planung): Flexible Planung des Kapitalbudgets mit Hilfe der linearen Programmierung, in: ZfbF, 21. Jg. (1969), S. 728-742.

LAUX, H. (Unternehmensbewertung): Unternehmensbewertung bei Unsicherheit, in: ZfB, 41. Jg. (1971), S. 525-540.

LAUX, H., FRANKE, G. (Investitions- und Finanzplanung): Investitions- und Finanzplanung mit Hilfe von Kapitalwerten, in: ZfbF, 21. Jg. (1969), S. 43-56.

LAUX, H., FRANKE, G. (Bewertung von Unternehmungen): Zum Problem der Bewertung von Unternehmungen und anderen Investitionsgütern, in: Unternehmensforschung, 13. Jg. (1969), S. 205-223.

LAUX, H., FRANKE, G. (Versagen der Kapitalwertmethode): Das Versagen der Kapitalwertmethode bei Ganzzahligkeitsbedingungen, in: ZfbF, 22. Jg. (1970), S. 517-527.

LAUX, H., LIERMANN, F. (Organisation): Grundlagen der Organisation, 4. Aufl., Berlin u.a. 1997.

LENZ, H. (Investitionsrechenverfahren): Dynamische Investitionsrechenverfahren, in: WiSt, 20. Jg. (1991), S. 497-502.

LEWIS, T.G., LEHMANN, S. (CFROI): Überlegene Investitionsentscheidungen durch CFROI, in: BFuP, 44. Jg. (1992), S. 1-13.

LIEDL, R. (Bertelsmann): Eigenkapitalorientierte Investitionsrechnung bei Bertelsmann, in: ZfbF, 40. Jg. (1988), S. 172-182.

LINTNER, J. (Valuation of Risk Assets): The Valuation of Risk Assets and the Selection of Risky Investments in Stock Portfolios and Capital Budgets, in: The Review of Economics and Statistics, 47. Jg. (1965), S. 13-37.

LITTKEMANN, J. (Controlling): Konzeption des Controlling, in: *LITTKEMANN, J.* (Hrsg.), Unternehmenscontrolling, Herne/Berlin 2006, S. 1-128.

LOISTL, O. (Dekomposition): Optimales Investitionsprogramm und die Technik der Dekomposition, Diss. TU Berlin 1971.

LÜCKE, W. (Investitionsrechnungen): Investitionsrechnungen auf der Grundlage von Ausgaben oder Kosten?, in: ZfhF, 7. Jg. (1955), S. 310-324.

LÜDER, K. (Ertragsteuern): Die Beurteilung von Einzelinvestitionen unter Berücksichtigung von Ertragsteuern, in: ZfB, 46. Jg. (1976), S. 539-570.

MAIER, S.F., VAN DER WEIDE, J.H. (Capital Budgeting): Capital Budgeting in the Decentralized Firm, in: MS, Bd. 23 (1976), S. 433-443.

MANDELBROT, B.B. (Fraktale Geometrie): Die fraktale Geometrie der Natur, Basel/ Boston 1987.

MARKOWITZ, H. (Portfolio Selection): Portfolio Selection, in: JoF, 7. Jg. (1952), S. 77-91.

MARUSEV, A.W. (Marktzinsmodell): Das Marktzinsmodell in der bankbetrieblichen Einzelgeschäftskalkulation, Frankfurt am Main 1990.

MARUSEV, A.W., PFINGSTEN, A. (Zinsstruktur-Kurven): Zur arbitragefreien Fortrechnung von Zinsstruktur-Kurven, Volkswirtschaftlicher Diskussionsbeitrag 29-92, Siegen 1992.

MARUSEV, A.W., PFINGSTEN, A. (Lücke-Theorem): Das Lücke-Theorem bei gekrümmter Zinsstruktur-Kurve, in: ZfbF, 45. Jg. (1993), S. 361-365.

MARUSEV, A.W., PFINGSTEN, A. (Strukturbeitrag): Die Entstehung des Strukturbeitrages, in: Die Bank (1993), S. 223-228.

MARUSEV, A.W., PFINGSTEN, A. (Erweitertes Marktzinsmodell): Ein erweitertes Marktzinsmodell: Matrixdarstellung und Ablaufdiagramm, Diskussionsbeitrag aus dem Institut für Kreditwesen 94-01, Münster 1994.

MATSCHKE, M.J. (Investitionsplanung): Investitionsplanung und Investitionskontrolle, Herne/Berlin 1993.

MATSCHKE, M.J., BRÖSEL, G. (Unternehmensbewertung): Unternehmensbewertung, 4. Aufl., Wiesbaden 2013.

MATSCHKE, M.J., HERING, TH. (Kommunale Finanzierung): Kommunale Finanzierung, München/Wien 1998.

MATSCHKE, M.J., HERING, TH., KLINGELHÖFER, H.E. (Finanzplanung): Finanzanalyse und Finanzplanung, München/Wien 2002.

MEIER, G., DÜSING, R. (Modellierung logischer Aussagen): Zur Modellierung logischer Aussagen ergänzend zu Linearen Programmen, in: OR Spektrum, 14. Jg. (1992), S. 149-160.

MENGER, C. (Volkswirtschaftslehre): Grundsätze der Volkswirtschaftslehre, 2. Aufl., Wien 1923 (1. Aufl.: Grundsätze der Volkswirthschaftslehre, Wien 1871).

MEYER, H. (Interne Verzinsung): Die Fragwürdigkeit der Einwände gegen die interne Verzinsung, in: ZfbF, 30. Jg. (1978), S. 39-62.

MILLER, M. (Mathematische Probleme): Gelöste und ungelöste mathematische Probleme, Thun/Frankfurt am Main 1986.

MINDERMANN, T. (Investitionsrechnung): Investitionsrechnung, Berlin 2015.

GRAF VON MOLTKE, H. (Militärische Werke): Moltkes Militärische Werke, hrsgg. vom *GROßEN GENERALSTAB*, Bd. II, Berlin 1900.

MOOG, H. (Mehrfachzielsetzung): Investitionsplanung bei Mehrfachzielsetzung, Ludwigsburg/Berlin 1993.

MOSSIN, J. (Equilibrium): Equilibrium in a Capital Asset Market, in: Econometrica, 34. Jg. (1966), S. 768-783.

MOXTER, A. (Kalkulationszinsfuß): Die Bestimmung des Kalkulationszinsfußes bei Investitionsentscheidungen, in: ZfhF, 13. Jg. (1961), S. 186-200.

MOXTER, A. (Betriebswirtschaftliche Kapitaltheorie): Lineares Programmieren und betriebswirtschaftliche Kapitaltheorie, in: ZfbF, 15. Jg. (1963), S. 285-309.

MÜLLER-MERBACH, H. (Operations Research): Operations Research, 3. Aufl., München 1973.

MULVEY, J.M., VLADIMIROU, H. (Stochastic Network Programming): Stochastic Network Programming for Financial Planning Problems, in: MS, Bd. 38 (1992), S. 1642-1664.

MYERS, S.C. (Financial Strategy): Finance Theory and Financial Strategy, in: Interfaces, 14. Jg. (1984), S. 126-137.

VON NEUMANN, J., MORGENSTERN, O. (Spieltheorie): Spieltheorie und wirtschaftliches Verhalten, Würzburg 1961.

NÖLL, B., WIEDEMANN, A. (Investitionsrechnung): Investitionsrechnung unter Unsicherheit, München 2008.

NORSTRÖM, C.J. (Interner Zinsfuß): Kritische Würdigung des internen Zinsfußes, in: ZfbF, 42. Jg. (1990), S. 107-118.

OBERMAIER, R. (Bewertung): Bewertung, Zins und Risiko, Frankfurt am Main 2004.

VON OEYNHAUSEN, C. (Kapitalwert von märkischen Steinkohlenzechen): Ueber die Bestimmung des Kapitalwerthes von Steinkohlen-Zechen. Mit besonderer Berücksichtigung des Märkschen Kohlenbergbaues, in: Archiv für Bergbau und Hüttenwesen, Bd. 5 (1822), S. 306-319.

OLBRICH, M. (Unternehmungswert): Unternehmungskultur und Unternehmungswert, Wiesbaden 1999.

ONISCIK, A.L., SULANKE, R. (Algebra): Algebra und Geometrie, Berlin 1977.

O.V. (Beta-Blocker): Der Beta-Blocker, in: Manager-Magazin, Heft 12 (1992), S. 243 und 246.

VAN DE PANNE, C. (Decentralization): Decentralization for Multidivision Enterprises, in: OR, 39. Jg. (1991), S. 786-797.

PERRIDON, L., STEINER, M. (Finanzwirtschaft): Finanzwirtschaft der Unternehmung, 14. Aufl., München 2007.

PERRIDON, L., STEINER, M., RATHGEBER, A. (Finanzwirtschaft): Finanzwirtschaft der Unternehmung, 16. Aufl., München 2012.

PETERS, G. (Rentabilität): Die Rentabilität von Realinvestitionen, in: KRP (1972), S. 13-18.

PFAFF, D., PFEIFFER, TH., GATHGE, D. (Zustands-Grenzpreismodelle): Unternehmensbewertung und Zustands-Grenzpreismodelle, in: BFuP, 54. Jg. (2002), S. 198-210.

PUKE, S. (Investitionsplanung): Investitionsplanung für Prozeßinnovationen, Wiesbaden 1996.

PYE, G. (Present Values): Present Values for Imperfect Capital Markets, in: The Journal of Business, 39. Jg. (1966), S. 45-51.

RAVI, N., WENDELL, R.E. (Tolerance Approach): The Tolerance Approach to Sensitivity Analysis of Matrix Coefficients in Linear Programming, in: MS, Bd. 35 (1989), S. 1106-1119.

REICHERTER, M. (Investitionsprogrammplanung): Investitionsprogrammplanung mit Hilfe linearer Optimierung, in: *BURCHERT, H., HERING, TH.* (Hrsg.), Betriebliche Finanzwirtschaft, München/Wien 1999, S. 72-81.

REICHMANN, TH., HAIBER, TH., FRÖHLING, O. (Simulation): Open System Simulation, in: Controlling, 4. Jg. (1992), S. 304-311.

RIEPER, B. (Hierarchische Systeme): Hierarchische betriebliche Systeme, Wiesbaden 1979.

RIEPER, B. (Bestellmengenrechnung): Die Bestellmengenrechnung als Investitions- und Finanzierungsproblem, in: ZfB, 56. Jg. (1986), S. 1230-1255.

RÖDDER, W., ZIMMERMANN, H.-J. (Optimierung von unscharf formulierten Problemen): Analyse, Beschreibung und Optimierung von unscharf formulierten Problemen, in: ZOR, 21. Jg. (1977), S. 1-18.

RÖDER, K., MÜLLER, S. (Mehrperiodige Anwendung des CAPM): Mehrperiodige Anwendung des CAPM im Rahmen von DCF-Verfahren, in: FB, 3. Jg. (2001), S. 225-233.

ROLFES, B. (Investitionsrechnung): Moderne Investitionsrechnung, München/Wien 1992.

ROLFES, B. (Marktzinsmethode 1): Marktzinsorientierte Investitionsrechnung, in: ZfB, 63. Jg. (1993), S. 691-713.

ROLFES, B. (Marktzinsmethode 2): Marktzinsorientierte Investitionsrechnung, in: ZfB, 64. Jg. (1994), S. 121-125.

ROLFES, B. (Marktzinsmethode 3): Die Marktzinsmethode in der Investitionsrechnung, in: ZfB, 64. Jg. (1994), S. 667-671.

ROLLBERG, R. (Finanzierung): Finanzierung, in: *ARENS-FISCHER, W., STEINKAMP, TH.* (Hrsg.), Betriebswirtschaftslehre, München/Wien 2000, S. 493-539.

ROLLBERG, R. (Integrierte Unternehmensplanung): Integrierte Unternehmensplanung, Wiesbaden 2001.

ROLLBERG, R. (Controlling): Operativ-taktisches Controlling, München 2012.

ROLLBERG, R., WITTMANN, R. (Heuristisch integrierte Planung): Lenkpreistheoretisch fundierte heuristisch integrierte Beschaffungs-, Produktions- und Absatzplanung, in: *SEICHT, G.*, (Hrsg.), Jahrbuch für Controlling und Rechnungswesen 2013, Wien 2013, S. 23-47.

ROSE, G. (Teilsteuerrechnung): Einführung in die Teilsteuerrechnung, in: BFuP, 31. Jg. (1979), S. 293-308.

ROTHE, C. (Bewertung): Bewertung von Unternehmensansiedlungen aus kommunaler Sicht, Wiesbaden 2005.

RUDOLPH, B. (Klassische Kapitalkostenkonzepte): Klassische Kapitalkostenkonzepte zur Bestimmung des Kalkulationszinsfußes für die Investitionsrechnung, in: ZfbF, 38. Jg. (1986), S. 608-617.

RUDOLPH, B. (Neuere Kapitalkostenkonzepte): Neuere Kapitalkostenkonzepte auf der Grundlage der Kapitalmarkttheorie, in: ZfbF, 38. Jg. (1986), S. 892-898.

SACHS, L. (Statistik): Angewandte Statistik, 4. Aufl., Berlin/Heidelberg/New York 1974.

SALAZAR, R.C., SEN, S.K. (Simulation Model): A Simulation Model of Capital Budgeting under Uncertainty, in: MS, Bd. 15 (1968), S. B-161 bis B-179.

SCHÄFER, H. (Unternehmensinvestitionen): Unternehmensinvestitionen, 2. Aufl., Heidelberg 2005.

SCHAUB, G. (Kalkulationszinsfuß): Die Bestimmung des Kalkulationszinsfußes bei Investitionsentscheidungen auf Grund der Kapitalbeschaffungsmöglichkeiten der Unternehmen, Diss. Köln 1967.

SCHEFFLER, W. (Betriebliche Entscheidungen): Grundsätze zur Bewältigung von komplexen betrieblichen Entscheidungen, in: WiSt, 21. Jg. (1992), S. 241-246.

SCHERM, E. (Szenario-Technik): Die Szenario-Technik – Grundlage effektiver strategischer Planung, in: WISU, 21. Jg. (1992), S. 95-97.

SCHIERENBECK, H. (Marktzinsmethode): Das Meß- und Steuerungskonzept der Marktzinsmethode – Eine Analyse aus bankbetrieblicher Sicht, in: ZfB, 64. Jg. (1994), S. 1417-1452.

SCHIERENBECK, H. (Letzter Versuch): Marktzinsmethode: Kurze Replik zu „Ein letzter Versuch" von Adam et al., in: ZfB, 64. Jg. (1994), S. 1453-1456.

SCHIERENBECK, H. (Grundzüge): Grundzüge der Betriebswirtschaftslehre, 16. Aufl., München/Wien 2003.

SCHIERENBECK, H., LISTER, M. (Value): Value Controlling, 2. Aufl., München/Wien 2002.

SCHIERENBECK, H., MARUSEV, A.W., WIEDEMANN, A. (Marktzinsmethode): Einzelgeschäftsbezogene Aussteuerung von Engpässen mit Hilfe der Marktzinsmethode, in: DBW, 52. Jg. (1992), S. 443-471.

SCHIERENBECK, H., ROLFES, B. (Effektivzinsrechnung): Effektivzinsrechnung in der Bankenpraxis, in: ZfbF, 38. Jg. (1986), S. 766-778.

SCHIERENBECK, H., WÖHLE, C.B. (Grundzüge): Grundzüge der Betriebswirtschaftslehre, 18. Aufl., München 2012.

SCHIRMEISTER, R. (Investitionsrechnungen): Theorie finanzmathematischer Investitionsrechnungen bei unvollkommenem Kapitalmarkt, München 1990.

SCHIRMEISTER, R. (Dynamische Rentabilitätsmaße 1): Zur Diskussion dynamischer Rentabilitätsmaße als investitionsrechnerische Vorteilskriterien, in: ZfB, 61. Jg. (1991), S. 803-812.

SCHIRMEISTER, R. (Rentabilität des Initialkapitals): Die Rentabilität des Initialkapitals, in: ZfB, 62. Jg. (1992), S. 489-496.

SCHIRMEISTER, R. (Dynamische Rentabilitätsmaße 2): Zur Diskussion dynamischer Rentabilitätsmaße als investitionsrechnerische Vorteilskriterien, in: ZfB, 63. Jg. (1993), S. 399-405.

SCHMALENBACH, E. (Über Verrechnungspreise): Über Verrechnungspreise, Rede am Geburtstag des Deutschen Kaisers und Königs von Preußen am 27. Januar 1909 in der Aula der Handels-Hochschule zu Köln, in: ZfhF, 3. Jg. (1908/ 1909), S. 165-185.

SCHMALENBACH, E. (Pretiale Lenkung): Pretiale Wirtschaftslenkung, Bd. 1: Die optimale Geltungszahl, Bremen 1947.

SCHMIDT, R.H., TERBERGER, E. (Investitions- und Finanzierungstheorie): Grundzüge der Investitions- und Finanzierungstheorie, 4. Aufl., Wiesbaden 1997.

SCHMITZ, E., PESCH, A. (Abweichungsanalyse): Abweichungsanalyse für Zinsstruktur-Kurven, in: Die Bank (1994), S. 550-553.

SCHNEELOCH, D. (Steuerpolitik): Betriebswirtschaftliche Steuerlehre, Bd. 2: Betriebliche Steuerpolitik, 3. Aufl., München 2009.

SCHNEELOCH, D. (Besteuerung): Betriebswirtschaftliche Steuerlehre, Bd. 1: Besteuerung, 6. Aufl., München 2012.

SCHNEEWEIß, C. (Kostenbegriffe): Kostenbegriffe aus entscheidungstheoretischer Sicht, in: ZfbF, 45. Jg. (1993), S. 1025-1039.

SCHNEIDER, D. (Besteuerung): Korrekturen zum Einfluß der Besteuerung auf die Investitionen, in: ZfbF, 21. Jg. (1969), S. 297-325.

SCHNEIDER, D. (Investition): Investition, Finanzierung und Besteuerung, 7. Aufl., Wiesbaden 1992.

SCHNEIDER, E. (Wirtschaftlichkeitsrechnung): Wirtschaftlichkeitsrechnung, 8. Aufl., Tübingen/Zürich 1973.

SCHULTE, K.-W. (Wirtschaftlichkeitsrechnung): Wirtschaftlichkeitsrechnung, 4. Aufl., Heidelberg/Wien 1986.

SCHUMANN, J., MEYER, U., STRÖBELE, W. (Mikroökonomische Theorie): Grundzüge der mikroökonomischen Theorie, 8. Aufl., Berlin u.a. 2007.

SEHMER, E. (Kalkulationszinsfuß): Kritik und Weiterentwicklung der betrieblichen Investitionsrechnung im Hinblick auf den Kalkulationszinsfuß, in: BFuP, 19. Jg. (1967), S. 8-27 und 99-106.

SERFLING, K., LANGGUTH, H. (β-Faktoren): Investitionsprogramme unter Risiko: Auswertung und Interpretation der β-Faktoren, in: WISU, 20. Jg. (1991), S. 726-738.

SHARPE, W.F. (Capital Asset Prices): Capital Asset Prices: A Theory of Market Equilibrium under Conditions of Risk, in: JoF, 19. Jg. (1964), S. 425-442.

SHETTY, C.M. (Analyses): On Analyses of the Solution to a Linear Programming Problem, in: Operational Research Quarterly, 12. Jg. (1961), S. 89-104.

SIEBEN, G. (Bewertungs- und Investitionsmodelle): Bewertungs- und Investitionsmodelle mit und ohne Kapitalisierungszinsfuß, in: ZfB, 37. Jg. (1967), S. 126-147.

SIEGEL, S. (Nonparametric Statistics): Nonparametric Statistics for the Behavioral Sciences, New York/Toronto/London 1956.

SIEGEL, TH. (Abschreibungen): Die Bedeutung gewinn- und substanzsteuerlicher Abschreibungen für die Bestimmung des Kalkulationszinsfußes, in: ZfbF, 35. Jg. (1983), S. 10-28.

SIEGEL, TH. (Unsicherheitsberücksichtigung): Methoden der Unsicherheitsberücksichtigung in der Unternehmensbewertung, in: WiSt, 21. Jg. (1992), S. 21-26.

SPIES, R.R. (Capital Budgeting): The Dynamics of Corporate Capital Budgeting, in: JoF, 29. Jg. (1974), S. 829-845.

SPREMANN, K. (Wirtschaft): Wirtschaft, Investition und Finanzierung, 5. Aufl., München/Wien 1996.

STEINBACH, K. (Investitionsvolumen): Optimales Investitionsvolumen divisionaler Unternehmen, Chemnitz 2005.

STEINER, J. (Gewinnsteuern): Gewinnsteuern in Partialmodellen für Investitionsentscheidungen, Berlin 1980.

STEINRÜCKE, M. (Unscharfe Mengen): Fuzzy Sets und ihre konzeptionelle Anwendung in der Produktionsplanung, Wiesbaden 1997.

STEPAN, A., FISCHER, E.O. (Optimierung): Betriebswirtschaftliche Optimierung, 8. Aufl., München 2009.

STÖRRLE, W. (Marktzins): Der Marktzins in der unternehmerischen Investitionsentscheidung, Berlin 1970.

SWOBODA, P. (Investition): Investition und Finanzierung, 5. Aufl., Göttingen 1996.

TEICHROEW, D., ROBICHEK, A.A., MONTALBANO, M. (Rates of Return): Mathematical Analysis of Rates of Return under Certainty, in: MS, Bd. 11 (1965), S. 395-403.

TEICHROEW, D., ROBICHEK, A.A., MONTALBANO, M. (Investment Decisions): An Analysis of Criteria for Investment and Financing Decisions under Certainty, in: MS, Bd. 12 (1965), S. 151-179.

Thießen, F. (Allais-Paradoxon): Das Paradoxon von Maurice Allais. Zeigt es die Notwendigkeit einer zu erneuernden Verhaltenstheorie?, in: ZfbF, 45. Jg. (1993), S. 157-174.

Tilli, Th. (Fuzzy-Logik): Fuzzy-Logik, 2. Aufl., München 1992.

Troßmann, E. (Rollende Planung): Prinzipien der rollenden Planung, in: WiSt, 21. Jg. (1992), S. 123-130.

Veit, Th., Walz, H., Gramlich, D. (Investitions- und Finanzplanung): Investitions- und Finanzplanung, 3. Aufl., Heidelberg 1990.

Virén, M. (Interest Rates): Interest Rates and Policy Reactions: Some International Evidence, in: *Stokking, E.J., Zambruno, G.* (Hrsg.), Recent Research in Financial Modelling, Heidelberg 1993, S. 75-90.

Wagner, H. (Zielfunktion): Zum Problem der Zielfunktion in einer operationalen Theorie der betrieblichen Kapitaldisposition, Münster 1971 (als Manuskript veröffentlicht).

Waldmann, J. (Unternehmensfinanzierung): Optimale Unternehmensfinanzierung, Wiesbaden 1972.

Weingartner, H.M. (Capital Budgeting): Mathematical Programming and the Analysis of Capital Budgeting Problems, Englewood Cliffs 1963.

Weingartner, H.M. (Capital Rationing): Capital Rationing: *n* Authors in Search of a Plot, in: JoF, 32. Jg. (1977), S. 1403-1431.

Wendell, R.E. (Tolerance Approach): The Tolerance Approach to Sensitivity Analysis in Linear Programming, in: MS, Bd. 31 (1985), S. 564-578.

Wimmer, K. (Effektivzinsangabeverpflichtung): Die aktuelle und zukünftige Effektivzinsangabeverpflichtung von Kreditinstituten, in: BB, 48. Jg. (1993), S. 950-956.

Wimmer, K. (Marktzinsmethode): Marktzinsmethode und klassische Investitionsrechnung – ein Vergleich, in: ZfbF, 45. Jg. (1993), S. 780-785.

Witte, Th. (Heuristisches Planen): Heuristisches Planen, Wiesbaden 1979.

Witte, Th., Deppe, J.F., Born, A. (LP): Lineare Programmierung, Wiesbaden 1975.

Witten, P., Zimmermann, H.-G. (Interner Zinssatz): Zur Eindeutigkeit des internen Zinssatzes und seiner numerischen Bestimmung, in: ZfB, 47. Jg. (1977), S. 99-114.

Wittmann, W. (Unvollkommene Information): Unternehmung und unvollkommene Information, Köln/Opladen 1959.

Wöhe, G., Döring, U. (Einführung): Einführung in die Allgemeine Betriebswirtschaftslehre, 25. Aufl., München 2013.

Wolf, J. (Fuzzy-Modelle): Lineare Fuzzy-Modelle zur Unterstützung der Investitionsentscheidung, Frankfurt am Main u.a. 1988.

Wolf, J. (Vage Größen): Zur Integration vager Größen in LP-Ansätze: Das δ-niveaubegrenzte Fuzzy-Modell, in: ZfB, 58. Jg. (1988), S. 952-962.

Yang, Y. (Uncertain Parameter Linear Programming): A New Approach to Uncertain Parameter Linear Programming, in: European Journal of Operational Research, 54. Jg. (1991), S. 95-114.

Zadeh, L.A. (Fuzzy Sets): Fuzzy Sets, in: Information and Control, 8. Jg. (1965), S. 338-353.

Zeitler, H., Neidhardt, W. (Chaos): Fraktale und Chaos, Darmstadt 1993.

ZIMMERMANN, H.-J. (Fuzzy Set Theory): Fuzzy Set Theory and its Applications, 2. Aufl., Boston/Dordrecht/London 1991.

ZIMMERMANN, W., STACHE, U. (Operations Research): Operations Research, 10. Aufl., München/Wien 2001.

VON ZWEHL, W. (Lineare Programmierung): Programmierung, lineare, in: *ALBERS, W. u.a.* (Hrsg.), Handwörterbuch der Wirtschaftswissenschaft, Bd. 6, Stuttgart u.a. 1981, S. 360-369.

Stichwortverzeichnis

Stichwortverzeichnis

E

F